普通高等教育计算机类系列教材

Access 数据库基础及应用教程

第4版

主编　米红娟
参编　王瑞梅　张旭东　张军玲　李　焱

机械工业出版社

本书既重视基础理论知识和基本技能的介绍，又吸取优秀教材重视案例教学的优点。首先以数据库技术的应用和一个完整的 Access 2010 数据库应用系统（本书案例）为切入点，使读者对数据库系统有一个感性认识，激发读者的学习兴趣。书中不仅介绍了关于数据库的基础理论知识；还详细、系统地介绍了 Access 2010 数据库管理系统，其中精编了大量的高质量的例题以提高初学者分析问题、解决问题的实际能力；最后以软件工程的视角给出了本书案例的开发过程，使读者切实体会到一个完整的数据库应用系统的开发过程，为读者的模仿、拓展、延伸和创新提供了原型。全书共 10 章，分别是认识数据库系统、Access 2010 数据库、表、查询、窗体、报表、宏、编程工具 VBA 和模块、数据库安全管理、“教学管理系统”的开发。

本书针对非计算机专业学生的特点，把培养实际应用能力放在首位。内容安排循序渐进，操作步骤翔实准确，力争将知识传授、能力培养、素质教育融为一体。除第 10 章外的其余各章都精心安排了大量的习题。第 4 版的习题中除增加实验题之外，表、查询、窗体、报表这 4 章的习题中还增加了相应的二级考试上机真题及其分析与操作详解。希望读者通过更多的实践操作，尽可能地巩固所学内容，提高动手能力。

为方便教学，本书配有教学案例“教学管理系统”、示例系统“成绩管理系统”、电子课件和部分习题参考答案等资料。欢迎选用本书的教师登录 www. cmpedu. com 索取。

本书既可作为高等院校 Access 2010 数据库课程的教材，又可作为 Access 2010数据库管理人员的参考书，还可作为参加全国计算机等级考试 Access 二级考试的复习参考书。

图书在版编目（CIP）数据

Access 数据库基础及应用教程/米红娟主编. —4 版. —北京：机械工业出版社，2020. 7（2023. 1 重印）

普通高等教育计算机类系列教材

ISBN 978-7-111-65883-2

Ⅰ. ①A… Ⅱ. ①米… Ⅲ. ①关系数据库系统－高等学校－教材 Ⅳ. ①TP311. 138

中国版本图书馆 CIP 数据核字（2020）第 104948 号

机械工业出版社（北京市百万庄大街 22 号 邮政编码 100037）
策划编辑：刘丽敏　　责任编辑：刘丽敏　张翠翠
责任校对：张晓蓉　肖　琳　封面设计：张　静
责任印制：刘　媛
涿州市般润文化传播有限公司印刷
2023 年 1 月第 4 版第 5 次印刷
184mm × 260mm · 26. 5 印张 · 723 千字
标准书号：ISBN 978-7-111-65883-2
定价：70. 00 元

电话服务　　网络服务
客服电话：010-88361066　　机　工　官　网：www. cmpbook. com
010-88379833　　机　工　官　博：weibo. com/cmp1952
010-68326294　　金　书　网：www. golden-book. com
封底无防伪标均为盗版　　机工教育服务网：www. cmpedu. com

第 4 版前言

本书第 1 版于 2009 年 1 月出版发行，其写作模式、写作风格、体系结构均受到读者的认可。在过去的十余年中，以方便教学，改善教学效果为主旨，又出版了第 2 版、第 3 版以及《Access 数据库基础及应用教程学习指导》。时光荏苒，在第 3 版出版发行 7 年之际，继续反思不足，修改完善，希望本书第 4 版能使读者更满意。

第 4 版继续比较全面、详细地介绍 Access 2010 的基础内容及其应用，尽可能多地体现 Access 2010 的特点和功能，继续在保持第 3 版特色和优点的基础上，对内容进行适当的增删，对文字进行了进一步推敲。第 4 版的主要修改有：①第 4 章查询中增加了 SQL 查询的深度和广度；②除部分习题进行了优化外，第 3 ~9 章精编了实验题；③在二级考试机考重点考核的第 3 ~6 章增加了二级考试真题及其审题分析和操作详解；④第 8 章编程工具 VBA 和模块中增加了 VBA 数据库访问技术，讲述了 DAO 数据库访问技术和 ADO 数据库访问技术；⑤教学案例"教学管理系统"的模块对象中，补充了 ADO 数据访问和 DAO 数据访问。另外，除第 10 章外的其余各章之后有大量的习题，附录中给出了部分习题参考答案。

本书配有教学案例"教学管理系统"、示例系统"成绩管理系统"、电子课件和部分习题参考答案，以方便教学工作。

第 4 版修订方案的制订、审阅以及最后的统稿工作由米红娟教授完成。全书共 10 章，第 1 ~3 章由米红娟修订；第 4 章由李焱修订；第 5、6 章由王瑞梅修订；第 7、10 章由张旭东修订；第 8 章 8.1 ~8.8 节、8.10 ~8.11 节以及第 9 章由张军玲修订；第 8 章增加的"8.9 VBA 数据库访问技术"由张旭东编写。张旭东完善了教学案例"教学管理系统"，另一个示例系统"成绩管理系统"由杜学功开发。

我们真诚希望本书第 4 版的出版发行，能为教、学 Access 2010 数据库的读者提供内容充实、实践性强、通俗易懂、易学易用、有鲜明特色的教材或参考书，也能为参加计算机等级考试的读者提供帮助。

由于编者水平有限，本书还会存在不足之处，敬请读者提出宝贵的意见和建议。编者的 E-mail 为 hjm347@ hotmail. com。

米红娟

2019 年 12 月

第 3 版前言

本书第 1 版于 2009 年 1 月出版发行。在听取读者的意见和建议，结合教学实践活动中不断提高教学质量要求的基础上，本书第 2 版于 2011 年 1 月出版发行。第 1 版、第 2 版中讲述的均为 Access 2003 数据库管理系统。经过 4 年多时间的使用，本书的写作模式、写作风格、体系结构均得到了读者的认可。

随着微软公司新产品的不断推出，以及 Windows 和 Office 的版本升级，不论是从软件维护和系统功能方面来讲，还是从应用需要方面来讲，学习 Access 2010 都已成为当务之急。于是，我们决定出版本书第 3 版，讲述 Access 2010 数据库管理系统。

本书第 3 版除了比较全面、详细地介绍 Access 2010 的基础内容及其应用，尽量多地体现 Access 2010 的新特点和新增功能外，还在继续保持本书特色和优点的基础上，对第 2 版的体系进行了调整和压缩，使得全书的结构更加紧凑，内容安排更加合理，各章的衔接更加自然流畅。具体调整包括：①原第 1 章、第 2 章合并为第 1 章，原第 3 章、第 4 章合并为第 2 章，同时内容上也进行了较大的调整和修改；②新增 1 章，讲述 Access 2010 数据库安全管理方面的内容；③教学示例系统进行了重新开发，在一定程度上体现了 Access 2010 的新增功能，系统功能更强，界面更加友好。另外，本书除第 10 章外的其余各章之后仍有大量的习题，附录中给出了除思考题之外习题的参考答案。光盘中附有教学案例“教学管理系统”、电子课件和综合实验示例系统等，以方便教学工作。

第 3 版编写方案的制订、审阅以及最后的统稿工作由兰州商学院米红娟教授完成。全书共 10 章，第 1 ~3 章由米红娟修订编写，第 4 章由李焱修订编写，第 5、6 章由王瑞梅修订编写，第 8、9 章由张军玲修订编写，第 7、10 章由张旭东修订编写，教学案例——“教学管理系统”由张旭东开发。

另外，应读者要求以及教学实践的需要，本书还配套出版了《Access 数据库基础及应用教程学习指导》，希望能从提升读者对重点、难点内容的理解以及加强读者应用数据库技能的训练两方面来提高教学质量。

我们真诚希望本书第 3 版的出版发行，能为教、学 Access 2010 数据库的教师和学生以及其他读者提供一个内容充实、实践性强、通俗易懂、易学易用的、有鲜明特色的教材或参考书。我们也希望在国家计算机等级考试将 Access 2003 升级为 Access 2010 之际，能为参加计算机等级考试的朋友提供帮助。

由于我们水平的局限性，本书还会存在不少不足之处，敬请读者朋友们提出宝贵的意见和建议。编者的 E-mail 为：hjm347@ hotmail. com。

米红娟

2014 年 1 月

第2版前言

2009年1月本书第1版问世以来，有数十位教师和一万多名学生使用了本教材。令我们深感欣慰的是：读者不仅充分肯定了教材的优点，也给我们提出了一些有益的反馈意见。在教学实践过程中，我们也对本书从写作模式、体系结构到各章内容、例题和习题的安排及选择上进行了仔细分析和推敲。为了使本书更加完善，更好地满足教学一线的需要，我们决定对其进行修订。

在本次修订中，我们更加彰显了第1版注重案例教学、实践教学、深入浅出的特点。除对第1版中的错误之处进行修正外，主要对第5章、第7章、第8章和第11章进行了修改，包括对部分内容的增删、组织结构的调整等。同时，根据教学需要，绝大部分章节都不同程度地增加了习题、实验题或例题，尤其是我们从近年Access二级考试的试题中选择了一些相关题目充实到了各章。另外，应外校读者要求，我们在附录中给出了课后习题中选择题和填空题的答案。我们还对随书光盘中的课件进行了适当修改。总之，修订后的本书，内容安排更加合理，特色更加突出，例题、习题和实验题更加充足。

本次修订工作在米红娟的统筹下完成。米红娟修订了第1、4、5章，参与了第10章的修订，完成了全书和课件的审稿工作。张军玲修订了第2、11章。李焱修订了第3、6、9章。丁晓阳修订了第7、8章。张旭东参与了第10、12章的修订。

我们真诚希望本书第2版的出版发行，能为教、学Access数据库的教师和学生以及其他读者提供一个内容充实、实践性强、通俗易懂、易学易用、有鲜明特色的教材或参考书。另外，我们在此建议将此书选做教材的教师和学生，在教学时数不太充足的情况下，不要将过多的时间用在前面比较简单的章节，以免由于没有足够的时间讲解和练习学生接受起来比较困难的第11章而影响整体的教学效果。

由于我们水平的局限性，本书还会存在不少不足之处，敬请读者能不断地给我们提出宝贵的意见和建议，以便我们今后加以改进。

米红娟

2011年1月

第 1 版前言

数据库应用技术是计算机应用的重要组成部分，掌握数据库技术及其应用已成为高等学校非计算机专业学生信息技术素养不可缺少的方面。近年来，数据库应用技术已成为高等学校非计算机专业继计算机文化基础之后的重点课程。目前，随着数据库技术广泛应用于各行各业，社会需求对数据库应用技术的教学提出了更高要求。教育部在《关于进一步加强高等学校计算机基础教学的几点意见》（白皮书）的第 11 条中明确强调“加强实践教学，注重能力培养”，并将计算机基础教学内容的知识结构划分为 4 个方面，其中包括了计算机程序设计基础和应用系统的开发。

以往的数据库应用教材常以数据库技术的基础理论为起点，使学生在没有数据库应用经历的情况下，一开始就接触理论，不仅容易出现理论与实践脱节的现象，而且容易使学生感到枯燥和难以理解，失去学习的兴趣和信心。本书竭力将知识传授、能力培养、素质教育融为一体，立足于将理论教学与实践教学相结合，重视应用技能的训练。在写作模式上吸取了国外优秀教材的优点，以几个不同领域的实际应用系统的简要介绍和一个完整的 Access 数据库应用系统——教学管理系统（教学案例）功能介绍（可通过随书光盘演示）为切入点，使读者首先对数据库系统有一个感性认识，同时激发读者的学习兴趣；然后结合实例介绍关于数据库的基础理论知识，由于有了开始部分的铺垫，学生能够在理解的基础上较容易地掌握这部分内容；接下来详细、系统地介绍了 Access 2003 数据库管理系统，其中包括创建 Access 数据库和表、表的基本操作、数据查询、窗体设计、报表设计、Internet/Intranet 数据发布、宏、编程工具 VBA 和模块等；最后给出了教学管理系统的详细开发过程，学生通过学习具备开发比较简单的数据库应用系统的能力。

本书具有以下特色：理论与实践并重，并将二者完美地结合；大量实例使学生受到数据库应用能力的充分训练；贯穿全书的教学实例使学生在学习细节内容时始终牢记“数据库系统”的思想；充实的 VBA 和模块部分的内容加大了学生程序设计能力的训练力度；详细的教学实例的开发过程为学生模仿、修改、拓展、延伸和创新提供了原型。

本书编写方案的制定、审阅以及最后统稿工作由米红娟完成。全书共分 12 章，第 1 章由张旭东和米红娟共同编写，第 2、11 章由张军玲编写，第 3、6、9 章由李焱编写，第 4、5 章由米红娟编写，第 7、8 章由王瑞梅编写，第 10、12 章由张旭东编写，张旭东开发了本教材中的“教学管理系统”实例。

本书不仅安排了丰富的例题，而且有充足的复习题和上机实验题。随书光盘中的“教学管理系统”可供教师在课堂上进行演示，附录以及光盘中的数据表能够给教师和学生带来方便。另外，电子课件可使教师的课堂教学更加轻松。

本书既可作为高等院校 Access 数据库课程的教材，也可作为 Access 数据库管理人员的参考书，还可作为全国计算机等级考试 Access 二级考试的辅导书。

在本书的完成过程中，得到了周仲宁教授、李振东教授的指点和支持，在此表示衷心感谢。

虽然不敢有丝毫懈怠，但由于时间仓促，编者水平有限，书中疏漏、不足之处难免，敬请读者朋友们指正。编者的 E-mail 为：mihongjuan2004@yahoo.com.cn。

米红娟

目　　录

第1章　认识数据库系统

教学知识点

- 数据库技术的应用
- 数据库系统及其组成
- 数据模型
- 关系数据库

数据库技术是数据管理的技术，自20世纪60年代中期诞生以来，已有50多年的历史。期间，数据库系统的理论、技术和方法得到了迅速发展和日益完善。同时，数据库技术与人工智能、网络通信、并行计算以及面向对象等技术相结合，使计算机的应用范围越来越广泛。目前，在各种各样的计算机应用系统和信息系统中，绝大多数以数据库为基础和核心。从小型的单项数据处理系统到大型信息系统，从联机事务处理到联机分析处理，从一般的企事业单位的信息管理到办公信息系统、计算机辅助设计与制造系统、计算机集成制造系统、医学诊断系统、航空系统以及地理信息系统等，越来越多的领域都普遍采用数据库存储和处理其信息资源。数据库技术已成为目前信息技术的重要组成部分。

1.1　数据库系统简介

数据库技术的出现是计算机应用的一个里程碑，它使得计算机应用从以科学计算为主转向以数据处理为主，从而使计算机得以在各行各业普遍使用。

根据数据模型的发展，数据库技术的发展可以划分为三代：第一代的层次、网状数据库系统；第二代的关系数据库系统；第三代的以面向对象模型为主要特征的数据库系统。

简单地说，数据库技术就是研究如何科学地管理数据，以便为人们提供可共享的、安全的、可靠的数据的技术。数据库技术一般包括数据管理和数据处理两个方面的内容。

现在举个简单的例子来说明什么是“数据库”。

每个人都有很多亲戚和朋友，为了保持与他们的联系，可以用一个笔记本将他们的姓名、地址、电话号码、邮编等信息记录下来，这样要查找某人的电话号码或地址就很方便。这个“通信录”就是一个最简单的“数据库”，每个人的姓名、地址、电话号码等信息就是这个数据库中的“数据”。人们既可以在笔记本这个“数据库”中添加新朋友的个人信息，也可以由于某个朋友的电话号码发生变动而对“数据库”中的对应“数据”进行修改。然而，使用笔记本这个“数据库”主要还是为了能随时查到地址、邮编或电话号码这些所需要的“数据”。

简单地说，“数据库”就是为了实现一定目的，按某种规则组织起来的，长期保存在存储介质——计算机外存上的“数据”的“集合”。按照数据库管理系统的类型，数据库可以分为桌面型数据库（如Access、FoxPro）和网络数据库：前者主要运行在个人计算机上，操作系统通常为桌面操作系统，如Windows 10等；后者运行于网络操作系统，如Windows 2003 Server等，具有强大的网络功能和分布式功能。

数据库系统是基于数据库的计算机应用系统，它不仅包括数据库，即实际存储在计算机中的数据，还包括相应的硬件、软件和各类人员。

硬件系统为数据库系统的正常运行提供最基本的内存、外存、输入/输出设备等硬件资源。数据库是数据库系统的数据资源，而数据库管理系统是数据库系统中对数据进行管理的软件系统，是数据库系统的核心组成部分（要在操作系统的支持下才能工作）。对数据库的一切操作，如插入、删除、更新、查询以及各种控制，都是通过数据库管理系统进行的。数据库系统相关人员包括数据库管理员、应用程序的开发人员和数据库系统的最终用户。

1.2　数据库应用系统举例

1.2.1　图书馆管理信息系统

以前，图书馆一般采用传统的人工记账方式对图书信息进行管理。如今，随着存书量、借阅量的急剧增加以及数据库技术的广泛成功应用，传统的图书馆管理方式已被淘汰，图书馆管理信息系统应运而生。图书馆管理的信息化已成为一所大学、一个城市信息化建设的重要组成部分。

图书馆管理信息系统旨在为学校和社会图书馆的管理员提供所有借阅者以及馆内库存的详细信息，并对借书和还书活动进行合理的操作等。

图书馆管理信息系统的主要任务是建立详尽的借阅卡信息（涵盖所有被获准在图书馆借书人的信息），以及所有馆内的图书及期刊品种的记录，并对借阅者及其借阅的书刊进行登记，便于图书管理员及时查看馆内书刊信息及进行借书/还书登记。

不同的图书馆，其图书馆管理信息系统会存在一些差异，但就一般情况而言，图书馆管理信息系统的主要功能包括以下方面。

（1）管理员信息管理

管理员信息管理使每个管理员拥有一个 ID 和密码，以便在登录图书馆管理信息系统（具有一定权限的人，才可以登录主界面）之前进行身份验证。同时，还可以增加、删除管理员。

（2）借阅卡信息管理

借阅卡信息管理为每个办理借阅卡的借阅者建立一个账户，并发放借阅卡。账户中存储借阅者的个人信息、借阅信息等。在借阅卡被注销时这些信息被同时注销。

（3）书刊借阅信息管理

图书管理员作为借阅者代理，操纵借书/还书等各项业务。在借阅书刊时，图书管理员先输入所借阅的书刊编号，然后输入借阅者的借阅卡号并提交。接下来，系统验证借阅者是否有效（即是否存在此账户），若有效，借阅请求被接收并处理，系统查询数据库，查看库存是否改变，当此书刊状况显示为“借出”时，表明操作成功。系统会在借阅者账户中存储所借书刊，以及书刊信息、借阅日期等，并提醒用户该书刊限定的借阅时间。

（4）书刊返还信息管理

当借阅者返还书刊时，图书管理员输入书刊编号，然后系统会查询借阅者以及该书刊的借阅日期和限定的借阅天数，图书管理员据此判断借阅是否过期，并对数据库记录进行修改，删除该书刊相应的借阅记录。

（5）借阅书刊管理

图书管理员能对所有被借出书刊的相关信息进行查询，了解哪些借阅者借了哪些书刊，以及借阅日期等信息。当某书刊被借出太久时，图书管理员可采取一定措施通知该借阅者。

（6）库存管理

在对新进书刊或已有书刊进行管理时，都需要对库存进行修改。新进书刊后，需要添加库存记录；旧书刊被淘汰时，需要删除库存记录。当用户需要对某种书刊进行查询时，系统管理员通过系统来查询库存中该种书刊的情况。

从功能描述的内容看，图书馆管理信息系统可以实现 6 大功能。根据这些功能，设计出系统的功能模块，如图 1-1 所示。

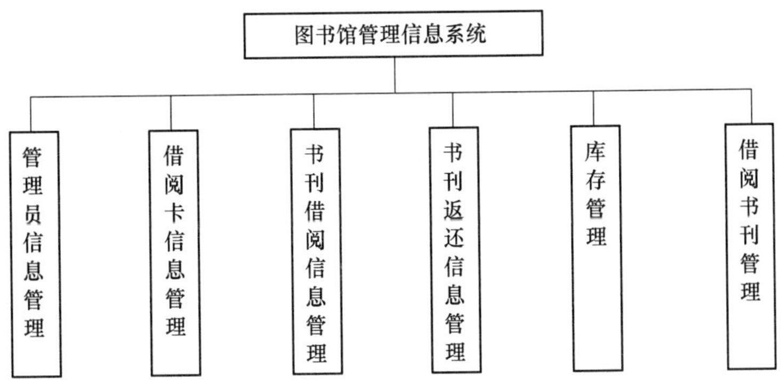

图 1-1　图书馆管理信息系统功能模块图

1.2.2　人事管理信息系统

人事管理信息系统主要用于一个机构的人事资料的管理。利用该系统可以存储、查询、修改、增加和删除人事资料，并快速、准确地完成各种档案资料的统计和汇总，以及迅速打印各种报表资料等。

该系统具有以下主要功能：

1）能将新员工的个人资料输入到数据库中。

2）可以自动分配员工号，并且设置初始的用户密码。

3）可根据不同的方法查询、修改员工资料。

4）对人事变动进行详细记录，包括岗位和部门的调整。

根据上述分析，可以将该系统的主要功能分解成 3 个模块，如图 1-2 所示。

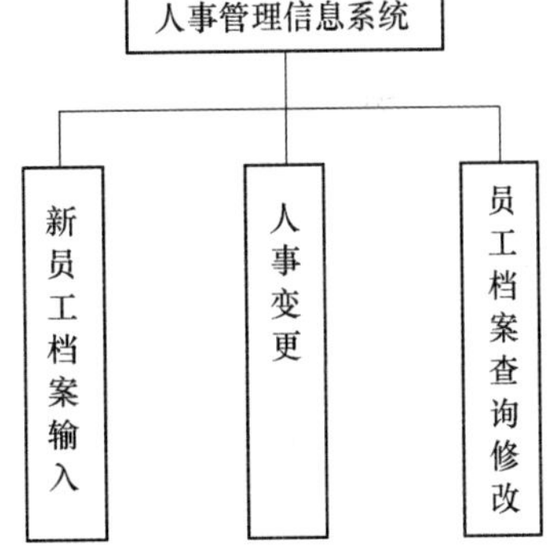

图 1-2　人事管理信息系统功能模块图

1.2.3　票证仓库管理信息系统

这里所列举的票证仓库管理信息系统与传统的仓库系统大同小异，也需要基础数据管理、入库单管理、领用单管理、作废单管理、仓库初始化、仓库总账查询、仓库流水账查询等基本功能，但票证仓库管理与一般的仓库管理又有区别，其中最大的区别是票证仓库管理需要统计票证的号码（包括起始号码和截止号码），而不仅仅只统计票证的数量。

该票证仓库管理信息系统主要包括如下功能模块。

（1）基础数据管理

票证仓库管理信息系统启用前及启用后都需要使用一些基本资料，如人员资料、部门资料、入/出库类型、票证分类等。一般把这些基本资料的录入、修改、删除等操作放在基础数据模块中，便于统一管理。

(2) 票证日常管理

当基础数据录入完成之后就可以对票证进行日常管理了，如图 1-3 所示。票证管理包括票证入库录入（如图 1-4 所示）、票证领用录入、票库调拨录入（如图 1-5 所示）、票证销毁录入等常用的一些功能。该模块被设置为进入系统时默认的启动模块。

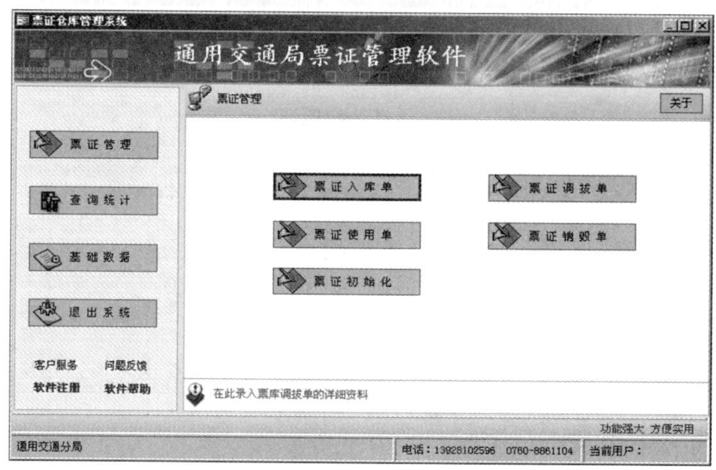

图 1-3　票证仓库管理信息系统的票证管理模块界面

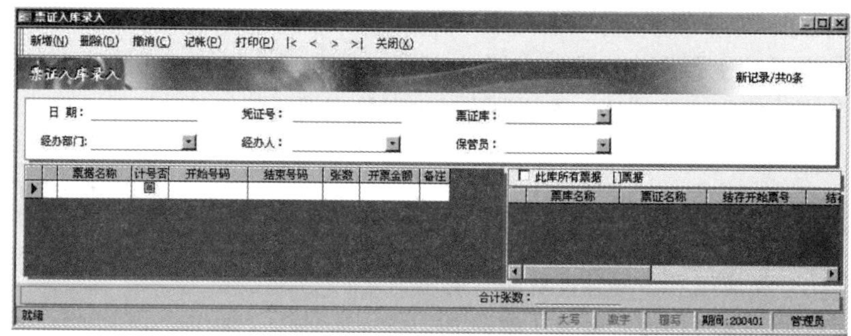

图 1-4　票证入库录入界面

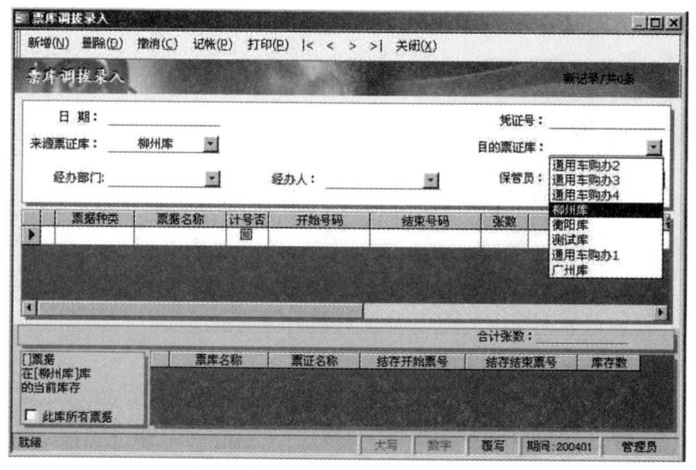

图 1-5　票库调拨录入界面

(3) 票证查询统计

数据录入完成后需要对各种单据及库存数据进行查询统计。票证查询统计包括票证领用查询、票证总账查询、票证流水账查询、票证总分类账（凭证式）查询（如图1-6所示）等。

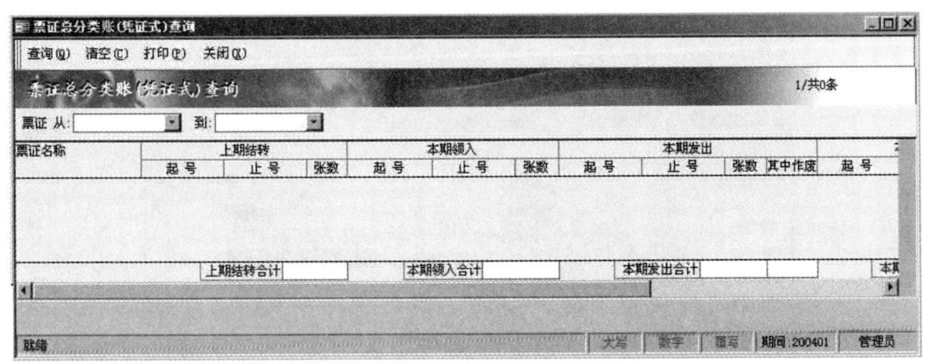

图1-6 票证总分类账查询界面

1.3 本书案例——教学管理系统

1.3.1 背景分析

在高等学校的教学管理工作中，面对大量的学生和教师，很多数据需要存储和管理，使用手工方式管理这些数据已不能满足需求。只有借助计算机进行数据的存储和管理，才能保证教学工作顺畅、有序地进行，才能提高教学管理的质量和效率，减少错误发生。为此，本书编者设计开发了“教学管理系统”这一Access 2010数据库应用系统，作为本书的教学示例。

“教学管理系统”是为了满足日常教学管理工作而设计的，共包括8个基本模块：“学院管理”“教师管理”“学生管理”“课程管理”“专业管理”“授课安排”“成绩管理”“班级管理”，分别完成的功能是学院信息管理、教师信息管理、学生信息管理、课程信息管理、专业信息管理、授课信息管理、成绩信息管理、班级信息管理。

说明：这里介绍的“教学管理系统”作为一个教学示例，贯穿于本书的各个章节。读者可通过本教材的教学资源运行该系统。

1.3.2 教学管理系统的功能演示

下面介绍教材教学资源中的“教学管理系统”。

1. 启动系统的主界面

打开“教学管理系统”所在的文件夹，双击“教学管理.accdb”文件，打开登录界面，如图1-7所示。单击安全警告中的“启用内容”按钮，然后选择用户名“001丨管理员”，再单击“确定”按钮（初始无口令），进入系统主界面窗口，如图1-8所示。

2. 功能演示

(1) 学院管理

在主界面窗口中单击“学院管理”图标，打开学院信息管理窗口，如图1-9所示。通过单击窗口下方的“记录”按钮，可以打开指定的数据记录，然后根据需要进行学院数据记录的浏览、修改操作，也可以通过单击“添加”按钮添加新的学院记录。

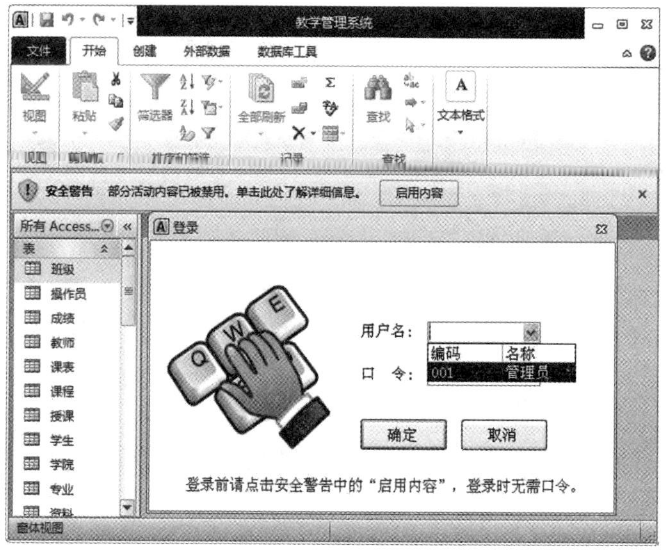

图 1-7　登录界面

图 1-8 “教学管理系统”的主界面窗口

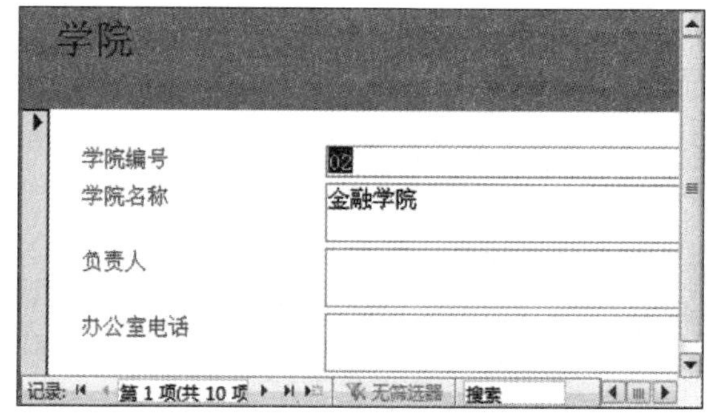

图 1-9　学院信息管理窗口

（2）教师管理

在主界面窗口单击“教师管理”图标，打开教师信息管理窗口，如图 1-10 所示。在此窗口可以进行教师数据记录的浏览、修改和添加等工作。

(3) 课程管理

在主界面窗口中单击“课程管理”图标，打开课程信息管理窗口，如图 1-11 所示。在此窗口可以进行课程数据记录的浏览、修改和添加等工作。

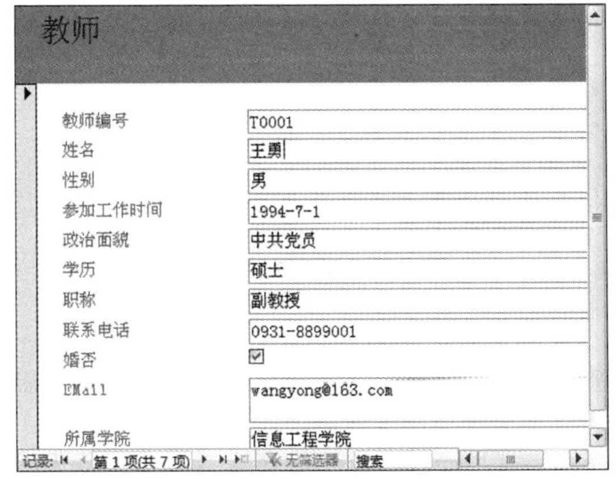

图 1-10　教师信息管理窗口

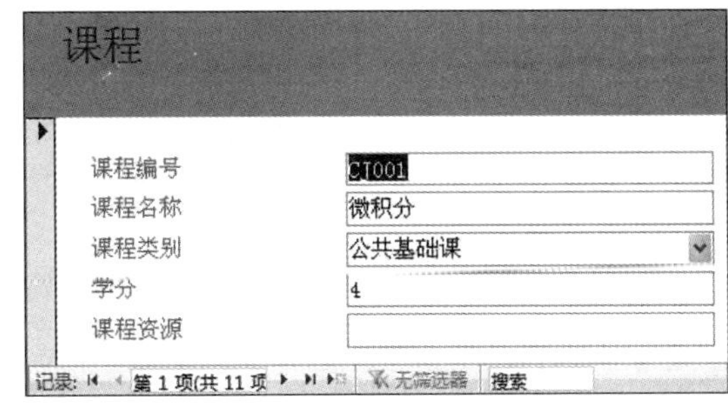

图 1-11　课程信息管理窗口

(4) 学生管理

在主界面窗口单击“学生管理”图标，打开学生信息管理窗口，如图 1-12 所示。在此窗口可以进行学生数据记录的浏览、修改和添加等工作。

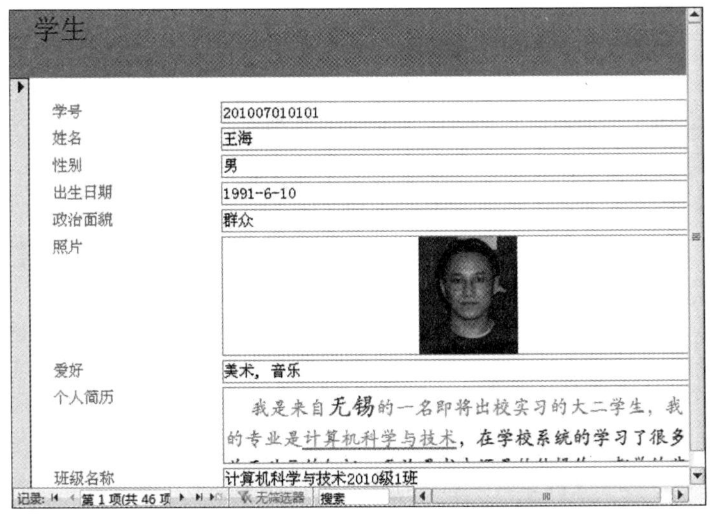

图 1-12　学生信息管理窗口

(5) 专业管理

在主界面窗口中单击“专业管理”图标，打开专业信息管理窗口，如图 1-13 所示。在此窗口可以对专业数据记录进行浏览、修改和添加等工作。

(6) 授课安排

在主界面窗口中单击“授课安排”图标，打开授课信息管理窗口，如图 1-14 所示。在此窗口可以对授课数据记录进行浏览、修改和添加等工作。

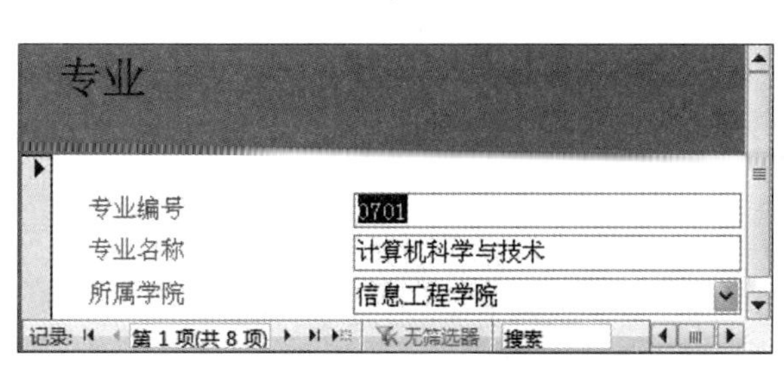

图 1-13　专业信息管理窗口

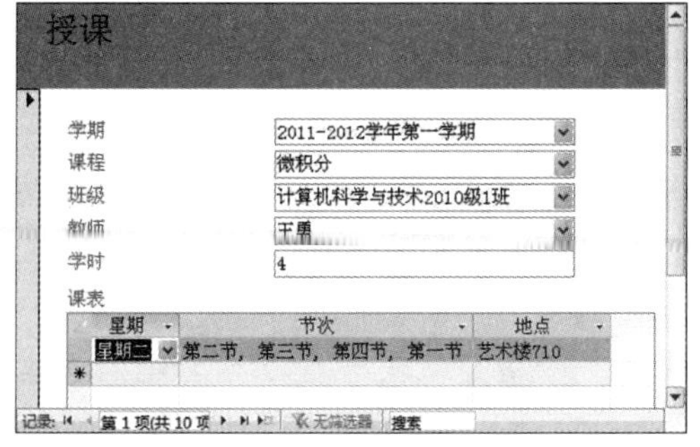

图 1-14　授课信息管理窗口

（7）成绩管理

在主界面窗口中单击“成绩管理”按钮，打开成绩信息管理窗口，如图 1-15 所示。从“班级名称”下拉列表中选择一个班级，从“课程名称”下拉列表中选择一门课程，则会出现该班级选修该门课程的所有学生及其考试所得分数的表格。在这里可以对表中的数据进行手动修改。

（8）班级管理

在主界面窗口中单击“班级管理”图标，打开班级信息管理窗口，如图 1-16 所示。在此窗口可以进行班级数据记录的浏览、修改和添加等工作。

图 1-15　成绩信息管理窗口

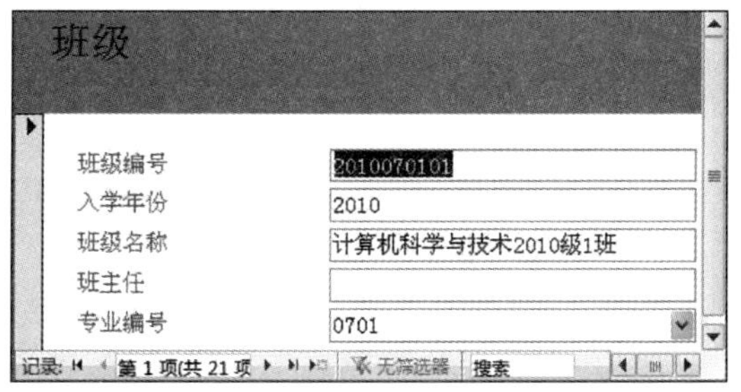

图 1-16　班级信息管理窗口

上面简单展示了“教学管理系统”最基本的功能，目的是帮助初学者对数据库系统建立一定的感性认识，以便在接下来的学习中更好地理解和掌握有关数据库系统的基础理论知识，在操作细节的学习中，始终牢记数据库系统的概念。

本节案例数据库及其对象，以及该系统的更多功能将从第 3 章开始陆续介绍。

1.4　数据库基础知识

数据库技术提供科学、有效地管理数据的方法，它研究如何组织和存储数据，如何高效地获取和处理数据，并将这种方法用当前软件技术实现，以便为人们提供可共享、安全、可靠的数据或信息。

1.4.1 数据和信息

数据（Data）是数据库系统研究和处理的对象。信息是许多学科广泛使用的概念。数据和信息是两个密不可分的概念，它们既有联系又有区别。

信息（Information）是现实世界事物存在方式或运动状态的反映，是对事物之间相互联系、相互作用的描述。信息来源于物质和能量。信息具有可感知、可存储、可加工、可传递和可再生的自然属性。信息又是社会各行业不可缺少的重要资源，对人类的社会实践、生产及经营活动产生着决策性的影响作用，这反映了信息的社会属性。

数据是描述现实世界事物的符号记录，是用物理符号记录下来的可以识别的信息。不同的物理符号体现出数据的不同表现形式，如数字、文字、图形、图像、声音等。各种表现形式的数据经过数据化后可以存入计算机进行进一步处理。

数据和信息之间存在着紧密的联系：数据是信息的符号表示（即载体）；信息则是数据的内涵，是对数据语义的解释。数据表示了信息，信息以数据的形式表示出来被人们所理解和接受。尽管数据和信息在概念上不尽相同，但通常并不严格区分。

数据处理也称为信息处理，是指从某些已知数据出发，推导加工出一些新的数据，这些新数据又表示着新的信息。在数据处理过程中，计算一般比较简单，复杂的是对数据的管理。数据管理是指数据的收集、整理、组织、存储、维护、检索、传送等操作。这些操作是数据处理业务的基本环节，也是任何数据处理业务必不可少的共有部分。

1.4.2 数据管理技术的发展

随着计算机硬件（主要是外部存储器）和软件的发展，以及计算机应用范围的不断扩大，数据管理技术经历了人工管理、文件系统、数据库系统和高级数据库技术4个阶段。

1. 人工管理阶段

在这一阶段（20世纪50年代中期以前），计算机主要用于科学计算，其外部存储器只有磁带、卡片和纸带等，还没有磁盘等直接存取存储设备。

软件只有汇编语言，无数据管理软件，无操作系统。从数据方面看，数据量小，数据无结构，由用户直接管理，数据处理方式基本是批处理，所有的数据完全由人工进行管理。这一阶段的数据管理有以下主要特点：

1）数据不保存在计算机内。

2）没有专门的软件对数据进行管理。

3）只有程序的概念，没有文件的概念。

4）数据面向程序。

人工管理阶段的数据库管理模型如图1-17所示。

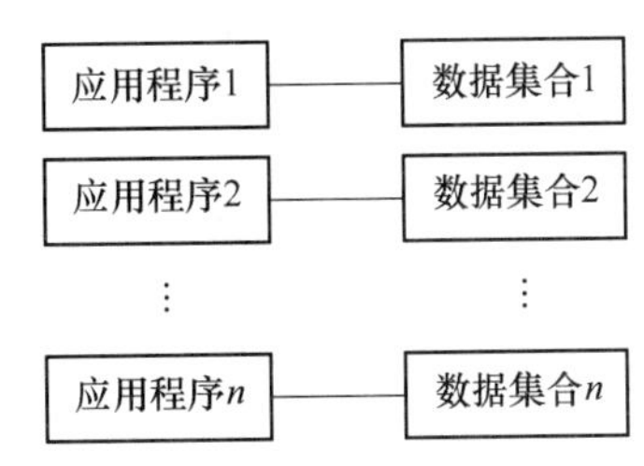

图1-17 人工管理阶段的数据库管理模型

2. 文件系统阶段

在这一阶段（20世纪50年代后期至60年代中期），计算机开始用于信息管理，其外部存储器有了磁盘、磁鼓等直接存取存储设备。软件领域出现了高级语言和操作系统。操作系统中的文件系统是专门管理外存的数据管理软件。这一阶段的数据管理有以下主要特点：

1）数据以文件形式可长期保存在磁盘上。

2）数据的逻辑结构与物理结构有了区别，但比较简单。程序与数据之间具有设备独立性，即程序只需用文件名就可与数据打交道，不必关心数据的物理位置，存取方法由操作系统中的文件系统来提供。

3）文件组织多样化。有索引文件、链接文件和直接存取文件等，但文件之间相互独立、缺乏联系，数据之间的联系要通过程序去构造。

4）数据不再属于某个特定的程序，可以重复使用。数据虽然面向应用，但是文件结构的设计仍然基于特定的用途，程序基于特定的物理结构和存取方法，因此，程序与数据结构之间的依赖关系并没有根本的改变。

5）对数据的操作以记录为单位。这是由于文件中只存储数据，不存储文件记录的结构描述信息。文件的建立、存取、查询、插入、删除、修改等所有操作，都要用程序来实现。

文件系统阶段的数据管理模型如图 1-18 所示。

随着数据管理规模的扩大，数据量急剧增加，文件系统显露出以下 3 方面的缺陷：

1）数据冗余。由于文件之间缺乏联系，造成每个应用程序都有对应的文件，有可能同样的数据在多个文件中被重复存储。

2）数据不一致。这常由数据冗余造成，在进行更新操作时，稍不谨慎就可能使同样的数据在不同的文件中不一样。

3）数据联系弱。这是由于文件之间相互独立、缺乏联系造成的。

3. 数据库系统阶段

20 世纪 60 年代后期，数据管理技术进入数据库阶段。20 世纪 70 年代以来，数据库技术得到迅速发展，许多产品被开发出来，并投入运行。数据库系统克服了文件系统的缺陷，提供了对数据更高级、更有效的管理。概括起来，数据库系统阶段的数据管理具有以下主要特点：

1）采用数据模型表示复杂的数据结构，这是数据库与文件系统的根本区别。数据模型不仅描述数据本身的特征，还描述数据之间的联系。数据不再面向特定的某个或多个应用，而是面向整个应用系统。

2）数据冗余明显减少，实现了数据共享。

3）有较高的数据独立性。数据的逻辑结构与物理结构之间的差别可以很大。用户能以简单的逻辑结构操作数据，而无须考虑数据的物理结构。

4）为用户提供了方便的用户接口。

5）数据由数据库管理软件统一管理和控制。

6）增强了系统的灵活性。对数据的操作可以以记录为单位，也可以以数据项为单位。

数据库系统阶段的数据管理模型如图 1-19 所示。

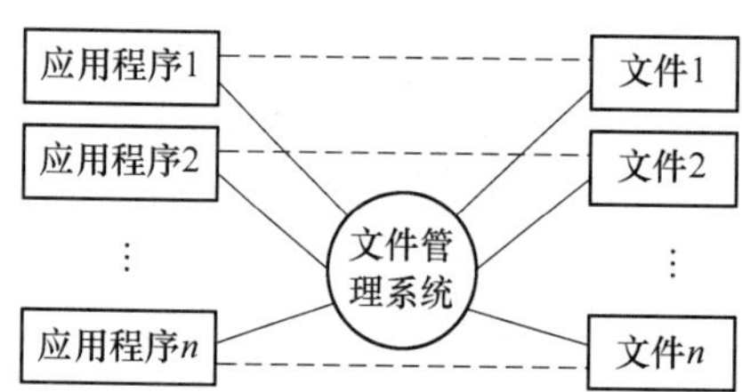

图 1-18　文件系统阶段的数据管理模型

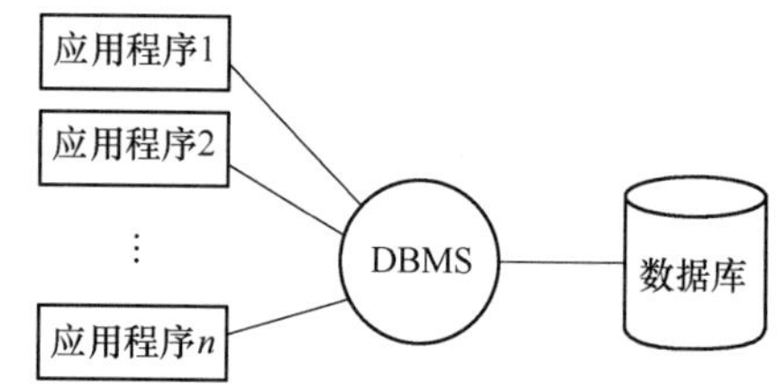

图 1-19　数据库系统阶段的数据管理模型

4. 高级数据库技术阶段

20 世纪 80 年代出现的分布式数据库系统，90 年代出现的对象数据库系统以及 21 世纪初出现的网络数据库系统是高级数据库技术阶段的主要标志。

分布式数据库系统是数据库技术与分布式计算机技术相结合的产物，兼顾了集中管理和分布处理两个方面，具有良好的性能。分布式数据库系统主要具有以下 3 个特点：

1）数据库的数据在物理上分布在各个场地，但在逻辑上是一个整体。

2）各个场地既可以执行局部应用（访问本地数据库），也可以执行全局应用（访问异地数据库）。

3）各地的计算机由数据通信网络相联系。本地计算机单独不能胜任的处理任务，可以通过通信网络取得其他数据库和计算机的支持。

对象数据库系统将面向对象技术扩展到数据管理领域，有效解决了实际应用领域中对复杂数据结构（如多媒体数据、多维表格数据、CAD 数据）的管理问题。对象数据库系统主要具有以下两个特点：

1）对象数据模型能完整地描述现实世界的数据结构，能表达数据间的嵌套、递归联系。

2）具有面向对象技术的封装性（把数据与操作定义在一起）和继承性（继承数据结构和操作），提高了软件的可重用性。

网络数据库系统以客户机/服务器（Client/Server，C/S）结构为特征，为适应网络环境下的数据管理需求而产生。网络数据库是指把数据库技术引入计算机网络系统中，借助网络技术将存储于数据库中的大量信息进行及时发布。而计算机网络借助于成熟的数据库技术对网络中的各种数据进行有效管理，并实现用户与网络中的数据库进行实时动态的数据交互。目前已有大量网络数据库的应用，从网站留言簿、自由论坛到远程教育和复杂的电子商务，这些系统几乎都采用网络数据库方式来实现。网络数据库系统的组成元素有客户端、服务器端、连接客户端及连接服务器端的网络，这些元素是网络数据库系统的基础。

根据数据模型的发展，数据库技术的发展又可划分为三代：第一代的层次、网状数据库系统；第二代的关系数据库系统；第三代的以面向对象模型为主要特征的数据库系统。例如，分布式数据库、多媒体数据库、工程数据库、空间数据库以及实时数据库等。目前，关系数据库系统仍然是应用最广泛的数据库系统。

1.4.3 数据库系统的组成

1. 数据库

数据库（Database，DB）是指长期存储在计算机内的、有组织的、大量的、可共享的数据的集合。

数据库中的数据按照一定的数学规范组织、描述和存储，可供多个用户共享。数据具有合理的冗余度，数据间联系紧密，同时又具有较高的数据独立性和可扩展性。

为了在数据库中科学、合理地组织和存储应用领域的各类数据，进而高效地访问和维护数据库中的大量数据，需要利用数据库管理系统这一计算机系统中重要的数据管理软件。

2. 数据库管理系统

数据库管理系统（Database Management System，DBMS）是计算机系统中位于用户与操作系统之间的数据管理系统软件，是数据库系统的核心。

DBMS 的种类很多，功能与性能方面也存在差异，但一般而言，各类 DBMS 均具有以下 4 个基本功能。

（1）数据定义

用户可以通过 DBMS 提供的数据定义语言（Data Definition Language，DDL）对数据库的数据对象进行定义。

（2）数据操纵

用户可以通过 DBMS 提供的数据操纵语言（Data Manipulation Language，DML）实现对数据库中数据的查询、插入、修改、删除等操作。

（3）数据库运行管理

数据库运行管理是 DBMS 的核心工作，所有访问数据库的操作都要在 DBMS 的统一管理下进行，以保证数据的安全性、完整性、一致性以及多用户对数据库的并发使用。

（4）数据库的建立和维护

数据库的建立包括数据库初始数据的输入与数据转换等。数据的维护包括数据库的转储与恢复、数据库的重新组织和重新构造、性能的监控与分析等。

3. 数据库系统

数据库系统（Database System，DBS）是为适应数据处理的需要而发展起来的一种较为理想的数据处理系统，是存储介质、处理对象和管理系统的集合体。具体地讲，数据库系统是指在计算机系统中引入数据库后的软硬件系统，如图1-20所示。

DBS分为硬件、软件和用户3个层次，分别由以下几部分组成。

（1）计算机硬件系统

数据库系统存储的数据量很大，需要具有较快的CPU处理速度、足够大的内存和外存、较高的系统通信能力的计算机硬件平台。

（2）数据库集合

数据库集合指存储在计算机外存设备上的若干设计合理、满足应用需要的数据库。

（3）数据库管理系统

数据库管理系统位于用户与操作系统之间，帮助用户创建、维护和使用数据库的系统软件，是数据库系统的核心。

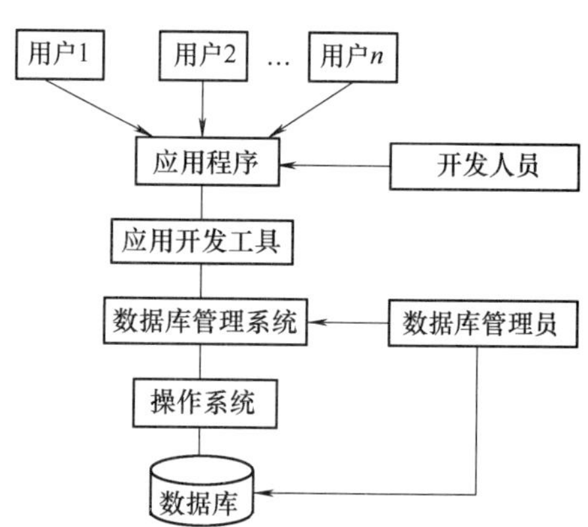

图1-20 数据库系统的组成

（4）其他相关软件

其他相关软件包括支持DBMS运行的操作系统、应用开发工具和数据库应用程序等。

（5）相关人员

相关人员包括数据库管理员、数据库系统分析员、数据库设计员、数据库应用程序员以及使用数据库的终端用户等。

在不引起混淆或歧义的情况下，数据库系统经常被简称为数据库。

1.5 数据模型

数据库系统建立在数据模型的基础上，数据模型是对现实世界数据特征的抽象。

一个具体的数据库是面向某个应用领域的应用数据的集合，它反映了应用数据本身的内容和数据之间的联系。由于计算机无法直接处理现实世界中的具体事物，因此人们必须事先将现实世界中的具体事物转换成计算机能够处理的数据。在数据库中，使用数据模型这个工具来抽象、表示和处理现实世界中的数据和信息。

1.5.1 数据模型的分类

模型是对现实世界的抽象。在数据库技术中，人们通过数据模型来描述数据库的结构和语义，通过现实世界—信息世界—机器世界的抽象转换过程构建数据库系统，并根据数据模型所定义的规范来管理和使用数据库中的应用数据。

1. 现实世界、信息世界和机器世界

（1）现实世界

现实世界就是人们通常所指的客观世界。事物及其联系就处在这个世界中。一个实际存在并且可以识别的事物称为个体。个体可以是一个具体的事物，比如一个人、一台计算机。个体也可以是一个抽象的概念，如某人的爱好与性格。通常把具有相同特征个体的集合称为“全体”。

（2）信息世界

信息世界就是现实世界在人们头脑中的反映，又称概念世界。现实世界中的客观事物在信息世界中被称为实体。

（3）机器世界

机器世界又称数据世界。由于进入计算机的信息必须是数字化的，因此信息世界中的实体等进入机器世界后必须要进行数据化的表示。

2. 数据模型的分类

数据模型的种类很多，目前被广泛使用的数据模型可分为两类：一类是“概念数据模型”，用于信息世界建模，就是将现实世界的问题用概念数据模型来表示；另一类是“结构数据模型”（又称“逻辑数据模型”），用于机器世界建模，就是将概念数据模型转换为 DBMS 所支持的数据模型，如图 1-21 所示。

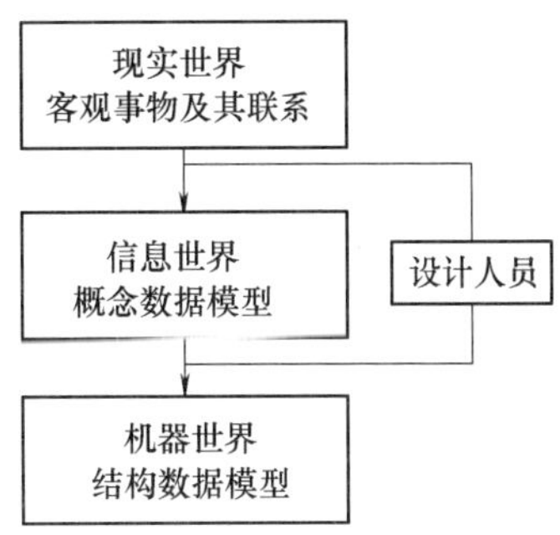

图 1-21　抽象过程与数据模型

1.5.2　概念数据模型

概念数据模型（简称概念模型）是独立于计算机系统的数据模型，它完全不涉及信息在计算机中的表示，只是用来描述某个特定组织所关心的信息结构。

概念模型是按用户的观点对数据建模，强调其语义表达能力，概念应该简单、清晰、易于用户理解。概念模型是对现实世界的第一层抽象，是用户和数据库设计人员交流的工具，主要用于数据库设计。

由于概念模型与具体的 DBMS 无关，因此数据库设计人员在设计的初始阶段可以摆脱计算机系统及 DBMS 的具体技术问题，集中精力去分析数据以及数据之间的联系等。

建立概念模型涉及以下几个术语。

（1）实体

现实世界中客观存在并可相互区分的事物称为实体（Entity）。实体可以是具体的人、事、物，也可以是抽象的概念，如一个学生、一门课、一次订货、一次比赛等。相同类型的实体组成实体集，如全体学生就是一个实体集。

（2）属性

实体和实体集所具有的特征称为属性（Attribute）。属性的具体取值称为属性值。属性的取值范围称为该属性的域。例如，姓名的域为字符串集合，性别的域为“男”和“女”。一个实体集可以由若干属性来刻画。例如，“学生”实体集可以由“学号”“姓名”“性别”“出生日期”“籍贯”等属性来描述。

（3）键

实体集的某些属性或属性集可以用来唯一标识各个实体，这样的属性或属性集称为键（Key）或码。例如，“学号”可以作为学生实体的键。由于可能存在重名现象，因此“姓名”不能作为学生实体的键。

（4）联系

实体之间的相互关系称为联系（Relationship）。联系反映的是实体集之间存在着这样或那样的联系，这种联系实际上表示了实体集之间的某种函数映射关系。

两个实体集之间的联系分为3种类型。

1）一对一联系（1：1）。如果对于实体集A中的每一个实体，实体集B中至多有一个实体与之对应，反之亦然，则称实体集A与实体集B具有“一对一联系”，记为“1：1”。例如，学校和校长之间、居民和身份证之间均具有1：1联系。

2）一对多联系（1：n）。如果对于实体集A中的每一个实体，实体集B中有多个实体与之对应，反之，对于实体集B中的每一个实体，实体集A中至多只有一个实体与之对应，则称实体集A与实体集B具有“一对多联系”，记为“1：n”。例如，学校和教师之间、出版社和图书之间均具有1：n联系。

3）多对多联系（m：n）。如果对于实体集A中的每个实体，实体集B中有多个实体与之对应，反之亦然，则称实体集A与实体集B具有“多对多的联系”，记为“m：n”。例如，学生和课程之间是m：n联系。

最常用的概念模型是“实体-联系模型”（Entity-Relationship Model，E-R模型）。该模型从现实世界中抽象出实体类型及实体间联系，然后用“实体-联系图（E-R图）”来表示概念模型。

E-R图有3个基本成分，矩形框表示实体，椭圆形框表示属性，菱形框表示实体间的联系，相应的命名均记入框内。在键属性名下画一条横线；实体与属性之间、联系与属性之间用无向线段连接；联系与其所涉及的实体之间也以无向线段连接，并在连线旁标注联系的类型（1：1、1：n或m：n）。

图1-22是“学生”实体、“教师”实体和“课程”实体之间的E-R图（注：图中只出现了部分属性）。

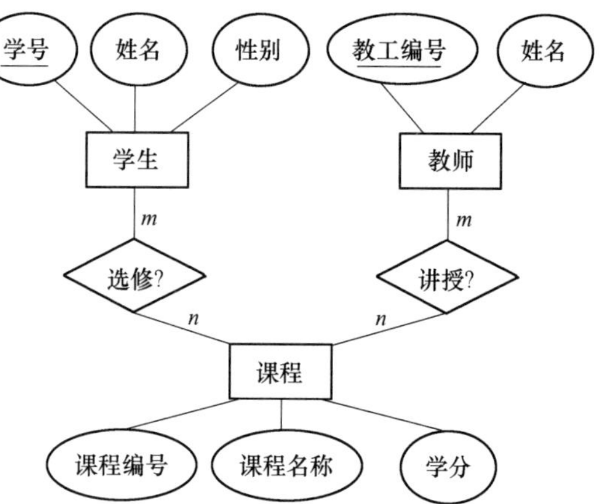

图1-22　E-R图示例

1.5.3　结构数据模型

结构数据模型（简称数据模型）是用户从数据库所看到的模型，是机器世界中具体的DBMS所支持的数据模型。

1. 结构数据模型的组成要素

结构数据模型（Data Model）是数据库系统的形式框架，是用来描述数据的一组概念和定义，包括描述数据、数据联系、数据操作、数据语义以及数据一致性的概念工具。

结构数据模型通常应包含数据结构、数据操作和数据完整性约束3个要素。

（1）数据结构

数据结构主要描述数据的类型、内容、性质以及数据间的联系等。数据结构是数据模型的基础，数据操作和完整性约束都建立在数据结构的基础上。不同的数据结构具有不同的操作和约束。

在数据库系统中，通常按照数据模型中数据结构的类型来区分、命名各种不同的数据模型。例如，层次结构、网状结构、关系结构的数据模型分别命名为层次模型、网状模型和关系模型。

（2）数据操作

数据操作主要描述相应数据结构上的操作类型和操作方式。

数据操作可以是检索、插入、删除、更新等。数据模型必须定义这些操作的确切含义、操作符号、操作规则（如优先级）以及实现操作的数据库语言。

（3）数据完整性约束

数据完整性约束是一组完整性规则的集合。它定义了数据模型必须遵守的语义约束，也规定了根据数据模型所构建的数据库中数据内部及其数据相互间联系所必须满足的语义约束。

完整性约束是数据库系统必须遵守的约束，它限定了根据数据模型所构建的数据库的状态以及状态的变化，以维护数据库中数据的正确性、有效性和相容性。

2. 结构数据模型的分类

结构数据模型主要包括层次模型、网状模型和关系模型。

（1）层次模型

层次模型是数据库系统中最早使用的一种模型。它用“树结构”表示实体以及实体间的联系。层次模型应满足下面两个条件：

1）有且只有一个无双亲结点，这个结点称为根结点。

2）除根结点外，其他结点有且仅有一个双亲结点。

层次模型中，每个结点表示一个实体，结点之间的连线表示实体间的联系，如图 1-23 所示。

层次模型适用于描述客观存在的事物中主次分明的结构关系，具有层次清楚、结构清晰的特点。缺点是只能反映实体间一对多的联系，不能反映实体间多对多的联系。

（2）网状模型

网状模型是一种比层次模型更普遍的结构。它取消了层次模型的一些限制，允许结点有一个以上的双亲，将“树结构”变成“图结构”。与层次模型一样，网状模型中的每个结点代表一个实体，结点间的连线表示实体间的联系，如图 1-24 所示。

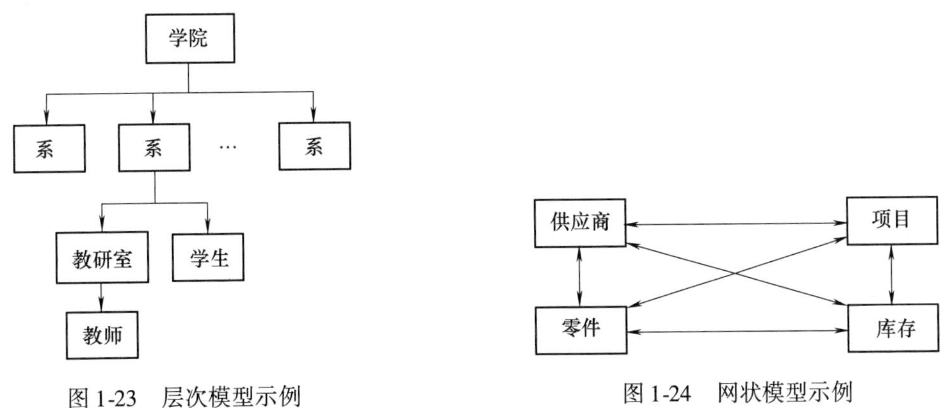

图 1-23　层次模型示例

图 1-24　网状模型示例

网状模型能够更为直接地描述现实世界，能反映实体间一对多或多对多的联系。但是，由于网状模型的结构比较复杂，而且随着应用环境的扩大，数据库的结构就会变得越来越复杂，不利于用户的使用。

（3）关系模型

关系模型是数据库系统最常用的一种数据模型。基于关系模型的关系数据库系统是目前的主流数据库产品。关系模型用“二维表”来表示实体以及实体间的联系。从用户角度看，关系是一个二维表格，表中的行对应数据记录，表中的列对应描述数据记录的属性。整个数据库由多个关系表组成。

关系模型提供了关系、属性、关系模式、元组、码、域等建模元素，数据库设计人员可以从E-R 图出发，将 E-R 图转换为一系列关系表，这些关系表组成关系数据库。

关系模型具有以下优点：

1）关系模型是建立在离散数学集合论中的“集合”和“关系”这两个基本概念基础上的，有着严格、成熟的理论基础。

2）关系模型用关系统一表示实体及实体间的联系，结构简单，用户容易理解和使用。关系模型既能表示一对一的联系，也能表示一对多的联系，还能表示多对多的联系。

3）关系模型的存取路径对用户透明，具有较好的数据独立性和安全保密性。

4）概念简单，操作方便，数据独立性强。

当然，关系模型也存在缺点，其中最明显的缺点是，由于存取路径对用户透明，因此查询效率不如层次模型和网状模型。

表 1-1 是一个表示“教师”实体关系的模型。

表 1-1　表示“教师”实体关系的模型

教师编号	姓　名	性　别	参加工作时间	学　历	职　称
T0001	王勇	男	1994-7-1	硕士	副教授
T0002	肖贵	男	2001-8-3	硕士	讲师
T0003	张雪莲	女	1991-9-3	本科	副教授
T0004	赵庆	男	1999-11-2	本科	讲师
T0005	肖莉	女	1989-9-1	博士	教授

数据库和数据库管理系统都是基于某一种数据模型的。基于关系模型的数据库管理系统称为关系数据库管理系统。在关系数据库管理系统中创建的数据库是关系数据库，不能是网状数据库或层次数据库。有些最新的关系数据库管理系统同时支持面向对象模型，即可以在关系数据库管理系统中创建关系数据库和面向对象数据库。

提示：最新提出的数据模型是面向对象模型，还不是很成熟。

1.6　关系数据库

关系数据库采用关系模型，运用关系数据库的理论与方法处理、组织和管理数据。关系数据库是目前最流行、应用最广泛的数据库。Microsoft Access 数据库就是关系数据库。

1.6.1　关系数据库的基本术语

关系数据库的基本术语如下。

（1）关系

在关系模型中，实体以及实体间的联系均用关系来表示。一个关系就是一个二维表，每个关系都有一个关系名。

（2）属性

表中的一列即为一个属性，给每个属性起一个名字，即为属性名。

（3）元组

表中的一行即为一个元组。

（4）域

域是属性的取值范围，如性别属性的域是（男，女），百分制的成绩域是0～100。

（5）候选码（候选键）

如果关系中的某个属性或属性组能唯一地标识一个元组，则称该属性或属性组为候选码。

（6）主码（主键）

用户选作元组标识的候选码称为主码（主键），称主码的属性为主属性。

（7）外码（外键）

如果关系R中的一个属性或属性组是其他关系的主码，则称该属性或属性组在关系R中为外码（外键）。

1.6.2 关系的基本性质

关系是一个二维表，但并不是所有的二维表都是关系。关系应具有以下基本性质：

1）每一列中的数据项类型相同，来自同一个域。

2）不同的列要给予不同的属性名。

3）列的顺序无所谓，即列的次序可以随意交换。

4）任意两个元组不能完全相同。

5）行的顺序无所谓，即行的次序可以任意交换。

6）每一个数据项都必须是不可分的。

1.6.3 关系模式

在关系模型中，对关系的描述称为关系模式，通常可以简记为：

关系名（属性名1，属性名2，…，属性名 n）

关系是关系模式在某一时刻的取值，一个关系模式可以形成多个关系，而一个关系只能对应一个关系模式。例如，对于学生关系模式学生（学号，姓名，性别，出生日期，政治面貌，班级编号，照片），表中存入不同的学生信息就形成不同的关系，可见，关系模式是静态的、稳定的，关系是动态的、不断变化的。但在现实中，人们把关系模式和关系都称为关系，其确切含义可以根据上下文来确定。

1.6.4 关系运算

对关系数据进行的操作就是关系运算。关系的基本运算有两类：传统的集合运算和专门的关系运算。关系的运算结果仍然是关系。下面以教师A（见表1-2）和教师B（见表1-3）两个关系为例说明关系运算。

表1-2 教师A

教师编号	姓名	性别	参加工作时间	学历	职称
T0001	王勇	男	1994-7-1	硕士	副教授
T0002	肖贵	男	2001-8-3	硕士	讲师
T0003	张雪莲	女	1991-9-3	本科	副教授

表 1-3　教师 B

教 师 编 号	姓　　名	性　　别	参加工作时间	学　　历	职　　称
T0002	肖贵	男	2001-8-3	硕士	讲师
T0005	肖莉	女	1989-9-1	博士	教授

1. 传统的集合运算

并、交、差是集合的传统运算形式。进行集合运算的关系 R 与 S 必须具有相同的关系模式，即 R 和 S 必须具有相同的属性。

（1）并运算

两个关系的并运算可以记作 R ∪ S，运算结果是将两个关系的所有元组组成一个新的关系，若有完全相同的元组，只留下一个。

“教师 A ∪ 教师 B”的结果见表 1-4。

表 1-4　教师 A ∪ 教师 B

教 师 编 号	姓　　名	性　　别	参加工作时间	学　　历	职　　称
T0001	王勇	男	1994-7-1	硕士	副教授
T0002	肖贵	男	2001-8-3	硕士	讲师
T0003	张雪莲	女	1991-9-3	本科	副教授
T0005	肖莉	女	1989-9-1	博士	教授

（2）交运算

两个关系的交运算可以记作 R ∩ S，运算结果是两个关系中的公共元组组成的一个新关系。

“教师 A ∩ 教师 B”的结果见表 1-5。

表 1-5　教师 A ∩ 教师 B

教 师 编 号	姓　　名	性　　别	参加工作时间	学　　历	职　　称
T0002	肖贵	男	2001-8-3	硕士	讲师

（3）差运算

两个关系的差运算可以记作 R-S，运算结果是由属于 R 但不属于 S 的元组组成的一个新关系。

“教师 A-教师 B”的结果见表 1-6。

表 1-6　教师 A-教师 B

教 师 编 号	姓　　名	性　　别	参加工作时间	学　　历	职　　称
T0001	王勇	男	1994-7-1	硕士	副教授
T0003	张雪莲	女	1991-9-3	本科	副教授

2. 专门的关系运算

在关系数据库中查询用户所需数据时，需要对关系进行专门的关系运算。专门的关系运算主要有选择、投影和连接 3 种。

（1）选择

选择运算是从关系中找出满足给定条件的所有元组的操作，其中的条件是以逻辑表达式给出的，该逻辑表达式的值为真的元组被选取。这是从行的角度进行的运算，即水平方向抽取元组。

经过选择运算得到的结果元组可以形成新的关系，其关系模式不变，但其中元组的数目小于或等于原来关系中元组的个数，它是原关系的一个子集。

例如，在表 1-2 中进行选择运算选出性别为“男”的教师，结果见表 1-7。

表 1-7　选择运算结果

教师编号	姓　名	性　别	参加工作时间	学　历	职　称
T0001	王勇	男	1994-7-1	硕士	副教授
T0002	肖贵	男	2001-8-3	硕士	讲师

（2）投影

投影运算是从关系中选取若干属性的操作。这是从列的角度进行的运算，相当于对关系进行垂直分解。经过投影运算可以得到一个新关系，其关系所包含的属性个数往往比原关系少，或者属性的排列顺序不同。如果新关系中包含重复元组，则要删除重复元组。

例如，在表 1-2 中进行投影运算列出所有教师的“姓名”“参加工作时间”“职称”，结果见表 1-8。

表 1-8　投影运算结果

姓　名	参加工作时间	职　称
王勇	1994-7-1	副教授
肖贵	2001-8-3	讲师
张雪莲	1991-9-3	副教授

（3）连接

首先介绍笛卡儿积。

笛卡儿积（R 与 S 的结构可以不同）：一个具有 n 个属性的关系 R 与一个具有 m 个属性的关系 S 的笛卡儿积仍为一个关系，该关系的结构是 R 和 S 的结构的连接，属性个数为 $n+m$，元组为 R 中的每个元组连接 S 中的每个元组所构成的元组的集合，其元组数为 R 中的元组数与 S 中的元组数的乘积。

连接运算是从两个关系的笛卡儿积中选取属性间满足一定条件的元组，生成一个新的关系的操作。连接运算的结果实际上是笛卡儿积的一个子集。新关系中包含着满足连接条件的所有元组。

每一个连接操作都包括连接条件和连接类型。连接条件决定运算结果中元组的匹配和属性的去留；连接类型决定如何处理不符合条件的元组。

在连接运算中，按关系的属性值对应相等为条件进行的连接操作称为等值连接，去掉重复属性的等值连接称为自然连接。自然连接是最常用的连接运算。

例如，表 1-2 和表 1-9 的自然连接的结果见表 1-10。

表 1-9　授课关系

课程编号	教师编号	学　时
CJ001	T0001	4
CJ002	T0004	2
CZ001	T0003	2
CZ002	T0003	2

表 1-10　自然连接运算结果

教师编号	姓　名	性　别	参加工作时间	学　历	职　称	课程编号	学　时
T0001	王勇	男	1994-7-1	硕士	副教授	CJ001	4
T0003	张雪莲	女	1991-9-3	本科	副教授	CZ001	2
T0003	张雪莲	女	1991-9-3	本科	副教授	CZ002	2

1.6.5　关系完整性

关系模型的完整性规则是对关系的某种约束条件。

为了维护数据库中数据与现实世界的一致性，关系模型有 3 类完整性约束：实体完整性、参照完整性和用户定义的完整性。其中，实体完整性和参照完整性是关系模型必须满足的完整性约束条件，被称为关系的两个不变性，应该由关系系统自动支持。

1. 实体完整性

一个基本关系通常对应现实世界中的一个实体集。例如，“学生”关系对应于学生的集合。现实世界中的实体是可区分的，即它们具有某种唯一性标识。相应的，关系模型以主码作为唯一性标识。

实体完整性规则要求主码的属性（即主属性）不能取空值。所谓空值，就是不知道或无意义的值。如果主属性取空值，就说明存在某个不可标识的记录，即存在不可区分的实体，这与现实世界的实际应用情况相矛盾。例如，在“学生”关系中，以学号作为主码，如果某一学号取空值，就无法说明该记录描述的是哪个学生的情况。

2. 参照完整性

现实世界中的实体之间往往存在某种联系，在关系模型中，实体及实体间的联系都是用关系来描述的，自然就存在关系与关系之间的引用。在关系数据库系统中，保证关系间引用正确性的规则称为参照完整性规则。

学生（学号，姓名，性别，…）、课程（课程编号，课程名称，…）和成绩（学号，课程编号，分数，…），它们之间存在着属性的引用。例如，“成绩”表引用了“学生”表中的主码“学号”和“课程”表中的主码“课程编号”。因此，“成绩”表中的“学号”值必须是“学生”表中确实存在的“学号”，即“学生”表中有该学生的记录；“成绩”表中的“课程编号”值也必须是“课程”表中确实存在的“课程编号”，即“课程”表中有该课程的记录。

因此，要求“成绩”表中的“学号”属性与“学生”表中的主码“学号”相对应，“课程编号”属性与“课程”表中的主码“课程编号”相对应。在此，“学号”和“课程编号”属性称为“成绩”表的外码，“学生”表和“课程”表均称为被参照关系或目标关系，“成绩”表被称为参照关系。

3. 用户定义的完整性

实体完整性和参照完整性适用于任何关系数据库系统。用户定义的完整性则是针对某一具体数据库的约束条件，由应用环境决定，反映某一具体应用所涉及的数据必须满足的语义要求。通常，用户定义的完整性主要是字段有效性规则。

一般字段被定义之后，在其值域范围内成立。但对于具体的对象，有时需要将某字段的取值进一步约束在一个指定的范围之内，如在“成绩”表中，每门课程的分数在 0～100 之间。

这类约束应该在设计数据库时进行定义，而不应在后期使用时才进行约束和说明。

1.7 小结

随着数据库技术的推广使用，计算机应用已深入到工农业生产、商业、金融、行政管理、科学研究和工程技术等各个领域。

数据库、数据库管理系统、数据库系统是3个不同的概念。从数据库系统的组成、DBMS的功能与组成可看出数据库系统的实质是一个人—机系统。数据模型可分为“概念数据模型”（简称概念模型，用于信息世界建模）和“结构数据模型”（简称数据模型，用于机器世界建模）。通常所说的数据模型是指结构数据模型，主要包括层次模型、网状模型和关系模型，其中，关系模型应用最广泛。关系模型用“二维表”来表示实体以及实体间的联系。

在关系数据库中，表与表间的联系有3种类型：一对一、一对多和多对多。选择、投影和连接运算是3种主要的关系运算。

关系模型的完整性规则是对关系的某种约束条件。关系模型有3类完整性约束：实体完整性、参照完整性和用户定义的完整性。

习 题

一、思考题

1. 什么是数据？什么是信息？数据与信息之间有着怎样的关系？
2. 数据库系统由哪几部分组成？几个组成部分之间的关系是怎样的？
3. 数据库系统中的相关人员有哪些？分别完成什么任务？
4. 使用数据库系统有什么好处？
5. 什么是实体完整性、参照完整性和用户定义的完整性？
6. 举例说明以数据库为基础的应用系统。

二、填空题

1. 从广义角度讲，数据库系统包括3个层次，它们是________、________和________。
2. 数据模型可分为两类：________和结构数据模型，前者用于________世界建模，后者用于________世界建模。结构数据模型的3种组成要素是________、________和________。
3. 支持数据库系统的3种（结构）数据模型是________、________和________。
4. 关系中的某个属性组，被用来唯一标识一个元组，这个属性组称为________。
5. 数据库系统的核心组成部分是________。
6. 两个实体间的联系有________、________和________3种类型。
7. 关系模型就是________，它是建立在严格的数据概念基础上的。
8. 二维表中的列称为关系的________，二维表的行称为关系的________。
9. 专门的关系运算有3种，它们是________、________和________。

三、选择题

1. DBMS是（　　）。

A）数据库　　B）数据库管理系统　　C）数据库系统　　D）数据库处理系统

2. 在关系数据库系统中，所谓的“关系”，是指一个（　　）。

A）表　　B）文件　　C）二维表　　D）实体

3. 数据库管理系统（DBMS）是一种（　　）。

A）办公软件　　B）操作系统支持下的系统软件

C）应用软件　　D）操作系统

4. 下面关于数据库系统的叙述中正确的是（　　）。

A）数据库系统只是比文件系统管理的数据更多

B）数据库系统中数据的一致性是指数据类型一致

C）数据库系统避免了数据冗余

D）数据库系统减少了数据冗余

5. 下面关于实体完整性的叙述正确的是（　　）。

A）实体完整性由用户来维护　　B）关系的主键可以有重复值

C）主键不能取空值　　D）空值即是空字符串

6. 数据库系统的特点是（　　）、数据独立、减少数据冗余、避免数据不一致和加强了数据保护。

A）数据共享　B）数据存储　C）数据应用　D）数据保密

7. 数据库（DB）、数据库系统（DBS）、数据库管理系统（DBMS）三者之间的关系是（　　）。

A）DBS 包括 DB 和 DBMS　　B）DBMS 包括 DB 和 DBS

C）DB 包括 DBS 和 DBMS　　D）DBS 就是 DB，也就是 DBMS

8. 关系模型支持的 3 种基本运算是（　　）。

A）选择、投影、连接　　B）选择、查询、连接

C）投影、编辑、选择　　D）投影、选择、索引

9. 概念模型设计常用的工具是（　　）。

A）网络模型　B）层次模型　C）关系模型　D）E-R 模型

10. Access 是一个（　　）。

A）数据库文件系统　　B）数据库系统

C）数据库管理系统　　D）数据库应用系统

第 2 章　Access 2010 数据库

教学知识点

- Access 2010 的工作界面
- Access 2010 的数据库对象
- 创建 Access 2010 数据库
- Access 2010 数据库的基本操作

2.1　常见的数据库管理系统

目前，常见的数据库管理系统有 IBM 公司的 DB2、Oracle 公司的 Oracle、微软公司的 SQL Server 和 Access、Sybase 公司的 Sybase、MySQL AB 公司的 MySQL 以及 HBase 等。不同的数据库管理系统有不同的特点，也有相对独立的应用领域和用户支持。

DB2 是 IBM 公司开发的一种分布式数据库解决方案。简单来讲，DB2 是一种大型系列关系型数据库管理系统，可以运行于多种操作系统之上，并分别根据相应平台环境进行了调整和优化。它支持多用户或应用程序在同一条 SQL 语句中查询不同数据库甚至不同数据库管理系统中的数据，支持面向对象的编程，支持多媒体应用程序，支持异构分布式数据库访问等。DB2 有多种不同的版本，如 DB2 工作组版（DB2 Workgroup Edition）、DB2 企业版（DB2 Enterprise Edition）、DB2 个人版（DB2 Personal Edition）和 DB2 企业扩展版（DB2 Enterprise-Extended Edition）等。这些产品的基本数据管理功能相同，区别主要体现在支持远程客户能力和分布式处理能力方面。借助于 IBM 公司良好、稳定的服务，DB2 在大中型企业、金融机构、政府部门、电子商务解决方案中得到了广泛的应用。

Oracle 公司即“甲骨文公司”，它以开发复杂的关系数据库产品闻名全球 IT 行业，其目标定位是高端工作站及作为服务器的小型计算机。Oracle 是世界上第一个商品化的关系型数据库管理系统，提供的以分布式数据库为核心的一组软件产品是目前最流行的 C/S（Client/Server，客户机/服务器）或 B/S（Browser/Server，浏览器/服务器）体系结构的数据库之一。Oracle 采用标准 SQL（结构化查询语言），支持多种数据类型，提供面向对象的数据支持，具有第四代语言开发工具，支持 UNIX、Windows、OS/2 等多种平台。其产品通常为世界财富 500 强企业所采用，许多大型网站也选用 Oracle 系统。在中国市场上，Oracle 公司获得了极大成功，它的数据库产品在政府、金融机构、大型企业、学校等都有着广泛的应用。

瑞典 MySQL AB 公司开发的 MySQL 是一款流行的开放源码的小型关系数据库管理系统。目前，MySQL 被广泛应用于 Internet 中小型网站中。由于其具有体积小、速度快、总体成本低，尤其是开放源码、免费共享等特点，许多中小型网站都选择 MySQL 作为网站数据库。

SQL Server 是由微软公司推出的关系数据库解决方案，它是定位于中小型应用的数据库产品，但是近年来其应用范围有了很大扩展，在一些大中型企业、跨国公司的数据库管理中也有较多应用。SQL Server 是一个可扩展的、高性能的、为分布式客户机/服务器计算所设计的数据库管理系统，具有使用方便、可伸缩性好、与相关软件集成度高等优点，可跨越从运行 Microsoft

Windows 98 的笔记本计算机到运行 Microsoft Windows 2012 的大型多处理器的服务器等多种平台使用。SQL Server 不断推出新的版本，如从 SQL Server 2000、SQL Server 2008、SQL Server 2012、SQL Server 2014、SQL Server 2016、SQL Server 2017，而每一种版本又包含数个不同的系统，如 SQL Server 2012 除包含企业版（Enterprise）、商业智能版（Business Intelligence）和标准版（Standard）外，还有 Web 版、开发者版（Developer）以及精简版（Express）。

PostgreSQL 是一个功能强大的开源对象—关系型数据库管理系统，它使用和扩展了 SQL 语言，并结合了许多安全存储和扩展最复杂数据工作负载的功能。PostgreSQL 的起源可以追溯到 1986 年，是当时加州大学伯克利分校 POSTGRES 项目的一部分，此后，在核心平台上进行了 30 多年的积极开发。PostgreSQL 凭借其经过验证的架构、可靠性、数据完整性、强大的功能集、可扩展性以及软件背后开源社区的人们的奉献精神赢得了良好的声誉。

HBase 是 Apache 的 Hadoop 项目的子项目，是一个分布式的开源数据库管理系统。该技术来源于 Fay Chang 所撰写的 Google 论文，适合于非结构化数据存储。传统的关系型数据库存储一定量的数据并进行数据检索是没有问题的，但当数据量上升到非常巨大的规模（如 TB 或 PB 量级）时，就会无法支撑，这时可以选择 HBase。HBase-Hadoop Database 具有高可靠性、高性能、面向列、可伸缩等特点，可以存储海量数据及对海量数据进行检索。利用 HBase 技术可在廉价 PC Server 上搭建大规模结构化存储集群。

Access 是微软公司推出的 Microsoft Office 办公组件之一，是桌面小型关系数据库管理系统。它体积小，运行速度快，在桌面数据库管理中得到了广泛应用。

2.2　Access 2010 功能简介

Access 2010 是 Microsoft 公司于 2010 年推出的办公软件包 Office 2010 的一部分，是一个面向对象的、采用事件驱动的新型关系型数据库，是优秀的桌面数据库管理和开发工具。

Access 2010 增加了“附件”“计算”等新的数据类型，提供表、查询、窗体、报表、宏和 VBA 模块 6 种对象，用来建立数据库系统，还提供多种向导、生成器、模板，把数据存储、数据查询、界面设计、报表生成等操作规范化，为建立功能完善的数据库系统提供方便。同时，也使普通用户不必编写代码，就可以完成大部分的数据管理任务。Access 2010 还为开发者提供 VBA 7.0（Visual Basic for Application 7.0），使高级用户可以开发功能更加完善的数据库应用系统。

Access 2010 可以通过开放式数据库互联（Open Database Connection，ODBC）与 Oracle、Sybase、FoxPro 等其他数据库相连，实现数据交换和共享。Access 2010 还可以与 Office 办公软件包中的 Word、Outlook、Excel 等软件进行数据交换与共享。另外，在 Access 2010 中，可以将数据导出为 .pdf 文件（可移植文档）或 .xps 文件（XML 纸张规范），以便打印、发布以及以电子邮件形式分发。

Access 2010 提供了经过改进的安全模型，该模型有助于简化将安全性应用于数据库以及打开已启用安全性的数据库的过程。

Access 2010 和 Access Services（SharePoint 的一个可选组件）为用户提供了创建可在 Web 上使用的数据库的平台。用户可以使用 Access 2010 和 SharePoint 设计和发布 Web 数据库。拥有 SharePoint 账户的用户可以在 Web 浏览器中使用 Web 数据库。

Access 在小型企业、大公司的独立部门得到了广泛使用，它也常被用来开发实用的 Web 应用程序。借助于 ASP 网络编程语言，网站开发者可以轻松开发基于 Access 的动态数据库网站系统。

2.3 Access 2010 的工作界面

将 Office 2010 光盘放入光驱，然后按照步骤提示进行安装。完成安装后，用户在“所有程序”（或“程序”）菜单中就可以看到 Office 2010 家族的软件，选择“Microsoft Office | Microsoft Access 2010”命令，即可启动 Access 2010，初始界面如图 2-1 所示。

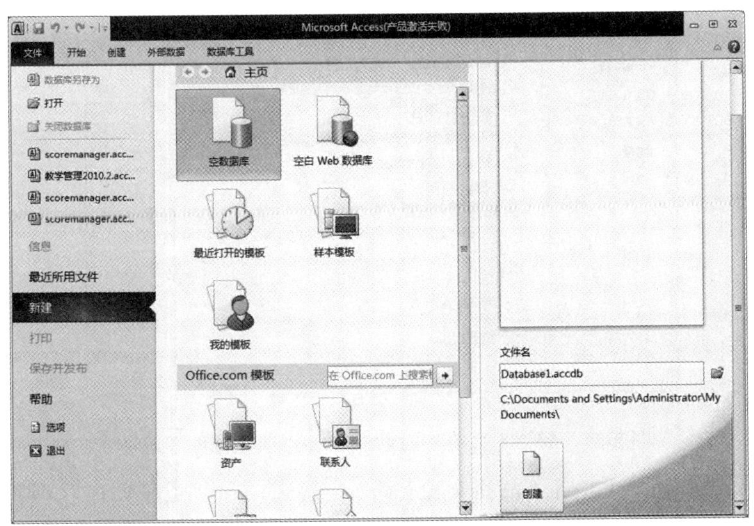

图 2-1　Access 2010 初始界面

Access 2010 的用户界面与 Access 2007 相比，发生了较大变化，除继续使用 Access 2007 中引入的两个主要的用户界面组件“功能区”和“导航窗格”外，还新引入了第 3 个用户界面组件——“Microsoft Office Backstage 视图”，这 3 个组件为用户提供创建和使用数据库的环境。事实上，在 Access 2010 中，对功能区也进行了多处更改。

2.3.1 Backstage 视图

1. Backstage 视图的组成和作用

当从 Windows“开始”菜单中打开 Access 但未打开数据库时，可以看到 Backstage 视图，如图 2-1 所示。Backstage 视图占据功能区上的“文件”选项卡，并包含很多以前出现在 Access 早期版本的“文件”菜单中的命令，如“数据库另存为”“打开”“最近所用文件”“新建”“打印”等。Backstage 视图还包含适用于整个数据库文件的其他命令，通过这些命令可以创建新数据库，打开现有数据库，通过 SharePoint Server 将数据库发布到 Web，以及执行很多文件和数据库的维护任务。Backstage 视图是根据命令对用户的重要程度和用户与命令的交互方式来突出显示某些命令的。

在 Backstage 视图中，除可以使用 Access 2010 附带的模板外，还可以从 Office. com 下载更多模板。其中的 Access 模板是预先设计的，它们含有专业设计的表、窗体和报表。模板能够为用户创建新数据库提供极大的便利。

2. Access 选项窗口

选择 Backstage 视图中的“选项”命令，会弹出“Access 选项”对话框，该对话框的左侧是设置选项的分类。例如，“常规”下罗列的是“使用 Access 时采用的常规选项”，以便更改

Access的常用设置；“当前数据库”下罗列的是“用于当前数据库的选项”，以便更改当前数据库的常用设置，如图 2-2 所示。

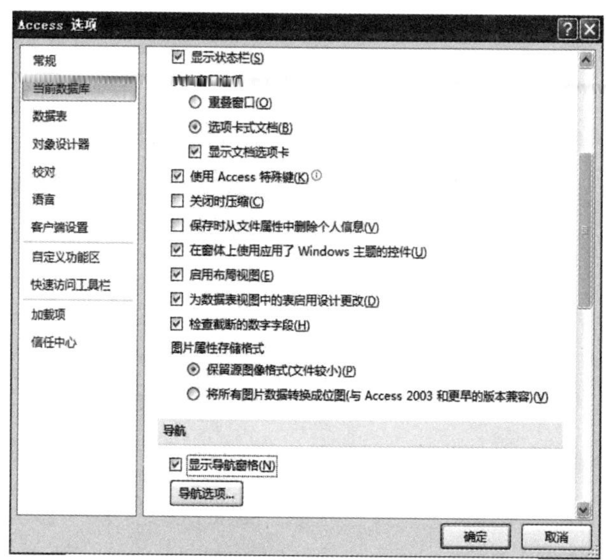

图 2-2 “Access 选项”对话框的“当前数据库”选项

从 Access 2007 开始，可以用“选项卡式文档”（默认）和“重叠窗口”两种形式来显示数据库对象。选择“选项卡式文档”更便于在所打开的不同文档之间进行切换。

显示 | 隐藏“选项卡式文档”的方法如下：

1）选择 Backstage 视图中的“选项”命令，弹出“Access 选项”对话框。

2）单击左侧窗格中的“当前数据库”选项。

3）在右侧应用程序选项部分的“文档窗口选项”下选择“选项卡式文档”单选按钮。

4）选中或清除“显示文档选项卡”复选框，如图 2-2 所示，然后单击“确定”按钮。

5）出现“必须关闭并重新打开当前数据库，指定选项才能生效”的信息提示框，单击“确定”按钮。

若要将窗口显示形式设置为“重叠窗口”形式，只需在右侧的应用程序选项部分的“文档窗口选项”下，选择“重叠窗口”单选按钮即可。

3. 获取帮助信息

如果有疑问，或想对 Access 2010 有更多了解，可单击 Backstage 视图中的“帮助”选项，或按 F1 键，或单击功能区右侧的问号按钮，均可随时获取帮助信息，进行自主学习。

2. 3. 2　功能区

功能区是一个包含多组命令且横跨程序窗口顶部的带状“选项卡”区域，从 Access 2007 开始，它替代了之前版本中的“菜单”和“工具栏”的主要功能。功能区中的命令按逻辑组的形式组织，逻辑组集中在选项卡下。每个选项卡中都有多个按钮组，都与一种类型的活动相关。为了使界面更为整洁，某些选项卡只在需要时才显示。

功能区含有将相关的常用命令分组在一起的“主选项卡”、只在使用时才出现的“上下文选项卡”以及“快速访问工具栏”（可以自定义的小工具栏，可将用户常用的命令放入其中）。下面对功能区的组成进行简要介绍。

1. 命令选项卡

功能区的主选项卡有 5 个，分别是“文件”“开始”“创建”“外部数据”和“数据库工具”。每个选项卡都包含多组相关命令，这些命令组展现了相关操作。另外，还有在使用时才出现的上下文命令选项卡。

（1）“文件”选项卡

单击“文件”标签，即可打开有关数据库文件操作的命令列表，其中包括“数据库另存为”“打开”“关闭数据库”“信息”“最近所用文件”“新建”“打印”“保存并发布”“帮助”等命令。当有数据库文件打开时，默认指向该数据库的“信息”命令，列举的是“压缩和修复数据库”以及“用密码进行加密”操作项。未打开任何数据库文件时，默认指向“新建”命令。

（2）“开始”选项卡

“开始”选项卡包含“视图”“剪贴板”“排序和筛选”“记录”“查找”和“文本格式”等选项组，如图 2 3 所示。利用这些选项组中的按钮，用户可以选择不同的视图，可以进行复制、移动、粘贴和刷新，可以设置当前字体的特性，还可以新建、保存、删除、汇总数据记录，以及对数据记录进行查找、排序和筛选等操作。

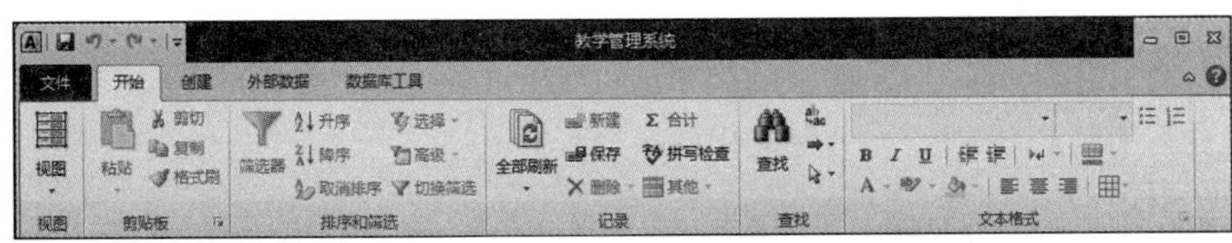

图 2-3 “开始”选项卡

（3）“创建”选项卡

“创建”选项卡包含“模板”“表格”“查询”“窗体”“报表”和“宏与代码”选项组，如图 2-4 所示。利用这些选项组中的按钮，用户可创建新的表对象、在 SharePoint 网站上创建列表，以及创建查询、窗体、报表、宏、模块或类模块等 Access 2010 的其他对象。

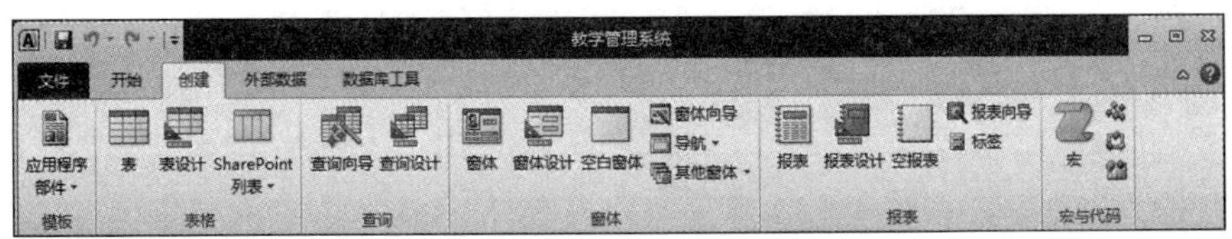

图 2-4 “创建”选项卡

（4）“外部数据”选项卡

“外部数据”选项卡包含“导入并链接”“导出”“收集数据”和“Web 链接列表”选项组，如图 2-5 所示。该选项卡主要对 Access 2010 以外的数据进行相关处理，比如导入并链接外部数据，将所选对象导出到 Excel 电子表格、文本文件、XML 文件，以及导出为 PDF 或 XPS 文档文件等，也可以通过电子邮件收集和更新数据，创建保存的导入、导出和运行链接表等操作。

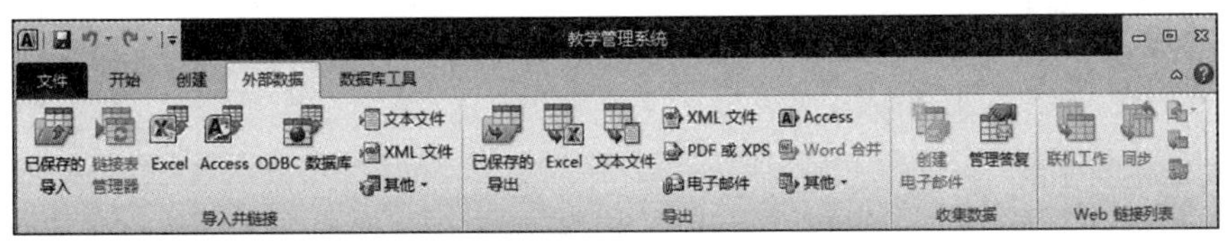

图 2-5 “外部数据”选项卡

（5）“数据库工具”选项卡

“数据库工具”选项卡包含“工具”“宏”“关系”“分析”“移动数据”和“加载项”选项组，如图 2-6 所示。通过该选项卡，用户可以建立和编辑表之间的关联关系，还可以完成针对 Access 2010 数据库的一些高级操作。

图 2-6 “数据库工具”选项卡

（6）上下文选项卡

上下文选项卡是根据用户正在使用的对象或正在执行的任务而显示的命令选项卡。例如，当用户单击“创建”选项卡下“表”选项组中的“表设计”按钮来创建一个表时，会出现“表格工具”—“设计”上下文选项卡，如图 2-7 所示，用户可利用其中的各种工具按钮来设计表。而当用户通过单击“报表”选项组中的“报表设计”按钮来创建一个报表时，则会出现“报表设计工具”—“设计”“排列”“格式”和“页面设置”4 个上下文选项卡，如图 2-8 所示。用户可以利用这些选项卡中的各种工具按钮来设计报表。

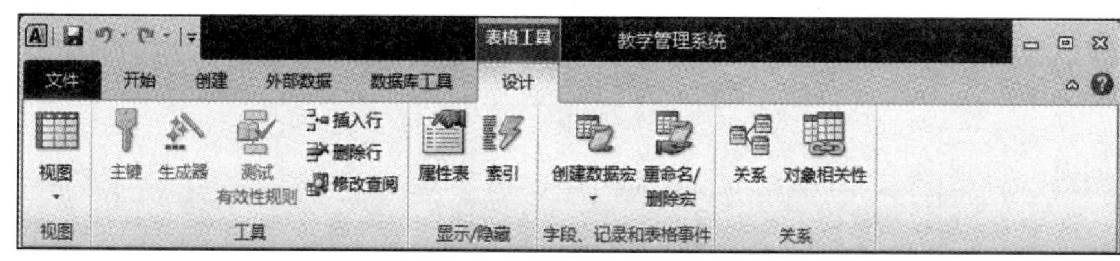

图 2-7　表的“设计”上下文选项卡

图 2-8　报表的“设计”上下文选项卡

2. 快速访问工具栏

“快速访问工具栏” 位于主窗口标题栏的左侧。默认情况下，它提供最常用的“保存”“撤销”“恢复”按钮，以便用户即时访问相应的命令。单击快速访问工具栏右侧的下拉按钮，则会弹出图 2-9 所示的下拉菜单。用户可以通过在该菜单中选择常用命令来自定义快速访问工具栏。

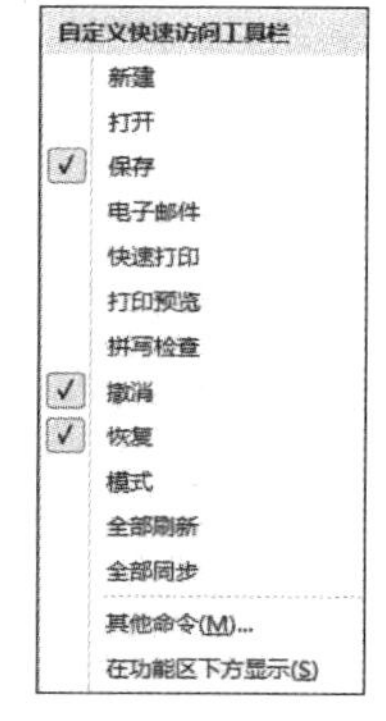

图 2-9 “自定义快速访问工具栏”菜单

2. 3. 3　导航窗格

1. 导航窗格的作用

从 Access 2007 开始，“导航窗格”取代了早期版本中的“数据库”窗口。“导航窗格”是在数据库中导航和执行任务的窗口，可帮助用户组织、归类数据库对象，并且是打开或更改数据库对象设计的主要方式。

在 Access 2010 中，执行打开数据库或创建数据库操作之后，“导航窗格”默认出现在程序窗口左侧，数据库对象（包括表、查询、窗体、报表、宏和模块）的名称将显示在导航窗格中，如图 2-10 所示（其中的查询、窗体、报表对象处于折叠状态）。

导航窗格将数据库对象划分为多个类别，各个类别中又按组进行组织。用户既可以从多种组选项中进行选择，又可以在导航窗格中创建自己的自定义组。

在导航窗格中单击“所有 Access 对象”选项，弹出“浏览类别”菜单，如图 2-11 所示，用户可以在该菜单中选择对象的查看方式。默认情况下，新数据库使用“对象类型”类别，该类别包含对应于各种数据库对象的组。

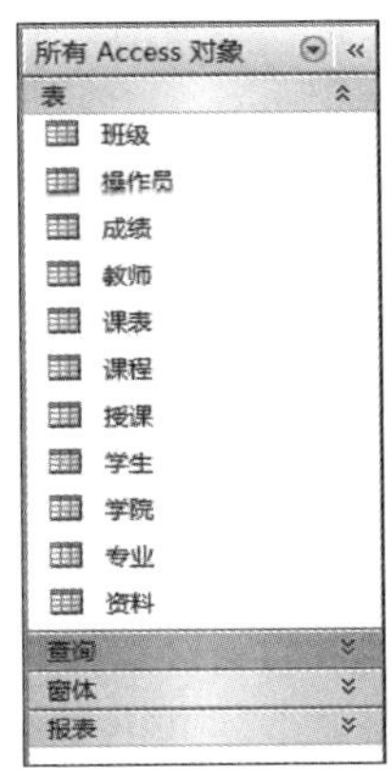

图 2-10 “导航窗格”

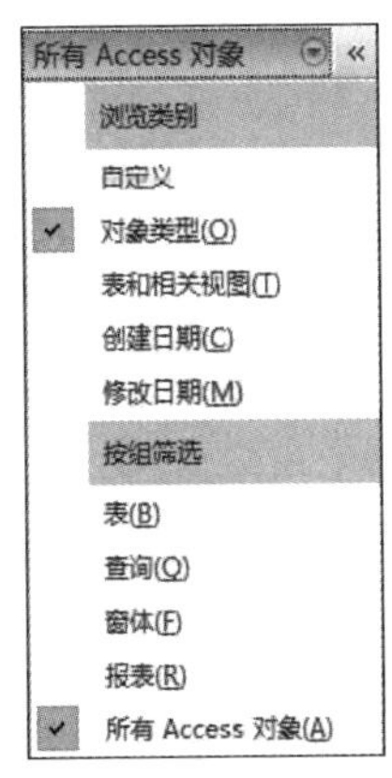

图 2-11 “浏览类别”菜单

2. 显示或隐藏导航窗格

Access 默认显示导航窗格，也可以将其隐藏。显示或隐藏“导航窗格”的方法是：按 F11 键，或单击“导航窗格”中的百叶窗开/关按钮«。隐藏“导航窗格”可增大工作区，显示“导航窗格”则能使用户方便地访问数据库的各个对象。

3. 默认情况下禁止显示导航窗格

设置在默认情况下是否禁止显示“导航窗格”的步骤如下：

1）单击“文件”选项卡，然后单击“选项”命令，弹出“Access 选项”对话框。

2）在“Access 选项”对话框的左侧窗格中，单击“当前数据库”选项，如图 2-2 所示。

3）在“导航”选项组中，清除或选中“显示导航窗格”复选框，然后单击“确定”按钮。

4）弹出“必须关闭并重新打开当前数据库，指定选项才能生效”的信息提示框，单击“确定”按钮。

2.4　Access 2010 中的数据库对象

在 Access 2010 中创建一个数据库就是创建一个扩展名为 . accdb 的数据库文件。Access 2010 数据库中有表、查询、窗体、报表、宏和模块 6 种数据库对象。打开一个数据库后，其数据库对象的名称便会显示在导航窗格中。例如，打开“教学管理”数据库，可以看到的表对象有“学生”“教师”“课程”“班级”“成绩”“专业”等，查询对象有“课表查询”“授课查询”“成绩查询”等，窗体对象有“主窗体”“登录”“成绩录入”等，报表对象有“学生卡”“成绩表”等。

1. 表（Table）

表是数据库的基本对象，是创建其他数据库对象的基础。一个数据库中可以建立多个表，表中存放着数据库的全部数据，表是整个数据库系统的数据源。

2. 查询（Query）

查询是数据库中对数据进行检索的对象，用于从一个或多个表中找出用户需要的记录或统计结果。例如，“查看1993年以后出生的学生信息”“查看学习微积分的学生的姓名及考试成绩”。查询的数据来源是表或其他查询，查询又可以作为数据库其他对象的数据来源。

3. 窗体（Form）

窗体是用户与数据库应用系统进行人机交互的界面。通过窗体能给用户提供一个更加友好的操作界面。用户可以通过添加“标签”“文本框”“命令按钮”等控件，轻松直观地浏览、输入或更改表中的数据。窗体的数据源可以是表或查询。

4. 报表（Report）

报表的功能是对有关数据进行显示、分类汇总、求平均、求和等操作，然后将其打印出来，以满足分析的需要。报表的数据源可以是表或查询。

5. 宏（Macro）

宏是Access数据库中一个或多个操作（命令）的集合。利用宏可以使大量的重复性操作自动完成，以简化一些经常性的操作，同时方便对数据库进行管理和维护。

6. 模块（Module）

Access中的模块是用Access支持的VBA（Visual Basic for Applications）语言编写的程序段的集合。创建模块对象的过程也就是使用VBA编写程序的过程。

不同的对象在数据库中起着不同的作用，它们之间的关系如图2-12所示。

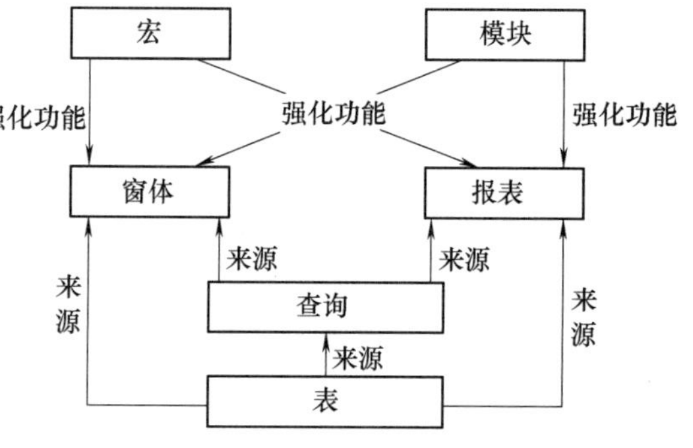

图2-12 Access数据库对象之间的关系

2.5 创建数据库

2.5.1 数据库的规划与设计

在创建数据库之前，用户首先要对所创建的数据库进行整体规划与设计。合理的规划与设计是构建快速、有效、准确的数据库的基础。下面将简要概述规划与设计数据库的一般过程。

1. 通过需求分析确定建立数据库的目的

在进行数据库设计时，首先必须了解并分析用户的实际要求。需求分析的主要任务是通过详细调查，研究客户需要处理的对象，明确客户使用数据库将要对哪些数据进行处理以及需要哪些数据管理功能，然后考虑在数据库中如何组织数据既能节约资源又能使有限的资源发挥最大的效用等。需求分析是整个设计过程的基础，是设计数据库的起点，也是最困难的一步。需求分析进行得是否准确充分，直接决定着数据库将来的运行速度、运行效率和质量。

2. 确定表

一个表中不可能包括所有信息，否则难免会出现大量的重复字段，容易造成存储空间的浪费。一个表应是关于某个特定主题的数据集合。对每个主题使用单个表，不仅可以使数据库的效率更高，而且可以减少数据的输入错误。因此，在明确了建立数据库的目的之后，就应着手把所要处理的信息分成不同主题，每个主题的相关数据构成数据库中的一个表。

3. 确定表中的字段

表确定后，需要考虑每个表中保存哪些数据信息，这就要求设计表中字段。设计表中字段要遵循两个原则，即字段唯一性和字段无关性。字段唯一性是指表中的每个字段只能包含唯一类型的数据信息；字段无关性是指在不影响其他字段的情况下，必须能够对任意字段进行修改（非主关键字段）。

4. 确定每个表的主键

关系数据库系统的强大功能来自于其可以使用查询、窗体和报表快速地查找并组合存储在各个不同表中的信息。为了做到这一点，每个表都应该确定一个或一组这样的字段：这些字段是表中所存储的每一条记录的唯一标识。这样的字段称作表的主关键字（或主键）。Access 阻止在主键字段中输入重复值或空值。

5. 确定各表之间的联系

表中的字段是互相协调的，这种协调通过表之间的联系来实现，所以需要分析每个表，以确定表中的数据和其他表中数据有何联系。必要时，可在表中加入字段或创建一个新表来明确这种联系。

6. 改进设计

数据库设计是一个不断发现问题、改进设计的过程。改进设计是指对所做设计进行进一步分析，查找其中的错误和存在的问题，并加以改进优化。

在数据库设计的初期，数据库的整体规划可能并不完善，因此，在创建表时还需要根据实际情况及时调整设计。“教学管理系统”数据库的系统规划和系统设计详见第 10 章。

2.5.2 建立数据库

从某种意义上讲，数据库就是一种存放具有不同功能的数据库对象的“容器”。建立的数据库文件将以 .accdb 作为扩展名存放在磁盘上。

在 Access 2010 中，创建数据库的方法有两种：使用模板和创建空数据库。

1. 使用模板创建数据库

（1）Access 2010 中的模板

Access 2010 提供了一组旨在满足特定业务需要的数据库模板，使用这些模板可以加快数据库的创建过程。Access 模板是预设的数据库，含有已定义好的数据结构，而且包含了执行特定任务所需的所有表、查询、窗体和报表。用户可以按原样使用模板数据库，也可以自定义数据库以更好地满足用户的需要。

Access 2010 附带了 7 个客户端数据库模板：“教职员”“罗斯文”“任务”“事件”“销售渠道”“学生”和“营销项目”，还附带了 5 个 Web 数据库模板：“资产 Web 数据库”“慈善捐赠 Web 数据库”“联系人 Web 数据库”“问题 Web 数据库”和“项目 Web 数据库”。这里所说的“客户端数据库”没有设计为发布到 Access Services，但仍可以通过将它们放在共享网络文件夹或文档库中来进行共享，而“Web 数据库”表示数据库设计为发布到运行 Access Services 的 SharePoint 服务器上，也可以使用 Web 兼容的数据库作为标准客户端数据库，因此它们适用于任何环境。

每个模板均为满足特定数据管理需要而设计。建立数据库时，首先可以选择 Access 2010 附带的“可用模板”，如果这些模板均不能满足特定需要，还可以连接到 Office.com 来选择更多的

“Office. com 模板”。

提示：可以通过 Access 2010 的“帮助”功能来进一步了解每个数据库模板所执行的特定任务。

（2）建立数据库

使用 Access 2010 附带的模板建立客户端数据库和 Web 数据库的过程相同，具体步骤如下：

1）启动 Access 2010，在 Backstage 视图的“新建”选项卡上单击“样本模板”选项。

2）在“可用模板”下，从列举的 12 个模板中单击要使用的模板，这里单击“联系人 Web 数据库”模板，如图 2-13 所示。

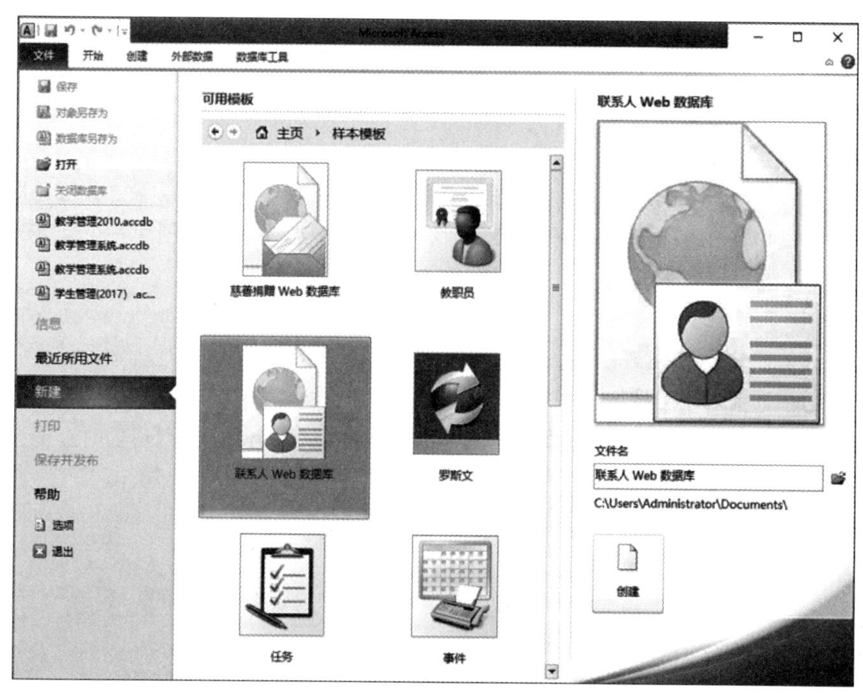

图 2-13　单击“联系人 Web 数据库”模板

3）在界面右侧的“联系人 Web 数据库”区域下方弹出的“文件名”文本框中，输入所要采用的数据库文件名，这里采用默认的文件名“联系人 Web 数据库”。

4）单击“创建”按钮，即在“文件名”文本框下面显示的默认位置创建了“联系人 Web 数据库”，如图 2-14 所示。如果要将数据库文件存放到其他位置，在单击“创建”按钮之前，可通过单击“文件名”文本框右侧的文件夹按钮以找到要创建数据库的位置。

5）单击“通讯簿”选项卡中的“新增”按钮，弹出图 2-15 所示的对话框，即可输入新的联系人资料。

如果已连接 Internet，则可以从 Backstage 视图中浏览或搜索 Office. com 中的模板，并将其从 Microsoft Office 网站下载到本机。具体步骤如下：

1）启动 Access 2010。在 Backstage 视图的“新建”选项卡上执行下列操作之一。

浏览模板：在“Office. com 模板”下单击所需模板类别（如“商务”）。

搜索模板：在“在 Office. com 上搜索模板”框中输入一个或多个搜索词，然后单击箭头按钮来搜索。

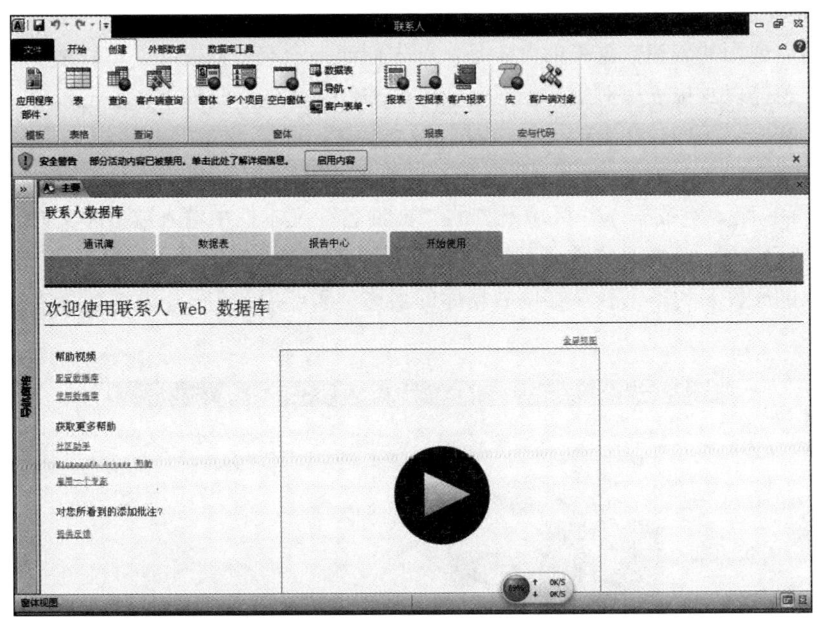

图 2-14　联系人 Web 数据库

图 2-15 “联系人详细信息”对话框

2）找到要使用的模板后单击进行选择。

3）在“文件名”文本框中输入数据库文件名。单击“文件名”文本框右侧的文件夹图标，以找到要创建数据库的位置。

4）单击“下载”按钮。

提示：通过模板建立的数据库有时并不完全符合要求，因此，一般会先利用模板生成一个数据库，然后对其进行修改。

2. 创建空数据库

更为灵活、通用的创建数据库的方法是：首先创建一个空白数据库，然后逐步向数据库中添加表、查询、窗体以及报表等对象。创建空数据库的具体操作步骤如下：

1）启动 Access 2010，在 Backstage 视图的“新建”选项卡上单击“空数据库”选项，如图 2-16所示。

2）在界面右侧“空数据库”区域下方的“文件名”文本框中输入数据库文件名。若要更改文件存放的默认位置，单击“文件名”文本框右侧的文件夹按钮，以找到要创建数据库的位置。

这里输入的文件名为本书教学案例数据库的名称“教学管理”，并设置其存放位置如图 2-16 所示。

图 2-16　建立空数据库

3）单击“创建”按钮。这时，Access 将创建一个包含名为 Table1 空表的数据库，然后在“数据表”视图中打开 Table1。光标将被置于“单击以添加”列中的第一个空单元格中。

4）开始输入以添加数据，或者粘贴来自其他源的数据。如果此时不希望在 Table1 中输入数据，单击“关闭”按钮。

提示：如果在未进行任何保存操作的情况下关闭 Table1，Access 就会删除整个表。

2.6　操作和管理数据库

2.6.1　打开、关闭数据库

1. 打开数据库

在使用或维护已创建的数据库时，都必须首先将其打开。具体操作步骤如下：

1）选择 Backstage 视图中的“打开”命令。

2）在出现的“打开”对话框中，通过“查找范围”找到包含所要打开的数据库文件的驱动器或文件夹，单击文件列表中的相应文件。

3）单击“打开”按钮右侧箭头，在出现的 4 种打开方式中选择一种，如图 2-17 所示。

- 打开：指以共享方式打开数据库。该方式允许在多用户环境中进行共享访问，多个用户都可以读写数据库。
- 以只读方式打开：以这种方式打开数据库，只能进行只读访问，也就是说，可查看数据库，但不可编辑数据库。
- 以独占方式打开：该方式不允许其他用户再打开数据库。当任何其他用户试图再打开该数据库时，将收到“文件已在使用中”的消息。
- 以独占只读方式打开：指当一个用户以此模式打开数据库之后，其他用户仍能打开该数据库，但是他们被限制为只读模式。

打开(O)
以只读方式打开(R)
以独占方式打开(V)
以独占只读方式打开(E)

图 2-17　数据库打开方式

2. 关闭数据库

在单个 Access 实例中，每次只能打开一个数据库。当一个数据库使用结束后，应关闭这个数据库。

关闭数据库的方法有以下 3 种：

1）只关闭数据库文件而不退出 Access 2010 时，选择 Backstage 视图中的“关闭数据库”命令。这时用户仍在 Access 2010 系统中，可以继续进行其他 Access 工作。

2）打开另外一个数据库时，系统会自动关闭先前打开的数据库，如果曾有修改操作，系统会询问是否保存所做的修改。

3）若关闭数据库的同时退出 Access 2010，则单击主窗口中的 × 按钮，或选择 Backstage 视图中的“退出”命令，这时将关闭 Access 2010 系统下的所有文件，然后退出 Access 2010。

2.6.2　转换数据库格式

在 Access 2007 以前的版本中，数据库文件采用 . mdb 格式。从 Access 2007 开始，使用了新的文件格式 . accdb。在 Access 2010 中，该文件格式支持一些新功能，如多值查阅字段、附件类型字段、计算类型字段，还可以使用 SharePoint Server 的新组件 Access Services 将数据库发布到 Web。这样，不同环境下数据库的使用就存在格式不一致的问题。下面介绍数据库格式的转换方法。

将 Access 2000、Access 2002-2003 数据库转换成 . accdb 格式的具体步骤如下：

1）在 Access 2010 的 Backstage 视图中选择“打开”命令。

2）在“打开”对话框中，选择要转换的 Access 2000 或 Access 2002-2003 数据库（. mdb），并将其打开。如果出现“数据库增强功能”对话框，则表明数据库使用的文件格式早于 Access 2000。

3）在 Backstage 视图中选择“保存并发布”命令，然后在“数据库文件类型”下选择“Access 数据库（ *. accdb）”命令，如图 2-18 所示。

4）单击“另存为”按钮。

5）在“另存为”对话框的“文件名”文本框中输入文件名（默认的文件名与原来相同），然后单击“保存”按钮。

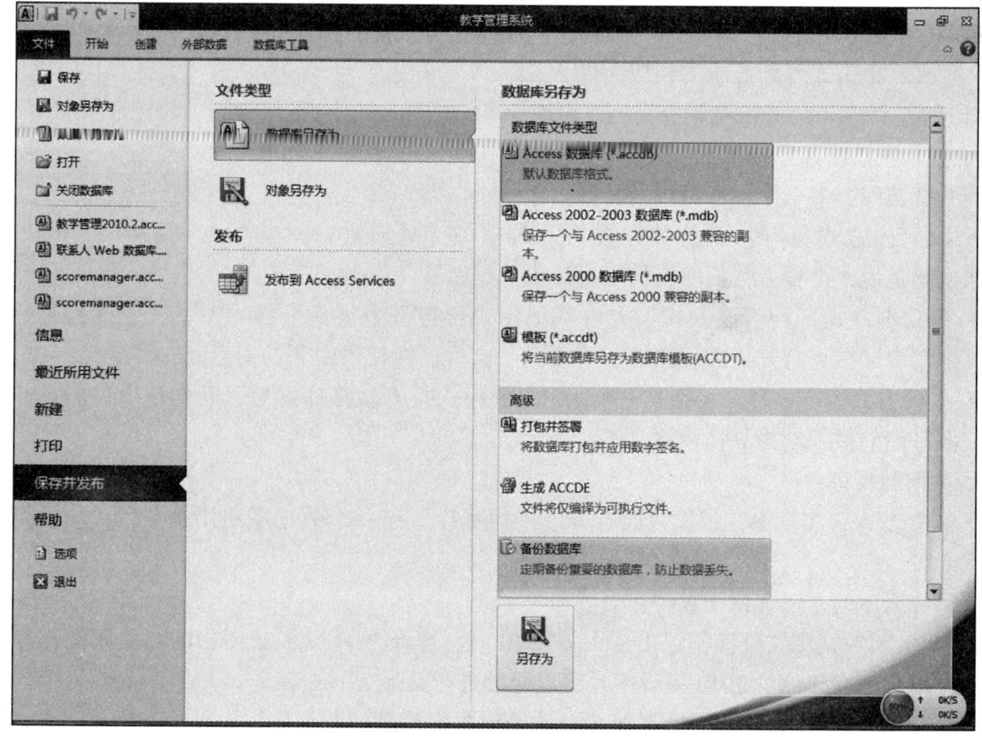

图 2-18　. mdb 格式数据库转换为 . accdb 格式

提示：

① 在 Access 2010 中打开 Access 97 数据库时，会出现“数据库增强功能”对话框。若要将此数据库转换为 . accdb 文件格式，单击“是”按钮，Access 随后会以 . accdb 格式创建此数据库的副本。

② 如果需要与其他用户共享数据库，则必须先确保这些用户使用的都是 Access 2007 或 Access 2010，然后才能将数据库转换成 . accdb 文件格式，因为在早于 Access 2007 的版本中不能使用 . accdb 文件格式。

③ 以 . accdb 格式创建的数据库不能用 Access 2007 以前的版本打开，并且此格式不再支持“复制”和“用户级安全性”。如果需要在早期版本的 Access 中使用数据库，或者需要使用“复制”和“用户级安全性”，则必须使用早期版本的文件格式。

2.6.3　备份数据库

为了防止数据的意外丢失，应该经常备份数据库文件。

备份数据库文件的操作步骤如下：

1）打开要备份的数据库文件，如“教学管理 . accdb”。

2）在 Backstage 视图中选择“保存并发布”命令，然后在“高级”选项组中选择“备份数据库”选项，如图 2-18 所示。

3）单击“另存为”按钮。

4）在弹出的“另存为”对话框中指定备份所得数据库文件的保存位置和文件名。

系统默认该数据库的保存位置与所备份数据库的相同。默认该数据库的文件名为所备份数据库的名字加保存日期，如“教学管理_2013-08-11.accdb”。

2.7　小结

Access 2010 是 Office 2010 的一个组件，是一个面向对象的、采用事件驱动的新型关系型数据库，是优秀的桌面数据库管理和开发工具。

Access 2010 提供表、查询、窗体、报表、宏和 VBA 模块 6 种数据库对象，提供多种向导、生成器、模板，把数据存储、数据查询、界面设计、报表生成等操作规范化，使得建立功能完善的数据库系统更加方便。Access 2010 还提供 VBA 7.0，使高级用户可以开发功能更加完善的数据库应用系统。Access 2010 的用户界面由“Backstage 视图”“功能区”和“导航窗格”3 部分组成，这 3 部分为用户提供了创建和使用数据库的环境。

在具体建立数据库之前，用户必须按照一定的规则和规范对数据库系统进行整体规划和设计，通常需要经历的步骤包括：通过需求分析确定建立数据库的目的；确定表；确定表中的字段；确定每个表的主键；确定各表之间的联系；改进设计等。在 Access 2010 中，创建数据库的方法有两种：使用模板和创建空数据库。

习　　题

一、思考题

1. Access 2010 增加了哪些新功能？
2. Access 2010 数据库文件的扩展名是什么？数据库中有哪些对象？各对象间的关系如何？
3. Access 2010 中如何使用帮助资源？
4. 什么情况下需要转换数据库的格式？数据库的格式如何转换？
5. 数据库的规划与设计阶段需要完成哪些方面的工作？

二、填空题

1. Access 2010 初始界面的 3 个组件分别是________、________和________。
2. Access 2010 中，功能区的命令标签有________、________、________、________、和________。
3. Access 2010 数据库的对象包括________、________、________、________、________、和________。
4. Access 数据库中的查询对象要依据________对象或________对象而建立。
5. Access 数据库中报表对象和窗体对象的数据源可以是________或________。
6. 打开数据库文件的 4 种方式是________、________、________和________。

三、选择题

1. Access 是一个（　　）系统。

A）电子表格　　B）大型数据库管理　　C）网页制作　　D）桌面小型数据库管理

2. Access 2010 数据库的扩展名是（　　）。

A）.ppt　　B）.xls　　C）.accdb　　D）.mdb

3. Access 2010 中，执行“备份数据库”命令需要单击（　　）。

A）百叶窗开/关按钮　　B）新建

C）选项　　D）保存并发布

4. Access 数据库中用于存储数据的对象是（　　）。

A）表　　B）查询　　C）窗体　　D）报表

5. 以下不属于 Access 2010 数据库对象的是（　　）。

A）窗体　　B）数据访问页　　C）模块　　D）宏

6. 在 Access 数据库中，可以按用户要求的格式和内容打印输出数据的对象是（　　）。

A）表　　B）查询　　C）窗体　　D）报表

7. 打开 Access 2010 数据库，通过（　　）可以修改系统默认的功能选项的设置。

A）导航窗格　　B）快速访问工具栏

C）选项　　D）百叶窗开/关按钮

四、实验题

打开本书配套的“教学管理系统”，查看该系统所包含的对象以及所具有的功能。

第 3 章　表

教学知识点

- 表的创建
- 表的维护
- 表中数据的操作
- 表间关系
- 数据的导入与导出

表（又称数据表）是数据库的基本组成部分，是数据库存储数据的唯一方式。通常，根据现实世界中主题的不同分类，将相关数据存放在各种数据表中。数据库中其他对象的操作均依赖于表对象。因此，创建数据库之后，首先面临的任务便是创建表。

一个数据库中可能需要包含若干个表。如本书实例“教学管理系统”中，“教学管理”数据库就包含着分别围绕特定主题的多个表，它们是“学院”表、“教师”表（见表 3-1）、“课程”表（见表 3-7）、“课表”表、“授课”表、“成绩”表（见表 3-8）、“学生”表（见表 3-10）、“专业”表、“班级”表等，用来管理教学过程中有关学生、教师、课程方面的信息，这些各自独立的数据表通过建立关系被联接起来成为一个有机的整体。

3.1　创建表

完成数据库设计后，便可依据设计结果开发 Access 数据库应用系统了。开发应用系统时，首先要创建 Access 数据库，然后在该数据库中创建表对象。有了表对象，就可以创建查询、窗体、报表等其他对象了。

表用于存储和管理与特定主题（如学生、教师、课程等）有关的数据，是 Access 数据库的基本对象，是其他数据库对象的数据源。在用户看来，与特定主题有关的数据集合——表是一个二维表，其中的每一列称为表的字段，每一行称为表的记录。“教学管理系统”数据库中对应于“教师”主题的“教师”表见表 3-1。

表 3-1　“教师”表

教师编号	姓名	性别	参加工作时间	政治面貌	学历	职称	联系电话	婚否	E-mail	所属学院
T0001	王勇	男	1994-7-1	中共党员	硕士	副教授	8899001	√	wangyong@163. com	07
T0002	肖贵	男	2001-8-3	中共党员	硕士	讲师	1234567			07
T0003	张雪莲	女	1991-9-3	中共党员	本科	副教授	7654321	√		13
T0004	赵庆	男	1999-11-2	中共党员	本科	讲师		√		07
T0005	肖莉	女	1989-9-1	中共党员	博士	教授	8888666	√		07
T0006	孔凡	男	2001-3-1	群众	本科	讲师				12
T0007	张建	男	2002-7-1	群众	硕士	讲师				09

表的主要功能是存储数据，其主要应用有：

1）作为查询数据源，通过查询来完成一般表格不能完成的任务。

2）作为窗体和报表的数据源，用于显示和分析。

3）作为网页的数据源，将数据动态显示在网页中。

由此可见，表中存储的信息的正确性和完整性非常重要。如果表中包含不正确的信息，任何从表中提取的查询、窗体和报表信息也将包含不正确的信息。

表对象由表结构（也称表定义）和表记录两部分组成，其中，表结构指构成表的框架，具体来说就是指表中所包含的每个字段的字段名、数据类型和字段大小等属性，表记录就是指表中的数据。

3.1.1 建表原则

表结构的设计直接影响数据库的性能和整个系统设计的复杂程度。因此，设计具有良好结构和关系的表对系统开发非常重要。

表设计时应按照一定原则对信息进行分类。此外，为确保表结构设计的合理性，通常还要对表进行规范化设计，以消除表中存在的冗余，保证一个表只围绕一个主题，并使表容易维护。

1. 信息分类原则

（1）每个表应该只包含关于一个主题的信息

当每个表只包含关于一个主题的信息时，就可以独立于其他主题来维护每个主题的信息。例如，应该将教师基本信息单独保存在“教师”表中，如果将这些基本信息保存在“授课”表中，则在删除某个教师的授课信息时，就会连同其基本信息一同删除。

（2）表中不应包含重复信息，表间也不应有重复信息

每条信息只保存在一个表中，需要时只在一处进行更新，这样效率更高。例如，每个学生的姓名、性别等信息，只在“学生”表中保存，而“成绩”表中不再保存这些信息。

2. 规范化设计

对表来说，存在着多种不同的规范化形式。规范化程度从宽松到严格，分别为第一范式、第二范式、第三范式等。

（1）第一范式

第一范式（1NF）是指关系中的每个属性都是不可拆分的数据项。1NF 是关系数据库应满足的最基本的条件，一个不满足 1NF 的数据库不能称为关系数据库。

例如，在表 3-2 中，“联系电话”是一个可拆分的字段项，它包含了“固定电话”和“移动电话”两个基本数据项，可见该关系不满足 1NF，解决此问题的方法是将“固定电话”和“移动电话”作为表中的字段，使每个数据项不可拆分，见表 3-3。同样的道理，表 3-4 也不满足 1NF，将其转变为每个数据项均不可拆分的满足 1NF 的关系，见表 3-5。

表 3-2 非规范化关系

编 号	姓 名	联系电话	
		固定电话	移动电话
99001	张一凡	87668992	13078689026
99003	刘乐	87686575	13565656788
99002	王春晖	87621689	13600557889

表 3-3 满足 1NF 的关系

编 号	姓 名	固定电话	移动电话
99001	张一凡	87668992	13078689026
99003	刘乐	87686575	13565656788
99002	王春晖	87621689	13600557889

表 3-4 非规范化关系

学 号	课程编号	分 数	学 号	课程编号	分 数
20060101	CJ001	95	20060102	CJ001	80
	CJ002	85		CJ002	90
	CZ001	87		CZ001	60

表 3-5 满足 1NF 的关系

学 号	课程编号	分 数	学 号	课程编号	分 数
20060101	CJ001	95	20060102	CJ001	80
20060101	CJ002	85	20060102	CJ002	90
20060101	CZ001	87	20060102	CZ001	60

（2）第二范式

在一个满足 1NF 的关系中，如果所有非主属性都完全依赖于候选键，则称这个关系满足第二范式（2NF）。

例如，表 3-6 是“学生选课情况”表。其中，主关键字由“学号”和“课程编号”组成，即由一个复合关键字唯一确定一条记录。该关系满足 1NF，但应用中会出现以下问题。

1）数据冗余。如果修同一门课程的学生有数十名甚至数百名之多，学分的某一值就会重复数十次甚至数百次，造成数据冗余。

2）更新异常。如果要调整某门课程的学分值，可能会出现同一门课程学分值不同的现象，造成更新异常。

3）插入异常。如果开设了一门新课程，暂时还无人选修，由于缺少学号值，表中不能出现这门课程，只有等有学生选修后才能把课程和学分存入表中，造成插入异常。

4）删除异常。如果将毕业学生的信息从表中删除，则“课程编号”和“学分”字段会一同被删除，而新生还未选修该课程，会造成删除异常。

表 3-6 “学生选课情况”表

学 号	课程编号	分 数	学 分	学 号	课程编号	分 数	学 分
20070001	CJ001	70	4	20060003	CJ005	90	2
20070001	CJ005	85	2	20060003	CJ003	79	4
20060003	CJ001	88	4	20070005	CJ003	83	4

造成上述现象的原因是：“分数”和“学分”是非主属性，其中，“分数”完全依赖于候选键（学号，课程编号），而“学分”仅依赖于“课程编号”，因此对主属性属于部分依赖。

要避免上述问题，关系模式必须满足 2NF，方法是，将此关系模式进行分解，生成两个关系模式，即课程（课程编号，课程名称，课程类别，学分，课程资源）（根据需要，增加了“课程类别”“课程资源”属性）和成绩（学号，课程编号，分数），见表 3-7 和表 3-8。这里的“课程”表和“成绩”表均为“教学管理”数据库中的表（考虑到篇幅，表 3-8 只列举了前 4 条记录）。

表 3-7 “课程”表

课程编号	课程名称	课程类别	学分	课程资源
CJ001	微积分	公共基础课	4	
CJ002	计算机基础	公共基础课	2	
CJ003	大学英语	公共基础课	4	
CJ004	C 语言程序设计	公共基础课	4	http：//www1. lzcc. edu. cn/cplusplus/index. aspx
…	…	…	…	…

表 3-8 “成绩”表

学号	课程编号	分数	学号	课程编号	分数
201007010101	CJ001	58	201007010101	CJ004	71
201007010101	CJ002	60	…	…	…
201007010101	CJ003	78			

（3）第三范式

满足 2NF 的关系，如果其所有非主属性都不传递依赖于候选键，则称该关系满足第三范式（3NF）。

例如，表 3-9 是“学生基本情况”表，主关键字是“学号”，不存在部分依赖的问题，满足 2NF。但“班级编号”“班级名称”“班主任”将重复存储，不仅存在数据冗余问题，而且存在插入异常、删除异常、更新异常等问题。

表 3-9 “学生基本情况”表

学号	姓名	性别	班级编号	班级名称	班主任
201007010101	王海	男	2010070101	计算机科学与技术 2010 级 1 班	
201007010102	张敏	男	2010070101	计算机科学与技术 2010 级 1 班	
201007010103	李正军	男	2010070101	计算机科学与技术 2010 级 1 班	
201007010104	王芳	女	2010070101	计算机科学与技术 2010 级 1 班	
…	…	…	…	…	…

产生这些问题的原因是：非主属性“班级名称”“班主任”依赖于“班级编号”，而“班级编号”又依赖于“学号”，即存在传递依赖现象。

避免这些问题的方法是：使关系模式满足 3NF，即将该关系模式进行分解，生成两个关系模式，即学生（学号，姓名，性别，出生日期，政治面貌，照片，爱好，个人简历，班级编号）（根据需要，增加了“出生日期”“政治面貌”“照片”“爱好”“个人简历”属性）和班级（班级编号，班级名称，入学年份，班主任，专业编号）（根据需要，增加了“入学年份”“专业编号”属性），见表 3-10 和表 3-11。这里的“学生”表和“班级”表均为“教学管理系统”数据库中的表（考虑到篇幅，这两个表均只列举了相应表的前 4 条记录，而且表 3-10 也只列举了前 6 个字段）。

表 3-10 “学生”表

学　　号	姓　　名	性　　别	出 生 日 期	政 治 面 貌	照　　片	…
201007010101	王海	男	1991-6-10	群众		…
201007010102	张敏	男	1991-12-1	中共党员		…
201007010103	李正军	男	1991-11-3	群众		…
201007010104	王芳	女	1991-4-3	中共党员		…
…	…	…	…	…	…	…

表 3-11 “班级”表

班 级 编 号	班 级 名 称	入 学 年 份	班　主　任	专 业 编 号
2010070101	计算机科学与技术 2010 级 1 班	2010		0701
2010070102	计算机科学与技术 2010 级 2 班	2010		0701
2010070201	信息管理与信息系统 2010 级 1 班	2010		0702
2010070301	信息与计算科学 2010 级 1 班	2010		0703
…	…	…	…	…

提示：一个好的关系模式，应该保持尽可能少的数据冗余，而且不存在插入异常、删除异常和更新异常等问题。规范化是为了将不好的关系模式转化为好的关系模式，转化的方法是：将关系模式分解成两个或两个以上的关系模式。

从关系模型的角度来看，满足 3NF 最符合标准，这样的设计容易维护。不过在数据查询等方面，由于需要进行连接操作，因此会影响查询速度。

3.1.2 定义表结构

创建表包含两部分工作：①是在分析实际问题的相关主题的基础上，依据建表原则设计各个表的结构；②是在数据库管理系统的支持下将表建立起来。

定义表结构，也就是定义表中应包含哪些字段，以及各字段的字段名、字段类型、字段大小等属性。

1. 定义字段名

表中的一列称为一个字段，每个字段都应具有唯一的名称，即字段名，以标识表中的列。

Access 要求字段名符合以下规则：

1）字段名最多只能有 64 个字符。

2）字段名可采用字母、汉字、数字、空格及特殊字符的任意组合，英文句号（.）、感叹号（!）和方括号（[ ]）除外。

3）字段名不能以空格开头。

4）不能使用 ASCII 值为 0 ~ 31 的控制字符。

提示：应尽量使用可“望文生义”的字段名，并避免字段名过长。Access 2010 中，表中字段最多 255 个。

2. 定义字段类型

根据关系数据库理论，一个数据表中同一列的数据必须具有共同的数据特征，此特征被称为字段的数据类型（简称字段类型）。Access 2010 支持的数据类型列表中有文本、备注、数字、日期/时间、货币、自动编号、是/否、OLE 对象、超链接、附件、计算及查阅向导，达 12 种之多，见表 3-12。其中的"查阅向导"实际上用于设置数据来源，并非一种数据类型。

表 3-12 Access 2010 中字段的数据类型

数据类型名称	可存储的数据及说明	存储大小
文本	文字或文字与数字的组合，或者无须计算的数字，如学院地址、姓名、电话号码	最多存储 255 个字符，一个汉字和一个英文字母均为一个字符
备注	长度超过 255 个字符的长文本块，如注释、产品的详细说明等	用户界面输入数据最大为 65535 个字符，编程方式输入数据时最大为 2GB 个字符
数字	存储进行算术运算的数值数据，如考试成绩、工资、距离等	详见表 3-13
日期/时间	100～9999 年份的日期和时间值，如出生日期、工作时间	8B
货币	货币值，计算期间禁止四舍五入，精确到小数点左边 15 位和右边 4 位	8B
自动编号	添加记录时系统自动插入的一个唯一值，该值的唯一用途是使每条记录成为唯一。常见的应用是作为主键，尤其当没有合适的基于字段的键可用时	默认为长整型，4B 或 16B，具体取决于它的"字段大小"属性值
是/否	存储布尔值（如"是/否"、"真/假"、"开/关"），如婚否	1bit（8bit = 1B）
OLE 对象	来自 Office 和基于 Windows 程序的图像、文档、图形和其他对象，如 Excel 电子表格	最大为 1GB（受磁盘空间限制）
超链接	存储 Web 地址文本。可存储指向以下地址的链接：万维网网页或其他目标在 Internet 或 Intranet 上的地址。如电子邮件地址或网站 URL	最多可存储 2048 个字符
附件	附加到数据库记录中的图像、电子表格文件、文档、图表及其他类型的受支持文件，类似于将文件附加到电子邮件中	取决于附件
计算	计算的结果。计算必须引用同一张表中的其他字段。可以使用表达式生成器创建计算。例如，可以创建包含"数量"字段和"单价"字段之积的"行合计"字段，当更新"数量"或"单价"字段时，"行合计"字段会自动更新	
查阅向导	从表或查询中检索到的一组值，或创建字段时指定的一组值。查阅向导将会启动，可以创建查阅字段。查阅字段的数据类型是"文本"或"数字"，具体取决于在该向导中所做的选择	一般为 4B

在定义字段类型时应考虑以下几个方面：

1）字段中允许存放什么类型的值。

例如，不能在“数字”数据类型的字段中保存文本数据。

2）用多少存储空间来保存字段中的值。

例如，如果文本数据的长度超过了255个字符，则应该考虑使用“备注”数据类型。

3）对字段中的值将执行什么类型的运算。

例如，Access 2010能够对“数字”类型或“货币”类型字段中的值求和，但不能对“文本”类型的值或“OLE对象”类型的值进行求和操作。又如，大多数情况下，应使用“附件”字段代替“OLE对象”字段。因为“OLE对象”字段支持的文件类型比“附件”字段更少，而且“OLE对象”字段不允许将多个文件附加到一条记录中。

4）是否需要排序或索引字段。

例如，“OLE对象”类型的字段不能排序或索引。

5）是否需要在查询或报表中使用字段对记录进行分组。

例如，“OLE对象”类型的字段不能用于记录分组。

3. 定义字段大小

Access 2010中，一个表中的一列所能容纳的字符个数（即列宽）被称为字段大小，一般采用字节数表示。

只有当字段的数据类型为“文本”或“数字”时，其字段大小才是可设置的。对“文本”类型的字段，字段大小的可设置值为1～255；对“数字”类型的字段，字段大小的可设置值见表3-13。

表3-13 “数字”数据类型字段大小属性

名　　称	存储说明
字节	0～255之间的整数，存储要求为1B
整型	－32768～32767之间的整数，存储要求为2B
长整型	－2147483648～2147483647之间的整数，存储要求为4B
单精度型	$-3.4\times10^{38}\sim3.4\times10^{38}$之间的最多7个有效位的浮点数值，存储要求为4B
双精度型	$-1.797\times10^{308}\sim1.797\times10^{308}$之间的最多15个有效位浮点数，存储要求为8B
小数	$-9.999\cdots\times10^{27}\sim9.999\cdots\times10^{27}$之间的数值，存储要求为12B

设置“字段大小”时应注意以下两点：

1）为获得最佳性能，应该指定足够的最小“字段大小”。

2）当一个字段已存有数据时，将字段大小的设置值由大变小，可能会造成数据丢失。

例如，如果把某一“文本”类型字段的字段大小设置值从255变成50，那么超过50个字符以外的数据会丢失。

提示：Access 2010中，一个汉字和一个西文字符一样，均占一个字符。

定义表结构时，每个字段的字段名、字段类型，以及“文本”类型字段和“数字”类型字段的字段大小，由用户根据实际情况来定义。

如果某字段设置为自动编号数据类型，在向表中添加一条新记录时，Access会为其指定一个唯一的顺序号（每次加1）或随机数。自动编号数据类型一旦被确定，就会永久地与记录链接，该值在表中唯一存在，不会随着增删记录而改变，同时也不能人工干预。

例如，定义“学生”表的结构见表3-14，“课程”表的结构见表3-15。

表 3-14 “学生”表的结构

字段名	学号	姓名	性别	出生日期	政治面貌	照片	爱好	个人简历	班级编号
字段类型	文本	文本	文本	日期/时间	文本	附件	文本	备注	文本
字段大小	20	20	1	默认	20	默认	50	默认	20

表 3-15 “课程”表的结构

字　段　名	课 程 编 号	课 程 名 称	课 程 类 别	学　　分	课 程 资 源
字段类型	文本	文本	文本	数字	超链接
字段大小	20	20	20	整型	默认

3.1.3　建立表的方式

Access 2010 中，建立表可通过“创建”选项卡下的“表格”选项组中的工具来实现。

在 Access 2010 中建立表的方式有多种：

1）使用 Access 内置的表“模板”建立表。

2）通过“数据表视图”建立表。

3）通过“设计视图”建立表。

4）创建从 SharePoint 列表导入的或链接到 SharePoint 列表的表。也可以使用预定义模板创建新的 SharePoint 列表。Access 2010 中的预定义模板包括“联系人”“任务”“问题”和“事件”。

5）通过外部数据导入来建立表（详见 3.5 节）。

下面重点介绍前 3 种建表方法。

1. 使用表“模板”建立表

由于 Access 2010 在模板中内置了一些常见的包含了相关主题字段的示例表，且包含了输出窗体和多个报表，所以，使用模板可以快速建立表。用户还可以根据需要在表中添加、修改和删除字段。

例 3-1　使用“学生”模板建立表。

操作步骤如下：

1）在 Access 2010 的“文件”选项卡（Backstage 视图）的“新建”选项卡上，双击打开“样本模板”。

2）从模板列表中找到“学生”后单击，并且在右侧窗格中输入数据库文件名（默认为学生.accdb），选择存储路径，文件名和路径均使用默认。

3）双击“学生”，弹出图 3-1 所示的对话框。该对话框消失后，相应的数据库及表、查询、窗体、报表结构便已建立，生成的表有“学生”和“监护人”，如图 3-2 所示。

图 3-1　表模板

4）双击“导航窗格”中的表对象“学生”，即打开该表的“数据表视图”。

5）若要添加数据，可以从第一个空单元格开始输入数据，或粘贴来自另一个数据源的数据。这里输入了两条记录，如图 3-2 所示。

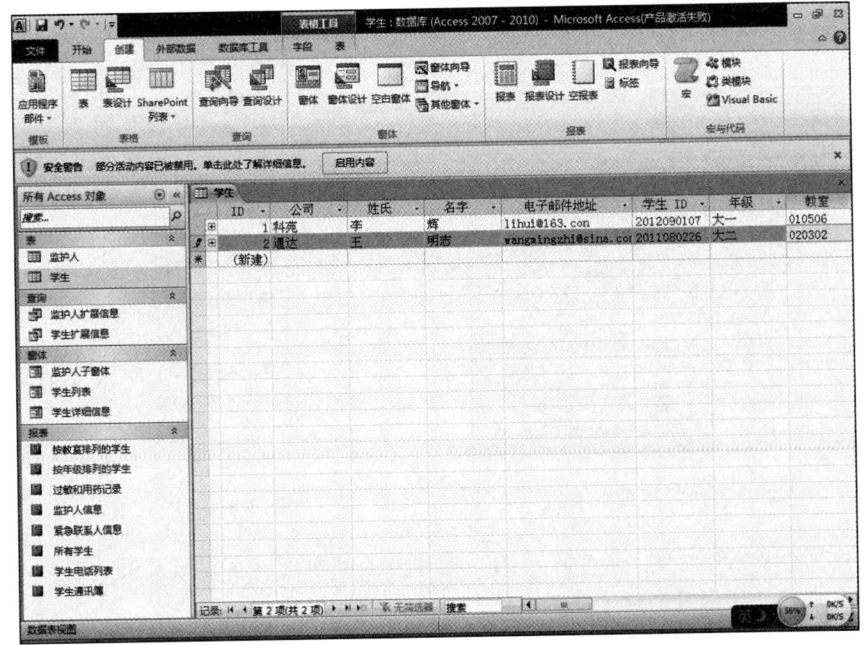

图 3-2　基于“学生”模板建立表

6）若要删除列，可右击列标题，在弹出的快捷菜单中选择“删除字段”命令，如图 3-3 所示。

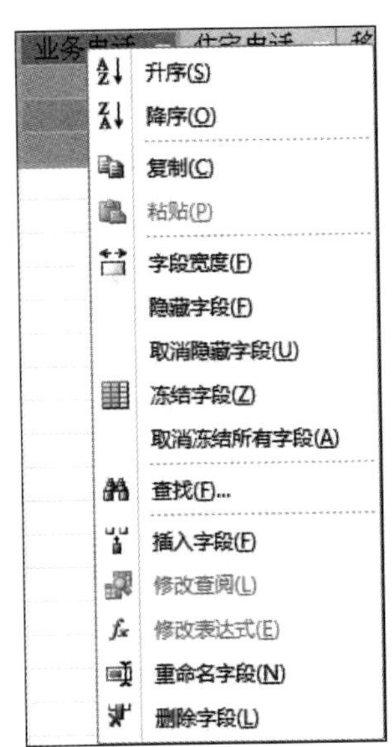

图 3-3　选择“删除字段”命令

2. 通过“数据表视图”建立表

通过“数据表视图”建立表有两种途径：

1）直接在出现的新表的“数据表视图”中输入数据，Access 2010 自动确定适合每个字段的最佳数据类型；

2）在“数据表视图”中手动选择字段的数据类型，并重命名字段（如例 3-2 所示）。

两种途径建立的表结构均需在“设计视图”中修改。

例 3-2　通过“数据表视图”建立“教学管理”数据库中的“课程”表，参照表 3-15。

操作步骤如下：

1）在 Access 2010 的“文件”选项卡（Backstage 视图）下，通过“打开”命令打开第 2 章已建的空数据库“教学管理”。

2）双击“创建”选项卡下“表格”选项组中的“表”按钮，如图 3-4 所示。

3）在打开的“数据表视图”中单击“单击以添加”右侧的按钮▾，打开图 3-5 所示的下拉菜单，选择适当的字段类型，此处选择“文本”，列名会变为“字段 1”。

4）右击“字段名 1”，在弹出的快捷菜单中选择“重命名字段”命令，或双击“字段名 1”，修改字段名，这里将“字段名 1”修改为“课程编号”。

5）照此方法，按照表 3-15 中的字段类型和字段名建立表中的所有字段。

6）单击“保存”按钮，在“另存为”对话框中输入表名称“课程”，单击“确定”按钮。

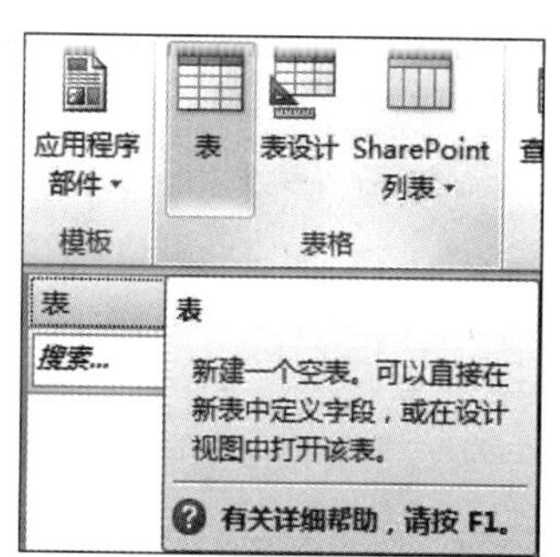

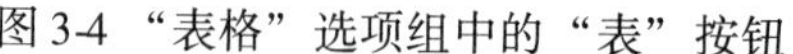
图 3-4 “表格”选项组中的“表”按钮

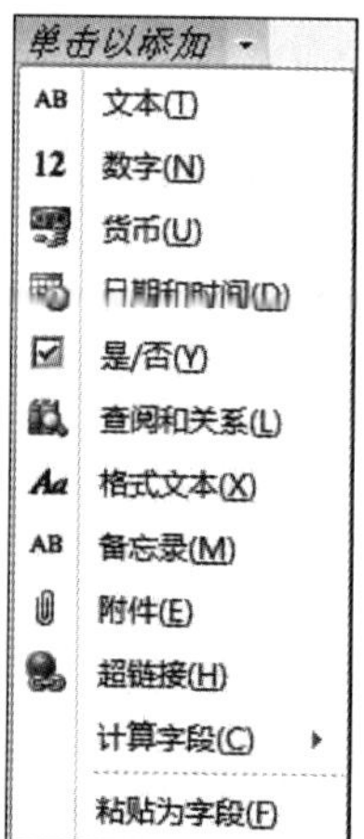

图 3-5　下拉菜单

说明：这里由系统自动建立的字段“ID”被作为主键字段，在“数据表视图”中是不允许删除的，只有在“设计视图”中才能被删除，如图 3-6 所示。

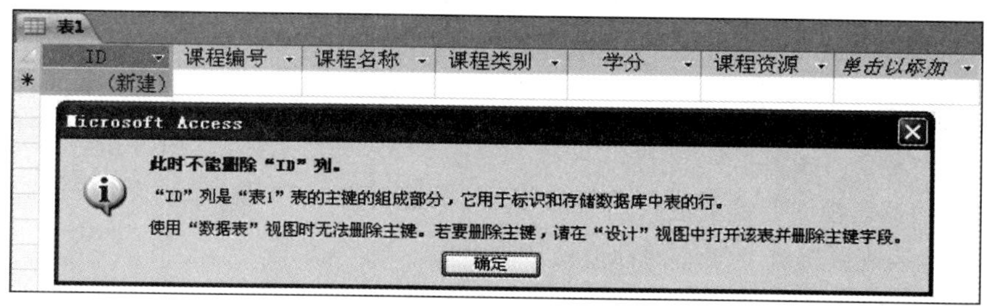

图 3-6　建立“课程”表结构

3. 通过“设计视图”建立表

“设计视图”是显示数据库对象的设计的窗口。在“设计视图”中，用户可以新建数据库对象和修改已有数据库对象的设计。Access 2010 中，除了有表设计视图外，还有查询设计视图、窗体设计视图、报表设计视图和宏设计视图。

上面已介绍的两种建表方法都是在“数据表视图”中完成建表工作的，虽操作简单，但所建立的表往往不能满足用户的需要，一般还要在“设计视图”中对表结构进行修改完善。

通过“设计视图”既可以修改已有的表，也可以建立新表。这种建表方法最灵活，也最常用。尤其是较为复杂的表，都是在“设计视图”中来建立的。

表的“设计视图”窗口分为上、下两部分。上半部分的网格用于设置字段的“字段名称”“数据类型”和“说明”信息；下半部分为字段的属性列表，用于设置字段“常规”属性和“查阅”属性。运用“设计视图”建立表是指建立表的结构，即设置表中的各个字段及其属性，而表中数据则要在“数据表视图”中输入。例 3-3 介绍了“设计视图”中的建表步骤。

例 3-3　利用“设计视图”建立“教学管理系统”数据库中的“学生”表（参照表 3-14）。

操作步骤如下：

1）进入表“设计视图”。方法是：打开“教学管理系统”数据库，切换到“创建”选项卡，单击“表”选项组中的“表设计”按钮，打开表“设计视图”，如图 3-7 所示。

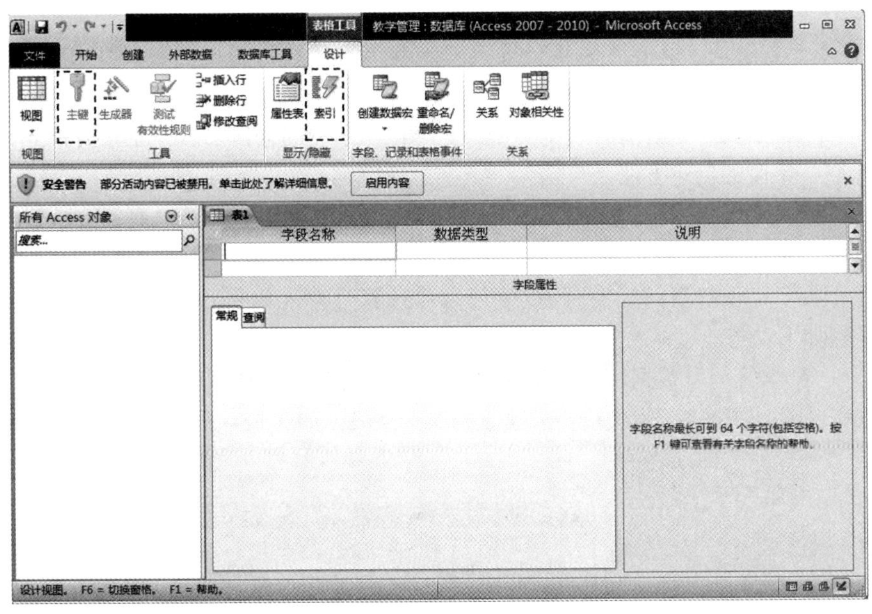

图 3-7　表“设计视图”

2）定义每个字段。方法是：在表“设计视图”窗口，按照表结构的定义建立各个字段，包括在“字段名称”列输入字段名，在“数据类型”列选择数据类型，在“说明”栏输入说明文字（“说明”只是为了增加字段的可读性所做的注解，不是必需的）。在“字段属性”区，根据需要设置字段的其他属性值，例如，设置“学号”的“字段大小”为 20，如图 3-8 所示（字段其余属性的设置在 3. 1. 4 小节详细介绍）。

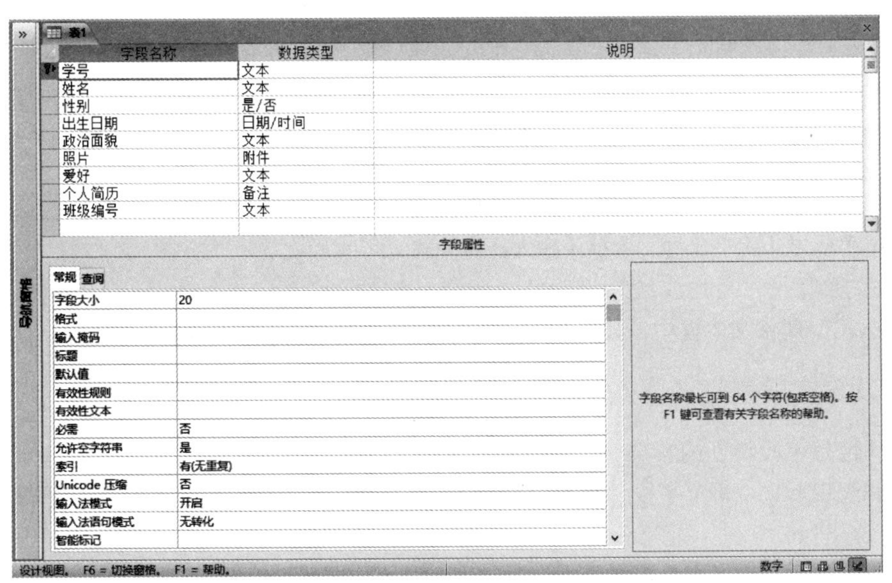

图 3-8　建立“学生”表结构的设计视图

3）定义主键。这里设置“学号”字段作为主键，方法是：单击“学号”字段左侧的“字段选定器”按钮，选择“学号”所在的行，单击“工具”选项组中的“主键”按钮，这样，“学号”字段的选定器按钮上出现“主键”指示器，如图 3-8 所示（“主键”的详细内容将在 3. 1. 5

小节介绍)。

4）保存表。方法是：单击“保存”按钮，或者单击“设计视图”的“关闭”按钮，在弹出的“另存为”对话框中输入表名“学生”后，单击“确定”按钮即可。

“计算”是 Access 2010 新增的数据类型。“计算”字段的创建与其他字段有所不同，例 3-4 说明了“计算”字段的创建方法。

例 3-4 建立学生成绩表，包含字段“学号”“姓名”“大学英语”“高等数学”“C 语言程序设计”以及“平均成绩”，它们的数据类型是：“学号”与“姓名”为“文本（20）”，3 门课程的成绩为“数字（长整型）”，“平均成绩”为“计算”。

操作步骤如下：

1）打开“教学管理”数据库，切换到“创建”选项卡，单击“表”选项组中的“表设计”按钮，进入表“设计视图”，依次按要求建立前 5 个字段，如图 3-9 所示。

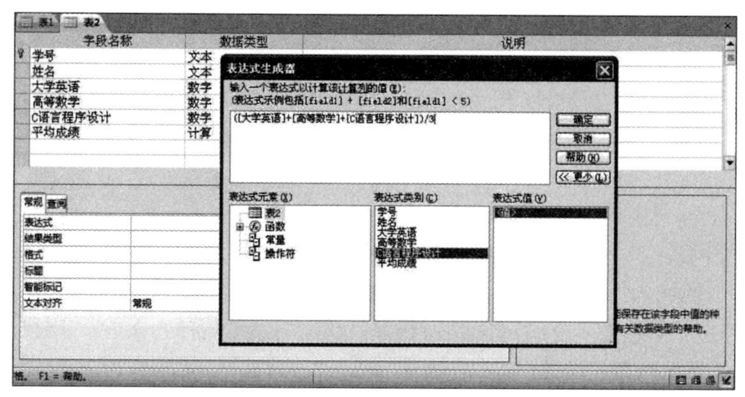

图 3-9　建立“学生”表结构的设计视图

2）创建“平均成绩”字段的方法是：输入字段名，在“数据类型”列表中选择“计算”，弹出“表达式生成器”对话框，如图 3-9 所示。直接输入“平均成绩”字段的计算公式，或利用鼠标单击“表达式生成器”对话框中提供的元素构造计算公式，然后单击“确定”按钮即可（也可以关闭“表达式生成器”对话框，直接在“表达式”属性文本框中输入计算公式）。

3）公式被写入“平均成绩”字段的“常规”选项卡的“表达式”属性文本框中，如图 3-10 所示。

常规 | 查阅

表达式	([大学英语]+[高等数学]+[C语言程序设计])/3
结果类型	双精度型
格式	
小数位数	自动
标题	
智能标记	
文本对齐	常规

图 3-10 “平均成绩”的表达式属性

3.1.4 设置字段属性

字段属性是字段特性的集合，该集合将控制字段的工作方式和表现形式。每个字段都拥有字段属性，不同数据类型的字段所拥有的字段属性各不相同。

为字段定义了字段名称、数据类型、字段大小和说明之后，Access 进一步要求用户定义其他的字段属性。在表“设计视图”中可以设置这些属性，从而决定字段的数据存储、输入和显示方式等。下面介绍字段的“常规”属性及“查阅”属性的设置。

1. 字段大小

当一个字段的数据类型是“文本”类型或“数字”类型时，在图 3-8 所示的“常规”选项卡中可以设置“字段大小”。若不设置，系统会以默认值作为相应字段的大小，文本类型的字段大小默认值为“255”，数字类型的默认值为“长整型”，而其余的除自动编号之外的数据类型的字段大小均由系统自动设置。

2. 格式

“格式”属性用于定义数字、日期、时间及文本等数据的显示方式，并不影响数据的存储方式。“格式”属性可对不同的字段类型使用不同的设置，例如，一个“日期/时间”型字段的“格式”属性可设置为图3-11中的任意一种。如果将一个“日期/时间”型字段的格式属性设置为长日期，则当输入“2012-9-17”时，将显示“2012年9月17日星期一”。

常规日期	2015/11/12 17:34:23
长日期	2015年11月12日
中日期	12-11月-15
短日期	2015/11/12
长时间	17:34:23
中时间	5:34 下午
短时间	17:34

图3-11 “日期/时间”字段的数据格式

对于“文本”类型和“备注”类型的字段，可以在“格式”属性的设置中使用特殊的字符来创建自定义格式。特殊字符及示例见表3-16。

表3-16 用于“文本”和“备注”类型的特殊字符

符号	说 明	格式设置	输入数据	显示数据
@	需要文本字符（字符或空格）	@@@-@@-@@@@	687558669	687-55-8669
&	不需要文本字符	（&&&）&&&&&&&&	01066886868	（010）66886868
<	强制所有字符为小写	<	ACCESS	access
>	强制所有字符为大写	>	access	ACCESS

3. 输入掩码

“输入掩码”属性用于定义数据的输入格式。由字面的显示字符（如括号、连字符等）和掩码字符（用于指定可以输入数据的位置及数据种类、字符数量等）组成。使用“输入掩码”属性可以使数据的输入更容易，并且可以控制用户在文本框类型的控件中输入的值。“输入掩码”主要用于“文本”和“日期/时间”数据类型的字段。例如，可以为“电话号码”字段创建一个输入掩码：（000）000-0000。

可以使用特殊字符来定义输入掩码。特殊字符见表3-17。

表3-17 输入掩码特殊字符

字符	说 明	输入掩码	示例数据
0	数字（0~9，必须输入，不允许加号+与减号-）	（000）000-0000	（010）555-8617
9	数字或空格（非必须输入，不允许加号+和减号-）	（999）999-9999	（ ）555-0248
#	数字或空格（非必须输入；在“编辑”模式下空格显示为空白，但是在保存数据时空白将删除；允许加号+和减号-）	#999	-20 2000
L	字母（A~Z，必须输入）	>L???L??0000	BEIJING2008 MAY R 6515
?	字母（A~Z，可选输入）		
A	字母或数字（必须输入）	（000）AAAA-AAAA	（020）3665-tele
a	字母或数字（可选输入）	（aa）aaa	（we）55
&	任一字符或空格（必须输入）	&&&	55
C	任一字符或空格（可选输入）	CC（CC）	12（34）

（续）

字符	说　　明	输 入 掩 码	示 例 数 据
. , : ; -/	十进制占位符及千位、日期与时间的分隔符	99，99	12，89
		99/99/99	06/01/23
<	将所有字符转换为小写	>L<?????????	Maria
>	将所有字符转换为大写	>LL00000-0000	DB51392-0493
\	使后面的字符以字面字符显示	\ A	只显示为 A
密码	输入的任何字符均按原字符保存，显示为 *	密码	输入 wert，显示 * * * *

例 3-5　为“学生”表中的“出生日期”字段设置输入掩码。

操作步骤如下：

1）在“导航窗格”中右击“学生”表，在弹出的快捷菜单中选择“设计视图”命令，打开“学生”表的“设计视图”。

2）选中“出生日期”字段，单击“常规”选项卡中“输入掩码”文本框右侧的掩码生成器，弹出输入掩码向导，如图 3-12 所示。

3）在打开的对话框中，可以直接从列表中选择要应用的输入掩码格式，如“长日期”。也可以单击“编辑列表”按钮，在弹出的“自定义‘输入掩码向导’”对话框中进行输入掩码的自定义，如图 3-13 所示，单击标题栏右上角的“关闭”按钮 ×。

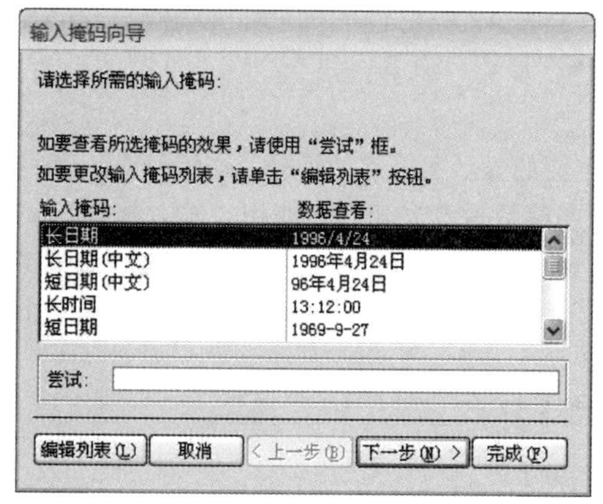

图 3-12 “输入掩码向导”对话框

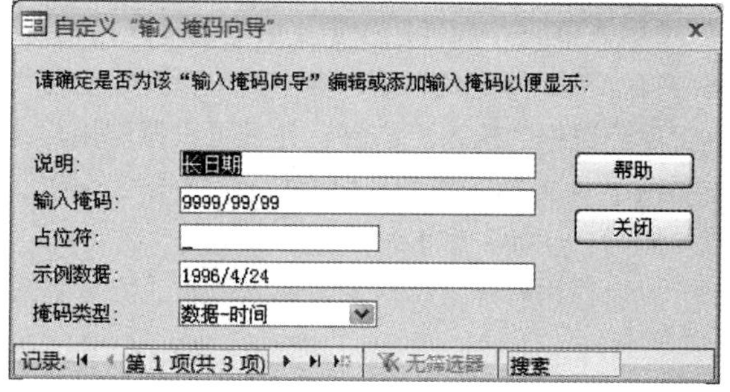

图 3-13 “自定义‘输入掩码向导’”对话框

4）单击“下一步”按钮，弹出第二个输入掩码向导界面，确定是否更改输入掩码，并指定字段中所需显示的占位符，然后单击“下一步”按钮。

5）在弹出的第三个输入掩码向导界面中单击“完成”按钮即可。

说明：若为同一字段既定义了“输入掩码”属性，又设置了“格式”属性，则“格式”属性在数据显示时将优先于“输入掩码”属性。

4. 标题

“标题”属性值用于在数据表视图、窗体和报表中替换字段名，但并不改变表中的字段名。若不设置“标题”属性，则以字段名作为标题。

5. 默认值

“默认值”属性用于定义字段的默认值。当希望某个特定的数据被自动输入某个字段时，将此数据设置为该字段的默认值。如将“男”设置为“学生”表中“性别”字段的默认值，当在表中添加记录时，“男”自动成为该记录“性别”字段的值。

6. 有效性规则、有效性文本

“有效性规则”用于对输入到记录中的字段数据指定要求或限制条件，“有效性文本”用于设置输入数据违反“有效性规则”时显示的提示信息。例如，当输入的数据不能为0时，有效性规则可设置为< >0，有效性文本可设置为“请输入一个非零数”。表3-18为一些有效性规则示例。

表3-18　一些有效性规则示例

设置的有效性规则	说　明
< >0	要求输入一个非零数
0 or >100	要求输入的数为0或大于100
Like" T????"	要求输入以T打头的5个字符
<#2013-1-1#	要求输入2013年之前的日期
> =#2013-1-1# And <#2014-1-1#	要求输入的日期在2013年内

7. 必需

“必需”属性的取值为“是”或“否”，用于确定字段中是否必须有值。当其取值为“是”时，表示必须填写本字段，即不允许该字段数据为空；当其取值为“否”时，表示可以不必填写本字段，即允许该字段数据为空。

8. 允许空字符串

“允许空字符串”属性的取值为“是”或“否”，用于定义文本、备注和超链接数据类型字段是否允许输入零长度字符串。

零长度字符串是指不含任何字符的字符串。可以使用零长度字符串来表明已知该字段没有值。

Microsoft Access中有两类空值：Null值和零长度字符串。Null值表示丢失或未知的数据。主键字段不允许包含Null值。

例如，对于“教师”表中的“联系电话”字段，如果不知道某些教师的联系电话，或者不知道其是否有联系电话，则可将“联系电话”字段留空，即可以输入Null值，意味着不知道值是什么。如果事后确认没有联系电话，则可以在该字段中输入一个零长度字符串，表明已知道这里没有值。

9. 索引

设置“索引”不仅能够加快对索引字段的查询速度，而且还能加速“排序”及“分组”操作。通常对经常搜索的字段、查询中的连接字段以及排序字段建立索引，以提高操作速度。Access 2010中，既可以基于单个字段设置索引，也可以基于多个字段设置索引。使用多字段索引排序时，一般按索引中的第一个字段排序，第一个字段有重复值时，再按索引中的第二个字段排序，以此类推。

“索引”属性可以用于设置单一字段索引。该属性有以下取值：“无”，表示本字段无索引；“有（有重复）”，表示本字段有索引，且各记录中该字段的值允许重复；“有（无重复）”，表示本字段有索引，且各记录中该字段的值不允许重复。

通过单击图3-7所示的“显示/隐藏”选项组中的“索引”按钮，可以在打开的“索引”窗口设置多字段索引。

说明：系统会为表的主键自动设置索引；数据类型为“OLE 对象”或“附件”的字段不能建立索引。

10. Unicode 压缩

该属性用于定义是否允许对“文本”“备注”和“超链接”数据类型字段进行 Unicode 压缩（Unicode 将每个字符表示为两个字节）。当设置为“是”时，第一个字节为 0 的任何字符在存储时都会被压缩以减小文件，并会在检索时解压缩。

11. 查阅

该属性位于“字段属性”窗格的“查阅”选项卡，“文本”或“数字”类型的字段可以设置“查阅”属性。通过设置某字段的“查阅”属性，可以使该字段的值取自一组固定的数据，或者来源于对另一个表或查询中字段的引用。这样，用户向带有“查阅”属性的该字段输入数据时，系统就会提供一个数据列表供用户选择，不仅会给数据的输入带来方便，减少错误，还能使数据保持一致和完整。

在表“设计视图”中，打开“字段属性”下的“查阅”选项卡，可以为字段设置“查阅”属性。下面对“查阅”选项卡下的“显示控件”“行来源类型”和“行来源”属性进行介绍。

（1）显示控件

“显示控件”用于定义输入该字段值时用何种类型的控件显示数据列表，用户可以从列表中选择的显示控件有“文本框”“列表框”“组合框”（控件将在第 5 章详细介绍）。

（2）行来源类型

“行来源类型”用于定义输入该字段值时列表中所提供数据的来源类型。表 3-19 说明了 3 种可能的行来源类型。

表 3-19　行来源类型说明

行来源类型的设置	说　明
表/查询	数据来自行来源属性指定的表、查询或 SQL 语句
值列表	数据来自行来源属性指定的数据项列表
字段列表	数据来自行来源属性设置指定的表、查询或 SQL 语句中的字段列表

（3）行来源

“行来源”的设置取决于行来源类型属性的设置。表 3-20 列出了各种行来源类型所对应的行来源说明。

表 3-20　行来源说明

行来源类型的设置	行来源的设置
表/查询	表名称、查询名称或 SQL 语句
值列表	以分号（;）作为分隔符的数据项列表
字段列表	表名称、查询名称或 SQL 语句

例 3-6　设置“学生”表中“性别”字段的“查阅”属性，使得输入“性别”字段值时，可以从“男”“女”值列表中选择完成。

操作步骤如下：

1）在设计视图中选中“性别”字段，打开“查阅”选项卡，如图 3-14 所示。

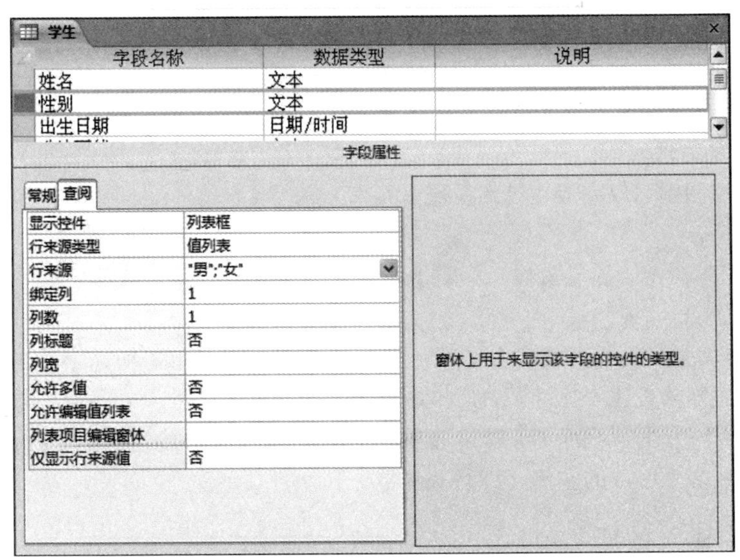

图3-14　设置“性别”字段的“查阅”属性

2）设置“显示控件”属性为“列表框”。

3）设置“行来源类型”属性为“值列表”。

4）在“行来源”属性中输入“‘男’;‘女’”。

完成以上设置后，当在“数据表视图”中为“性别”字段输入数据时，便会弹出一个下拉列表框，其中包含“男”“女”两个选项，这样就可以通过选择来输入“性别”字段的值了。

3.1.5　设置主键

1. 关于主键

关系数据库中，数据按主题存放在不同的表中。为了能将存储在不同表中的所需信息快速查找出来，并将它们组合在一起，供查询、窗体和报表使用，数据库中的每个表都应该有一个字段或字段集，用来唯一标识该表中存储的每条记录，这个字段或字段集被称为表的主键。通常会用ID号、序列号或编码作为主键。主键也称为主码。

定义了主键之后，就可以在其他表内用它来回引用具有该主键的表。例如，“班级”表中的主键“班级编号”出现在“学生”表中，就体现了这种引用关系。“班级”表中的主键“班级编号”在“学生”表中被称作外键。简单地说，外键就是另一个表的主键。

一个好的主键候选应具有这样几个特征：

1）它唯一标识表中的每一行。

2）它从不为空或取Null，即它始终包含一个值。

3）它的取值几乎不改变（理想情况是永不改变）。

Access确保每条记录的主键字段中都有一个值，并且该值始终是唯一的。Access会自动为主键创建索引，以便加快查询和其他操作的速度。

在“数据表视图”中创建新表时，Access自动创建主键，并为该主键指定字段名“ID”和“自动编号”数据类型。该字段在“数据表视图”中不允许删除，但切换到“设计视图”后可以删除，比如对于例3-2中建立的“课程”表，希望删去“ID”，而以“课程编号”字段作为主键，就是这样做的。

当没有一个更好的字段或字段集作为主键时，可以考虑使用数据类型为“自动编号”的某列作为主键。由于这样的标识符不包含事实数据，因此不会更改。

有时需要使用两个或更多字段共同作为表的主键。例如，“成绩”表的主键由“学号”和“课程编号”构成。这样的主键又被称为复合键。

2. 设置主键的方法

在表的设计视图中可以完成主键的设置。

操作步骤如下：

1）打开数据库，在“导航窗格”中右击要向其添加主键的表，然后在弹出的快捷菜单中选择“设计视图”命令。

2）选择要作为主键的一个或多个字段。选择一个字段时，单击所需字段的行选择器即可；选择多个字段时，则需按住 Ctrl 键，然后单击每个字段的行选择器。

3）在“设计”选项卡下的“工具”选项组中单击“主键”按钮，主键指示器便出现在指定为主键的一个或多个字段的左侧（即行选择器上）。

3.1.6　向表中输入数据

Access 数据表得到数据的方法一般有两种：直接输入和导入外部数据。直接输入是指建表后直接向表中输入数据；导入外部数据是指把外部数据（如电子表格、文本文件、其他数据库中的数据）导入到 Access 数据库的当前表中。这里讲述建表后直接输入数据的方法，外部数据的导入在本章第 5 节介绍。

使用“设计视图”建立了表结构之后，表数据要在“数据表视图”中输入。

操作步骤如下：

1）在“导航窗格”中双击要输入数据的表，打开“数据表视图”，输入数据。

2）数据输入完毕后，单击“数据表视图”窗口的“关闭”按钮 ✕ 即可。

下面介绍几种特殊类型数据的输入方法。

（1）展开字段输入数据

对于较长的“文本”“备注”数据类型的字段，可以展开字段对其进行内容的输入和编辑。方法是：在“数据表视图”窗口中单击要输入的字段，按 Shift + F2 组合键，在弹出的“缩放”对话框中输入数据后，单击“确定”按钮即可。

（2）输入“是/否”类型的数据

“是/否”类型的字段中显示一个复选框□。选中复选框表示输入“是”，反之表示输入“否”。

（3）输入“日期/时间”类型的数据

可用日期格式中的任意一种来输入日期型数据。但在数据输入后，Access 会自动按照建立表时“格式”属性中定义的格式显示这类数据。另外，如果日期后面带有时间，则日期和时间之间要用空格隔开。

（4）输入“OLE 对象”类型的数据

“OLE 对象”字段用来存储诸如 Word 文档、Excel 电子表格、图片、声音或在别的程序中创建的其他二进制数据。“OLE 对象”类型的字段需要使用插入对象的方式来输入。

操作步骤如下：

1）打开表的数据表视图，右击要输入数据的“OLE 对象”字段的单元格，在快捷菜单中选择“插入对象”命令。

2）在弹出的图 3-15 所示的对话框中，插入对象的方法有两种：若选中“新建”单选按钮，则需要在“对象类型”列表框中选择适当的应用程序，等待应用程序启动后，创建一个新对象，并关闭应用程序窗口即可；若选中“由文件创建”单选按钮，则出现图3-16所示的对话框，单击“浏览”按钮，在弹出的“浏览”对话框中选择现有文件，然后单击“确定”按钮即可。

图3-15 选择“新建”单选按钮

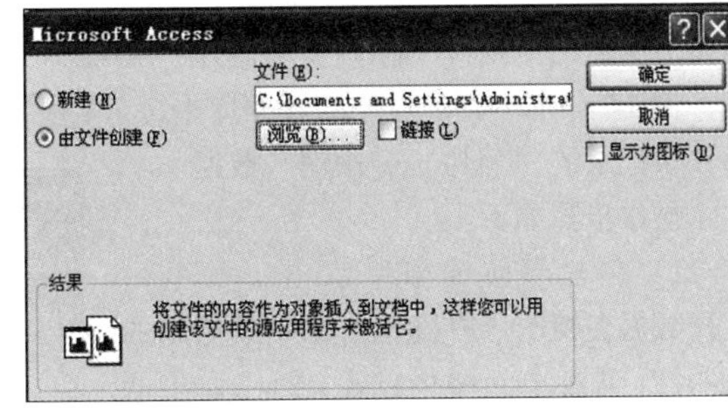

图3-16 选择“由文件创建”单选按钮

说明：“OLE对象”类型的数据输入后，在字段值位置出现标识性文字。例如，将图片插入到某“OLE对象”字段中时，显示“位图图像”字样；将由PowerPoint 2010创建的对象插入时，显示“Microsoft Office PowerPoint 2010演示文稿”字样。双击“位图图像”可看到所插入的图片，双击“Microsoft Office PowerPoint 2010演示文稿”，则启动PowerPoint 2010，并打开相应文件，进行幻灯片的放映。

(5) 输入“超链接”类型数据

在表、窗体中，将鼠标指针置于超链接上，变为手形时单击超链接，会打开超链接目标。超链接目标可以是文档、文件、Web页、电子邮件地址或者当前数据库的某一对象。超链接字段数据的输入可使用“插入超链接”对话框来实现。

操作步骤如下：

1）在表的数据表视图中右键单击要输入数据的超链接字段的单元格，在弹出的快捷菜单中选择“超链接”|“编辑超链接”命令。

2）在弹出的“插入超链接”对话框中，单击对话框左侧的按钮来选择超链接种类，然后建立超链接目标，如图3-17所示。这里选择超链接种类为“现有文件或网页”，在“地址”文本框中输入“http://www.baidu.com/”，便建立了一个到网页的超链接。

图3-17 建立一个到网页的超链接

（6）输入“附件”类型数据

“附件”是 Access 2010 新增的数据类型，存储附加到数据库记录中的图像、电子表格文件、文档、图表及其他类型的受支持文件，类似于将文件附加到电子邮件中。

大多数情况下，应使用“附件”字段代替“OLE 对象”字段。因为“OLE 对象”字段支持的文件类型比“附件”字段少。此外，“OLE 对象”字段不允许将多个文件附加到一条记录中。

例 3-7 在“教学管理”数据库中，“学生”表的“照片”字段的数据类型为“附件”，为第一条记录的“照片”字段输入数据。

操作步骤如下：

1）在“导航窗格”双击“学生”，打开数据表视图，右键单击第一条记录的“照片”字段单元格中的⓪(0)，在弹出的快捷菜单中选择“管理附件”命令。

2）在弹出的图 3-18 所示的“附件”对话框中单击“添加”按钮。

3）在弹出的图 3-19 所示的“选择文件”对话框中，依路径 F:\Program Files\Microsoft Office\OFFICE11\SAMPLES 添加 Access 2010 自带图片 EMPID5. BMP，单击“打开”按钮即可。文件 EMPID5. BMP 会显示在“附件”对话框中，双击文件名可以查看该图片。

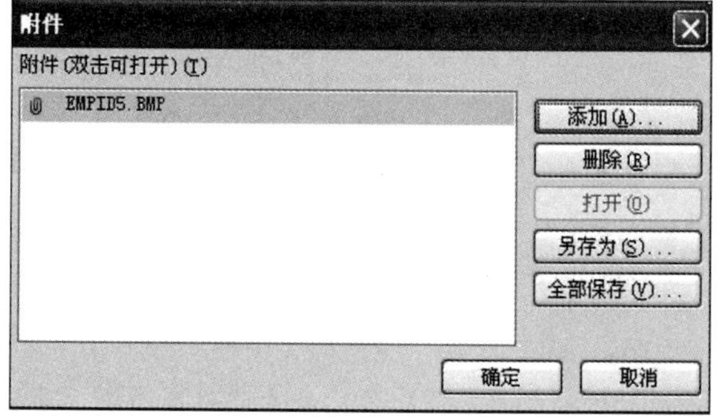

图 3-18 “附件”对话框

图 3-19 “选择文件”对话框

4）单击“确定”按钮，完成图片的添加。数据表视图中第一条记录的“照片”字段由原来的无输入数据状态⓪(0)变为有输入数据状态⓪(1)。

5）重复以上步骤可以为该记录的“照片”字段继续添加其他图片。

说明：要查看已输入的“附件”类型的数据，通过双击“数据表视图”单元格中的⓪(1)，在打开的“附件”对话框中双击附件文件名即可。若要删除已添加的附件，只需用同样的方法打开“附件”对话框，选中要删除的文件，再单击“删除”按钮即可。

（7）“计算”字段的数据

“计算”是 Access 2010 新增的数据类型。“计算”类型字段用于显示计算结果。若需要引用同一表中的其他字段，就可以使用表达式生成器来创建“计算”类型字段。

“计算”字段的数据无须输入，在输入相应表达式中的各字段值之后，“计算”字段处便会显示计算结果。比如，例 3-4 中创建了计算字段“平均成绩”，当“大学英语”“高等数学”“C 语言程序设计”的成绩分别输入 76、89、81 时，“平均成绩”的值（82）会被自动计算出来并写入。要说明的是，计算公式中不能包括其他表或查询中的字段，而且计算结果是只读的。

通常，表结构的创建和修改在表的“设计视图”中完成，数据的输入在表的“数据表视图”中完成。这两种视图可以通过单击“视图”按钮进行快捷的切换。另外，单击“视图”选项组中的小三角按钮，会弹出数据表的视图菜单，其中列举了 4 种视图，除“数据表视图”和“设计视图”外，还有“数据透视表视图”和“数据透视图视图”，这两种视图属于高级视图，将在第 5 章中介绍。

提示：在“数据表视图”中输入某字段数据且从该字段移到下一字段时，Access 会验证这些数据，以确保输入值是该字段的允许值。如果输入值不合法，将出现警告提示框，这时应该将数据更改为允许的值。

3.2 维护表

在创建数据库和表时，可能由于种种原因，表的结构设计不理想，导致有些内容不能满足实际需要。另外，随着数据库的使用，也需要增加、删除一些内容。因此，表结构和表数据都需要经常进行维护。表结构的维护一般在“设计视图”中进行（“数据表视图”中也能进行一定程度的修改），而表数据的维护通常在“数据表视图”中进行。

3.2.1 修改表结构

1. 在“设计视图”中修改表结构

通过“模板”以及“数据表视图”建立的表，一般都要在“设计视图”中进行修改才能满足要求。修改表结构的操作步骤如下：

1）在“导航窗口”中右键单击表名，在弹出的快捷菜单中选择“设计视图”命令；或者双击表名打开该表的“数据表视图”，然后在“开始”选项卡下单击“设计视图”按钮。

2）在打开的“设计视图”中可以对已有字段的属性进行修改，也可以通过“设计”上下文选项卡下“工具”选项组中的“插入行”按钮和“删除行”按钮添加和删除字段。右键单击字段所在行的任意位置，在弹出的快捷菜单中选择“插入行”“删除行”命令也能达到同样的目的。

2. 在“数据表视图”中修改表结构

在 Access 2010 的“数据表视图”中也能修改表结构。在“导航窗格”中双击要修改的表，打开表的“数据表视图”，功能区出现“字段”上下文选项卡，如图 3-20 所示。该选项卡有以下 5 个选项组：“视图”“添加和删除”“属性”“格式”以及“字段验证”。

图 3-20 “字段”上下文选项卡

（1）“视图”选项组

单击该选项组中的小三角按钮，弹出数据表的各种视图，包括“数据表视图”“数据透视表视图”“数据透视图视图”和“设计视图”，可进行视图的切换。“数据表视图”与“设计视图”之间的切换通过单击“视图”按钮即可进行。

（2）“添加和删除”选项组

该选项组除包含各种数据类型的设置按钮以用于在表中添加新字段外，还包括“删除”按钮，用于删除表中的已有字段。

添加新字段的操作步骤如下：

1）打开要添加新字段的“数据表视图”，切换到“字段”选项卡。

2）移动鼠标指针，使其指向存储新字段的列的左边字段名单元格，鼠标指针变为向下的箭头时单击，选定此列。

3）根据要添加的新字段的数据类型，在“添加和删除”选项组中单击相应按钮，比如文本类型时单击按钮AB文本，就会在选定列的右侧添加一个文本类型的新字段。第一个添加的新字段默认的名称为“字段 1”，其余以此类推。

4）单击“字段 1”，在弹出的快捷菜单中选择“重命名字段”命令，按需要修改字段名。

说明：“添加和删除”选项组中没有出现的数据类型可以通过单击“其他字段”按钮 其他字段 找到。

删除已有字段的操作步骤如下：

1）单击要删除字段的字段名单元格，选定此列。

2）单击“添加和删除”选项组中的“删除”按钮，在弹出的图 3-21 所示的对话框中单击“是”按钮即可。

（3）“属性”选项组

该选项组包含“名称和标题”“默认值”“字段大小”“修改表达式”等按钮，用于设置字段的属性。下面就各按钮的使用方法进行介绍。

- 名称和标题：选定某字段，比如新添加的“字段 1”，单击“名称和标题”按钮，会弹出图 3-22 所示的对话框，在此可设置该字段的“名称”“标题”“说明”属性。

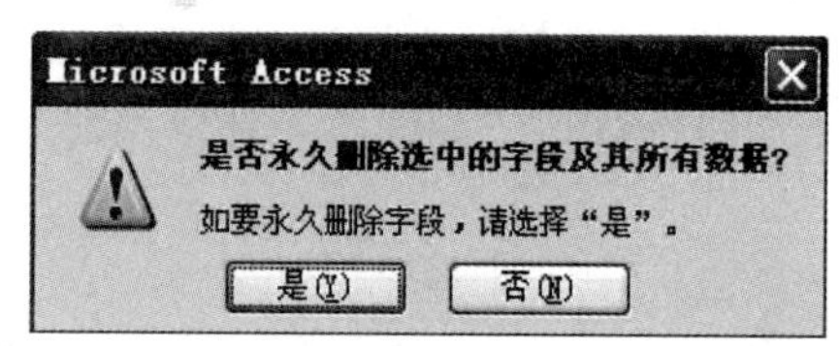

图 3-21　删除字段时的确认对话框

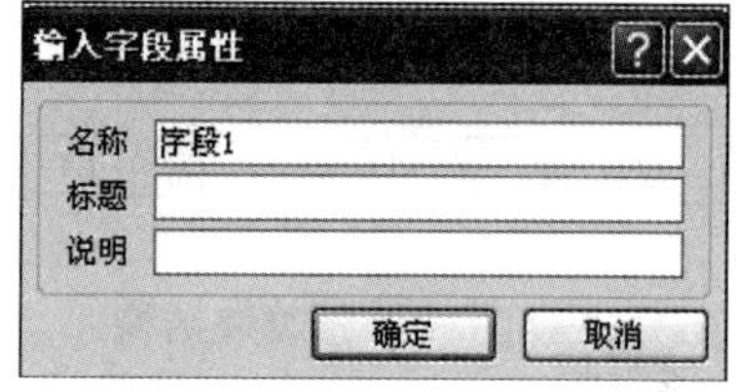

图 3-22 “输入字段属性”对话框

- 默认值：选定某字段，比如新添加的“字段 1”，单击“默认值”按钮，会弹出图 3-23

所示的“表达式生成器”对话框，在此对话框上部区域的“=”右边可输入该字段的“默认值”，单击“确定”按钮即可。

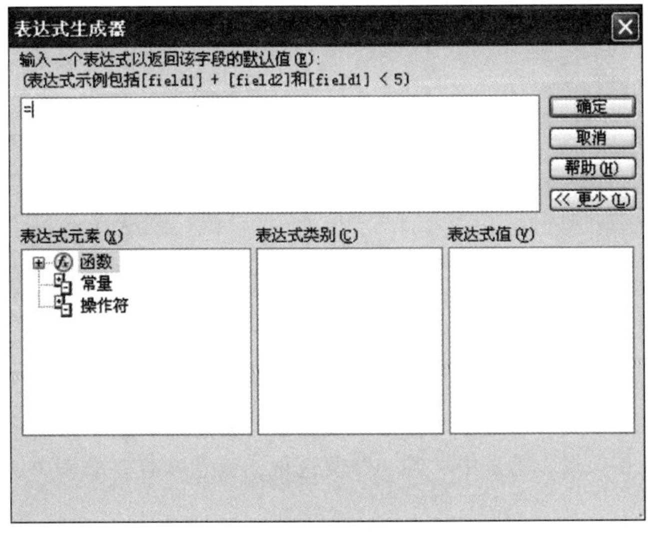

图 3-23 “表达式生成器”对话框

- 字段大小：选定“文本”类型的字段，比如新添加的“字段 1”，“字段大小”文本框中会显示字段大小的最大值 255，按需要直接修改即可。

说明：这里只能设置“文本”类型字段的大小。

- 修改表达式：选定某“计算”字段，单击“修改表达式”按钮，弹出如图 3-23 所示的“表达式生成器”对话框，在此对话框中可对该选定字段对应的计算公式进行编辑。

(4)“格式”选项组

该选项组包含“数据类型”“格式”下拉列表框，以及“应用货币格式”“应用百分比格式”“增加小数位数”“减少小数位数”等按钮，用于编辑字段的“数据类型”，以及指定数据的显示和打印方式，如日期的显示格式、数字的小数位数等。

- 数据类型：该下拉列表框中最多列举 9 种数据类型供选用，如图 3-24 所示。
- 格式：该下拉列表框中所列举的选项决定于字段数据类型的选择。当数据类型选择“数字”或“货币”时，“格式”选项如图 3-25 所示；当数据类型选择“日期/时间”时，“格式”选项如图 3-26 所示；当数据类型选择“是/否”时，“格式”选项如图 3-27 所示。用户根据需要进行格式设置即可。

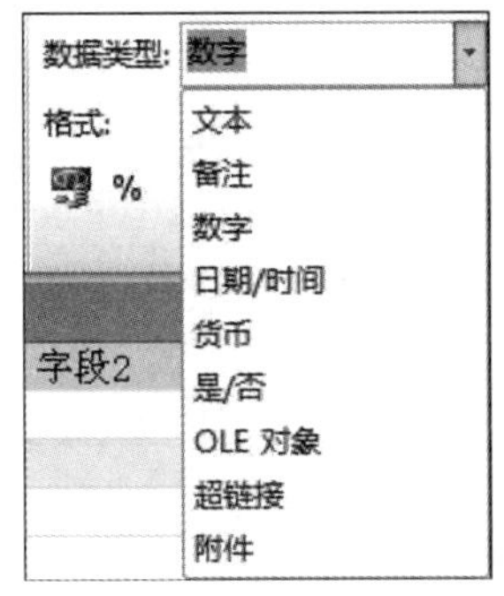

图 3-24 “数据类型”下拉列表框

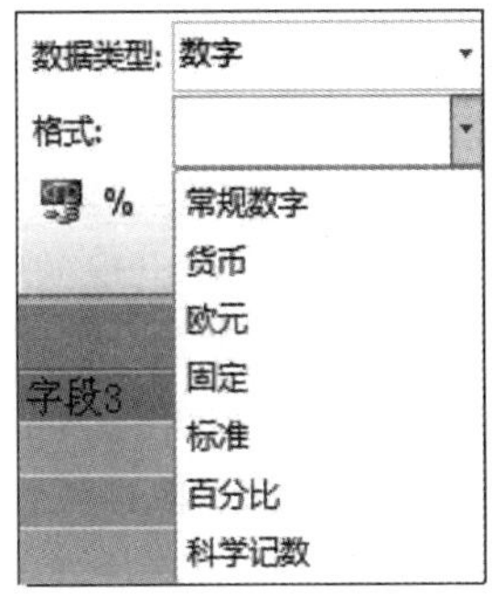

图 3-25 “格式”下拉列表框一

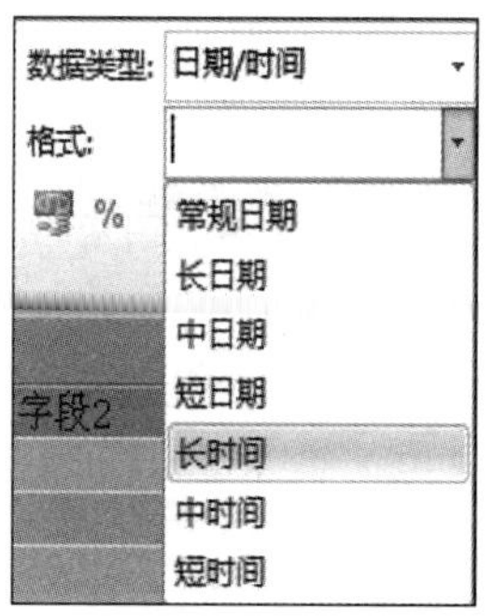

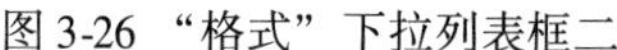
图 3-26 “格式”下拉列表框二

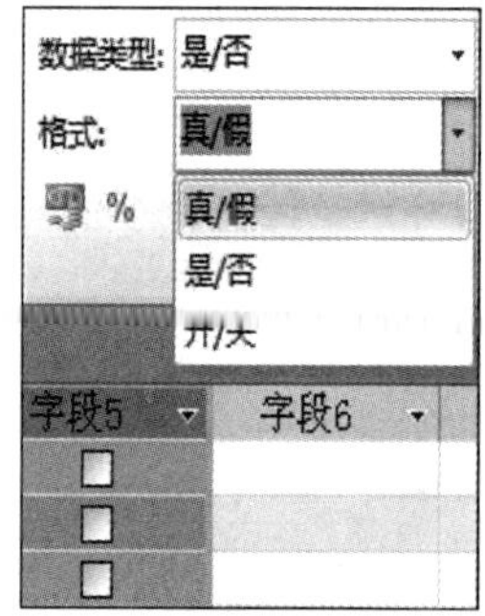

图 3-27 “格式”下拉列表框三

（5）“字段验证”选项组

该选项组包含“必需”“唯一”“已索引”复选框和“验证”按钮。

- 必需：选定某字段后，若选中“必需”复选框，就使得该字段成为了必填字段。
- 唯一：选定某字段后，若选中“唯一”复选框，就意味着要求表中所有记录的该字段值都是唯一的。
- 已索引：选定某字段后，若选中“已索引”复选框，系统会将该字段作为索引字段创建索引，以帮助改善按索引字段排序或筛选的查询的性能。
- 验证：单击该按钮，会弹出下拉列表，其中有 4 个选项，分别是“字段验证规则”“字段验证消息”“记录验证规则”和“记录验证消息”。它们的作用如下。

字段验证规则：单击后弹出“表达式生成器”对话框，在此可以创建限制在选定字段中输入的值的表达式。

字段验证消息：单击后弹出“输入验证消息”对话框，为字段验证规则设置错误消息。

记录验证规则：单击后弹出“表达式生成器”对话框，在此可以创建限制输入记录的值的表达式。

记录验证消息：单击后弹出“输入验证消息”对话框，为记录验证规则设置错误消息。

3. 添加查阅字段

通过“字段”上下文选项卡下“添加和删除”选项组中的“其他字段”按钮，可以将已经存在于其他表中的字段作为查阅字段添加到当前表中。

例 3-8　在“教学管理”数据库中建立“成绩”表，要求其中的“学号”“课程编号”字段来自于已有的“学生”表和“课程”表。

操作步骤如下：

1）打开“教学管理”数据库，单击“创建”选项卡下的“表”按钮，新建一个数据表。

2）单击“字段”上下文选项卡下“添加和删除”选项组中的“其他字段”按钮，在出现的下拉列表的“基本类型”下选择“查阅和关系”命令，如图 3-28 所示。

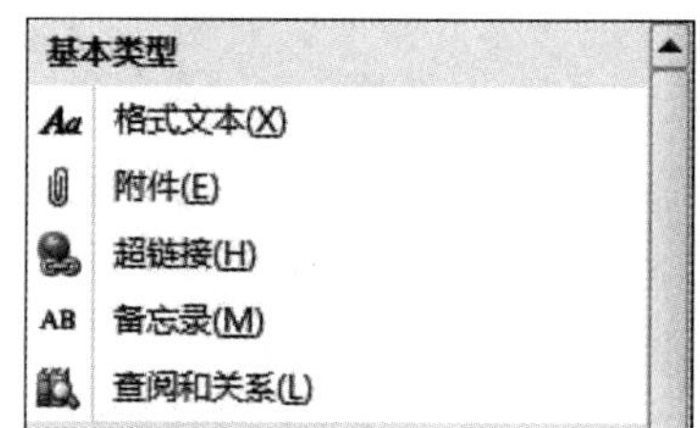

图 3-28　选择“查阅和关系”

3）在弹出的第 1 个查阅向导界面中选择“使用查阅字段获取其他表或查询中的值”单选按钮后，单击“下一步”按钮，如图 3-29 所示。

4）在弹出的第 2 个查阅向导界面中，查阅字段来源选择“学生”表，单击“下一步”按钮，如图 3-30 所示。

查阅向导
该向导将创建一个查阅字段，其中显示一系列数值供选择。请确定查阅字段获取其数值的方式：
使用查阅字段获取其他表或查询中的值(I)。
自行键入所需的值(V)。
取消
< 上一步(B)
下一步(N) >
完成(F)

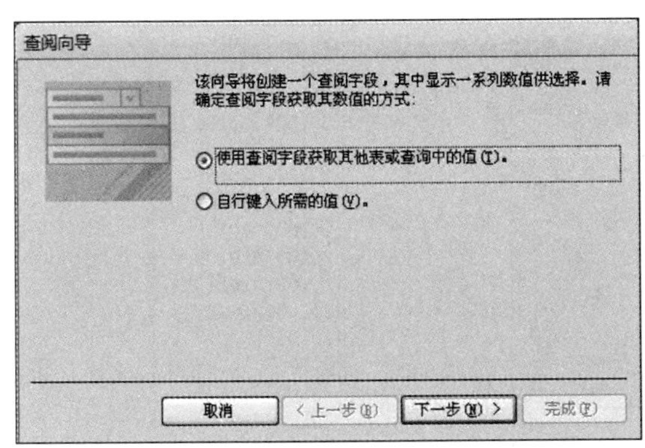

图 3-29　确定查阅字段获取其数值的方式

查阅向导
请选择为查阅字段提供数值的表或查询：
表：表1
表：课程
表：学生
视图
表(T)
查询(Q)
两者(O)
取消
< 上一步(B)
下一步(N) >
完成(F)

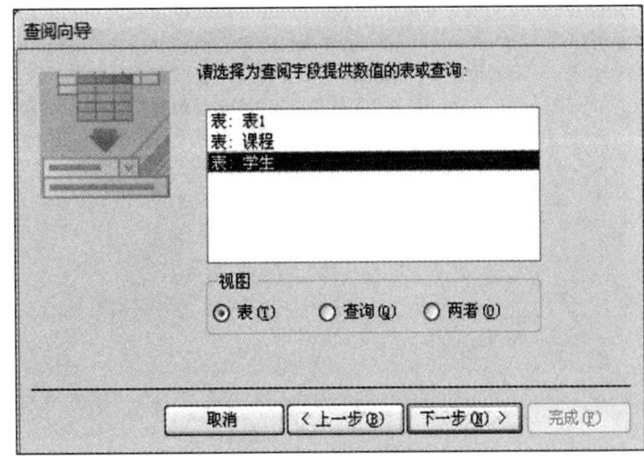

图 3-30　指定数据来源

5）在弹出的第 3 个查阅向导界面中，将可用字段列表中的“学号”添加到“选定字段”列表中，单击“下一步”按钮。

6）在弹出的第 4 个查阅向导界面中选择排序方式，单击“下一步”按钮，如图 3-31 所示。

7）在弹出的第 5 个查阅向导界面中设置列宽，单击“下一步”按钮，如图 3-32 所示。

查阅向导
请确定要为列表框中的项使用的排序次序。
最多可以按四个字段对记录进行排序，既可以升序，也可以降序。
1
学号
升序
2
升序
3
升序
4
升序
取消
< 上一步(B)
下一步(N) >
完成(F)

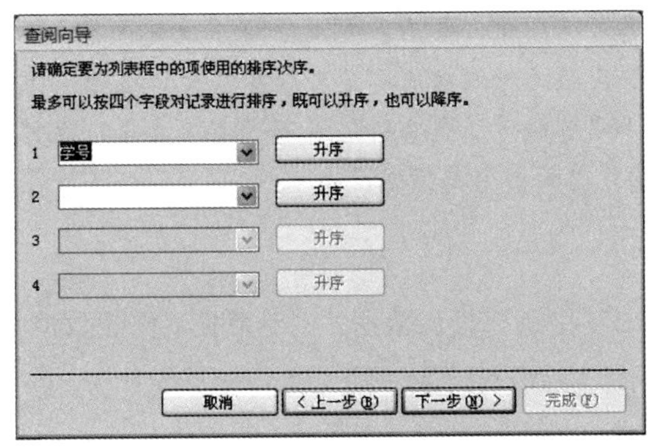

图 3-31　指定排序方式

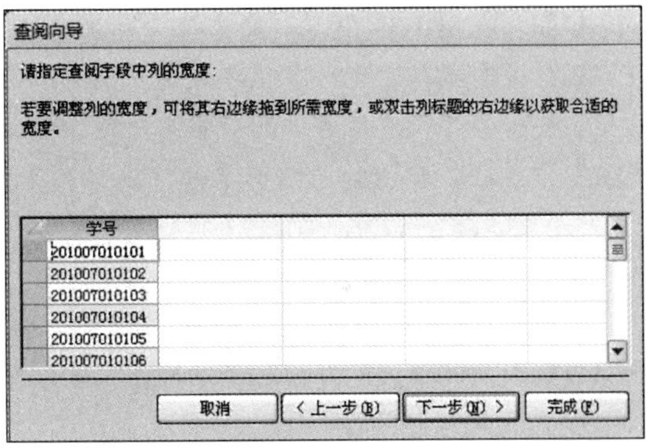

查阅向导
请指定查阅字段中列的宽度：
若要调整列的宽度，可将其右边缘拖到所需宽度，或双击列标题的右边缘以获取合适的宽度。
学号
201007010101
201007010102
201007010103
201007010104
201007010105
201007010106
取消
< 上一步(B)
下一步(N) >
完成(F)

图 3-32　指定列宽

8）在弹出的第 6 个查阅向导界面中，为该查阅字段指定标签“学号”，单击“完成”按钮，如图 3-33 所示。这样，“成绩”表中的“学号”字段就出现了下拉列表，如图 3-34 所示，方便了数据的匹配输入。

9）在弹出的“另存为”对话框中输入表名“成绩”，单击“确定”按钮。

10）用同样的方法为“成绩”表添加查阅字段“课程编码”，字段来源为“课程”表。

11）切换到“设计视图”，删去“ID”，建立“分数”字段（类型：数字；大小：长整型），并将“学号”和“课程编号”字段设置为“主键”，即完成了“成绩”表结构的创建。

12）切换到“学号”字段的“查阅”选项卡，可以看到“行来源”属性中增加了一条 SQL 查询命令（SQL 查询第 4 章将详细介绍）。

查询命令的作用是从“学生”表中检索出“学号”字段以被“成绩”表调用。同样，“课程编号”字段的“查阅”选项卡中的“行来源”属性也增加了一条 SQL 查询命令，作用是从“课程”表中检索出“课程编号”字段以被“成绩”表调用。

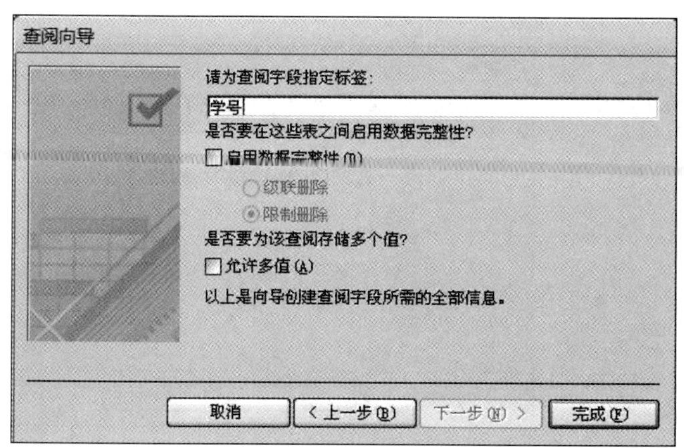

图 3-33　指定标签

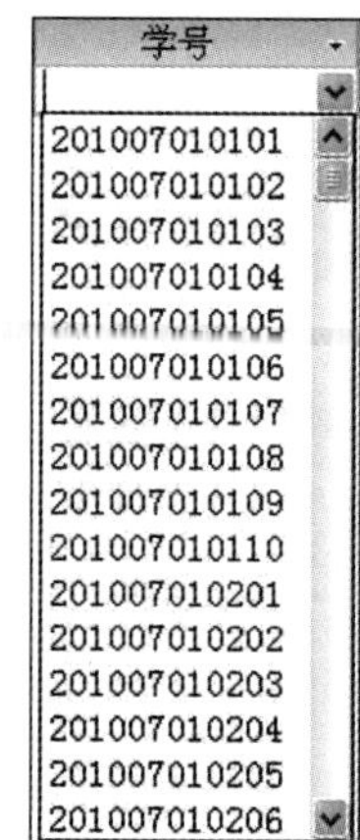

图 3-34　创建的查阅字段“学号”

通过“查阅向导”添加的“现有字段”，用户不能自行输入数据，必须从下拉列表中选择现有学生的“学号”和课程的“课程编号”，以保证数据的一致与正确。当“学生”表中的“学号”和“课程”表中的“课程编号”发生变化时，“成绩”表中“学号”“课程编号”字段的下拉列表中的数据也会发生相应变化，但已输入在记录中的数据不会自动更新。

说明：在图 3-33 中，如果选择“允许多值”复选框，那么在下拉列表中将出现复选框，即可以选择多个数值。允许多值字段是从 Access 2007 开始的新增功能。是否选择“允许多值”复选框，要根据字段中所存储的数据来决定，例如，“课程编号”“性别”等字段不能选择“允许多值”复选框，但诸如“任职单位”这样的字段就可以是一个多值字段。

3.2.2　维护表的基本操作

表结构建好后，大量的工作是在“数据表视图”中进行输入数据、浏览数据、修改数据、删除数据以及调整表的外观等基本操作。

1. 选定记录、字段

在“数据表视图”中对记录进行操作时，首先要选定记录，在此介绍“数据表视图”中有关“选定”的一些按钮。

在“数据表视图”中单击记录左边的“行选定器”、字段名处的“列选定器”和表左上角的“表选定器”可以分别选定对应的记录、字段和整个表，如图 3-35 所示。使用“记录导航按钮”可以定位并浏览“第一条记录”“上一条记录”“当前记录”“下一条记录”和“尾记录”，见表 3-21。

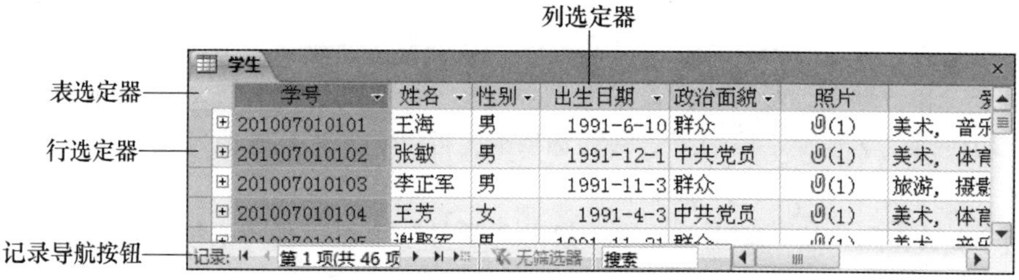

图 3-35　“数据表视图”中的选定器及工具按钮

表 3-21　各导航按钮的功能

按　钮	功　能
◀|	记录指针从当前记录转到第一条记录
◀	记录指针从当前记录转到上一条记录
2	显示当前记录的编号 输入要定位的记录号并按 Enter 键，可以定位到相应记录
▶	记录指针从当前记录转到下一条记录
▶|	记录指针从当前记录转到最后一条记录
▶*	在末尾添加新记录

需要选定连续的多条记录时，可以按住鼠标左键拖动，或者先选定其中的首记录，然后按住 Shift 键选定其中的末尾记录。

需要选定连续的多个字段时，可以按住鼠标左键拖动，或者先选定其中的首字段，然后按住 Shift 键选定其中的末尾字段。

使用记录导航按钮可以使记录指针在记录间快速移动，各导航按钮的功能见表 3-21。

2. 添加新记录、新字段

需要在表末尾添加新记录时，首先打开相应表的“数据表视图”，然后将鼠标指针移动到要输入数据记录的单元格内，单击后进行输入，或者单击“记录导航按钮”中的“新（空白）记录”按钮▶*，然后输入数据即可。

在“数据表视图”中添加新字段时，首先右击要添加字段位置列的“列选定器”，然后在弹出的快捷菜单中选择“插入字段”命令。也可以通过“单击以添加”，在最后一列的右边添加一个新字段。

3. 删除记录、字段

需要删除记录时，首先打开相应表的“数据表视图”，选定需要删除的记录（记录不连续时，需要分几次删除）或字段，然后右键单击，弹出快捷菜单，选择其中的“删除记录”或“删除列”命令，或者按 Delete 键。

提示：在删除数据时，可能需要同时删除其他相关联表中的数据。例如，如果删除了“教师”表中的某一教师记录，可能还要删除“授课”表中该教师的授课记录。在某些情况下，通过实施参照完整性并打开级联删除，可以确保删除对应的数据。

4. 修改记录

数据表视图是一个全屏幕编辑器，只需将指针移动到所要修改的数据位置，就可以修改指针所在位置的数据了。

5. 复制或移动记录、字段

在“数据表视图”中输入和编辑数据时，如果需要复制记录或字段，只要右键单击要复制的数据记录或字段的选定器，在弹出的快捷菜单中选择“复制”命令，然后右键单击放置数据记录或字段的选定器，在弹出的快捷菜单中选择“粘贴”命令即可。

移动记录时，只要在上面的操作中以“移动”命令代替“复制”命令即可。移动字段时，需要先选定字段，然后按住鼠标左键进行拖动即可。

6. 冻结字段

当数据表较大时，由于表中字段较多，“数据表视图”中的有些关键字段列即使利用水平滚动条也无法同时看到。这种情况下，可利用“冻结字段”功能来达到查看这些字段的目的。“冻结字段”是指将指定字段固定在“数据表视图”的第一列，该列在水平滚动条滑动时不发生移动。

“冻结字段”的方法是：右键单击要冻结列的“列选定器”，在弹出的快捷菜单中选择“冻结列”命令。例如，冻结“学生”表中的“姓名”字段，如图 3-36 所示。

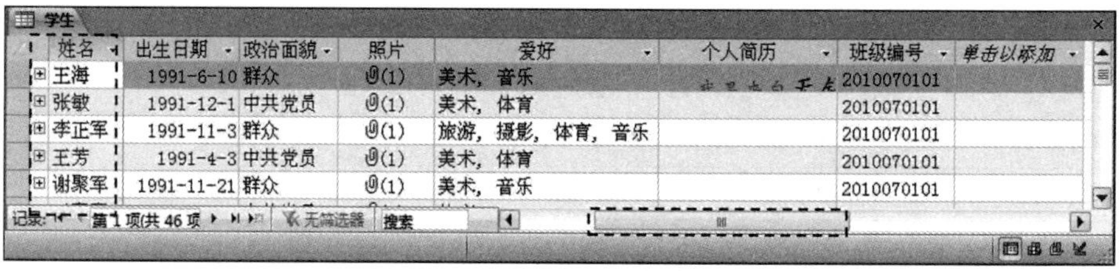

图 3-36　冻结“学生”表中的“姓名”字段

不再需要冻结列时，可以通过选择快捷菜单中的“取消冻结所有字段”命令取消冻结。

7. 隐藏字段

为了便于查看表中的主要数据，可利用“隐藏字段”功能将某些字段列暂时隐藏起来不予显示。

“隐藏字段”的方法是：右键单击要隐藏列的“列选定器”，在弹出的快捷菜单中选择“隐藏字段”命令。不再需要隐藏时，右键单击任意列的“列选定器”，在弹出的快捷菜单中选择“取消隐藏字段”命令，会弹出“取消隐藏列”对话框，选择要取消隐藏的字段后单击“关闭”按钮即可。

8. 调整表外观

在“数据表视图”中通常采用 Access 的默认格式来显示数据。用户可根据自己的喜好或应用系统的要求调整表的外观。

调整表外观的主要操作包括设置数据的字形、字体、字号、字体颜色、对齐方式、填充/背景色以及数据表格式等。这些操作可以通过功能区中“开始”选项卡下“文本格式”选项组中的各个按钮来实现，如图 3-37 所示。由于方法很简单，这里不再赘述。

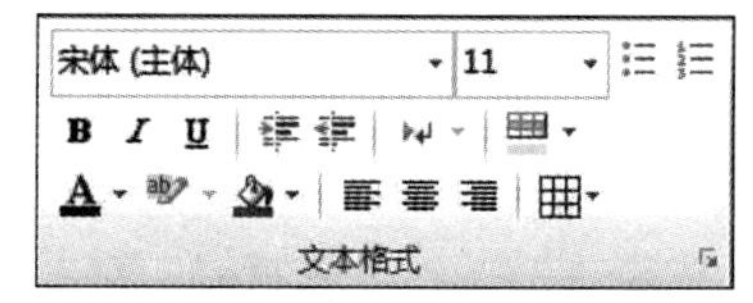

图 3-37 “文本格式”选项组

调整行高、列宽，可右键单击“行选定器”“列选定器”，在弹出的快捷菜单选择“行高”“字段宽度”命令来进行，也可以通过拖动相邻“行选定器”、相邻“列选定器”之间的分隔线来达到同样的目的。

另外，通过功能区中“开始”选项卡下“记录”选项组中的按钮也可进行“删除记录”“删除字段”“隐藏字段”“冻结字段”等操作。

> 提示：如果调整表的操作被存储，则会影响以后对此表的浏览，但不会影响表结构的定义以及其中的数据。

3.3　表中数据操作

在创建了数据表之后，经常需要通过“查找”“排序”和“筛选”等操作对表进行基本的数据分析。

3.3.1 数据的查找、替换

在“数据表视图”中，Access 2010 通过“开始”选项卡下的“查找”选项组来实现查找和替换功能，如图3-38 所示。“查找”选项组共有4 个按钮：“查找”“替换”“转至”和“选择”。

“转至”：单击该按钮，会弹出“转至”选项列表，其中的选项与“记录导航按钮”中的相应按钮作用相同。

“选择”：单击该按钮，会弹出包含“选择”和“全选”命令的列表。使用“选择”命令能够将光标所在的记录选定，使用“全选”命令能够将整个表选定。

这两个按钮的使用很简单，这里不再赘述。下面介绍“查找”“替换”按钮的使用。

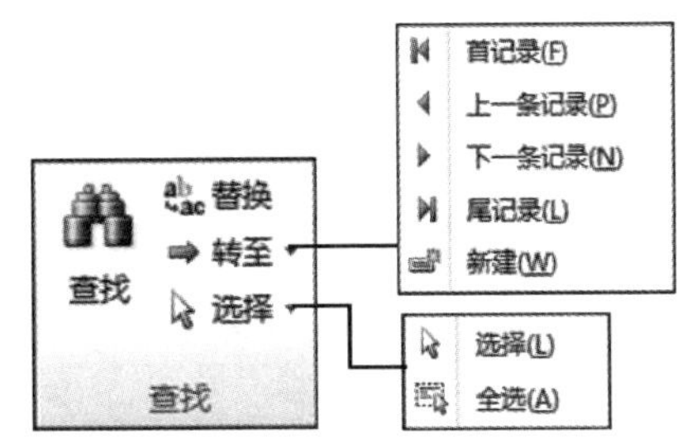

图 3-38 “查找”选项组中按钮

1. 查找

“查找”数据操作可通过图 3-38 所示的“查找”按钮来实现。方法是：选定查找数据所在的列，单击“查找”按钮，在弹出的“查找和替换”对话框中的“查找内容”组合框中输入要查找的内容，并确定“查找范围”“匹配”和“搜索”后，单击“查找下一个”按钮。例如，在“教师”表中查找“肖莉”，如图 3-39 所示。

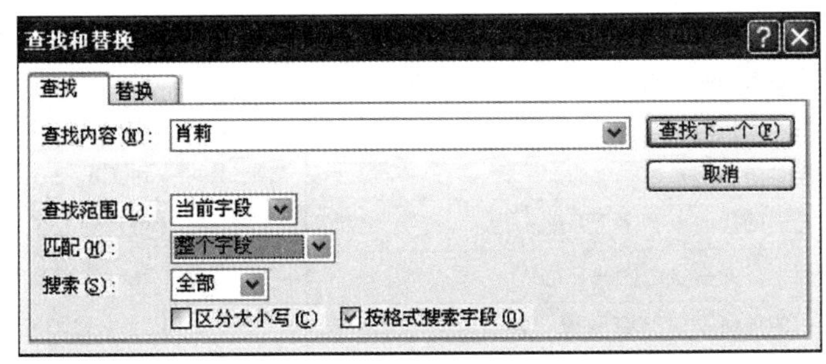

图 3-39 “查找”数据

如果不完全知道要查找的内容，可以在“查找内容”组合框中使用“通配符”来指定要查找的数据。关于通配符，随后介绍。

- 查找范围：既可以是当前所选搜索字段，也可以是整个表中的字段。
- 匹配：下拉列表框中有 3 种不同的匹配方式：选择“字段任何部分”，将搜索查找内容在字段任何部分出现的值；选择“整个字段”，将搜索与查找内容完全匹配的字段值；选择“字段开头”，则搜索查找内容位于字段开头的值。例如，如果在“姓名”字段中查找名字“肖莉”，则选择“整个字段”；如果在“姓名”字段中查找前两个汉字为“肖莉”的名字，则选择“字段开头”；如果在“姓名”字段中查找包含“肖莉”这两个汉字的名字，则选择“字段任何部分”。
- 搜索：下拉列表框中有“向上”“向下”和“全部”3 个选项，用于指定搜索范围。
- 查找下一个：单击“查找下一个”按钮，会找出第一个匹配数据。如果要继续查找，继续单击“查找下一个”按钮，便可以依次搜索到所有的匹配数据项。

2. 替换

“替换”操作可通过图 3-38 所示的“替换”按钮来实现。方法是：单击“替换”按钮，在弹出的“查找和替换”对话框中的“查找内容”组合框中输入要查找的内容（可使用通配符），之后输入“替换为”内容，并确定“查找范围”“匹配”和“搜索”。此时，当希望一次性替换查找到的全部指定内容时，单击“全部替换”按钮；如果希望一次替换一处，则单击“查找下一个”按钮，再单击“替换”按钮。例如，将“课程”表中“课程名称”字段中的“计算机基础”替换为“大学信息技术”，如图 3-40 所示。

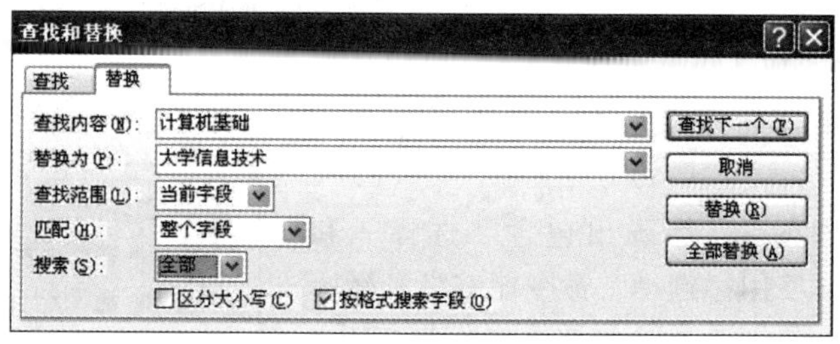

图 3-40 “替换”数据

提示：“查找和替换”操作不能撤销。

3. 通配符

在查找数据时，如果不完全清楚要查找的内容，或者要查找符合某种样式的内容，就可以在“查找内容”组合框中使用通配符。对于 Access 数据库，可以使用的通配符见表 3-22。

表 3-22　Access 中查找数据时可使用的通配符

字　符	用　法	示　例
*	与任意个数的字符匹配，常在字符串中被当作第一个或最后一个字符使用	wh * 可找到 what、white、who 等
?	与任何单个字母的字符匹配	h? ll 可找到 hall、hell、hill 等
[ ]	与方括号内的任何单个字符匹配	b［ae］ll 可找到 ball、bell，但找不到 bill
!	匹配任何不在方括号之内的字符	b［！ ae］ll 可找到 bill、bull，但找不到 bell
-	与范围内的任何一个字符匹配。必须以递增排序次序来指定区域（A～Z）	h［a-c］d 可以找到 had、hbd 和 hcd
#	与任何单个数字字符匹配	1#2 可以找到 102、112、122、132 等

3.3.2　记录排序

表中数据的显示顺序，通常是按照数据输入的先后顺序排列的。当需要按照某种特殊顺序浏览、分析数据时，就需要重新排序。Access 中提供了两种类型的排序，即简单排序和高级排序。

排序是根据表中的一个或多个字段的值对表中所有记录进行重新排列的操作。排序有“升序”和“降序”之分。排序记录时，不同的字段类型，排序规则不同：英文按字母顺序排列，不区分大小写，升序时按 A～Z 排列，降序时按 Z～A 排列；中文按拼音字母的顺序排列，升序时按 A～Z 排列，降序时按 Z～A 排列；数字按数字的大小排序，升序时按从小到大排列，降序时按从大到小排列；而日期/时间，则按日期的先后顺序排列，升序时按从前到后排列，降序时按从后向前排列。

Access 2010 中提供两种排序操作：一种是直接使用命令或按钮进行的简单排序；另一种是在窗口中进行的高级排序。各种排序、筛选操作都可以通过“开始”选项卡下“排序和筛选”选项组中的按钮实现，如图 3-41 所示。

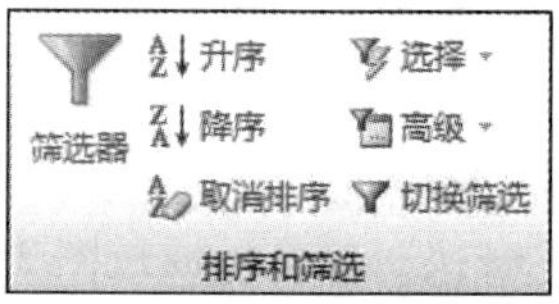

图 3-41 “排序和筛选”选项组

使用“排序和筛选”选项组中的“升序”“降序”按钮，或者在要排序的列中单击鼠标右键，在弹出的快捷菜单中选择“升序”“降序”命令都可以按指定列进行简单排序。然而，当数据库中有大量的重复数据，或者用户需要同时按多字段排序时，简单排序就无能为力了。高级排序可以解决这一问题。高级排序可以对多个字段按指定的优先级排序，即数据记录先按第一个排序准则排序，当有相同值出现时，再按第二个排序准则排序，以此类推。

例 3-9 在“教学管理”数据库的“教师”表中，利用高级排序功能，使记录先按“职称”的降序排列，职称相同时，再按“参加工作时间”的升序排列。

操作步骤如下：

1）在“教学管理”数据库的“导航窗格”，双击“教师”表打开“数据表视图”。

2）单击“排序和筛选”选项组中的“高级”按钮，弹出图 3-42 所示的选项菜单，选择“高级筛选/排序”命令。

3）在打开的筛选排序窗口的下方依次设置排序准则，如图 3-43 所示。

4）单击“保存”按钮，弹出“另存为查询”对话框，输入查询名称“按职称及参加工作时间排序”，如图 3-44 所示。

图 3-42 “高级”选项菜单

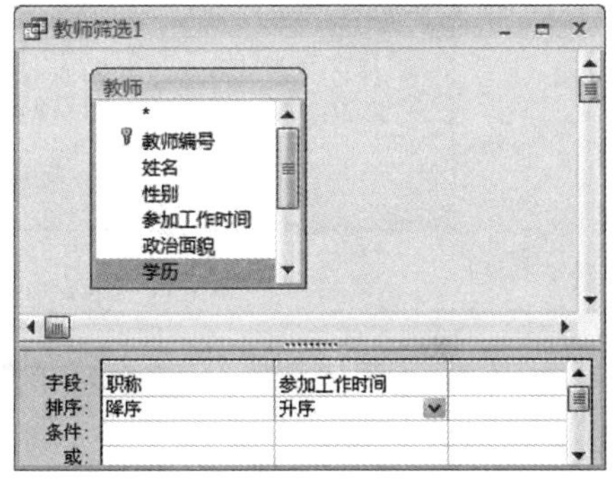

图 3-43 高级筛选排序窗口

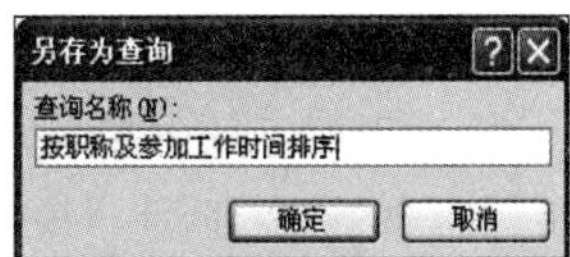

图 3-44 “另存为查询”对话框

5）在“导航窗格”中双击“查询”类中的“按职称及参加工作时间排序”，排序结果如图 3-45所示。

按职称及参加工作时间排序

教师编号	姓名	性别	参加工作时	政治面貌	学历	职称	联系电话
T0005	肖莉	女	1989-9-1	中共党员	博士	教授	0931-888866
T0004	赵庆	男	1999-11-2	中共党员	本科	讲师	
T0006	孔凡	男	2001-3-1	群众	本科	讲师	
T0002	肖贵	男	2001-8-3	中共党员	硕士	讲师	0931-123456
T0007	张建	男	2002-7-1	群众	硕士	讲师	
T0003	张雪莲	女	1991-9-3	中共党员	本科	副教授	0931-765432

记录: 第 1 项(共 7 项) 无筛选器 搜索

图 3-45 排序结果

3.3.3 记录筛选

当表中记录数据量很大时，用户从中查看自己感兴趣的数据很不方便。利用筛选可以只显示用户希望看到的数据，可以在窗体、报表、查询或数据表中显示特定记录，或者仅打印报表、表或查询中的特定记录。通过应用筛选，可以限定视图中的数据而不必改变基础对象的设计。

应用筛选器获得的视图中可以仅包含具有用户所选择的值的记录，而其他数据将会保持隐藏状态，直至该筛选器被清除。Access 2010 包含一些公用筛选器，它们内置于每个视图中。筛选命令的可用性取决于字段的类型和值。

1. 通过公用“筛选器”筛选

例 3-10　在“教学管理”数据库的“课程”表中筛选出专业基础课。

操作步骤如下：

1）打开“教学管理”数据库，打开“课程”表的“数据表视图”。

2）选定“课程类别”列，单击“开始”选项卡下“排序和筛选”选项组中的“筛选器”按钮。

3）在弹出的图 3-46 所示的下拉列表中选择“专业基础课”复选框，再单击“确定”按钮，得到图 3-47 所示的筛选结果。

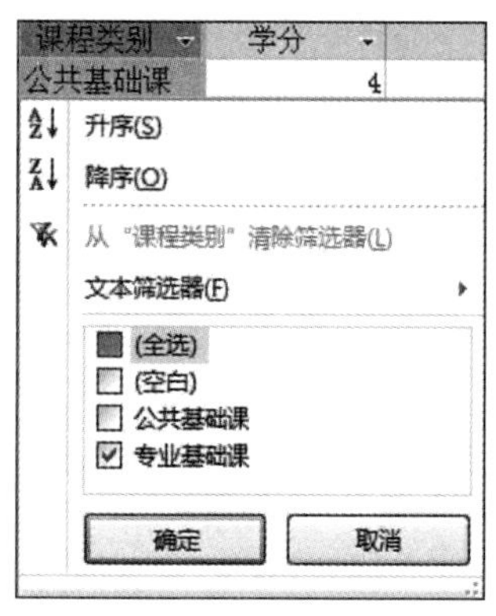

图 3-46　设置筛选条件

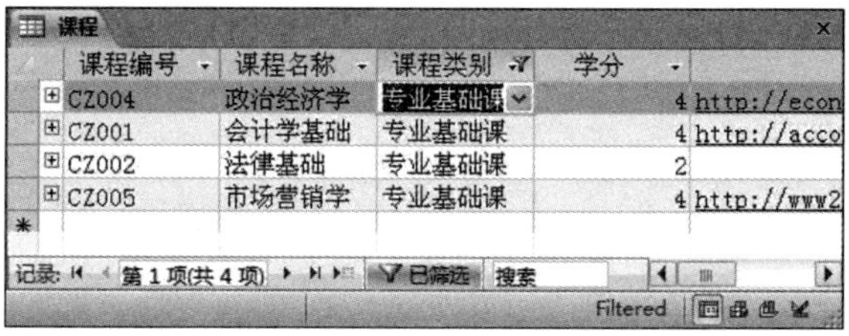

图 3-47　例 3-10 筛选结果

“筛选器”的类型取决于字段的类型和值。比如，当选定字段为“文本”类型时，对应的是“文本筛选器”，如图 3-48 所示；当选定字段为“日期/时间”类型时，对应的是“日期筛选器”，如图 3-49 所示；当选定字段为“数字”类型时，对应的是“数字筛选器”，如图 3-50 所示。若要筛选特定值，使用复选框列表即可；若要筛选某一范围的值，根据需要选择其中的一个筛选器，如选择“期间”筛选器，然后在弹出的“自定义筛选”对话框中指定所需的值。

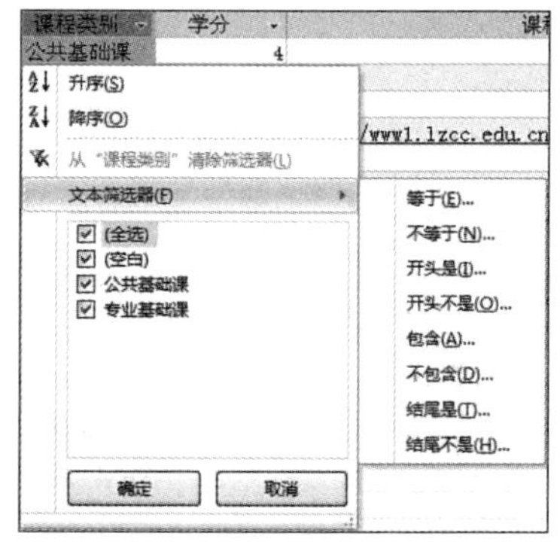

图 3-48　文本筛选器

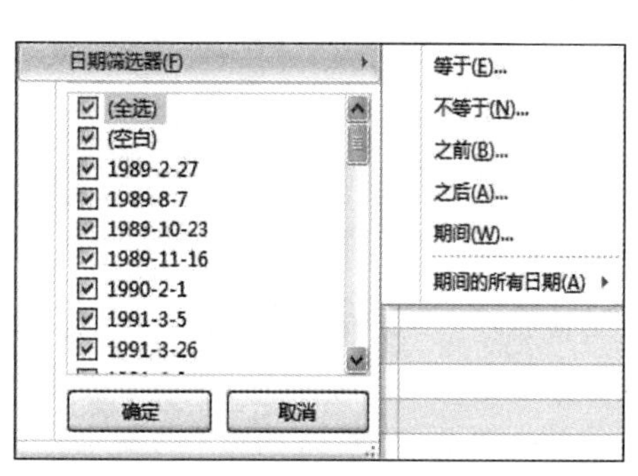

图 3-49　日期筛选器

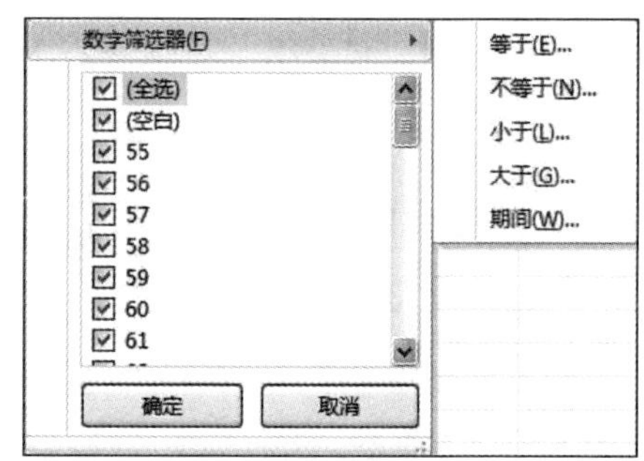

图 3-50　数字筛选器

例 3-11 在“教学管理”数据库的“学生”表中筛选 1989 年以前（含 1989 年）出生的学生。

操作步骤如下：

1）打开“教学管理”数据库，打开“学生”表的“数据表视图”。

2）选定“出生日期”列，单击“开始”选项卡下“排序和筛选”选项组中的“筛选器”按钮。

3）选择“日期筛选器”，在弹出的图 3-49 所示的“日期筛选器”列表中选择“之前”筛选器，在弹出的“自定义筛选器”对话框中输入“1989-12-31”，如图 3-51 所示，单击“确定”按钮即可。筛选结果如图 3-52 所示。

图 3-51 “自定义筛选”对话框

学号	姓名	性别	出生日期	政治面貌	照片
201007010106	王亮亮	男	1989-10-23	中共党员	(1)
201007010205	陈尉	女	1989-8-7	群众	(1)
201007010207	张毅	男	1989-11-16	群众	(0)
201007010211	陶军全	男	1989-2-27	中共党员	(0)

图 3-52 例 3-11 筛选结果

4）完成筛选后，通过单击“排序和筛选”选项组中的“切换筛选”按钮可在原数据表和筛选结果之间进行切换。

说明：图 3-52 中的列标题和导航器栏中的“已筛选”图标指示当前视图是基于“出生日期”列的筛选；在“数据表视图”中，将鼠标指针悬停在筛选列标题右端的筛选图标上时，可以查看当前筛选条件；在图 3-49 中，“期间的所有日期”筛选器会忽略日期值的日和年部分，只有季度和月份；如果将筛选器应用于一个已筛选列，则前一个筛选器将被自动删除。

2. 按选定内容筛选

若要查看表中包含一个与某记录中的值相匹配的值的所有记录，可通过选择特定值并选择“选择”命令快速筛选数据表视图。“选择”下拉列表将显示可用的筛选选项。这些选项将会根据所选值的数据类型而发生变化。

例如，如果当前在“学生”表的“姓名”字段中选择了值“王静”，然后在“开始”选项卡下的“排序和筛选”选项组中单击“选择”按钮，在图 3-53 所示的“按选定内容筛选”命令列表中选择“等于‘王静’”，就能够筛选出所有姓名为“王静”的学生记录，如图 3-54 所示。

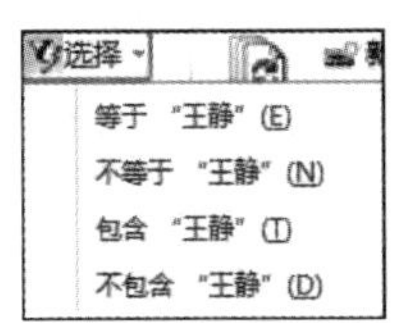

图 3-53 选择“等于‘王静’”

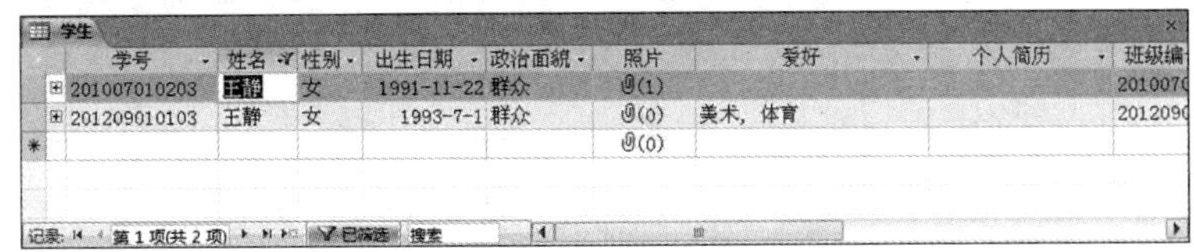

图 3-54 所有姓名为“王静”的学生记录

如果只选择姓名的一部分，即只选择“王”，单击“选择”按钮，并在图 3-55 所示的“按选定内容筛选”命令列表中选择“开头是‘王’”，则筛选出所有姓名第一个字为“王”的学生记录，如图 3-56 所示。

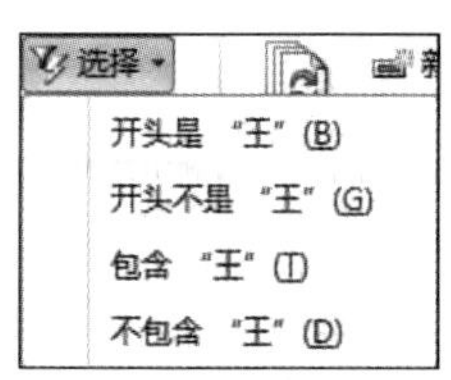

图 3-55　选择"开头是'王'"

学号	姓名	性别	出生日期	政治面貌	照片	爱好	个人简历
201007010101	王海	男	1991-6-10	群众	(1)	美术，音乐	
201007010104	王芳	女	1991-4-3	中共党员	(1)	美术，体育	
201007010106	王亮亮	男	1989-10-23	中共党员	(1)	体育	
201007010202	王国庆	男	1991-10-1	中共党员	(0)		
201007010203	王静	女	1991-11-22	群众	(1)		
201007010209	王云冈	男	1991-3-5	群众	(0)		
201207010102	王志国	男	1993-1-8	群众	(0)		
201209010103	王静	女	1993-7-1	群众	(0)	美术，体育	
201209010105	王强	男	1993-9-1	群众	(0)		

图 3-56　所有姓名第一个字为"王"的学生记录

提示：多值字段不能使用基于部分选定内容的筛选。另外，"选择"命令不可用于附件。

3. 按窗体筛选

如果想要按窗体或数据表中的若干个字段进行筛选，或者要尝试查找特定记录，就可以使用"按窗体筛选"。Access 可创建与原始窗体或数据表类似的空白窗体或数据表，然后根据需要填写任意数量的字段，Access 将查找包含指定值的记录。

单击"排序和筛选"选项组中的"高级"按钮，在弹出的菜单中选择"按窗体筛选"命令，即可打开窗体筛选窗口，在该窗口中可以设置各种筛选。

例 3-12　在"教学管理"数据库的"教师"表中筛选出 2000 年前参加工作的男教师。

操作步骤如下：

1）打开"教学管理"数据库，双击"教师"表打开"数据表视图"。

2）单击"开始"选项卡下"排序和筛选"选项组中的"高级"按钮，在弹出的图 3-57 所示的命令列表中选择"按窗体筛选"命令，打开"按窗体筛选"窗口。

3）按要求设置筛选条件：单击"性别"下的单元格，选择"男"，在"参加工作时间"下的单元格中输入"<2000-1-1"，如图 3-58 所示。

4）单击"排序和筛选"选项组中的"切换筛选"按钮，得到的筛选结果如图 3-59 所示。

5）若要删除筛选器并显示所有记录，可再次单击"切换筛选"按钮；若要修改"按窗体筛选"，可单击"高级"按钮，然后选择"按窗体筛选"命令，将显示当前筛选条件集。

图 3-57　"高级"命令列表

教师编号	姓名	性别	参加工作时间	政治面貌	学历	职称	联系电话	婚否
		"男"	<2000-1-1					

图 3-58　在"按窗体筛选"窗口中设置筛选条件

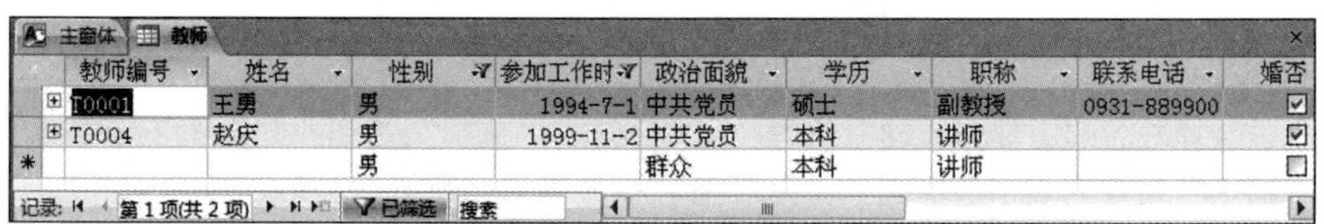

教师编号	姓名	性别	参加工作时间	政治面貌	学历	职称	联系电话	婚否
T0001	王勇	男	1994-7-1	中共党员	硕士	副教授	0931-889900	☑
T0004	赵庆	男	1999-11-2	中共党员	本科	讲师		☑
		男		群众	本科	讲师		☐

图 3-59　例 3-12 的筛选结果

说明：该例中的筛选条件是由“性别 = "男"”和“参加工作时间 < 2000-1-1”的“并”关系构成的。如果条件之间是“或”关系，则单击窗口下端的“或”标签，即可进入逻辑“或”条件设计器进行条件设置。

提示：不能使用“按窗体筛选”来指定多值字段的字段值，也不能指定具有“备注”“超链接”“是/否”或“OLE 对象”数据类型的字段的值。

4. 高级筛选

要使用“高级筛选”，用户必须自己编写筛选条件，即必须编写表达式。表达式类似于 Excel 中的公式，也类似于第 4 章设计查询时指定的条件。

在“高级筛选”的设计窗口中，用户可以更加灵活地设置各种筛选。

例 3-13 在“教学管理”数据库的“教师”表中筛选出学历为硕士或职称为副教授的教师。

操作步骤如下：

1）打开“教学管理”数据库，打开“教师”表的“数据表视图”。

2）单击“排序和筛选”选项组中的“高级”按钮，在弹出的命令列表中选择“高级筛选/排序”命令，打开“高级筛选”的设计窗口。

3）将用于指定筛选条件的字段添加到设计网格中。方法是：单击设计网格中第一列的“字段”单元格，从下拉列表中选择“学历”，单击设计网格中第二列的“字段”单元格，从下拉列表中选择“职称”，如图 3-60所示。

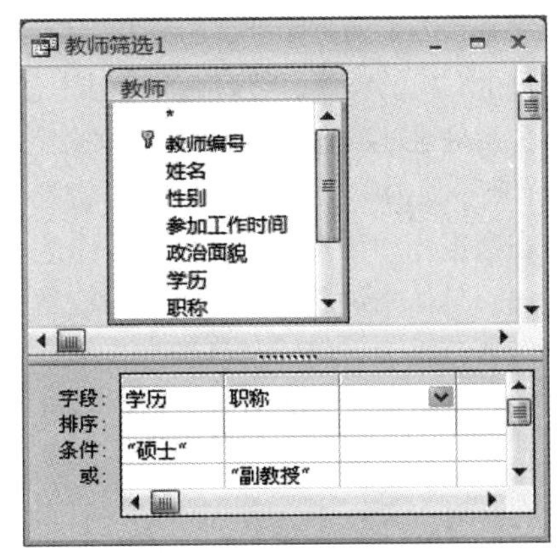

图 3-60 “或”关系筛选条件

4）若要指定排列次序，单击该字段的“排序”单元格，从下拉列表中选择“升序”或“降序”，这里不指定。

5）在字段的“条件”单元格中输入筛选条件。如果条件之间是“与”关系，应该输入在同一行；如果条件之间是“或”关系，应该输入在不同行，这里输入在不同行，如图 3-60 所示。

6）单击“应用筛选”按钮，获得筛选结果，如图 3-61 所示。

教师编号	姓名	性别	参加工作时	政治面貌	学历	职称	联系电话	婚否
T0001	王勇	男	1994-7-1	中共党员	硕士	副教授	0931-889900	☑
T0002	肖贵	男	2001-8-3	中共党员	硕士	讲师	0931-123456	☐
T0003	张雪莲	女	1991-9-3	中共党员	本科	副教授	0931-765432	☑
T0007	张建	男	2002-7-1	群众	硕士	讲师		☐
		男		群众	本科	讲师		☐

记录: 第 1 项(共 4 项) 已筛选 搜索

图 3-61 例 3-13 的筛选结果

7）可以通过选择“切换筛选”或“高级筛选选项”命令列表中的“清除所有筛选器”命令来取消筛选。

提示：通过“高级筛选/排序”可以在筛选设计器中查看前面几种方法建立的筛选中所设置的筛选条件。

3.4　建立表间关系

3.4.1　表间关系

使用规范性理论可对表进行有效的分隔，使每个表只包含关于一个主题的信息。但数据库中各表中的数据并不是孤立存在的。Access 数据库将各种数据记录按不同的主题存放在不同的表中之后，必须提供在需要时将这些信息重新组合到一起的方法。具体方法是，在相关的表中放置公共字段，并定义表之间的关系。也就是说，通过表间关系将不同的表联系起来，这样就可以实现各个表中数据的引用，可以创建查询、窗体和报表，以同时显示几个表中的信息。例如，“学生”表中包括了“学号”“姓名”“性别”“出生日期”等字段，“成绩”表中包括了“学号”“课程编号”“分数”等字段，这两个表通过公共字段“学号”建立关系。

关系，就是通过两个表的公共字段所建立的联系。关系能够使数据库中的多个表联接在一起，成为一个有机的整体，然后在此基础上创建查询、窗体及报表，以同时显示来自多个表中的信息。

关系是通过匹配键字段中的数据来完成的。键有两种类型：主键和外键。主键是表中能够保证每一行有唯一值的一个或一组字段。外键是一个表中的一个或一组字段，这些字段是其他表的主键字段。

在数据库中为每个主题创建一个表后，必须为 Access 提供在需要时将这些信息组合在一起的方法。具体来讲就是在相关表中放置公共字段，并定义表之间的关系。然后，就可以创建查询、窗体和报表，以同时显示来自多个表中的信息。

Access 中有 3 种类型的关系：一对一关系、一对多关系和多对多关系。

1. 一对一关系

在一对一关系中，表 A 中的一行最多只能匹配表 B 中的一行，反之亦然。

如果两个表中相关联的字段都是主键，则创建一对一关系。例如，在“教师基本情况”表和“教师工资情况”表中，“教师编号”都是主键。

在实际应用中，这种关系并不常见，因为多数一一对应的信息都可以存储在一个表中，但是在某些情况下也会应用到一对一关系。

可以将不常用的字段放在单独的表中，以减小常用数据表的容量，加快字段的检索速度。在需要较高的安全性时，可以将特定的字段放在单独的表中，只有被授权的特殊用户才能查看。

2. 一对多关系

一对多关系是最常见的关系。在这种关系中，表 A 中的一行可以匹配表 B 中的多行，但 B 中的一行只能匹配表 A 中的一行。例如，“学生”表和“成绩”表之间是一对多的关系。

如果两个表的相关联字段是一个表的主键，并且是另一个表的外键，则创建一对多关系。例如，“班级”表与“学生”表之间应该创建一对多关系，因为“班级编号”是“班级”表的主键，是“学生”表的外键。

3. 多对多关系

在多对多关系中，表 A 中的一行可以匹配表 B 中的多行，反之亦然。例如，“教师”表和“课程”表之间是多对多的关系。

要表示两个表之间的多对多关系，必须通过创建第三个表（该表被称为联接表）将多对多关系划分为两个一对多关系，通常要将这两个表的主键都插入到第三个表中。例如，“教师”表与“课程”表之间是多对多关系，这个多对多关系通过创建“授课”表，并建立“教师”表与“授课”表、“课程”表与“授课”表之间的两个一对多关系来实现。“教师编号”是“教师”

表的主键，“课程编号”是“课程”表的主键，这两个字段均出现在“授课”表中。“授课”表以“课程编号”和“班级编号”的组合作为主键。

可见，要建立多对多的关系，需要创建一个联接表，将多对多关系划分为两个一对多关系，并将这两个表的主键都插入到联接表中，通过该联接表建立起多对多的关系。

3.4.2 建立表间关系的方式

Access 中有 3 种不同类型的表关系，相应地，建立表关系的方式也分为 3 种。一对一关系的创建很简单，下面只介绍一对多关系与多对多关系的创建方法。

1. 建立一对多关系

例 3-14 在“教学管理”数据库中建立“学生”表和“成绩”表之间的一对多关系。

操作步骤如下：

1）单击功能区中“数据库工具”选项卡下“关系”选项组中的“关系”按钮，如图 3-62 所示。如果数据库中尚未定义任何关系，系统会自动打开“显示表”对话框，如图 3-63 所示；如果需要添加表，而“显示表”对话框中未显示，可单击“设计”上下文选项卡下“关系”选项组中的“显示表”按钮，或者右键单击“关系”窗口空白处，在弹出的快捷菜单中选择“显示表”命令。

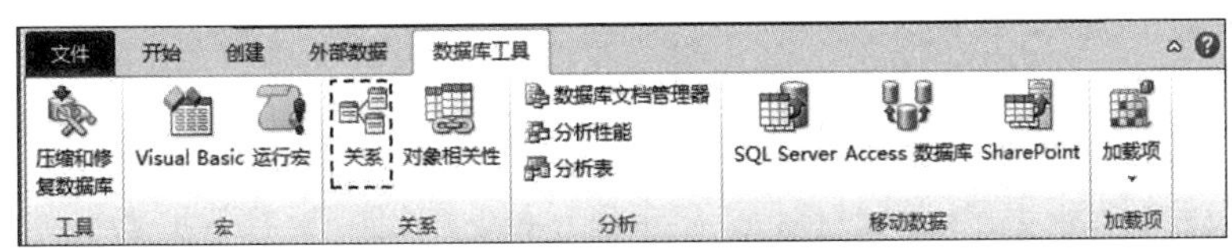

图 3-62 “关系”按钮

2）在“显示表”对话框的“表”选项卡中双击要建立关系的表，将其添加到“关系”窗口，这里添加“学生”表和“成绩”表，然后关闭“显示表”对话框。

3）从一个表中将相关的字段拖到另一个表中的相关字段处。若要拖动多个字段，可按住 Ctrl 键并单击每一个字段后拖动。这里将“学生”表中的“学号”拖动到“成绩”表中的“学号”处。

4）弹出“编辑关系”对话框，如图 3-64 所示，单击“创建”按钮，返回“关系”窗口，可以看到两个表之间出现了一条关系连线，如图 3-65 所示。

5）保存关系。

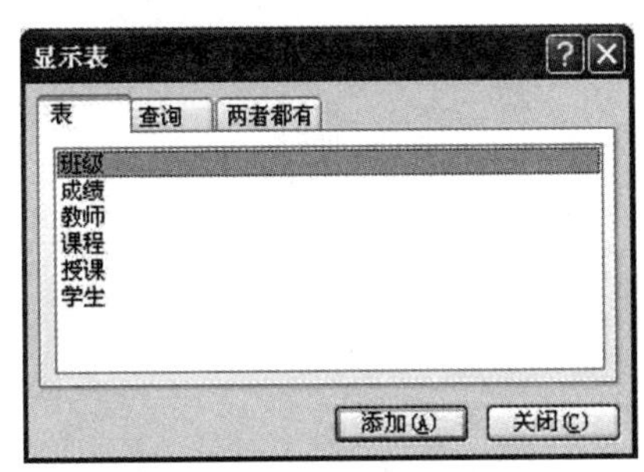

图 3-63 “显示表”对话框

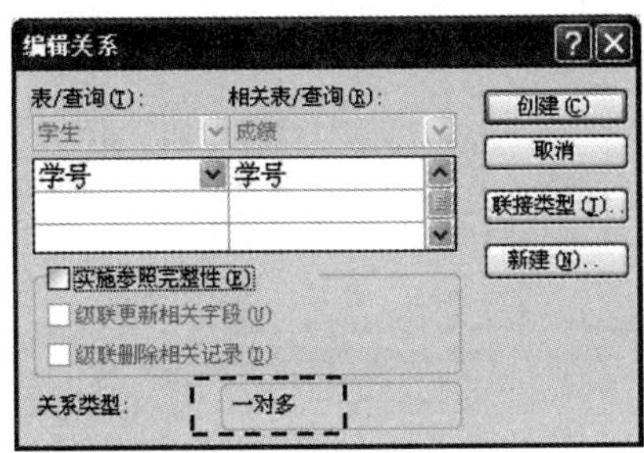

图 3-64 “编辑关系”对话框

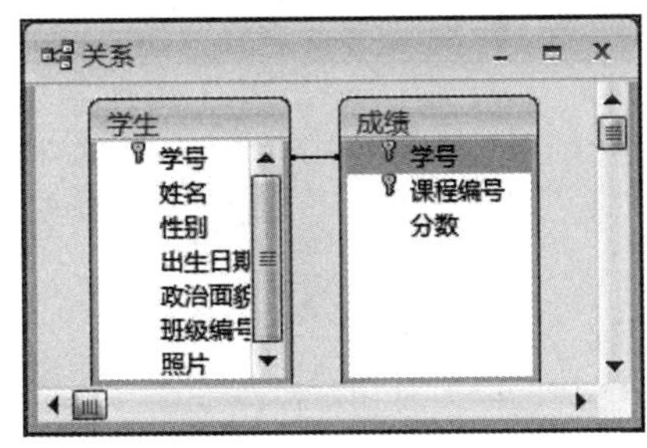

图 3-65 “关系”窗口的关系连线

2. 建立多对多关系

例 3-15　在“教学管理”数据库中建立“教师”表和“课程”表之间的多对多关系。

操作步骤如下：

1）打开“教学管理”数据库，单击“数据库工具”选项卡下的“关系”按钮，打开“关系”窗口。

2）打开“显示表”对话框，添加“教师”表、“授课”表、“课程”表到“关系”窗口，按照例 3-14 中的方法建立“教师”表与“授课”表之间的一对多关系，以及“课程”表与“授课”表之间的一对多的关系，如图 3-66 所示。这样就通过两个一对多关系建立起了“教师”表和“课程”表之间的多对多关系。

关系
学生
学号
姓名
性别
出生日期
政治面貌
班级编号
照片
成绩
学号
课程编号
分数
教师
教师编号
姓名
性别
参加工作时间
政治面貌
学历
职称
授课
课程编号
班级编号
教师编号
学年
学期
学时
授课地点
课程
课程编号
课程名称
课程类别
学分

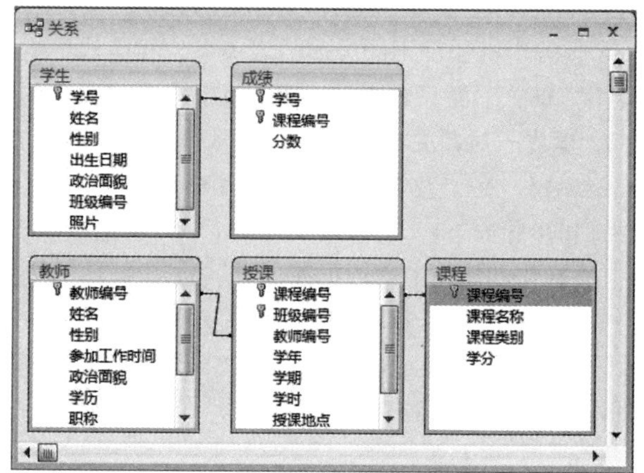

图 3-66　“教师”表与“课程”表之间的多对多关系

切换到“教师”表，可以看到建立了一对多关系后，表中每条记录的左侧出现了“+”号标记，单击该标记，即以“子表”形式显示每一个教师的授课信息，如图 3-67 所示。切换到“课程”表，其每条记录的左侧也出现了“+”号标记，单击该标记，即以“子表”形式显示每一门课程对应的授课信息，如图 3-68 所示。

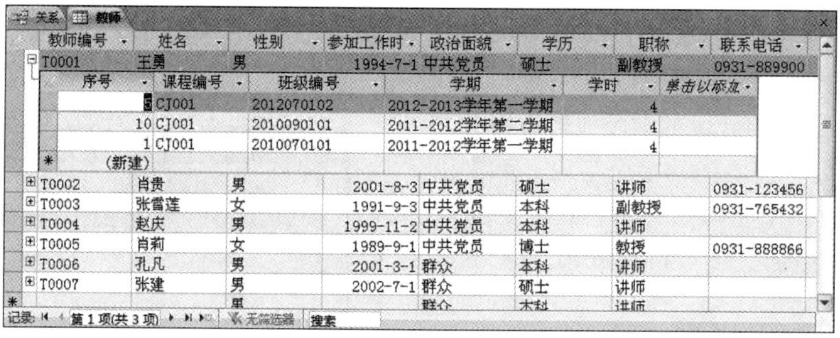

关系　教师
教师编号　姓名　性别　参加工作时　政治面貌　学历　职称　联系电话
T0001　王勇　男　1994-7-1　中共党员　硕士　副教授　0931-889900
序号　课程编号　班级编号　学期　学时　单击以添加
CJ001　2012070102　2012-2013学年第一学期　4
10　CJ001　2010090101　2011-2012学年第二学期　4
1　CJ001　2010070101　2011-2012学年第一学期　4
（新建）
T0002　肖贵　男　2001-8-3　中共党员　硕士　讲师　0931-123456
T0003　张雪莲　女　1991-9-3　中共党员　本科　副教授　0931-765432
T0004　赵庆　男　1999-11-2　中共党员　本科　讲师
T0005　肖莉　女　1989-9-1　中共党员　博士　教授　0931-888866
T0006　孔凡　男　2001-3-1　群众　本科　讲师
T0007　张建　男　2002-7-1　群众　硕士　讲师
记录：第 1 项(共 3 项)　无筛选器　搜索

图 3-67　建立了关系的“教师”表

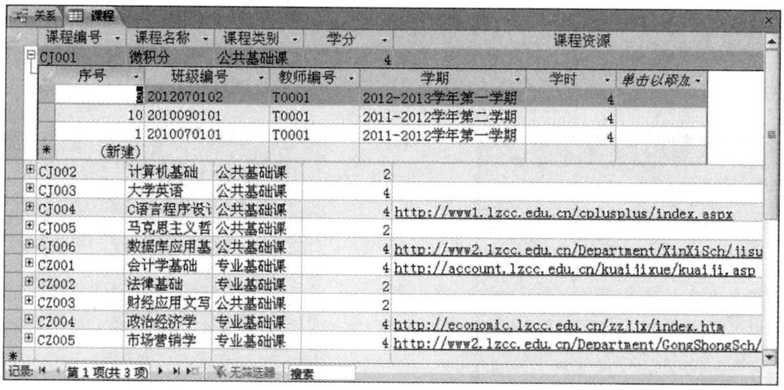

关系　课程
课程编号　课程名称　课程类别　学分　课程资源
CJ001　微积分　公共基础课　4
序号　班级编号　教师编号　学期　学时　单击以添加
2012070102　T0001　2012-2013学年第一学期　4
10　2010090101　T0001　2011-2012学年第二学期　4
1　2010070101　T0001　2011-2012学年第一学期　4
（新建）
CJ002　计算机基础　公共基础课　2
CJ003　大学英语　公共基础课　4
CJ004　C语言程序设计　公共基础课　4　http://www1.lzcc.edu.cn/cplusplus/index.aspx
CJ005　马克思主义哲　公共基础课　2
CJ006　数据库应用基　公共基础课　4　http://www2.lzcc.edu.cn/Department/XinXiSch/jisu
CZ001　会计学基础　专业基础课　4　http://account.lzcc.edu.cn/kuaijixue/kuaiji.asp
CZ002　法律基础　专业基础课　2
CZ003　财经应用文写　公共基础课　2
CZ004　政治经济学　专业基础课　4　http://economic.lzcc.edu.cn/zzjjx/index.htm
CZ005　市场营销学　专业基础课　4　http://www2.lzcc.edu.cn/Department/GongShongSch/
记录：第 1 项(共 3 项)　无筛选器　搜索

图 3-68　建立了关系的“课程”表

提示：本文未涉及 Web 数据库中的关系。Web 数据库不支持“关系”窗口。可以使用“查阅”字段创建 Web 数据库中的关系。

3.4.3 表关系的操作

创建了表之间的关系后，有时还需要对表关系进行查看、编辑、隐藏、打印等操作。对表关系的一系列操作都可以通过“关系工具”的“设计”上下文选项卡下的“工具”和“关系”选项组中的功能按钮来实现，如图 3-69 所示。下面对这些按钮作一介绍。

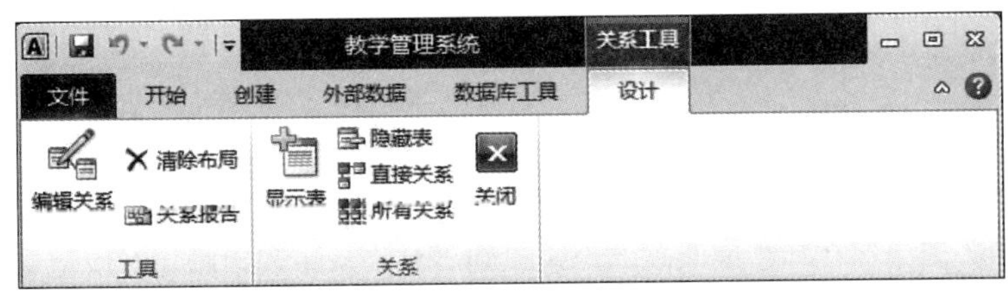

图 3-69 “关系工具”的“设计”上下文选项卡

1）“编辑关系”：单击该按钮，弹出“编辑关系”对话框，可以新建表关系，实施参照完整性，设置联接类型等，如图 3-64 所示。

2）“清除布局”：单击该按钮，弹出清除布局确认提示框，如图 3-70 所示。单击“是”按钮，系统将隐藏所有表关系。

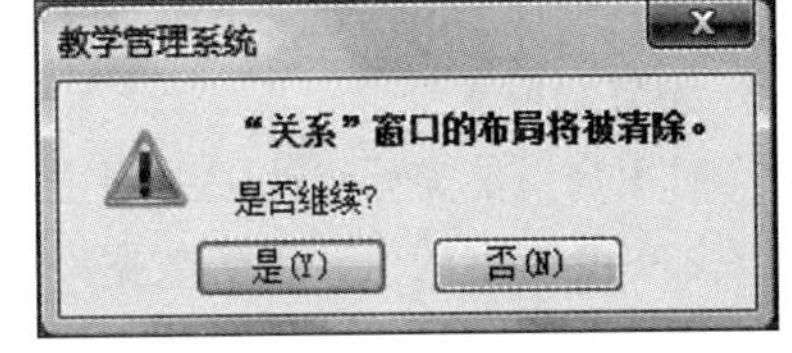

图 3-70 清除布局确认提示框

3）“关系报告”：单击该按钮，系统自动生成表关系报表，并进入“打印预览”视图，在此可进行关系打印、页面布局等操作。

4）“显示表”：单击该按钮，弹出“显示表”对话框，在此可将表添加到“关系”窗口。

5）“隐藏表”：选中一个表后，单击该按钮，“关系”窗口中的该选中表被隐藏。

6）“直接关系”：单击该按钮，显示与窗口中的表有直接关系的表和它们之间的关系。例如，“关系”窗口中只有“课程”表，当单击该按钮后，则会显示隐藏的“授课”表、“成绩”表，以及“课程”表与这两个表之间的关系。

7）“所有关系”：单击该按钮，显示该数据库中的所有表关系。

8）“关闭”：单击该按钮，退出“关系”窗口。如果窗口中的布局未保存，会弹出“是否保存对关系的更改”提示框。

1. 表关系的查看、删除和编辑

在“关系”窗口关闭的情况下，通过图 3-62 所示的“关系”按钮，可打开当前数据库的“关系”窗口来查看已创建的表关系；在“关系”窗口打开的情况下，可通过“所有关系”或“直接关系”按钮来查看已创建的所有关系或部分关系。

删除表之间的关系，需要在“关系”窗口通过删除关系连线来完成。方法是：选中所要删除关系的关系连线（选中时，关系线会变粗），然后按 Delete 键。

值得注意的是，删除表关系时，如果启用了参照完整性，则会同时删除相应的参照完整性设置，而且 Access 将不再自动禁止在原表关系“多”端建立孤立记录。

编辑表关系在“编辑关系”对话框中完成。方法是：先选中要编辑关系的关系连线，然后单击“关系工具”的“设计”上下文选项卡下“工具”选项组中的“编辑关系”按钮，或者直接双击关系连线，打开“编辑关系”对话框，在此完成相应的编辑修改操作即可。

2. 实施参照完整性

参照完整性是指数据库中规范表之间关系的一些规则，其作用是保证数据库中表关系的完整性，禁止孤立记录并保持参照同步，以防出现无效的数据修改。

如果在“编辑关系”对话框中设置了“实施参照完整性”，Access 将拒绝违反表关系参照完整性的任何操作。这意味着 Access 既拒绝更改参照目标的更新，也拒绝参照目标的删除。具体来讲，就是在编辑数据记录时会受到以下限制。

1）不允许在相关表的外键字段中输入不存在于主表的主键中的值，但可以在外键中不输入任何值。

例如，创建“班级”表与“学生”表之间的关系时，如果设置了“实施参照完整性”，则“学生”表中的“班级编号”字段值必须存在于“班级”表中的“班级编号”字段，或为空值。

2）如果在相关表中存在和主表匹配的记录，则不允许从主表中删除对应记录。

例如，如果“学生”表中包含“班级编号”为“2010070101”的记录，则不允许在“班级”表中删除该班级的记录。

3）如果在相关表中存在和主表匹配的记录，则不允许在主表中更改对应记录主键的值。

例如，如果“学生”表中包含“班级编号”为“2010070101”的记录，则不允许在“班级”表中更改这个班级编号。

3. 设置级联更新

有时用户可能需要更改关系中主表的主键的值，这时需要 Access 在一次操作中能够自动更新相关表中受影响的值，以防数据库记录处于不一致状态。Access 通过支持“级联更新相关字段”选项来实现这一功能。具体方法是：双击关系连线，打开“编辑关系”对话框，选择“实施参照完整性”以及“级联更新相关字段”复选框。这样，在更新主键的某个取值时，Access 将自动更新参照主键的所有相关字段的对应值。

4. 设置级联删除

Access 也支持级联删除相关记录的功能。当用户需要删除主表中的一行，而且需要相关表中的相关记录也自动删除时，只要在“编辑关系”对话框中选择“实施参照完整性”及“级联删除相关字段”复选框，Access 就会自动删除参照该主键值的所有记录。

提示：如果在启用参照完整性时遇到困难，请注意在实施参照完整性时需要满足以下条件。

1）来自于主表的公共字段必须为主键或具有唯一索引。

2）公共字段必须具有相同的数据类型。例外的是自动编号字段可与字段大小属性设置为长整型的数字字段相关。

5. 设置联接类型

“编辑关系”对话框中的“联接类型”选项，用来设置 Access 在查询结果中包括哪些记录。这里有3 种“联接类型”可供选择，它们被称为内部联接、左外部联接和右外部联接。Access 默认的设置是内部联接。

将“编辑关系”对话框中的两个表按照位置称为“左表”和“右表”，则 3 种联接的含义如下：

1）内部联接。查询结果中只包括两个表中联接字段相同的行。

2）左外部联接。包括“左表”的所有记录以及“右表”中与联接字段相同的记录。

3）右外部联接。包括“右表”的所有记录以及“左表”中与联接字段相同的记录。

在实际应用中，具体设置为哪一种联接类型，取决于希望通过此关系中联接表的查询获取怎样的结果。例如，对于“教师”表和“授课”表，使用默认联接类型时，查询结果中只包括按公共字段“教师编号”匹配的行，如图3-71所示。如果希望查询中包括“教师”表中的所有教师，也就是说，在查询结果中既包括没有授课（即在“授课”表中没有出现）的教师记录，也包括“授课”表中按联接字段匹配的记录，这时就应该将“联接类型”设置为左外部联接。

例3-16 在“教学管理”数据库中设置“教师”表与“授课”表的联接类型，使查询结果中包括“教师”表的所有记录，以及“授课”表中和联接字段值相等的记录。

操作步骤如下：

1）打开“教学管理”数据库，进入“关系”窗口。

2）双击“教师”表与“授课”表之间的关系连线，打开“编辑关系”对话框。

3）单击“联接类型”按钮，弹出“联接属性”对话框，选择第二个选项后，单击“确定”按钮，如图3-72所示。

关系 | 教师 查询

教师编号	姓名	课程编号	班级编号
T0001	王勇	CJ001	2012070102
T0001	王勇	CJ001	2010090101
T0001	王勇	CJ001	2010070101
T0003	张雪莲	CZ002	2010070101
T0004	赵庆	CJ004	2012070102
T0004	赵庆	CJ002	2010090101
T0004	赵庆	CJ002	2012090101
T0006	孔凡	CJ003	2012070102
T0006	孔凡	CJ003	2010070101
T0007	张建	CZ001	2012090101
*			

图3-71 “内部联接”时的查询结果

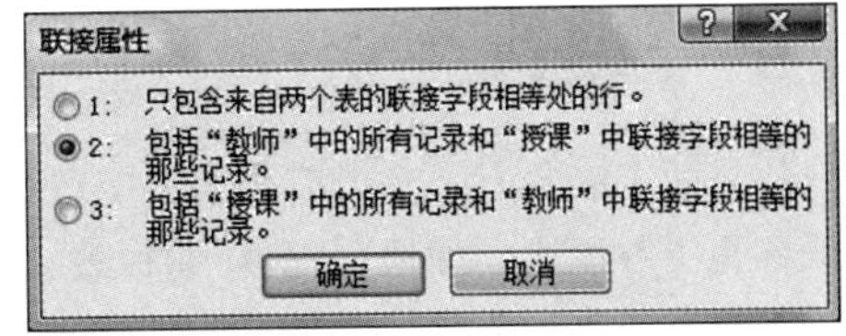

图3-72 “联接属性”对话框

4）返回“关系”窗口，可以看到关系连线的一端出现指向显示匹配行的“授课”表的箭头，如图3-73所示。这样设置后，查询得到的结果如图3-74所示。

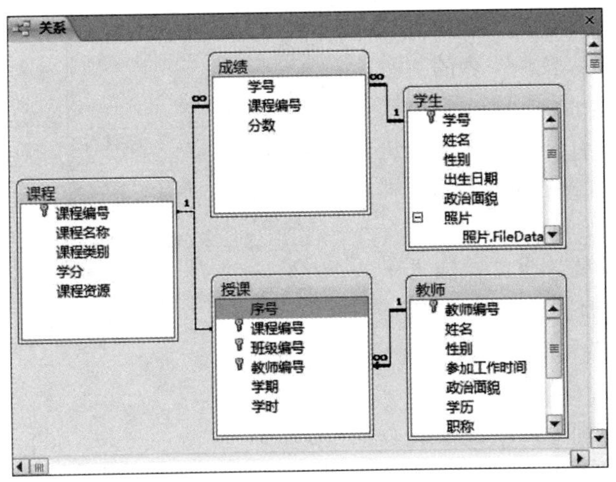

图3-73 设置“教师”表与“授课”表之间为左外部联接后的关系视图

关系 | 教师 查询1

教师编号	姓名	课程编号	班级编号
T0001	王勇	CJ001	2012070102
T0001	王勇	CJ001	2010090101
T0001	王勇	CJ001	2010070101
T0002	肖贵		
T0003	张雪莲	CZ002	2010070101
T0004	赵庆	CJ004	2012070102
T0004	赵庆	CJ002	2010090101
T0004	赵庆	CJ002	2012090101
T0005	肖莉		
T0006	孔凡	CJ003	2012070102
T0006	孔凡	CJ003	2010070101
T0007	张建	CZ001	2012090101
*			

图3-74 “左外部联接”时的查询结果

说明：图 3-72 中的 3 个选项分别对应内部联接、左外部联接和右外部联接。查询将在第 4 章详细介绍，这里希望读者重点理解 3 种联接类型的含义和作用。

“教学管理”数据库中的表以及它们之间的关系如图 3-75 所示。

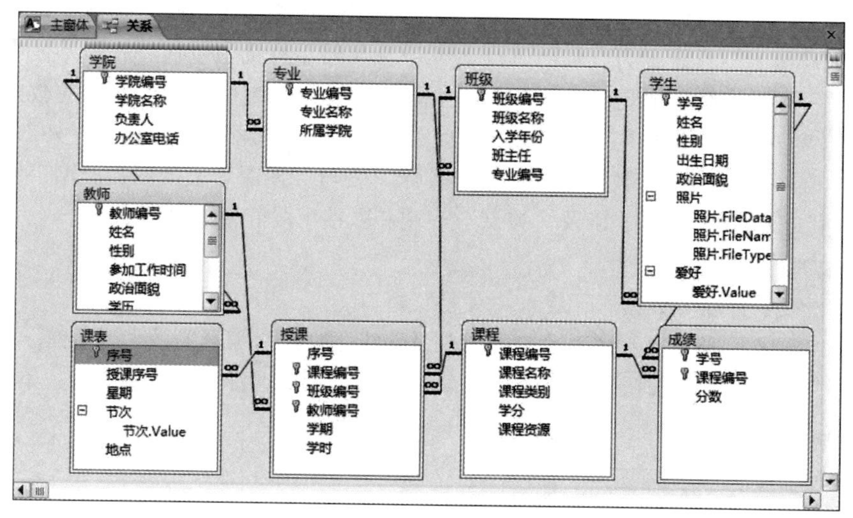

图 3-75 “教学管理”数据库中的表以及它们之间的关系

3.4.4　子数据表

如果两个表具有一个或多个公共字段，则可以在一个表中嵌入另一个表。这个被嵌入的数据表就称为子数据表。如果要查看/编辑表、查询中的相关数据、联接数据，子数据表便十分有用。

当两个表之间创建了一对一或一对多关系后，数据表就自动有了主、子之分。“一方”即为主表，另一个“一方”或“多方”即为子表。例如，“教师”表和“授课”表之间建立了一对多的关系后，Access 就会自动创建子数据表。打开“教师”表的“设计视图”，单击“设计”选项卡下“显示/隐藏”组中的“属性表”按钮后，弹出“属性表”窗格，可以看到“子数据表名称”为“[自动]”，如图 3-76 所示。打开“教师”表的“数据表视图”后，可以看到每一条记录前都有一个“+”号标记，表示已经建立了子数据表。单击“+”号可打开子数据表，进而查看和编辑子数据表中的相关行。如果删除表之间的关系，则自动建立的子数据表会自动随之删除。

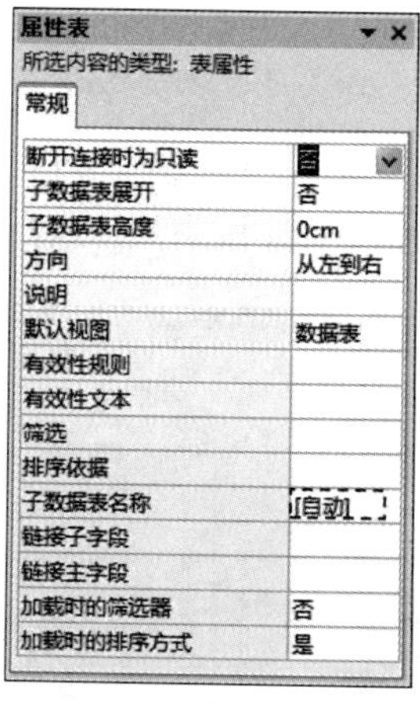

图 3-76 “属性表”窗格

在 Access 数据库中，用户还可以根据需要，通过“插入子数据表”操作为表、查询添加子数据表。添加了子数据表之后，在主表的“数据表视图”中就可以方便地查看和编辑子数据表中的相关数据。

添加子数据表的操作步骤如下：

1）在“数据表视图”中打开要向其中添加子数据表的表（或查询）。

2）在“开始”选项卡下的“记录”选项组中单击“其他”按钮，在弹出的命令列表中指向“子数据表”，选择下级命令列表中的“子数据表”命令。

3）在弹出的“插入子数据表”对话框中，根据要作为子数据表插入的对象的类型（“表”

“查询”或“两者”）选择相应的选项卡。

4）在“链接子字段”框中单击要用作外键字段或匹配字段的字段，以便为子数据表提供数据。

5）在“链接主字段”框中单击要用作主表或查询的主键字段或匹配字段的字段，然后单击“确定”按钮。

6）若要显示添加到表、查询或窗体中的子数据表，单击“＋”号即可。

提示：在向表中添加子数据表后，最好只将这些子数据表用于查看，而非用于编辑重要的业务数据。如果要编辑表中的数据，建议使用窗体，因为在数据表视图中，用户可能会不小心定位到非目标单元格，从而更容易出现数据输入错误。另外请注意，在大型表中添加子数据表会对表的性能造成负面影响。

3.5 数据的导入与导出

数据以不同形式在不同系统或应用程序中移动，称为数据的迁移。数据迁移涉及数据导入和数据导出。数据导入是指将外部数据迁移到 Access 数据库中；数据导出是指将 Access 数据库中的数据输出为某种格式的外部数据。

Access 2010 提供强大的数据导入/导出功能。数据导入和数据导出可分别通过 Access 2010 功能区的“外部数据”选项卡下“导入并链接”和“导出”选项组中的命令按钮来完成，如图 3-77所示。

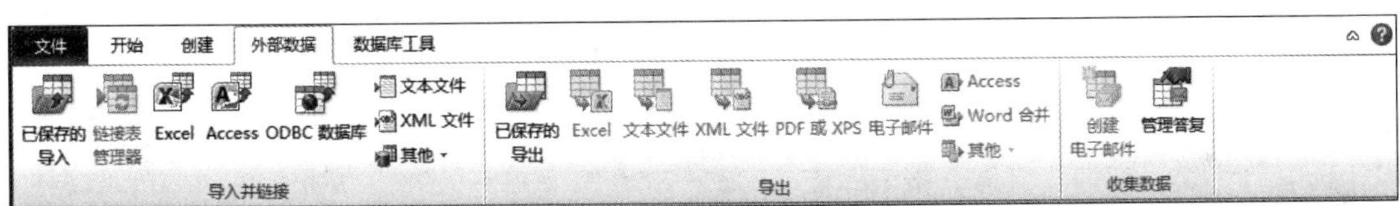

图 3-77 “外部数据”选项卡

3.5.1 数据的导入

数据是数据库中最重要的信息，在创建 Access 数据库之前，通常已经拥有了大量的各种形式的数据，这些数据无疑很珍贵。如果在数据库创建之后，人工输入这些数据，不仅费时费力，还容易出错。利用 Access 的数据导入功能将外部数据迁移到 Access 数据库中，既提高了工作效率，又能保证添加到数据库中的数据与源数据一致。

Access 2010 可以导入多种数据类型的文件，如 Access 数据库文件、Excel 电子表格文件、ODBC 数据库文件、FoxPro 数据库文件、TXT 文件、XML 文件、SharePoint 列表文件等。单击“导入并链接”选项组中的“其他”按钮，可以看到更多类型的可导入文件。外部数据导入到 Access 有 3 种形式：建立一个新表、添加到现有表、链接表（Access 仅保存外部数据的路径，数据可在 Access 中查看，但不能编辑）。下面通过例子来讲述数据导入的方法和步骤。

1. 导入 Access 数据库文件

例 3-17 新建一个空白数据库“导入导出数据示例 . accdb”，并将“教学管理”数据库中的“学生”表、“成绩”表导入其中。

操作步骤如下：

1）打开 Access 2010，选择“文件”选项卡下的“新建”命令，选择“空数据库”，并在界面右下角输入数据库名称“导入导出数据示例 . accdb”，然后单击“创建”按钮，建立一个空白数据库。此时自动新建了一个数据表，关闭该表。

2）切换到“外部数据”选项卡，单击“导入并链接”选项组中的“Access”按钮，弹出“获取外部数据 – Access 数据库”对话框，如图 3-78 所示。

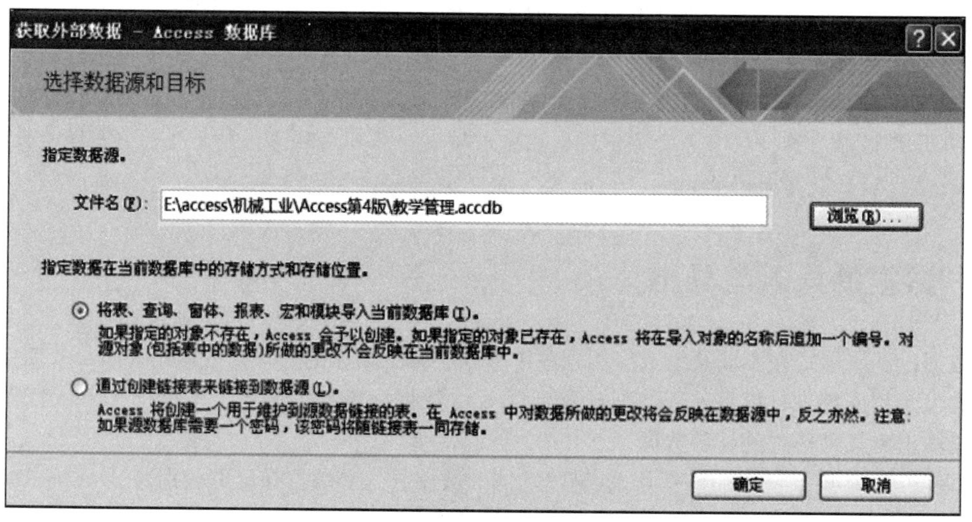

图 3-78 “获取外部数据 – Access 数据库”对话框

3）单击“浏览”按钮，在“打开”对话框中选择“E：\ access \ 机械工业 \ Access 第 4 版 \ 教学管理 . accdb”数据库，选中“将表、查询、窗体、报表、宏和模块导入当前数据库”单选按钮，单击“确定”按钮，弹出“导入对象”对话框，如图 3-79 所示。

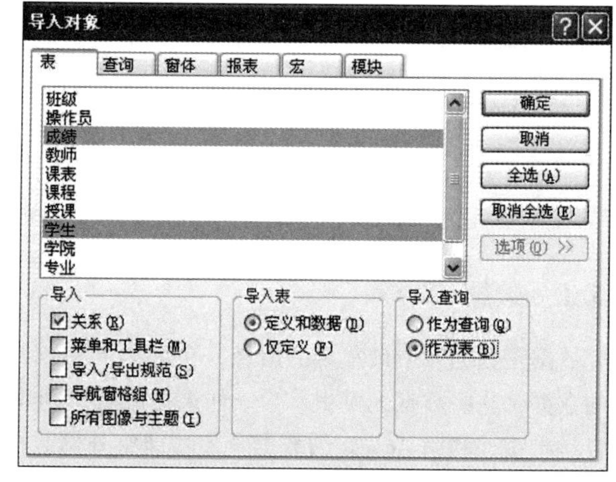

图 3-79 “导入对象”对话框

4）选择要导入的数据库对象。这里选择“学生”表和“成绩”表，单击“选项”按钮。

5）在“导入对象”对话框下方显示的关于导入数据的选项中，“导入”选中“关系”，“导入表”选中“定义和数据”（即结构和数据），“导入查询”选中“作为表”，单击“确定”按钮。

6）弹出“获取外部数据 – Access 数据库”对话框，系统询问是否保存导入步骤，这里选择不保存，单击“关闭”按钮。

7）“导入导出数据示例”数据库的“导航窗格”中显示导入的表对象“学生”和“成绩”。

2. 导入 Excel 数据

Excel 具有强大的数据处理功能，用户可以将数据库中存储的数据导出至 Excel 并进行处理，之后再导入到 Access 中。另外，日常工作中习惯以 Excel 表格存储数据，但当数据量较大时，往往需要将数据存储到数据库中进行管理。由于 Excel 电子表格和 Access 数据库有良好的兼容性，这时可以建立一个数据库，并将 Excel 表格数据导入到数据库中。

例 3-18 向“导入导出数据示例 . accdb”数据库中导入 Excel 文件“课程 . xlsx”。

操作步骤如下：

1）打开“导入导出数据示例 . accdb”数据库。单击“外部数据”选项卡下“导入并链接”选项组中的“Excel”按钮，弹出“获取外部数据 – Excel 电子表格”对话框，如图 3-80 所示。

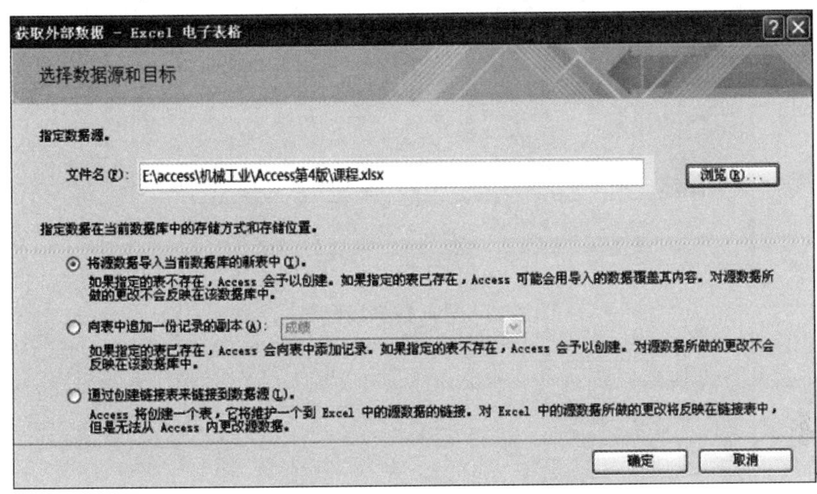

图 3-80 “获取外部数据 – Excel 电子表格”对话框

2）单击对话框中的“浏览”按钮，在“打开”对话框中选择“E:\access\机械工业\Access 第 4 版\课程 . xlsx”，选中“将源数据导入当前数据库的新表中”单选按钮，单击“确定”按钮。

3）在弹出的第一个导入数据表向导界面中，选中“第一行包含列标题”复选框，如图 3-81 所示，再单击“下一步”按钮。

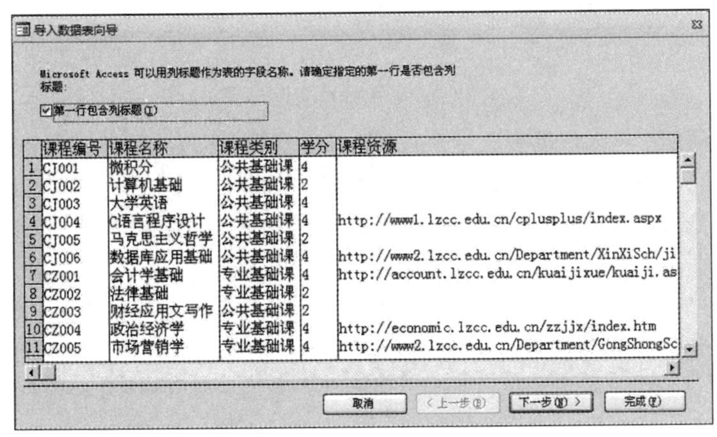

图 3-81 导入数据表向导一

4）在弹出的第二个导入数据表向导界面中设置字段选项信息。方法是：单击预览窗口中的各列，设置字段名称、数据类型等，如图 3-82 所示，单击“下一步”按钮。

5）在弹出的第三个导入数据表向导界面中确定主键，选择“我自己选择主键”单选按钮，并设置“课程编号”为主键，如图 3-83 所示，单击“下一步”按钮。

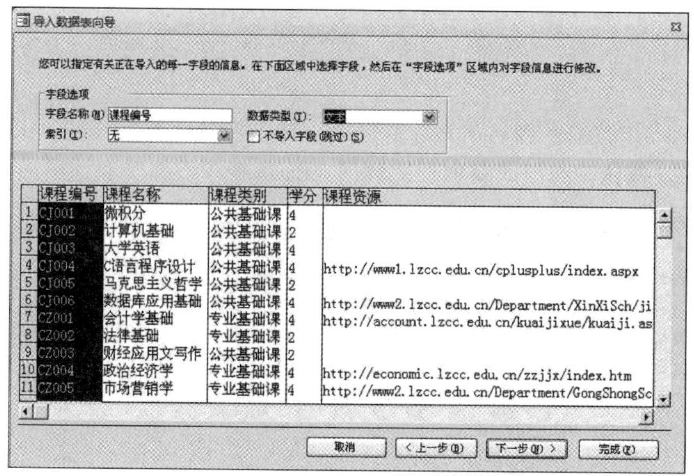

图 3-82　导入数据表向导二

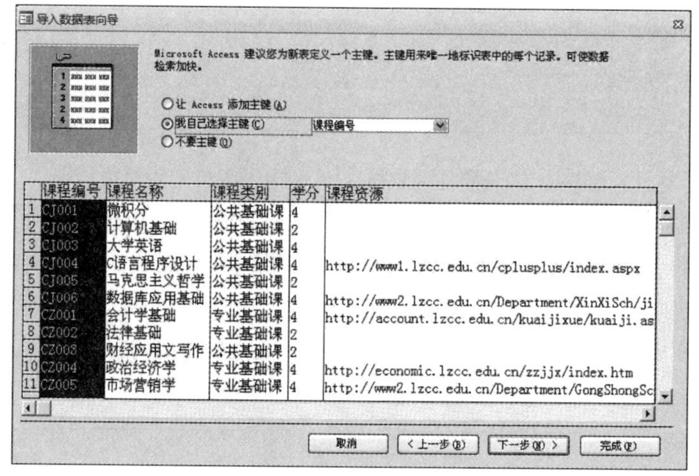

图 3-83　导入数据表向导三

6）在弹出的第四个导入数据表向导界面中输入数据表名称为“课程”，单击“完成”按钮。

7）再次弹出“获取外部数据 - Excel 电子表格”对话框，询问是否保存导入步骤，这里选择不保存，单击“关闭”按钮。“导入导出数据示例”数据库的“导航窗格”中显示导入的“课程”表。

说明：如果导入数据较凌乱，可以手工设置导入数据的布局格式。导入之后，数据库中的表就和原来的 Excel 表格成为两个独立的表格了。另外，如果导入该 Excel 表格的形式为“链接表”，则在图 3-80 中选中第三个选项“通过创建链接表来链接到数据源”，后面的操作步骤类似。

3.5.2　数据的导出

为了数据库的安全性和数据共享，有时需要对数据库进行数据的导出操作。Access 2010 的数据导出工具可以将 Access 中的数据导出为各种符合 Access 输入/输出协议的数据形式，如 Access 数据库、FoxPro 数据库、Excel 电子表格、TXT 文件、XML 文件、PDF 或 XPS 文件、Word 文件、SharePoint 列表等，以方便为其他应用程序所调用。单击“导出”选项组中的“其他”按钮，可以看到更多可导出的数据类型。下面通过例子来讲述数据导出的方法和步骤。

1. 导出到其他 Access 数据库

例 3-19 将“教学管理”数据库中的“教师”表导出到“导入导出示例”数据库中。

操作步骤如下：

1）打开“教学管理”数据库，在“导航窗格”中选定“教师”表，单击“外部数据”选项卡下“导出”选项组中的“Access”按钮。

2）在弹出的第一个“导出 – Access 数据库”对话框中指定目标文件名“E:\access\机械工业\Access 第 4 版\导入导出示例 . accdb”，单击“确定”按钮。

3）在弹出的图 3-84 所示的“导出”对话框中，单击“确定”按钮。

4）在弹出的第二个“导出 – Access 数据库”对话框中询问是否保存导出步骤，这里选择不保存，单击“关闭”按钮。

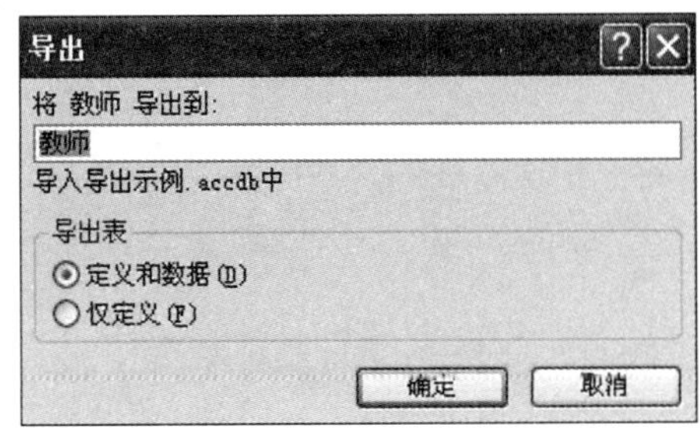

图 3-84 “导出”对话框

5）打开“导入导出示例”数据库，在其“导航窗格”中可看到“教师”表。

说明： 在“导出”对话框中，选项“定义和数据”中的“定义”是指表结构。另外，其他数据库对象，如查询、窗体、报表、VBA 代码、宏等均可以导出，导出步骤与上面步骤类似。

2. 导出为 Excel 表格

Excel 具有强大的数据运算和分析处理功能，可以将数据库中存储的数据导出到 Excel 中进行处理分析。

例 3-20 将“教学管理”数据库中的“授课”表导出到 Excel 中。

操作步骤如下：

1）打开“教学管理”数据库，在“导航窗格”中选定“授课”表，切换到“外部数据”选项卡，单击“导出”选项组中的“Excel”按钮。

2）在弹出的第一个图 3-85 所示的“导出 – Excel 电子表格”对话框中指定目标文件名为“E:\access\机械工业\Access 第 4 版\授课 . xlsx”（打开“文件格式”下拉列表框，可以根据需要选择不同版本的 Excel 格式），选中图 3-85 所示的复选框，单击“确定”按钮。

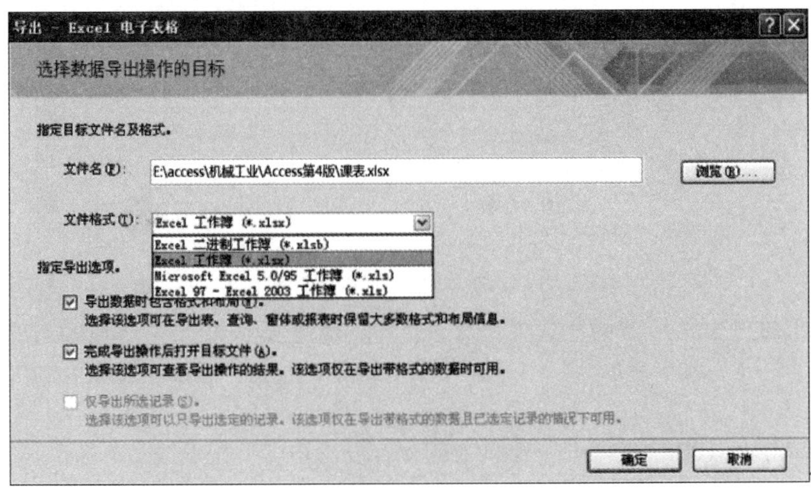

图 3-85 “导出 – Excel 电子表格”对话框

3）弹出第二个“导出 - Excel 电子表格”对话框，询问是否保存导出步骤，这里选择不保存，单击“关闭”按钮。

4）启动 Excel 2010，导出的“授课 . xlsx”被打开，如图 3-86 所示。

	A	B	C	D	E
1	序号	授课序号	星期	节次	地点
2	2	1	星期二	第二节，第三节，第四节，第一节	艺术楼710
3	3	5	星期二	第二节，第一节	信工楼215
4	4	5	星期四	第三节，第四节	艺术楼710
5	5	3	星期一	第二节，第一节	树人楼601
6	7	6	星期一	第二节，第一节	树人楼402
7	8	6	星期二	第三节，第四节	树人楼601
8	10	4	星期五	第二节，第一节	信工楼215
9	11	7	星期三	第二节，第一节	艺术楼710
10	13	8	星期三	第二节，第一节	艺术楼601
11	14	8	星期四	第三节，第四节	艺术楼602
12	15	9	星期五	第二节，第一节	树人楼602
13	16	10	星期三	第三节，第四节	树人楼602
14	17	10	星期四	第六节，第五节	树人楼401
15	18	11	星期五	第三节，第四节	树人楼403
16					

图 3-86　导出的 Excle 表格“授课 . xlsx”

3. 导出为 PDF 文件

例 3-21　将“教学管理”数据库中的“班级”表导出为 PDF 文件。

操作步骤如下：

1）打开“教学管理”数据库，在导航窗格中选定“班级”表，切换到“外部数据”选项卡，单击“导出”选项组中的“PDF 或 XPS”按钮。

2）在弹出的图 3-87 所示的“发布为 PDF 或 XPS”对话框中，指定目标文件的保存位置为“我的文档”、名称为“班级”，在“优化”选项组中选中复选框“发布后打开文件”和单选按钮“最小文件大小（联机发布）”，单击“选项”按钮。

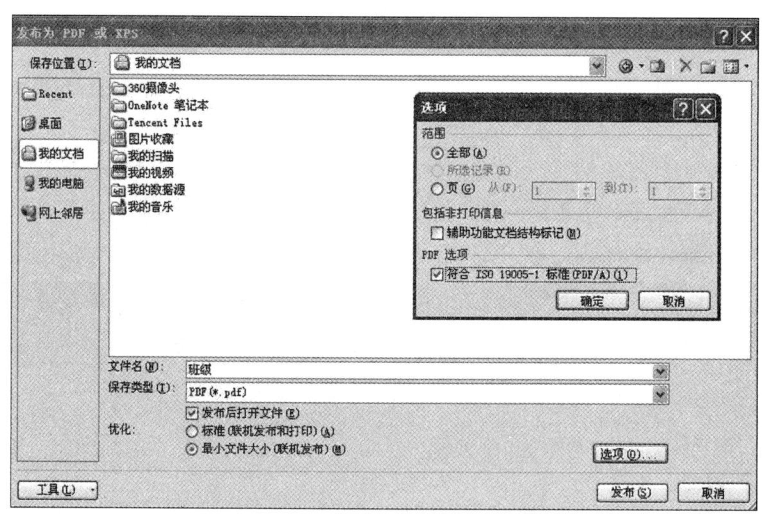

图 3-87　“发布为 PDF 或 XPS”对话框

3）在弹出的图 3-87 所示的“选项”对话框中，范围选中“全部”，PDF 选项选中复选框“符合 ISO 19005 - 1 标准（PDF/A）（1）”，单击“确定”按钮，返回“发布为 PDF 或 XPS”对话框，单击“发布”按钮。

4）弹出“导出 - PDF”对话框，询问是否保存导出步骤，这里选择不保存，单击“关闭”按钮即可。

5）导出的“班级 . pdf”被打开，如图 3-88 所示。

班级 2013-8-19

班级编号	班级名称	入学年份	班主任
2010070101	计算机科学与技术2010级1班	2010	
2010070102	计算机科学与技术2010级2班	2010	
2010070201	信息管理与信息系统2010级1班	2010	
2010070301	信息与计算科学2010级1班	2010	
2010070501	电子商务2010级1班	2010	
2010070601	电子信息工程2010级1班	2010	
2010090101	会计学2010级1班	2010	
2011070101	计算机科学与技术2011级1班	2011	
2011070102	计算机科学与技术2011级2班	2011	
2011070201	信息管理与信息系统2011级1班	2011	
2011070301	信息与计算科学2011级1班	2011	
2011070501	电子商务2011级1班	2011	
2011070601	电子信息工程2011级1班	2011	
2011090101	会计学2011级1班	2011	
2012070101	计算机科学与技术2012级1班	2012	
2012070102	计算机科学与技术2012级2班	2012	
2012070201	信息管理与信息系统2012级1班	2012	
2012070301	信息与计算科学2012级1班	2012	
2012070501	电子商务2012级1班	2012	
2012070601	电子信息工程2012级1班	2012	
2012090101	会计学2012级1班	2012	

图 3-88　导出的 PDF 文件“班级 . pdf”

3.6　小结

Access 数据库管理系统中的数据库通常包含多个表。表用来存储同一类或同一主题的相关数据，是 Access 数据库的核心。其他数据库对象，如查询、窗体、报表等，都是在表对象的基础上建立和使用的。

设计要遵循一定的规范，数据库才简洁、结构清晰。优良的数据库设计可以节约存储空间，减少数据冗余，避免数据维护异常（如数据插入、更新、删除的异常），同时也能进行高效的访问，避免给开发人员制造不必要的麻烦。

表是由表结构和表记录两部分构成的。在创建表之前，应确保表结构的设计是合理的。根据表结构的设计，既可以在 Access 中创建表结构并输入数据，也可以利用导入数据的功能，将已存在的外部数据源迁移到 Access 数据库中。

Access 数据库中的多个表之间通过“关系”连接起来，在“关系”窗口设置表之间的关系。参照完整性是输入或删除记录时为维持表之间已定义的关系而必须遵守的规则。如果实施了参照完整性，则当主表中没有关联的记录时，Access 不允许将记录添加到相关表或更改主表值，从而避免造成相关表中的记录没有对应项，也不允许相关表中的相关记录与主表匹配时删除主表记录。

对表的各种操作主要通过表的“设计视图”和“数据表视图”来完成。“设计视图”的主要作用是创建、修改表的结构，设置表中字段的各种属性。“数据表视图”的主要作用是完成对数据的各种操作，不仅可以输入记录，还可以编辑表、修饰表，以及对表进行查找、排序、筛选等操作。Access 2010 加强了“数据表视图”的功能。“数据表视图”也可设置表结构的部分属性。

习　　题

一、思考题

1. 在 Access 数据库中，“表”对象的作用是什么？
2. 如何在表的“设计视图”中建立表的结构？哪些类型字段的大小由系统自动设定？

3. 什么是主键？为什么要设置主键？如何设置主键？

4. 为什么要建立索引？哪些类型的字段不能建立索引？

5. 为什么要建立表间关系？表间关系有哪几种类型？

6. 如何建立“多对多”的表间关系？

二、填空题

1. 在创建数据表时，必须为每个字段指定一个数据类型。Access 2010 中，字段的数据类型有文本、备注、数字、日期/时间、货币、自动编号、________、OLE 对象、________、________、________。

2. 字段的输入掩码是给字段输入数据时设置的某种特定的________。

3. 在 Access 中，数据表有两种常用视图，它们是________视图和________视图。

4. Access 2010 中，既能在表的设计视图中修改字段类型，也能在表的________视图中修改表的字段类型。

5. Access 中，可以直接存储文本或文本与数字组合的数据的数据类型有文本型和________。

6. 字段有效性规则是在字段输入数据时所设置的________。

7. 用户可以设置文本类型和________类型字段的字段大小。

8. “OLE 对象”数据类型的字段通过________方式接收数据。

9. 替换表中的数据项，要先完成表中的________操作，然后进行替换的操作过程。

10. 关系是通过两个表之间的________建立起来的。

11. 隐藏表中列的操作，可以限制表中________的显示个数。

12. 参照完整性是一个准则系统，Access 用它来确保相关表之间________的有效性，并且不会因意外而删除或更改相关数据。

13. ________对象设计的好坏直接影响着数据库中其他对象的设计与使用。

14. Access 中有 3 种联接类型，它们是内部联接、________和右外部联接，默认的联接是________。

15. 子数据表是指当两个表具有一个或多个________字段时，可以在一个表中嵌入另一个表的数据表。

16. ________类型的字段允许将多个文件附加到一条记录中。

17. ________类型的字段的数据无须输入，当有关字段值输入之后，会被自动写入。

三、选择题

1. 下面关于表的说法中，正确的是（　　）。

A）表是数据库

B）表是记录的集合，每条记录又可划分成多个字段

C）在表中可以直接显示图形记录

D）在表中的数据中不可以建立超级链接

2. Access 中表和数据库的关系是（　　）。

A）一个数据库只能包含一个表　　B）一个表只能包含两个数据库

C）一个表可以包含多个数据库　　D）一个数据库可以包含多个表

3. 下面对数据表的描述中，错误的是（　　）。

A）数据表是 Access 数据库中的重要对象之一

B）可以将其他数据库的表导入到当前数据库中

C）在表的“设计视图”中，既可以设计表的结构，也可以修改表的结构

D）在表的“数据表视图”中，只能查看数据

4. 表的组成内容包括（　　）。

A）查询和字段　B）字段和记录　C）记录和报表　D）报表和字段

5. 数据类型是（　　）。

A）字段的另一种说法

B）决定字段能包含哪类数据的设置

C）一类数据库应用程序

D）一类用来描述 Access 表向导允许从中选择的字段名称

6. 在下列数据类型中，可以设置“字段大小”属性的是（　　）。

A）备注　B）日期/时间　C）文本　D）货币

7. Access 提供的数据类型中不包括（　　）。

A）备注　B）文字　C）货币　D）日期/时间

8. 定义字段的默认值时（　　）。

A）不允许字段为空

B）字段的值不能超出某个范围

C）系统自动将小写字母转换为大写字母

D）在输入数据之前，系统会自动将其提供给该字段

9. 自动编号类型字段的字段大小可以是（　　）。

A）整型　B）长整型　C）字节　D）单精度型

10. 在关于输入掩码的叙述中，错误的是（　　）。

A）在定义字段的输入掩码时，既可以使用输入掩码向导，也可以直接使用字符

B）定义字段的输入掩码，是为了设置密码

C）输入掩码中的字符“0”表示可以输入数字 0 ~ 9 之间的一个数

D）直接使用字符定义输入掩码时，可以根据需要将字符组合起来

11. 下列类型的字段中，不可以用“输入掩码”属性进行设置的是（　　）。

A）自动编号　B）数字　C）日期/时间　D）文本

12. 若想确保输入的联系电话只能为 8 位数字，应将该字段的输入掩码设置为（　　）。

A）00000000　B）????????　C）########　D）99999999

13. 能够使用“输入掩码向导”创建输入掩码的字段类型是（　　）。

A）数字和日期/时间　B）文本和日期/时间

C）文本和货币　D）数字和文本

14. Access 数据库表中的字段可以定义有效性规则，有效性规则是（　　）。

A）控制符　B）文本　C）条件　D）前 3 种说法都不对

15. 有关字段属性的以下叙述中，错误的是（　　）。

A）字段大小可用于设置文本、数字或自动编号等类型字段的最大容量

B）可以对任意类型的字段设置默认值属性

C）有效性规则属性是用于限制此字段输入值的表达式

D）不同的字段类型，其字段属性有所不同

16. 关于自动编号数据类型的叙述中，错误的是（　　）。

A）自动编号数据类型一旦被确定，就会永久地与记录链接

B）删除了表中含有自动编号字段的一个记录后，Access 不会对表中的自动编号字段重新

编号

C）自动编号类型占 4B 空间

D）可以人工改变自动编号类型字段的字段值

17. 如果要在 Access 2010 某个表字段中存储电子表格文件，该字段应该设置为（　　）数据类型。

A）备注　　B）文本　　C）超链接　　D）附件

18. 在 Access 2010 的数据类型中，不能建立索引的数据类型是（　　）。

A）文本和自动编号　　B）备注和日期/时间

C）OLE 对象和附件　　D）超链接

19. 以下关于主关键字的说法中，正确的是（　　）。

A）作为主关键字的字段，其数据可以重复

B）作为主关键字的字段中，不允许有重复值和空值

C）在每个表中都必须设置主关键字

D）主关键字是一个字段

20. 设置主关键字是在（　　）中实现的。

A）表设计视图　B）表的数据表视图　　C）查询设计视图　D）查询的数据表视图

21. 当 Access 2010 表中的某字段在“数据表视图”窗口被隐藏时，以下叙述中正确的是（　　）。

A）该字段在表的“设计”窗口中不可见

B）不可以在查询中显示该字段

C）不能使用“开始”选项卡下的“复制”“粘贴”命令对该字段操作，但是可以使用“查找”和“替换”命令对该字段进行操作

D）不能使用“开始”选项卡下的“复制”“粘贴”“查找”和“替换”命令对该字段进行操作

22. 下列关于 Access 表的“数据表视图”中的操作，说法正确的是（　　）。

A）冻结某字段或者某几个字段后，无论用户怎样水平滚动窗口，这些字段都是可见的，并且总是显示在窗口的最左边

B）冻结某字段或者某几个字段后，无论用户怎样水平滚动窗口，这些字段都是可见的，并且总是显示在窗口的最右边

C）当不需要在“数据表视图”中显示某字段时，可以将该字段“冻结”起来

D）在“数据表视图”冻结某个字段之后，该字段在表字段的存储结构中被调整为第一个字段

23. 在“数据表视图”中不可以（　　）。

A）修改字段类型　　B）修改字段的名称

C）删除一个字段　　D）设置主键

24. 以下关于两个表间关系的说法中，错误的是（　　）。

A）两个表的对应字段类型必须相同

B）其中一个表对应字段必须为主索引

C）关系的来源和目的都是字段

D）Access 中，两个表之间通过第三个表可以建立多对多关系

25. 在 Access 中，将“基本情况表”中的“姓名”与“工资标准表”中的“姓名”建立关

系，且两个表中的记录都是唯一的，则这两个表之间的关系是（　　）。

A）一对一　　B）一对多　　C）多对一　　D）多对多

26. 要在表中直接显示出所有姓“李”的记录，可用（　　）的方法。

A）排序　　B）隐藏　　C）筛选　　D）冻结

27. 要在表中使某些字段不移动显示位置，可用（　　）的方法。

A）排序　　B）隐藏　　C）筛选　　D）冻结

28. 筛选的结果是滤除（　　）。

A）不满足条件的记录　　B）满足条件的记录

C）不满足条件的字段　　D）满足条件的字段

29. 下列关于表的叙述中，正确的是（　　）。

A）表中的主键字段不可以用于创建表的索引

B）表索引是一个表所必需的

C）要想建立多表间的查询，需要先建立表之间的关系

D）在一个表中只可以建立一个索引

30. 下列对于 Access 表操作的叙述中，正确的是（　　）。

A）排序操作后，表的记录存储顺序发生了变化

B）筛选操作后，表的记录存储顺序发生了变化

C）冻结字段操作后，表的字段存储顺序发生了变化

D）排序或筛选操作后，表的记录存储顺序都不发生变化

四、实验题

1. 创建数据库，并依据表 3-23 ~ 表 3-29 建立表。

1）创建空白数据库“教学管理”。

2）在数据表视图中为“教学管理”数据库创建表对象“学院”。

3）在设计视图中创建表对象“班级”。

4）在设计视图中创建表对象“教师”。要求将“性别”的默认值设置为“男”；“参加工作时间”以长日期的格式显示，输入格式设置为“9999/99/99”，当日期误输入为未来时间时，有相关提示信息；“婚否”的格式为“是/否”；“学院编号”字段的标题设置为“所属学院”。

5）创建查阅字段列。为“教师”表的“职称”字段创建值列表查阅字段列，查阅值包含“教授”“副教授”“讲师”“助教”。为“教师”表的“学院编号”字段创建来自“学院”表的“学院编号”“学院名称”查阅字段列。

6）添加、删除字段。创建表对象“课程”和“授课”，然后修改表结构，删除“课程”表中的字段“课程类别”，为“授课”表添加字段“授课地点”和“授课时间”。

7）创建表对象“学生”和“成绩”。要求“学生”表中的“个人简历”字段为附件类型，可以添加图片、文字类型等的文件。“成绩”表中的“总评成绩”字段为计算类型，总评成绩 = 平时成绩 × 30% + 期末成绩 × 70%。

表 3-23 “学院”表的结构

字段名	数据类型	字段大小	不允许空	主键
学院编号	文本	20	√	√
学院名称	文本	50	√	
负责人	文本	50		
办公室电话	文本	50		

表 3-24 “班级”表的结构

字 段 名	数 据 类 型	字 段 大 小	不 允 许 空	主　键
班级编号	文本	20	√	√
班级名称	文本	50		
入学年份	日期/时间	默认		
班主任	文本	20		
学院编号	文本	20		

表 3-25 “教师”表的结构

字 段 名	数 据 类 型	字 段 大 小	不 允 许 空	主　键
教师编号	文本	20	√	√
姓名	文本	50	√	
性别	文本	2		
参加工作时间	日期/时间	默认		
政治面貌	文本	20		
学历	文本	20		
职称	文本	20		
联系电话	文本	50		
婚否	是/否	默认		
E-mail	文本	255		
学院编号	文本	20		

表 3-26 “课程”表的结构

字 段 名	数 据 类 型	字 段 大 小	不 允 许 空	主　键
课程编号	文本	20	√	√
课程名称	文本	50	√	
学分	数字	字节		
课程资源	超链接	默认		
课程类别	文本	50		

表 3-27 “授课”表的结构

字 段 名	数 据 类 型	字 段 大 小	不 允 许 空	主　键
课程编号	文本	20	√	√
教师编号	文本	20	√	√
学期	文本	20		
班级编号	文本	20	√	√
学时	数字	整型		

表 3-28 “学生”表的结构

字　段　名	数 据 类 型	字 段 大 小	不 允 许 空	主　键
学号	文本	20	√	√
姓名	文本	20		
性别	文本	2		
政治面貌	文本	50		
照片	OLE 对象	默认		
个人简历	附件	默认		
班级编号	文本	20		

表 3-29 “成绩”表的结构

字　段　名	数 据 类 型	字 段 大 小	不 允 许 空	主　键
学号	文本	20	√	√
课程编号	文本	20	√	√
平时成绩	数字	长整型		
期末成绩	数字	长整型		
总评成绩	计算	默认（小数位数为 1）		

2. 建立图 3-89 所示的表间关系。

1）编辑“教师”表和“学院”表之间的关系，实施参照完整性。

2）建立“教师”表和“课程”表之间的多对多关系。

3）完成“教学管理”数据库中 7 个表对象其余关系的建立。

4）依次向 7 个表中输入 10 条以上记录。

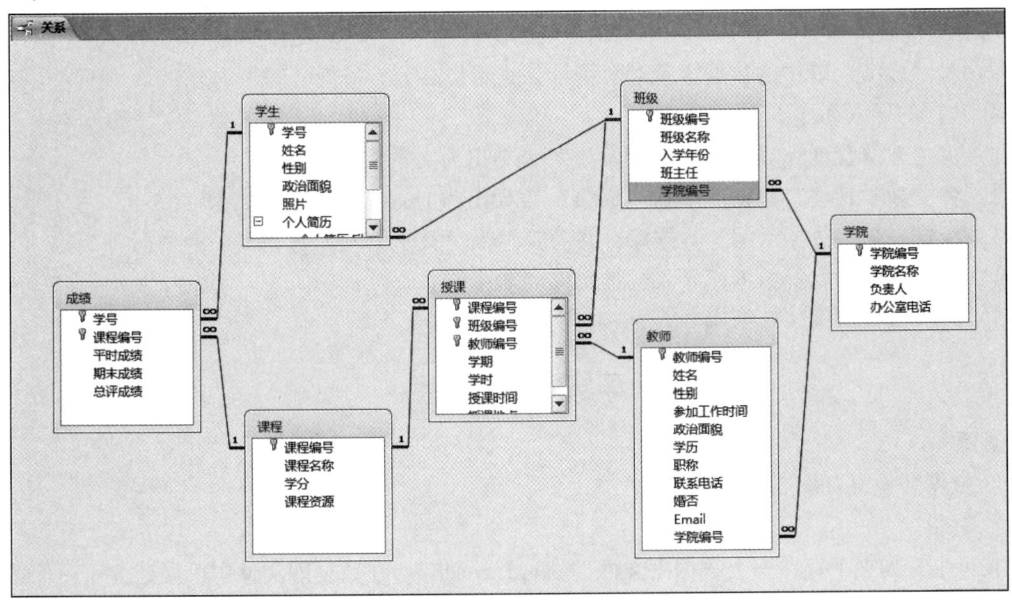

图 3-89　建立表间关系视图

提示：

1）“教师”表设置了来自“学院”表的“学院编号”查阅字段列，因此自动创建了关系，需要编辑表间关系，建立一对多关系。

2）建立一对多关系的同时就建立了主子表关系，一方为主表，多方为子表。由于是以主表的主键与子表的外键为级联字段来创建表间关系的，因此建立关系之前，要先确定表的主键和外键。

3）在建立关系之前，如果在相互关联的表中输入的数据违反了参照完整性规则，就不能正常建立关系。所以，建好表间关系后再输入数据，如果数据违反参照完整性，系统会有相关提示。

4）设置“实施参照完整性”，意味着操作数据记录时会受到3方面的限制：不允许在相关表的外键字段中输入不存在于主表的主键中的值，但可以在外键中不输入任何值；如果在相关表中存在和主表匹配的记录，则不允许从主表中删除该记录；如果在相关表中存在和主表匹配的记录，则不允许在主表中更改该记录的值。

3. 表的常用操作。

1）对“教师”表外观进行定制，包括设置数据的字型、字体、字号、字体颜色、对齐方式、填充/背景以及设置数据表格式等。

2）冻结“教师”表中的“姓名”字段，然后取消冻结；隐藏“教师”表中的“联系电话”，然后取消隐藏。

3）查找“教师”表中姓“肖”的教师的完整姓名；将“学历”的字段值“硕士”全部替换为“硕士研究生”。

4）将“教师”表中的记录按“职称”的降序以及“参加工作时间”的升序进行排列。

5）通过按内容筛选出“学历”为非本科的教师信息；通过“筛选器”筛选出“教师”表中“职称”为“教授”的教师信息；通过“按窗体筛选”筛选出2000年前参加工作的男教师信息；通过“高级筛选/排序”筛选出“教师”表中“政治面貌”为“中共党员”的教师信息，以及所有男性教师信息。

6）对“成绩”表中的数据进行汇总统计，查看最高分，最低分和平均分。

4. 数据的导入和导出。

1）将“教学管理”数据库中的“学生”表导出为文本文件“学生”。

2）将“教学管理”数据库中的“成绩”表导出为Excel工作表“成绩”。

3）新建一个“数据示例”数据库，并向其导入“教学管理”数据库中的“教师”表。

4）向“数据示例”数据库导入文本文件“学生”。

5）向“数据示例”数据库导入Excel工作表“成绩”。

二级考试直通车

真题一

1. 数据环境（如图3-90所示）。

2. 题目。

在考生文件夹下存在一个数据库文件“samp1. accdb”。在数据库文件中已经建立了一个表对象“学生基本情况”。试按以下操作要求完成各种操作：

1）将“学生基本情况”表名称更改为“tStud”。

2）设置“身份ID”字段为主键，并设置“身份ID”字段的相应属性，使该字段在数据表视图中的显示标题为“身份证”。

3）将“姓名”字段设置为有重复索引。

4）在“家长身份证号”和“语文”两字段间增加一个字段，名称为“电话”，类型为文本型，大小为12。

5）将新增的“电话”字段的输入掩码设置为“010-＊＊＊＊＊＊＊＊”形式。其中，“010-”部分自动输出，后8位为0～9的数字显示。

6）在数据表视图中将隐藏的“编号”字段重新显示出来。

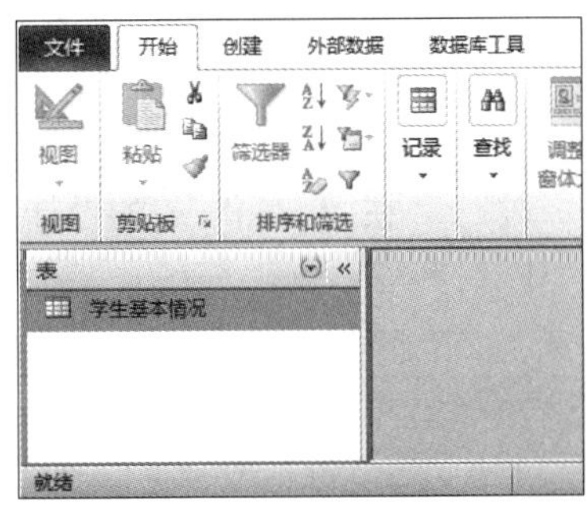

图3-90 “学生基本情况”表

3. 操作步骤与解析。

1）【审题分析】考查表的重命名操作，比较简单，属于Windows的基本操作。

【操作步骤】

步骤1：打开“samp1. accdb”数据库，在“文件”选项卡中选中“学生基本情况”表。

步骤2：在“学生基本情况”表上单击鼠标右键，在快捷菜单中选择“重命名”命令，修改表名为“tStud”。

2）【审题分析】考查表的主键的设置和字段标题的添加。

【操作步骤】

步骤1：右击“tStud”表，在快捷菜单中选择“设计视图”命令。在表设计视图窗口中单击“身份ID”所在行，单击鼠标右键，在快捷菜单中选择“主键”命令。

步骤2：在下方“字段属性”的“标题”行输入“身份证”，如图3-91所示。单击快速访问工具栏中的“保存”按钮。

3）【审题分析】考查字段属性中的“索引”设置。希望考生能了解3种索引的含义。

【操作步骤】

步骤1：在“tStud”表的设计视图中单击“姓名”所在行。单击“字段属性”中的“索引”所在行，在下拉列表中选择“有（无重复）”选项，如图3-92所示。

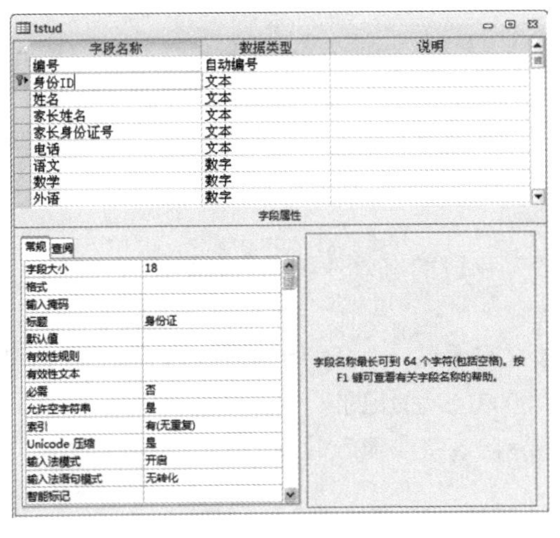

图3-91 添加字段标题

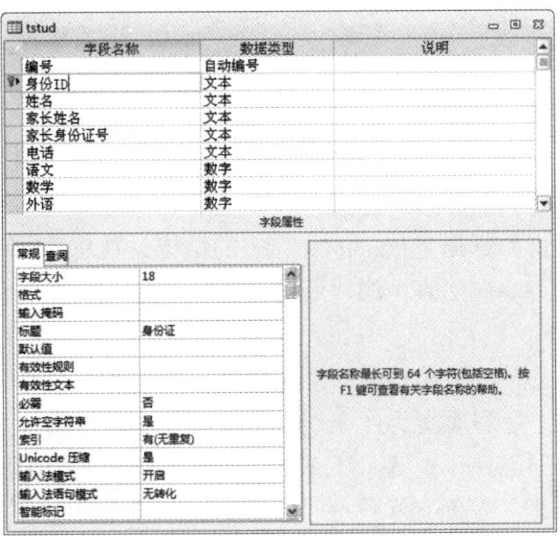

图3-92 设置索引

步骤 2：单击快速访问工具栏中的“保存”按钮。

4）【审题分析】考查表结构的调整，其中包括字段的修改与添加、数据类型的修改等。

【操作步骤】

步骤 1：在“tStud”表的设计视图中单击“语文”所在行，单击鼠标右键，在弹出的快捷菜单中选择“插入行”命令。在插入的空行中输入“电话”，对应的数据类型选择“文本”，在“字段属性”中修改“字段大小”为 12。

步骤 2：单击快速访问工具栏中的“保存”按钮，关闭该表的设计视图。

5）【审题分析】考查字段属性的“掩码”的设置方法。

【操作步骤】

步骤 1：在“tStud”表的设计视图中单击“电话”所在行，在“字段属性”的“输入掩码”所在的行输入“"010-"00000000”。此处的“0”代表 0 ~ 9 的数字，如图 3-93 所示。

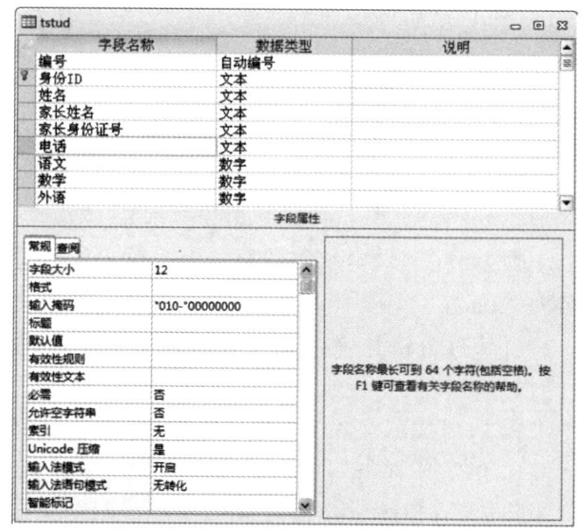

图 3-93　设置掩码

步骤 2：单击快速访问工具栏中的“保存”按钮，关闭设计视图。

6）【审题分析】主要考查字段显示与隐藏的设置方法。

【操作步骤】

步骤 1：双击打开“tStud”表，在“开始”选项卡中单击“记录”选项组中“其他”按钮旁边的三角箭头，在弹出的下拉列表中选择“取消隐藏字段”命令，打开“取消隐藏字段”对话框。

步骤 2：在“取消隐藏字段”对话框中选择“编号”复选框，关闭“取消隐藏字段”对话框。

步骤 3：单击快速访问工具栏中的“保存”按钮，关闭“samp1. accdb”数据库。

真题二

1. 数据环境（略）。

2. 题目。

在考生文件夹下，“samp1. accdb”数据库文件中已建立表对象“tEmployee”。试按以下操作要求完成表的编辑：

1）根据“tEmployee”表的结构，判断并设置主键。

2）删除表中的“所属部门”字段；设置“年龄”字段的有效性规则为只能输入大于 16 的数据。

3）在表结构中的“年龄”与“职务”两个字段之间增添一个新的字段：字段名称为“党员否”，字段类型为“是/否”；删除表中职工编号为“000014”的记录。

4）使用查阅向导建立“职务”字段的数据类型，向该字段输入的值为“职员”“主管”或“经理”等固定常数。

5）设置“聘用时间”字段的输入掩码为“短日期”。

6）在编辑完的表中追加表 3-30 中的新记录。

表 3-30 表“tEmployee”中待输入的记录

编号	姓名	性别	年龄	党员否	职务	聘用时间	简历
000031	王涛	男	35	√	主管	2004-9-1	熟悉系统维护

3. 操作步骤与解析。

1）【审题分析】考查主键字段的指定与主键的设计方法。

【操作步骤】

步骤1：双击“samp1. accdb”数据库，双击表“tEmployee”，判断具有字段值唯一性的只有“编号”字段，故将“编号”设为主键，关闭“tEmployee”表。

步骤2：右击“tEmployee”表，在快捷菜单中选择“设计视图”命令，打开表设计视图。在“tEmployee”表设计视图窗口中单击“编号”所在行，单击鼠标右键，在快捷菜单中选择“主键”命令。

步骤3：单击快速访问工具栏中的“保存”按钮，关闭设计视图。

2）【审题分析】考查表结构的调整中的添加字段，以及字段属性的设置。

【操作步骤】

步骤1：右击“tEmployee”表，在快捷菜单中选择“设计视图”命令，打开表设计视图，单击“所属部门”字段，单击鼠标右键，选择快捷菜单中的“删除行”命令，在弹出的对话框中单击“是”按钮。

步骤2：单击“年龄”，在“字段属性”中的“有效性规则”中输入“>16”，如图3-94所示。

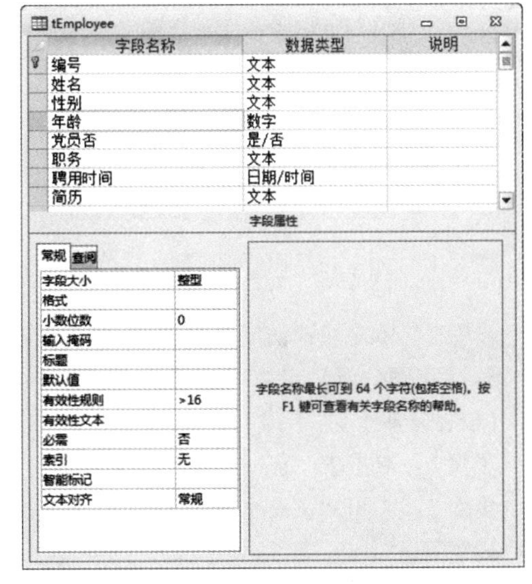

图3-94 有效性规则设置

步骤3：单击快速访问工具栏中的“保存”按钮保存表设计。

3）【审题分析】同2），也是考查表结构的调整、新字段的添加和表记录的删除。

【操作步骤】

步骤1：在设计视图中右键单击“职务”字段，在其快捷菜单中选择“插入行”命令，在插入的行中添加“党员否”字段，对应的数据类型选择“是/否”。

步骤2：单击快速访问工具栏中的“保存”按钮，关闭设计视图。

步骤3：双击“tEmployee”表，选中“职工编号”为“000014”的记录，单击鼠标右键，选择快捷菜单中的“删除记录”命令来删除记录。

步骤4：关闭“tEmployee”表。

4）【审题分析】考查“查询向导”设置。“查阅向导”设置对数据输入的方便性和有效性起着很重要的作用。

【操作步骤】

步骤1：右击“tEmployee”表，在快捷菜单中选择“设计视图”命令，打开表设计视图。单击“职务”字段，在其数据类型中选择“查阅向导”，选择“自行键入所需的值”，单击“下一步”按钮。在第 1 列内输入“职员”“主管”“经理”，单击“完成”按钮，如图 3-95 所示。

步骤 2：单击快速访问工具栏中的“保存”按钮。

5）【审题分析】考查“日期\时间”型字段的“掩码”设计。

【操作步骤】

步骤 1：右击“tEmployee”表，在快捷菜单中选择“设计视图”命令，打开表设计视图。单击“聘用时间”，单击“字段属性”中的“输入掩码”文本框右侧的按钮，弹出输入掩码向导，选中“短日期”，单击“下一步”按钮，再单击“完成”按钮，结果如图 3-96 所示。

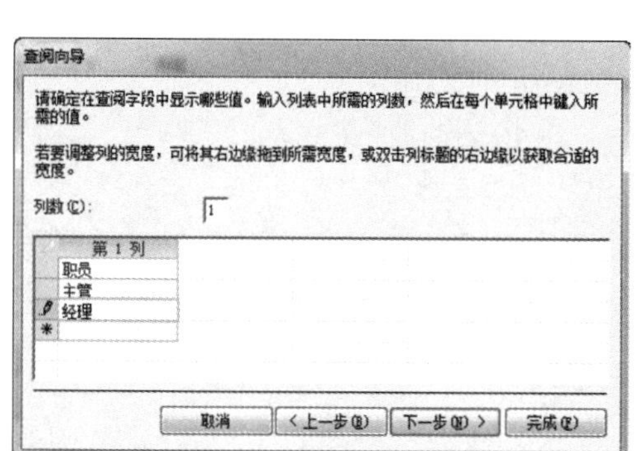

图 3-95　查阅向导设计

图 3-96　掩码设置

步骤 2：单击快速访问工具栏中的“保存”按钮保存设置，关闭设计视图。

6）【审题分析】考查表记录的“删除”操作。

【操作步骤】

步骤 1：双击表“tEmployee”，在其空白行中输入题中所要求输入的记录。

步骤 2：关闭“tEmployee”表，关闭“samp1. accdb”数据库。

真题三

1. 数据环境（略）。

2. 题目。

在考生文件夹下存在两个数据库文件和一个照片文件，数据库文件名分别为“samp1. accdb”和“dResearch. accdb”，照片文件名为“照片 . bmp”。试按以下操作要求完成表的建立和修改：

1）将考生文件夹下的“dResearch. accdb”数据库中的“tEmployee”表导入到“samp1. accdb”数据库中。

2）创建一个名为“tBranch”的新表，其结构见表 3-31。

表 3-31　表“tBranch”的结构

字段名称	类　型	字段大小
部门编号	文本	16
部门名称	文本	10
房间号	数字	整型

3）判断并设置表“tBranch”的主键。

4）设置新表“tBranch”中的“房间号”字段的“有效性规则”，保证输入的数字在100～900之间（不包括100和900）。

5）在“tBranch”表中输入表3-32所示的新记录。

表3-32　表“tBranch”中待输入的记录

部门编号	部门名称	房间号
001	数量经济	222
002	公共关系	333
003	商业经济	444

6）在“tEmployee”表中添加一个新字段，字段名为“照片”，类型为“OLE对象”。设置“李丽”记录的“照片”字段数据为考生文件夹下的“照片.bmp”图像文件。

3. 操作步骤与解析。

1）【审题分析】考查导入表。

【操作步骤】

步骤1：在“samp1. accdb”数据库窗口下，在“外部数据”选项卡的“导入并链接”选项组中单击“Access”按钮，在“导入”对话框内选择“samp0. accdb”数据存储位置。

步骤2：选中“tEmployee”表，单击“确定”按钮。

2）【审题分析】考查建立新表。

【操作步骤】

步骤1：在“创建”选项卡中单击“表设计”按钮，打开表设计器。

步骤2：输入字段名“部门编号”，对应的字段类型选择“文本”，设置字段大小为16。

步骤3：输入字段名“部门名称”，对应的字段类型选择“文本”，设置字段大小为10。

步骤4：输入字段名“房间号”，对应的字段类型选择“数字”，设置字段大小为整型。

步骤5：单击快速访问工具栏中的“保存”按钮，输入表名“tBranch”，单击“确定”按钮。

3）【审题分析】考查设置主键。

【操作步骤】单击“部门编号”所在行，单击鼠标右键，在快捷菜单中选择“主键”命令。

4）【审题分析】考查字段大小、有效性规则等字段属性的设置。

【操作步骤】

步骤1：单击“房间号”字段。

步骤2：在“字段属性”的“有效性规则”行中输入“>100 AND <900”。

步骤3：单击快速访问工具栏中的“保存”按钮，关闭设计视图。

5）【审题分析】考查添加记录。

【操作步骤】

步骤1：双击“tBranch”表，打开数据表视图。

步骤2：按照题目要求在表中添加新记录。

步骤3：单击快速访问工具栏中的“保存”按钮，关闭数据表视图。

6）【审题分析】考查添加字段。

【操作步骤】

步骤1：右键单击“tEmployee”表，选择快捷菜单中的“设计视图”命令，打开表设计视图。

步骤 2：在“职称”下一行“字段名称”列中输入“照片”，在“数据类型”下拉列表中选中“OLE 对象”。

步骤 3：单击快速访问工具栏中的“保存”按钮，关闭设计视图。

步骤 4：双击“tEmployee”表，打开数据表视图。

步骤 5：右击姓名为“李丽”行的“照片”记录，选择快捷菜单中的“插入对象”命令，打开“插入对象”对话框，选择“由文件创建”选项，单击“浏览”按钮查找图片“照片.bmp”存储位置，单击“确定”按钮。

步骤 6：单击“确定”按钮，返回数据表视图。

步骤 7：单击快速访问工具栏中的“保存”按钮，关闭数据表视图。

真题四

1. 数据环境（如图 3-97、图 3-98 所示）。

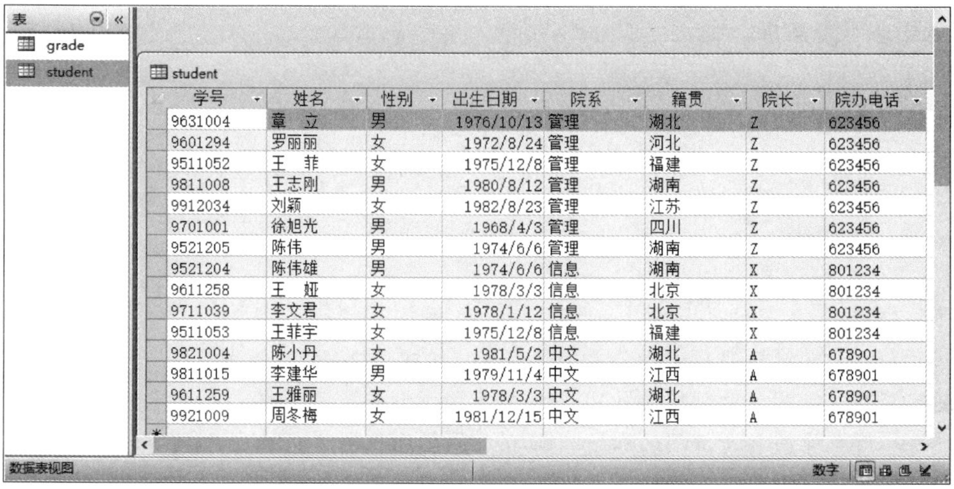

表：grade、student

student

学号	姓名	性别	出生日期	院系	籍贯	院长	院办电话
9631004	章　立	男	1976/10/13	管理	湖北	Z	623456
9601294	罗丽丽	女	1972/8/24	管理	河北	Z	623456
9511052	王　菲	女	1975/12/8	管理	福建	Z	623456
9811008	王志刚	男	1980/8/12	管理	湖南	Z	623456
9912034	刘颖	女	1982/8/23	管理	江苏	Z	623456
9701001	徐旭光	男	1968/4/3	管理	四川	Z	623456
9521205	陈伟	男	1974/6/6	管理	湖南	Z	623456
9521204	陈伟雄	男	1974/6/6	信息	湖南	X	801234
9611258	王　娅	女	1978/3/3	信息	北京	X	801234
9711039	李文君	女	1978/1/12	信息	北京	X	801234
9511053	王菲宇	女	1975/12/8	信息	福建	X	801234
9821004	陈小丹	女	1981/5/2	中文	湖北	A	678901
9811015	李建华	男	1979/11/4	中文	江西	A	678901
9611259	王雅丽	女	1978/3/3	中文	湖北	A	678901
9921009	周冬梅	女	1981/12/15	中文	江西	A	678901

数据表视图　数字

图 3-97　“samp1.accdb”数据库

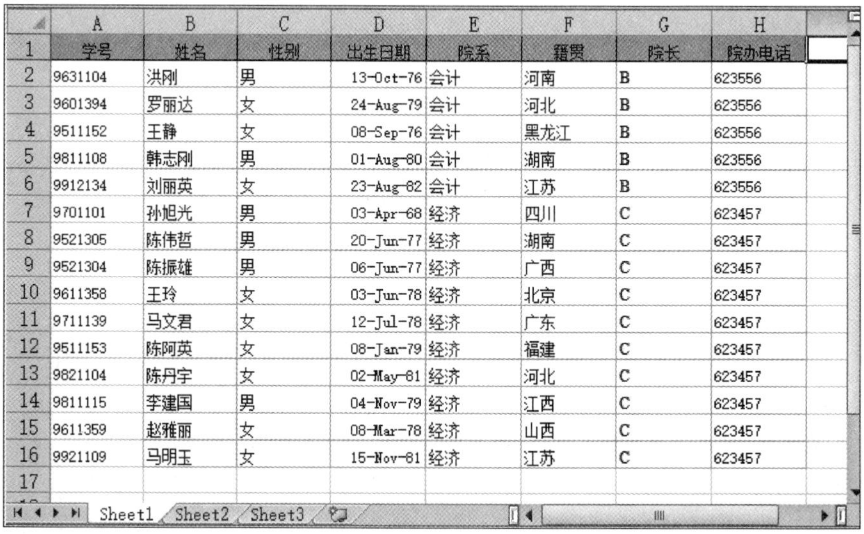

	A	B	C	D	E	F	G	H
1	学号	姓名	性别	出生日期	院系	籍贯	院长	院办电话
2	9631104	洪刚	男	13-Oct-76	会计	河南	B	623556
3	9601394	罗丽达	女	24-Aug-79	会计	河北	B	623556
4	9511152	王静	女	08-Sep-76	会计	黑龙江	B	623556
5	9811108	韩志刚	男	01-Aug-80	会计	湖南	B	623556
6	9912134	刘丽英	女	23-Aug-82	会计	江苏	B	623556
7	9701101	孙旭光	男	03-Apr-68	经济	四川	C	623457
8	9521305	陈伟哲	男	20-Jun-77	经济	湖南	C	623457
9	9521304	陈振雄	男	06-Jun-77	经济	广西	C	623457
10	9611358	王玲	女	03-Jun-78	经济	北京	C	623457
11	9711139	马文君	女	12-Jul-78	经济	广东	C	623457
12	9511153	陈阿英	女	08-Jan-79	经济	福建	C	623457
13	9821104	陈丹宇	女	02-May-81	经济	河北	C	623457
14	9811115	李建国	男	04-Nov-79	经济	江西	C	623457
15	9611359	赵雅丽	女	08-Mar-78	经济	山西	C	623457
16	9921109	马明玉	女	15-Nov-81	经济	江苏	C	623457
17								

Sheet1　Sheet2　Sheet3

图 3-98　“Stab.xls”文件

2. 题目。

在考生文件夹下已有“student”表和“grade”表，试按以下要求完成表的各种操作：

1）将考生文件夹下的Stab. xls文件导入到“student”表中。

2）将“student”表中1975—1980年之间（包括1975年和1980年）出生的学生记录删除。

3）将“student”表中“性别”字段的默认值属性设置为“男”。

4）将“student”表拆分为两个新表，表名分别为“tStud”和“tOffice”。其中，“tStud”表结构为（学号，姓名，性别，出生日期，院系，籍贯），主键为学号；“tOffice”表结构为（院系，院长，院办电话），主键为“院系”。（要求：保留“student”表）

5）建立“student”和“grade”两表之间的关系。

3. 操作步骤与解析。

1）【审题分析】考查Access数据库中获取外来数据的方法。

【操作步骤】

步骤1：打开“samp1. accdb”数据库，在“外部数据”选项卡的“导入并链接”选项组中单击“Excel”按钮。

步骤2：在弹出的“获得外部数据—Excel电子表格”对话框中单击“浏览”按钮，在弹出的“打开”对话框内选择“Stab. xls”文件所在的存储位置（考生文件夹下），选中“Stab. xls”Excel文件，单击“打开”按钮。

步骤3：接着在“获得外部数据—Excel电子表格”对话框中选中“在表中追加一份记录的副本”项，并在其下方的列表框中选择“student”表，单击“确定”按钮。

步骤4：系统弹出“导入数据表向导”，此时默认的是Sheet1表中的数据，不需要修改，单击“下一步”按钮，继续保持默认，单击“下一步”按钮，确认数据导入的是“student”表，单击“完成”按钮，最后单击“关闭”按钮，关闭向导。

2）【审题分析】考查表记录的批量删除。对表记录的批量删除，找出要删除的记录非常关键。一般要借助表的常用数据处理方法，包括“排序”“筛选”等方法。

【操作步骤】

步骤1：双击“student”表，打开数据表视图。选中“出生日期”列，单击“开始”选项卡的“排序和筛选”选项组中的“升序”按钮，在按照“出生年月”排序后的记录中连续选择出生年在1975—1980之间的记录，按键盘上Del键，确认删除记录。

步骤2：单击快速访问工具栏中的“保存”按钮。

3）【审题分析】考查默认字段值的设置。该方法对数据库中数据的添加有重要作用。

【操作步骤】

步骤1：右击“student”表，在快捷菜单中选择“设计视图”命令，打开表设计视图。

步骤2：单击“性别”字段，在下方的“字段属性”的“默认值”行内输入“"男"”，如图3-99所示。

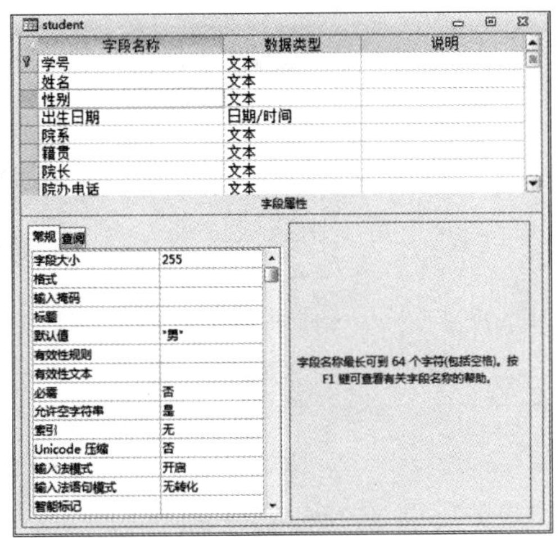

图3-99 设置默认值

步骤3：单击快速访问工具栏中的“保存”按钮保存设置，关闭表设计器。

4）【审题分析】考查表分析操作。该操作主要实现表“结构”的拆分。

【操作步骤】

步骤 1：在“数据库工具”选项卡的“分析”选项组中单击“分析表”按钮，弹出“表分析器向导”。从中单击“下一步”按钮，直到出现表选择界面，如图 3-100 所示，选中“student”表。

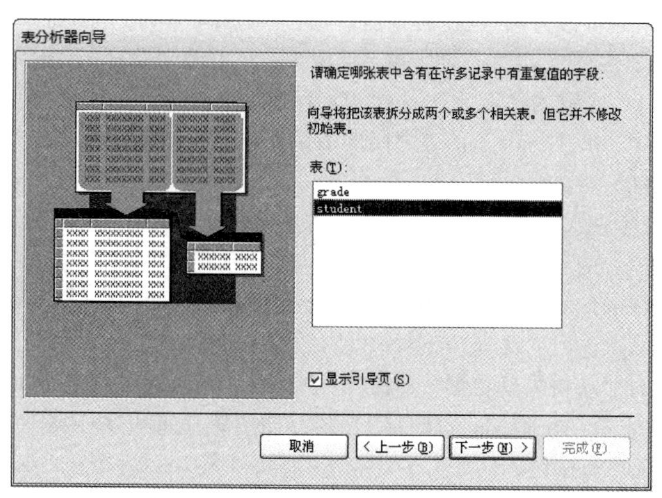

图 3-100　添加分析表

步骤 2：继续单击“下一步”按钮，选择“否，自行决定”单选按钮；再单击“下一步”按钮，在弹出的界面中拖出“院系”，在弹出对话框中修改“表 2”的名称为“toffice”，单击“确定”按钮，接着在向导界面右上部分单击“设置唯一标识符”按钮，设置“院系”字段为“主键”；继续拖动“院长”“院办电话”字段到“toffice”中，如图 3-101 所示。

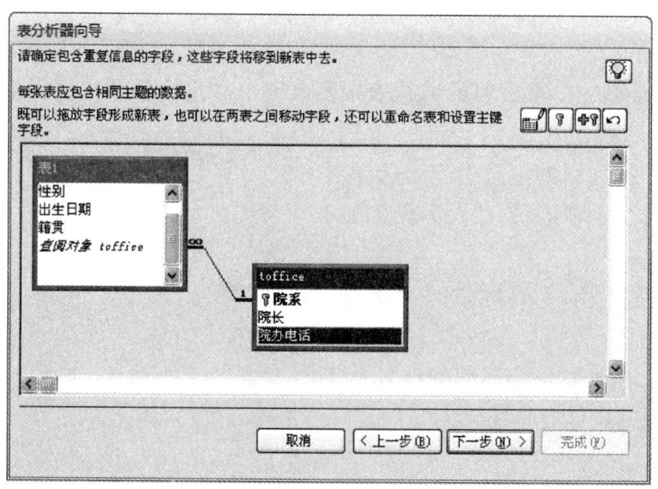

图 3-101　添加分析字段

步骤 3：单击“表 1”，在向导界面右上部分单击“重命名表”按钮，将“表 1”修改名为“tStud”，单击“确定”按钮，在“tStud”表中选中“学号”字段，然后单击向导界面右上部分的“设置唯一标识符”按钮，设置“学号”字段为主键。继续单击“下一步”按钮，选中“否，不创建查询”项，单击“完成”按钮，关闭向导。

5）【审题分析】考查表之间联系的建立方法以及能够建立联系的两个表必须满足的条件。

【操作步骤】

步骤1：在“数据库工具”选项卡的“关系”选项组中单击“关系”按钮，系统弹出“关系”窗口，在窗口内右击鼠标，在快捷菜单中选择“显示表”命令。在“显示表”对话框内分别双击“student”表和“grade”表到关系窗口中，关闭“显示表”对话框。在“student”表中拖动“学号”字段到“grade”表中的“学号”上，在弹出的“编辑关系”对话框中单击“新建”按钮，如图3-102所示。

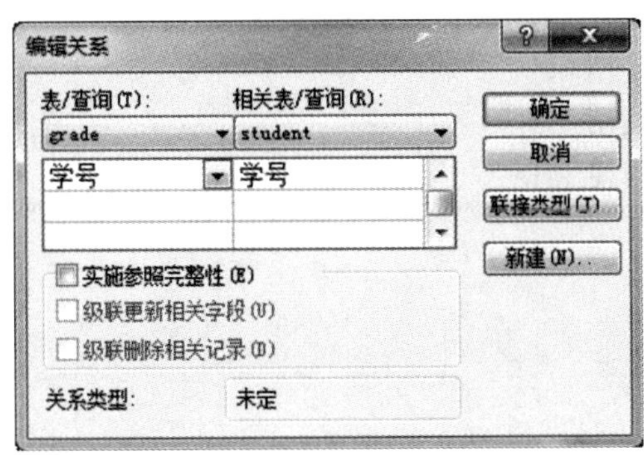

图3-102 “编辑关系”对话框

步骤2：单击快速访问工具栏中的“保存”按钮。关闭“关系”窗口，关闭“samp1. accdb”数据库。

第4章 查 询

教学知识点

- 查询的概念、作用与分类
- 选择查询的创建与使用
- 参数查询的创建与使用
- 交叉表查询的创建与使用
- 操作查询的创建与使用
- SQL 查询

4.1 查询概述

查询是数据库管理系统处理与分析数据的工具。为了优化存储，在设计一个数据库时，需将数据分别存储在多个表里，这就相应增加了浏览数据的复杂性。很多时候，用户需要从一个或多个表中检索出符合条件的数据，以便执行相应的查询、计算等。Access 提供的查询功能可以满足用户的这些需求。本章主要介绍 Access 2010 中各种查询工具的使用方法。

Access 的查询是指按照一定的条件或要求对数据库中的数据进行检索或操作，查询的本质是提问，所提的问题既可以是关于单个表中信息的简单问题，也可以是关于多个表中信息的复杂问题，提问通过查询工具实现。在 Access 中，查询工具有 3 种：查询向导、查询设计器和结构化查询语言（Structured Query Language，SQL）。用户可以使用这 3 种工具实现查询功能。

无论使用哪种查询工具，其实质都是将用户的查询需求转换成 Access 可识别的查询准则。Access 将用户建立的查询准则，如查询的数据来源、输出或汇总字段、查询条件等，作为查询对象保存起来，每次使用查询时，都根据查询准则从数据源中提取相关信息，生成动态记录集。关闭查询后，动态记录集会自动消失。

查询以表和查询对象为数据源，并为其他查询、窗体、报表等对象提供数据源。概括地说，Access 查询具有以下功能：查看、搜索和分析数据；追加、更改和删除数据；实现记录的筛选、排序汇总和计算；作为报表、窗体和数据页的数据源；实现多个表中数据的连接。

4.1.1 查询与数据表

在 Access 中，查询只记录该查询的方式，包括查询条件、执行的动作（如添加、删除、更新等）。当一个查询被调用时，就会按照它所记录的查询方式进行查找，并将其结果以数据表的形式显示出来。虽然查询结果与数据表相似，但事实上查询结果只是一个临时表。一个查询一旦被关闭，该查询的结果便不存在了，查询结果中的数据都保存在其原来的表中。这样做有以下好处：

1）只保存查询准则，不保存数据，可以节省硬盘空间。

2）可以实现查询结果与数据表同步更新。查询所创建的动态记录集在查询运行时从数据来源表中实时提取，因而其内容与数据表的内容完全一致。

查询对象与表对象有着密切的关系，只有当一个数据库有表对象存在时，才会有查询。从表现形式上看，查询的结果与表的形式是一致的，但它们之间存在着本质的区别，见表4-1。

表4-1　表对象与查询对象的比较

表现形式	表对象	查询对象
数据来源	输入或导入	表或其他查询
数据状态	静态	动态
结构形成	由用户定义	由用户通过查询规则确定
对象中保存的内容	表结构及表数据	查询准则

4.1.2　查询的类型

Access支持许多不同类型的查询，根据对数据源操作和结果的不同，可将其分为5种基本类型：选择查询、参数查询、交叉表查询、操作查询和SQL查询。

1. 选择查询

选择查询是最常用的查询类型，是指按给定的条件从一个或多个表中选取信息，然后创建动态记录集，并在指定的查询窗口中显示。其主要功能是对一个或多个表中的数据进行检索、统计、排序、计算或汇总。查询规则中不涉及更改表的操作，但在得到的查询窗口中可以通过输入的方法修改底层表中的数据。

2. 参数查询

参数查询是指通过设置查询参数形成交互问答式的查询方式。参数查询是在选择查询的基础上增加了可变化的条件，即“参数”。执行参数查询时，Access会显示一个或多个预定义的对话框，提示用户输入参数值，并根据该参数值给出相应的查询结果。

3. 交叉表查询

交叉表查询可以对表中的数据进行总计、求平均值、计数等汇总。这种查询能在类似于电子表格的交叉表窗体中显示摘要数据，窗体上有基于表中字段建立的行和列标题。根据对查询准则的定义，结果动态记录集中的每个单元都是被计算好了的表格单元。

4. 操作查询

操作查询以成组方式对数据表进行追加、更新、删除或生成新表等操作。这种查询能够创建新表或修改现有表中的数据。其与选择查询的区别在于，当修改选择查询中的记录时，一次只能修改一条记录，使用操作查询则可以一次修改一组记录。操作查询分为以下4种。

删除查询：按照查询中给出的条件删除一个或多个表中的满足条件的一组记录。

更新查询：按照查询中给出的查询条件找到一个或多个表中满足条件的一组记录，并根据查询中给出的更新规则，成组更新数据表的内容。

追加查询：按照查询中给出的查询条件找到一个或多个表中满足条件的一组记录，并根据查询中给出的追加规则，将成组数据表追加到指定的位置。

生成表查询：按照查询中给出的查询条件找到一个或多个表中满足条件的一组记录，并将这组数据按查询中指定的位置和名称生成新数据表。

5. SQL查询

SQL查询是一种通用的且功能极其强大的关系数据库的标准查询语言，具有数据查询、数据定义、数据操纵和数据控制等功能，包括了对数据库的所有操作。用户可以通过书写SQL命令实现查询功能。

4.1.3　查询条件

查询条件又称查询准则，是描述用户查询需求的主要途径，也是查询设计的一个重要内容。在查询设计中，一个查询条件对应一个条件表达式。下面介绍 Access 查询条件表达式的组成与构造。

1. 条件表达式

表达式是使用各类运算符将各类操作数连接起来的具有唯一运算结果的运算式。这个运算式被称为表达式，其运算结果称为表达式的值。也就是说，表达式是由运算符、操作数组成的运算式。

表达式的操作数有常量、变量和函数。

表达式的运算符有算术运算符、条件运算符、字符运算符和逻辑运算符。

表达式值的类型有数字型、文本型、日期型、是/否型（又称“逻辑型”）等。

条件表达式分为关系表达式和逻辑表达式，指表达式的值为是/否型的表达式。

2. Access 中常量与变量的表示

在 Access 中，常量按其类型不同有不同的表示方法（或称引用规则），见表 4-2。

本章中用到的变量一般是字段变量，不论其类型如何，直接用字段名引用即可。

表 4-2　常量的表示方法

类　型	表示方法	示　例
数字型常量	直接输入数据	25、-25、12.3
文本型常量	直接输入文本或者用西文的单/双引号为定界符	李方、'李方'、"李方"
日期型常量	直接输入或者两端以“#”为定界符	2008-1-1、#2008-1-1#
是/否型常量	使用专用字符表示，只有两个可选项	yes、no（或 true、false）

3. Access 表达式中的运算符

（1）运算符的概念

运算符是用来进行数值运算、数值或字符大小比较、字符串连接和创建复杂的关系表达式的符号。在 Access 中，运算符的类型及符号见表 4-3。

表 4-3　运算符的类型及符号

类　型	功　能	符　号
算术运算符	完成数值型数据之间的加、减、乘、除及乘方等运算	+、-、*、/、\、^、Mod
关系运算符	完成同类数据之间的比较运算，返回逻辑型值	=、<>、<、>、<=、>=
条件运算符	确定数据的范围，进行是否存在等运算，返回逻辑型值	Between…And…、In、Is Null
字符串运算符	完成字符之间的拼接、比较等运算	&、Like、Not Like
逻辑运算符	完成逻辑运算	Not、And、Or、Eqv、Imp、Xor

（2）算术运算符

算术运算符包括 +（加）、-（减）、*（乘）、/（除）、\（整除）、^（乘方）、Mod（求余数）等。例如：8 \ 3 的值为整型值2；3^2 的值为整型值9；8 Mod 5 的值为整型值3。

（3）关系运算符

关系运算符用于比较两个同类型数据之间的大小或前后关系，返回值为是/否型数据，包括 =（等于）、<>或! =（不等于）、<（小于）、<=或! >（小于等于或不大于）、>（大于）、>=或! <（大于等于或不小于）。例如，3 =5 的返回值为 False，"A" = "A"的返回值为 True。

(4) 条件运算符

1) Between…And…。用于确定两个数据之间的范围，这两个数据必须具有相同的数据类型。

例如，查找成绩在75~85分之间的记录，可设置“成绩”字段的条件为Between 75 And 85，等价于>=75 And <=85。

又如，查找1986—1988年出生的学生记录，可设置“出生日期”字段的条件为Between# 1986-1-1# And #1988-12-31#。

2) In。用于判断某变量的值是否在某一系列值的列表中。

其格式为In（值1,值2,值3,…），各值之间用西文逗号分隔。

例如，要查找课程编号为“CJ001”“CJ002”“CJ003”的记录，可设置“课程编号”字段的条件为In（"CJ001","CJ002","CJ003"）。

3) Is Null。用于判断某变量的值是否为空，Is Null表示为空，Is Not Null表示不为空。

例如，在“成绩”表中，如果分数不是必填字段，即允许分数为空，若要查询所有没有分数的记录，可以设置“分数”字段的条件为Is Null。

(5) 字符运算符

1) Like。用于将某字符串与指定的字符串比较，字符串中可以使用通配符。

所谓通配符，就是在进行查询时用于表示一个或多个字符的键盘字符。在指定查找的内容时，如果仅仅知道要查找的部分内容，或者要查找指定字母开头或符合某种模式的内容，可以使用通配符作为其他字符的占位符。Access提供了如“*”“?”等的多种通配符，每种通配符都有其特定的作用，具体使用方法参照表3-22。

例如，在“学生”表中查找姓李的学生，可设置“姓名”字段的条件为Like "李"；查找名字是两个字符且姓李的学生，可设置“姓名”字段的条件为Like "李?"；

查找名字中带“李”的学生，可设置“姓名”字段的条件为Like " *李* "。

2) &。称为连接运算符，表示将两个字符型值连接起来。

例如:"ab"&"cd"的结果为"abcd";"12"&"34"的结果为"1234"。

(6) 逻辑运算符

逻辑运算符用来连接两个表示真假的命题，构成逻辑表达式，其返回值为逻辑型。常用的逻辑运算符有Not（非）、And（与）、Or（或），其运算规则见表4-4。

表4-4 逻辑运算符的运算规则

A	B	Not A	Not B	A And B	A Or B
T	T	F	F	T	T
T	F	F	T	F	T
F	T	T	F	F	T
F	F	T	T	F	F

注：“T”表示“真”，“F”表示“假”。

例如，在“成绩”表中查找分数在75~85分之间的记录，可将“分数”字段的条件设置为>=75 And <=85。

查找除“CJ001”以外的其他课程记录，可将“课程编号”字段的条件设置为<>" CJ001"。

查找不及格或优秀（90分以上）成绩，可将“分数”字段的条件设置为>=90 Or <60。

查找除大学英语之外的课程，可将“课程名称”字段的条件设置为Not"大学英语"。

4. Access 表达式中的函数

函数是一种能够完成某种特定操作或功能的数据形式，函数的返回值称为函数值。Access 提供了大量的标准函数，有字符函数、数值函数、日期时间函数等，这些函数为更好地构造查询准则提供了方便。表4-5、表4-6 和表4-7 分别列出了各类常用函数的说明。

函数调用的格式为：

函数名（[参数1][,参数2][,参数3]…）

表 4-5 常用字符函数说明

函 数	说 明
Space(数值表达式)	返回一个空字符串，串的长度由数值表达式的值确定
String(数值表达式,字符表达式)	返回字符表达式中多次重复出现的子字符串的内容，重复次数由数值表达式指定，若有多个子串满足条件，以第一个满足条件的子串为返回值
Left(字符表达式,数值表达式)	返回一个字符串的左子串，该串从字符表达式左侧第一个字符开始，截取数值表达式长度个字符。当字符表达式为 Null 时，返回 Null；当数值表达式为 0 时，返回一个空串；当数值表达式的值大于或等于字符表达式的字符个数时，返回整个字符表达式
Right(字符表达式,数值表达式)	返回一个字符串的右子串，该串从字符表达式右侧第一个字符开始，截取数值表达式长度个字符。当字符表达式为 Null 时，返回 Null；当数值表达式为 0 时，返回一个空串；当数值表达式的值大于或等于字符表达式的字符个数时，返回整个字符表达式
Len(字符表达式)	返回字符表达式的字符个数，当字符表达式是 Null 时，返回 Null
Ltrim(字符表达式)	返回去掉字符表达式前导空格的子串
Rtrim(字符表达式)	返回去掉字符表达式尾部空格的子串
Mid(字符表达式,数值表达式1[,数值表达式2])	返回字符表达式中从数值表达式 1 开始到数值表达式 2 为止的子串。若数值表达式 2 省略，则表示取到字符表达式尾部

表 4-6 常用数值函数说明

函 数	说 明
Abs(数值表达式)	返回数值表达式的绝对值
Int(数值表达式)	返回数值表达式的整数部分
Sqr(数值表达式)	返回数值表达式的二次方根
Sgn(数值表达式)	返回数值表达式的符号值。对应正数、0、负数，其值分别为 1、0、-1

表 4-7 常用日期时间函数说明

函 数	说 明
Day(日期表达式)	返回给定日期 1～31 的值，表示给定日期是一个月中的哪一天
Month(日期表达式)	返回给定日期 1～12 的值，表示给定日期是一年中的哪个月
Year(日期表达式)	返回给定日期 100～9999 的值，表示给定日期是哪一年
Weekday(日期表达式)	返回给定日期 1～7 的值，表示给定日期是一周中的哪一天
Hour(日期表达式)	返回给定时间 0～23 的值，表示给定时间是一天中的哪个钟头
Date()	返回当前系统日期，返回值为日期型

4.1.4 Access 2010 创建及设计查询的工具

1. 创建查询

在数据表中存储数据后，用户就可以按要求创建查询了。要在 Access 2010 中创建查询，需要先打开某个已有的 Access 2010 数据库，选择“创建”选项卡中的“查询”选项组，单击“查询向导”或“查询设计”按钮。对于简单的查询，使用向导比较方便。而对于有条件的查询，则无法使用向导来创建，需要在“设计视图”中创建。“查询向导”的使用在本章 4.2.1 小节及 4.4 节中详细介绍，这里举例介绍单击“查询设计”按钮后弹出的查询“设计视图”及“设计”上下文选项卡。

另外，如图 4-1 所示，在窗口的右下角，有两个快捷按钮，可用于快速打开查询的 SQL 编辑窗口和查询“设计视图”，并可实现它们之间的切换。

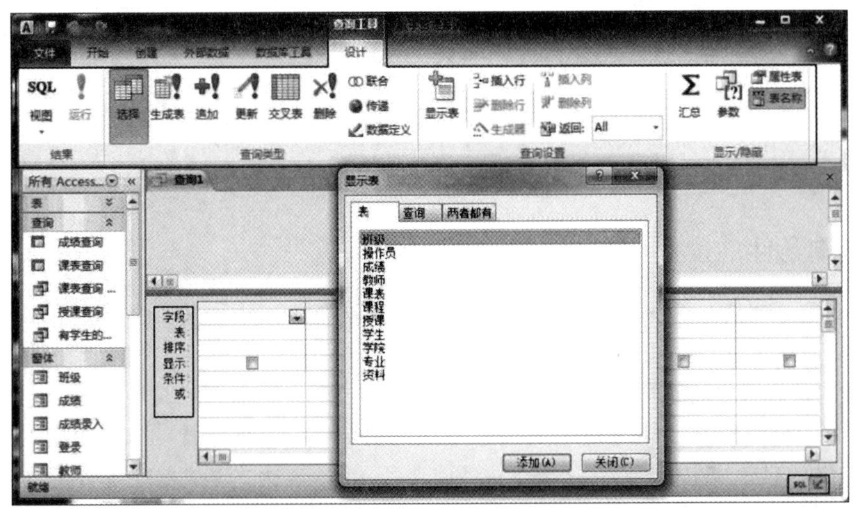

图 4-1 查询“设计视图”及创建查询之“显示表”对话框

2. “设计”上下文选项卡及查询“设计视图”

用户在打开某数据库后，单击“创建”选项卡下“查询”选项组中的“查询设计”按钮，即可打开 Access 2010 的查询“设计视图”，如图 4-1 所示。查询“设计视图”分上下两部分。上半部分是数据源窗口，用于显示查询所涉及的数据源，可以是数据表或查询，并且显示出这些表之间的关系；下半部分是查询定义窗口，称为 QBE 网格，包括 6 个方面的常规内容，具体作用见表 4-8（当查询类型不同时，QBE 网格内的内容会发生变化，后文中具体介绍）。功能区会出现“设计”上下文选项卡，其中包含 4 个选项组，具体功能见表 4-9。

表 4-8 查询“设计视图”QBE 网格中行的说明

行名称	说 明
字段	设置查询结果中要显示的字段或字段表达式
表	查询的数据源，用于指定所选定的字段来源于哪一个表或查询
排序	设置显示查询结果时按相应字段排序的方式
显示	确定是否在查询结果中显示该字段。若在“显示”行有对钩标记☑，则表明在查询结果中显示该字段内容，否则将不显示其内容

（续）

行名称	说　明
条件	设置查询条件，同一行中的多个条件之间是逻辑“与”的关系
或	设置查询条件，表示多个条件之间的逻辑“或”的关系。如果有多个“或”关系，可以分别写在“或”行下面的行中

表 4-9 “设计”上下文选项卡各选项组的功能及组成

选项组	功　能
结果	执行查询或切换视图
查询类型	选择查询类型，有选择查询、生成表查询、追加查询、更新查询、交叉表查询、删除查询，以及 3 个 SQL 特定查询，即联合查询、传递查询和数据定义查询
查询设置	打开“显示表”对话框，在 QBE 网格中插入/删除其中的行/列，在弹出的“表达式生成器”对话框中设置“上限值”，可对查询结果显示的记录数进行限制
显示/隐藏	显示/隐藏“总计”行，用于统计计算；显示/隐藏“属性表”对话框，用于设置或修改光标处对象的属性；显示/隐藏 QBE 网格中的“表”行，定义运行时必须输入的参数

4.1.5　查询条件的设置与实现

如 4.1.3 小节所述，Access 通过设置查询条件实现查询。下面介绍设置查询条件的常用方法。

1. 使用“表达式生成器”构建表达式

打开查询“设计视图”，单击“设计”上下文选项卡的“查询设置”选项组中的“生成器”按钮，弹出“表达式生成器”对话框，如图 4-2 所示。“表达式生成器”提供了组成表达式的各种元素，包括数据库中所有表或查询中字段的名称，窗体、报表中的各种控件，以及函数、常量、运算符和通用表达式。将其进行合理搭配，单击相关按钮，可以方便地构建任何一种表达式。

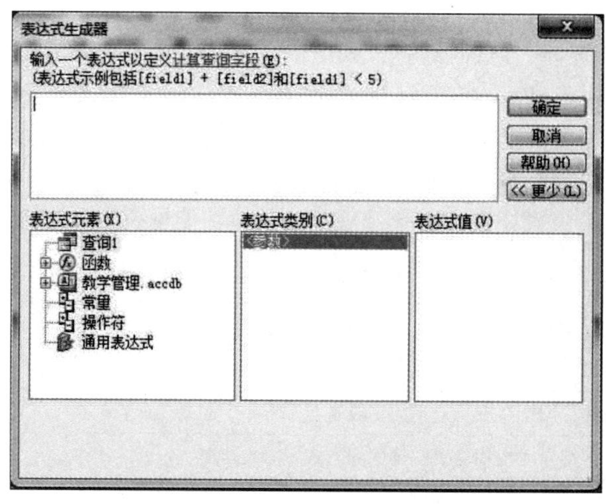

图 4-2 “表达式生成器”对话框

2. 在“条件”栏中设置查询条件

查询条件主要在查询“设计视图”QBE 网络的“条件”行及“或”行中实现。写在“条件”栏同一行的条件之间是“与”关系，写在不同行的条件之间是“或”关系。

> 提示：不论是“表达式生成器”还是“条件”栏，其中的文字及符号输入都要严格遵守 Access 的语法规则。

例 4-1 查询年龄在 20 岁以上的女同学的学号、姓名、年龄信息。

操作步骤如下：

1）打开“教学管理”数据库，单击“创建”选项卡下“查询”选项组中的“查询设计”按钮，打开查询“设计视图”，弹出“显示表”对话框。双击“学生”表，“学生”表被添加进“设计视图”，关闭“显示表”对话框。

2）按照图 4 3 所示的内容选择查询数据项目。依次双击数据源窗口内“学生”表中的“学号”“姓名”“性别”字段，这 3 个字段进入 QBE 网格。在 QBE 网格第 4 列的“字段”行内打开“表达式生成器”对话框，按图 4-3 所示构造“年龄”列。

3）按照图 4-3 所示设计查询条件。在“性别”列中输入条件“ ='女'”，在“年龄”列中输入条件“ >20”。本例中，“性别”是查询条件，但在查询结果中不需要显示出来，所以在图 4-3 中取消“性别”列上的“显示”选项。

4）在“设计”上下文选项卡下单击“结果”选项组中的“视图”按钮组中的“数据表视图”，在“查询设计”主窗口中显示的查询结果如图 4-4 所示。

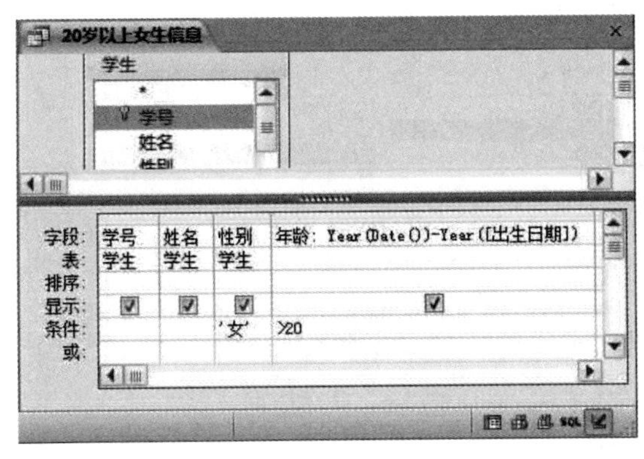

图 4-3 多条件“与”关系查询设计

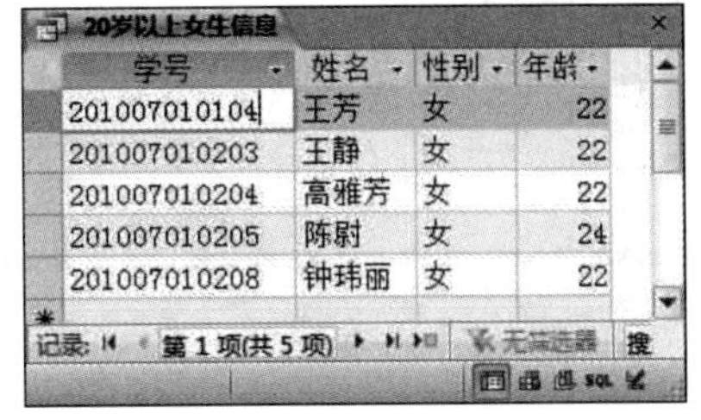

20岁以上女生信息

学号	姓名	性别	年龄
201007010104	王芳	女	22
201007010203	王静	女	22
201007010204	高雅芳	女	22
201007010205	陈尉	女	24
201007010208	钟玮丽	女	22

图 4-4 例 4-1 的查询结果

5）选择“保存”命令，或关闭当前查询“数据视图”，在弹出的对话框中输入查询的名称为“20 岁以上女生信息”，保存并关闭查询。

6）在对象导航窗口中选择“查询”，查找刚才创建的查询。双击该查询，就会执行该查询，并在主窗口中显示该查询结果的数据视图。右键单击该查询，会弹出针对该对象的相关快捷菜单，可进行打开、设计视图、导出、重命名、删除、剪切、复制等操作。

4.2 选择查询

选择查询是最常用的查询类型，它可以从一个或多个表中检索数据，以记录集的形式显示查询结果。使用选择查询还可以对记录进行分组，并按分组进行总计、计数、求平均值等计算。

4.2.1　使用查询向导创建选择查询

Access 提供 4 种查询向导来帮助用户快速创建选择查询，如图 4-5 所示。这里只介绍 3 种，交叉表查询向导在 4.4 节介绍。

1. 简单查询向导

该向导用于创建简单查询，可以从一个表、多个表及已有查询中选择要显示的字段。如果查询中的字段来自多个表，则这些表之间需要建立应有的关系。简单查询向导的功能有限，不能指定查询条件或查询的排序方式，因而简单查询向导是用于建立查询的一般方法。

例 4-2　根据“学生”“班级”表查询学生及班级信息，要求显示学生的“学号”“姓名”“班级名称”字段。

操作步骤如下：

1）打开“教学管理”数据库，单击“创建”选项卡下“查询”选项组中的“查询向导”按钮，弹出“新建查询”对话框，如图 4-5 所示。

2）选中“简单查询向导”选项，单击“确定”按钮，弹出“简单查询向导”，如图 4-6 所示。

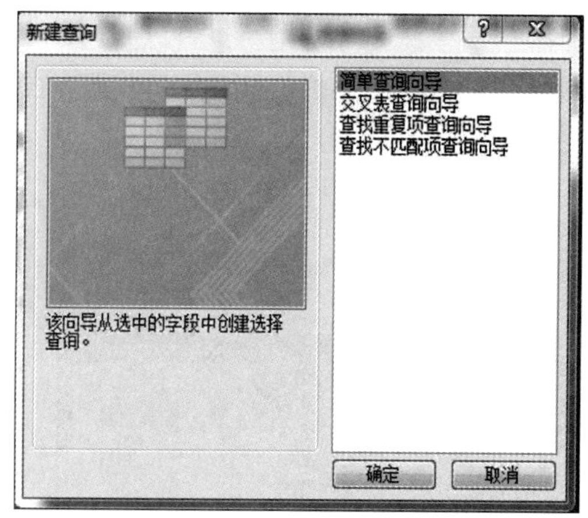

图 4-5 “新建查询”对话框

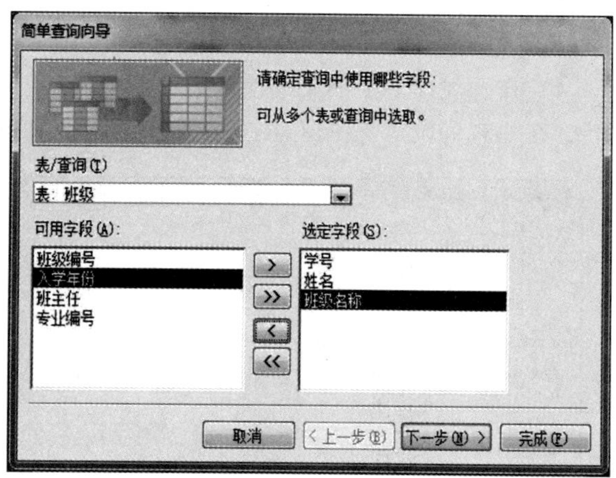

图 4-6　简单查询向导

3）在“表/查询”下拉列表框中选择“表：学生”，在“可用字段”列表框中显示“学生”表的全部可用字段。双击“学号”字段，使“学号”字段进入“选定字段”列表框；双击“姓名”字段，使“姓名”字段进入“选定字段”列表框。

4）在“表/查询”下拉列表框中选择“表：班级”，双击“班级名称”字段，该字段进入“选定字段”列表框，单击“下一步”按钮。

5）在弹出的界面中指定新建查询的标题为“学生班级查询”，如图 4-7 所示，系统默认选择“打开查询查看信息”单选按钮，单击“完成”按钮，显示查询结果，如图 4-8 所示。

查询的“数据表视图”看起来很像前面章节讲的表视图，但它们之间是有差别的。在“数据表视图”中，在查询结果中可以移动列、改变列宽和行高、隐藏和冻结列，还可以进行排序和筛选，但无法加入或删除列，也不能修改查询字段的字段名。

当需要修改已经存在的查询时，单击该查询，在弹出的菜单中单击“设计视图”按钮，打开查询“设计视图”，然后按要求对该查询进行修改即可。

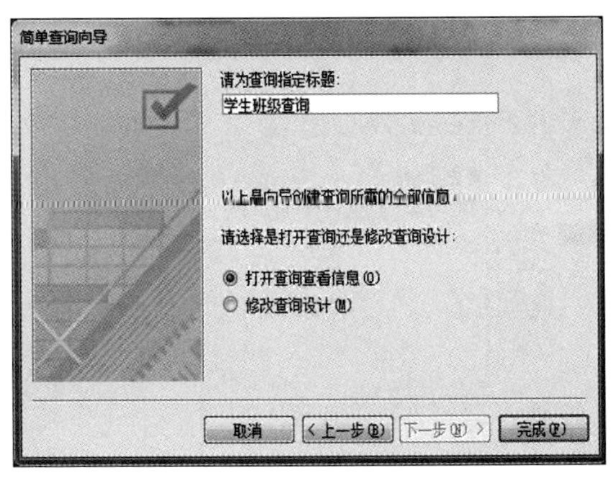

图 4-7 指定标题

学生班级查询

学号	姓名	班级名称
201007010101	王海	计算机科学与技术2010级1班
201007010102	张敏	计算机科学与技术2010级1班
201007010103	李正军	计算机科学与技术2010级1班
201007010104	王芳	计算机科学与技术2010级1班
201007010105	谢聚军	计算机科学与技术2010级1班
201007010106	王亮亮	计算机科学与技术2010级1班
201007010107	陈杨	计算机科学与技术2010级1班
201007010108	何苗	计算机科学与技术2010级1班
201007010109	韩纪锋	计算机科学与技术2010级1班
201007010110	张华桥	计算机科学与技术2010级1班
201007010201	李明	计算机科学与技术2010级2班
201007010202	王国庆	计算机科学与技术2010级2班
201007010203	王静	计算机科学与技术2010级2班
201007010204	高雅芳	计算机科学与技术2010级2班

记录: 第 1 项(共 46 项) 无筛选器 搜索

图 4-8 例 4-2 的查询结果

2. 查找重复项查询向导

利用“查找重复项查询向导”可以在一个表或查询中快速找到具有重复字段值的记录。用户可以通过检查重复记录，判断这些数据是否正确，以确定哪些记录需要保存，哪些记录需要删除。

例 4-3 利用“查找重复项查询向导”创建查询，查找姓名相同学生的信息。

操作步骤如下：

1）在“创建”选项卡下单击“查询”选项组中的“查询向导”按钮，弹出“新建查询”对话框，如图 4-5 所示，选择“查找重复项查询向导”，单击“确定”按钮。

2）在“查找重复项查询向导”中选择“表：学生”，如图 4-9 所示，单击“下一步”按钮。

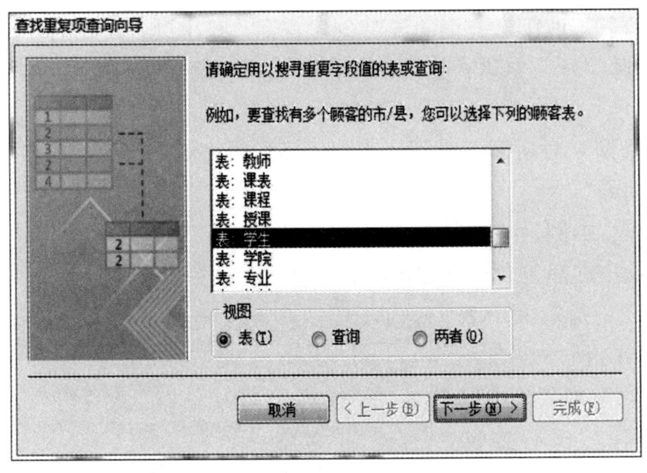

图 4-9 查找重复项查询向导

3）选择“姓名”字段为重复值字段，系统会按照选取的字段对数据表中的记录进行检索，如图 4-10 所示，单击“下一步”按钮。

4）选择除重复值字段之外的其他字段。选择“学生”表中的其余所有字段，并单击“下一步”按钮。

5）将新建查询命名为“同名学生名单”，保持系统默认的“查看结果”选项，单击“完成”按钮，查询结果如图 4-11 所示。如果没有同名学生，将会出现一张空的查询视图。

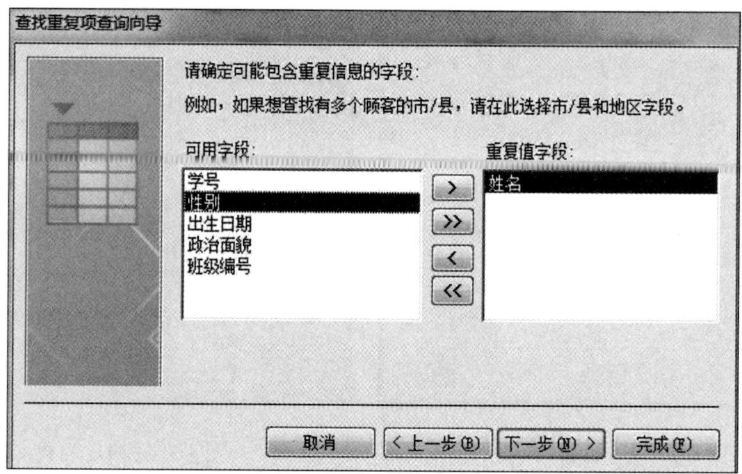

图 4-10　确定可能包含重复信息的字段

同名学生名单

姓名	学号	性别	出生日期	政治面貌	照片	爱好	班级编号
王静	201209010103	女	1993/7/1	群众	(0)	美术，体育	2012090101
王静	201007010203	女	1991/11/22	群众	(1)		2010070102
*					(0)		

图 4-11　例 4-3 的查询结果

3. 查找不匹配项查询向导

利用“查找不匹配项查询向导”可以通过比较两个相互关联的表的关联字段查找两个表中不匹配的记录，便于用户了解是否有不正确的操作或遗漏的操作。

例 4-4　使用“查找不匹配项查询向导”创建查询，找出没有任课的教师的信息。

分析：通过“教师编号”字段，找出“教师”表中有而“授课”表中没有的教师的记录。

操作步骤如下：

1）打开“新建查询”对话框，选择“查找不匹配项查询向导”，单击“确定”按钮，弹出“查找不匹配项查询向导”。

2）选择第一个表，本例为“教师”表，单击“下一步”按钮。

3）在弹出的界面中选择包含相关记录的表，本例为“授课”表，单击“下一步”按钮。

4）在弹出的界面中指定两个表的匹配字段，如图 4-12 所示，在左边“‘教师’中的字段”列表框中单击“教师编号”字段，在右边的“‘授课’中的字段”列表框中单击“教师编号”字段，然后单击两个列表框中间的“<=>”匹配按钮，此时在界面底部的“匹配字段”框中显示“教师编号 <=> 教师编号”，单击“下一步”按钮。

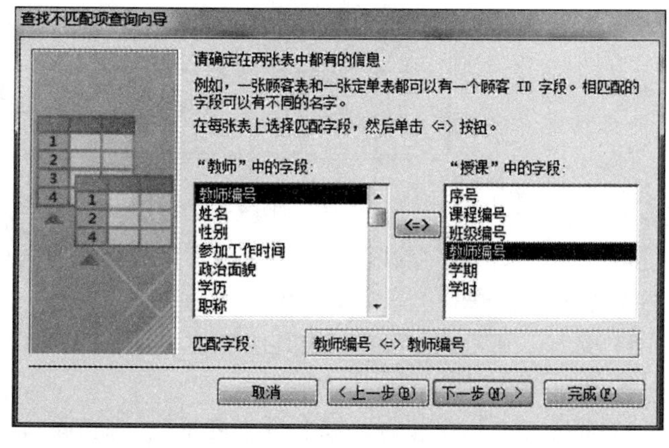

图 4-12　确定匹配字段

5）在弹出的界面中选择要在查询结果中显示的字段，本例选择所有可用字段，单击“下一步”按钮。

6）将查询命名为“没有任课的教师名单”，单击“完成”按钮。

7）查询结果显示了没有任课的教师信息，如图4-13所示，以便用户进行核对。

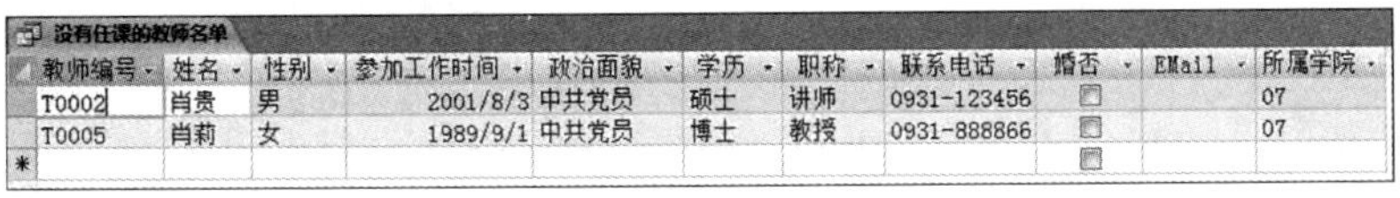

没有任课的教师名单

教师编号	姓名	性别	参加工作时间	政治面貌	学历	职称	联系电话	婚否	EMail	所属学院
T0002	肖贵	男	2001/8/3	中共党员	硕士	讲师	0931-123456	☐		07
T0005	肖莉	女	1989/9/1	中共党员	博士	教授	0931-888866	☐		07
*								☐		

图4-13　例4-4的查询结果

4.2.2 使用查询设计器创建查询

如前所述，查询设计器是Access提供的另一种查询工具，在查询“设计视图”中可以修改已有的查询，也可用于建立更复杂的查询，其使用方法比查询向导更加灵活。

1. 在查询设计器中建立查询的一般过程

在查询设计器中建立查询的一般过程如下：

1）打开查询“设计视图”，选择查询的数据源，可以是表或其他查询。

2）从数据源中选择需要查询的字段，也可以根据数据源中的字段建立一个表达式，算出需要查询的信息。

3）设置查询条件以满足用户的查询要求。

4）设置排序或分组来组织查询结果。

5）查看查询结果。

6）保存查询对象。

2. 建立查询

例4-5　查询所有学生的信息。

分析：本例要求建立最简单的查询，需要的字段是来自“学生”表的所有字段。

操作步骤如下：

1）打开“教学管理”数据库，在“创建”选项卡下单击“查询”选项组中的“查询设计”按钮，打开查询“设计视图”，弹出“显示表”对话框，如图4-1所示，选择“学生”表。

2）双击“学生”表，或单击“学生”表，单击“添加”按钮，将其添加到查询“设计视图”中，单击“关闭”按钮。

3）将数据源窗口内“学生”表中的所需字段逐个拖放到查询“设计视图”QBE网格“字段”行的第1列、第2列等，如图4-14所示。也可以单击“字段”行中各列右侧的箭头按钮，从字段列表中选择需要的字段。

4）在“开始”选项卡下单击“视图”按钮组（或“设计”上下文选项卡下“结果”选项组）中的“数据表视图”按钮，查看查询结果，如图4-15所示。若要从数据表视图返回设计视图中修改查询，单击该按钮组中的“设计视图”按钮。

5）保存查询为“学生信息查询”。

例4-6　查询单科成绩在90分以上（含90分）的学生的姓名、课程名称和分数，并按分数降序排列。

分析：这是一个多表查询问题。所需查询的3个字段分别来自“学生”“课程”和“成绩”表，查询条件是分数>=90，查询结果按分数降序排列。

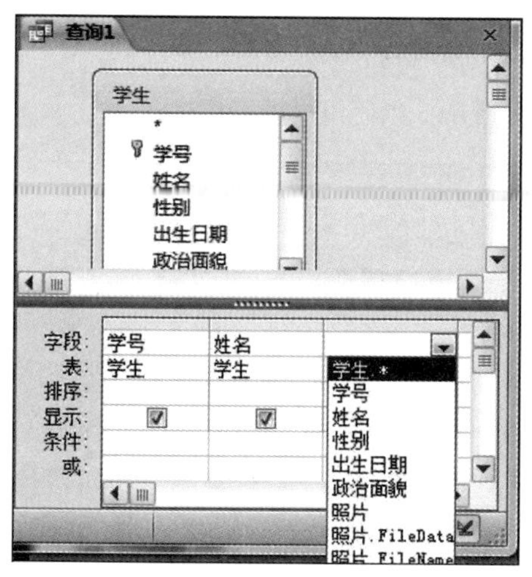

图 4-14　查询“设计视图”

图 4-15　例 4-5 的查询结果

操作步骤如下：

1）使用查询“设计视图”创建查询，在“显示表”对话框中添加“学生”“课程”和“成绩”表。

2）分别从数据源窗口的“学生”“课程”和“成绩”表中选择“姓名”“课程名称”和“分数”字段，拖放到 QBE 网格“字段”行的第 1 列、第 2 列、第 3 列。

3）设置排序条件：将“分数”列的“排序”行设置为“降序”。

4）设置查询筛选条件：在“分数”列的“条件”行中输入“ >=90”（要求所有符号为英文半角符号，条件设置如图 4-16 所示。

5）单击“数据表视图”按钮，查看查询结果，如图 4-17 所示。

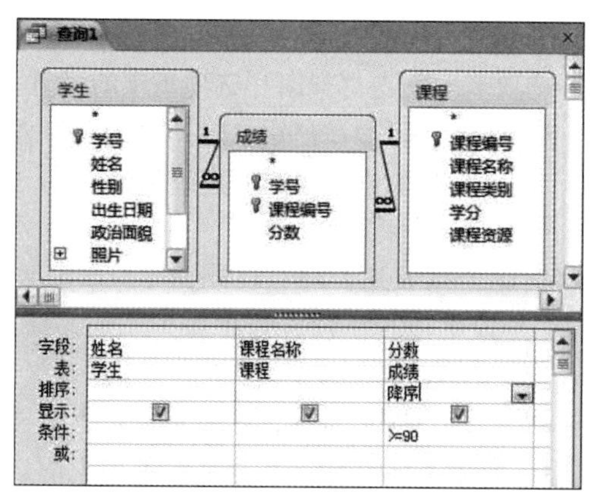

图 4-16　条件设置

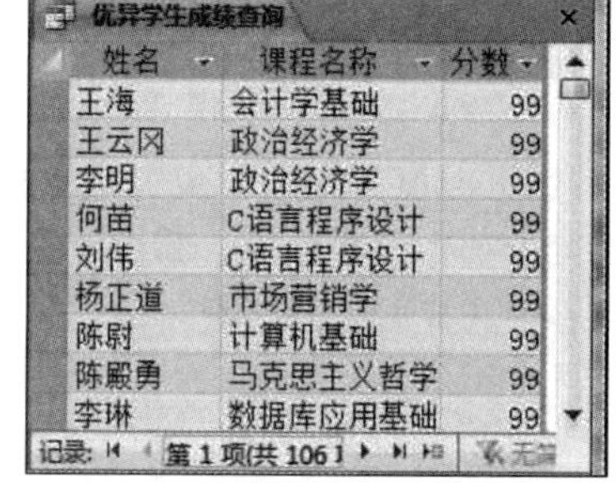

图 4-17　例 4-6 的查询结果

6）保存查询对象，名称为“优异学生成绩查询”。

例 4-7　查询年龄在 20～22 岁之间学生的学号、姓名和年龄。

分析：年龄值不能直接从“学生”表中获得，但是可以利用系统当前日期和“出生日期”字段计算得到，计算表达式为“Year(Date())-Year([出生日期])”，其中，Date()函数返回系统的当前日期，Year()函数返回日期值的年份，并在该列“条件”行构造“并且”条件。

操作步骤如下：

1）打开查询“设计视图”，在弹出的“显示表”对话框中添加“学生”表。

2）按图 4-18 所示设计查询，将第 3 列的“字段”行设置为“年龄:Year(Date())-Year([出生日期])”，这里的冒号起分隔作用，冒号左边是指定的列标题，右边是表达式，用来计算年龄；在“条件”行设置“>=20 and <=22”。

3）在“开始”选项卡下单击“视图”按钮组中的“数据表视图”按钮，查看查询结果，如图 4-19 所示。

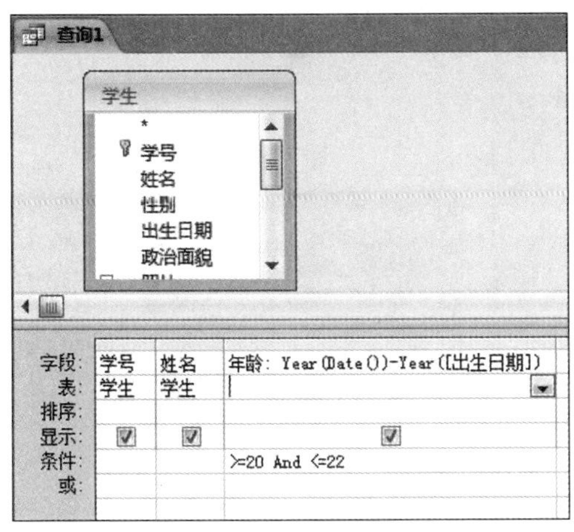

图 4-18 设计查询

查询1

学号	姓名	年龄
201007010101	王海	22
201007010102	张敏	22
201007010103	李正军	22
201007010104	王芳	22
201007010105	谢聚军	22
201007010107	陈杨	22
201007010108	何苗	22
201007010110	张华桥	22
201007010201	李明	22
201007010202	王国庆	22

图 4-19 例 4-7 的查询结果

4）保存查询对象，命名为“按年龄查询”。

提示：当在查询设计网格中输入较长内容时，可以按 Shift + F2 组合键，或者右击要输入内容的网格，从快捷菜单中选择“显示比例”命令，弹出“缩放”对话框，如图 4-20 所示。在编辑框中输入需要的内容后，单击“确定”按钮。

图 4-20 “缩放”对话框

例 4-8 查询各门课程的平均分，要求查询结果包含课程名称、平均分。

分析：在本例中，“课程名称”来自“课程”表，“平均分”是一个计算结果，由“成绩”表“分数”字段按课程号分组求平均值得到，可以通过 Access 提供的总计功能来实现。在查询结果中，包含计算数据的列称为计算列。

操作步骤如下：

1）打开查询“设计视图”，在“显示表”对话框中添加“课程”和“成绩”表。

2）在“字段”行的第 1 列和第 2 列中分别放置“课程名称”和“分数”字段。

3）在“设计”上下文选项卡下单击“显示/隐藏”选项组中的“汇总”按钮Σ，此时在

QBE 网络的“表”行与“排序”行之间增加一个“总计”行，如图 4-21 所示。

4）在“课程名称”列的“总计”行中单击右侧按钮，从下拉列表中选择“Group By”选项，在“分数”列的“总计”行中单击右侧按钮，从下拉列表中选择“平均值”选项，如图 4-21所示。

5）单击“数据表视图”按钮，查看查询结果，如图 4-22 所示。

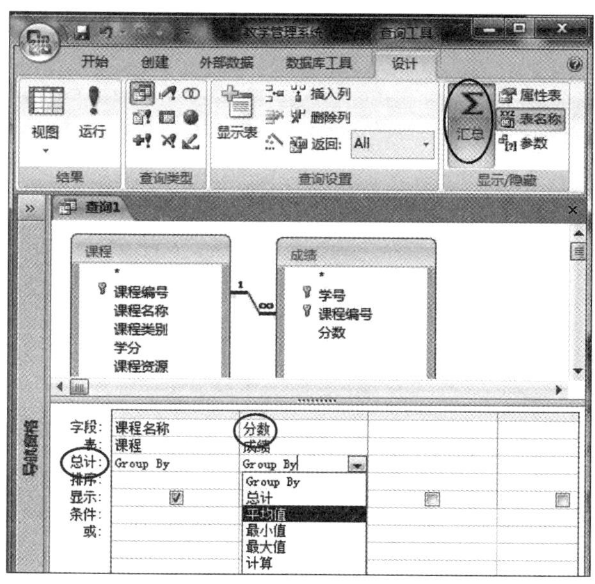

图 4-21　设置“总计”项

查询1

课程名称	分数之平均值
C语言程序设计	76.3260869565217391304348
财经应用文写作	74.7826086956521739130435
大学英语	75.3043478260869565217391
法律基础	76.8043478260869565217391
会计学基础	78.6521739130434782608696
计算机基础	77.2826086956521739130435
马克思主义哲学	77.2826086956521739130435
市场营销学	79.4782608695652173913043
数据库应用基础	78.2173913043478260869565
微积分	75.6521739130434782608696
政治经济学	78.2173913043478260869565

图 4-22　例 4-8 的查询结果

6）保存查询对象为“查询课程平均分”。

在图 4-22 所示的查询结果中，第 2 列的标题显示为“分数之平均值”，这是 Access 默认的标题，用户也可自定义标题。此外，对平均值的显示格式可以重新设置。

操作步骤如下：

1）单击“设计视图”按钮，返回查询“设计视图”，将第 2 列的“字段”改为“平均分:分数”。其中，“平均分”为该列标题，西文半角冒号“:”为分隔符，“分数”为计算字段。

2）右击第 2 列，在弹出的快捷菜单中选择“属性”命令，弹出的“属性表”窗格，将“格式”属性设置为“固定”，表示按固定小数位数显示，设置“小数位数”属性值为“1”，如图 4-23所示。

3）保存后查看查询结果，如图 4-24 所示。

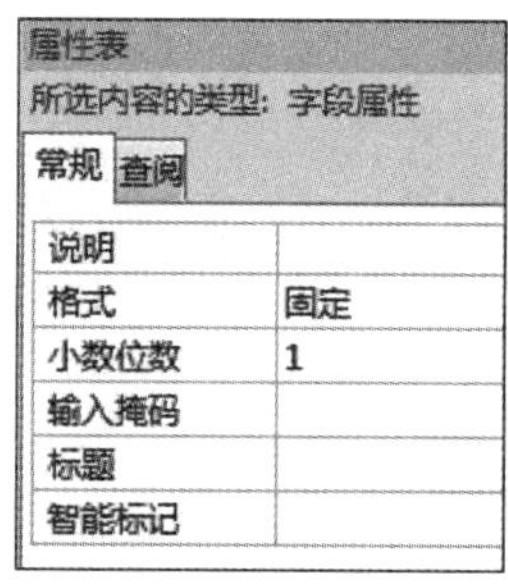

属性表

所选内容的类型：字段属性

常规　查阅

说明	
格式	固定
小数位数	1
输入掩码	
标题	
智能标记	

图 4-23　设置字段属性

查询课程平均分

课程名称	平均分
C语言程序设计	76.3
财经应用文写作	74.8
大学英语	75.3
法律基础	76.8
会计学基础	78.7
计算机基础	77.3
马克思主义哲学	77.3
市场营销学	79.5
数据库应用基础	78.2
微积分	75.7
政治经济学	78.2

图 4-24　查询结果

4.3 参数查询

选择查询是针对某个固定条件进行的查询。如果查询条件经常变化，使用选择查询则不太方便。为此，Access 提供了一种交互式的查询功能——参数查询。参数查询是在选择查询的基础上增加了可变化的条件，即“参数”。执行参数查询时，Access 会显示一个或多个预定义的对话框，提示用户输入参数值，并根据该参数值得到相应的查询结果。

设置参数查询时，可以在某一列的“条件”栏中输入用成对的方括号 [ ] 引用的“参数”。这里的参数既指出了查询条件，又指出了输入参数值时的提示信息。

参数查询按参数的个数可分为单参数查询和多参数查询。

1. 单参数查询

例 4-9 建立一个参数查询，按输入的班级编号查找该班学生的学号、姓名、出生日期和政治面貌等信息。

分析：本例中需设置查询条件的字段为“班级编号”字段，查询条件是一个不确定的条件，需要在执行查询时输入。

操作步骤如下：

1）打开查询“设计视图”，在“显示表”对话框中添加“学生”表。

2）在查询“设计视图”中，在“班级编号”字段的“条件”栏中输入“［请输入班级编号:］”，如图 4-25 所示。

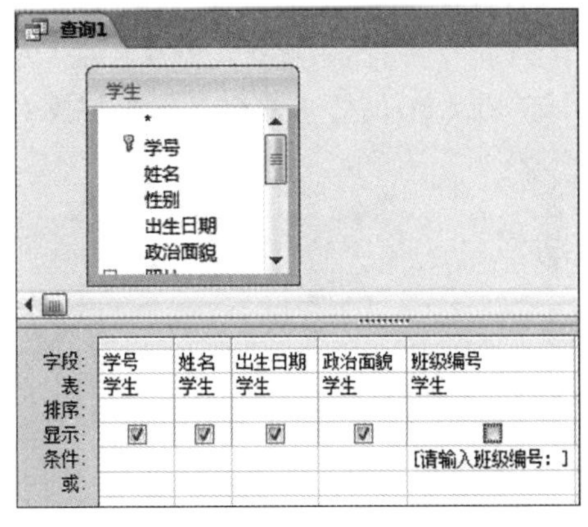

图 4-25 按班级编号查询的参数设置

3）单击“数据表视图”按钮查看查询，显示“输入参数值”对话框，如图 4-26 所示。在文本框中输入“2010070101”，单击“确定”按钮，查询结果如图 4-27 所示。

4）保存查询为“按班级编号查询学生”。

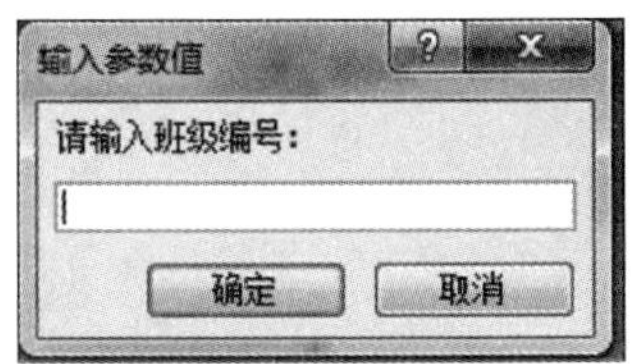

图 4-26 “输入参数值”对话框

按班级编号查询学生

学号	姓名	出生日期	政治面貌
201007010101	王海	1991/6/10	群众
201007010102	张敏	1991/12/1	中共党员
201007010103	李正军	1991/11/3	群众
201007010104	王芳	1991/4/3	中共党员
201007010105	谢聚军	1991/11/21	群众
201007010106	王亮亮	1989/10/23	中共党员
201007010107	陈杨	1991/9/29	群众
201007010108	何苗	1991/8/24	中共党员
201007010109	韩纪锋	1990/2/1	中共党员
201007010110	张华桥	1991/6/13	中共党员

记录: 第 1 项(共 10 项 无筛选器 搜索

图 4-27 例 4-9 的查询结果

提示：方括号中的文字肩负双重作用，既是提示语，又是一个参数名。用户输入的参数值由括号中的变量名进行传递。Access 根据该值在数据表中查找符合条件的记录。需要注意的是，方括号中的文字不能与字段名相同。

例 4-10 修改例 4-9 的条件，查找 2010 级的学生信息。

操作步骤如下：

1）右键单击“按班级编号查询学生”查询，在快捷菜单中选择“设计视图”命令。

2）在“设计视图”窗口的“班级编号”字段“条件”栏中输入“like[输入学生所在年级:]&"*"”。

提示：符号 & 的作用是将两个表达式连接在一起，通配符“*”表示零个或多个字符。

3）选择“文件”选项卡下的“另存为”命令，将查询另存为“按年级查询”。

4）运行查询。

例 4-11 按课程名称查找该课程成绩在 90 分以上（含 90 分）的学生信息。

操作步骤如下：

1）打开查询“设计视图”，在“显示表”对话框中选择“查询”选项卡，添加“优异学生成绩查询”（由例 4-6 建立）为数据源，如图 4-28 所示。

2）在 QBE 网格“课程名称”字段对应的“条件”栏中输入“[请输入课程名称:]”，如图 4-29所示。

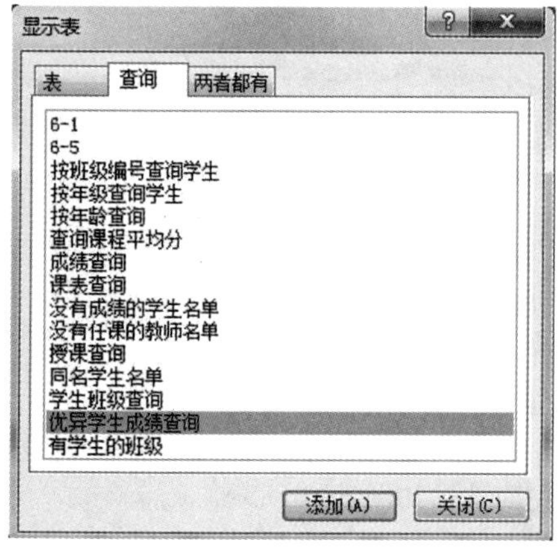

图 4-28 添加“优异学生成绩查询”为数据源

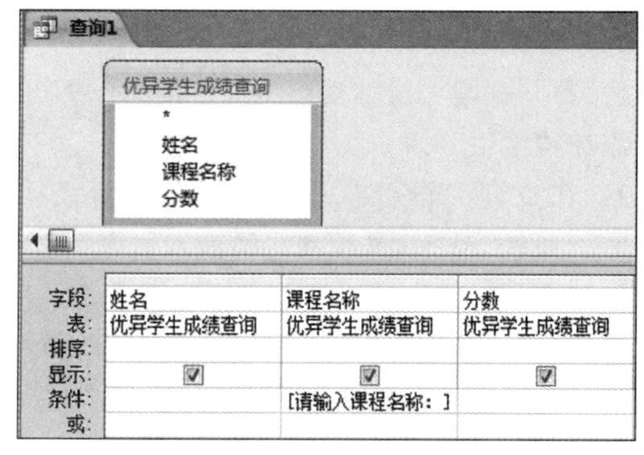

图 4-29 设计查询条件

3）单击“数据表视图”按钮▦，在弹出的“输入参数值”对话框中输入某课程名称，如“会计学基础”，查看查询结果。

4）保存查询为“按课程名称查询优异成绩”。

例 4-12 建立一个参数查询，按输入的分数段查找学生的姓名、课程名称和分数。

操作步骤如下：

1）添加“学生”“课程”和“成绩”表，作为新建查询的数据源。

2）按图 4-30 所示构造查询条件，在“分数”字段的“条件”栏中输入“between [输入最低分数] and [输入最高分数]”或“>= [输入最低分数] and <= [输入最高分数]”。

3）运行查询，并保存查询为“按分数段查询成绩”。

2. 多参数查询

在参数查询中，如果涉及的变量超过一个，则需要构造多参数查询。

例 4-13 建立一个参数查询，按输入的“课程名称”及“班级编号”查询该班学生的姓名、课程名称及分数。

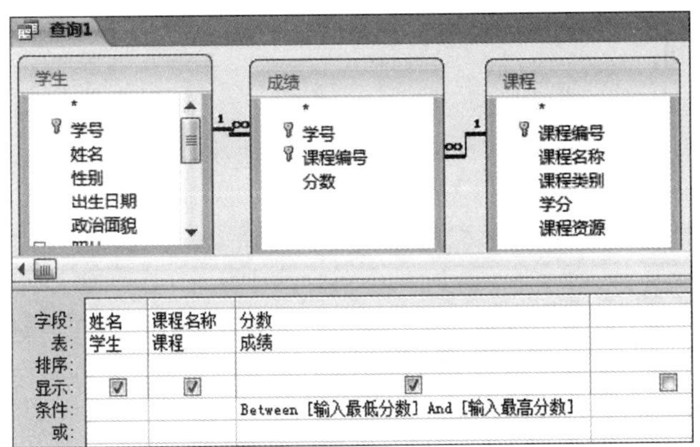

图 4-30　构造查询条件

操作步骤如下：

1）以“学生”“课程”和“成绩”表为数据源，创建一个查询。

2）按图 4-31 所示构造查询条件。在“课程名称”字段对应的“条件”栏输入“[输入课程名称]”，在“班级编号”字段对应的“条件”栏输入“[输入班级编号]”。

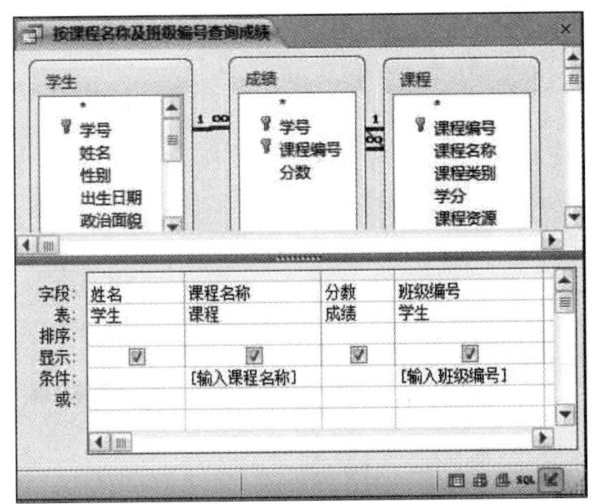

图 4-31　构造查询条件

3）单击“数据表视图”按钮，出现两次“输入参数值”对话框，如图 4-32 所示，分别输入参数“微积分”和“2010070101”，单击“确定”按钮，显示结果如图 4-33 所示。

4）保存查询为“按课程名称及班级编号查询成绩”。

图 4-32　输入多个参数

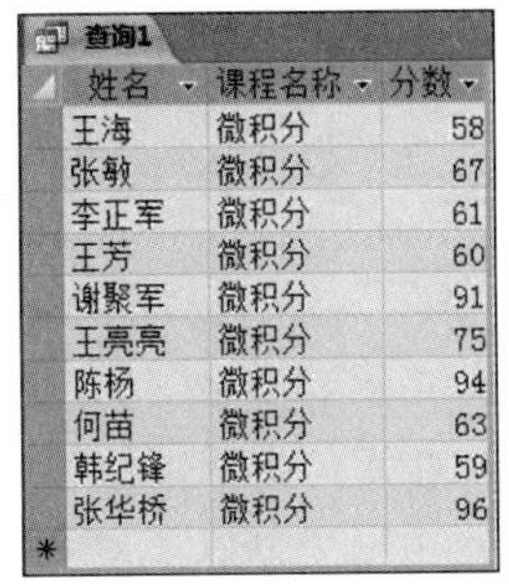

查询1

姓名	课程名称	分数
王海	微积分	58
张敏	微积分	67
李正军	微积分	61
王芳	微积分	60
谢聚军	微积分	91
王亮亮	微积分	75
陈杨	微积分	94
何苗	微积分	63
韩纪锋	微积分	59
张华桥	微积分	96

图 4-33　例 4-13 的查询结果

4.4 交叉表查询

交叉表查询可以重新组织数据的显示结构，并对数据进行求和、求平均、计数等计算。例如，使用交叉表查询，可以显示各学生各门课程的“学生成绩汇总表”，并计算每个人的平均成绩或总成绩等，可以显示各班各门课程的“班级课程平均成绩表”和“班级课程开课计划表”等。

交叉表查询以行和列为标题来选取数据，并进行汇总、统计等计算。交叉表查询将字段分成两组：一组是行标题，显示在左边；一组是列标题，显示在顶部。在行列交叉点上显示对字段值进行总计、平均、计数等计算后的结果值。

例如，对于各学生各门课程的“学生成绩汇总表”，行标题为“学号”，列标题为“课程名称”，行列交叉点上为“分数”；对于各班各课程的“班级课程平均成绩”，行标题为“班级名称”，列标题为“课程名称”，行列交叉点上为“分数”的平均值。

Access 支持使用查询向导和查询设计器创建交叉表查询。

1. 交叉表查询向导

例 4-14 使用向导创建交叉表查询，汇总各学生各门课程的成绩，并计算每名学生的平均成绩，生成“学生成绩汇总表”。要求查询结果以“学号”为行标题，以“课程编号”为列标题，行列交叉处为“分数”的平均值。

操作步骤如下：

1）打开“新建查询”对话框，选择“交叉表查询向导”选项，启动“交叉表查询向导”，如图 4-34 所示，选中“表：成绩”作为查询的数据源，单击“下一步”按钮。

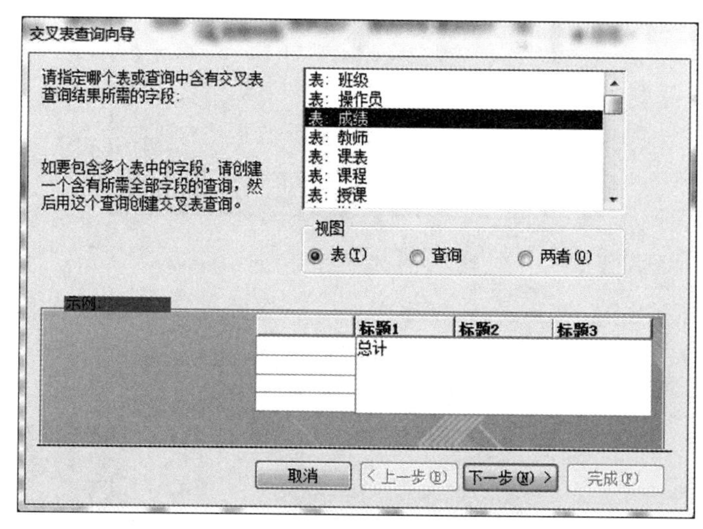

图 4-34 选择查询的数据源

2）指定“学号”为行标题字段，如图 4-35 所示，单击“下一步”按钮。

3）指定“课程编号”为列标题，如图 4-36 所示，单击“下一步”按钮。

4）指定“分数”为计算字段，计算方式为“Avg”，即“平均”，如图 4-37 所示，单击“下一步”按钮。

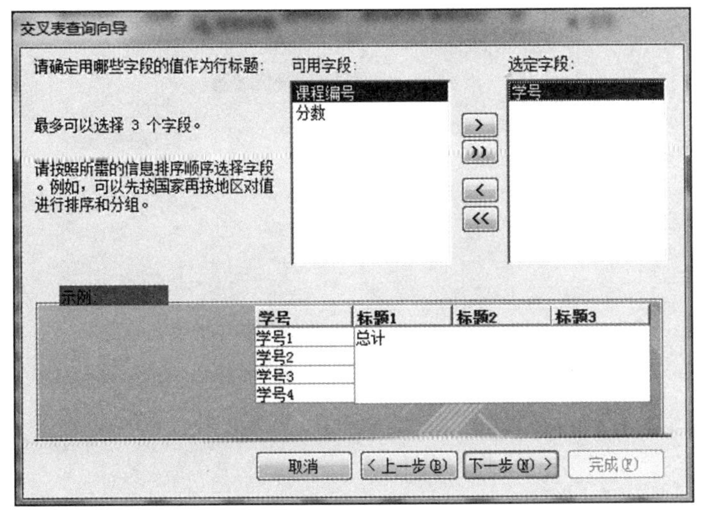

图 4-35　选择行标题字段

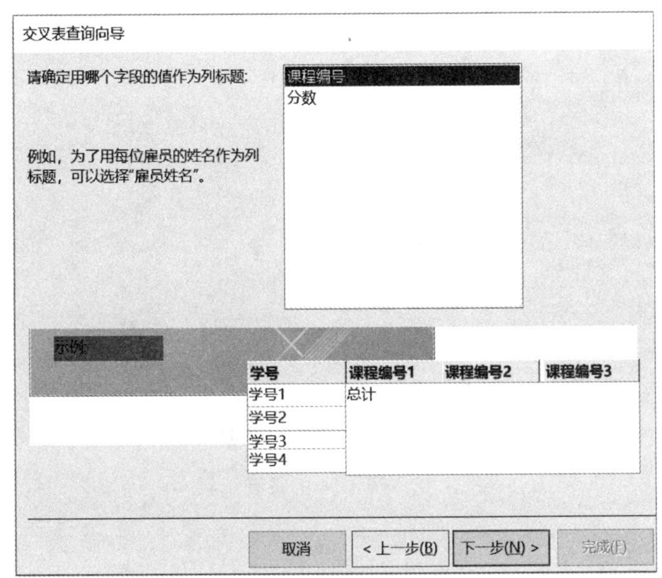

图 4-36　选择列标题字段

5）指定查询名称为“学生成绩汇总表”，单击“完成”按钮，查询结果如图 4-38 所示。

2. 交叉表查询设计器

例 4-15　使用查询“设计视图”创建交叉表查询，汇总各学生各门课程的成绩，并计算每名学生的平均成绩，生成“学生成绩汇总表 2”。要求表中增加一列来显示学生的平均成绩。操作步骤如下：

1）打开查询“设计视图”，添加“学生”表、“成绩”表和“课程”表。

2）在“设计”上下文选项卡下单击“查询类型”选项组中的“交叉表”按钮，QBE 网格中出现“总计”行和“交叉表”行。

3）按图 4-39 所示设计交叉表查询，查询结果如图 4-40 所示。

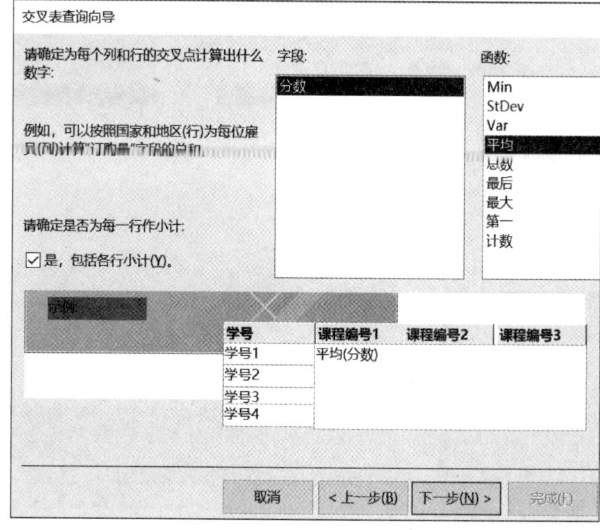

图 4-37　选择计算字段和计算方式

学生成绩汇总表

学号	总计 分数	CJ001	CJ002	CJ003	CJ004	CJ005	CJ006
201007010104	72.2727272727273	60	67	77	68	96	58
201007010105	80.9090909090909	91	95	68	56	92	94
201007010106	75.7272727272727	75	74	68	58	77	77
201007010107	81.1818181818182	94	72	55	92	65	97
201007010108	75.3636363636364	63	89	75	99	79	89
201007010109	75.3636363636364	59	76	61	84	73	74
201007010110	79.1818181818182	96	81	81	56	90	93
201007010201	78.1818181818182	90	79	60	77	62	65
201007010202	68.9090909090909	59	72	56	65	80	63
201007010203	80.7272727272727	98	67	79	64	79	74
201007010204	75.8181818181818	66	72	72	62	88	94
201007010205	82.1818181818182	77	99	91	76	76	84
201007010206	74.6363636363636	80	80	66	57	87	69
201007010207	82.7272727272727	96	87	63	86	57	93
201007010208	78	88	63	85	66	73	70
201007010209	75.6363636363636	75	74	67	94	64	79

记录: 第 19 项(共 46 项)　无筛选器　搜索

图 4-38　例 4-14 的查询结果

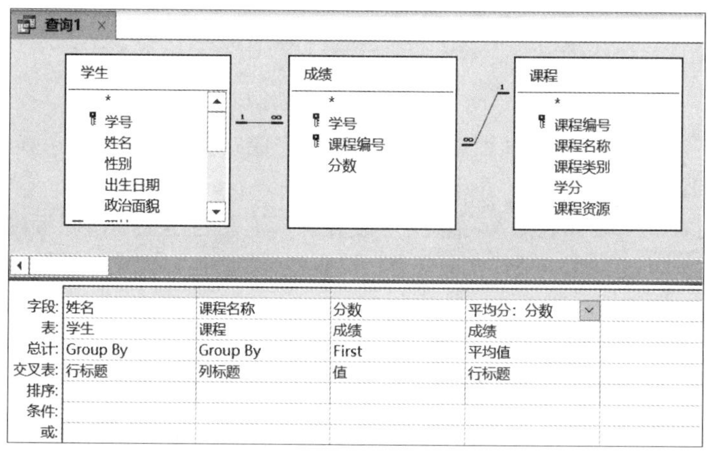

图 4-39　设计交叉表查询

查询1

姓名	平均分	C语言程序设	财经应用	大学英语	法律基础	会计学基础	计算机基础
陈殿勇	77.2727272727273	59	71	80	91	70	7
陈尉	82.1818181818182	76	73	91	88	80	9
陈杨	81.1818181818182	92	92	55	70	92	7
高雅芳	75.8181818181818	62	57	72	61	93	7
韩纪锋	75.3636363636364	84	70	61	94	79	7
何苗	75.3636363636364	99	65	75	67	73	8
黄静	73.8181818181818	62	79	64	87	84	6
黄世科	72.6363636363636	64	60	70	76	72	8
李娟	77	82	60	75	68	98	9
李琳	83	98	90	95	63	74	8
李明	78.1818181818182	77	81	60	94	62	7

图 4-40 例 4-15 的查询结果

4）保存查询对象为“学生成绩汇总表 2”。

例 4-16 使用查询“设计视图”创建交叉表查询，统计各班各门课程的平均成绩，生成“班级成绩_交叉表查询”。要求查询结果以“班级名称”为行标题，以“课程名称”为列标题，行列交叉处显示“分数”的平均值。

操作步骤如下：

1）打开查询“设计视图”，添加“学生”“成绩”“课程”和“班级”表。

2）在“设计”上下文选项卡下单击“查询类型”选项组中的“交叉表”按钮。

3）按图 4-41 所示设计交叉表查询，查询结果如图 4-42 所示。

4）保存查询对象并命名为“班级成绩_交叉表查询”。

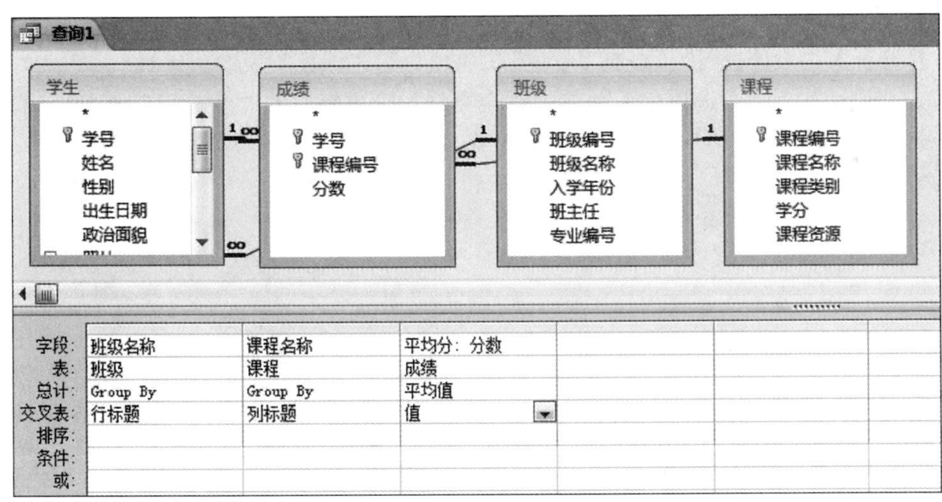

图 4-41 设计交叉表查询

查询1

班级名称	C语言程序设计	财经应用文写作	大学英语	法律基础
会计学2012级1班	79	69.6923076923077	77.4615384615385	76.8461538461538
计算机科学与技术2010级1班	74.6	77	70.6	68.7
计算机科学与技术2010级2班	74.7272727272727	72.9090909090909	70.4545454545455	85.1818181818182
计算机科学与技术2011级1班	83	72	79.5	76.5
计算机科学与技术2011级2班	89	82	85	64
计算机科学与技术2012级1班	69.6666666666667	89	81.6666666666667	84.3333333333333
计算机科学与技术2012级2班	72.6	77.4	80.4	75.2

图 4-42 例 4-16 的查询结果

4.5　操作查询

前面介绍的几种查询均是依照特定的查询准则，从数据源中产生符合条件的动态记录集，既没有物理存储，也不修改表中原有的数据。用户可以直接在数据表视图中查看查询结果。而操作查询建立在选择查询的基础上，可以对数据表中的记录进行成批更改或移动。运行操作查询就会执行相应的追加、更新、删除和生成等操作，用户不能直接在数据表视图中查看查询结果，只有打开被追加、删除、更新和生成的表，才能看到操作查询的结果。操作查询可以使数据的更改更加有效、方便和快速。

由于操作查询将改变数据库的内容，而且某些错误的操作查询可能会造成数据库中数据的丢失，因此用户在进行操作查询之前，应该先对数据库或表进行备份。

在 Access 中，操作查询包括生成表查询、删除查询、追加查询和更新查询 4 种类型。

4.5.1　生成表查询

生成表查询可以从一个或多个表中提取全部数据或部分数据创建新表。如果用户需要经常使用从几个表中提取的数据，就可以通过生成表查询将这些数据保存到一个新表中，从而提高数据的使用效率。此外，利用生成表查询也可以对用户需要的数据进行备份。

例 4-17　将有不及格成绩的所有学生的“学号”“姓名”“课程名称”和“分数”信息保存到“补考名单”表中。

操作步骤如下：

1）打开查询“设计视图”，添加“学生”“成绩”和“课程”表。

2）在“设计”上下文选项卡下单击“查询类型”选项组中的“生成表”按钮，出现“生成表”对话框，如图 4-43 所示。在“表名称”组合框中输入新表的名称“补考名单”，并选择将新表保存在“当前数据库”，单击“确定”按钮。

3）按图 4-44 所示设计生成表查询。

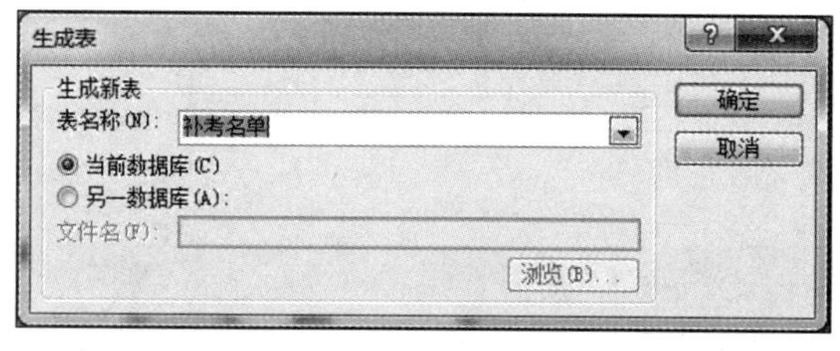

图 4-43 “生成表”对话框

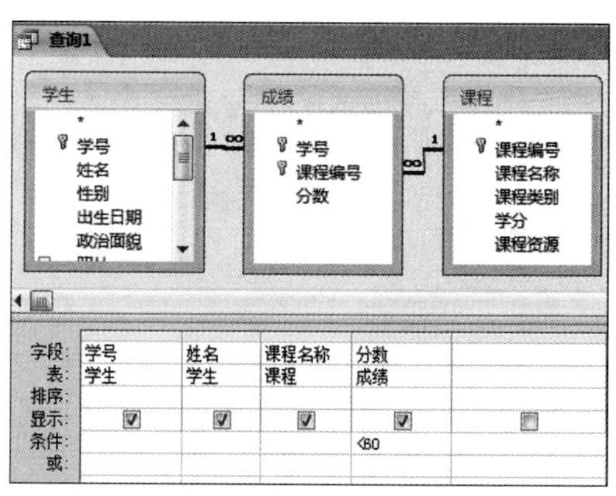

图 4-44　设计生成表查询

4）在“设计”上下文选项卡下单击“结果”选项组中的“数据表视图”按钮，预览查询结果。

5）在“设计”上下文选项卡下单击“结果”选项组中的“执行”按钮，执行生成表查询，此时会显示一个消息框，询问用户是否要生成新表并向新表中添加记录，单击“是”按钮，则在当前数据库中自动建立一个名为“补考名单”的新表。

6）保存查询对象，命名为“补考名单生成查询”。

7）在“所有 Access 对象”导航窗口中展开“表”对象，双击“补考名单”表，查看其内容，结果如图 4-45 所示。

提示：若指定的表已经存在，则执行生成表查询时，会先删除指定表，再生成一个同名的新表。

例 4-18 将“教师”表中所有未婚教师的“教师编号”“姓名”“职称”和“联系电话”信息保存到一个名为“未婚教师”的新表中。

操作步骤如下：

1）打开查询“设计视图”，添加“教师”表。

2）执行“生成表查询”，在“生成表”对话框中输入新表的名称“未婚教师”，并选择将新表保存在“当前数据库”。

3）按图 4-46 所示设计生成表查询。

补考名单

学号	姓名	课程名称	分数
201007010101	王海	微积分	58
201007010101	王海	法律基础	56
201007010102	张敏	大学英语	58
201007010104	王芳	数据库应用基	58
201007010104	王芳	法律基础	58
201007010105	谢聚军	C语言程序设计	56
201007010106	王亮亮	法律基础	58
201007010106	王亮亮	C语言程序设计	58
201007010107	陈杨	大学英语	55
201007010108	何苗	政治经济学	56
201007010109	韩纪锋	微积分	59
201007010110	张华桥	财经应用文写	59
201007010110	张华桥	C语言程序设计	56
201007010110	张华桥	市场营销学	56

记录：第 1 项(共 47 项 无筛选器 搜索

图 4-45 “补考名单”表

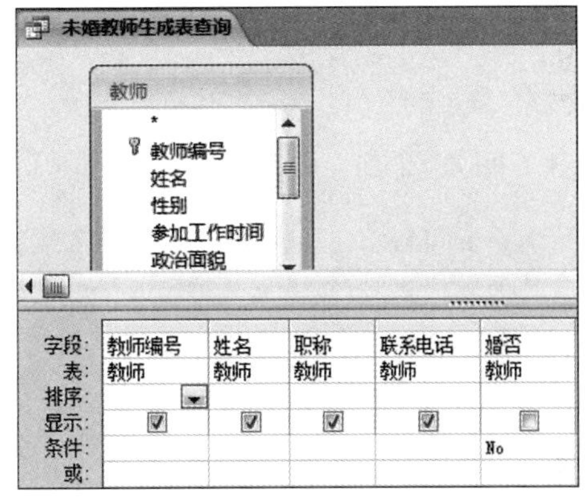

图 4-46 设计生成表查询

4）保存查询对象，命名为“未婚教师生成表查询”。

5）选择表对象，双击“未婚教师”表，查看生成表查询的结果。

4.5.2 删除查询

删除查询可以从表中删除一组记录。删除后的记录不能再恢复，因此，最好事先对数据进行备份。

例 4-19 创建删除查询，删除“补考名单”表中所有“会计学基础”课程的补考信息。

操作步骤如下：

1）打开查询“设计视图”，添加“补考名单”表。

2）在“设计”上下文选项卡下单击“查询类型”选项组中的“删除”按钮，QBE 网格中出现“删除”行，将“补考名单”字段列表中的“ * ”拖放到字段栏中（“ * ”代表所有字段），将“课程名称”放置在第 2 列上，并输入条件“ = "会计学基础" ”（“删除”框中的“Where”表示“课程名称”是一个条件字段），如图 4-47 所示。

3）单击“数据表视图”按钮，预览要被删除的记录，本例中只有一条记录符合条件，如图 4-48所示。

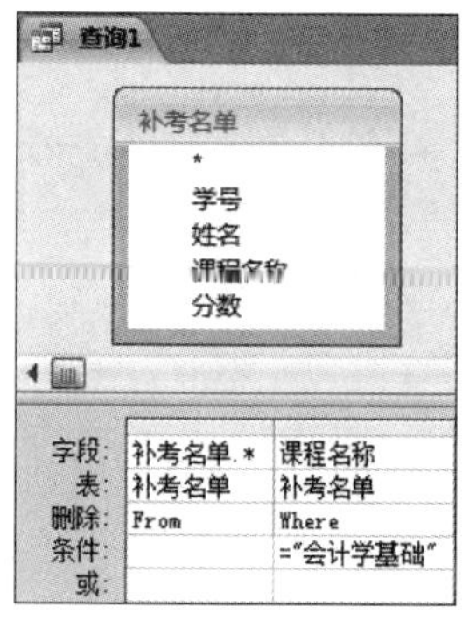

图 4-47 “删除查询”设计

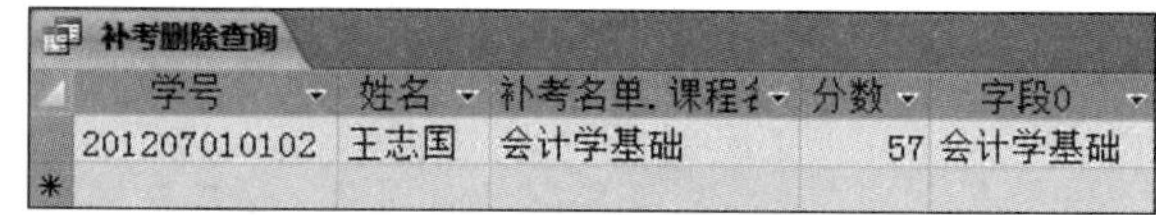
补考删除查询

学号	姓名	补考名单.课程名	分数	字段0
201207010102	王志国	会计学基础	57	会计学基础

图 4-48 “补考删除查询”预览

4）单击“执行”按钮，执行删除查询。

5）保存查询对象，命名为“补考删除查询”。

6）打开“补考名单”表，查看执行结果。

提示：如果两个表之间建立了关系，并实施了参照完整性，同时允许级联删除，则对主表执行删除查询时会级联删除子表中的匹配记录。

4.5.3　追加查询

追加查询可以将一个或多个表中的一组记录添加到其他表的末尾。追加记录时只能追加匹配字段，其他字段被忽略。

例 4-20　将“会计学基础”课程不及格的学生的“学号”“姓名”“课程名称”“分数”信息追加到“补考名单”表中。

操作步骤如下：

1）打开查询“设计视图”，添加“学生”“成绩”和“课程”表。

2）在“设计”上下文选项卡下单击“查询类型”选项组中的“追加”按钮，弹出“追加”对话框，在“表名称”组合框中选择或输入要追加记录的表名称“补考名单”，如图 4-49 所示，单击“确定”按钮。

3）按图 4-50 所示设计追加查询。

图 4-49 “追加”对话框

字段:	学号	姓名	课程名称	分数
表:	学生	学生	课程	成绩
排序:				
追加到:	学号	姓名	课程名称	分数
条件:			="会计学基础"	<60
或:				

图 4-50　设计追加查询

4）单击“数据表视图”按钮，预览要追加的记录，单击“执行”按钮，执行追加查询。

5）保存查询对象为“补考追加查询”。

6）打开“补考名单”表，结果如图4-45所示。

提示：指定的表必须已经存在，否则就不能执行追加查询。如果两个表结构完全一致，可以将数据表中代表所有字段的“*”号拖放到“字段”栏中。

4.5.4 更新查询

更新查询可以成批修改指定表中一个或多个字段的值。

例4-21 利用更新查询，将“补考名单”表中所有“课程名称”字段中的“会计学基础”更新为“会计原理”。

操作步骤如下：

1）打开查询“设计视图”，添加“补考名单”表。

2）在“设计”上下文选项卡下单击“查询类型”选项组中的“更新”按钮，QBE网格中出现“更新到”行。将“课程名称”拖放到“字段”行中，在“更新到”框中输入更新后的值“"会计原理"”，在“条件”框中输入更新记录的条件，本例为“"会计学基础"”，如图4-51所示。

3）预览要更新的数据，单击“执行”按钮，执行更新查询。

4）保存查询为“补考更新查询”。

5）打开“补考名单”表，查看执行结果。

例4-22 利用更新查询，将“补考名单”表中所有“会计原理”课程的分数下调20%。

操作步骤如下：

1）打开“查询设计”视图，添加“补考名单”表，按图4-52所示设计更新查询。

2）预览要更新的数据，单击“执行”按钮，执行更新查询。

3）保存查询，命名为“补考更新查询2”。

4）打开“补考名单”表，结果如图4-53所示。

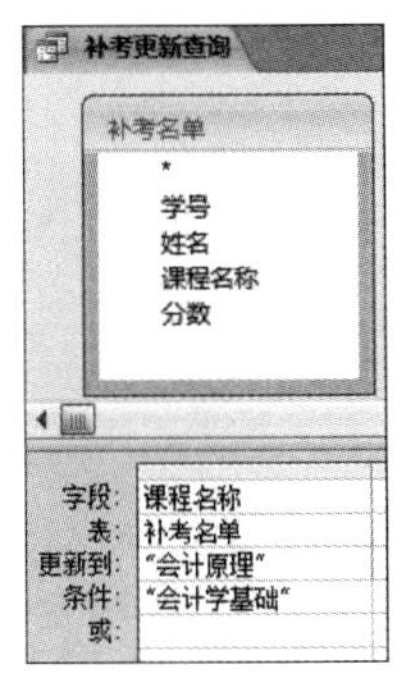

图4-51 例4-21更新查询设计

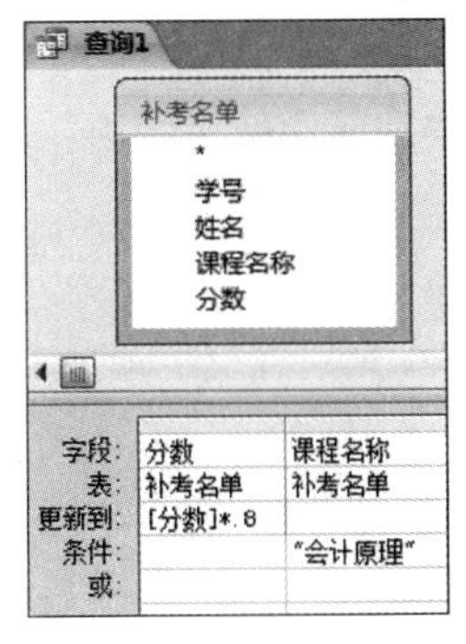

图4-52 例4-22更新查询设计

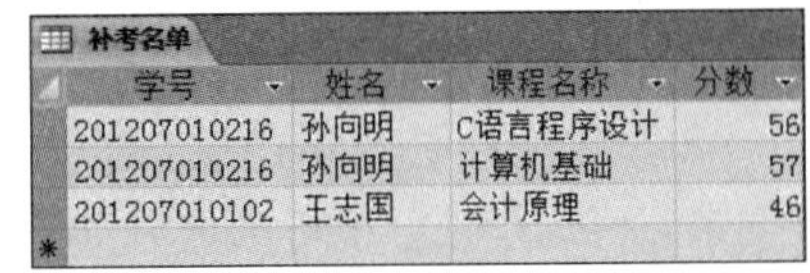

学号	姓名	课程名称	分数
201207010216	孙向明	C语言程序设计	56
201207010216	孙向明	计算机基础	57
201207010102	王志国	会计原理	46

图4-53 例4-22的查询结果

4.6 SQL查询

4.6.1 SQL简介

结构化查询语言（Structured Query Language，SQL）是一种通用的且功能强大的关系数据库语言，也是关系数据库的标准语言。它集成了数据定义语言（Data Definition Language，DDL）、数据操纵语言（Data Manipulation Language，DML）和数据控制语言（Data Control Language，DCL），具有很强的数据查询功能。

SQL 中有 9 个核心语句，包括了对数据库的所有操作，见表 4-10。

表 4-10　SQL 的核心语句

功能分类		命令动词	作用
数据定义		CREATE	创建对象
		DROP	删除对象
		ALTER	修改对象
数据操纵	数据更新	INSERT	插入数据
		UPDATE	更新数据
		DELETE	删除数据
	数据查询	SELECT	数据查询
数据控制		GRANT	定义访问权限
		REVOKE	回收访问权限

目前，几乎所有的关系型数据库管理系统都支持 SQL 标准。SQL 的主要特点有：

1）高度集成化。SQL 集数据定义、数据操纵、数据查询和数据控制功能于一体，可以独立完成数据库操作和管理中的全部工作，为数据库应用系统的开发提供了良好的手段。

2）高度非过程化。SQL 是一种非过程化的语言，用它进行数据操作，不必告诉计算机怎么做，只需说明做什么，不仅大大减轻了用户的负担，而且有利于提高数据独立性。

3）面向集合的操作方式。SQL 采用集合操作方式，操作对象和操作结果都是记录集。

4）简洁易学。完成核心功能只用 9 个命令动词，接近英语的自然语法，易学易用。

5）用法灵活。SQL 可以独立使用，也可以嵌入到高级语言（C、FORTRAN 等）中使用，其语法结构基本一致。

本章主要介绍 Access 支持的 SQL 的基本功能和使用方法。

4.6.2　数据查询命令的基本用法

数据查询是数据库的核心操作，使用 SQL 的 SELECT 命令可以实现数据查询功能，包括单表查询、多表查询、嵌套查询、合并查询等。

SELECT 命令是 SQL 的核心语句，具有灵活的使用方式和丰富的功能。在 Access 中，查询的数据来源可以是表，也可以是另一个查询。

1. SELECT-SQL 命令的语法格式

```
SELECT [ALL |DISTINCT] [TOP <数值>] [PERCENT] <目标列表>[ [AS] <列标题>]
FROM <表或查询 1>[ [AS] <别名 1>], <表或查询 2>[ [AS] <别名 2>]
      [ [INNER |LEFT [OUTER] |RIGHT [OUTER] JOIN]
      [, <表或查询 3>[ [AS] <别名 3>] [ON <联接条件>]…]
[WHERE <联接条件> AND <筛选条件>]
[GROUP BY <分组项>[HAVING <分组筛选条件>] ]
[ORDER BY <排序项>[ASC |DESC] ]
```

2. 参数说明

1）SELECT 子句：指定查询输出的结果。

- ALL：表示查询结果中包括所有满足查询条件的记录，包括重复值记录，是默认值。
- DISTINCT：表示在查询结果中内容完全相同的记录只能出现一次。
- TOP <数值> [PERCENT]：指定查询结果中只返回前面一定数量或一定百分比的记录，具体数量或百分比由 <数值> 来确定。
- AS <列标题>：指定查询结果中列的标题名称。

2）FROM 子句：指定查询数据所在的表以及在联接条件中涉及的表。

<表或查询> [[AS] <别名>]：表或查询表示要操作的表或查询名称，即数据源。

AS <别名> 表示同时为表指定一个别名。

3）JOIN 子句：指定多表之间的联接方式。

- INNER|LEFT[OUTER]|RIGHT[OUTER] JOIN：表示内部|左(外部)|右(外部)联接。其中的 OUTER 关键字为可选项，用来强调创建的是一个外部联接查询。
- ON 子句：与 JOIN 子句连用，指定多表之间的关联条件为 <联接条件>。

4）WHERE 子句：指定多表之间的联接条件为 <联接条件>，查询条件为 <筛选条件>，多个条件之间用 AND 或 OR 联接，分别表示多个条件之间的“与”和“或”关系。

5）GROUP BY 子句：指定对查询结果分组的依据。

- <分组项>：指定分组所依据的字段。
- HAVING 子句：与 GROUP BY 子句联用，指定对分组结果进行筛选的条件为 <分组筛选条件>。

6）ORDER BY 子句：指定对查询结果排序所依据的列。

- <排序项>：指定对查询结果排序所依据的列。
- ASC 指定查询结果以升序排列，DESC 指定查询结果以降序排列。

3. SELECT 命令与查询设计器中各选项的对应关系

本章前 5 节介绍了使用查询向导和查询设计器建立查询的方法。实际上，在查询向导和查询设计器中建立的查询，都由 Access 中的 SQL 语法转换引擎自动转换为等效的 SQL 语句。

从 SELECT 语句的格式中可以看到，一条 SELECT 语句可以包含多个子句，其中各子句与查询设计器中各选项之间的对应关系见表 4-11。

表 4-11 SELECT 命令各子句与查询设计器中各选项间的对应关系

SELECT 子句	查询设计器中的选项
SELECT <目标列>	“字段”栏
FROM <表或查询>	“显示表”对话框
WHERE <筛选条件>	“条件”栏
GROUP BY <分组项>	“总计”栏
ORDER BY <排序项>	“排序”栏

4. SELECT 命令的书写规则

1）在“数据定义查询”窗口中一次只能输入一条 SQL 语句。

2）动词必须书写完整，如“SELECT”，不能写成“SELE”。

3）当 SQL 语句较长，需分行书写时，按 Enter 键直接换行即可，无须加任何分行符。

4）书写 SQL 语句要注意格式，尽量做到一个子句一行。

4.6.3　SQL 视图的操作

1. SQL 的输入与编辑

在“设计”上下文选项卡下“结果”选项组中有“视图”按钮组，在不选择任何数据源的查询设计状态下，“视图”按钮组只有“SQL 视图”和“设计视图”两个选项，如图 4-54 所示。用户通过这两个选项可以实现 SELECT 命令编辑窗口与查询窗口之间的切换。

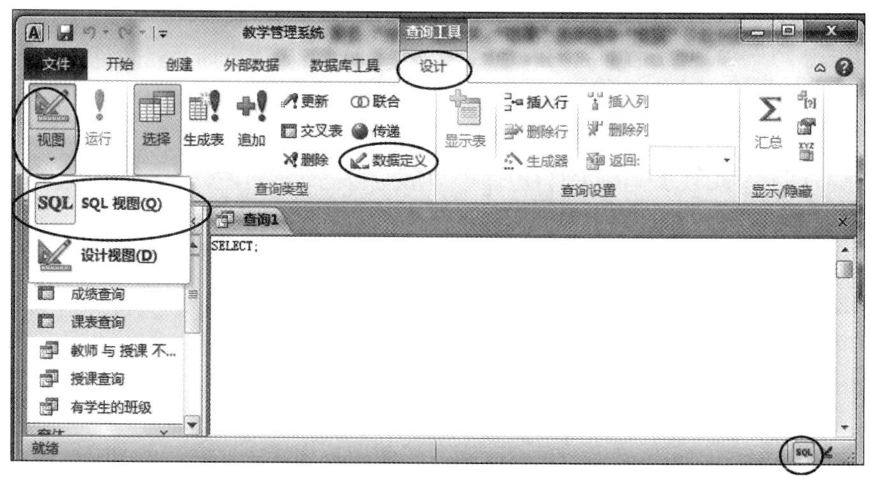

图 4-54 “视图”按钮组

建立 SQL 查询的操作步骤如下：

1）打开查询“设计视图”，关闭“显示表”对话框（即不添加任何表或查询）。

2）在“设计”上下文选项卡下选择“结果”选项组中“视图”按钮组中的“SQL 视图”按钮，打开 SQL 命令编辑窗口，如图 4-54 所示，输入 SQL 语句。

另外，也可以在“设计”上下文选项卡下单击“查询类型”选项组中的“数据定义”按钮，打开 SQL 命令编辑窗口。

本节所有的 SQL 语句均是在 SQL 命令编辑窗口中输入的。

2. SQL 语句的执行

SQL 语句输入完毕后，单击“运行”按钮，即可执行 SQL 语句。

3. SQL 语句的保存

根据需要，可以通过单击快速访问工具栏中的“保存”按钮，将 SQL 语句保存为一个查询对象，也可以在关闭 SQL 命令编辑窗口时对 SQL 语句进行保存。

4. SQL 语句的修改

对于用 SQL 语句建立的查询，可以在选定该查询的状态下单击主窗口右下角的“SQL”按钮，如图 4-1 所示，再次打开 SQL 命令编辑窗口，对其进行修改并保存。

4.6.4　单表查询

单表查询是指查询结果及查询条件中涉及的字段均来自于一个表或查询。常用的单表查询有下面几种情况。

1. 查询表中的若干列

这种查询就是从表中选择需要的目标列，对应于关系代数中的投影运算，其格式为：

SELECT <目标列 1 > [, <目标列 2 >,…]] FROM <表或查询>

(1) 查询所有字段

当需要查询输出表中的所有字段时，在目标列中使用“*”即可，不必将表的所有字段依次罗列出来。

例 4-23 查询“课程”表中所有课程的全部信息。

```
SELECT* FROM 课程
```

该命令等同于以下命令，却大大简化了命令的输入：

```
SELECT 课程编号,课程名称,课程类别,学分,课程资源 FROM 课程
```

(2) 查询指定的字段

当需要查询输出一个表中的某些字段时，目标列中依次罗列各输出字段名称，字段的罗列次序即为字段的输出顺序。

例 4-24 查询“学生”表中所有学生的“学号”“姓名”和“性别”。

```
SELECT 学号,姓名,性别 FROM 学生
```

(3) 消除重复记录

如果要去掉查询结果中的重复记录，可以在字段名前加上 DISTINCT 关键字。

例 4-25 从“授课”表中查询所有授课教师的教师编号。

```
SELECT DISTINCT 教师编号 FROM 授课
```

查询结果如图 4-55a 所示；如果不加 DISTINCT，查询结果则如图 4-55b 所示。

(4) 查询计算值

查询的目标列可以是表中的字段，也可以是一个表达式。

例 4-26 查询“学生”表中所有学生的姓名、性别和年龄。

```
SELECT 姓名,性别,YEAR(DATE())-YEAR(出生日期)AS 年龄 FROM 学生
```

查询结果如图 4-55c 所示。

查询1

教师编号
T0001
T0003
T0004
T0006
T0007

a) 例4-25中有DISTINCT时的查询结果

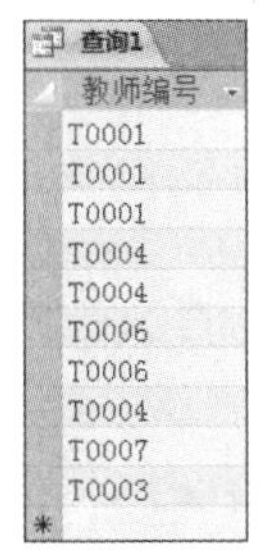

查询1

教师编号
T0001
T0001
T0001
T0004
T0004
T0006
T0006
T0004
T0007
T0003

b) 例4-25中无DISTINCT时的查询结果

查询1

姓名	性别	年龄
王海	男	22
张敏	男	22
李正军	男	22
王芳	女	22
谢聚军	男	22
王亮亮	男	24
陈杨	男	22

记录: 第 1 项(共 46 项

c) 例4-26的查询结果

图 4-55 查询结果

2. 选择查询

选择查询是从表中选出满足条件的记录，对应于关系代数中的选择运算，其格式为：

SELECT <目标列> FROM <表名> WHERE <条件>

说明： WHERE 子句中的条件是一个逻辑表达式，常由多个关系表达式通过逻辑运算符连接而成。

查询条件中常用的运算符见表 4-12，其含义和用法见本章 4.1 节。

表 4-12 查询条件中常用的运算符

类 型	运 算 符
比较运算	=、<>、<、<=、>、>=
确定范围	BETWEEN…AND…、NOT BETWEEN…AND…
确定集合	IN、NOT IN
字符匹配	LIKE、NOT LIKE
空值比较	IS NULL、IS NOT NULL
逻辑运算	NOT、AND、OR

例 4-27 查询“学生”表中所有学生党员的学号、姓名和所在班级。

```
SELECT 学号,姓名,班级编号 FROM 学生
    WHERE 政治面貌="中共党员"
```

例 4-28 查询“学生”表中班级编号为“2010070101”并于 1991 年出生的学生的学号、姓名。

```
SELECT 学号,姓名 FROM 学生
    WHERE 班级编号="2010070101"AND YEAR(出生日期)=1991
```

查询结果如图 4-56 所示。

例 4-29 查询“学生”表中出生于 1992 年 2 月 2 日和 1993 年 9 月 1 日的学生的学号、姓名与出生日期。

```
SELECT 学号,姓名,出生日期 FROM 学生
    WHERE 出生日期 In(#1992-2-2#,#1993-9-1#)
```

查询结果如图 4-57 所示。

查询1

学号	姓名
201007010101	王海
201007010102	张敏
201007010103	李正军
201007010104	王芳
201007010105	谢聚军
201007010107	陈杨
201007010108	何苗
201007010110	张华桥

记录: 第 1 项(共 8 项)

图 4-56 例 4-28 的查询结果

查询1

学号	姓名	出生日期
201107010202	张国力	1992/2/2
201209010105	王强	1993/9/1

图 4-57 例 4-29 的查询结果

例 4-30 查询“成绩”表中分数在 80~85 之间的记录。

```
SELECT * FROM 成绩
    WHERE 分数 BETWEEN 80 AND 85
```

查询结果如图 4-58 所示。

例 4-31 查询“学生”表中所有姓名中包含“国”字的学生的学号、姓名与班级编号。

```
SELECT 学号,姓名,班级编号 FROM 学生
    WHERE 姓名 LIKE"* 国* "
```

查询结果如图 4-59 所示。

学号	课程编号	分数
201007010102	CJ002	80
201007010102	CJ004	85
201007010103	CJ003	85
201007010103	CZ001	80
201007010104	CZ001	85

记录: 第 1 项(共 69 项 无筛选器

图 4-58 例 4-30 的查询结果

学号	姓名	班级编号
201007010202	王国庆	2010070102
201107010202	张国力	2011070102
201207010101	张国栋	2012070101
201207010102	王志国	2012070101

图 4-59 例 4-31 的查询结果

3. 排序查询

在 SELECT 语句中使用 ORDER BY 子句可以对查询结果按照一个或多个列的升序（ASC）或降序（DESC）排列，默认是升序。该子句的格式为：

```
ORDER BY <排序项> [ASC |DESC]
```

说明： <排序项>可以是字段名，也可以是目标列的序号，如“学生”表的“学号”列的序号为 1、“姓名”列的序号为 2，以此类推。

例 4-32 查询“成绩”表中分数在 80 ~ 85 之间的记录，同门课程按分数降序排列。

```
SELECT * FROM 成绩
  WHERE 分数 BETWEEN 80 AND 85
  ORDER BY 课程编号,分数 DESC
```

查询结果如图 4-60 所示。

若要从满足条件的记录中选出前面的若干记录（用数字或百分比指定），可以在目标列前加上 TOP，其格式为：

```
TOP <数值> 或 TOP <数值> [PERCENT]
```

例 4-33 查询“成绩”表中成绩排在后 5 名的记录。

```
SELECT TOP 5 * FROM 成绩
  ORDER BY 分数
```

查询结果如图 4-61 所示。

学号	课程编号	分数
201209010111	CJ001	80
201007010206	CJ001	80
201209010103	CJ002	85
201209010110	CJ002	82
201209010109	CJ002	81
201209010106	CJ002	81
201007010110	CJ002	81
201107010201	CJ002	81
201007010102	CJ002	80

记录: 第 1 项(共 69 项 无筛选器

图 4-60 例 4-32 的查询结果

学号	课程编号	分数
201007010107	CJ003	55
201107010201	CJ001	55
201209010103	CZ004	55
201209010106	CJ001	55
201107010101	CZ003	55

图 4-61 例 4-33 的查询结果

4. 分组查询

在 SELECT 语句中使用 GROUP BY 子句可以对查询结果按照某字段的值分组。该子句的格式为：

GROUP BY <分组项> [HAVING <分组筛选条件>]

说明： 分组查询通常与SQL聚合函数一起使用，先按指定的字段分组，再对各组进行合并，如计数、求和、求平均值等。如果未分组，则聚合函数将作用于整个查询结果。

Access中提供的SQL聚合函数见表4-13。

表4-13　SQL聚合函数

函数名	功能	参数	实例
COUNT()	统计记录个数	*	COUNT（*）
COUNT()	统计某列非空值个数	列名	COUNT（分数）
AVG()	求某列数据（必须是数字型）的平均值	字段名	AVG（分数）
SUM()	求某列数据（必须是数字型）的总和	字段名	SUM（学分）
MIN()	求某列数据中的最小值	字段名	MIN（姓名）
MAX()	求某列数据中的最大值	字段名	MAX（婚否）

提示：分组的目的是计算，先将记录按某字段值分组，然后对各组记录进行统计、求和、求平均值等。例如，可以对“学生”表按“性别”分组，用于统计不同性别学生的人数；也可以对“学生”表按“班级编号”分组，用于统计各班的人数。

例4-34　统计“学生”表中的学生总数。

分析：“学生”表中学号的取值是唯一的，即一个学号对应一个学生，所以“学生”表中的记录个数就是所要求的学生总数。

SELECT COUNT(*) AS 学生总数 FROM 学生

说明： 由聚合函数形成的数据将成为一个新的列，在查询结果中出现，其标题名可以用AS子句指定，也可以不指定，用系统默认的名称，如图4-62a、图4-62b所示。

a）计数查询（指定标题）

b）计数查询（不指定标题）

图4-62　计数查询

例4-35　统计各班的学生人数。

分析：解决这个问题需要先将“学生”表的记录按“班级编号”分组，其次在组内统计记录条数，即在组内使用COUNT(*)。前面提到书写SQL语句时无须说明“怎么做”，只要说明“做什么”即可。本例中，子句COUNT(*)执行后形成查询结果中的一列信息，所以将其写在SELECT与FROM之间，而GROUP BY子句则写在语句的后面。

SELECT 班级编号,COUNT(*) AS 学生总数 FROM 学生

　GROUP BY 班级编号

查询结果如图4-63所示。

例 4-36 统计各职称的教师人数。结果按人数升序排列。

分析：解题思路基本同上。对“教师”表按“职称”分组，用 COUNT(*)函数统计组内记录数，增加排序子句，在排序子句中可以用编号代替字段名称。

```
SELECT 职称,COUNT(*)AS 总人数 FROM 教师
  GROUP BY 职称
  ORDER BY 2
```

班级编号	学生总数
2010070101	10
2010070102	11
2011070101	2
2011070102	2
2012070101	3
2012070102	5
2012090101	13

图 4-63 例 4-35 的查询结果

图 4-64a、图 4-64b 分别显示了没有 ORDER BY 子句及有 ORDER BY 子句的查询结果。

如果分组后还要求按一定的条件对这些组进行筛选，则可以在 GROUP BY 子句后添加 HAVING 短语来指定筛选条件。

提示：HAVING 短语只能出现在有 GROUP BY 子句的查询中。

例 4-37 统计教师人数在两人以上（含两人）的职称与该职称的总人数，并按职称排序。

分析：解题思路基本同上。增加了对分组后数据的筛选，使用 HAVING 短语，排序子句放在整个 GROUP BY…HAVING 子句之后。

```
SELECT 职称,COUNT(*)AS 总人数 FROM 教师
  GROUP BY 职称 HAVING COUNT(*) > =2
  ORDER BY 职称
```

查询结果如图 4-64c 所示。

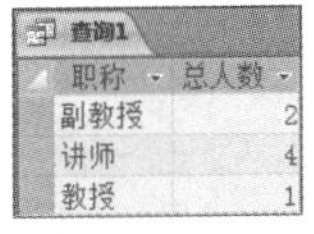

职称	总人数
副教授	2
讲师	4
教授	1

a）例4-36中没有ORDER BY子句的查询结果

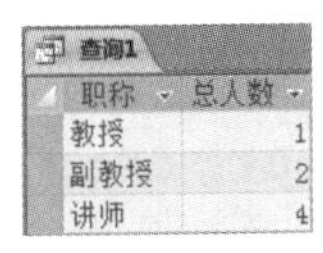

职称	总人数
教授	1
副教授	2
讲师	4

b）例4-36中有ORDER BY子句的查询结果

职称	总人数
副教授	2
讲师	4

c）例4-37的查询结果

图 4-64 分组查询

例 4-38 统计授课门数在两门以上（含两门）的教师编号及授课门数，并按总门数排序。

分析：解题思路同上。

```
SELECT 教师编号,COUNT(*)AS 总门数 FROM 授课
  GROUP BY 教师编号 HAVING COUNT(*) > =2
  ORDER BY 2 [或 ORDER BY COUNT(*)]
```

查询结果如图 4-65 所示。

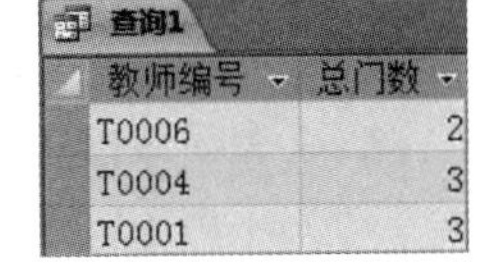

教师编号	总门数
T0006	2
T0004	3
T0001	3

图 4-65 例 4-38 的查询结果

该语句的执行过程：

1）按 GROUP BY 子句中指定的“教师编号”对“授课”表进行分组。

2）由“教师编号”和 COUNT(*)统计出的“总门数”形成查询的中间结果。

3）用 HAVING 短语中的“COUNT(*) >=2”对 2）的结果进行筛选，形成查询结果。

4）对查询按指定的第二个字段（即“总门数”字段）进行排序，形成最终的查询结果。

例 4-39　查询选课门数在 10 门以上（含 10 门）学生的学号及平均成绩。

分析：这是一个较为简单的分组查询，目标字段是“学号”和由 avg（分数）求得的“平均成绩”，分组依据是“学号”，对分组后数据进行筛选，条件是 COUNT(＊)>=10。

```
SELECT 学号,avg(分数)AS 平均成绩 FROM 成绩
  GROUP BY 学号 HAVING COUNT(*) >= 10
```

查询结果如图 4-66 所示。

例 4-40　查询选课门数在 10 门以上（含 10 门），每门课程的成绩都不低于 70 分的学生学号及平均成绩。

分析：本题比上题多加了一个条件“每门课程成绩>=70”。这个条件是作用于全部记录的，而不是作用于分组后的结果，所以应当使用 WHERE 子句。

```
SELECT 学号,avg(分数)AS 平均成绩 FROM 成绩
  WHERE 分数>=70
  GROUP BY 学号
    HAVING COUNT(*)>=10
```

查询结果如图 4-67 所示。

查询1

学号	平均成绩
201007010101	74.7272727272727
201007010102	81.1818181818182
201007010103	73.4545454545455
201007010104	72.2727272727273
201007010105	80.9090909090909
201007010106	75.7272727272727
201007010107	81.1818181818182
201007010108	75.3636363636364
201007010109	75.3636363636364

记录: 第 1 项(共 46 项

图 4-66　例 4-39 的查询结果

查询1

学号	平均成绩
201007010205	82.1818181818182
201207010101	85.3
201207010215	85
201209010102	79.2
201209010110	87.2

图 4-67　例 4-40 的查询结果

提示：当 WHERE 子句、GROUP BY 子句、HAVING 子句同时出现在一个查询语句中时，先执行 WHERE 子句，从表中选取满足条件的记录；然后执行 GROUP BY 子句，对选取的记录进行分组；最后执行 HAVING 短语，从分组结果中选取满足条件的组。

4.6.5　多表查询

在实际应用中，经常需要同时从两个或两个以上有关联关系的表中提取数据，这就需要将两个或两个以上表的记录通过关联字段联接起来进行查询，这种查询称为多表查询。

1. Access 表间联接查询的类型

两个或两个以上的表进行联接查询时，根据建立联接的规则不同，会生成不同的查询结果。Access 支持 3 种表间联接规则：INNER JOIN（内部联接）、LEFT JOIN（左联接，又称左外部联接）和 RIGHT JOIN（右联接，又称右外部联接）。其中，内部联接是最常用的联接方式。根据查询的需要，用户可以直接在命令中指定多表的联接类型。

为了更好地说明 3 种联接类型，特将“学生”表和“成绩”表的记录删减成“学生 2”表和“成绩 2”表，如图 4-68a、图 4-68b 所示。注意：“成绩 2”表中的最后一行为特意输入

的新记录行。下面以“学生2”表和“成绩2”表为例，说明各联接类型的含义和实现方法。这里的“学号”是两表间的关联字段，即“学生2.学号 = 成绩2.学号”为两表间的联接条件。

学号	姓名	性别	出生日期	政治面貌
201007010101	王海	男	1991/6/10	群众
201007010102	张敏	男	1991/12/1	中共党员
201007010201	李明	男	1991/10/3	中共党员
201007010202	王国庆	男	1991/10/1	中共党员
201207010101	张国栋	男	1993/10/13	中共党员
201207010102	王志国	男	1993/1/8	群众

a)“学生2”表及数据

学号	课程编号	分数
201007010101	CJ001	58
201007010101	CJ002	60
201007010102	CJ002	80
201007010201	CJ001	55
201007010202	CZ001	67
201207010199	CJ001	78

b)“成绩2”表及数据

图 4-68 新数据表

(1) INNER JOIN（内部联接）

从相关联的两个表中选取满足联接条件的记录，按联接条件联接成新记录输出，即查询结果中只包含两个表中都有的记录。内部关联可以通过两种格式实现。

1）使用 INNER JOIN…ON 子句实现，格式为：

```
SELECT <目标列> FROM <表名1>
  INNER JOIN <表名2> ON <表名1>.<字段名1>=<表名2>.<字段名2>
```

2）使用 WHERE 子句实现，格式为：

```
SELECT <目标列> FROM <表名1>，<表名2>
  WHERE <表名1>.<字段名1>=<表名2>.<字段名2>
```

例 4-41 根据“学生2”和“成绩2”表查询有成绩的学生的“学号”“姓名”及所修课程的“课程编号”和“分数”。

```
SELECT 学生2.学号,姓名,课程编号,分数
FROM 学生2 INNER JOIN 成绩2 ON 学生2.学号 = 成绩2.学号
```

或

```
SELECT 学生2.学号,姓名,课程编号,分数 FROM 学生2,成绩2
  WHERE 学生2.学号 = 成绩2.学号
```

查询结果如图 4-69a 所示。

(2) LEFT JOIN（左联接）

从左边的表中选取所有记录，按联接条件与右边的表中相关联的记录联接成新记录输出，如果右边的表中不存在相关联的记录，则查询输出结果中的相应字段为空，即查询结果中包含 JOIN 子句左边表的所有记录；如果右边的表中有相关联的信息，则显示该值，否则显示空值。

左联接可以使用 LEFT JOIN…ON 子句实现，格式为：

```
SELECT <目标列> FROM <表名1>
  LEFT JOIN <表名2> ON <表名1>.<字段名1>=<表名2>.<字段名2>
```

例 4-42 根据“学生2”和“成绩2”表查询所有学生的“学号”“姓名”及所修课程的“课程编号”和“分数”，没有成绩的学生也要显示出该学生的“学号”“姓名”信息。

```
SELECT 学生2.学号,姓名,课程编号,分数
```

```
FROM 学生 2 LEFT JOIN 成绩 2 ON 学生 2.学号 = 成绩 2.学号
```

查询结果如图 4-69b 所示。

（3）RIGHT JOIN（右联接）

从右边的表中选取所有记录，按联接条件与左边的表中相关联的记录联接成新记录输出，若左边的表中不存在相关联的记录，则查询输出结果中的相应字段为空，即查询结果中包含 JOIN 关键字右边表中的所有记录；如果左边表中有相关联的信息，则显示该值，否则显示空值。

右关联可以使用 RIGHT JOIN…ON 子句实现，格式为：

```
SELECT < 目标列 > FROM < 表名 1 >
  RIGHT JOIN < 表名 2 > ON < 表名 1 >. < 字段名 1 > = < 表名 2 >. < 字段名 2 >
```

例 4-43　根据“学生 2”和“成绩 2”表查询所有课程学习者的“学号”“姓名”及所修课程的“课程编号”和“分数”，如果某门课程的学习者不在“学生 2”表中，也要显示出该课程的“课程编号”和“分数”信息。

```
SELECT 学生 2. 学号,姓名,课程编号,分数
FROM 学生 2 RIGHT JOIN 成绩 2 ON 学生 2.学号 = 成绩 2.学号
```

查询结果如图 4-69c 所示。

查询1

学号	姓名	课程编号	分数
201007010101	王海	CJ001	58
201007010101	王海	CJ002	60
201007010102	张敏	CJ002	80
201007010202	王国庆	CZ001	67
201007010201	李明	CJ001	55

a）例4-41内部联接查询结果

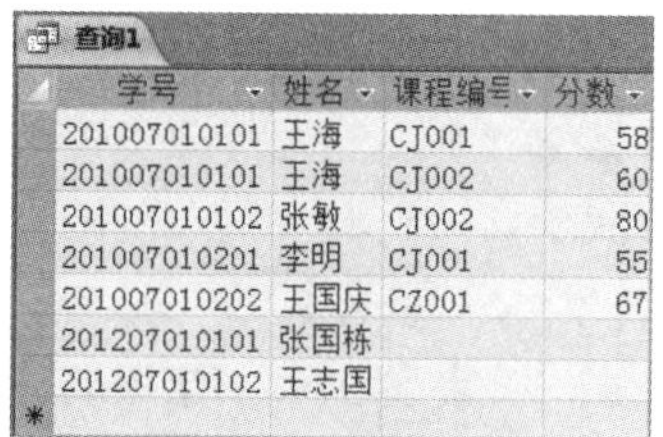

查询1

学号	姓名	课程编号	分数
201007010101	王海	CJ001	58
201007010101	王海	CJ002	60
201007010102	张敏	CJ002	80
201007010201	李明	CJ001	55
201007010202	王国庆	CZ001	67
201207010101	张国栋		
201207010102	王志国		

b）例4-42左联接查询结果

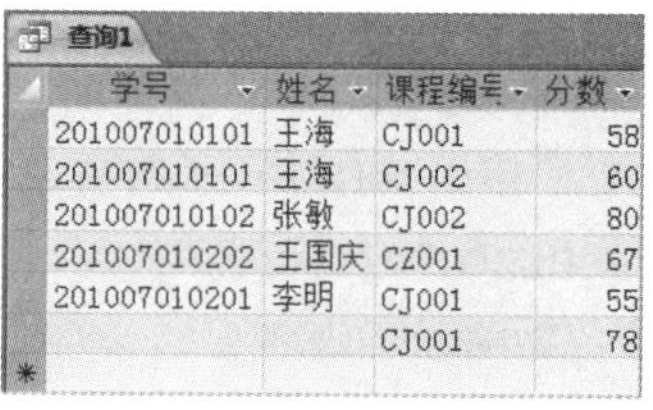

查询1

学号	姓名	课程编号	分数
201007010101	王海	CJ001	58
201007010101	王海	CJ002	60
201007010102	张敏	CJ002	80
201007010202	王国庆	CZ001	67
201007010201	李明	CJ001	55
		CJ001	78

c）例4-43右联接查询结果

图 4-69　查询结果

> 提示：这 3 种联接的含义分别与图 4-70 所示的“联接属性”对话框中的选项 1、2、3 相对应。

2. 两个表的联接查询

有两种格式可以实现两个表的联接查询。

格式 1：在 WHERE 子句中指定两个表的联接条件。

```
SELECT < 目标列 > FROM < 表名 1 >, < 表名 2 >
  WHERE < 表名 1 >. < 字段名 1 > = < 表名 2 >. < 字段名 2 >
```

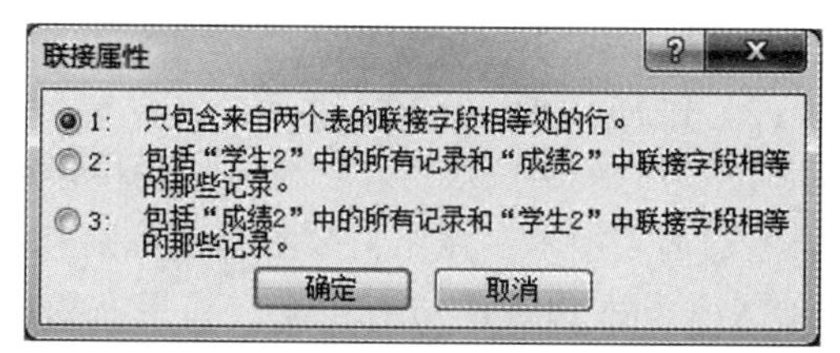

图 4-70　“联接属性”对话框

说明：将格式中的等号理解为“对应”，容易理解解题的思路。

例 4-44　查询所有学生的学号、姓名、所修课程的课程编号和所得分数。

分析：本例所需的查询字段分别来自“学生”表和“成绩”表，两个表的数据通过“学生.学号”和“成绩.学号”实现对应。

```
SELECT 学生.学号,学生.姓名,成绩.课程编号,成绩.分数
```

```
FROM 学生,成绩
  WHERE 学生.学号 = 成绩.学号
```

为了简化输入，在 SELECT 命令中允许使用表的别名。别名可以在 FROM 子句中定义，在查询中使用。其格式为：

```
SELECT <目标列> FROM <表名 1> <别名 1>, <表名 2> <别名 2>
  WHERE <别名 1>. <字段名 1> = <别名 2>. <字段名 2>
```

所以上例也可以写成：

```
SELECT xs.学号,姓名,课程编号,分数 FROM 学生 xs,成绩 cj
  WHERE xs.学号 = cj.学号
```

例 4-45 查询分数在 85 分以上（不包括 85 分）学生的学号、姓名、所修课程的课程编号和分数。

分析：在上例的基础上给 WHERE 子句增加一个条件即可。

```
SELECT xs.学号,姓名,课程编号,分数 FROM 学生 xs,成绩 cj
  WHERE xs.学号 = cj.学号 AND 分数 >85
```

本例 WHERE 子句中同时包含了联接条件和查询条件，其结果是上例结果的一个子集。

格式 2：使用 JOIN ON 子句。

```
SELECT <目标列> FROM <表名 1>
  INNER JOIN |LEFT JOIN |RIGHT JOIN <表名 2>
    ON <表名 1>. <字段名 1> = <表名 2>. <字段名 2>
```

使用格式 2，例 4-45 应选用 INNER JOIN 选项，命令也可以写成：

```
SELECT 学生.学号,姓名,课程编号,分数
FROM 学生 INNER JOIN 成绩 ON 学生.学号 = 成绩.学号
  WHERE 分数 >85
```

3. 两个以上表间的联接查询

多表进行联接查询时，也可以使用 WHERE 子句和 JOIN ON 子句两种格式实现。

格式 1：

```
SELECT <目标列> FROM <表名 1> [ <别名 1> ], <表名 2> [ <别名 2> ], <表名 3> [ <别名 3> ]
  WHERE <联接条件 1 > AND <联接条件 2 > AND <筛选条件 >
```

提示：各联接条件的顺序不分先后。

例 4-46 查询所有学生的姓名、所修课程的课程名称和分数在 85 分以上（不包括 85 分）的所得分数。

分析：本例所需的查询字段来自“学生”“成绩”和“课程”3 个表，问题的关键是如何同时构造两个关联条件。按上面的语法格式，在 WHERE 子句中构造“学生. 学号 = 成绩. 学号 AND 课程. 课程编号 = 成绩. 课程编号”即可。命令为：

```
SELECT 姓名,课程名称,分数 FROM 学生,成绩,课程
  WHERE 学生.学号 = 成绩.学号 AND 课程.课程编号 = 成绩.课程编号
  AND 分数 >85
```

格式 2：

```
SELECT <目标列>
```

```
FROM <表名1> [<别名1>] INNER JOIN |LEFT JOIN |RIGHT JOIN
  (<表名2> [<别名2>] INNER JOIN |LEFT JOIN |RIGHT JOIN <表名3>
ON <表名2>.<字段名1> = <表名3>.<字段名2>)
ON <表名1>.<字段名1> = <表名2>.<字段名2>
WHERE <筛选条件>
```

使用格式2，例4-46中的命令也可以写成：

```
SELECT 姓名,课程名称,分数
  FROM 学生 INNER JOIN (成绩 INNER JOIN 课程 ON 成绩.课程编号 = 课程.课程编号)
  ON 学生.学号 = 成绩.学号
  WHERE 分数 > 85
```

4.6.6　嵌套查询

在 SQL 语言中，当一个查询是另一个查询的条件时，即在一个 SELECT 语句的 WHERE 子句中出现另一个 SELECT 语句时，这种查询被称为嵌套查询。通常把内层的查询语句称为子查询，将外层查询语句称为父查询。利用嵌套查询可以将几个简单查询构成一个复杂查询，从而增强 SQL 的查询能力。

嵌套查询的运行方式是由里向外的，也就是说，每个子查询都先于它的父查询执行，而子查询的结果作为其父查询的条件。

子查询的 SELECT 语句中不能使用 ORDER BY 子句，ORDER BY 子句只能对最终查询结果排序。

1. 简单的嵌套查询

父查询的 WHERE 子句中直接出现另一个 SELECT 语句。

例 4-47　查询“王志国”同学所修课程的“课程编号”及“分数”。

分析：所需信息在“学生”“成绩”两个表中，已知的是学生“姓名”，要求找到“课程编号”和“分数”。方法是先在“学生”表中查到“王志国”的学号，再以找到的学号为依据在“成绩”表中查找“课程编号”与“分数”。前者是内层查询，后者是外层查询。

```
SELECT 学号,课程编号,分数 FROM 成绩
  WHERE 学号 = (SELECT 学号 FROM 学生 WHERE 姓名 = "王志国")
```

该命令的执行过程是：先执行子查询，从“学生”表中找出“王志国”的学号，然后执行外层查询，在“成绩”表中找出学号值等于子查询结果的记录，并提取这些记录的“课程编号”及“分数”字段值。

提示：括号内的 SELECT 为子查询，() 成对出现，不能省略。

本例也可以用联接查询来实现。

```
SELECT 成绩.学号,课程编号,分数 FROM 学生,成绩
  WHERE 学生.学号 = 成绩.学号 And 姓名 = "王志国"
```

例 4-48　查询“课程”表中没有学生选修的课程名称。

分析：先在“成绩”表中唯一查询“课程编号”，得到有学生选修的课程编号，再查询“课程”表中“课程编号”不在其中的记录，输出“课程名称”。

```
SELECT 课程名称 FROM 课程
  WHERE 课程编号 NOT IN (SELECT DISTINCT 课程编号 FROM 成绩)
```

实例库中没有满足本条件的记录，读者可在“课程”表中添加某课程信息来验证本例。

2. 带关系运算符的嵌套查询

父查询与子查询之间用关系运算符（>、<、=、>=、<=、<>）进行联接。

例 4-49 根据“学生”表查询年龄小于所有学生平均年龄的学生，并显示其学号、姓名和年龄。

```
SELECT 学号,姓名,YEAR(DATE())-YEAR(出生日期)AS 年龄 FROM 学生
WHERE YEAR(DATE())-YEAR(出生日期)<
  (SELECT AVG(YEAR(DATE())-YEAR(出生日期)) FROM 学生)
```

查询结果如图 4-71 所示。

3. 带有 IN 的嵌套查询

例 4-50 根据“学生”表和“成绩”表查询至少选修了 3 门课的学生学号和姓名。

```
SELECT 学号,姓名 FROM 学生
  WHERE 学号 IN(SELECT 学号 FROM 成绩 GROUP BY 学号 HAVING COUNT(*)>=3)
```

查询结果如图 4-72 所示。

说明： 本例也可通过 4.6.5 小节中介绍的多表查询完成。

例4-49

学号	姓名	年龄
201107010101	张军	27
201107010102	刘伟	27
201107010201	杨正道	27
201107010202	张国力	27
201207010101	张国栋	26
201207010102	王志国	26
201207010103	黄静	26
201209010101	齐秦	26
201209010102	张力	26

记录：第 1 项(共 24 项 无筛选器

图 4-71 例 4-49 查询结果

例4-50

学号	姓名
201007010101	王海
201007010102	张敏
201007010103	李正军
201007010104	王芳
201007010105	谢聚军
201007010106	王亮亮
201007010107	陈杨
201007010108	何苗
201007010109	韩纪锋

记录：第 1 项(共 46 项

图 4-72 例 4-50 查询结果

4. 带有 ANY 或 ALL 的嵌套查询

使用 ANY 或 ALL 谓词时必须同时使用比较运算符，即 <比较运算符> [ANY | ALL]，ANY 代表某一个，ALL 代表所有的。

例 4-51 根据“学生”表查询其他班中比“2010070102”班所有学生年龄都小的学生的学号、姓名、出生日期和班级编号。

```
SELECT 学号,姓名,出生日期,班级编号 FROM 学生
  WHERE 出生日期>ALL(SELECT 出生日期 FROM 学生
  WHERE 班级编号="2010070102")
```

查询结果如图 4-73 所示。

5. 带有 EXISTS 的嵌套查询

例 4-52 根据“学生”表和“成绩”表查询所有选修了“CZ004”课程的学生的学号和姓名。

分析：本例查询的处理过程是首先取外层查询中“学生”表的第一条记录，根据它与内层查询相关的属性值（学号值）处理内层查询，若 WHERE 子句的返回值为 TRUE，则取外层查询中的这条记录放入结果表，否则结果中不放入此记录；然后取“学生”表的下一条记录，重复上面的过程，直到外层学生表全部查询完为止。

```
SELECT 学号,姓名 FROM 学生
  WHERE EXISTS(SELECT *  FROM 成绩 WHERE 成绩.学号 = 学生.学号 AND 课程编号 = "
CZ004")
```

查询结果如图 4-74 所示。本例也可通过 4.6.5 小节中介绍的多表查询完成。

例4-51

学号	姓名	出生日期	班级编号
201007010102	张敏	1991/12/1	2010070101
201107010101	张军	1992/9/1	2011070101
201107010102	刘伟	1992/9/8	2011070101
201107010201	杨正道	1992/5/11	2011070102
201107010202	张国力	1992/2/2	2011070102
201207010101	张国栋	1993/10/13	2012070101
201207010102	王志国	1993/1/8	2012070101
201207010103	黄静	1993/4/3	2012070101

记录: 第 17 项(共 25 项)　无筛选器　搜索

图 4-73　例 4-51 查询结果

例4-52

学号	姓名
201007010101	王海
201007010102	张敏
201007010103	李正军
201007010104	王芳
201007010105	谢聚军
201007010106	王亮亮
201007010107	陈杨
201007010108	何苗

记录: 第 14 项(共 46 项)

图 4-74　例 4-52 查询结果

提示：由 EXISTS 引出的子查询，其目标列表达式通常用“*”号，因为带 EXISTS 的子查询只返回 TRUE 或 FALSE，给出的列名无实际意义。EXISTS 所在的查询属于相关子查询，即子查询的条件依赖于外层父查询的某个属性值。

4.6.7　联合查询

联合查询就是“并”操作，通过 UNION 把两个或多个选择查询结果合并成一个新的集合。

使用 UNION 连接的两个或多个 SQL 语句产生的查询结果要有相同的字段数目，但是这些字段的大小或数据类型不必相同。另外，如果需要使用别名，则仅在第一个 SELECT 语句中使用别名，别名在其他语句中将被忽略。

如果查询中有重复记录，即所选字段值完全一样的记录，则联合查询只显示重复记录中的第一条记录；要想显示所有的重复记录，需要在 UNION 后加上关键字 ALL，即写成UNION ALL。

例 4-53　根据“教师”表和“学生”表查询全校中共党员的编号（教师查教师编号、学生查学号）和姓名。

```
SELECT 教师编号 AS 编号,姓名 FROM 教师 WHERE 政治面貌
="中共党员"
  UNION SELECT 学号,姓名 FROM 学生 WHERE 政治面貌 ="中
共党员"
```

查询结果如图 4-75 所示。

例4-54

编号	姓名
20120901010	黄世科
20120901011	吴金杰
20120901011	刘浩
T0001	王勇
T0002	肖贵
T0003	张雪莲
T0004	赵庆
T0005	肖莉

记录: 第 16 项(共 23 项)

图 4-75　例 4-53 查询结果

4.6.8　其他的 SQL 命令

1. 数据定义语言（DDL）

数据定义功能是 SQL 的主要功能之一。利用数据定义功能可以完成建立、修改、删除数据表结构，以及建立、删除索引等操作。

要输入数据定义的 SQL 语句，需要打开查询“设计视图”，在“设计”上下文选项卡下的“查询类型”选项组中单击“数据定义”按钮，打开 SQL 语句输入窗口。

使用SQL的CREATE、ALTER和DROP命令可以实现数据的定义功能，包括表的定义、修改和删除等。

（1）定义表

数据表定义包含定义表名、字段名、字段数据类型、字段的属性、主键、外键与参照表、表约束规则等。

在SQL中可使用CREATE TABLE语句定义表，格式为：

```
CREATE TABLE <表名>
  (<字段名1> <字段类型>[(<大小>)][NOT NULL][PRIMARY KEY|UNIQUE]
    [REFERENCES <参照表名>[(<外部关键字>)]][,<字段名2>[…][,…]]
       [,主键])
```

说明：

1）在上述格式中，“< >”内包含的是必选项，具体内容由用户提供，“[]”内包含的是可选项，“|”两侧内容多选一。

2）定义表时，必须指定表名、各个字段名及相应的数据类型和字段大小（由系统自动确定的字段大小可以省略不写），各个字段之间用西文逗号分隔，同一个项目内用空格分隔。

3）字段数据类型是用SQL标识符表示的，如TEXT（文本）、BYTE（字节）、INTEGER（长整型的数字）、SINGLE（单精度型的数字）、FLOAT（双精度型的数字）、CURRENCY（货币）、MEMO（备注）、DATE（日期/时间）、LOGICAL（是/否）、OLEOBJECT（OLE对象）等。Access的主要数据类型及其SQL标识符见表4-14。

表4-14 Access的主要数据类型及其SQL标识符

表设计视图中的类型	SQL标识符	表设计视图中的类型	SQL标识符
文本	CHAR或TEXT	日期/时间	DATETIME或TIME或DATE
数字［字节］	BYTE	货币	CURRENCY或MONEY
数字［整型］	SHORT或SMALLINT	自动编号	COUNTER或AUTOINCREMENT
数字［长整型］	INTEGER或LONG	是/否	LOGICAL或YESNO
数字［单精度］	SINGLE或REAL	OLE对象	OLEOBJECT或GENERAL
数字［双精度］	FLOAT或DOUBLE	备注	MEMO或NOTE 或LONGTEXT或LONGCHAR

4）NOT NULL指定该字段不能为空。PRIMARY KEY定义单字段主键，UNIQUE定义单字段唯一键。

5）REFERENCES子句定义外键并指明参照表及其参照字段。

提示：表示字段类型的词要书写完整。

例4-54 在“教学管理”数据库中，使用SQL语句定义一个名为“student”的表，结构为学号（文本，6）、姓名（文本，3）、性别（文本，1）、出生日期（日期/时间）、贷款否（是/否）、简历（备注）、照片（OLE），学号为主键，姓名不允许为空值。

操作步骤：

1）打开SQL编辑窗口，输入CREATE TABLE语句，如图4-76所示。

2）单击“运行”按钮!，执行SQL语句。

3）在导航窗格中选中新建的“student”表，打开“设计视图”，其结构如图4-77所示。

```
CREATE TABLE student
(学号 TEXT(6) PRIMARY KEY,
姓名 TEXT(3) NOT NULL,
性别 TEXT(1),
出生日期 DATE,
贷款否 LOGICAL,
简历 MEMO,
照片 OLEOBJECT)
```

图 4-76　创建表的 SQL 命令

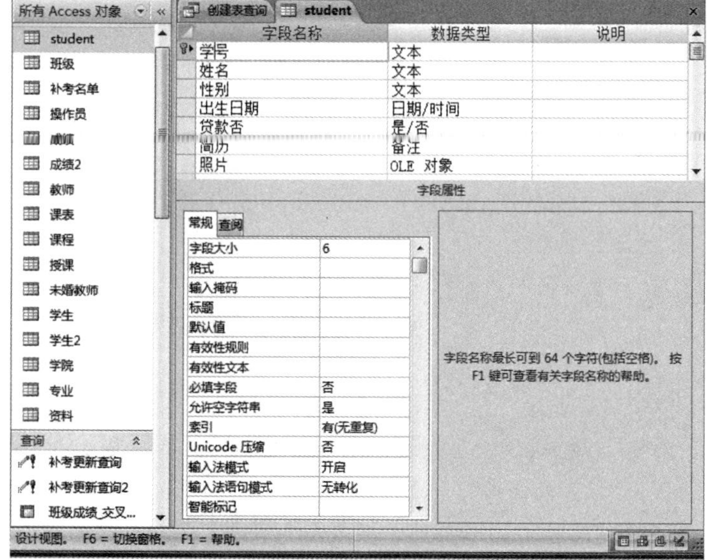

图 4-77　“student” 表的结构

提示：执行以上操作后，在关闭“数据定义查询”窗口时，系统会提示是否保存“查询 1”。因为完成的是数据定义功能，并且 SQL 语句已经执行完毕，所以如果不保存，并不会使“student”表丢失。那么保存了有什么好处呢？保存可以实现下次类似功能的共享，减少重复输入。本例已将该查询保存为“创建表查询”，如图 4-77 标题行所示。

例 4-55　在“教学管理”数据库中，使用 SQL 语句定义一个名为“course”的表，结构为课程编号（文本，3）、课程名（文本，15）、学分（字节型），课程编号为主键。

CREATE TABLE course(课程编号 TEXT(3) PRIMARYKEY NOT NULL，课程名 TEXT(15),学分 BYTE)

定义单字段主键或唯一键时，可以用例 4-55 所示的方法直接在字段后加上 PRIMARY KEY 或 UNIQUE 关键字。若要定义多字段主键或唯一键，则应在 CREATE TABLE 命令中使用 PRIMARY KEY 或 UNIQUE 子句。

例 4-56　在“教学管理”数据库中，使用 SQL 语句定义一个名为“grade”的表，结构为学号（文本，6）、课程编号（文本型，3）、成绩（单精度型），主键由学号和课程编号两个字段组成。

CREATE TABLE grade

(学号 TEXT(6) REFERENCES student (学号),　|表示“grade”表与“student”表通过学号字段建立关系

课程编号 TEXT(3) REFERENCES course (课程编号),　|表示“grade”表与“course”表通过课程编号字段建立关系

成绩 SINGLE,

PRIMARY KEY (学号,课程编号))　|表示“grade”表的主键由“学号”“课程编号”组合而成

执行上述语句后，在“关系”视图中显示所有关系，该关系已创建在数据库中，结果如图 4-78所示。本数据库中还有其他的表间关系，都会在此视图中显示，这里其他关系未出现在截图中。

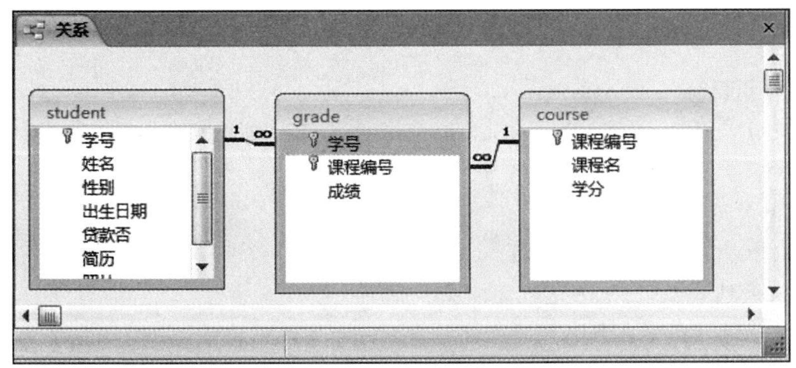

图 4-78 用 SQL 语句定义的表及表间关系

（2） 使用 CREATE INDEX 语句建立索引

```
CREATE [UNIQUE] INDEX <索引名称> ON <表名>
(<索引字段 1>[ASC |DESC][,<索引字段 2>[ASC |DESC][,…]])[WITH PRIMARY]
```

说明：

1） UNIQUE 指定唯一索引，WITH PRIMARY 指定主索引。

2） ASC 和 DESC 指定索引值的排列方式，ASC 表示升序，DESC 表示降序，默认为升序。

例 4-57 使用 SQL 语句建立索引，"course" 表按课程名建立唯一索引，索引名称为 cname。"grade" 表按课程编号升序和成绩降序建立索引，索引名称为 cno_score。

```
CREATE UNIQUE INDEX cname ON course(课程名)
CREATE INDEX cno_score ON grade(课程编号,成绩 DESC)
```

（3） 修改表

使用 SQL 中的 ALTER TABLE 语句可以修改表的结构。

1） 修改字段类型及大小。

```
ALTER TABLE <表名> ALTER <字段名> <数据类型> (<大小>)
```

说明：使用该命令不能修改字段名。

2） 添加字段。

```
ALTER TABLE <表名> ADD <字段名> <数据类型> (<大小>)
```

3） 删除字段。

```
ALTER TABLE <表名> DROP <字段名>
```

例 4-58 使用 SQL 语句修改表，在 "student" 表中增加一个 "电话号码" 字段（长整型），然后将该字段的类型改为文本型（8B），最后将其删除。

```
ALTER TABLE student ADD 电话号码 INTEGER
ALTER TABLE student ALTER 电话号码 TEXT(8)
ALTER TABLE student DROP 电话号码
```

（4） 删除表

1） 删除索引。

```
DROP INDEX <索引标识> ON <表名>
```

2） 删除表。

```
DROP TALBE <表名>
```

说明：删除表后，在表上定义的索引也一起被删除。

例 4-59　使用 SQL 语句删除“course”表中名为“cname”的索引项。

```
DROP INDEX cname ON course
```

2. 数据更新语言

使用 SQL 的 INSERT、UPDATE、DELETE 命令可以实现数据更新功能，包括插入记录、更新记录和删除记录。

（1）插入记录

```
INSERT INTO <表名>[(<字段名1>[,<字段名2>[,…]])]
VALUES(<表达式1>[,<表达式2>[,…]])
```

说明：如果省略字段名，则必须为新记录中的每个字段都赋值，且数据类型和顺序要与表中定义的字段一一对应。

例 4-60　使用 SQL 语句向“student”表中插入两条学生记录。

```
INSERT INTO student
VALUES("209999","黄娟","女",#1990-5-26#,yes,null,null)
INSERT INTO student(学号,姓名,性别)
VALUES("209998","张田军","男")
```

在第 1 条语句中，每个字段都被赋值，所以在 INTO 子句后可以省略字段名。在第 2 条语句中，只有 3 个字段被赋值，所以 INTO 子句后要指明被赋值的字段名，即“学号”“姓名”“性别”。其他没有赋值的字段默认取空值，逻辑字段默认为“否”。

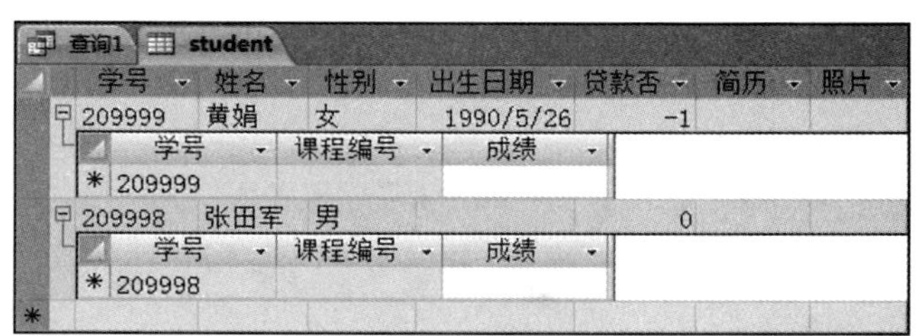

图 4-79　“student”表中的记录及子表

打开“student”表，结果如图 4-79 所示。“贷款否”字段中的 0 表示“否”，“－1”表示“是”。

因为在表间建立了关联，所以在每一条记录前有一个“＋”，用于折叠与之相关的表，单击该按钮，便可以在这里为关联的表输入数据。

（2）更新记录

```
UPDATE <表名> SET <字段名1>=<表达式1> [,<字段名2>=<表达式2>[,…]]
  [WHERE <条件>]
```

说明：如果不带 WHERE 子句，则更新表中的所有记录；如果带 WHERE 子句，则只更新表中满足条件的记录。

例 4-61　使用 SQL 语句将“student”表中所有女生的“贷款否”字段改为“否”。

```
UPDATE student SET 贷款否=no WHERE 性别="女"
```

（3）删除记录

```
DELETE FROM <表名> [WHERE <条件>]
```

说明：如果不带 WHERE 子句，则删除表中所有的记录（表结构仍然存在）；如果带有 WHERE 子句，则只删除表中满足条件的记录。删除操作应注意满足数据完整性规则的要求。

例 4-62　使用 SQL 语句删除“student”表中学号为“209998”的学生记录。

```
DELETE FROM student WHERE 学号="209998"
```

4.7 小结

查询是关系型数据库应用中一个重要的部分。为了适应数据存储模式的优化，用户所建立的数据表的字段是有限的，但查询可以提供有限表上的无限应用。

本章的重点有两个：介绍实现查询的工具；说明查询可以完成的功能。

在 Access 中创建、修改查询的工具有 3 种，①查询向导；②查询设计器；③SQL。这 3 种工具，从本质上讲是一致的，可它们各有所长与不足：查询向导的操作简单易学，其不足是能完成的查询功能比较少；查询设计器可以完成复杂的查询功能，具有大量的图形界面，使得操作直观，其不足之处是操作步骤烦琐；SQL 查询操作快速直接，其不足之处是要求用户深入掌握 SQL 的语法及功能。

使用以上 3 种查询工具，用户可以完成 4 种查询：条件查询、参数查询、交叉表查询和操作查询。这 4 种查询都有其特定的功能。

1）条件查询可以实现按条件对一个或多个表中数据的查询。

2）参数查询可以实现按用户对某一个或多个字段的指定值进行定位查询。

3）交叉表查询可以通过查询实现一个行、列均变动的数据汇总表。

4）操作查询可以通过查询操作成批地修改底层数据源。

通过本章的学习，读者应掌握的内容包括 3 种查询工具的操作方法及特点，以及 4 种查询的功能与实现方法。

习　题

一、思考题

1. 什么是查询？Access 中可以实现哪几种类型的查询？它们各自的作用是什么？
2. 简述数据表与查询的联系与区别。
3. 选择查询和第 3 章中介绍的筛选操作有何异同？
4. 查询有哪些视图？它们的作用分别是什么？
5. 在 Access 中，选择查询与操作查询有何异同？
6. 如何在查询中添加计算列？
7. 简述使用查询设计器建立查询的一般过程。
8. SQL 的主要特点是什么？使用的命令动词有哪些？它们的主要功能是什么？
9. 操作查询有哪几种？分别对应什么 SQL 语句？
10. Access 中如何使用 SQL 定义表和索引？
11. 使用 SQL 可以完成哪些数据操纵功能？
12. 使用 SQL 与使用查询设计器建立查询各有什么特点？
13. 在 Access 中，哪些类型的查询不能通过查询向导或查询设计视图实现，而只能通过输入 SQL 语句实现？
14. 如何在查询设计视图中实现嵌套查询（子查询）？

二、选择题

1. 表达式 Fix(-3.25) 和 Fix(3.75) 的结果分别是（　　）。

A）-3，3　　B）-4，3　　C）-3，4　　D）-4，4

2. 如果 X 是一个正的实数，保留两位小数，将千分位四舍五入的表达式是（　　）。

A）0.01 * Int(X +0.05)　　B）0.01 * Int(100 * (X +0.005))

C）0.01 * Int(X +0.005)　　D）0.01 * Int(100 * (X +0.05))

3. 条件“Not 工资额 >2000”的含义是（　　）。

A）选择工资额大于 2000 的记录

B）选择工资额不大于 2000 的记录

C）选择除了工资额大于 2000 之外的记录

D）选择除了字段工资额之外的字段，且大于 2000 的记录

4. 在建立查询时，若要筛选出图书编号是“T01”或“T02”的记录，可以在查询设计视图“准则”行中输入（　　）。

A）"T01" Or "T02"　　B）"T01" And "T02"

C）In("T01" And "T02")　　D）Not In("T01" And "T02")

5. 假设有一组数据：工资为 800 元，职称为“讲师”，性别为“男”，在下列逻辑表达式中结果为“假”的是（　　）。

A）工资 >800 And 职称 ="助教" Or 职称 ="讲师"

B）性别 ="女" Or Not 职称 ="助教"

C）工资 =800 And（职称 ="讲师" Or 性别 ="女"）

D）工资 >800 And（职称 ="讲师" Or 性别 ="男"）

6. 如果在查询条件中使用通配符“[ ]”，其含义是（　　）。

A）错误的使用方法

B）通配不在括号内的任意字符

C）通配任意长度的字符

D）通配方括号内任一单个字符

7. 下列表达式的计算结果为数值类型的是（　　）。

A）#5/5/2010#-#5/1/2010#　　B）"102" >"11"

C）102 =98 +4　　D）#5/1/2010# +5

8. 用于获得字符串 S 最左边 4 个字符的函数是（　　）。

A）Left（S，4）　　B）Left（S，1，4）

C）Leftstr（S，4）　　D）Leftstr（S，1，4）

9. 以下关于查询的叙述不正确的是（）。

A）查询与表的名称不能相同

B）在查询设计视图中设置多个排序字段时，最左侧的排序字段优先级最高

C）查询结果随数据源中记录的变动而变动

D）一个查询不能作为另一个查询的数据源

10. Access 查询的数据源可以来自（　　）。

A）表　　B）查询　　C）表和查询　　D）报表

11. 创建 Access 查询可以使用（　　）。

A）查询向导　　B）查询设计　　C）SQL 查询　　D）以上皆可

12. Access 支持的查询类型有（　　）。

A）选择查询、交叉查询、参数查询、SQL 查询和操作查询

B）基本查询、选择查询、参数查询、SQL 查询和操作查询

C）多表查询、单表查询、交叉表查询、参数查询和操作查询

D）选择查询、统计查询、参数查询、SQL 查询和操作查询

13. 设计交叉表查询时必须指定（　　）。

A）行标题　　B）列标题　　C）值　　D）以上均是

14. 将表 A 的记录复制到已有的表 B 中，且不删除表 B 中原有的记录，可以使用（　　）。

A）选择查询　　B）生成表查询　　C）追加查询　　D）复制查询

15. 操作查询包括（　　）。

A）生成表查询、更新查询、删除查询和交叉表查询

B）生成表查询、删除查询、更新查询和追加查询

C）选择查询、普通查询、更新查询和追加查询

D）选择查询、参数查询、更新查询和生成表查询

16. 如果数据库中已有同名的表，要通过查询覆盖原来的表，应该使用的查询类型是(　　)。

A）删除　　B）追加　　C）生成表　　D）更新

17. 若数据表中有一个“姓名”字段，则查找姓“李”的人的记录的条件是（　　）。

A）LIKE "李"　　B）LIKE "李?"　　C）LIKE "李*"　　D）"李*"

18. 创建参数查询时，在查询设计视图准则行中应将参数提示文本放置在（　　）。

A）{ } 中　　B）( ) 中　　C）[ ] 中　　D）< >中

19. 在数据库中，建立索引的主要作用是（　　）。

A）节省存储空间　　B）提高查询速度

C）便于管理　　D）防止数据丢失

20. SQL 是（　　）语言。

A）层次数据库　　B）网络数据库　　C）关系数据库　　D）程序设计

21. 在 SQL 语句中，表示条件的子句是（　　）。

A）FOR　　B）IF　　C）WHILE　　D）WHERE

22. 在 Access 数据库中创建一个新表，应该使用的 SQL 语句是（　　）。

A）CREATE TABLE　　B）CREATE INDEX

C）ALTER TABLE　　D）CREATE DATABASE

23. 在 SQL 语句中，删除表的命令是（　　）。

A）DROP　　B）ALTER　　C）DELETE　　D）UPDATE

24. 在 SQL 语句中，HAVING 短语必须和（　　）子句同时使用。

A）ORDER BY　　B）WHERE　　C）GROUP BY　　D）以上都是

25. 在以下选项中，与“WHERE 分数 BETWEEN 75 AND 85”等价的是（　　）。

A）WHERE 成绩 >75 AND 成绩 <85　　B）WHERE 成绩 >=75 AND 成绩 <=85

C）WHERE 成绩 >75 OR 成绩 <85　　D）WHERE 成绩 >=75 OR 成绩 <=85

26. 在下列查询语句中，与 SELECT TAB1. * FROM TAB1 WHERE INSTR([简历],"篮球") <>0 功能相同的语句是（　　）。

A）SELECT TAB1. * FROM TAB1 WHERE TAB1.简历 LIKE "篮球"

B）SELECT TAB1. * FROM TAB1 WHERE TAB1.简历 LIKE "*篮球"

C）SELECT TAB1. * FROM TAB1 WHERE TAB1.简历 LIKE "*篮球*"

D）SELECT TAB1. * FROM TAB1 WHERE TAB1.简历 LIKE "篮球*"

27. “学生”表中有“学号”“姓名”“性别”和“入学成绩”等字段。下面的命令结果是

(　　)。

SELECT AVG (入学成绩) FROM 学生表 GROUP BY 性别

A）计算并显示所有学生的平均入学成绩

B）计算并显示所有学生的性别和平均入学成绩

C）按性别顺序计算并显示所有学生的平均入学成绩

D）按性别分组计算并显示不同性别学生的平均入学成绩

28. 从“成绩”表中查询没有参加考试的学生的学号，下面的语句正确的是（　　）。

A）SELECT 学号 FROM 成绩 WHERE 分数 = 0

B）SELECT 分数 FROM 成绩 WHERE 学号 = 0

C）SELECT 学号 FROM 成绩 WHERE 分数 = NULL

D）SELECT 学号 FROM 成绩 WHERE 分数 IS NULL

29. 从“教师”表中查询所有1980年以前参加工作的讲师姓名，命令中正确的是（　　）。

A）SELECT 姓名 FROM 教师 WHERE YEAR(参加工作时间)<= 1980 AND 职称 = 讲师

B）SELECT 姓名 FROM 教师 WHERE YEAR(参加工作时间)<= 1980,职称 = "讲师"

C）SELECT 姓名 FROM 教师 WHERE YEAR(参加工作时间)<= 1980 AND 职称 = "讲师"

D）SELECT 姓名 FROM 教师 WHERE YEAR(参加工作时间)<= 1980 OR 职称 = "讲师"

30. 已知“借阅”表中有“借阅编号”“学号”和“借阅图书编号”等字段，每个学生每借阅一本书生成一条记录，要求按学生学号统计出每个学生的借阅次数，下列 SQL 语句中正确的是（　　）。

A）SELECT 学号,COUNT(学号)FROM 借阅

B）SELECT 学号,COUNT(学号)FROM 借阅 GROUP BY 学号

C）SELECT 学号,SUM(学号)FROM 借阅

D）SELECT 学号,SUM(学号)FROM 借阅 ORDER BY 学号

31. 以下 SQL 语句实现的功能是（　　）。

UPDATE 课程 SET 学分 = 学分 + 1 WHERE 学分 > = 2

A）查找“课程”表中学分增加1分后还小于2学分的课程

B）修改“课程”表中的“学分”字段，将其字段名称改为“学分 + 1”

C）将学分不大于2分的所有课程的学分上调1分

D）以上都不对

32. 下列程序段的功能是实现“学生”表中“年龄”字段值加1。

DIM STR As STRING

STR = "　________"

DOCMD. RUNSQL STR

横线处应填入的程序代码是（　　）。

A）年龄 = 年龄 + 1　　　　B）UPDATE 学生 SET 年龄 = 年龄 + 1

C）SET 年龄 = 年龄 + 1　　　　D）EDIT 学生年龄 = 年龄 + 1

33. 查询平均成绩排在前5名的学生的姓名及平均成绩，应使用的命令是（　　）。

A）SELECT TOP 5 姓名,AVG(分数) AS 平均成绩 FROM 学生,成绩

　　WHERE 学生.学号 = 成绩.学号

　　GROUP BY 成绩.学号

　　ORDER BY AVG(分数)DESC

B) SELECT TOP 5 姓名,AVG(分数)AS 平均成绩 FROM 学生,成绩
WHERE 学生.学号=成绩.学号
GROUP BY 姓名
ORDER BY 2 DESC

C) SELECT TOP 5 姓名, AVG(分数) FROM 学生,成绩
WHERE 学生.学号=成绩.学号
GROUP BY 成绩.学号
ORDER BY 2 DESC

D) 以上命令都可以

三、填空题

1. 在数据库管理系统提供的数据定义语言、数据操纵语言和数据控制语言中，________负责数据的模式定义与数据的物理存取构建。

2. 在 Access 中，要在查找条件中与任意一个数字字符匹配，可使用的通配符是________。

3. 将文本型数据"13""4""16""760"降序排列的顺序是________。

4. Int(-3.25)的结果是________。

5. 函数 Mid("学生信息管理系统",3,2)的结果是________。

6. 函数 Now()返回值的含义是________。

7. 假设当前的系统日期是2019/8/30，表达式 Str(Year(Date()))+"年"的运算结果为________。

8. 如果要在某数据表中查找某文本型字段的内容以“S”的大写或小写开头并且以“L”的大写或小写结尾的所有记录，则应该使用的查询条件是________。

9. 书写查询准则时，日期值应该用________括起来。

10. 查询的结果总是与数据源中的数据保持________。

11. 在查询“设计视图”中，位于“条件”栏同一行的条件之间是________关系，位于不同行的条件之间是________关系。

12. 要查询的条件之间具有多个字段的“与”和“或”关系，则在输入准则时，各条件间“与”的关系要输入在________，而各条件间“或”的关系要输入在________。

13. 在学生“成绩”表中，如果需要根据输入的学生姓名查找学生的成绩，需要使用的是________查询。

14. 如果要在“学生”表中查找1986—1988年之间出生的学生记录，则应对“出生日期”字段设置条件________。

15. 假如“学生”表中有出生日期字段，但没有年龄字段，若要查询所有学生的年龄，可以在查询中添加一个计算列，其计算表达式为________。

16. 在创建查询时，有些实际需要的内容在数据源的字段中并不存在，但可以通过在查询中增加________来完成。

17. 交叉表查询的三要素是________、________、________。

18. SQL 的中文全称是________。

19. SQL 是关系数据库的标准语言，其功能包括________________、________________、________、________。

20. SQL 查询命令的基本动词是________和________。

21. 当使用 SELECT 语句时，若结果不能包含取值重复的记录，则应加上关键字________。

22. 在 SQL 的 SELECT 命令中用子句________对查询的结果进行排序、用子句________对查询的结果进行分组。

23. 用 SQL 语句实现查询表名为“图书”中的所有记录的操作，应该使用的 SELECT 语句是________。

24. SELECT 语句中用于计数的函数是________，用于求和的函数是________，用于求平均值的函数是________。

25. Access 中用于执行指定 SQL 语句的宏操作名是________。

26. 如果 UPDATE 语句中没有 WHERE 子句，则更新________记录。

四、实验题

1. 使用“查询向导”建立一个名为“学生情况”的查询，选择“学生”表中除“班级编号”外的所有字段。

2. 利用“查找重复项查询向导”在“学生”表中查找姓名相同的学生的信息。

3. 利用“查找不匹配项查询向导”查询没有授课的教师信息。

4. 查询没有建立负责人信息的学院，列出“学院编号”和“学院名称”。

5. 查询信息工程学院 10 级的学生信息，列出“学号”“姓名”“性别”“出生日期”和“学院名称”。

6. 查询学生的平均成绩在 80 分以上（含 80）的学生信息，并按成绩的降序排列。列出“学号”“姓名”和平均分（保留 1 位小数）。

7. 查询单科成绩在 60 分以下的学生的“姓名”“课程名称”和“分数”，并按分数由低到高排列。

8. 统计各门课程中不及格的学生人数，列出“课程编号”“课程名称”和不及格人数。

9. 查询工作年限在 8 年以上的教师信息。

10. 查询最早参加工作和最晚参加工作的教师之间的工龄差。

11. 建立一个参数查询，按输入姓名查找学生的所有信息。

12. 按指定的时间区域，查询在这段时间参加工作的教师信息。

13. 按指定的专业编号和入学年份查询学生信息。

14. 建立一个以班级和姓名作为行标题，以课程名称作为列标题，显示每个学生各门课成绩的交叉表，命名为“各班学生成绩_交叉表”。

15. 建立一个以班级作为行标题，课程名称作为列标题，显示各班开设各课程的学年学期信息的“班级课程开课计划表”。

16. 建立一个以课程作为行标题，以性别作为列标题，显示各门课男女生选课人数的交叉表，命名为“课程性别_交叉表”。

17. 创建一个交叉表查询，列出每位教师每学期的授课总学时，将“姓名”作为行标题，将“课程名称”作为列标题，“学时”求和作为值。

18. 查询 2000 年之前（包含 2000 年）参加工作的男性教师的信息。

19. 查询各门课程的课程编号、最高分和最低分。

20. 查询“CJ001”这门课程的考试成绩位列前十名学生的学号、姓名和分数。

21. 统计各学院有多少班级，列出学院名称和班级数量。

22. 查询工龄为 15 年以上的教师在“授课”表中的授课记录（考虑用嵌套查询）。

23. 建立删除查询，删除“补考名单”中课程分数在 40 分以下的记录。

24. 建立追加查询，将课程分数在 40 分以下的记录追加到“补考名单”中。

25. 建立查询，统计各专业“中共党员”人数，显示“专业名称”“党员人数”。

26. 建立查询，计算各门课程的平均成绩，显示“课程名称”“平均成绩”，并按平均成绩的降序排列。

27. 建立查询，统计每位学生的已得学分，显示“学号”“姓名”“学分”。

28. 统计选修课程在3门以上（含3门）的学生的“学号”“姓名”和平均成绩。

29. 统计选修人数在3人以上（含3人）的课程的“课程编号”“课程名称”和平均成绩。

30. 利用SQL语句创建“图书馆管理”数据库以及其中的两个表。

1）新建一个“图书馆管理”数据库，使用SQL语句定义名为“读者信息”和“借阅信息”的两个表。表结构见表4-15、表4-16，两个表以“读者编号”建立关系。

2）将“读者信息”表中的“读者姓名”字段修改为30个字符。

3）为“读者信息”表添加“联系电话”字段，数据类型为文本型，20个字符。

4）删除“借阅信息”表中的“备注信息”字段。

5）为“读者信息”表插入一条记录。读者编号：58009；读者姓名：张凌；是否成年：是；借阅数量：3；其他为空。

6）将成年读者的借阅数量增加两本。

7）删除读者编号为“58009”的记录。

表4-15 “读者信息”表结构

字段名	数据类型	字段大小	不允许空	主键
读者编号	文本	20	√	√
读者姓名	文本	50	√	
是否成年	是/否	默认		
借阅数量	数字	整型		
照片	OLE对象	默认		

表4-16 “借阅信息”表结构

字段名	数据类型	字段大小	不允许空	主键
借阅编号	文本	20	√	√
读者编号	文本	20	√	
书籍编号	文本	20	√	
出借时间	日期/时间	默认		
归还时间	日期/时间	默认		
备注信息	备注	默认		

二级考试直通车

真题一

1. 数据环境（如图4-80所示）。

2. 题目。

考生文件夹下存在一个数据库文件“samp2. accdb”，里面已经设计好表对象“tCourse”“tScore”和“tStud”，试按以下要求完成设计：

1）创建一个查询，查找党员记录，并显示“姓名”“性别”和“入校时间”3 列信息，将所建查询命名为“qt1”。

2）创建一个查询，当运行该查询时，屏幕上显示提示信息“请输入要比较的分数:”。输入要比较的分数后，该查询查找学生选课成绩的平均分大于输入值的学生信息，并显示“学号”和“平均分”两列信息，将所建查询命名为“qt2”。

3）创建一个交叉表查询，统计并显示各班每门课程的平均成绩，统计显示结果如图 4-84 所示（要求：直接用查询设计视图建立交叉表查询，不允许用其他查询作为数据源），将所建查询命名为“qt3”。

说明：“学号”字段的前 8 位为班级编号，平均成绩取整要求用 Round( ) 函数实现。

4）创建一个查询，运行该查询后生成一个新表，表名为“tNew”，包括“学号”“姓名”“性别”“课程名”和“成绩”5 个字段，表内容为 90 分以上（包括 90 分）或不及格的所有学生记录，并按课程名降序排序，将所建查询命名为“qt4”。要求创建此查询后，运行该查询，并查看运行结果。

tScore

成绩	学号	课程	成绩
1	1999102101	101	67.5
2	1999102102	101	67
3	1999102103	101	67
4	1999102104	101	56
5	1999102105	101	55
6	1999102106	101	67
7	1999102107	101	87
8	1999102108	101	67
9	1999102109	101	67
10	1999102110	101	56
11	1999102111	101	45
12	1999102112	101	91
13	1999102113	101	66
14	1999102114	101	87
15	1999102115	101	67
16	1999102116	101	78
17	1999102117	101	65
18	2000102201	101	72
19	2000102202	101	81
20	2000102203	101	72
21	2000102204	101	83
22	2000102205	101	56
23	2000102206	101	87
24	2000102207	101	52
25	2000102208	101	81

tStud

学号	姓名	性	年龄	入校时间	政治面	毕业学校
1999102101	郝建设	男	19	1999/9/1	团员	北京五中
1999102102	李林	女	19	1999/9/1	团员	清华附中
1999102103	卢骁	女	19	1999/9/1	团员	北大附中
1999102104	肖丽	女	18	1999/9/1	团员	北京二中
1999102105	刘璇	女	19	1999/9/1	团员	北京五中
1999102106	董国庆	男	19	1999/9/1	党员	汇文中学
1999102107	王旭梅	女	19	1999/9/1	群众	北京80中
1999102108	胡珊珊	女	18	1999/9/1	团员	清华附中
1999102109	唐今一	男	19	1999/9/1	团员	首师大附中
1999102110	石育秀	女	19	1999/9/1	团员	首师大附中
1999102111	戴桂兰	女	19	1999/9/1	团员	汇文中学
1999102112	史晨曦	女	19	1999/9/1	团员	北京23中
1999102113	陈建平	男	19	1999/9/1	团员	北京一中
1999102114	陈皓	男	18	1999/9/1	团员	北京二中
1999102115	王莹	女	19	1999/9/1	党员	北京五中
1999102116	李旭	男	19	1999/9/1	群众	北京一中
1999102117	马旭东	男	18	1999/9/1	团员	北京80中
2000102201	潘强	男	19	2000/9/1	团员	北京80中
2000102202	陈文欣	女	19	2000/9/2	团员	北京80中
2000102203	祝津	男	19	2000/9/3	群众	北大附中
2000102204	杨肖	男	19	2000/9/4	团员	汇文中学
2000102205	王晓伟	男	19	2000/9/5	党员	北京23中
2000102206	黄骄夏	女	17	2000/9/6	团员	北京二中
2000102207	张磊	男	19	2000/9/7	群众	北京五中
2000102208	刁政	男	19	2000/9/8	团员	汇文中学

tCourse

课程	课程名	课程类	学分
101	高等数学	必修课	6
102	线性代数	必修课	4
103	离散数学	必修课	4
104	概率	必修课	4
105	数学规划	选修课	4
106	经济预测	限选课	4
201	计算机原理	必修课	4
202	汇编语言	必修课	4
203	系统结构	限选课	4
204	数据结构	必修课	4
301	专业英语	必修课	4
302	编译原理	必修课	3
303	数据库系统	必修课	3
304	操作系统	必修课	3
305	计算机网络	必修课	3
306	计算机会计	必修课	3
307	管理信息系统	必修课	3
308	多媒体技术	必修课	3
309	电子商务	必修课	3
401	法学概论	必修课	4
402	会计原理	必修课	4
403	市场学	选修课	4
404	统计原理	必修课	4
405	哲学	必修课	4
406	国际金融	限选课	4

图 4-80　数据环境

3. 操作步骤与解析。

1）【审题分析】本题考查一般的条件查询。

【操作步骤】

步骤 1：打开“samp2. accdb”数据库，在“创建”选项卡的“查询”选项组中单击“查询设计”按钮，系统弹出查询设计器。在“显示表”对话框中双击“tStud”表，将表添加到查询设计器中，关闭“显示表”对话框。双击“tStud”表的“姓名”“性别”“入校时间”和“政治面貌”字段，在“政治面貌”条件中输入"党员"，作为条件字段不需要显示，取消“显示”行复选框的选择，如图 4-81 所示。

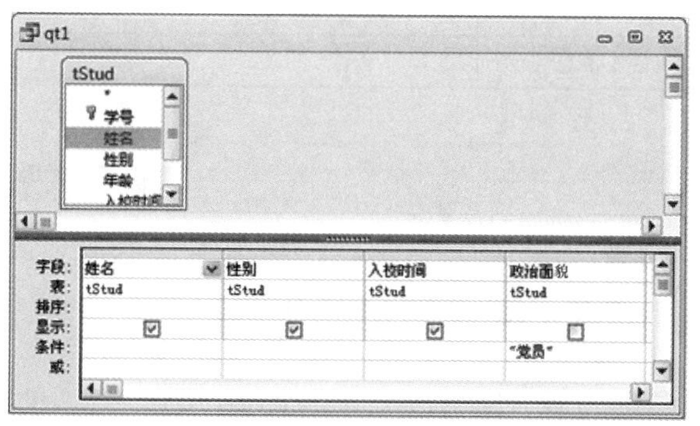

图 4-81　选择查询

步骤2：单击“文件”选项卡的“结果”选项组中的“运行”按钮，执行操作。单击快速访问工具栏中的“保存”按钮，保存查询文件名为“qt1”，单击“确定”按钮，关闭“qt1”查询窗口。

2）【审题分析】本题考查两个知识点：其一是参数查询，其二是在查询中计算每个同学的平均值。

【操作步骤】

步骤1：在“创建”选项卡的“查询”选项组中单击“查询设计”按钮，系统弹出查询设计器。在“显示表”对话框中双击“tScore”表，将表添加到查询设计器中，关闭“显示表”对话框，分别双击“tScore”表中的“学号”和“成绩”字段。

步骤2：单击“查询工具”的“设计”上下文选项卡的“显示/隐藏”选项组中的“汇总”按钮，将出现“总计”行，修改“成绩”字段标题为“平均分：成绩”，在“成绩”字段的“条件”行输入“>[请输入要查询的分数:]”，在“总计”行的下拉列表框中选择“平均值”，如图4-82所示。

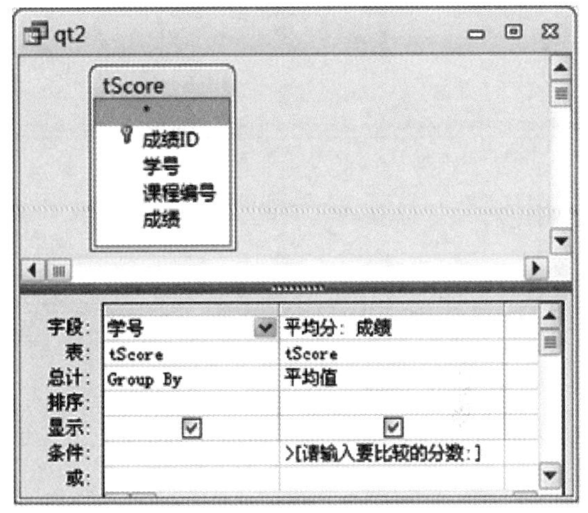

图4-82 参数查询

步骤3：单击快速访问工具栏中的“保存”按钮，保存文件名为“qt2”，单击“确定”按钮，关闭qt2设计视图窗口。

3）【审题分析】本题考查交叉表和查询计算的结合，同时在整个查询中引入系统函数的使用：left()用于从左侧开始取出若干个文本、avg()用于求平均值、round()用于四舍五入取整。这些系统函数需要考生熟练掌握。

【操作步骤】

步骤1：在“创建”选项卡的“查询”选项组中单击“查询设计”按钮，系统弹出查询设计器。在“显示表”对话框中分别双击“tScore”和“tCourse”表，将表添加到查询设计器中，关闭“显示表”对话框。

步骤2：在“查询工具”的“设计”上下文选项卡的“查询类型”选项组中单击“交叉表”按钮将出现“交叉表”行。添加标题“班级编号：left(学号,8)”，在“交叉表”行中选择“行标题”，此计算结果作为交叉表行；双击“tCourse”表的“课程名”字段，在“课程名”列的“交叉表”行中选择“列标题”；输入第3列的字段标题“表达式1:Round(Avg([成绩]))”，在“总计”行中选择“Expression”，在“交叉表”行中选择“值”，此计算结果作为交叉表的值，如图4-83所示。

步骤3：单击“运行”按钮。单击快速访问工具栏中的“保存”按钮，保存文件名为“qt3”，单击“确定”按钮，关闭qt3的查询窗口。查询结果如图4-84所示。

4）【审题分析】本题考查生成表查询，它的主要特点是查询后的数据是一个表，出现在“表”对象中，在查询对象中出现的是查询操作，而不是查询的数据。

【操作步骤】

步骤1：打开“samp2. accdb”数据库，在“创建”选项卡的“查询”选项组中单击“查询设计”按钮，系统弹出查询设计器。添加“tStud”“tCourse”“tScore”表到查询设计器中，关闭

“显示表”对话框。在“tStud”表中双击“学号”“姓名”“性别”字段；在“tCourse”表中双击“课程名”，在其对应的“排序”行中选择“降序”；在“tScore”表中双击“成绩”，在其对应的“条件”行内输入“>=90 or <60”，如图 4-85 所示。

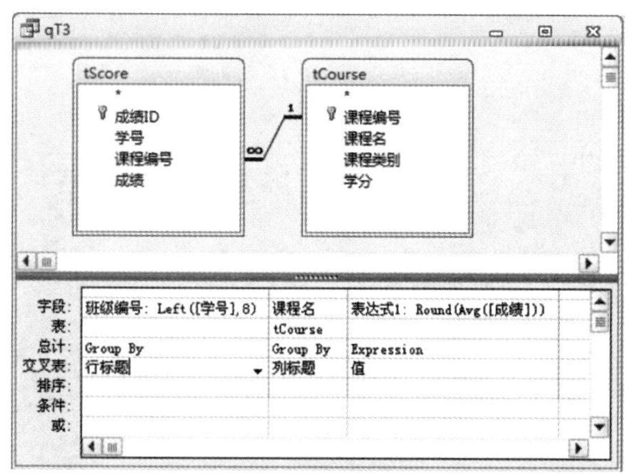

图 4-83　交叉表查询

班级编号	高等数学	计算机原理	专业英语
19991021	68	73	81
20001022	73	73	75
20011023	74	76	74
20041021			72
20051021			71
20061021			67

记录：第 1 项(共 6 项)　无筛选器　搜索

图 4-84　交叉表查询结果

步骤 2：在“查询工具”的“设计”上下文选项卡的“查询类型”选项组中单击“生成表”按钮，在“生成表”对话框中输入表名“tnew”，单击“确定”按钮，如图 4-86 所示。

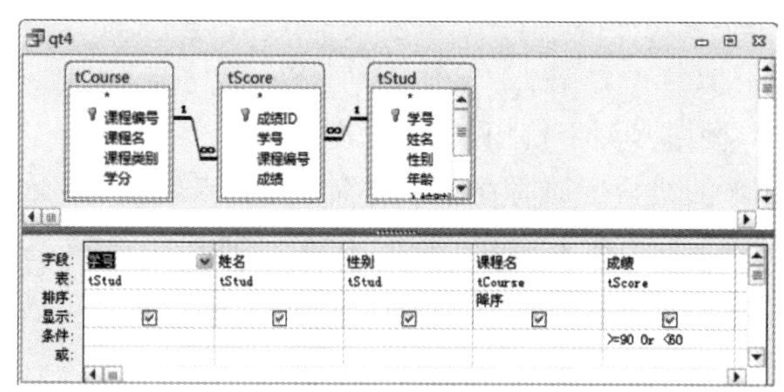

图 4-85　添加生成表

图 4-86　生成表查询

步骤 3：单击“运行”按钮执行操作。单击快速访问工具栏中的“保存”按钮，保存文件名为“qt4”，单击“确定”按钮，关闭 qt4 的查询窗口。

步骤 4：关闭“samp2. accdb”数据库窗口。

真题二

1. 数据环境（如图 4-87 所示）。

tStud

身份证号	姓名	家长身份证号	语文	数学	物理
101101196001012370	张春节		0	0	0
110106198011035670	李强	11010719620101	78	55	90
110107196201012370	李永飞		0	0	0
110107196410015670	王一		65	78	82
110107198011025660	王爱爱	11010719641001	97	87	100
110108198001013760	王佳佳	20110119600101	88	77	81
110108198011015770	张天	11010819651001	85	100	95
201101196001012370	王教育		0	0	0
*			0	0	0

tTemp

身份证	姓名	入学成绩
*		0

图 4-87　数据环境

2. 题目。

考生文件夹下存在一个数据库文件“samp2. accdb”，里面已经设计好表对象“tStud”和“tTemp”。“tStud”表保存的是学校历年来招收的学生名单，每名学生均有身份证号。对于现在正在读书的“在校学生”，均有家长身份证号；对于已经毕业的学生，家长身份证号为空。

例如，表中学生“张春节”没有家长身份证号，表示张春节已经从本校毕业，是校友。

表中学生“李强”的家长身份证号为“110107196201012370”，表示李强为在校学生。由于在“tStud”表中，身份证号“110107196201012370”对应的学生姓名是“李永飞”，表示李强的家长是李永飞，而李永飞是本校校友。

“张天”家长的身份证号为“110108196510015760”，表示张天是在校学生；由于在“tStud”表中，身份证号“110108196510015760”没有对应的记录，表示张天的家长不是本校的校友。

请按下列要求完成设计：

1）创建一个查询，要求显示在校学生的“身份证号”和“姓名”两列内容，将所建查询命名为“qt1”。

2）创建一个查询，要求按照身份证号码找出所有学生家长是本校校友的学生记录。输出学生身份证号、姓名及家长姓名3列内容，标题显示为“身份证号”“姓名”和“家长姓名”，将所建查询命名为“qt2”。

3）创建一个查询，要求检索出数学成绩为100分的学生的人数，标题显示为“num”，将所建查询命名为“qt3”。这里规定，使用“身份证号”字段进行计数统计。

4）创建一个查询，要求将表对象“tStud”中总分成绩超过270分（含270分）的学生信息追加到空表“tTemp”中。其中，“tTemp”表的入学成绩为学生总分，所建查询命名为“qt4”。

3. 操作步骤与解析。

1）【审题分析】本题主要考查对象“家长身份证号”是否为空的指定，不为空即学生在校。

【操作步骤】

步骤1：双击“samp2. accdb”数据库，在“创建”选项卡的“查询”选项组中单击“查询设计”按钮，系统弹出查询设计器。在“显示表”对话框添加表“tStud”，关闭对话框，双击“身份证号”“姓名”“家长身份证号”字段。在“家长身份证号”所在的“条件”行内输入条件“is not null”，取消“显示”复选框的选择。

步骤2：单击快速访问工具栏中的“保存”按钮。输入文件名“qt1”，单击“确定”按钮，关闭“qt1”视图。

2）【审题分析】本题要求学生姓名和家长姓名同属“tStud”表的姓名字段。根据题目的要求，只有在“身份证号”和“家长身份证号”有相同的字段值时才能满足查询的条件。只有在“身份证号”和“家长身份证号”之间建立关系，因此对“tStud”表添加两次。为了区分，给其中一个表命别名stud-1，这样就实现了查询的目的。

【操作步骤】

步骤1：在“创建”选项卡的“查询”选项组中单击“查询设计”按钮，系统弹出查询设计器。对“tStud”表添加两次，拖动“tStud”表中的“家长身份证号”字段到“tStud_1”表中的“身份证号”字段上，建立两表联接，双击“tStud”表中的“身份证号”和“姓名”字段；在“tStud_1”表“字段”行的“姓名”上双击，在其左侧单击，定位光标并输入“家长姓名:”，如图4-88所示。

步骤2：单击快速访问工具栏中的“保存”按钮保存，输入“qt2”文件名，单击“确定”按钮，关闭“qt2”查询设计视图。

3）【审题分析】本题主要考查查询中的计算，要用到“计数”的计算方法。

【操作步骤】

步骤1：在“创建”选项卡的“查询”选项组中单击“查询设计”按钮，系统弹出查询设计器。添加“tStud”表，关闭“显示表”对话框。单击工具栏上的“汇总”按钮，双击“身份证号”的“字段”行，在其左侧单击，定位指针，输入标题“num:”，在“总计”所在行选择“计数”。然后双击“数学”字段，在其“总计”所在行选择“Where”，在其对应的“条件”行内输入“100”，如图4-89所示。

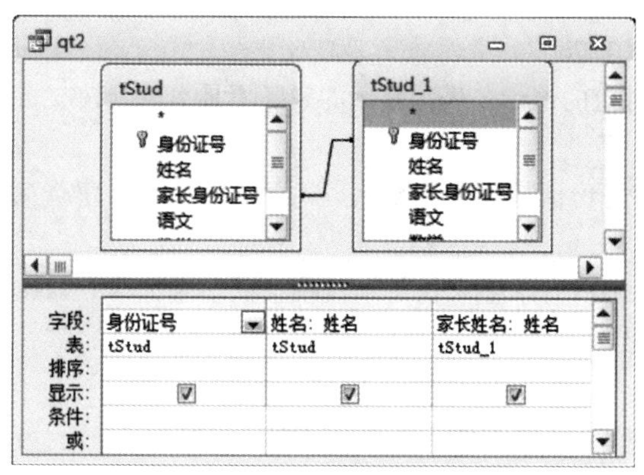

图4-88　选择查询

图4-89　分组查询

步骤2：单击快速访问工具栏中的“保存”按钮保存，输入“qt3”文件名，单击“确定”按钮，关闭“qt3”视图窗口。

4）【审题分析】本题主要考查追加表查询。追加查询一般情况下用于数据库的复制、转移。在表中，条件表达式是数学 + 语文 + 物理 >= 270。

【操作步骤】

步骤1：在“samp2. accdb”窗口下，在“创建”选项卡的“查询”选项组中单击“查询设计”按钮，系统弹出查询设计器。在“显示表”对话框添加表“tStud”，关闭对话框。单击“查询类型”选项组中的“追加”按钮，在“追加表”对话框内输追加到表名称“tTemp”，单击“确定”按钮关闭对话框。

步骤2：双击“身份证号”“姓名”字段，在“字段”所在行的第三列列出条件运算式“表达式1：[数学] + [语文] + [物理]”，在其对应的“条件”行内输入“>=270”，在“追加到”所在行选择“入学成绩”表，如图4-90所示。

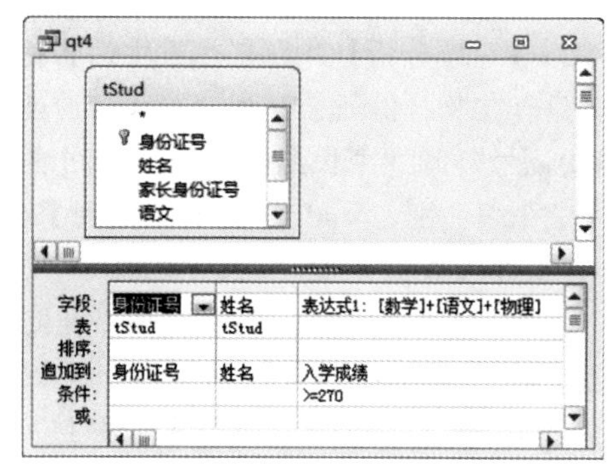

图4-90　追加查询

步骤3：单击“运行”按钮运行查询。单击快速访问工具栏中的“保存”按钮，输入文件名“qt4”，单击“确定”按钮，关闭“qt4”查询窗口。

步骤4：关闭“samp2. accdb”数据库窗口。

真题三

1. 数据环境（如图4-91所示）。

tTeacher

编号	姓名	性别	年龄	工作时间	政治	学历	职称	系别	联系电话	在职否
95010	张乐	女	55	1969/11/10	党员	大学本科	教授	经济	65976444	☑
95011	赵希明	女	31	1983/1/25	群众	研究生	副教授	经济	65976451	☑
95012	李小平	男	61	1963/5/19	党员	研究生	讲师	经济	65976452	☐
95013	李历宁	男	35	1989/10/29	党员	大学本科	讲师	经济	65976453	☑
96010	张爽	男	66	1958/7/8	群众	大学本科	教授	经济	65976454	☐
96011	张进明	男	32	1992/1/26	团员	大学本科	讲师	经济	65976455	☑
96012	邵林	女	31	1983/1/25	群众	研究生	讲师	数学	65976544	☑
96013	李燕	女	55	1969/6/25	群众	大学本科	讲师	数学	65976544	☑
96014	苑平	男	67	1957/9/18	党员	研究生	教授	数学	65976545	☐
96015	陈江川	男	35	1988/9/9	党员	大学本科	讲师	数学	65976546	☑
96016	靳晋复	女	62	1963/5/19	群众	研究生	副教授	数学	65976547	☐
96017	郭新	女	55	1969/6/25	群众	研究生	副教授	经济	65976444	☑
97010	张山	男	34	1990/6/18	群众	大学本科	讲师	数学	65976548	☑
97011	扬灵	男	33	1990/6/18	群众	大学本科	讲师	系统	65976666	☑
97012	林泰	男	35	1990/6/18	群众	大学本科	讲师	系统	65976666	☑
97013	胡方	男	67	1958/7/8	党员	大学本科	副教授	系统	65976667	☐
98010	李小东	女	32	1992/1/27	群众	大学本科	讲师	系统	65976668	☑
98011	魏光符	女	41	1979/12/29	群众	研究生	教授	信息	65976669	☑
98012	郝海为	男	47	1977/12/11	党员	研究生	教授	信息	65976670	☐
98013	李仪	女	36	1989/10/29	党员	研究生	教授	信息	65976671	☑
98014	周金馨	女	34	1989/10/6	[illegible]众	大学本科	副教授	信息	65976672	☑
98015	张玉丹	女	36	1988/9/9	群众	大学本科	讲师	信息	65976673	☑
98016	李红	女	32	1992/4/29	团员	研究生	副教授	经济	65976444	☑
98017	沈核	男	68	1957/10/19	党员	研究生	教授	信息	65976674	☐

记录: 第 21 项(共 42 项) 无筛选器 搜索

图 4-91 数据环境

2. 题目。

考生文件夹下存在一个数据库文件“samp2. accdb”，里面已经设计好一个表对象“tTeacher”。试按以下要求完成设计：

1）创建一个查询，计算并输出教师最大年龄与最小年龄的差值，显示标题为“m_age”，将所建查询命名为“qt1”。

2）创建一个查询，查找并显示具有研究生学历的教师的“编号”“姓名”“性别”和“系别”4 个字段内容，将所建查询命名为“qt2”。

3）创建一个查询，查找并显示年龄小于等于 38、职称为副教授或教授的教师的“编号”“姓名”“年龄”“学历”和“职称”5 个字段内容，将所建查询命名为“qt3”。

4）创建一个查询，查找并统计在职教师按照职称进行分类的平均年龄，然后显示出标题为“职称”和“平均年龄”的两个字段内容，将所建查询命名为“qt4”。

3. 操作步骤与解析。

1）【审题分析】本题考查查询的基本方法的应用，以及 Max( ) 函数、Min( ) 函数的使用方法。

【操作步骤】

步骤 1：双击打开“samp2. accdb”数据库，在“创建”选项卡的“查询”选项组中单击“查询设计”按钮，系统弹出查询设计器。在“显示表”对话框中添加“tTeacher”表，关闭对话框。在“字段”所在行的第一列输入标题“m_age:”，再输入求最大年龄和最小年龄之差的计算式“Max([年龄]) - Min([年龄])”，如图 4-92 所示。

步骤 2：单击快速访问工具栏中的“保存”按钮，输入“qt1”文件名，单击“确定”按钮，关闭“qt1”查询窗口。

2）【审题分析】本题考查一个比较简单的条件查询。值得注意的是，“学历”作为条件字段不需要显示。

【操作步骤】

步骤 1：在“创建”选项卡的“查询”选项组中单击“查询设计”按钮，系统弹出查询设计器。在“显示表”对话框中添加“tTeacher”表，关闭“显示表”对话框。双击“tTeacher”表中的“编号”“姓名”“性别”“系别”“学历”字段，在“学历”所在的“条件”行内输入“"研究生"”，作为条件字段不需要显示，取消“显示”复选框的选择，如图 4-93 所示。

步骤 2：单击快速访问工具栏中的“保存”按钮，输入“qt2”文件名，单击“确定”按钮，关闭“qt2”查询窗口。

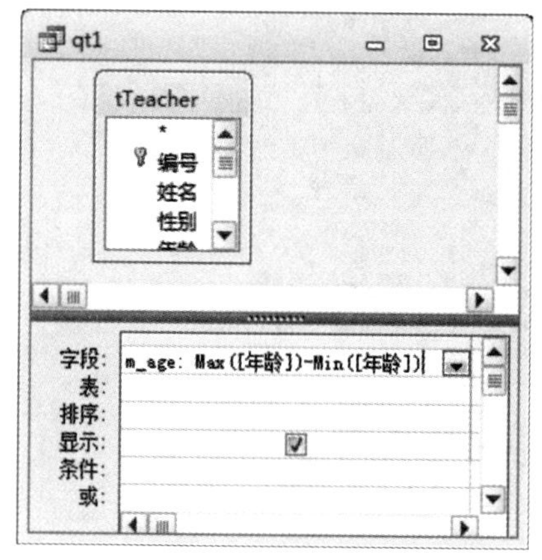

图 4-92　选择查询

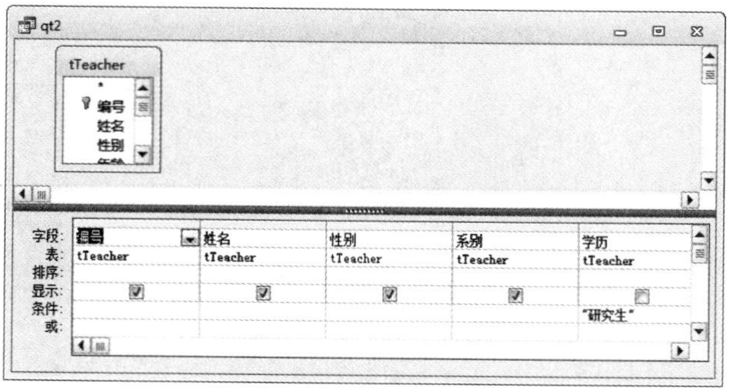

图 4-93　选择查询

3）【审题分析】本题考查多条件查询实现方法。同时要考生掌握“And”“Or”“Not”逻辑运算符的使用。注意：“年龄”和“职称”字段虽然作为条件，但是查询中要显示这两个字段的信息，所以不能取消选择“显示”复选框。

【操作步骤】

步骤 1：在“创建”选项卡的“查询”选项组中单击“查询设计”按钮，系统弹出查询设计器。在“显示表”对话框中添加“tTeacher”表，关闭“显示表”对话框。双击“tTeacher”表中的“编号”“姓名”“性别”“年龄”“学历”“职称”字段。在字段“年龄”所在的“条件”行中输入“< = 38”，在字段“职称”所在的条件行中输入“"教授" Or "副教授"”，如图 4-94所示。

步骤 2：单击快速访问工具栏中的“保存”按钮，输入“qt3”文件名，单击“确定”按钮，关闭“qt3”查询窗口。

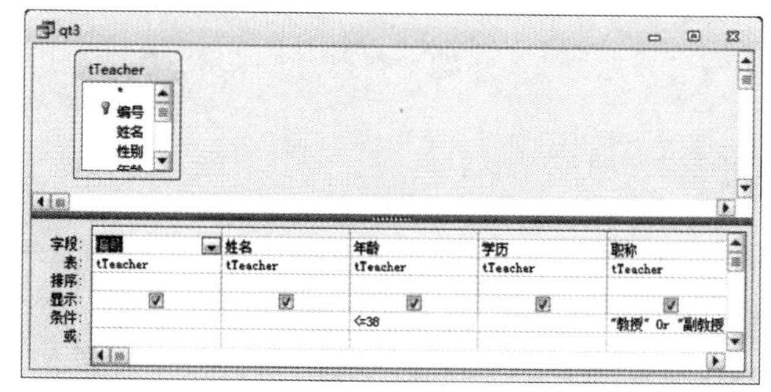

图 4-94　选择查询

4）【审题分析】本题考查查询中的计算方法的应用。对不同职称的教师进行分组，然后求出不同组的平均年龄，同时还要求考生掌握“是/否”型的符号表达“是：-1(yes)”“否：0(no)”。

【操作步骤】

步骤 1：在“创建”选项卡的“查询”选项组中单击“查询设计”按钮，系统弹出查询设计器。在“显示表”对话框中添加“tTeacher”表，关闭“显示表”对话框，单击“汇总”按钮。双击“tTeacher”表的“职称”字段，在其“总计”所在行选择“Group By”。双击“年龄”

字段，在“年龄”字段左侧单击以定位鼠标，输入标题“平均年龄:”，在其“总计”行选择“平均值”。双击“在职否”字段，在其“总计”行中选择“Where”，在其条件行内输入“-1”，并取消选择“显示”复选框，如图4-95所示。

步骤2：单击快速访问工具栏中的“保存”按钮，输入“qt4”文件名，单击“确定”按钮，关闭“qt4”查询窗口。

步骤3：关闭“samp2.accdb”数据库。

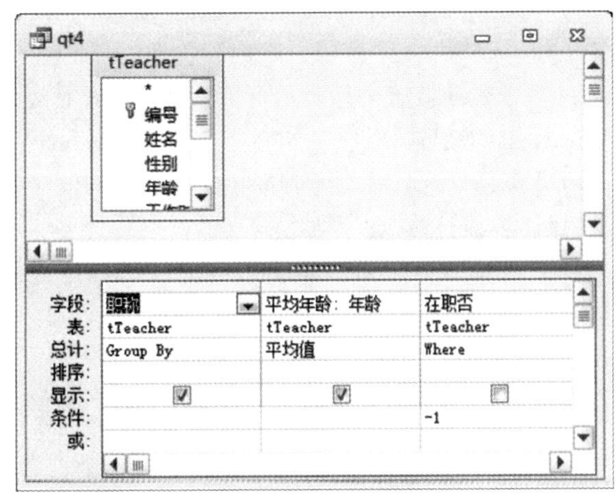

图4-95 选择查询

真题四

1. 数据环境（如图4-96所示）。

tCourse

课程编	课程名	课程类	学分
101	高等数学	必修课	6
102	线性代数	必修课	4
103	离散数学	必修课	4
104	概率	必修课	4
105	数学规划	选修课	4
106	经济预测	限选课	4
201	计算机原理	必修课	4
202	汇编语言	必修课	4
203	系统结构	限选课	4
204	数据结构	必修课	4
301	专业英语	必修课	4
302	编译原理	必修课	3
303	数据库系统	必修课	3
304	操作系统	必修课	3
305	计算机网络	必修课	3
306	计算机会计	必修课	3
307	管理信息系统	必修课	3
308	多媒体技术	必修课	3
309	电子商务	必修课	3
401	法学概论	必修课	4
402	会计原理	必修课	4
403	市场学	选修课	4
404	统计原理	必修课	4
405	哲学	必修课	4
406	国际金融	限选课	4
407	财政学	限选课	4
*			0

记录：第27项(共27项) 无筛选器

tGrade

成绩ID	学号	课程	成绩
1	99102101	101	67.5
2	99102102	101	67
3	99102103	101	67
4	99102104	101	56
5	99102105	101	55
6	99102106	101	67
7	99102107	101	87
8	99102108	101	67
9	99102109	101	67
10	99102110	101	56
11	99102111	101	45
12	99102112	101	91
13	99102113	101	66
14	99102114	101	87
15	99102115	101	67
16	99102116	101	78
17	99102117	101	65
18	99102201	101	72
19	99102202	101	81
20	99102203	101	72
21	99102204	101	83
22	99102205	101	56
23	99102206	101	87
24	99102207	101	52
25	99102208	101	81
26	99102209	101	82
27	99102210	101	75

记录：第11项(共162项)

tStudent

学号	姓名	性别	出生日期	政治面	毕业学校
99102101	郝建设	男	1980/1/1	团员	北京五中
99102102	李林	女	1980/1/2	团员	清华附中
99102103	卢骁	女	1980/1/3	团员	北大附中
99102104	肖丽	女	1980/11/1	团员	北京二中
99102105	刘璇	女	1980/11/2	团员	北京五中
99102106	董国庆	男	1980/11/3	党员	汇文中学
99102107	王旭梅	女	1980/11/4	群众	北京80中
99102108	胡珊珊	女	1980/11/5	团员	清华附中
99102109	唐今一	男	1980/11/6	团员	首师大附中
99102110	石育秀	女	1980/11/7	团员	首师大附中
99102111	戴桂兰	女	1980/11/8	团员	汇文中学
99102112	史晨曦	女	1980/3/1	团员	北京23中
99102113	陈建平	男	1980/3/2	团员	北京一中
99102114	陈皓	男	1980/3/3	团员	北京二中
99102115	王莹	女	980/11/12	党员	北京五中
99102116	李旭	男	980/11/14	群众	北京一中
99102117	马旭东	男	1980/3/5	团员	北京80中
99102141	张力	男	980/11/11	团员	朝阳外国语学
99102201	潘强	男	1980/3/7	团员	北京80中
99102202	陈文欣	女	1980/5/1	团员	北京80中
99102203	祝津	男	1980/5/12	群众	北大附中
99102204	杨肖	男	1980/5/16	团员	汇文中学
99102205	王晓伟	男	980/11/16	党员	北京23中
99102206	黄骄夏	女	980/11/18	团员	北京二中
99102207	张磊	男	1980/3/8	群众	北京五中
99102208	刁政	男	1980/5/19	团员	汇文中学
99102209	冉丁	男	1980/7/2	团员	首师大附中

记录：第1项(共55项) 无筛选器 搜索

图4-96 数据环境

2. 题目。

考生文件夹下存在一个数据库文件“samp2.accdb”，里面已经设计好表对象“tCourse”“tGrade”和“tStudent”。试按以下要求完成设计：

1）创建一个查询，查找并显示“姓名”“政治面貌”和“毕业学校”3个字段的内容，所建查询名为“qt1”。

2）创建一个查询，计算每名学生的平均成绩，并按平均成绩降序依次显示“姓名”“平均成绩”两列内容，其中“平均成绩”数据由统计计算得到，所建查询名为“qt2”。

假设：所用表中无重名。

3）创建一个查询，按输入的班级编号查找并显示“班级编号”“姓名”“课程名”和“成绩”的内容。其中，“班级编号”数据由计算得到，其值为“tStudent”表中“学号”的前6位，所建查询名为“qt3”。当运行该查询时，应显示提示信息“请输入班级编号:”。

4）创建一个查询，运行该查询后生成一个新表，表名为“90 分以上”，包括“姓名”“课程名”和“成绩”3 个字段，表内容为 90 分以上（含 90 分）的所有学生记录，所建查询名为“qt4”。要求创建此查询后，运行该查询，并查看运行结果。

3. 操作步骤与解析。

1）【审题分析】本题考查简单的条件查询设计方法。

【操作步骤】

步骤 1：打开“samp2. accdb”数据库窗口，在“创建”选项卡的“查询”选项组中单击“查询设计”按钮，系统弹出查询设计器。在“显示表”对话框中双击表“tStudent”，关闭“显示表”对话框。

步骤 2：分别双击“姓名”“政治面貌”“毕业学校”字段，如图 4-97 所示。

步骤 3：单击快速访问工具栏中的“保存”按钮，保存为“qt1”，单击“确定”按钮，关闭设计视图。

2）【审题分析】本题主要考查查询中的计算方法以及分组。

【操作步骤】

步骤 1：在“创建”选项卡的“查询”选项组中单击“查询设计”按钮，系统弹出查询设计器。在“显示表”对话框中双击表“tStudent”和“tGrade”，关闭“显示表”对话框。

步骤 2：分别双击“tStudent”表的“姓名”字段、“tGrade”表的“成绩”字段。

步骤 3：单击“显示/隐藏”分组中的“汇总”按钮，在“成绩”字段的“总计”行下拉列表中选中“平均值”，在“姓名”字段的“总计”行下拉列表中选中“Group By”。

步骤 4：在“成绩”字段的“字段”行前面添加“平均成绩:”字样，在“排序”行下拉列表中选中“降序”，如图 4-98 所示。

步骤 5：单击快速访问工具栏中的“保存”按钮，保存为“qt2”，单击“确定”按钮，关闭设计视图。

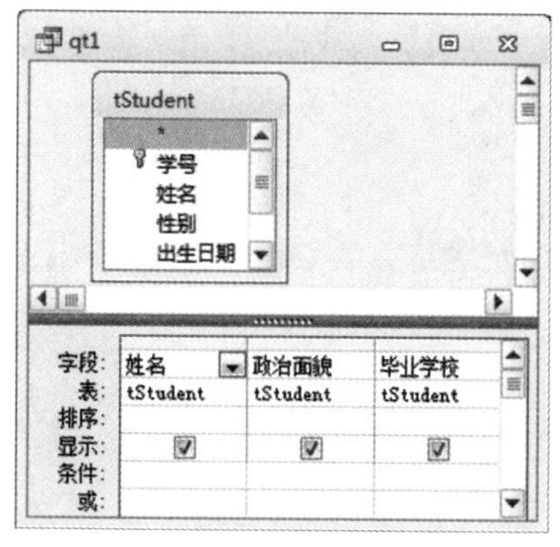

图 4-97　选择查询

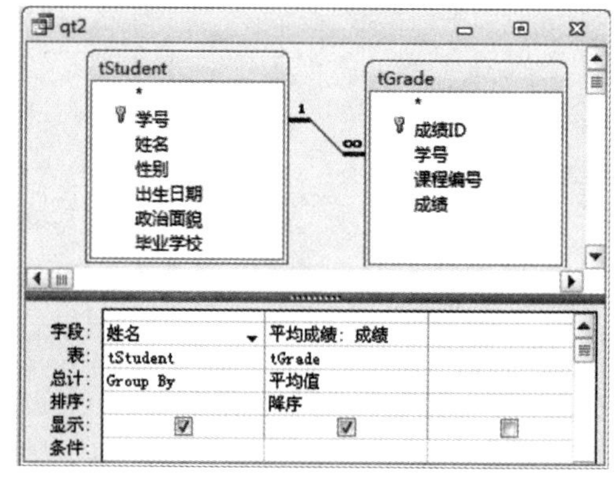

图 4-98　分组查询

3）【审题分析】本题考查参数查询以及字符串处理函数的使用方法。

【操作步骤】

步骤 1：在“创建”选项卡的“查询”选项组中单击“查询设计”按钮，系统弹出查询设计器。在“显示表”对话框中分别双击表“tStudent”“tGrade”“tCourse”，关闭“显示表”对话框。

步骤 2：在“字段”行第 1 列输入“班级编号：Mid([tStudent]![学号],1,6)，在“条件”

行输入“［请输入班级编号:］”，如图 4-99 所示。

步骤 3：分别双击“tStuednt”表的“姓名”字段、“tCourse”表的“课程名”字段和“tGrade”表的“成绩”字段。

步骤 4：单击快速访问工具栏中的“保存”按钮，保存为“qt3”，单击“确定”按钮，关闭设计视图。

4）【审题分析】本题主要考查生成表查询的方法。

【操作步骤】

步骤 1：在“创建”选项卡的“查询”选项组中单击“查询设计”按钮，系统弹出查询设计器。在“显示表”对话框中双击表“tStudent”“tGrade”和“tCourse”，关闭“显示表”对话框。

步骤 2：单击“查询类型”选项组中的“生成表”按钮，在弹出的对话框中输入“90 分以上”，单击“确定”按钮。

步骤 3：分别双击“tStudent”表的“姓名”字段、“tCourse”表的“课程名”字段和“tGrade”表的“成绩”字段，在“成绩”字段的“条件”行输入“>=90”，如图 4-100 所示。

步骤 4：单击“结果”选项组中的“运行”按钮，在弹出的对话框中单击“是”按钮，运行查询。

步骤 5：单击快速访问工具栏中的“保存”按钮，保存为“qt4”，单击“确定”按钮，关闭设计视图。

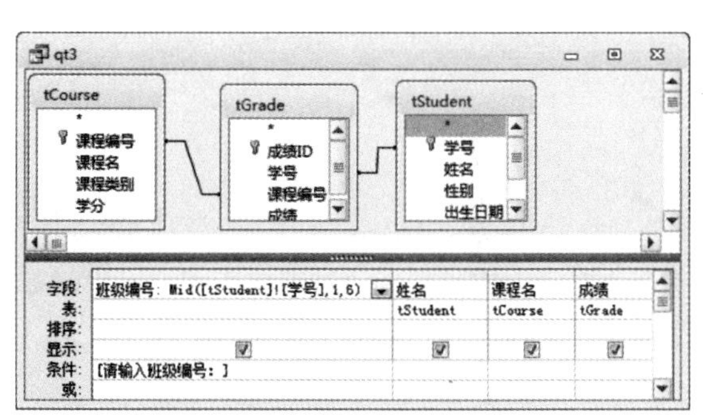

图 4-99 参数查询

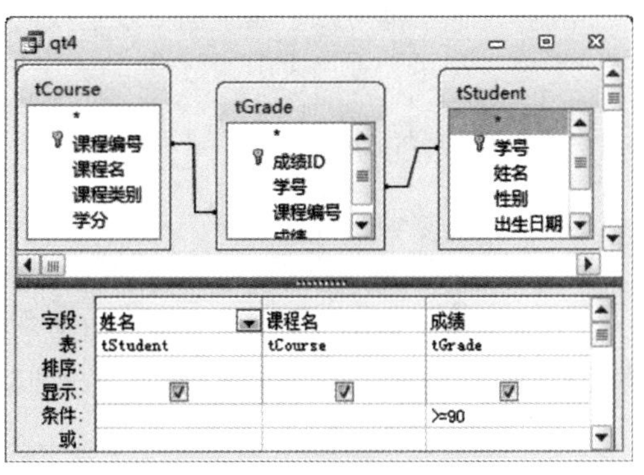

图 4-100 生成表查询

第 5 章　窗　　体

教学知识点

- 窗体的功能、组成和类型
- 窗体的创建
- 控件及其使用方法
- 窗体数据的操作
- 导航窗体的创建

5.1　窗体概述

窗体是用户与数据库之间的接口，是 Access 数据库用来和用户进行交互的主要工具。一个好的数据库管理系统，不仅数据结构设计要合理，而且要有一个功能完善、对用户友好的界面，这个界面要靠窗体来实现。

窗体的数据源可以是表，也可以是查询。通过窗体，用户可以方便地输入数据、编辑数据、修改数据、显示和查询表中的数据。

5.1.1　窗体的功能

在 Access 数据库中，窗体具有以下功能。

（1）显示和编辑数据

这是窗体的最基本功能。窗体可以显示来自多个数据表中的数据。通过窗体，用户可以对数据库中的相关数据进行添加、删除、修改以及设置属性等各种操作。

（2）接收数据的输入

用户可以设计专用窗体，用于向数据库的表中输入数据。

（3）控制应用程序执行流程

窗体可以与宏或者 VBA 代码相结合，控制程序的执行流程，实现应用程序的导航及交互功能。

（4）与用户进行交互

窗体通过自定义对话框与用户进行交互，可以为用户的后续操作提供相应的数据和信息。

（5）打印数据

Access 中除了报表可以用来打印数据外，窗体也可以用于打印数据。一个窗体可以同时具有显示数据及打印数据的双重功能。

5.1.2　窗体的组成

在窗体设计视图中，窗体的工作区主要包括窗体页眉、页面页眉、主体、页面页脚和窗体页脚 5 个部分，每一部分称为窗体的“节”。默认情况下，大部分窗体只有“主体”节，如果需要其他的节，可以在窗体设计视图中右击，在打开的快捷菜单中根据实际需要选择相应的命令进行添加。窗体的结构如图 5-1 所示。

1. 窗体页眉

窗体页眉位于窗体的顶部，一般用于显示窗体标题、窗体使用说明，或放置窗体任务按钮等。在窗体视图中，窗体页眉出现在窗体的顶部，而在打印窗体中，窗体页眉出现在第一页的顶部。窗体页眉不会出现在数据表视图中。

2. 页面页眉

页面页眉只出现在打印的窗体中，用于设置窗体在打印时的页眉信息，例如，标题、图像、列标题以及用户要在每一打印页上方显示的内容等。

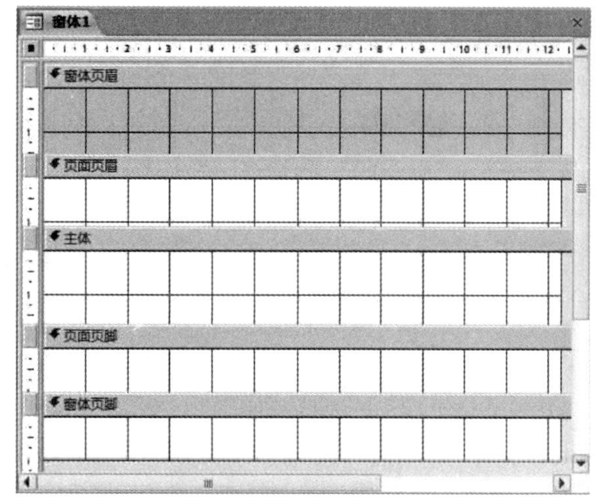

图 5-1　窗体的结构

3. 主体

主体节是窗体的主要部分，绝大多数的控件及信息都出现在主体节中。主体节通常用来显示记录数据，可以在屏幕或页面上显示一条记录，也可以根据屏幕和页面的大小显示多条记录。主体节是数据库系统数据处理的主要工作界面。

4. 页面页脚

页面页脚用于设置窗体在打印时的页脚信息，例如，日期、页码以及用户要在每一打印页下方显示的内容等。页面页脚只出现在打印的窗体中。

5. 窗体页脚

窗体页脚的功能与窗体页眉的功能基本相同，位于窗体底部，一般包括命令按钮或窗体的使用说明等。在窗体视图中，窗体页脚出现在窗体的底部，而在打印窗体中，窗体页脚出现在最后一条主体节之后。与窗体页眉类似，窗体页脚也不会出现在数据表视图中。

5.1.3　窗体的类型

Access 窗体有多种分类方法，根据数据的显示方式，可以把 Access 窗体分为 6 种类型，分别是纵栏式窗体、表格式窗体、数据表窗体、主/子窗体、数据透视图窗体和数据透视表窗体。

1. 纵栏式窗体

在纵栏式窗体中，一页显示一条完整的记录，该记录中的每个字段都显示在一个独立的行上，并且左边有一个说明性的标签，如图 5-2 所示。这样，用户可以在一个画面中完整地查看并维护一条记录的全部数据。

2. 表格式窗体

表格式窗体的特点是在一个窗体中可以显示多条记录，如图 5-3 所示。每条记录的所有字段显示在一行上，每个字段的标签都显示在窗体顶端，可通过滚动条来查看和维护所有记录。

3. 数据表窗体

数据表窗体从外观上看与数据表和查询的数据表视图相同，如图 5-4 所示。在数据表窗体中，每条记录的字段以列和行的形式显示，即每个记录显示为一行，每个字段显示为一列，且字段名称显示在每一列的顶端。数据表窗体的主要作用是作为一个窗体的子窗体。

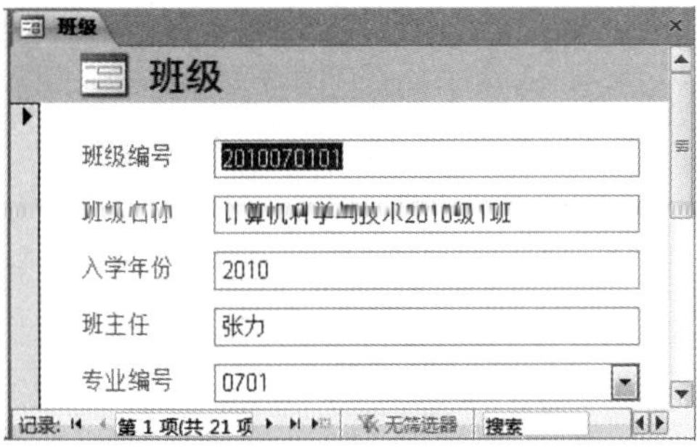

班级
班级
班级编号　2010070101
班级名称　计算机科学与技术2010级1班
入学年份　2010
班主任　张力
专业编号　0701
记录: 第 1 项(共 21 项　无筛选器　搜索

图 5-2　纵栏式窗体

成绩
成绩
学号　课程编号　分数
201007010101　CJ001　58
201007010101　CJ002　60
201007010101　CJ003　78
201007010101　CJ004　71
201007010101　CJ005　69
记录: 第 7 项(共 506　无筛选器　搜索

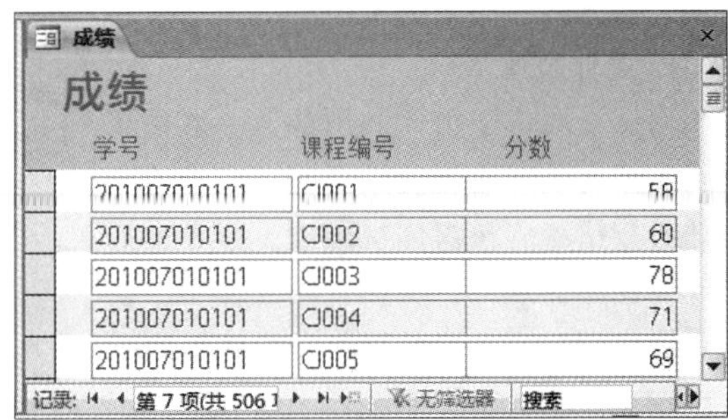

图 5-3　表格式窗体

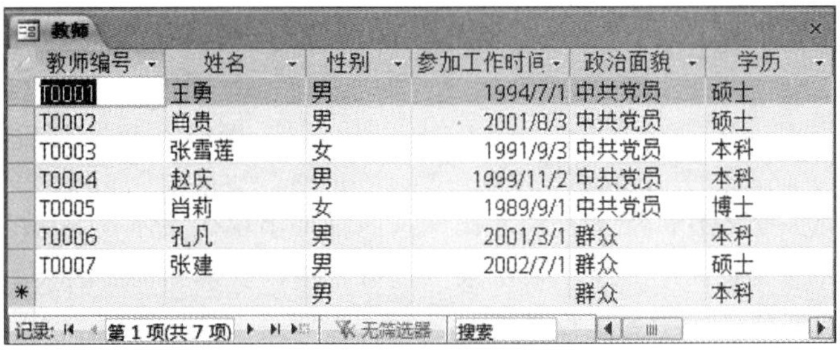

教师
教师编号　姓名　性别　参加工作时间　政治面貌　学历
T0001　王勇　男　1994/7/1　中共党员　硕士
T0002　肖贵　男　2001/8/3　中共党员　硕士
T0003　张雪莲　女　1991/9/3　中共党员　本科
T0004　赵庆　男　1999/11/2　中共党员　本科
T0005　肖莉　女　1989/9/1　中共党员　博士
T0006　孔凡　男　2001/3/1　群众　本科
T0007　张建　男　2002/7/1　群众　硕士
男　群众　本科
记录: 第 1 项(共 7 项)　无筛选器　搜索

图 5-4　数据表窗体

4. 主/子窗体

窗体中的窗体称为子窗体，包含子窗体的基本窗体称为主窗体，如图 5-5 所示。通常情况下，主窗体中的数据与子窗体中的数据是相关联的，主窗体表示的是主数据表（查询）中的数据，而子窗体表示的是被关联的数据表（查询）中的数据。

学生主子窗体
学生主子窗体
学号　201007010101
姓名　王海
性别　男
出生日期　1991/6/10
政治面貌　群众
班级编号　2010070101
照片
爱好　美术, 音乐
个人简历　我是来自无锡的一名即将出校实习的大二学生，我的专
成绩
学号　课程编号　课程名称　分数　课程类别　学分
201007010101　CJ001　微积分　58　公共基础课　4
201007010101　CJ002　计算机基础　60　公共基础课　2
201007010101　CJ003　大学英语　78　公共基础课　4
201007010101　CJ004　C语言程序设计　71　公共基础课　4
201007010101　CJ005　马克思主义哲学　69　公共基础课　2
记录: 第 1 项(共 46 项　无筛选器　搜索

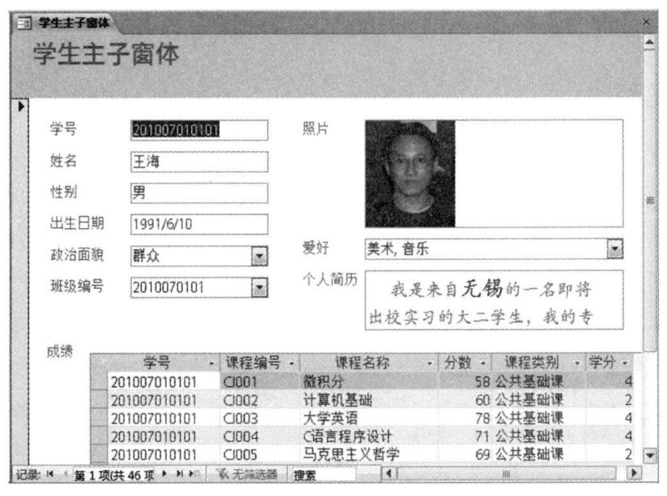

图 5-5　主/子窗体

5. 数据透视图窗体

数据透视图窗体是用于显示数据表和窗体中数据的图形分析的窗体，如图 5-6 所示。数据透视图窗体允许通过拖动字段，或通过显示和隐藏字段的下拉列表选项，查看不同级别的详细信息或指定布局。

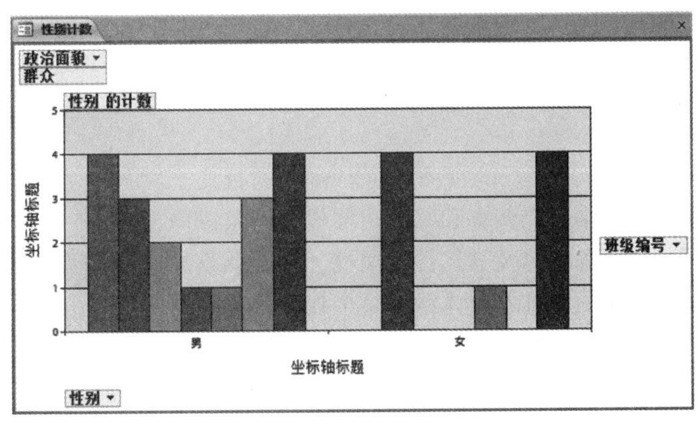

图 5 6　数据透视图窗体

6. 数据透视表窗体

数据透视表是指通过指定格式（布局）和计算方法（求和、求平均值等）汇总数据的交互式表格，以此方式创建的窗体称为数据透视表窗体，如图 5-7 所示。用户也可以改变透视表的布局，以满足不同的数据分析方式。在数据透视表窗体中可以查看和组合数据库中的数据、明细数据和汇总数据，但不能添加、修改或删除透视表中显示的数据。

成绩统计

班级名称：会计学2012级1班

课程类别	课程名称	欣 的平均值	吴金杰 分数 的平均值	张贺 分数 的平均值	张力 分数 的平均值	总计 分数 的平均值
公共基础课	C语言程序设计	83.00	97.00	61.00	62.00	79.0
	财经应用文写作	79.00	61.00	71.00	70.00	69.6
	大学英语	77.00	97.00	57.00	83.00	77.4
	计算机基础	74.00	82.00	69.00	76.00	80.0
	马克思主义哲学	57.00	73.00	80.00	84.00	75.9
	数据库应用基础	58.00	94.00	86.00	95.00	79.6
	微积分	87.00	94.00	64.00	79.00	74.1
	汇总	73.57	85.43	69.71	78.43	76.5
专业基础课	法律基础	92.00	75.00	82.00	84.00	76.8
	会计学基础	79.00	70.00	69.00	71.00	78.0
	市场营销学	65.00	92.00	72.00	78.00	76.3
	政治经济学	65.00	98.00	61.00	72.00	78.9
	汇总	75.25	83.75	71.00	76.25	77.5
总计		74.18	84.82	70.18	77.64	76.9

图 5-7　数据透视表窗体

5.1.4　窗体的视图

Access 2010 为窗体提供了 6 种视图，分别是窗体视图、数据表视图、数据透视表视图、数据透视图视图、布局视图和设计视图。其中，最常用的是窗体视图、布局视图和设计视图。打开任意窗体，单击“开始”选项卡下“视图”选项组中的“视图”按钮，在弹出的下拉列表中可以选择视图模式来切换视图，如图 5-8 所示。不同视图类型的窗体有不同的功能和应用范围。

1）窗体视图是窗体运行时的视图，用于实时显示记录数据，添加和修改表中数据，但无法修改窗体中的控件属性。

2）数据表视图以表格的形式显示表或查询中的数据，它的显示效果与表或查询对象的数据表视图相类似。在数据表视图中可以快速查看和编辑数据。

3）数据透视表视图是用于汇总并分析数据表或窗体中数据的视图。

4）数据透视图视图是以图形方式显示数据表或窗体中数据的视图。

5）布局视图是修改窗体最直观的视图，可对窗体进行几乎所有需要的更改。在布局视图中可以调整和修改窗体设计，可以向窗体中添加部分新控件，并设置窗体及其控件的属性，以及调整控件的位置和宽度等。在布局视图中查看窗体时，每个控件都显示真实数据，因此，该视图非常适合设置控件的大小或者执行其他许多影响窗体的外观和可用性的任务。

6）设计视图用于设计、修改窗体的结构、布局和属性，为窗体按钮添加各种命令与宏代码等。

图 5-8 “视图”下拉列表

5.2　创建窗体

Access 2010 提供了多种创建窗体的方法，使用“创建”选项卡中的“窗体”选项组，用户可以创建不同类型的窗体，如图 5-9 所示。

在“窗体”选项组中，创建窗体的命令或按钮的功能如下：

1）窗体。使用当前打开（选定）的数据表或查询自动创建窗体。

2）窗体设计。使用窗体设计视图设计窗体。

3）空白窗体。直接创建一个空白窗体，以布局视图的方式设计和修改窗体。

4）窗体向导。通过向导以及选择对话框中的各种选项的方式创建窗体。

5）导航。用于创建具有导航按钮及网页形式的窗体，又细分为 6 种不同的布局格式。导航工具更适合于创建 Web 形式的数据库窗体。

6）其他窗体。

① 多个项目。使用当前的数据表或查询自动创建多项目窗体。

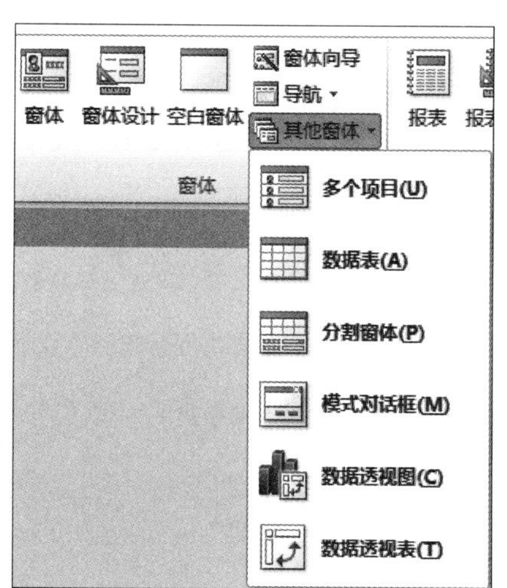

图 5-9 “创建”选项卡中的“窗体”选项组

② 数据表。使用当前打开（或选定）的数据表或查询自动创建数据表窗体。

③ 分割窗体。使用当前打开（或选定）的数据表或查询自动创建分割窗体。

④ 模式对话框。创建带有命令按钮的浮动对话框窗体。这时用户必须先输入数据或做出选择，然后才能执行操作的窗体。

⑤ 数据透视图。使用 Office Chart 组件，可以创建动态的交互式图表。

⑥ 数据透视表。使用 Office 数据透视表组件，可以汇总并分析数据表或查询中的数据。

5.2.1　自动创建窗体

自动创建窗体是指 Access 2010 能够智能化地收集相关表中的数据信息，然后依据这些信息自动地创建窗体。该方法创建的窗体包含选定数据源中的全部字段。自动创建窗体可分别通过“创建”选项卡下“窗体”选项组中的“窗体”按钮，“其他窗体”中的“多个项目”“数据表”和“分割窗体”命令来实现。其基本步骤是：先在导航窗格中选择数据源，然后直接使用上述相应的自动创建窗体按钮或命令，即可生成相应的窗体。

例 5-1 在“教学管理”数据库中，以“教师”表作为数据源，分别使用“窗体”选项组中的“窗体”按钮，“其他窗体”中的“多个项目”“数据表”和“分割窗体”命令创建“教师”窗体。

操作步骤如下：

1）在“教学管理”数据库导航窗格中选定“教师”表，然后单击“创建”选项卡卜“窗体”选项组的“窗体”按钮，即可生成“教师 1”窗体并在布局视图中打开，如图 5-10所示。

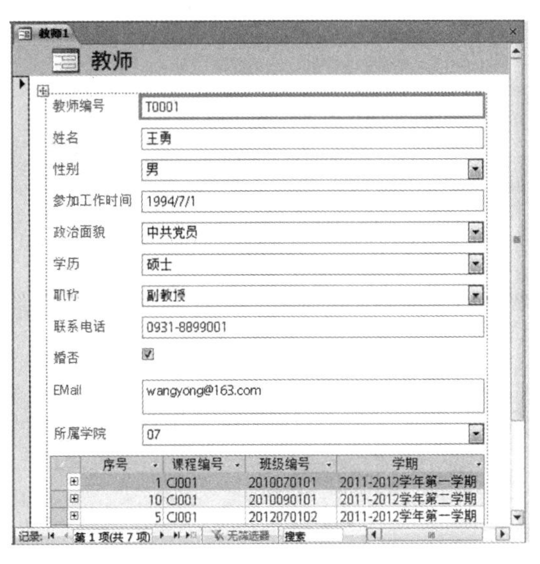

图 5-10 自动创建的“教师 1”窗体

在 Access 2010 中，如果某个表与用于创建窗体的表或查询具有一对多关系，Access 将向基于相关表或相关查询的窗体中添加一个数据表。

2）选定“教师”表，然后单击“创建”选项卡下“窗体”选项组中的“其他窗体”按钮，在打开的下拉列表中选择“多个项目”命令，即可生成“教师 2”窗体并在布局视图中打开，如图 5-11 所示。

教师2

教师

教师编号	姓名	性别	参加工作时间	政治面貌	学历	职称	联系电话
T0001	王勇	男	1994/7/1	中共党员	硕士	副教授	0931-8899001
T0002	肖贵	男	2001/8/3	中共党员	硕士	讲师	0931-1234567
T0003	张雪莲	女	1991/9/3	中共党员	本科	副教授	0931-7654321
T0004	赵庆	男	1999/11/2	中共党员	本科	讲师	
T0005	肖莉	女	1989/9/1	中共党员	博士	教授	0931-8888666
T0006	孔凡	男	2001/3/1	群众	本科	讲师	

记录: 第 1 项(共 7 项) 无筛选器 搜索

图 5-11 自动创建的“教师 2”多个项目窗体

多个项目窗体通过行与列的形式显示数据，一次可以查看多条记录。多个项目窗体提供了比数据表更多的自定义选项，如添加图形元素、按钮和其他控件的功能。

3）选定“教师”表，然后单击“创建”选项卡下“窗体”选项组中的“其他窗体”按钮，在打开的下拉列表中选择“数据表”命令，即可生成“教师 3”窗体并在数据表视图中打开，如图 5-12 所示。

4）选定“教师”表，然后单击“创建”选项卡下“窗体”选项组中的“其他窗体”按钮，在打开的下拉列表中选择“分割窗体”命令，即可生成“教师 4”窗体，如图 5-13 所示。

教师编号	姓名	性别	参加工作时	政治面貌	学历	职称
T0001	王勇	男	1994/7/1	中共党员	硕士	副教授
T0002	肖贵	男	2001/8/3	中共党员	硕士	讲师
T0003	张雪莲	女	1991/9/3	中共党员	本科	副教授
T0004	赵庆	男	1999/11/2	中共党员	本科	讲师
T0005	肖莉	女	1989/9/1	中共党员	博士	教授
T0006	孔凡	男	2001/3/1	群众	本科	讲师
T0007	张建	男	2002/7/1	群众	硕士	讲师

图 5-12　自动创建的“教师 3”数据表窗体

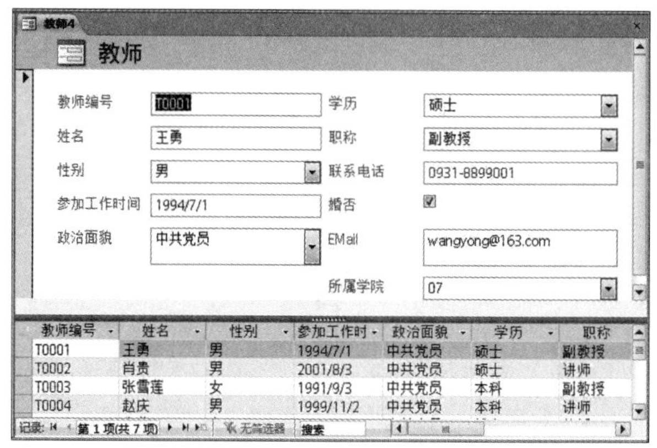

图 5-13　自动创建的“教师 4”分割窗体

利用“分割窗体”命令建立窗体，会直接进入“布局视图”模式，同时显示窗体视图和数据表视图，由于使用相同的数据源，因此彼此之间的数据能够同时更新。这种分割窗体为用户浏览记录带来了方便，既可以宏观上浏览多条记录，又可以微观上浏览一条记录。分割窗体特别适合于数据表中的记录很多，又需要浏览某一条记录明细的情况。

5.2.2　使用“窗体向导”创建窗体

使用自动创建窗体的方法可以快速地创建窗体，但所建窗体的形式、布局和外观已经确定，作为数据源的表或查询中的字段默认为全部选中。同时，这种方法只能够显示来自一个数据源（表或查询）的数据。如果用户要选择数据源中的字段、窗体的布局等，可以使用“窗体向导”来创建窗体。

使用“窗体向导”可以选择在窗体上显示哪些字段、窗体采用的布局（纵栏表、表格、数据表、两端对齐），以及窗体上显示的标题等，而且使创建的窗体更加灵活，更具有针对性。

例 5-2　在“教学管理”数据库中以“成绩”表为数据源，使用“窗体向导”创建一个表格式窗体。

操作步骤如下：

1）在“教学管理”数据库窗口中单击“创建”选项卡下“窗体”选项组中的“窗体向导”按钮，进入窗体向导界面一，如图 5-14 所示。

2）在“表/查询”下拉列表框中选择作为窗体数据源的表或查询的名称，这里选择“表：成绩”，在“可用字段”列表框中选择“成绩”表

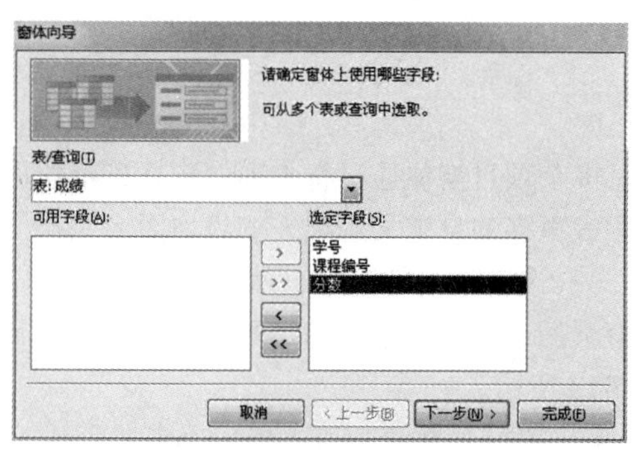

图 5-14　窗体向导界面一

中需要在新建窗体中显示的字段，单击[>]按钮逐个添加，或单击[>>]按钮全部添加到“选定字段”列表框，单击[<]与[<<]按钮可做反向处理。

3）单击“下一步”按钮，进入窗体向导界面二，选择窗体布局。这里选择“表格”布局，如图5-15所示。

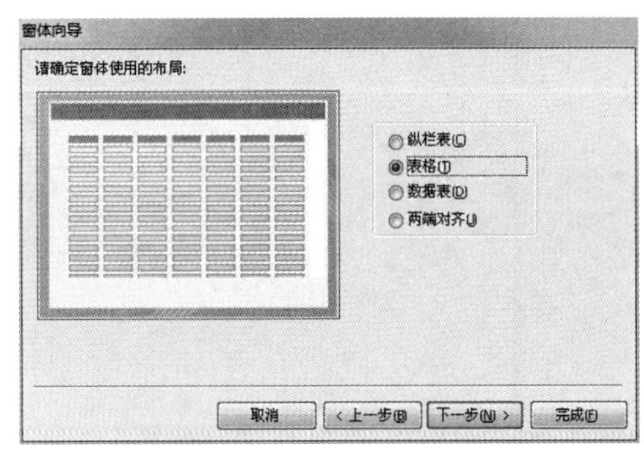

图5-15　窗体向导界面二

4）单击“下一步”按钮，进入窗体向导界面三，为窗体指定标题，也可以使用默认名称。这里使用默认名称，即“成绩”标题，如图5-16所示。如果要在完成窗体创建后打开窗体并查看或输入数据，可选择“打开窗体查看或输入信息”单选按钮；如果要修改窗体的设计，则可选择“修改窗体设计”单选按钮，这里选择“打开窗体查看或输入信息”单选按钮。

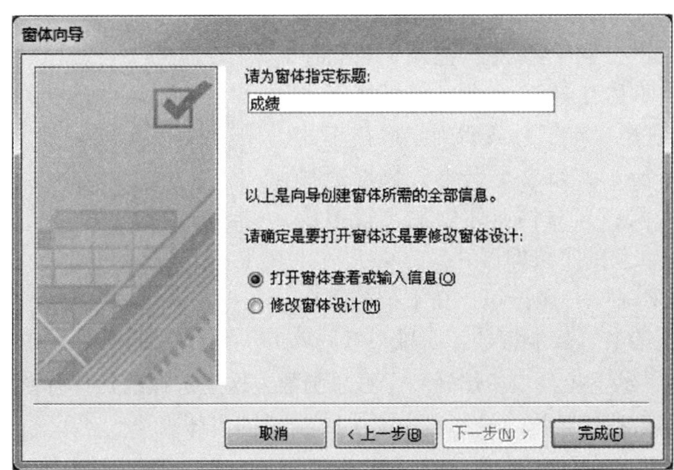

图5-16　窗体向导界面三

5）单击“完成”按钮，最终生成的窗体如图5-3所示。

5.2.3　创建数据透视表窗体

数据透视表是Access使用的一种特殊的表，用于从数据源的选定字段中汇总信息，产生一张Excel的分析表。使用数据透视表，可以动态更改表的布局，以不同的方式查看和分析数据。

1. 数据透视表的创建

例5-3　创建计算各系不同职称教师人数的“数据透视表”窗体。

操作步骤如下：

1）在“教学管理”数据库导航窗格中选择“教师”表对象，单击“创建”选项卡下“窗体”选项组中的“其他窗体”按钮，在打开的下拉列表中选择“数据透视表”命令，进入数据透视表设计视图，如图5-17所示。

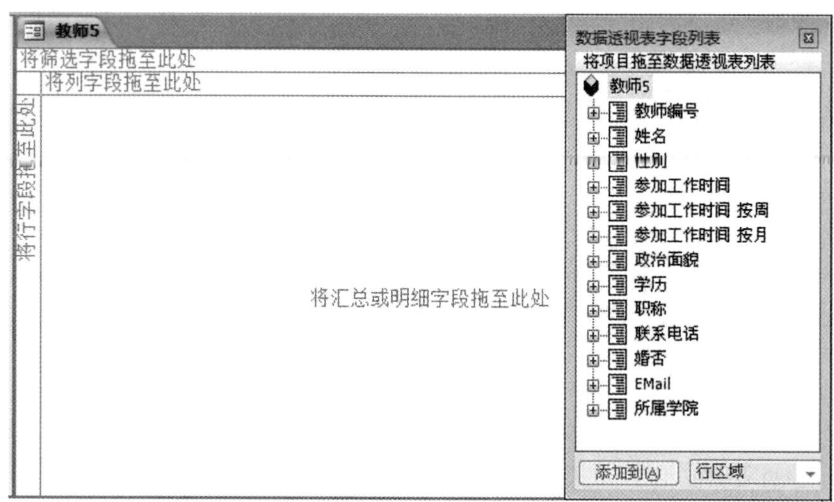

图 5-17　数据透视表设计视图

2）在图 5-17 所示窗口中，将“所属学院”拖至“将筛选字段拖至此处”，将“性别”拖至“将行字段拖至此处”，将“职称”拖至“将列字段拖至此处”，“教师编号”拖至“将汇总或明细字段拖至此处”，结果如图 5-18 所示。如果要更改“数据透视表”窗体中的字段布局，只需将窗体中的字段拖放到窗体之外，然后拖入新的字段即可。

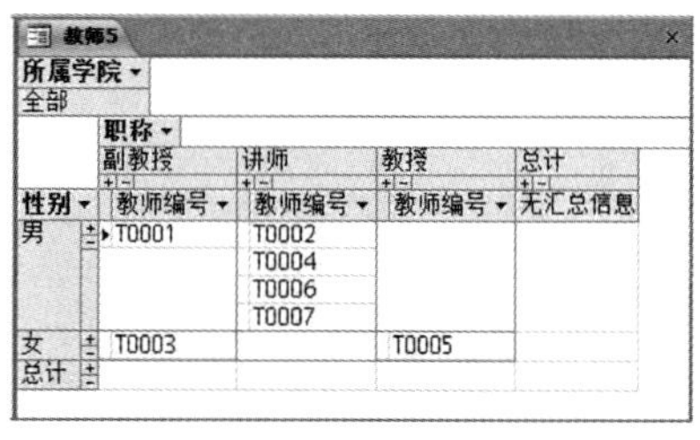

图 5-18 “数据透视表”设置结果

3）单击“所属学院”右侧按钮，在下拉列表中只选中“07”选项；选中“教师编号”字段，然后单击“设计”选项卡下“工具”选项组中的“自动计算”按钮，从下拉列表中选择一个汇总函数，这里选择的是“计数”函数，单击字段旁的“－”按钮，隐藏明细数据。最终得如图 5-19 所示的窗体。

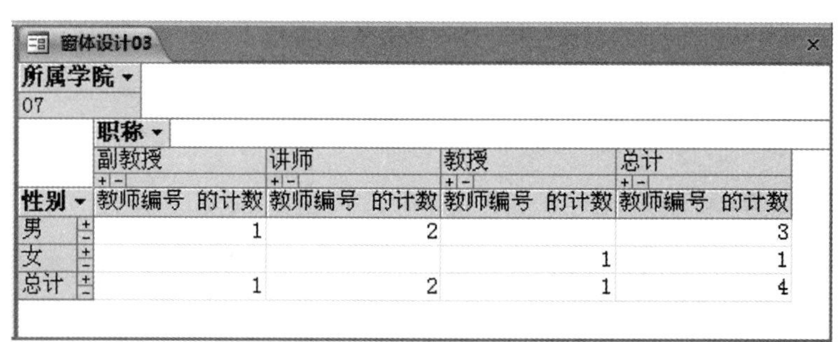

性别	副教授 教师编号 的计数	讲师 教师编号 的计数	教授 教师编号 的计数	总计 教师编号 的计数
男	1	2		3
女			1	1
总计	1	2	1	4

图 5-19　统计各学院不同职称教师人数的“数据透视表”窗体

4）保存窗体，将窗体命名为“窗体设计 03”。

本章后面例题所建立的窗体均以“窗体设计”加上例题的序号作为窗体的名称。

2. 数据透视表的修改

用户可以打开现有的数据透视表重新构建视图的布局，以便按照不同方式分析数据。例如，可以重新设置行字段、列字段和筛选字段，直到获得所需的布局。每一次改变布局时，数据透视表都会立即按照新的排列重新计算数据。另外，在源数据发生更改时，可以更新“数据透视表”

窗体。用户可以通过切换到“设计”选项卡下，单击“数据”选项组中的“刷新数据透视图”按钮来更新数据透视表中的数据。

5.2.4 使用设计视图创建窗体

利用窗体的向导工具虽然可以方便地创建窗体，但这只能满足一般的显示与功能要求，对于用户的一些特殊要求却无法实现。例如，在窗体中增加各种按钮以实现数据的检索及加入说明性信息等。因此，Access 提供了窗体的设计视图。使用窗体设计视图，用户既可以从无到有地创建一个界面友好、功能完善的窗体，也可以对已创建的窗体进行再设计，使之更加美观、功能更加完善。

在设计视图中创建窗体主要包括以下步骤：打开窗体设计视图；为窗体设定记录源；在窗体上添加控件；调整控件的位置；设置窗体和控件的属性；切换视图；保存窗体等。

下面以一个例子说明在设计视图中创建窗体的过程，使读者了解窗体的基本操作。

例 5-4 在“教学管理”数据库中使用设计视图创建一个用于显示学生基本信息的窗体。

操作步骤如下：

1. 打开窗体设计视图

单击“创建”选项卡下“窗体”选项组中的“窗体设计”按钮，打开窗体设计视图，如图 5-20所示。

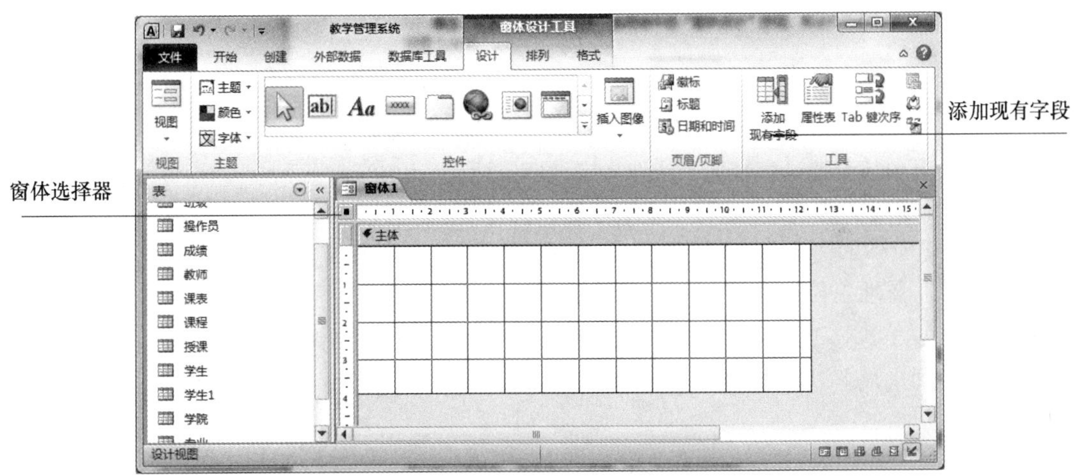

图 5-20 窗体的设计视图

打开窗体设计视图时，在系统菜单上会出现 3 个窗体设计工具的选项卡，分别是“设计”“排列”和“格式”。用户可以利用“设计”“排列”和“格式”选项卡设计和修改窗体。

2. 为窗体设定记录源

如果创建的窗体用来显示或输入数据表的数据，必须为窗体设定记录源。如果创建的窗体用作导航窗体，或自定义对话框，则不必设定记录源。

为窗体设定记录源通常有以下途径：在窗体设计视图下单击“设计”选项卡下“工具”选项组中的“添加现有字段”按钮，即可打开当前数据库的所有数据表“字段列表”窗格，将选中字段从“字段列表”窗格拖动到窗体或报表上，Access 2010 则会自动设定窗体或报表的记录源属性，如图 5-21 所示。

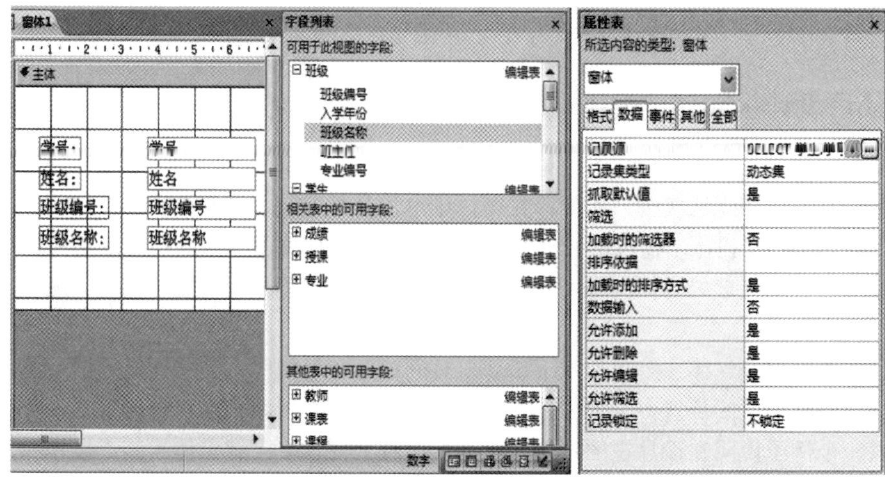

图 5-21　通过从“字段列表”窗格拖动字段自动设定窗体的记录源属性

用户也可以通过“属性表”窗格为窗体设定记录源。

打开窗体的“属性表”窗格可使用下面两种方法：

1）单击窗体设计视图左上角的“窗体选择器”，然后单击“设计”选项卡下“工具”选项组中的“属性表”按钮，或按 F4 键。

2）双击“窗体选择器”。“属性表”窗格如图 5-22 所示，一般有“格式”“数据”“事件”“其他”和“全部”5 个选项卡，每个选项卡都包含若干个属性。用户可以在“属性表”窗格上通过直接输入或选择来设置属性。

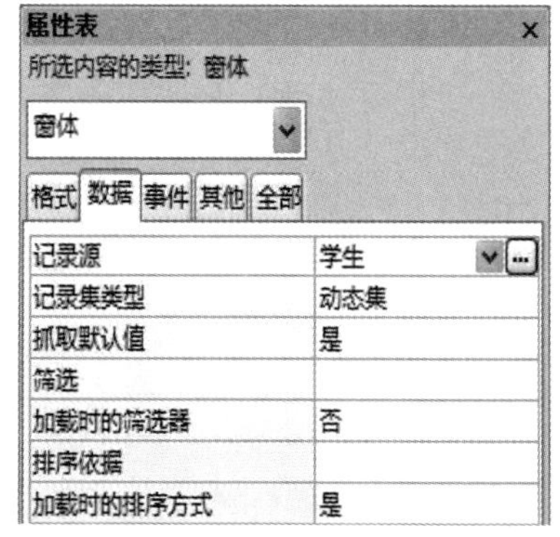

图 5-22　窗体“属性表”窗格

“数据”选项卡下的“记录源”属性可以为窗体指定记录源，一个窗体的记录源可以是一个表或一个查询。单击“记录源”属性下拉按钮，可从表或查询列表中进行选择。也可以单击“记录源”属性右侧的按钮，在弹出的“查询生成器”中创建一个查询作为窗体的记录源。

本例中通过“属性表”窗格选择“学生”表作为窗体记录源。

3. 在窗体上添加控件

当窗体设定了记录源后，窗体便可以显示表或查询中的字段值。

单击“设计”选项卡下“工具”选项组中的“添加现有字段”按钮，从数据源的“字段列表”窗格中双击选中字段，或者将选中字段拖动到窗体上。若要一次添加若干连续字段，可以单击其中的第 1 个字段，按住 Shift 键单击最后一个字段；若要一次添加若干不连续字段，可以在按住 Ctrl 键的同时单击要添加的各个字段，最后将选定字段拖动到窗体上。

本例中选择“学号”“姓名”“性别”“出生日期”“政治面貌”“照片”“个人简历”“班级编号”字段，窗体设计视图如图 5-23 所示。

需要说明的是，当一个字段被拖到窗体时，Access 将根据字段的数据类型为字段创建适当的控件并设置某些属性。Access 用一个组合控件显示这个字段，如图 5-24 所示。组合控件包含两部分：文本框控件（或组合框控件等，由字段的数据类型决定）及其附加标签控件。标签控件显示说明性文字，文本框控件显示字段内容。

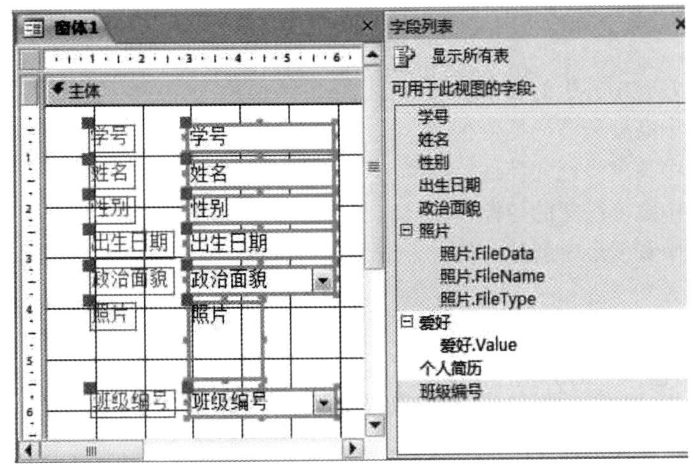

图 5-23 窗体设计视图

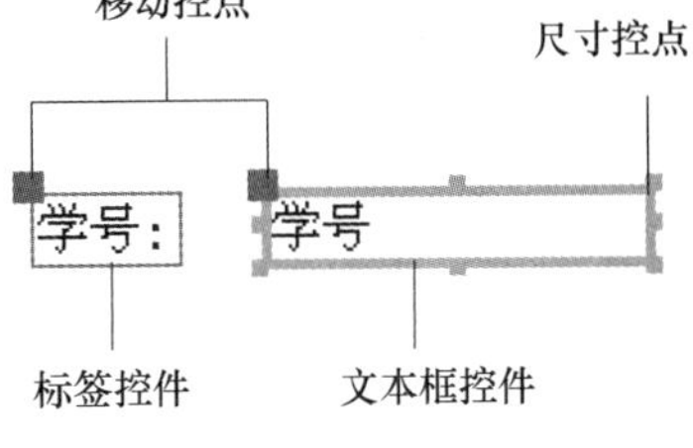

图 5-24 组合控件及其控点

4. 调整控件的位置

当窗体中存在较多的控件时，需要对控件的位置、大小、对齐方式等进行调整，使窗体更加美观。无论对控件进行什么操作，之前都必须先选定。

（1）选定控件

1）选定一个控件。单击某控件，该控件区域的四角及每边的中点均会出现一个控点，表示控件已被选中，如图 5-24 所示。

2）选定多个控件。按住 Shift 键逐个单击要选择的控件；或者按下鼠标左键进行拖动，使屏幕上出现一个虚线框，释放鼠标后，包含在该矩形虚线框内的控件即被选定。

3）选定全部控件。按 Ctrl + A 组合键即可选定全部控件。

4）取消控件选定。单击已选定控件的外部某处，即可取消控件选定。

提示：借助标尺可选择一个较大范围内的控件。将鼠标指针移到水平标尺中，变为向下的小黑箭头后单击，可选定指针所在列的所有控件，按下鼠标左键拖动，拖动经过范围内的所有控件即被选定；当鼠标指针移到垂直标尺中，变为向右的小黑箭头时单击，可选定指针所在行的所有控件，按下鼠标左键拖动，拖动经过范围内的所有控件即被选定。

（2）移动控件

1）同时移动控件及其附加标签。单击组合控件的任一部分，Access 就为两个控件显示移动控点及所单击控件的尺寸控点。将指针移到选定控件的边框，指针变为四向箭头✣时，按下鼠标左键拖动，即可将组合控件拖至新位置。

2）分别移动控件及其附加标签。单击组合控件的任一部分，将鼠标指针指向控件或其附加标签左上角的移动控点上，指针变为四向箭头✣时，按下鼠标左键拖动，即可将控件或标签拖至新位置。

3）同时移动多个控件。按住 Shift 键选定多个控件，将指针移到任一选定控件的边框，直到指针变成四向箭头✣时，按下鼠标左键拖动，可将多个控件同时拖至新位置。

（3）调整控件大小

选定一个控件或多个控件后，鼠标指针指向尺寸控点可以调整控件的大小；也可以通过设置控件“格式”属性，改变其“宽度”和“高度”属性值来改变控件的大小；还可以单击“排列”选项卡下“调整大小和排序”选项组中的“大小/空格”按钮，如图 5-25 所示，在下拉列表中选择下列命令来改变控件的大小。

1）“正好容纳”。使控件大小正好容纳其中的文本。

2）“至最高”。使选定控件与其中高度最高的控件相同。

3）“至最短”。使选定控件与其中高度最低的控件相同。

4）“至最宽”。使选定控件与其中宽度最宽的控件相同。

5）“至最窄”。使选定控件与其中宽度最窄的控件相同。

（4）对齐控件

选定要调整的控件后，可以单击“排列”选项卡下“调整大小和排序”选项组中的“对齐”按钮，如图 5-26 所示，在下拉列表中选择“对齐网格”命令，则选定控件自动与网格对齐；如果选定的控件在同一行或同一列，可以选择下拉列表中的其他命令来对齐控件。

1）“靠左”。使选定控件的左边缘与选定控件中位于最左边控件的左边缘对齐。

2）“靠右”。使选定控件的右边缘与选定控件中位于最右边控件的右边缘对齐。

3）“靠上”。使选定控件的上边缘与选定控件中位于最上边控件的上边缘对齐。

4）“靠下”。使选定控件的下边缘与选定控件中位于最下边控件的下边缘对齐。

（5）调整控件间隔

选择 3 个以上需要调整的控件，然后单击“排列”选项卡下“调整大小和排序”选项组中的“大小/空格”按钮，如图 5-27 所示，在下拉列表中可选择“水平相等”“水平增加”“水平减少”“垂直相等”“垂直增加”或“垂直减少”命令，Access 2010 将对这些控件进行等间隔排列、增加或减少控件之间的间距等操作。

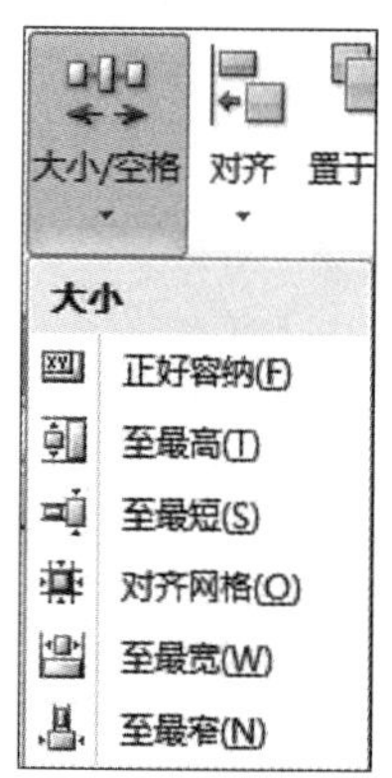

图 5-25　调整控件的大小命令

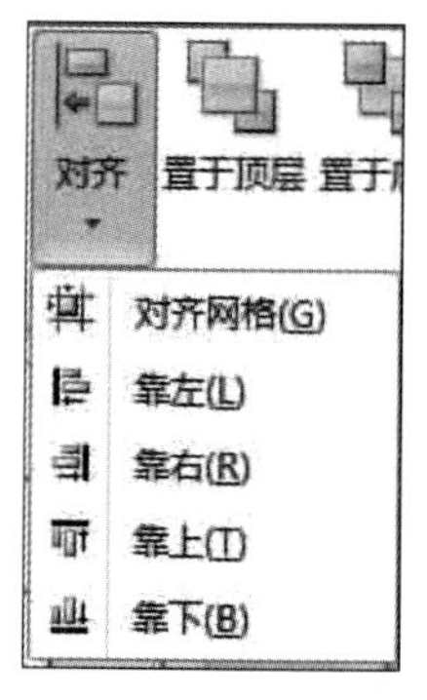

图 5-26　控件的对齐方式

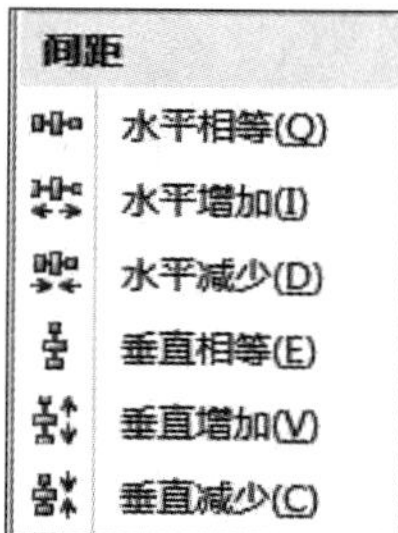

图 5-27　调整控件的间距命令

（6）删除控件

选定要删除的一个或多个控件，按 Delete 键即可。

本例中，对图 5-23 窗体设计视图中控件的位置和大小进行适当调整，结果如图 5-28 所示。

5. 设置窗体和控件的属性

激活当前窗体对象或某个控件对象，单击“设计”选项卡下“工具”选项组中的“属性表”按钮，即可打开当前选中对象或某个控件对象的“属性表”窗格，可进行窗体或控件的属性设置。窗体和控件的主要属性及设置方法将在 5. 3 节中介绍。本例仅介绍窗体“标题”属性的设置方法。

打开窗体的“属性表”窗格，单击“格式”选项卡下的“标题”属性，可以为窗体指定标题。本例中设置窗体的标题属性为“学生基本信息”，如图 5-29 所示。

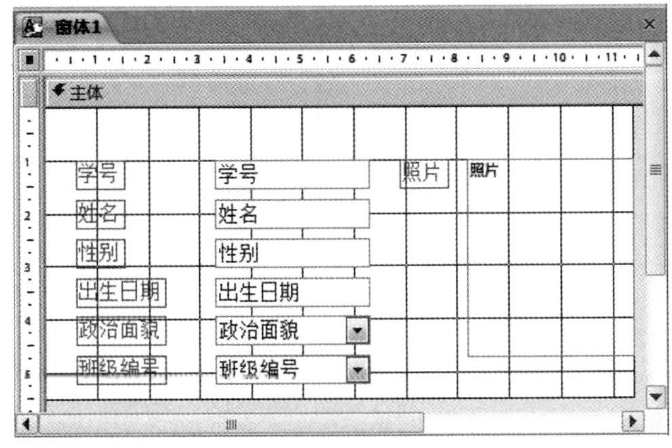

图 5-28 调整控件大小和位置后的窗体设计视图

属性表

所选内容的类型：窗体

窗体

格式 数据 事件 其他 全部

标题	学生基本信息
默认视图	单个窗体
允许窗体视图	是
允许数据表视图	是
允许数据透视表	是
允许数据透视图	是
允许布局视图	是
图片	(无)

图 5-29 设置窗体属性

6. 切换视图

单击“开始”选项卡下“视图”选项组中的“视图”按钮，切换到窗体视图，如图 5-30所示。浏览窗体的设计效果后，如果希望进一步修改窗体，可以再切换到布局视图或窗体设计视图。

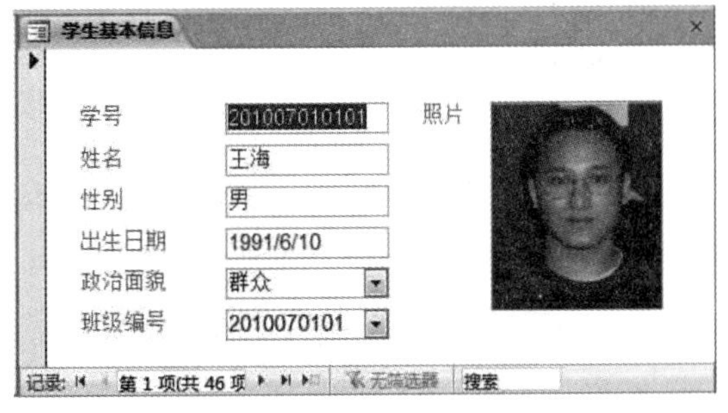

图 5-30 切换到窗体视图

7. 保存窗体

切换到“文件”选项卡，在文件窗口中选择“保存”命令，在弹出的“另存为”对话框中输入窗体名称，并单击“确定”按钮，本例中将窗体命名为“窗体设计 04”。

5.2.5 创建主/子窗体

子窗体是指插入到其他窗体中的窗体，包含子窗体的基本窗体称为主窗体。主/子窗体的组合有时被称为分层窗体、大纲/细节窗体或父/子窗体。

在实际应用中，用户经常需要在同一窗体中查看来自多个表或查询的数据，这时可以用主/子窗体来实现。在 Access 2010 中，创建主/子窗体的方法有两种：①使用“自动创建窗体”或“窗体向导”同时创建主/子窗体；②将已有的窗体作为子窗体添加到另一个已有窗体中。在创建主/子窗体之前，作为主窗体的数据源与作为子窗体的数据源之间应当先建立表间一对多的关系。

1. 使用“自动创建窗体”同时创建主/子窗体

如果一个表中嵌入了子数据表，那么以这个主表作为数据源，使用“自动创建窗体”的方法可以迅速创建主/子窗体。

操作步骤如下：

1）在“教学管理”数据库窗口中单击导航窗格中已嵌入子数据表的主表。

2）单击“创建”选项卡下“窗体”选项组中的“窗体”按钮，立即生成主/子窗体，并在布局视图中打开窗体。主窗体中显示主表中的记录，子窗体中显示子表中的记录。

2. 使用“窗体向导”创建主/子窗体

例 5-5　在“教学管理”数据库中以“学生”表和“成绩”表为数据源，创建图 5-31 所示的主/子窗体。

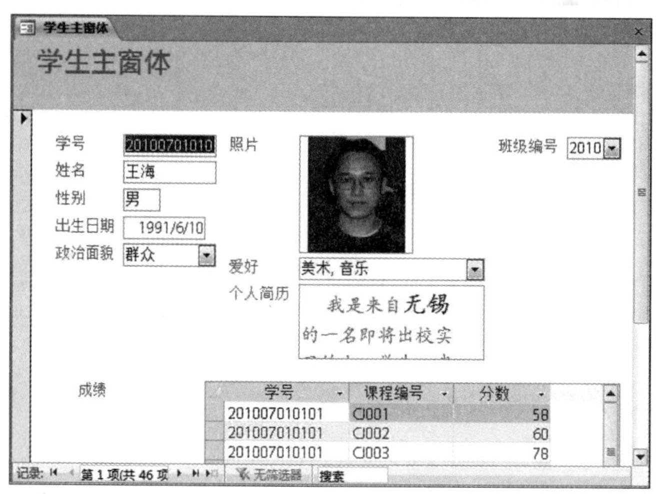

图 5-31　要创建的主/子窗体

操作步骤如下：

1）在“教学管理”数据库窗口中单击“创建”选项卡下“窗体”选项组中的“窗体向导”按钮，进入窗体向导界面一，如图 5-32 所示。

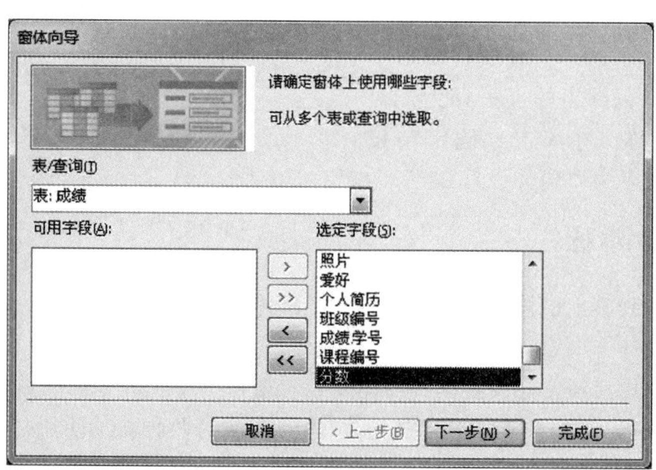

图 5-32　窗体向导界面一

2）打开“表/查询”下拉列表，从中选择“表：学生”，在“可用字段”列表框中选择要显示的字段，单击 > 或 >> 按钮添加。再打开“表/查询”下拉列表，从中选择“表：成绩”，在“可用字段”列表框中选择要显示的字段，单击 > 或 >> 按钮添加。

3）单击“下一步”按钮，进入窗体向导界面二，确定窗体查看数据的方式。由于“学生”表和“成绩”表之间具有一对多关系，“学生”表位于一对多关系中的“一方”，因此选择查看数据的方式为“通过学生”，并选择“带有子窗体的窗体”单选按钮，如图 5-33 所示。

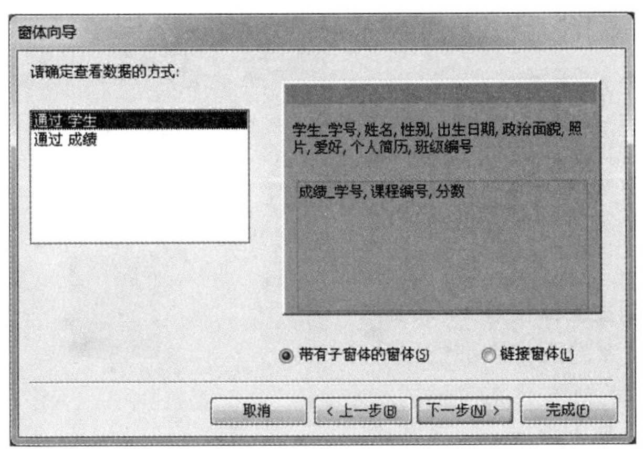

图 5-33 窗体向导界面二

4）单击“下一步”按钮，进入窗体向导界面三，如图 5-34 所示，确定子窗体使用的布局方式。这里选择默认的“数据表”选项作为子窗体的布局方式。

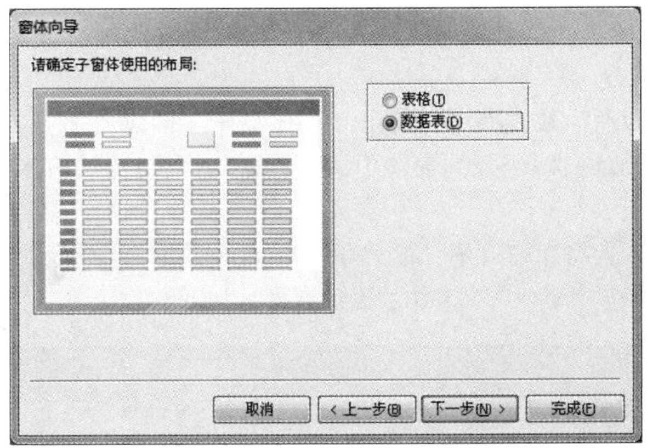

图 5-34 窗体向导界面三

5）单击“下一步”按钮，进入窗体向导界面四，为窗体指定标题，也可以使用默认名称。这里为主窗体和子窗体分别指定“学生主窗体”和“成绩子窗体”标题，如图 5-35 所示。

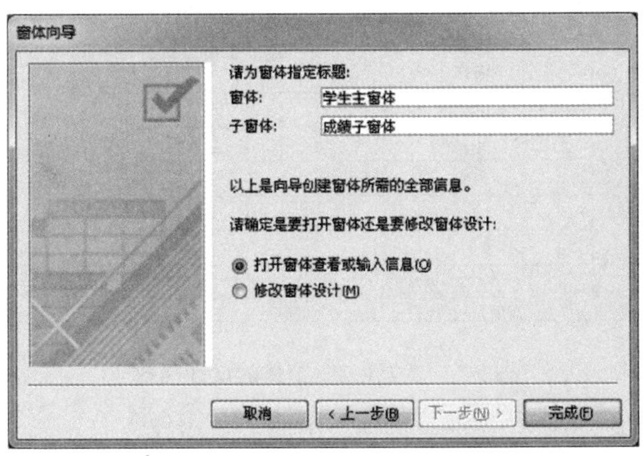

图 5-35 窗体向导界面四

6）单击“完成”按钮，最终生成所要求的窗体。

如果在图 5-33 所示的界面中选择“链接窗体”单选按钮，则可以创建链接窗体，主窗体中将会出现一个切换按钮，单击该按钮便可打开子窗体。将上例创建为链接窗体的结果如图 5-36 所示。

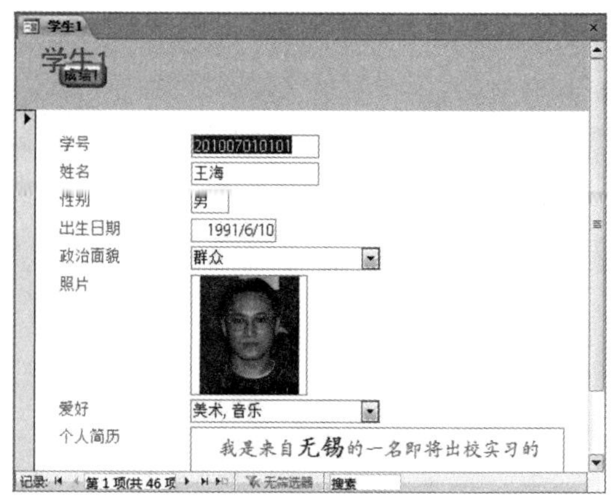

图 5-36　链接窗体

3. 将子窗体添加到主窗体创建主/子窗体

如果存在一对多关系的两个表都已经分别创建了窗体，就可以将具有“多”端的窗体添加到具有“一”端的主窗体中，使其成为子窗体。Access 2010 提供了两种操作方法可实现将子窗体添加到主窗体中：①是使用“子窗体/子报表”控件；②是使用鼠标直接将子窗体拖动到主窗体中。

（1）使用“子窗体/子报表”控件创建主/子窗体

使用“设计”选项卡下“控件”选项组的“子窗体/子报表”控件，可以快速创建一个主/子窗体。

例 5-6　在“教学管理”数据库中，使用“窗体向导”创建“学生 2”窗体，然后将例 5-2 创建的“成绩”窗体添加到“学生 2”窗体中，使其成为“学生 2”窗体的子窗体。

操作步骤如下：

1）在“教学管理”数据库窗口中，以“学生”表为数据源，使用“窗体向导”创建一个“学生 2”窗体，并切换至“学生 2”窗体的设计视图，如图 5-37 所示。

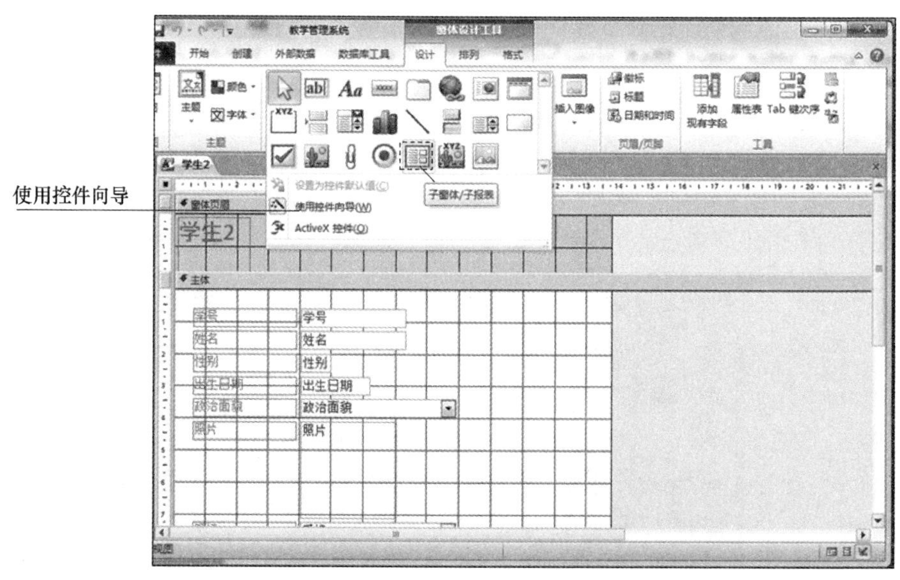

图 5-37　“学生 2”窗体的设计视图

2）确认“设计”选项卡下“控件”选项组中的“使用控件向导”工具处于选中状态，在“控件”选项组中单击“子窗体/子报表”按钮。

3）在“学生 2”窗体的“主体”节中单击要放置子窗体的位置，出现子窗体向导界面一，如图 5-38 所示，选中“使用现有的窗体”单选按钮，在下方的列表框中选择“成绩”窗体。

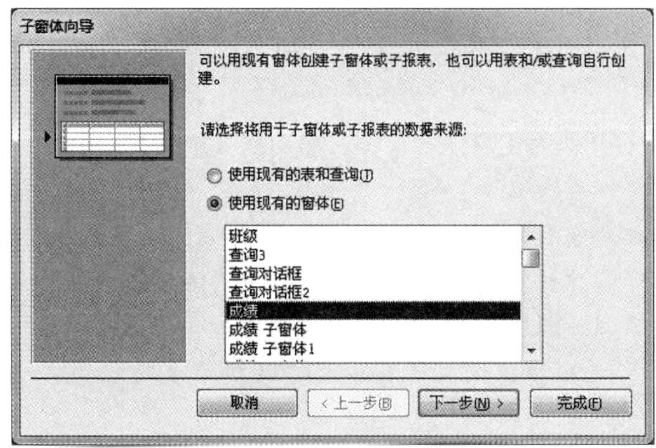

图 5-38　子窗体向导界面一

4）单击“下一步”按钮，进入子窗体向导界面二，选择对应的连接字段，如图 5-39 所示。

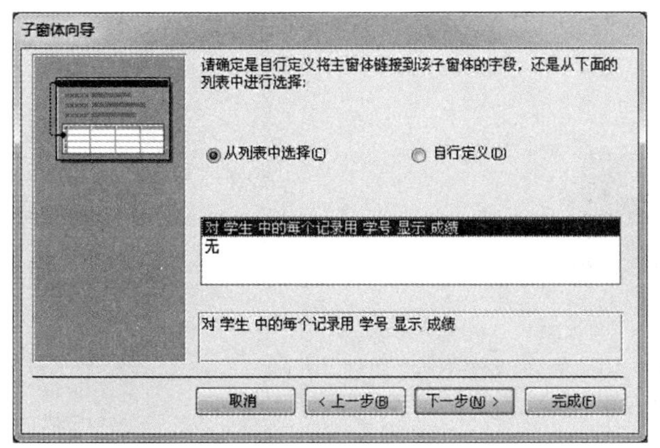

图 5-39　子窗体向导界面二

5）单击“下一步”按钮，进入子窗体向导界面三，指定子窗体或子报表的名称，如图 5-40 所示。

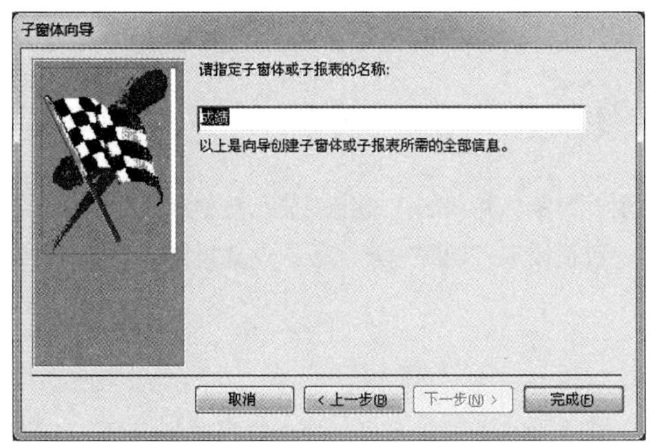

图 5-40　子窗体向导界面三

6）单击“完成”按钮，切换到窗体视图，得到图 5-41 所示的窗体。

7）将窗体另存为“窗体设计 06”。

（2）使用鼠标直接将子窗体拖动到主窗体中创建主/子窗体

操作步骤如下：

在“设计视图”中打开作为主窗体的窗体，然后从导航窗格中将作为子窗体的窗体直接拖动到主窗体中即可。

注意：向主窗体中添加子窗体控件，子窗体会自动绑定到主窗体上。如果无法确定如何将子窗体链接到主窗体，则子窗体控件的“链接子字段”和“链接主字段”属性将保留为空白。用户可以手动设置这两个属性，操作步骤为：在“设计视图”中选定子窗体，打开子窗体的“属性表”窗格，在“数据”选项卡中设置子窗体的“链接子字段”和“链接主字段”属性，如图 5-42所示。

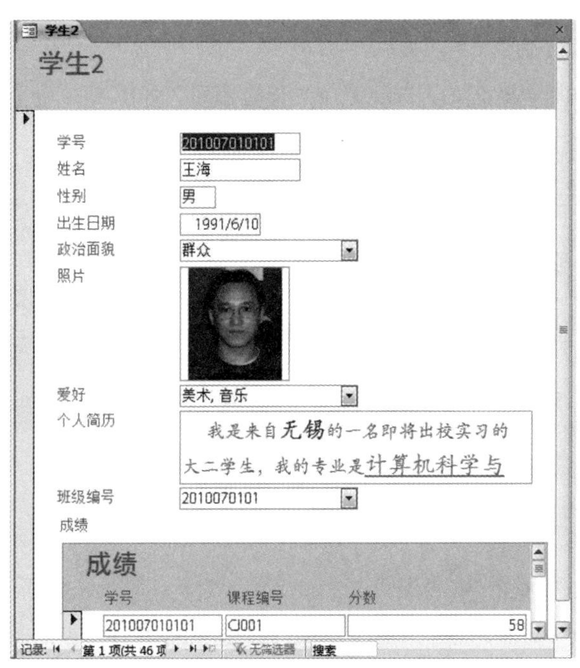

图 5-41 “学生”与“成绩”主/子窗体

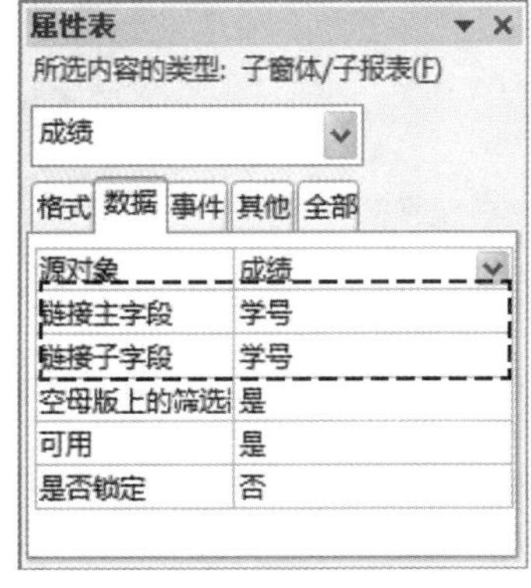

图 5-42 子窗体“数据”属性设置

5.3 窗体基本控件及其应用

控件是窗体设计的主要对象，其功能主要用于显示数据和执行操作。在窗体设计过程中，核心操作是对控件的操作，包括添加、删除、修改等。设计窗体必须很好地掌握窗体控件的属性及其应用方法。

5.3.1 控件的类型

在 Access 中，按照控件与数据源的关系可将控件分为“绑定型”“未绑定型”和“计算型”3 种类型。

1）绑定型控件。源于窗体数据源（基础表或基础查询）的某个数据字段。使用这种控件可以显示、输入或更新数据库中的字段值。

2）未绑定型控件。没有数据源。使用这种控件可以显示信息、线条、矩形和图片。

3）计算型控件。以表达式作为数据源。表达式可以使用窗体或报表的基础表或基础查询中的字段数据，也可以使用窗体或报表上其他控件的数据。

5.3.2 控件的功能

在窗体设计过程中，经常要在窗体上添加控件，为此 Access 2010 提供了“控件”选项组，用来生成窗体的常用控件，以便进行可视化的窗体设计。

在窗体设计视图中，切换到“设计”选项卡，该选项卡中的“控件”选项组包含了创建窗体所使用的绝大多数控件，如图 5-43 所示。除此之外，在“页眉/页脚”选项组中还有 3 个控件：徽标、标题、日期和时间。

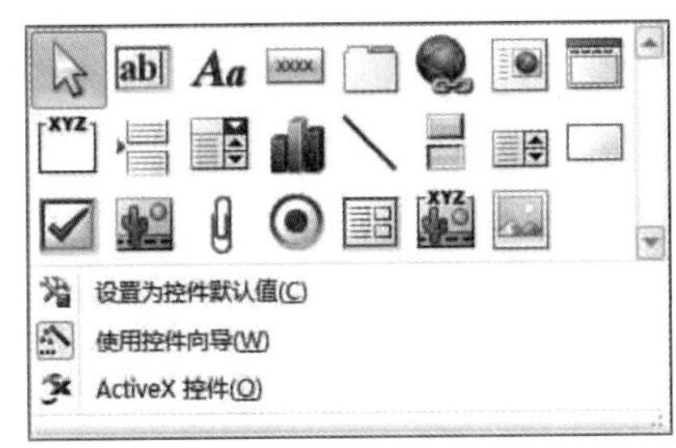

图 5-43 “设计”选项卡中的“控件”选项组

Access 2010 中各控件的功能见表 5-1。

表 5-1 基本控件按钮的名称及功能

名　　称	控件按钮	按钮的功能
选择		用于选定控件、节或窗体
文本框		用于显示、输入或编辑窗体数据源的数据，显示计算结果，或接收用户输入的数据
标签		用于显示说明文本，如窗体或报表上的标题或指示文字
按钮		用于完成各种操作，一般与宏或代码链接，单击时执行相应的宏或代码
选项卡控件		用于创建多页的选项卡窗体或选项卡对话框。在选项卡控件上可以添加其他类型的控件
超链接		创建指向网页、图片、电子邮件地址或程序的链接
Web 浏览器控件		在窗体中插入浏览器控件
导航控件		在窗体中插入导航条
选项组		与复选框、单选按钮或切换按钮搭配使用，可显示一组可选值
插入分页符		用于在窗体上开始一个新的屏幕，或在打印窗体上开始一个新页
组合框		包含一个文本框和一个下拉列表框，既可在文本框部分输入数据，也可用下拉列表部分选择输入
图表		在窗体中添加图表对象
直线		用于突出显示某部分内容，或美化窗体与报表
切换按钮		与“是/否”型数据相结合，或作为接收用户在自定义对话框中输入数据的未绑定型控件，或作为选项组的一部分。按下切换按钮，其值为“是”，否则为“否”
列表框		显示一个可滚动的数据列表。当窗体处于打开状态时，可从列表中做出选择，以便在新记录中输入数据或更改现存的数据记录
矩形		显示图形效果，常用于绘制分隔区域，即在窗体或报表上分组其他控件

（续）

名　称	控件按钮	按钮的功能
复选框		与“是/否”型数据相结合，或作为接收用户在自定义对话框中输入数据的未绑定型控件，或作为选项组的一部分。选中复选框时，代表“是”；反之，代表“否”
未绑定对象框		用于在窗体或报表中显示未绑定型 OLE 对象，如 Excel 电子表格。与窗体的记录源无关，当在记录间移动时，该对象将保持不变
附件		该控件绑定到数据源表中的“附件”字段，使用该控件可以浏览任何附件以及打开“附件”对话框
选项按钮		与“是/否”型数据相结合，或作为接收用户在自定义对话框中输入数据的未绑定型控件，或作为选项组的一部分。选中时圆形内出现小黑点，代表“是”；反之，代表“否”
子窗体/子报表		用于显示来自多表的数据
绑定对象框	XYZ	用于在窗体或报表中显示绑定型 OLE 对象。这些对象与数据源的字段有关。当在记录间移动时，其内容会随当前记录的改变而改变
图像		用于在窗体中显示静态图片。静态图片并非 OLE 对象，一旦添加到窗体或报表中，便无法对其进行编辑
使用控件向导		用于打开或关闭控件向导。使用控件向导可以创建列表框、组合框、选项组、按钮、图表、子报表或子窗体
ActiveX 控件		用于直接在窗体中添加并显示具有一定功能的组件，如可在窗体中添加一个日历控件来显示日期
徽标	徽标	用于给窗体或报表添加徽标 Logo 的工具
标题	标题	用于在窗体中添加标题
日期和时间	日期和时间	用于在窗体中添加日期和时间

5.3.3　向窗体添加控件

使用向导创建窗体时，系统自动将控件添加到窗体上。在“设计视图”中为窗体添加控件时，用户必须采用手动方式。手动添加控件的常用工具是“字段列表”和“设计”选项卡下的“控件”选项组。

在基于记录源的窗体中，用户可以通过从“字段列表”窗格中拖动字段来快速创建绑定型控件。操作步骤和过程如例 5-4 所示。

如果要自行指定控件的类型，用户可以通过在“设计”选项卡下“控件”选项组中单击适当的控件工具按钮来创建。创建控件对象必须很好地掌握窗体控件的属性及其应用方法。下面逐个介绍各主要控件的创建方法及其属性设置。

1. 创建标签控件

标签主要用来在窗体上显示一些说明性文字，如标题或简短的提示信息。标签不能显示字段或表达式的值，它没有数据来源，属于未绑定型控件。当从一个记录转到另一个记录时，标签的内容不变。

标签有两种：独立标签和附加标签。

当使用“标签”按钮创建标签时，该标签是独立的，并不附加到其他任何控件上。独立标签用于显示窗体的标题或其他说明性文本，独立标签在数据表视图中并不显示。

标签也可以附加到其他控件上，如在创建文本框时会同时创建一个附加标签，该标签在数据表视图中作为列标题显示。

例 5-7 打开“窗体设计 04”窗体，在窗体页眉中添加一个标签，输入“学生基本信息”，设置“字体名称”为隶书，“字号”为 20，字体颜色为黑色。

主要操作步骤如下：

1）打开“窗体设计 04”窗体设计视图，右击鼠标，在弹出的快捷菜单中选择“窗体页眉/页脚”命令，添加窗体页眉和页脚。

2）单击“设计”选项卡下“控件”选项组中的“标签”按钮，将指针定位到窗体页眉节的适当位置，拖动鼠标确定标签大小，并在其中输入文本“学生基本信息”。

3）使用“格式”选项卡下“字体”选项组中的按钮或者在“属性表”窗格的“格式”选项卡中设置标签中文本的格式。

4）将窗体另存为“窗体设计 07”，窗体视图如图 5-44 所示。

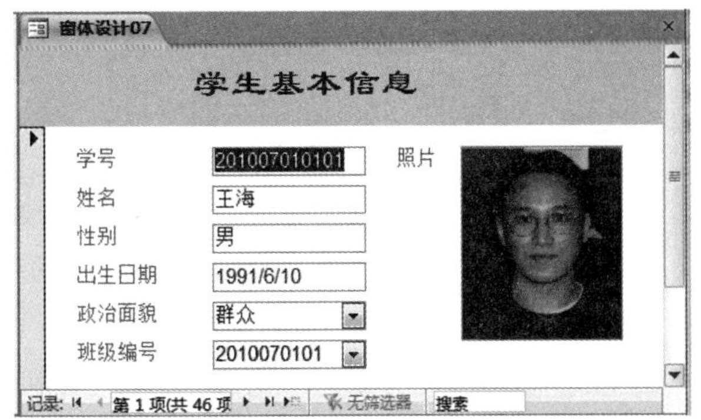

图 5-44 “窗体设计 07”窗体视图

2. 创建文本框控件

文本框是一种交互式控件，用于显示或编辑指定的数据，并接收数据的输入。文本框控件分为绑定型、未绑定型与计算型。绑定型文本框与记录源中的某个字段绑定，用于显示记录源中的数据；未绑定型文本框没有数据来源，一般用来显示提示信息或接收用户输入数据等；计算型文本框则以表达式作为数据来源，可以显示表达式的结果。

创建未绑定型文本框的方法是，单击“设计”选项卡下“控件”选项组中的“文本框”按钮，然后将光标定位在窗体上的适当位置单击即可。

创建绑定型文本框的快速方法是将字段从“字段列表”窗格拖动到窗体上。Access 会自动为文本、备注、数字、日期/时间、货币、超链接类型的字段创建文本框。具体操作步骤参见例 5-4。还有一种方法是先在窗体上创建未绑定型文本框，然后在“属性表”窗格中的该文本框的“控件来源”属性框中选择字段。

创建计算型文本框，首先要创建未绑定型文本框，然后在文本框中输入以等号“=”开头的表达式，或在其“控件来源”属性框中输入以等号“=”开头的表达式。也可以利用该属性框右侧的生成器按钮，打开“表达式生成器”对话框来生成表达式。具体操作步骤参见例 5-8。

例 5-8 接例 5-7，在“窗体设计 07”窗体中加入计算型文本框来显示学生年龄。

主要操作步骤如下：

1）打开“窗体设计 07”窗体设计视图，单击“设计”选项卡下“控件”选项组中的“文本框”按钮，再在窗体的适当位置单击，即可在窗体上添加一个未绑定型文本框控件，命名其标签标题为“年龄”。

2）双击该文本框，打开文本框的“属性表”窗格，选择“数据”选项卡，单击“控件来源”右侧的“表达式生成器”按钮[...]，打开“表达式生成器”对话框。本例中使用“函数”中的“内置函数”和“窗体设计 07”选项，选择生成表达式元素，如图 5-45 所示，单击“确定”按钮，即完成“年龄”计算控件的创建。

3）调整控件的位置，将窗体另存为“窗体设计 08”，窗体设计视图如图 5-46 所示。

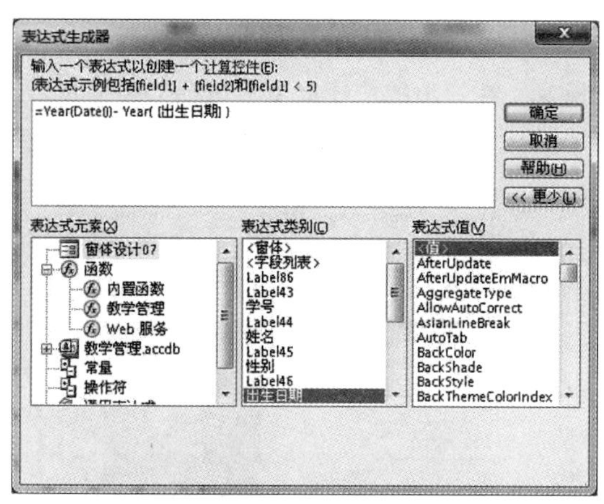

图 5-45 “表达式生成器”对话框

图 5-46 创建计算型“文本框”的窗体设计视图

假如对函数及表达式的语法比较熟悉，也可以使用手动方法创建计算表达式，即在其“控件来源”文本框中直接输入表达式“ = Year(date( ))-Year([出生日期])”。

完成上述设计后，在“窗体设计 08”窗体视图中，“年龄”文本框将显示经过计算得到的学生年龄。

提示：使用表达式“ = Year(date( ))-Year([出生日期])”只能粗略地计算学生的年龄，即只要是同年出生的学生，年龄就相同。如果使用表达式“ = DateDiff("m" , [出生日期] , Date( ))\12”，则可以更准确地计算学生的年龄，即计算学生的足月年龄。

3. 创建组合框和列表框控件

如果在窗体上输入的数据总是取自某一个表或查询中记录的数据，或者取自某固定内容的数据，可以使用组合框控件或列表框控件来完成。这样设计既可以保证输入数据的正确性，也可以提高数据输入的速度。

列表框是由数据行组成的列表，每行可以包含一个或多个字段，就是说列表框可以包含多列数据。用户只能从列表框中选择某行数据，而不能输入新值。组合框是一个文本框与一个列表框的组合。在组合框中，用户既可以从列表中选择数据，也可以在文本框中输入数据。

组合框和列表框都可分为绑定型与未绑定型。绑定型组合框和列表框将选定的数据（组合框还包括输入的数据）与数据源绑定，用户选择某一行数据或输入某一数据后，该数据被保存到数据源中。

组合框和列表框可以使用向导创建，也可以在窗体设计视图中手工创建。

（1）使用向导创建组合框

例 5-9 接例 5-8，在“窗体设计 08”窗体中，使用向导创建一个绑定到“性别”字段的组合框。

主要操作步骤如下：

1）在“窗体设计08”的窗体设计视图下，选择“性别”文本框，按Delete键将其删除。然后确认“设计”选项卡下“控件”选项组中“使用控件向导”工具处于选中状态，单击“组合框”控件按钮，并在窗体中适当的位置单击，进入组合框向导界面一，如图5-47所示。

2）该对话框中有3个选项，可进行以下选择：

• 选择“使用组合框获取其他表或查询中的值”单选按钮，表示组合框的数据来源是表或查询。

• 选择“自行键入所需的值”单选按钮，表示用户创建组合框时自行输入组合框中使用的数据。

• 选择“在基于组合框中选定的值而创建的窗体上查找记录”单选按钮，表示在窗体视图中当用户从组合框的下拉列表中选定一个数据时，Access即可将该数据所在的记录找到并显示在窗体上。

本例中选择“自行键入所需的值”单选按钮。

3）单击“下一步”按钮，进入组合框向导界面二，如图5-48所示。在“第1列”列表中，依次输入“性别”的具体值。

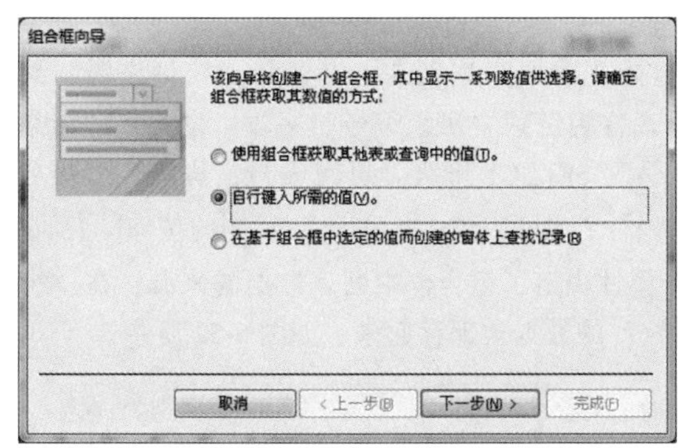

图5-47 组合框向导界面一

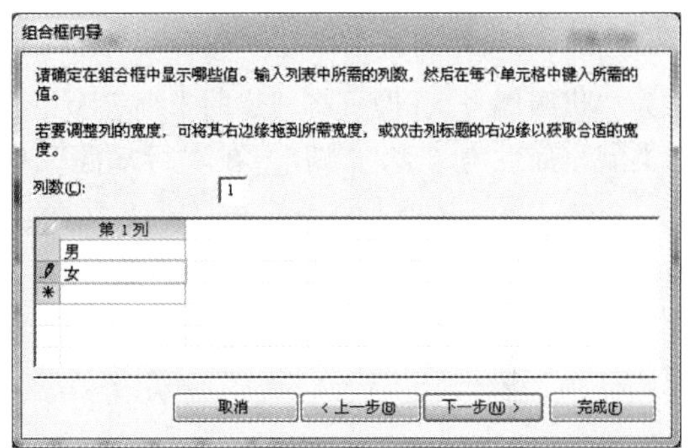

图5-48 组合框向导界面二

4）单击“下一步”按钮，打开组合框向导界面三，如图5-49所示。确定组合框中选择数值后Access的动作，可进行以下选择：

• 选择“记忆该数值供以后使用”单选按钮，则创建一个未绑定型组合框。在窗体视图中，用户从组合框的下拉列表中选定一个数据后，Access保存该数据供以后使用。

• 选择“将该数值保存在这个字段中”单选按钮，则创建一个绑定型组合框，数据会自动保存到用户选择的字段中。

本例中选择“将该数值保存在这个字段中”单选按钮，并选择保存在字段“性别”中。

5）单击“下一步”按钮，打开组合框向导界面四，如图5-50所示。在对话框中指定组合框的标签显示文本，本例中输入“性别”。

6）单击“完成”按钮，组合框创建完成。用户还可以手工调整该组合框的属性。

7）调整控件的位置，将窗体另存为“窗体设计09”。窗体视图如图5-51所示。

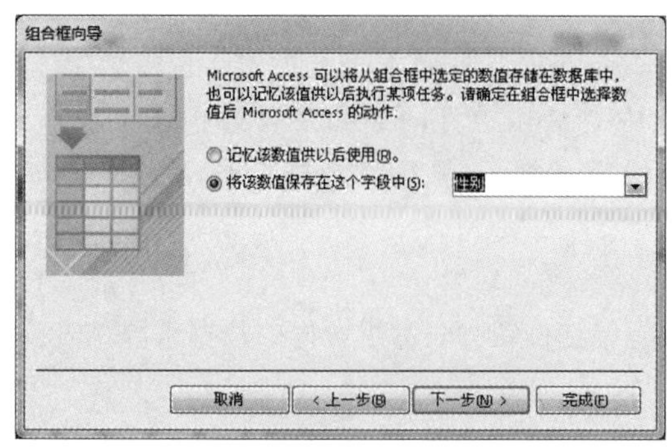

图 5-49　组合框向导界面三

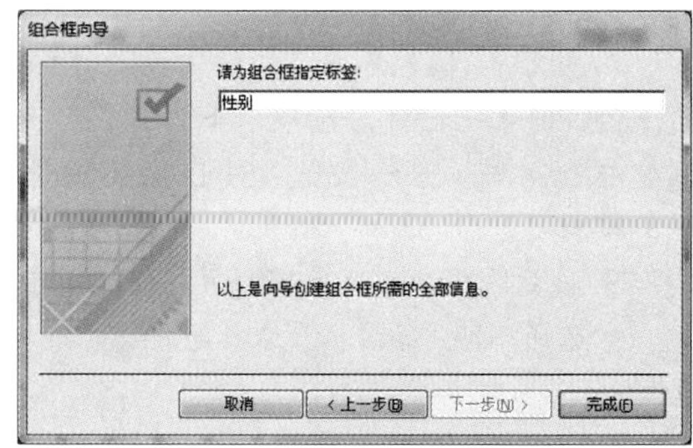

图 5-50　组合框向导界面四

（2）手工创建组合框

例 5-10　接例 5-9，在“窗体设计 09”窗体中手工创建一个绑定到“班级编号”字段的组合框。

主要操作步骤如下：

1）在“窗体设计 09”的窗体设计视图下，选择“班级编号”组合框，按 Delete 键将其删除。确认“设计”选项卡下“控件”选项组中的“使用控件向导”工具处于未选中状态，单击“组合框”控件按钮，在窗体中适当的位置单击，添加一个组合框。

2）打开该组合框控件的“属性表”窗格，选择“数据”选项卡，设置其“控件来源”属性为“班级编号”，即可将创建的未绑定型组合框控件绑定到“班级编号”字段；设置其“行来源类型”属性为“表/查询”，在“行来源”中输入“SELECT 班级．班级编号，班级．班级名称，班级．入学年份，班级．专业编号 FROM 班级；”（也可以单击行来源”右侧的按钮[...]，在弹出的“查询生成器”中创建一个查询），这两个属性决定了组合框中列表数据的来源；在“绑定列”文本框中输入“1”，表示第 1 列“班级编号”的数据被保存起来，如图 5-52 所示。

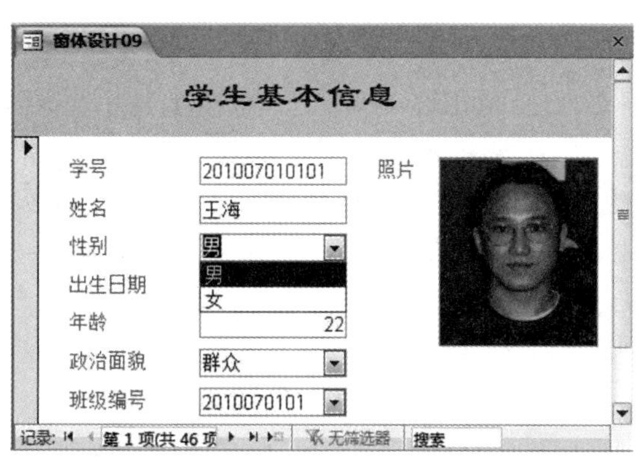

图 5-51　使用向导创建“组合框”的窗体视图

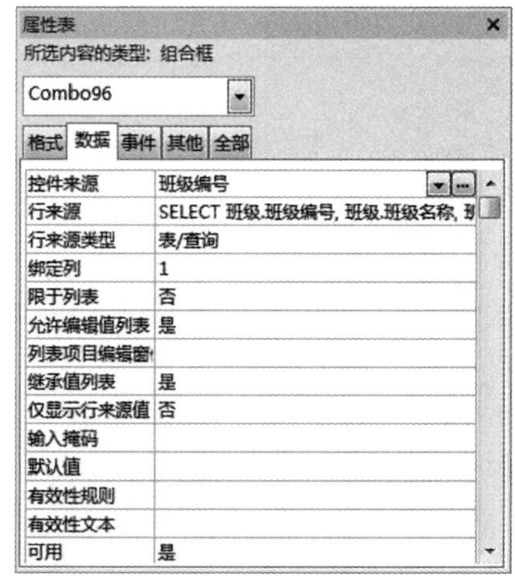

图 5-52　设置组合框的“数据”选项卡属性

3）选择“格式”选项卡，设置其“列数”属性，该属性用于指定列表框或组合框的列表部分所显示的列数，在其中输入“4”，表示显示 4 列数据。在“列宽”中输入“3cm；6cm；3cm；3cm”，表示多列组合框中每一列的列宽。将“列标题”设置为“是”，表示用字段名作为列标题。在“列表行数”中输入“7”，表示在组合框列表中最多显示7行数据，在“列表宽度”中输入“15cm”，表示该组合框的列表宽度是15cm。参数设置如图5-53所示。

4）最后将该组合框的标签命名为“班级编号”。至此，组合框的属性设置完成。用户还可以根据需要调整其他属性。

5）调整控件的位置，将窗体另存为“窗体设计10”，窗体视图如图5-54所示。

图5-53 设置组合框的“格式”选项卡属性

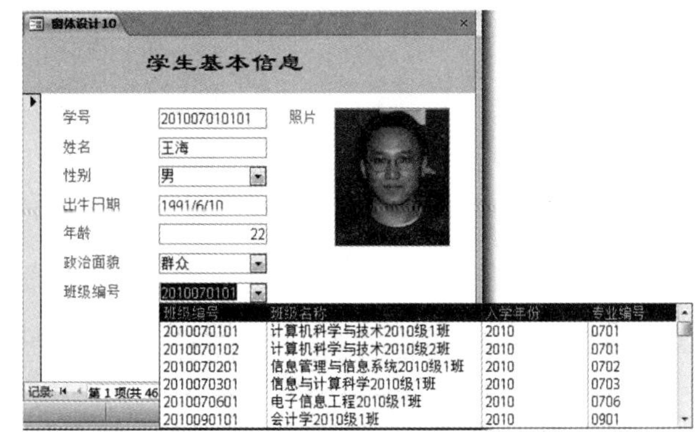

图5-54 使用手工创建“组合框”的窗体视图

该例若使用组合框向导工具，则更加简单，读者可参考“窗体设计09”自行练习。

例5-11 在例5-5建立的“学生主窗体”的基础上添加一个组合框控件，使之可以按照输入的学生姓名来查询。

主要操作步骤如下：

1）打开“学生主窗体”窗体设计视图，确认“设计”选项卡下“控件”选项组中“使用控件向导”工具处于选中状态，在窗体页眉创建一个组合框控件。在图5-47所示组合框向导界面一中选择“在基于组合框中选定的值而创建的窗体上查找记录”单选按钮。

2）单击“下一步”按钮，在组合框向导界面二中选择“姓名”字段，单击“下一步”按钮，按照向导步骤操作直到完成。

3）浏览窗体设计效果，该组合框中的“姓名”字段是按照表的记录顺序排列的，为了方便用户选择，最好对“姓名”字段排序。在窗体设计视图中，修改组合框属性，将“数据”选项卡下的“行来源”属性内容“SELECT 学生．学号，学生．姓名 FROM 学生;”修改为“SELECT 学生．学号，学生．姓名 FROM 学生 ORDER BY 学生．姓名;”即可，如图5-55所示。

4）将窗体的“允许编辑值列表”属性设置为“是”，将“导航按钮”属性设置为“是”；将子窗体的“导航按钮”属性设置为“否”。

5）为了防止用户修改数据，可以将主窗体上除该组合框以外的其他控件（文本框、组合框、附件等）的“是否锁定”属性设置为“是”，将子窗体的“允许编辑”属性设置为“否”。

6）调整控件的大小和位置，将窗体另存为“窗体设计11”，窗体视图如图5-56所示。

提示：建立带有组合框查询功能的窗体时，窗体的“允许编辑”属性不能设置为“否”，否则组合框的查询功能不能被实现。本例中窗体和控件的其他属性可参考5.3.4小节。

列表框的创建与组合框的创建操作类似，此处不再给出详细操作说明。

图 5-55　设置组合框的“数据”选项卡属性

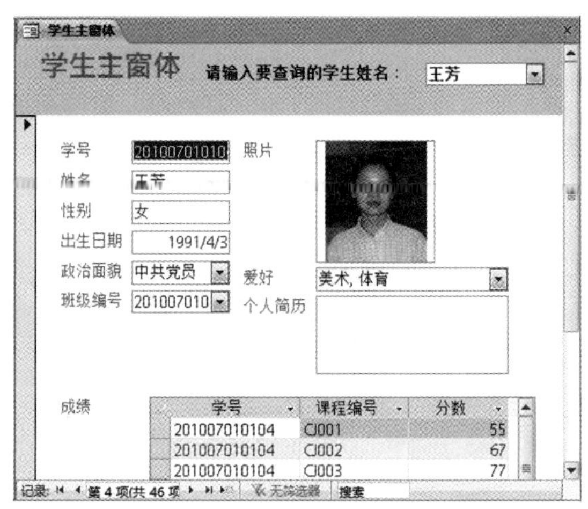

图 5-56　“窗体设计 11”的窗体视图

4. 创建复选框、切换按钮和选项按钮

复选框、切换按钮和选项按钮这 3 种控件都可以分别用来表示两种状态，例如，是/否、真/假或开/关。3 种控件的工作方式基本相同。被选中或按下表示“是”，其值为 -1；反之表示“否”，其值为 0。

在大多数情况下，复选框是表示“是/否”值的最佳控件，是窗体或报表中添加“是/否”字段时创建的默认控件类型。相比之下，选项按钮和切换按钮通常用作选项组的一部分。

表 5-2 给出了复选框、选项按钮及切换按钮控件的特性。

表 5-2　控件特性

控件名称	是	否	说　　明
复选框	☑	☐	可用于多选项，如课程名：微积分、大学英语、会计学基础
选项按钮	◉	○	可用于单选项，如性别：非男即女
切换按钮			同选项按钮，但以按钮形式表示

5. 创建选项组控件

选项组是一个容器型控件。在窗体和报表中，选项组由一个选项组框架和一组复选框、选项按钮或切换按钮组成。选项组控件可以为用户提供必要的选择选项，用户只需进行简单的选取即可完成数据的输入，在操作上更直观、方便。选项组控件可以使用向导创建，也可以在窗体设计视图中手工创建。

需要说明的是：使用选项组控件实现数据表字段的数据输入时，要根据字段的类型来确定设计方法，例如“性别”字段，其类型可以是“是/否”型（Yes/No）、“数字”型（值为 1 和 2）和“文本”型（男，女）。若是“是/否”型或“数字”型，可以使用选项组控件；若是“文本”型，则不能使用选项组控件，可以使用组合框控件。

例 5-12　在“窗体设计 10”窗体中添加一个绑定到“性别”字段的选项组控件。

说明：在做此题前先将“学生”表的“性别”字段数据类型改为“是/否”型或“数字”型。

下面介绍如何通过设计视图手工创建选项组控件，主要操作步骤如下：

1）将“学生”表另存为“学生 1”表，打开“学生 1”表，修改字段的数据类型，将“性别”字段改为“是/否”型或“数字”型。

2）打开“窗体设计 10”窗体设计视图，将窗体的“记录源”属性设置为“学生 1”，同时删除“性别”组合框控件及其附加标签。

3）确认“控件”选项组中“使用控件向导”工具处于未选中状态，单击“选项组”控件按钮，在窗体中要放置选项组控件的位置单击，并调整其大小。

4）单击“控件”选项组中的“选项按钮”按钮，在窗体中的选项组控件框内单击，依次放入两个“选项按钮”，设置选项组的标签“标题”属性为“性别”，设置“控件来源”属性为“性别”字段，分别设置两个“选项按钮”的“标题”为“男”和“女”。

5）根据“性别”字段的类型设置“选项按钮”数据属性中的“选项值”。

若“性别”字段的类型为“是/否”型（Yes/No），即“Yes”对应“男”，“No”对应“女”，则将标题为“男”的“选项按钮”的“选项值”设为 –1，将标题为“女”的“选项按钮”的“选项值”设为 0。

若“性别”字段的类型为“数字”型（值为 1 和 2），即“1”代表“男”，“2”代表“女”，则将标题为“男”的“选项按钮”的“选项值”设为 1，将标题为“女”的“选项按钮”的“选项值”设为 2。

6）将窗体另存为“窗体设计 12”，窗体的设计视图如图 5-57 所示。

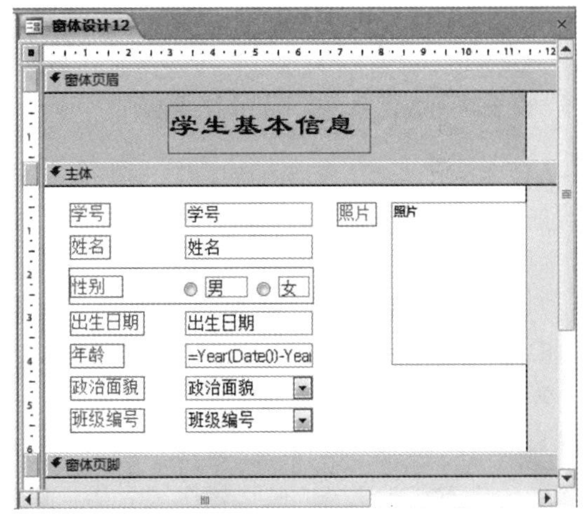

图 5-57 使用手工创建“选项组”的窗体设计视图

该例若使用选项组控件向导工具，则更加简单，读者可自行练习。

6. 创建选项卡控件

选项卡控件用于创建一个多页的选项卡窗体，这样可以在有限的空间内显示更多的内容或实现更多的功能，并且还可以避免在不同窗口之间切换的麻烦。选项卡控件上可以放置其他控件，可以放置创建好的窗体，还可以直接从导航窗格中把表或查询拖动到选项卡中，创建子窗体。

例 5-13 创建一个有两页选项卡的窗体，分别用于放置学生基本信息和教师基本信息。

操作步骤如下：

1）在设计视图中创建一个新窗体。

2）单击“设计”选项卡下“控件”选项组中的“选项卡”按钮，并在“主体”节的适当位置单击，出现一个带有两页选项卡的控件。

3）如果需要为选项卡添加页，可以将鼠标指针指向选项卡，右击，在弹出的快捷菜单中选择“插入页”命令，为选项卡添加页，如图 5-58 所示。

4）选择“页 1”为当前选项卡，单击“工具”选项组中的“属性表”按钮，打开“页 1”的“属性表”窗格，在“格式”选项卡的“标题”属性中输入“学生基本信息”。

5）单击“工具”选项组的“添加现有字段”按钮，打开设计视图的“字段列表”窗格，从“字段列表”窗格中拖动“学生”表中的各字段到“学生基本信息”选项卡中，如图 5-59 所示。

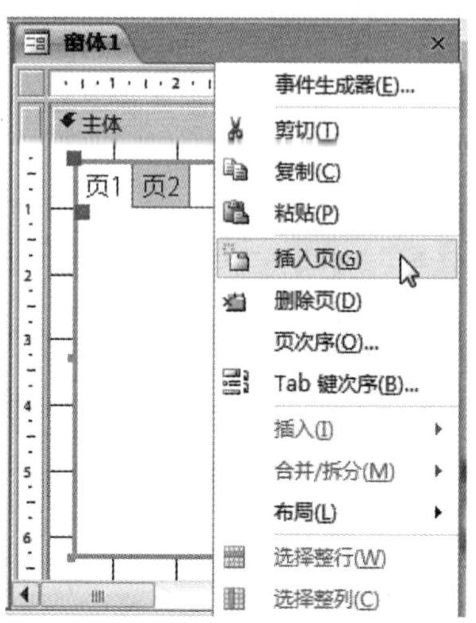

图 5-58　选项卡控件和选项卡的快捷菜单

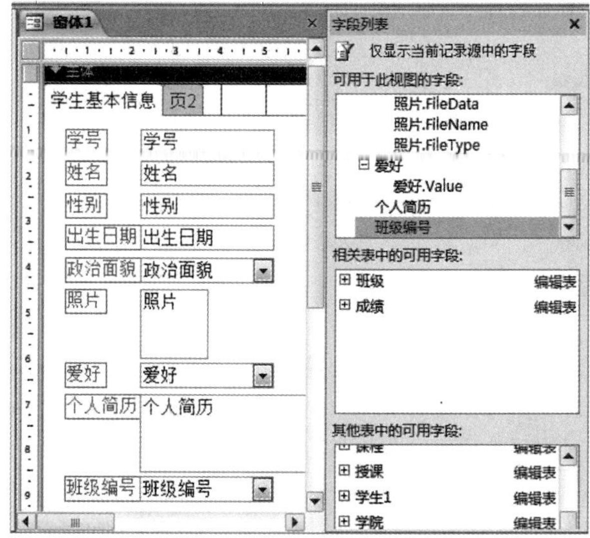

图 5-59　“选项卡”的窗体设计视图

6）选择“页 2”为当前选项卡，采用相同的方法将“页 2”的标题改为“教师基本信息”，从导航窗格的“窗体”对象列表中选择例 5-1 创建的“教师 1”窗体，将其拖至“教师基本信息”选项卡中。

7）在布局视图中浏览窗体的设计效果，并调整控件布局。

8）保存窗体，将窗体命名为“窗体设计 13”，窗体视图如图 5-60 所示。

7. 创建命令按钮控件

命令按钮是用于接收用户指令、控制程序流程的主要控件之一。在窗体中单击某个命令按钮可以让 Access 执行指定的操作，这些操作可以是一段程序或对应一些宏，用于完成特定的任务。

在 Access 中，用户可以使用向导创建命令按钮，也可以手工创建命令按钮。

（1）使用向导创建命令按钮

使用向导可以创建 6 个类别 28 种不同的命令按钮。在使用向导时，用户只须选择按钮的类别和操作即可，Access 将为用户自动创建按钮及嵌入宏。

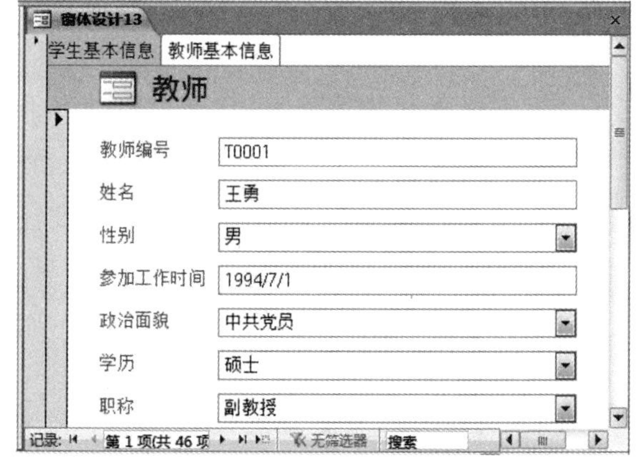

图 5-60 “窗体设计 13”的窗体视图

例 5-14　在“窗体设计 12”窗体中，使用向导创建窗体的命令按钮。

主要操作步骤如下：

1）打开“窗体设计 12”窗体的设计视图，确认“设计”选项卡下“控件”选项组中的“使用控件向导”工具处于选中状态。

2）单击“控件”选项组中的“按钮”控件，在窗体中的适当位置单击，打开命令按钮向导界面一，如图 5-61 所示。本例中，“类别”选择“记录导航”，“操作”选择“转至前一项记录”。

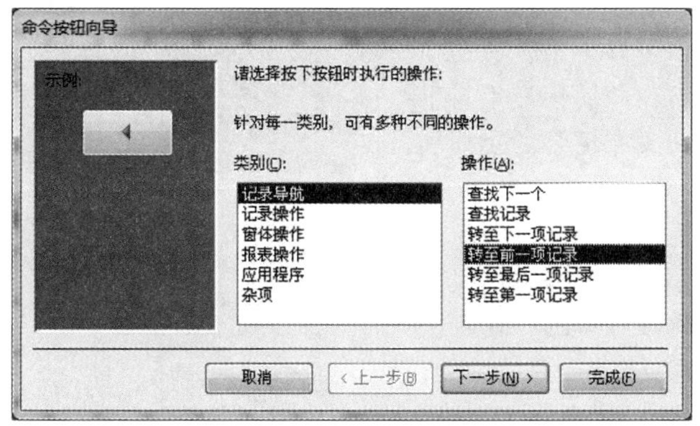

图5-61 命令按钮向导界面一

3）单击“下一步”按钮，打开命令按钮向导界面二，如图5-62所示。在该界面中，可以设置按钮上的显示内容，可选择“文本”或“图片”。选择“文本”单选按钮，在文本框中输入要在按钮上显示的内容；选择“图片”单选按钮，可单击“浏览”按钮查找所需显示的图片。

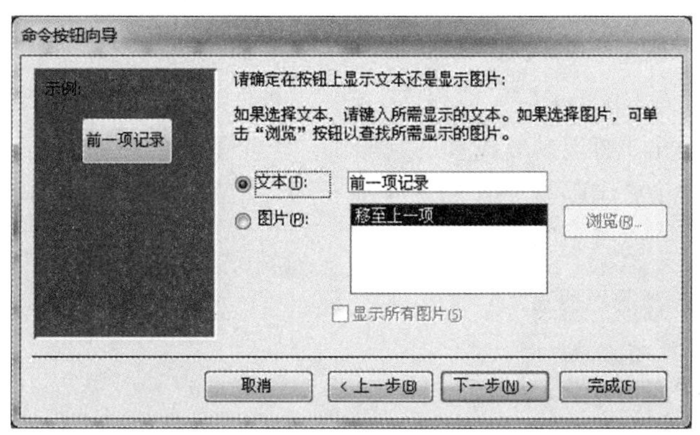

图5-62 命令按钮向导界面二

4）单击“下一步”按钮，打开命令按钮向导界面三，如图5-63所示。在该界面中，可以为创建的命令按钮指定名称，以便以后引用。

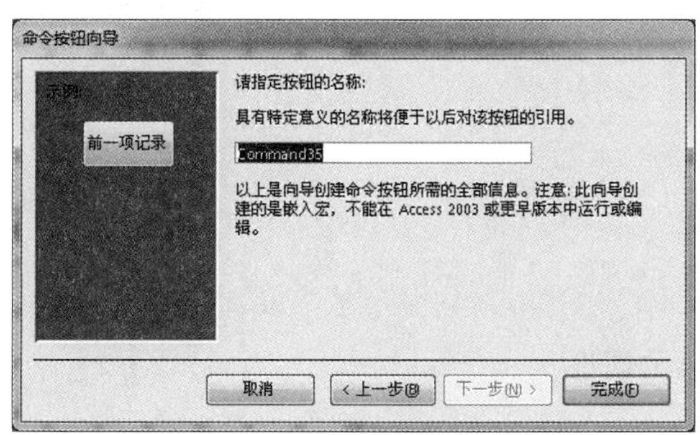

图5-63 命令按钮向导界面三

5）单击“完成”按钮，完成该命令按钮的创建。其他功能的命令按钮创建方法与此类似。

6）将窗体另存为“窗体设计14”，窗体设计视图如图5-64所示。

(2) 手工创建命令按钮

在窗体设计视图中可以手工创建命令按钮，通过设置命令按钮的属性及编写事件代码，可使命令按钮具有更强的功能和更大的灵活性。

主要操作步骤如下：

1）打开“窗体设计 12”窗体的设计视图，确认“控件”选项组中的“使用控件向导”工具处于未选中状态。

2）单击“控件”选项组中的“按钮”控件，在窗体中的适当位置单击，添加一个命令按钮。

3）打开该命令按钮的“属性表”窗格，设置相应的属性，例如“标题”和“名字”属性。

图 5-64　使用向导创建“命令按钮”的窗体设计视图

4）选择“事件”选项卡，如图 5-65 所示，所列项目即是命令按钮可响应的事件，每个事件选择项可以通过单击下拉按钮▾选择“[宏]”或“[事件过程]”选项。若建有宏，可以直接选择“[宏]”，按钮的单击事件将执行选择的宏操作；若选择“[事件过程]”，然后单击选择生成器按钮，可直接进入 VBA 代码窗口，如图 5-66 所示。关于宏和代码的设计将在后续章节中介绍。

图 5-65　命令按钮的“事件”选项卡

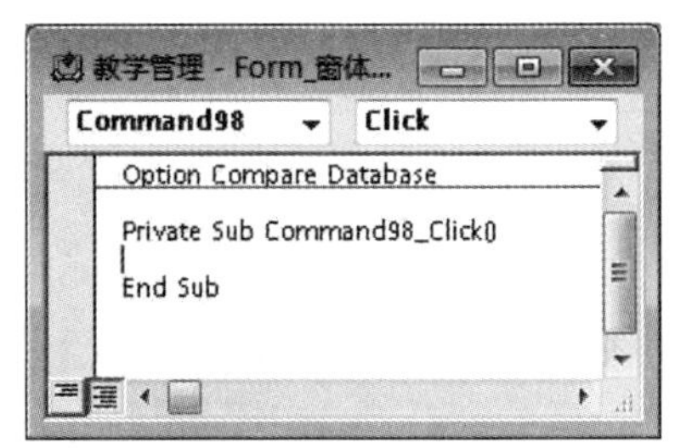

图 5-66　VBA 代码窗口

5.3.4　窗体和控件的属性

属性是对象特征的描述。每一窗体、报表、节和控件等都有各自的属性设置，这些属性的不同取值决定着该对象的特征。在 Access 中，使用“属性表”窗格、宏和 VBE 可以查看并更改对象的属性。关于宏与 Visual Basic 对属性的操作在后续章节中介绍，本小节仅介绍“属性表”窗格中窗体和控件对象的一些常用属性的含义及其作用。

1. 窗体的常用属性

在窗体设计视图中，选定窗体对象，按F4键，或者单击“设计”选项卡下“工具”选项组的“属性表”按钮，即可弹出“属性表”窗格。窗体的属性分列在“属性表”窗格中的“格式”“数据”“事件”“其他”或“全部”5个选项卡上。“格式”选项卡用来设置窗体的外观；“数据”选项卡用来设置窗体的“数据”属性；“事件”选项卡用来设置窗体的“事件”属性；“其他”选项卡中的是不能归为上述3类选项卡的各种属性；“全部”选项卡中包括上述4个选项卡的全部内容，当不知道某个属性该在哪个选项卡中查找时，可在此处查找。在“属性表”窗格中任一选项卡的任一项属性右侧的文本框中单击，Access环境窗口状态栏中会显示对该属性的简单说明，要得到关于该属性的详细说明，可按F1键，打开Access的帮助窗口查看。

窗体的常用属性及其取值含义如下。

(1) 常用的格式属性

标题：用于指定窗体的显示标题。

默认视图：设置窗体的显示方式，可以选择单个窗体、连续窗体、数据表、数据透视表、数据透视图和分割窗体等方式。

- 单个窗体：一次显示一条完整记录。
- 连续窗体：在“主体”节中显示所有能容纳的完整记录。
- 数据表：以行和列的形式显示记录。
- 数据透视表：在数据透视表视图中打开窗体。
- 数据透视图：在数据透视图视图中打开窗体。
- 分割窗体：以分割窗体的形式显示记录。

滚动条：决定窗体显示时是否有滚动条，属性值有“两者均无”“只水平”“只垂直”和“两者均有”4个选项。

记录选择器：决定窗体显示时是否有记录选择器，即窗体最左端是否有标志块。属性值有“是”“否”两个选项。

导航按钮：用于指定在窗体上是否显示导航按钮，属性值有“是”“否”两个选项。

分隔线：决定窗体显示时是否显示窗体各节间的分隔线，属性值有“是”“否”两个选项。

自动居中：决定窗体显示时是否自动居于桌面的中间，属性值有“是”“否”两个选项。

控制框：决定窗体显示时是否显示窗体控制框，即窗口右上角的按钮组，属性值有“是”“否”两个选项。

图片：用于设置窗体背景图片的路径及文件名。

图片类型：决定在窗体中使用图片的方式，属性值有“嵌入”“链接”和“共享”3个选项。如果选择“链接”方式，则图片文件必须与数据库同时保存，可以单独打开图片文件进行编辑修改，但更改只保存源图片文件而不是数据库文件。如果选择“嵌入”方式，则图片存储在数据库文件中，此方式会增加数据库文件长度，嵌入后可以删除源图形文件。

图片缩放模式：可以调整图片的大小，属性值有“剪辑”“拉伸”“缩放”“水平拉伸”和“垂直拉伸”5个选项。“剪辑”可按实际大小显示图片，如果图片比控件大，将剪裁多余的图像。“拉伸”可调整图片大小，使其与控件大小相匹配，该设置可能会扭曲图像。“缩放”可在将图片调整到与控件的高度或宽度相匹配后完整地显示图片，该设置不会扭曲图像。

图片平铺：决定是否允许图片以平铺的方式显示，属性值有“是”“否”两个选项。

(2) 常用的数据属性

记录源：用于指定窗体的数据源，可以是数据库中的一个表或查询。设置方法：可以在属性框中输入表或查询对象的名称，或单击右侧的下拉按钮，打开下拉列表，选择一个现有的表或查询对象；也可以单击属性框右侧的按钮[...]，启动查询设计器，新建一个查询对象；还可以在属性框中输入 SQL 语句。

筛选：用于设置窗体中数据的筛选规则，打开窗体对象时，系统会自动加载筛选规则。若要应用筛选规则，可单击“开始”选项卡下“排序和筛选”选项组中的“切换筛选”按钮。

排序依据：用于确定在“窗体”视图中记录的排序依据。属性值是一个字符串表达式，由字段名或字段名表达式组成，指定排序的规则。

允许编辑：属性值有“是”“否”两个选项，决定窗体运行时是否允许修改数据。该属性不影响在窗体中增加或删除记录，只影响对记录的修改。如果选择“否”，则在窗体打开时不能在窗体中修改任何数据。

允许删除：属性值有“是”“否”两个选项，决定窗体运行时是否允许删除数据。该属性不影响在窗体中添加或修改记录，只影响对记录的删除。如果选择“否”，则在窗体打开时不能在窗体中删除任何记录。

允许添加：属性值有“是”“否”两个选项，决定窗体运行时是否允许添加数据。该属性不影响在窗体中修改或删除记录，只影响添加新记录。如果选择“否”，则在窗体打开时，不能在窗体中添加新记录。

数据输入：属性值有“是”“否”两个选项，如果选择“是”，则在窗体打开时只显示一条空记录，否则显示已有记录。

例 5-15　接例 5-14，设置“窗体设计 14”窗体的格式属性。要求设置该窗体的滚动条为“两者均无”，设置记录选择器、导航按钮和分隔线的属性值为“否”，为窗体选择背景图片，设置图片类型为“嵌入”、缩放模式为“拉伸”、图片对齐方式为“中心”等。修改以上属性后，将窗体另存为“窗体设计 15”，窗体视图如图 5-67 所示。

2. 控件的常用属性

控件的属性用于决定控件的结构外观，定义控件在窗体中实现的功能等。每一类控件都有自己的属性项。不同类型的控件，其属性项不相同。

选定具体控件，按 F4 键，或者单击“设计”选项卡下“工具”选项组的“属性表”按钮（或右击该控件，在弹出的快捷菜单中选择“属性”命令），即可弹出该控件的“属性表”窗格。如果选择多个同类控件，则可以在“属性表”窗格中为这些控件设置共同的属性，如图 5-68所示。控件的属性分列在“属性表”窗格中的“格式”“数据”“事件”“其他”或“全部”5 个选项卡上。在前面的例子中，已经介绍了常用控件的一些属性的用法，下面归纳控件的常用属性及其取值含义。

（1）常用的格式属性

标题：用于设定显示在控件上的文本。

格式：用于决定控件的数据在控件内的显示方式。

小数位数：用于指定控件上需要显示的小数位数。这个属性项与格式属性项一起使用。

背景样式：用于设定控件是否透明。

特殊效果：用于设定该控件的显示效果，共有平面、凸起、凹陷、阴影、蚀刻和凿痕 6 种效果。

前景色：用于设定控件上文本的颜色。

背景色：用于设定控件的背景颜色。

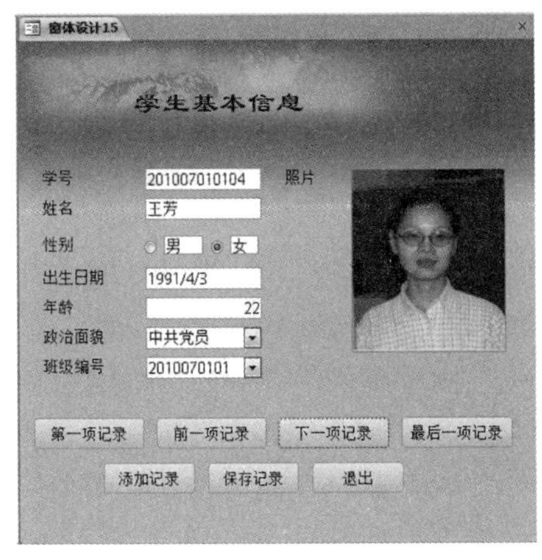

图 5-67 “窗体设计 15”的窗体视图

属性表
所选内容的类型：多项选择

格式 数据 事件 其他 全部

格式	
小数位数	自动
可见	是
显示日期选取器	为日期
宽度	3cm
高度	0.529cm
上边距	
左	3.298cm
背景样式	常规
背景色	背景 1

图 5-68 “属性表”窗格的“多项选择”属性

(2) 常用的数据属性

控件来源：设置控件如何检索或保存在窗体中要显示的数据。如果控件来源中包含一个字段名，那么在控件中显示的就是数据表中该字段的值。在窗体运行中，对数据所进行的任何修改都将被写入字段中；如果设置该属性值为空，除非通过程序语句，否则在窗体控件中显示的数据将不会被写入到数据表的字段中；如果该属性设置为一个计算表达式，则该控件会显示计算的结果。

输入掩码：用于设置控件的数据输入格式，仅对文本型和日期型数据有效。

默认值：用于设定一个计算型控件或未绑定型控件的初始值，可以使用表达式生成器向导来确定默认值。

有效性规则：用于设定在控件中输入数据的合法性检查表达式，可以使用表达式生成器向导来建立合法性检查表达式。若设置了“有效性规则”属性，在窗体运行期间，当在该控件中输入数据时将进行有效性规则检查。

有效性文本：用于指定当控件输入的数据违背有效性规则时显示给用户的提示信息。

可用：用于决定能否操作该控件。如果设置该属性为“否”，则该控件将以灰色显示在“窗体”视图中，不能用鼠标、键盘或 Tab 键单击或选中它。

是否锁定：用于指定在窗体运行中该控件的显示数据是否允许编辑等。默认值为“否”，表示可编辑。

(3) 控件的其他属性

名称：用于指定控件对象引用时的标识名称，在 VBA 代码中设置控件的属性或引用控件的值时使用。

控件提示文本：用于指定屏幕提示信息，当鼠标指针悬停在控件上时将显示提示文本。

5.3.5 控件的布局

控件布局是将控件在水平方向和垂直方向上对齐，以便窗体有统一的外观。如果要构建只使用 Access 打开的桌面数据库，则布局是可选的。但是，如果要将数据库发布到 SharePoint 服务器并在浏览器中使用，则必须对要在浏览器中使用的所有窗体和报表使用布局。控件布局有两种：表格式布局和堆积式布局。

1. 表格式布局

在表格式布局中，控件以行和列的形式排列，就像电子表格一样，且标签横穿控件的顶部。

表格式控件布局始终跨窗体的两部分，默认为窗体页眉和主体，标签在窗体页眉部分，控件在主体部分。例如，通过“学生”表创建的表格式控件布局窗体如图 5-69 所示。

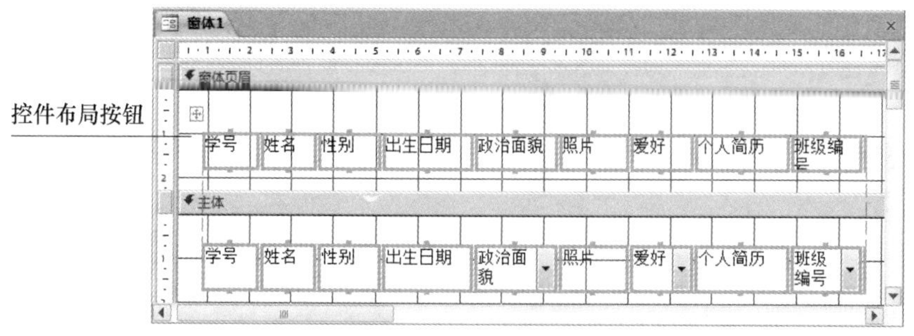

图 5-69　表格式控件布局窗体

2. 堆积式布局

在堆积式布局中，控件沿垂直方向排列，标签位于每个控件的左侧。堆积式布局始终包含在一个窗体部分中。单击“创建”选项卡下“窗体”选项组中的“空白窗体”按钮，然后通过“字段列表”窗格往窗体内添加控件，会为添加的控件自动生成堆积式布局；同样，在通过单击“窗体”选项组中的“窗体”按钮创建的窗体中，控件也会自动生成堆积式布局。例如，通过“学生”表创建的堆积式控件布局窗体如图 5-70 所示。

在控件布局中，每一个控件布局的左上角都会显示一个控件布局按钮，单击该按钮可以选择控件布局。在控件布局中调整任何一个控件的大小，都会影响整个控件布局的其他控件。

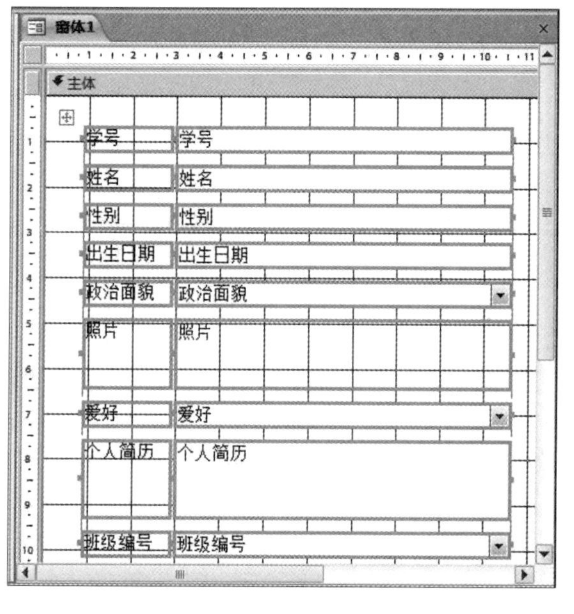

图 5-70　堆积式控件布局窗体

3. 控件布局的设置

在“排列”选项卡中，Access 2010 提供了各种命令按钮，如图 5-71 所示，可以设置控件布局的相关选项。

图 5-71　“排列”选项卡

常用操作如下。

1）创建布局：在窗体中选择要创建布局的控件，然后单击“排列”选项卡下“表”选项组中的“表格”或“堆积”布局按钮。

2）切换布局：在要更改的布局中选择一个单元格，然后单击“排列”选项卡下“行和列”选项组中的“选择布局”按钮，再单击“表”选项组中的“表格”或“堆积”布局按钮进行切换。

3）拆分布局：选择要移动到新控件布局的控件，然后单击“表”选项组中的“表格”或“堆积”布局按钮。

注意：*拆分布局后，原始布局可能包含空行或空列。若要删除行或列，可右击该行或列中的某一单元格，然后选择“删除行”或“删除列”命令即可。*

4）删除布局：在设计视图中，单击控件布局按钮，选择整个布局，然后单击“表”选项组中的“删除布局”按钮。

5）向布局中添加行或列：选择要将新的行或列添加到其附近的单元格，然后单击“排列”选项卡下“行和列”选项组中的按钮，单击“在上方插入”或“在下方插入”按钮可以在当前行的上方或下方插入新行。单击“在左侧插入”或“在右侧插入”按钮可以在当前列的左侧或右侧插入新列。

6）从布局中删除行或列：在要删除的行或列中选择一个单元格，然后单击“排列”选项卡下“行和列”选项组中的“选择列”或“选择行”按钮，按 Delete 键。

7）拆分单元格：选择要拆分的一个单元格，然后单击“排列”选项卡下“合并/拆分”选项组中的“垂直拆分”按钮，会在布局结构中创建一个新行。如果拆分的行中包含其他单元格，这些单元格会保留相同的大小（它们会跨越执行拆分操作所生成的两个基础行）；如果单击“水平拆分”按钮，则会在布局结构中创建一个新列；如果拆分的列中包含其他单元格，这些单元格会保留相同的大小（它们会跨越执行拆分操作所生成的两个基础列）。

8）合并单元格：选择要合并的单元格，然后单击“排列”选项卡下“合并/拆分”选项组中的“合并”按钮。

9）在布局中重新排列控件：选择要移动的控件，然后拖动控件至所需位置时释放鼠标左键。如果将控件拖到某个空白单元格的上方，Access 会突出显示整个单元格以指示控件将放置的位置。

10）向布局中添加控件：在布局视图中，向布局中添加控件包括以下两种情况。

①将“字段列表”窗格中的新字段添加到现有控件布局：从“字段列表”窗格中将所选字段拖动到布局中，水平条或垂直条将指示在释放鼠标按键时字段将放置的位置。

②向现有控件布局添加现有控件：选择要添加到控件布局中的控件，将所选控件拖动到布局中，水平条或垂直条将指示在释放鼠标按键时控件将放置的位置。

11）从布局中删除控件：选择要从布局中删除的单元格（包括任何标签），右击某个选定的单元格，在弹出的快捷菜单中选择“布局”→“删除布局”命令。

在“位置”选项组中，“控件边距”按钮可以设置控件中的文本内容到边框的距离，其下拉列表中有“无”“窄”“中”“宽”4个选项。“控件填充”按钮可以设置控件间的间距，其下拉列表有“无”“窄”“中”“宽”4个选项。

一个窗体上可以有任一类型的多个控件布局。以“窗体设计14”为例，可以在窗体上创建多个控件布局，如图5-72所示。

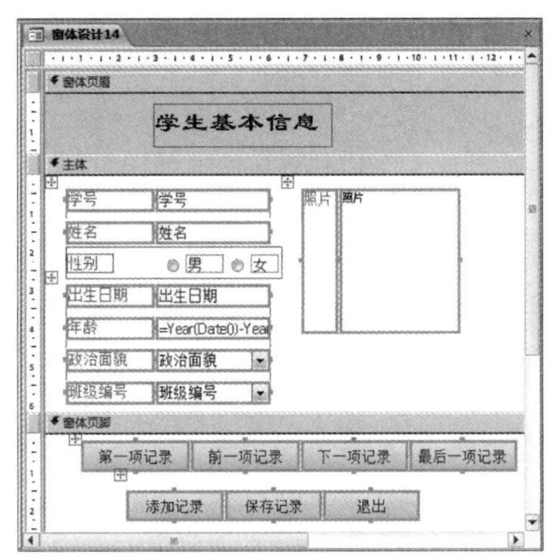

图5-72 创建控件布局后的窗体设计视图

5.4 使用窗体操作数据

窗体作为与用户交互的主要界面，可以对数据进行各种操作，如添加、删除、修改，以及排序和筛选等。操作数据主要在窗体视图中进行，操作数据的工具主要在“开始”选项卡中，如图 5-73 所示。

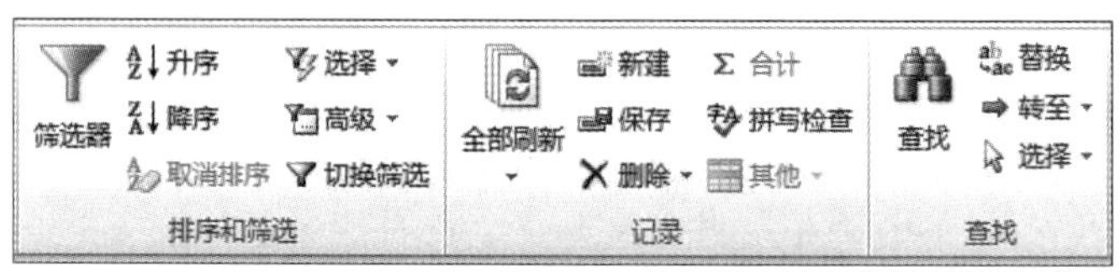

图 5-73 “开始”选项卡的操作数据工具

5.4.1 浏览记录

当窗体的“导航按钮”属性为“是”（默认设置）时，窗体下方就有一个导航按钮栏，单击各个按钮可以浏览记录，如图 5-74 所示。也可以单击“查找”选项组中的“转至”按钮浏览记录。在导航按钮栏中的记录编号框中输入记录号并按 Enter 键，可以快速定位指定记录。

图 5-74 窗体导航按钮栏

5.4.2 编辑记录

编辑记录包括在窗体上添加、删除、修改记录。

1. 添加记录

单击导航按钮栏的“新（空白）记录”按钮，或者单击“记录”选项组中的“新建”按钮，系统会自动定位到一个空白记录，可在此添加新记录。输入数据后，单击“记录”选项组中的“保存”按钮，或按 Shift + Enter 组合键，就会将新添加的数据保存在数据源表中。

2. 删除记录

先将当前记录定位到要删除的记录处，然后单击“记录”选项组中的“删除”按钮，即可将该记录从数据表中删除。

3. 修改记录

先将当前记录定位到要修改的记录处，修改字段值，然后单击“记录”选项组中的“保存”按钮，即可保存修改后的记录。

5.4.3 排序、筛选和查找记录

在窗体中对数据的排序、筛选和查找操作，与在数据表或查询中的操作基本相同。这里只简单介绍一下各操作所用的工具。

1. 排序

在窗体中选中该字段，单击“排序和筛选”选项组中的“升序”或“降序”按钮，或者在右键菜单中选择“升序”或“降序”命令，可按某个字段设置数据的浏览顺序。如果要按照多个字段进行排序，需要单击“高级”按钮，在下拉列表中选择“高级筛选/排序”命令，在弹出

的窗口中设置即可。

2. 查找与替换

要对某个字段值进行查找或替换时，单击“查找”选项组中的“查找”或“替换”按钮，弹出“查找和替换”对话框，设置查找或替换值即可。

3. 筛选

应用筛选，可以查找符合条件的记录。选中某个字段，执行下面操作之一，就可进行筛选。

1）在右键快捷菜单中选择“筛选”命令。

2）单击“排序和筛选”选项组中的“选择”按钮，在下拉列表中选择相应的筛选命令。

3）单击“排序和筛选”选项组中的“筛选器”按钮，在该字段下方弹出筛选的对话框，要筛选掉某个字段值，取消某字段值复选框的选中状态即可。单击“文本筛选器”，还会弹出相应筛选命令，如“等于”“包含”等。

当窗体数据应用了某个筛选时，“排序和筛选”选项组中的“切换筛选”按钮是选中状态，单击它可取消筛选。

5.5 导航窗体

导航窗体是一种特殊的窗体，主要用于为 Web 创建标准用户界面，可以方便地在数据库中的各种窗体和报表之间切换。因此，通过导航窗体可以将一组窗体和报表组织在一起，形成一个统一的与用户交互的界面，而不需要一次又一次地打开与切换相关的窗体和报表。

1. 创建导航窗体

导航窗体可以通过“创建”选项卡下“窗体”选项组中的“导航”按钮来创建，下面以一个例子说明创建导航窗体的过程。

例 5-16 在“教学管理”数据库中创建一个导航窗体，如图 5-75 所示。

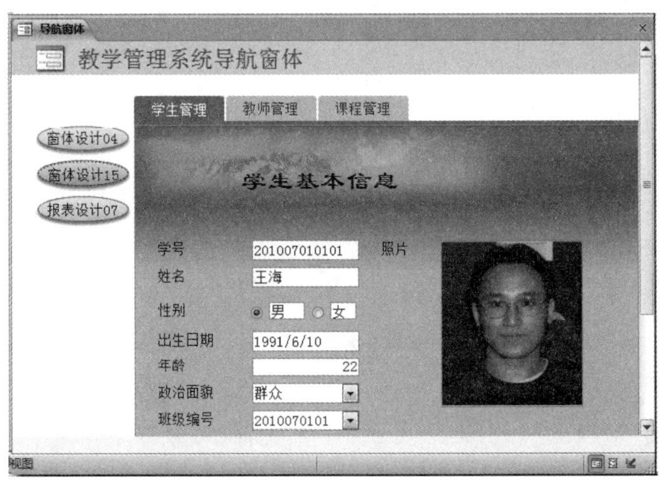

图 5-75 导航窗体

操作步骤如下：

1）选择导航窗体布局。打开“教学管理”数据库窗口，单击“创建”选项卡下“窗体”选项组中的“导航”按钮，在下拉列表中选择所需的导航窗体的样式，可以选择 6 种不同的布局，如图 5-76 所示。这里选择“水平标签和垂直标签，左侧”。

2）修改窗体标题。单击标题“导航窗体”，然后将其更改为“教学管理系统导航窗体”，如图 5-77 所示。

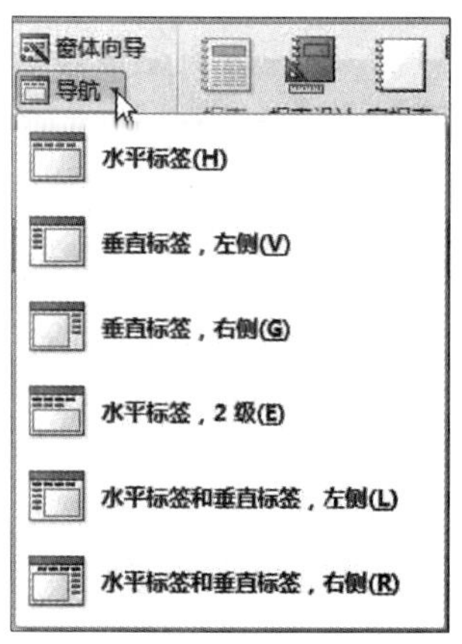

图 5-76　导航窗体布局选择

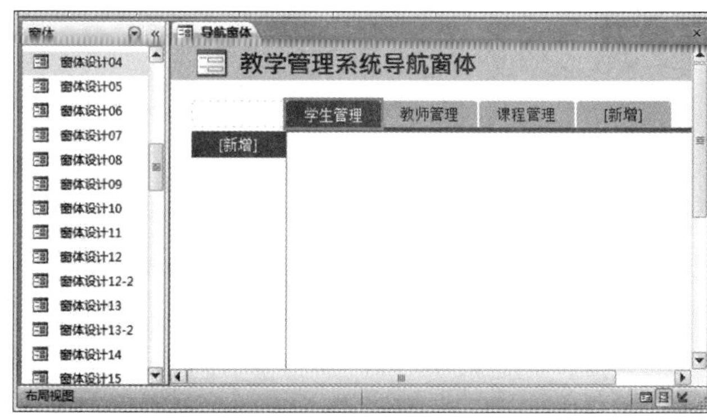

图 5-77　修改导航窗体标题

3）创建顶层选项卡。单击导航窗体顶部的“［新增］”按钮，将文本更改为“学生管理”，之后 Access 将自动添加一个新选项卡。重复此过程，创建“教师管理”和“课程管理”选项卡，如图 5-77 所示。

4）创建第二层选项卡。首先单击“学生管理”顶层选项卡，从导航窗格中将“窗体设计 04”窗体拖动到窗体左侧的“［新增］”按钮上。重复此过程，将“窗体设计 15”和“报表设计 07”添加到左侧的按钮上，如图 5-78 所示。

5）设置导航按钮的颜色或形状。选择顶部的“学生管理”选项卡，单击左侧的“窗体设计 04”按钮，按住 Ctrl 键，再依次单击左侧其余两个按钮，然后单击“格式”选项卡下“控件格式”选项组的“快速样式”按钮，在下拉列表中选择导航按钮所需的样式，如图 5-79 所示。单击“更改形状”按钮，在下拉列表中选择导航按钮的形状，如图 5-80 所示。还可通过使用功能区上的“形状填充”“形状轮廓”和“形状效果”工具来添加其他效果。完成以上设置后，生成图 5-75 所示的导航窗体。

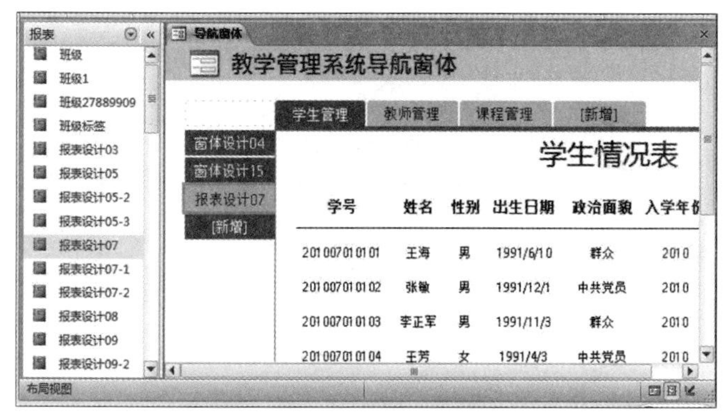

图 5-78　创建第二层选项卡

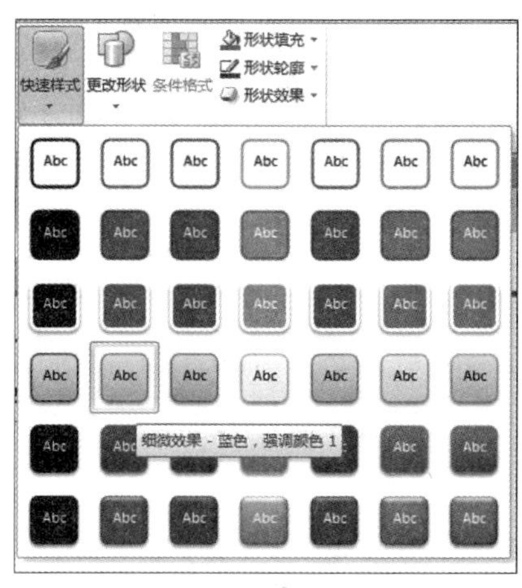

图 5-79　设置导航按钮的样式

2. 设置导航窗体为数据库启动窗体

由于导航窗体通常用作数据库的切换面板或“主页”，因此可以将导航窗体设置为用户的入口界面。设置方法非常简单：切换到“文件”选项卡，选择“帮助”→“选项”命令，弹出“Access 选项”对话框，切换到“当前数据库”选项卡，在“显示窗体”下拉列表中选择“导航窗体”选项，单击“确定”按钮即可，如图 5-81 所示。当用户重新打开数据库时，指定的导航窗体就会随着数据库一同启动。

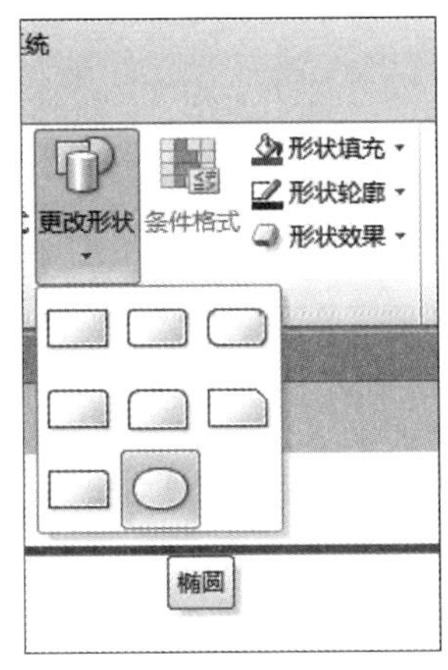

图 5-80　更改导航按钮的形状

图 5-81　“Access 选项”对话框

5.6　小结

窗体是 Access 数据库对象之一，是 Access 数据库的用户接口，数据库应用系统中的数据浏览、添加、删除、查询等功能都可以通过窗体来实现。窗体可以分为纵栏式窗体、表格式窗体、主/子窗体、数据表窗体、图表窗体、数据透视表窗体等。窗体有多种创建方法。创建窗体后还要设置窗体的属性，在窗体上添加各种控件，以及调整控件的外观和布局等。通过本章的学习，读者应掌握创建窗体的方法，学会修改窗体、添加控件、设置窗体和控件的属性，以及使用窗体操作数据的方法。

习　　题

一、思考题

1. 窗体在数据库应用系统开发中有什么作用？
2. 窗体有几种视图？各有什么作用？
3. 在 Access 中创建窗体有哪几种方法？
4. 简述使用窗体设计视图创建窗体的一般过程。
5. 什么是控件？控件可分为哪几类？
6. 如何给窗体上添加绑定型控件？如何设置控件和字段的绑定？
7. 组合框和列表框有何主要区别？

二、填空题

1. 窗体的最基本功能是________数据。
2. 窗体中的数据来源主要包括表和________。

3. 窗体由________、________、________、________和________ 5 部分组成，每个部分称为一个节，大部分的窗体只有________。

4. 在窗体中，对于文本和数值字段，默认的控件类型可以是________、组合框或列表框。

5. 在表格式窗体、纵栏式窗体和数据表窗体中，将窗体最大化后显示记录最多的窗体是________。

6. 使用“窗体向导”创建窗体，不仅可以为主表创建主窗体，还可以为其关联的子表创建________。

7. 在显示具有________关系的表或查询中的数据时，子窗体特别有效。

8. 子窗体可以显示为数据表窗体，也可以显示为________。

9. ________是窗体上用于显示数据、执行操作、装饰窗体的对象。

10. 窗体的属性决定了窗体的外观、________和数据来源。

11. 窗体上的控件分为 3 种类型：绑定型控件、________和________。

12. 绑定型文本框可以从表、查询或________中获得所需的内容。

13. ________属性是能够唯一标识某一控件的属性。

14. 用于设定控件的输入格式，仅对文本型或日期型数据有效的控件的数据属性为________。

15. ________属性用于设定在控件中输入数据的合法性检查表达式。

三、选择题

1. 在 Access 中，可用于设计输入界面的对象是（　　）。

A）窗体　　B）报表　　C）查询　　D）表

2. 可以利用窗体对数据库进行的操作是（　　）。

A）添加　　B）查询　　C）删除　　D）ABC 都正确

3. 下面关于窗体的作用叙述错误的是（　　）。

A）可以接收用户输入的数据或命令

B）可以编辑、显示数据库的数据

C）可以构造方便、美观的输入/输出界面

D）可以直接存储数据

4. 打开窗体后，通过工具栏上的“视图”按钮可以切换的视图不包括（　　）。

A）设计视图　　B）窗体视图　　C）SQL 视图　　D）数据表视图

5. 下列说法中错误的是（　　）。

A）在同一个数据库中，窗体和表可以同名

B）在同一个数据库中，表和查询可以同名

C）在同一个数据库中，窗体和报表可以同名

D）在同一个数据库中，窗体和窗体不可以同名

6. 纵栏式窗体同一时刻显示的记录数是（　　）。

A）2 条记录　　B）1 条记录　　C）3 条记录　　D）多条记录

7. 数据表窗体不显示（　　）。

A）窗体页眉/页脚　　B）文本框内容

C）列表框内容　　D）标签内容

8. 下面关于窗体的说法，错误的是（　　）。

A）在窗体中可以包含一个或几个子窗体

B）子窗体是窗体中的窗体，基本窗体被称为主窗体

C）子窗体的数据来源可以来自表或查询

D）一个窗体中只能包含一个子窗体

9. Access 数据库中，如果在窗体上输入的数据总是取自某一个表或查询中记录的数据，或者取自某固定内容的数据，可以使用（　　）来完成。

A）选项组控件　　B）列表框或组合框控件

C）文本框控件　　D）复选框、切换按钮、选项按钮控件

10. 当窗体中的内容太多无法放在一页中全部显示时，可以用（　　）控件来分页。

A）选项组　　B）命令按钮　　C）组合框　　D）选项卡

11. 主要用于显示、输入、更新数据库中的字段的控件类型是（　　）。

A）绑定型　　B）未绑定型　　C）计算型　　D）ABC 都是

12. 下列不属于控件格式属性的是（　　）。

A）标题　　B）正文　　C）字号　　D）字体粗细

13. 能够接收数值型数据输入的窗体控件是（　　）。

A）图形　　B）文本框　　C）标签　　D）命令按钮

14. 要改变窗体上文本框控件的输出内容，应设置的属性是（　　）。

A）标题　　B）查询条件　　C）控件来源　　D）记录源

15. 下面关于列表框和组合框的叙述，错误的是（　　）。

A）列表框可以包含一列或几列数据

B）列表框只能选择值，而不能输入新值

C）组合框的列表由多行数据组成

D）组合框只能选择值，而不能输入新值

16. 当需要将一些切换按钮、单选按钮或复选框组合起来共同工作时，需要使用的控件是（　　）。

A）列表框　　B）复选框　　C）选项组　　D）组合框

17. 下列关于控件属性的说法，正确的是（　　）。

A）双击窗体中的某控件，在“属性表”窗格中的属性列表框中找到所要设置的属性，即可设置其属性

B）所有对象都具有同样的属性

C）控件的属性只能在设计时设置，不能在运行时修改

D）控件的每一个属性都具有同样的默认值

18. 以下有关标签控件的说法中错误的是（　　）。

A）标签主要用来在窗体或报表上显示说明性文本

B）标签不显示字段或表达式的值，它没有数据来源

C）当从一条记录移到另一条记录时，标签的值不会改变

D）独立创建的标签在数据表视图中显示

19. 要求在文本框中输入密码时以“ * ”号显示，则应设置的属性是（　　）。

A）“默认值”属性　　B）“格式”属性

C）“输入掩码”属性　　D）“有效性规则”属性

20. 下列说法中错误的是（　　）。

A）标签总是未绑定型　　B）文本框总是绑定型

C）组合框中可以输入数据　　　　　　D）添加新记录是命令按钮的动作之一

四、实验题

1. 在“教学管理”数据库中，以“课程”表为数据源，分别使用“窗体”选项组中的“窗体”，“其他窗体”中的“多个项目”“数据表”和“分割窗体”选项创建“课程”窗体。

2. 以“班级”表为数据源，选择全部字段，使用“窗体向导”创建纵栏式窗体，命名为“班级信息”。

3. 以“学生”表为数据源，选择全部字段，使用“窗体向导”创建数据表窗体，命名为“学生信息”。

4. 以“学生”表为数据源，创建数据透视表窗体，命名为“各班政治面貌统计”，如图5-82所示。

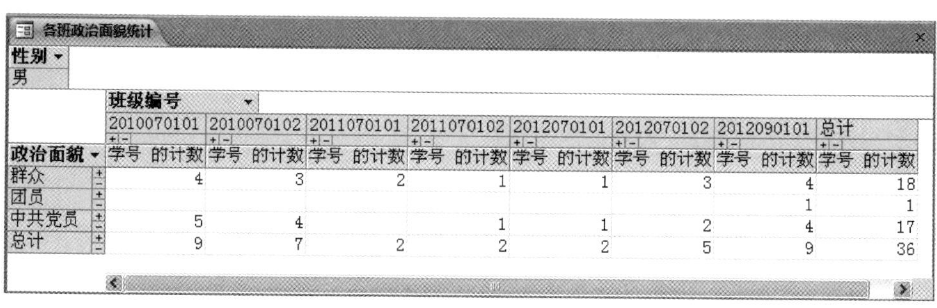
各班政治面貌统计
性别
男
班级编号

政治面貌	2010070101 学号 的计数	2010070102 学号 的计数	2011070101 学号 的计数	2011070102 学号 的计数	2012070101 学号 的计数	2012070102 学号 的计数	2012090101 学号 的计数	总计 学号 的计数
群众	4	3	2	1	1	3	4	18
团员							1	1
中共党员	5	4		1	1	2	4	17
总计	9	7	2	2	2	5	9	36

图5-82 “各班政治面貌统计”数据透视表窗体

5. 在设计视图中创建窗体，命名为“不及格学生信息”，如图5-83所示。

6. 在“教学管理”数据库中，以“学生”表、“课程”表和“成绩”表为数据源，创建“学生主子窗体”，如图5-84所示。

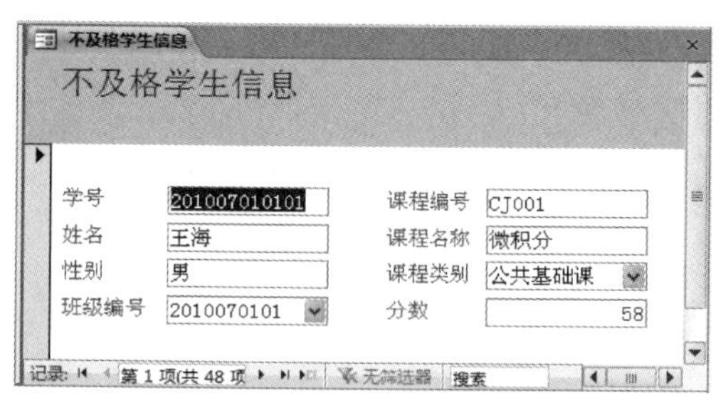

图5-83 “不及格学生信息”窗体视图

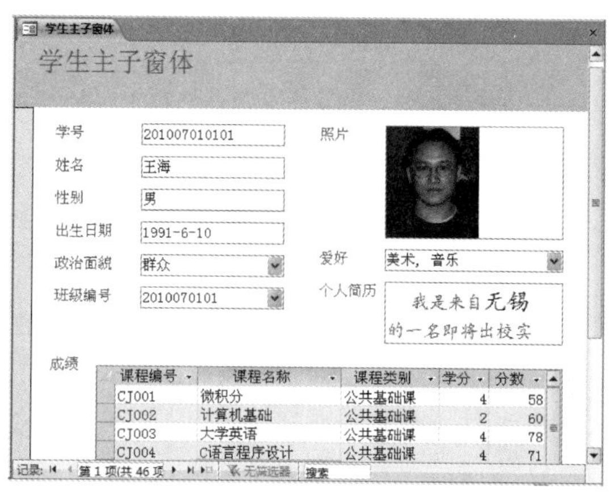

图5-84 “学生主子窗体”窗体视图

7. 将“学生信息”窗体添加到“班级信息”窗体中，使其成为“班级信息”窗体的子窗体，如图5-85所示。

8. 以“教师”表为数据源，在设计视图中创建图5-86所示的窗体，命名为“教师基本信息”。

9. 创建图5-87所示的窗体，在主窗体中显示课程编号、课程名称、课程类别及学分，在子窗体中显示所有学习该门课程的学生的学号、姓名及分数，并将该门课程的平均分显示在子窗体下方。

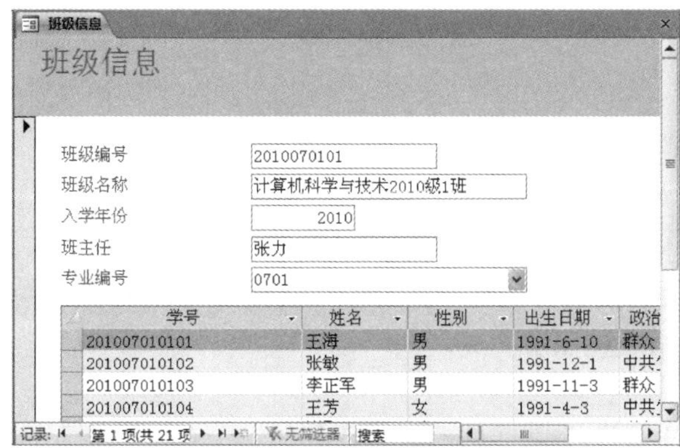

图 5-85 “班级信息”窗体视图

图 5-86 “教师基本信息”窗体视图

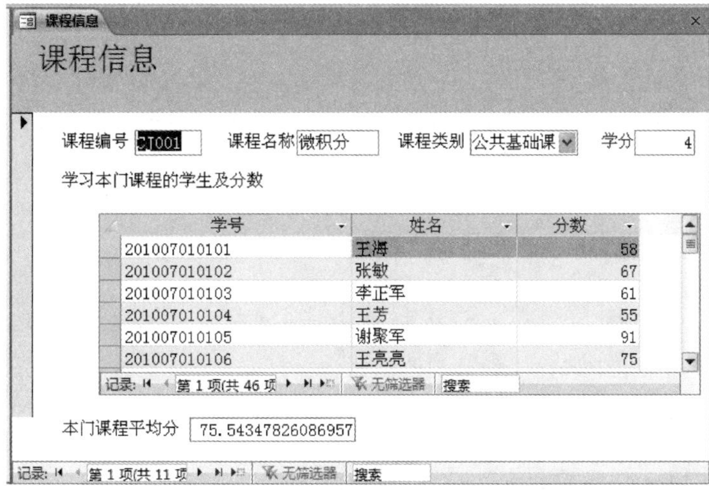

图 5-87 “课程信息”窗体视图

二级考试直通车

真题一

1. 数据环境（如图5-88所示）。

2. 题目。

考生文件夹下存在一个数据库文件“samp3. accdb”，里面已经设计好窗体对象“fSys”，试在此基础上按照以下要求补充窗体设计：

1）将窗体的边框样式设置为“对话框边框”，取消窗体中的水平和垂直滚动条、记录选择器、导航按钮、分隔线、控制框、“关闭”按钮、“最大化”按钮和“最小化”按钮。

2）将窗体标题栏显示文本设置为“系统登录”。

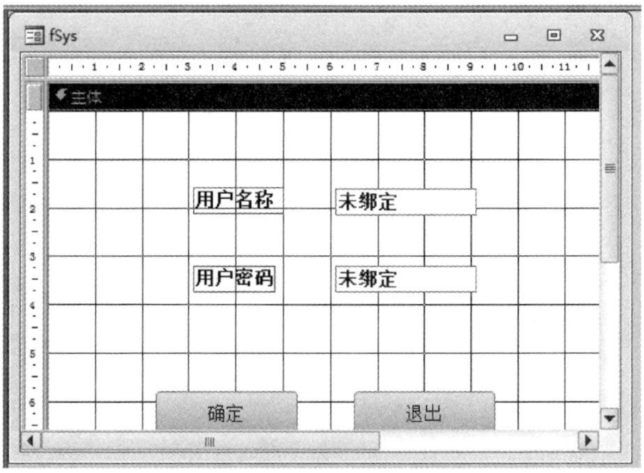

图5-88 数据环境

3）将窗体中“用户名称”（名称为“tUser”）和“用户密码”（名称为“tPass”）两个标签上的文字颜色改为棕色（棕色代码为“#800000”），字体粗细改为加粗。

4）将窗体中名称为“tPass”的文本框控件的内容以密码形式显示。

5）试根据以下窗体功能要求，对已给的命令按钮事件过程进行补充和完善。在窗体中有“用户名称”和“用户密码”两个文本框，名称分别为“tUser”和“tPass”，还有“确定”和“退出”两个按钮，名称分别为“cmdEnter”和“cmdQuit”，在“tUser”和“tPass”两个文本框中输入用户名称和用户密码后，单击“确定”按钮，程序将判断输入的值是否正确。如果输入的用户名称为“cueb”，用户密码为“1234”，则打开提示框，提示框标题为“欢迎”，显示内容为“密码输入正确，欢迎进入系统！”，提示框中只有一个“确定”按钮，当单击“确定”按钮后，关闭该窗体；如果输入不正确，则提示框显示内容为“密码错误！”，同时清除“tUser”和“tPass”两个文本框中的内容，并将光标置于“tUser”文本框中。单击窗体上的“退出”按钮后，关闭当前窗体。

注意：不允许修改窗体对象“fSys”中未涉及的控件、属性和任何VBA代码；只允许在“*****Add*****”与“*****Add*****”之间的空行内补充一行语句来完成设计，不允许增删和修改其他位置已存在的语句。

3. 操作步骤与解析。

1）【审题分析】本题主要考查窗体属性的设置。

【操作步骤】

步骤1：双击打开“samp3. accdb”数据库，在“开始”选项卡的“窗体”面板中右击“fSys”窗体，在快捷菜单中选择“设计视图”命令，打开“fSys”的设计视图。双击窗体左上角的“窗体选择器”，打开窗体“属性表”窗格，在“格式”选项卡下设置“边框样式”属性为“对话框边框”、“滚动条”属性为“两者均无”、“记录选择器”属性为“否”、“导航按钮”属性为“否”、“分隔线”属性为“否”，“控制框”属性为“否”、“关闭按钮”属性为“否”、“最大最小化按钮”属性为“无”，如图5-89所示。

步骤2：单击快速访问工具栏中的“保存”按钮，保存设计。

2）本题主要考查窗体属性的设置。

【操作步骤】

步骤1：“窗体”面板中右击“fSys”窗体，在快捷菜单中选择“设计视图”命令，打开“fSys”的设计视图。双击窗体左上角的“窗体选择器”，打开窗体“属性表”窗格，在“格式”选项卡下设置“标题”属性为“系统登录”。

步骤2：单击快速访问工具栏中的“保存”按钮，保存设计。

3）本题主要考查窗体控件属性的设置。

【操作步骤】

步骤1：右键单击标题为“用户名称”的标签，在弹出的快捷菜单中选择“属性”命令，打开“属性表”窗格，在“格式”选项卡下设置“前景色”属性为“#800000”、“字体粗细”属性为“加粗”。再单击标题为“用户密码”的标签，在“属性表”窗格中选择“格式”选项卡，设置“前景色”属性为“#800000”、“字体粗细”属性为“加粗”。

图5-89 格式属性设置

步骤2：单击快速访问工具栏中的“保存”按钮。保存设计。

4）本题主要考查窗体控件属性的设置。

【操作步骤】

步骤1：右键单击名称为“tPass”的文本框，在弹出的快捷菜单中选择“属性”命令，打开“属性表”窗格，在“数据”选项卡下单击“输入掩码”属性右侧的“…”按钮，弹出“输入掩码向导”，设置“输入掩码”属性为“密码”，单击“完成”按钮。

步骤2：单击快速访问工具栏中的“保存”按钮。保存设计。

5）【审题分析】本题主要考察窗体中VBA编程。

【操作步骤】

步骤1：双击窗体左上角的“窗体选择器”，打开窗体“属性表”窗格，在“事件”选项卡下单击“加载”属性右侧的“…”按钮，打开“代码生成器”窗口。

在“＊＊＊＊Add1＊＊＊＊”行之间输入代码：

```
If name = "cueb"And pass = "1234"then
```

在“＊＊＊＊Add2＊＊＊＊”行之间输入代码：

```
Me! tUser. SetFocus
```

在“＊＊＊＊Add3＊＊＊＊”行之间输入代码：

```
DoCmd. Close
```

步骤2：关闭代码设计窗口。单击快速访问工具栏中的“保存”按钮，关闭设计视图。

真题二

1. 数据环境（如图5-90所示）。

2. 题目。

考生文件夹下存在一个数据库文件“samp3. accdb”，里面已经设计了表对象“tStud”和窗体对象“fStud”。试在此基础上按照以下要求补充设计：

1）在窗体的窗体页眉中距左边0.4cm、距上边1.2cm处添加一个直线控件，控件宽度为10.5cm，将控件命名为“tLine”。

2）将窗体中名称为“lTalbel”的标签控件上的文字颜色改为蓝色（蓝色代码为“#0000FF”），将字体名称改为“华文行楷”，将字体大小改为22。

3）将窗体边框改为“细边框”样式，取消窗体中的水平和垂直滚动条、记录选择器、导航按钮和分隔线，并且只保留窗体的“关闭”按钮。

4）假设“tStud”表中“学号”字段的第5位和第6位编码代表该学生的专业信息。当这两位编码为“10”时表示“信息”专业，为其他值时表示“管理”专业。设置窗体中名称为“tSub”的文本框控件的相应属性，使其根据“学号”字段的第5位和第6位编码显示对应的专业名称。

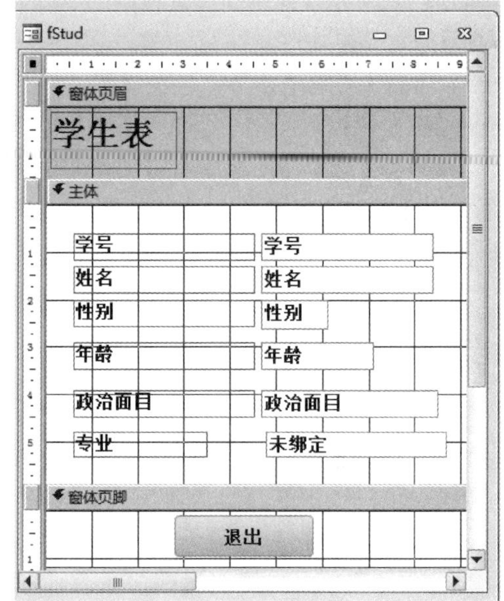

图5-90 数据环境

5）窗体中有一个“退出”按钮，名称为“CmdQuit”，其功能为关闭“fStud”窗体。请按照VBA代码的指示将实现此功能的代码填入指定的位置中。

注意：不允许修改窗体对象“fStud”中未涉及的控件、属性和任何VBA代码；不允许修改表对象“tStud”；程序代码只允许在“*****Add*****”与“*****Add*****”之间的空行内补充一行语句来完成设计，不允许增删和修改其他位置已存在的语句。

3. 操作步骤与解析。

1）【审题分析】本题主要考查窗体控件属性的设置。

【操作步骤】

步骤1：双击打开“samp3. accdb”数据库，在“开始”选项卡的“窗体”面板中右击“fStud”窗体，在快捷菜单中选择“设计视图”命令，打开“fStud”的设计视图。单击“控件”选项组中的“直线”按钮，在窗体页眉区中拖动鼠标画一条直线，释放鼠标。右键单击“直线”控件，在弹出的快捷菜单中选择“属性”命令，打开“属性表”窗格，选择“全部”选项卡，设置标签的“名称”属性为“tLine”。选择“格式”选项卡，设置“左边距”属性为“0.4cm”、“上边距”属性为“1.2cm”、“宽度”属性为“10.5cm”。

步骤2：单击快速访问工具栏中的“保存”按钮，保存设计。

2）【审题分析】本题主要考查窗体控件属性的设置。

【操作步骤】

步骤1：右键单击“lTalbel”的标签控件，在弹出的快捷菜单中选择“属性”命令，打开“属性表”窗格，在“格式”选项卡下设置“前景色”属性为“#0000FF”、“字体名称”属性为“华文行楷”、“字号”属性为22。

步骤2：单击快速访问工具栏中的“保存”按钮。保存设计。

3）【审题分析】本题主要考查窗体控件属性的设置。

【操作步骤】

步骤1：双击“fStud”窗体的“窗体选择器”，打开窗体“属性表”窗格。在“格式”选项卡下设置“边框样式”属性为“细边框”、“滚动条”属性为“两者均无”、“记录选择器”属性为“否”、“导航按钮”属性为“否”、“分隔线”属性为“否”、“最大最小化按钮”属性为“无”、“关闭按钮”属性为“是”。

步骤2：单击快速访问工具栏中的“保存”按钮。保存设计。

4）【审题分析】本题主要考查窗体控件属性的设置。

【操作步骤】

步骤1：右键单击名称为“tSub”的文本框，在弹出的快捷菜单中选择“属性”命令，打开“属性表”窗格，选择“数据”选项卡，在“控件来源”属性右侧的文本框中输入“=IIf(Mid([学号],5,2)="10","信息","管理")”，如图5-91所示。

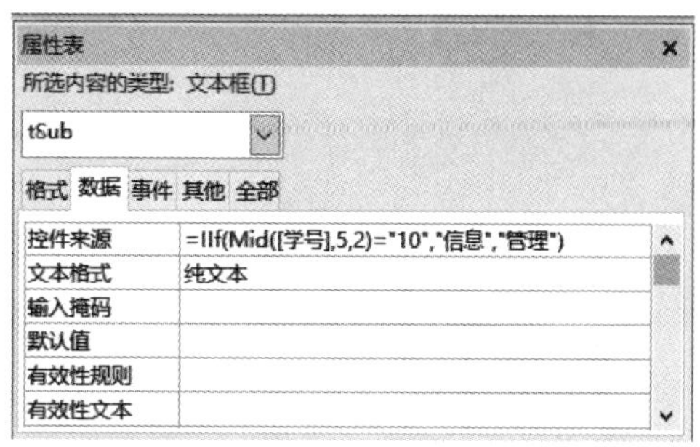

图5-91　设置控件来源

步骤2：单击快速访问工具栏中的“保存”按钮。保存设计。

5）【审题分析】本题主要考察窗体中VBA编程。

【操作步骤】

步骤1：右键单击标题为“退出”的按钮，在弹出的快捷菜单中选择“属性”命令，打开“属性表”窗格，选择“事件”选项卡，单击“单击”属性右侧的“…”按钮，打开“代码生成器”窗口。

在“＊＊＊＊Add＊＊＊＊”行之间输入代码：

```
DoCmd.Close
```

步骤2：关闭代码设计窗口。单击快速访问工具栏中的“保存”按钮，关闭设计视图。

第 6 章　报　　表

教学知识点

- 报表的作用、类型和组成
- 报表的创建、编辑报表
- 报表的分组、排序和汇总
- 在报表中计算
- 报表的预览和打印

6.1　报表概述

报表是 Access 用来打印数据库信息的对象。它的主要功能就是根据需要将数据库中的有关数据提取出来进行整理、分类、汇总和统计，并以要求的格式打印出来。

报表和窗体一样，都是由一系列控件组成的，它们的数据来源都是表、查询或 SQL 语句，但是这两种对象是有区别的：窗体用于对数据库进行操作，可以输入、修改和删除记录；而报表只用于组织和输出数据，并按照一定的格式打印输出数据库中的内容，不可以输入、修改和删除数据。

6.1.1　报表的作用

报表是 Access 数据库的对象之一，其主要作用是对数据库的数据进行综合整理，比较和汇总数据，显示经过格式化且分组的信息，并将它们打印输出。例如，职工工资表、职工信息表、学生成绩表等。

6.1.2　报表的类型

报表主要分为 4 种类型：纵栏式报表、表格式报表、图表报表和标签报表。

1. 纵栏式报表

纵栏式报表与纵栏式窗体类似，以垂直方式显示一条记录。在“主体”节中可以显示一条或多条记录，每行显示一个字段，行的左侧显示字段名称，行的右侧显示字段值，如图 6-1 所示。

2. 表格式报表

表格式报表以行、列的形式显示记录数据，通常一行显示一条记录、一页显示多条记录。表格式报表的字段名称不是在每页的“主体”节内显示，而是在“页面页眉”节内显示。输出报表时，各字段名称只在报表的每页上方出现一次，如图 6-2 所示。

3. 图表报表

图表报表是指以图表为主要内容的报表，它可以更直观地表示出数据之间的关系，如图 6-3 所示。

4. 标签报表

标签报表是一种特殊类型的报表，主要用于输出和打印不同规格的标签，如物品标签、客户标签等，如图 6-4 所示。

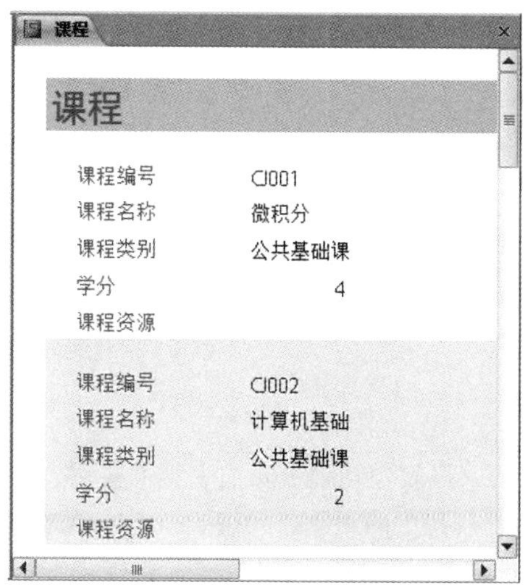

图 6-1 纵栏式报表

成绩

学号	课程编号	分数
201007010101	CZ002	56
201007010101	CJ001	58
201007010101	CZ005	77
201007010101	CZ003	78
201007010101	CZ001	99
201007010101	CJ006	79
201007010101	CJ005	69
201007010101	CJ004	71
201007010101	CJ003	78
201007010101	CJ002	60
201007010101	CZ004	97

图 6-2 表格式报表

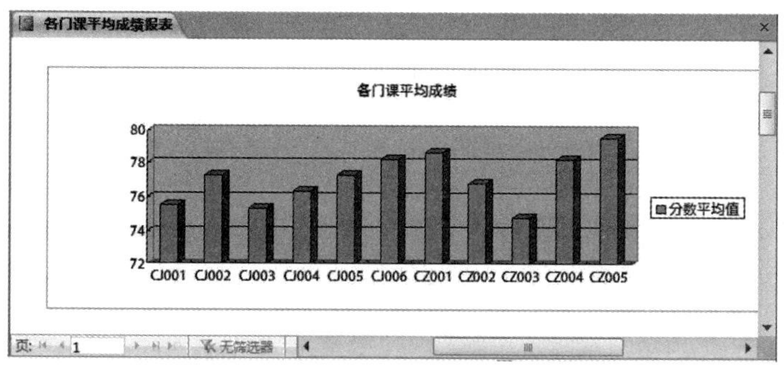

图 6-3 图表报表

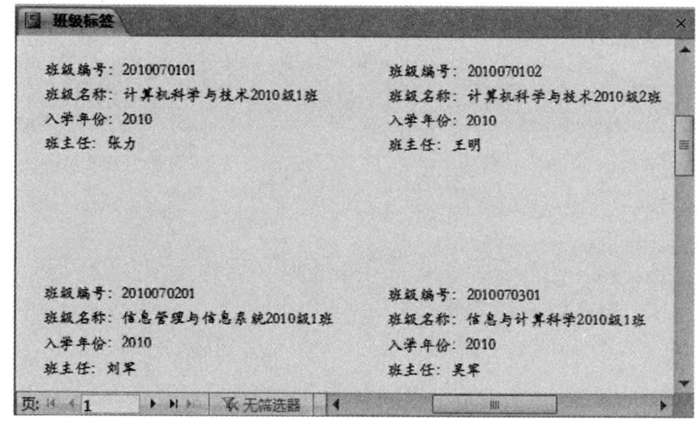

图 6-4 标签报表

6.1.3 报表的视图

Access 报表提供了 4 种视图，即“报表视图”“打印预览”“布局视图”“设计视图”。4 种视图的功能说明如下。

1）报表视图：用于查看报表的设计结果。

2）打印预览：用于预览报表打印输出的页面格式。

3）布局视图：界面和报表视图几乎一样，但是该视图中各个控件的位置可以移动，用户可以重新布局各种控件，删除不需要的控件，设置各个控件的属性，以及美化报表等。

4）设计视图：用于创建报表或修改已有报表的结构。

4 种视图可以通过单击“开始”选项卡下“视图”选项组中的“视图”按钮，在下拉列表中选择相应的选项进行切换，如图 6-5 所示。

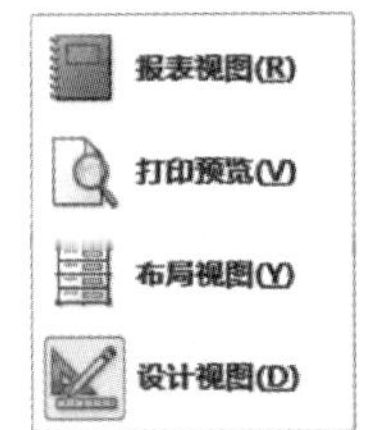

图 6-5 “视图”列表

6.1.4　报表的组成

报表的结构和窗体类似，也由节组成，如图 6-6 所示。报表包括报表页眉、页面页眉、组页眉、主体、组页脚、页面页脚和报表页脚。每一个节都有其特定的用途，并按照一定的顺序出现在报表中。新建的报表设计视图只包括页面页眉、主体和页面页脚，在报表设计视图中右击鼠标，在打开的快捷菜单中可根据实际需要选择相应的命令来添加或删除“报表页眉/页脚”和“页面页眉/页脚”，单击“设计”选项卡下“分组和汇总”选项组中的“分组和排序”按钮，可根据需要添加或删除“组页眉/组页脚”。

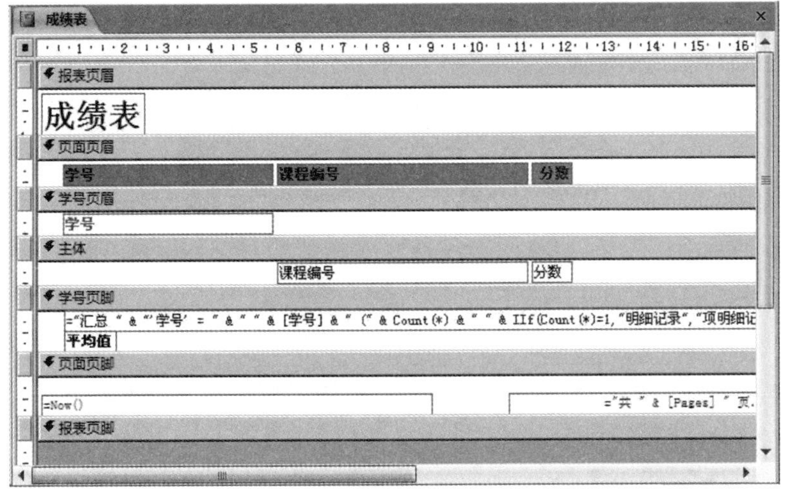

图 6-6　报表的结构

1. 报表页眉

报表页眉是整个报表的开始部分，通常只在报表第一页的头部打印一次，用来显示报表的标题、说明性文字、图形、制作时间或制作单位等。

2. 页面页眉

页面页眉位于报表页眉之下，出现在报表每一页的顶部，用来显示报表每列的列标题、页码、日期等信息。

3. 组页眉

对报表数据分组时才会出现组页眉。组页眉的内容出现在组的开始处，通常用于显示分组项目的名称和值。

4. 主体

该节是报表的主体部分，用于打印表或查询中的记录数据。该节对每个记录而言都是重复的，数据源中的每条记录都放置在主体节中。

5. 组页脚

对报表数据分组时才会出现组页脚。“组页脚”的内容出现在组的末尾，通常用于显示组的总计值、平均值等。

6. 页面页脚

页面页脚出现在报表每一页的底部，可用于显示页码、控制项的合计内容等项目，数据显示在文本框和其他一些类型的控件中。

7. 报表页脚

报表页脚打印在报表的结束处，可用于显示整个报表的计算汇总或其他的统计数字信息。

6.2 创建报表

Access 2010 提供了 5 种创建报表的方法：报表、报表设计、空报表、报表向导和标签，如图 6-7 所示。一般情况下，在创建报表时，可以先使用“报表”或“报表向导”等工具快速生成报表，然后在设计视图中对已创建报表的功能及外观进行修改和完善，这样可以提高报表设计的效率。

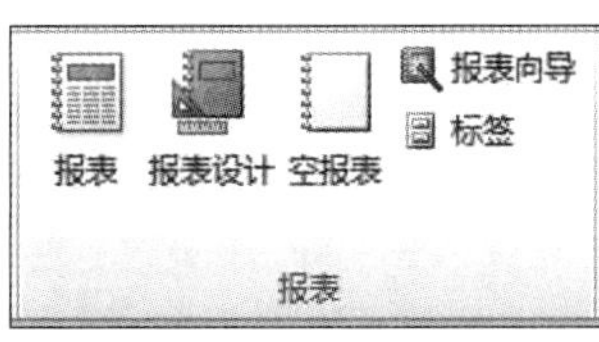

图 6-7 “报表”选项组

6.2.1 自动创建报表

Access 2010 可以为用户自动创建报表，这是创建报表最快速的方法。用户需要做的就是选定一个要作为数据源的数据表或查询，然后单击“创建”选项卡下“报表”选项组中的“报表”按钮。自动创建的报表只包含“主体”节，该报表将显示指定数据源中的所有字段，并在布局视图中打开。

例 6-1 在“教学管理”数据库中，以“教师”表为数据源，使用“报表”选项组中的“报表”按钮创建报表。

操作步骤如下：

1）在“教学管理”数据库导航窗格中，选定“教师”表作为数据源。

2）单击“创建”选项卡下“报表”选项组中的“报表”按钮，Access 将自动生成一个报表，并在布局视图中打开。

3）保存报表，将该报表命名为“教师 1”，如图 6-8 所示。

教师1

教师　2013年5月8日 9:54:09

教师编号	姓名	性别	参加工作时间	政治面貌	学历	职称
T0001	王勇	男	1994/7/1	中共党员	硕士	副教授
T0002	肖贵	男	2001/8/3	中共党员	硕士	讲师
T0003	张雪莲	女	1991/9/3	中共党员	本科	副教授
T0004	赵庆	男	1999/11/2	中共党员	本科	讲师
T0005	肖莉	女	1989/9/1	中共党员	博士	教授
T0006	孔凡	男	2001/3/1	群众	本科	讲师
T0007	张建	男	2002/7/1	群众	硕士	讲师

图 6-8 自动创建的“教师 1”报表布局视图

6.2.2　使用“报表向导”创建报表

自动创建报表的数据源只能是一个表或查询，并且报表中包含表或查询中的全部字段，报表使用 Access 默认的布局，不够美观。而使用“报表向导”可以创建来自多个数据源的报表，并且可以有选择地显示字段，指定数据的分组和排序方式以及报表的布局方式，这比自动创建报表更加灵活，更具有针对性。

例 6-2　在“教学管理”数据库中，以“学生”表、“课程”表和“成绩”表为数据源，使用“报表向导”创建“学生成绩表”报表。

操作步骤如下：

1）在“教学管理”数据库窗口中单击“创建”选项卡下“报表”选项组中的“报表向导”按钮，进入报表向导界面一，如图 6-9 所示。

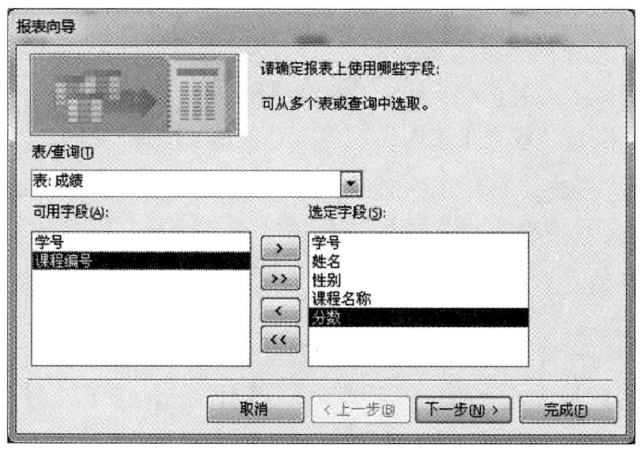

图 6-9　报表向导界面一

2）在“表/查询”下拉列表框中选择作为报表数据源的表或查询的名称，在“可用字段”列表框中选择需要在新建报表中显示的字段，这里依次选择“学生”表的“学号”“姓名”和“性别”字段，以及课程表的“课程名称”字段、“成绩”表的“分数”字段。

3）单击“下一步”按钮，进入报表向导界面二，确定查看数据的方式。这里选择“通过学生”，如图 6-10 所示。

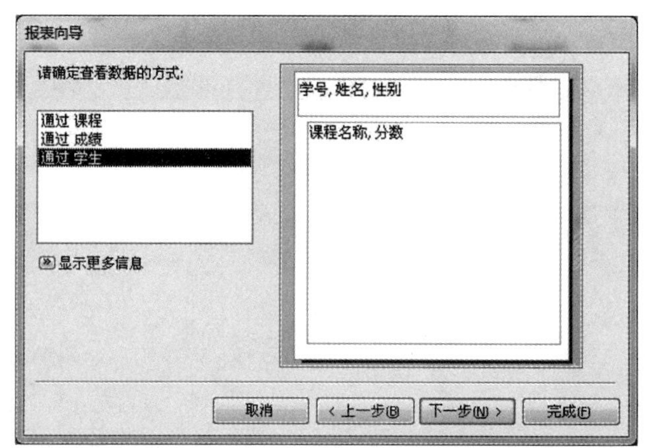

图 6-10　报表向导界面二

4）单击“下一步”按钮，进入报表向导界面三，定义分组的级别。这里保留默认设置，如图 6-11 所示。

图 6-11　报表向导界面三

5）单击“下一步”按钮，进入报表向导界面四，确定明细记录使用的排序次序。这里选择按“课程名称”字段“升序”排列，如果需要指定分组显示的计算汇总值，可单击“汇总选项”按钮，在“汇总选项”对话框中选择需要计算的汇总值，这里选中“平均”复选框，如图 6-12所示，单击“确定”按钮返回。

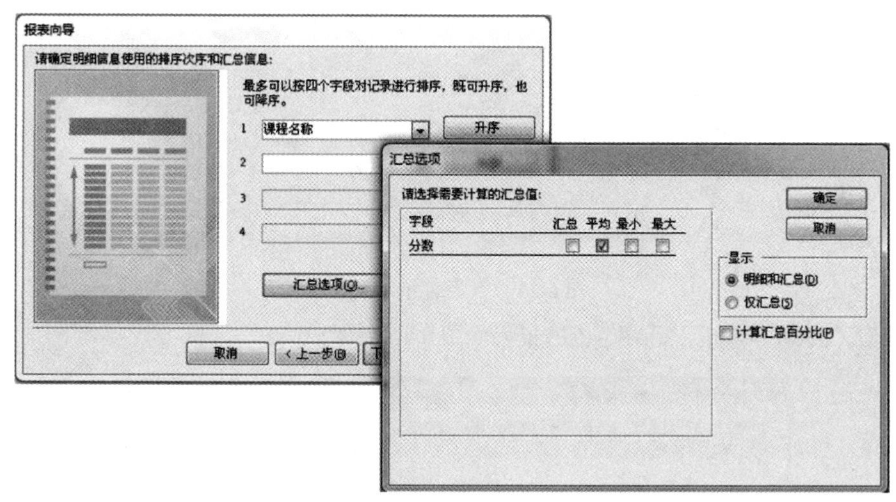

图 6-12　报表向导界面四

6）单击“下一步”按钮，进入报表向导界面五，确定报表的布局方式。向导中提供了“递阶”“块”“大纲”3 种布局方式，这里选择“递阶”布局，如图 6-13 所示。

7）单击“下一步”按钮，进入报表向导界面六，为报表指定标题，这里指定报表标题为“学生成绩表”。如果要在完成报表创建后预览报表，可选中“预览报表”单选按钮；如果要打开报表设计窗口修改报表设计，则选中“修改报表设计”单选按钮。这里选择“预览报表”单选按钮，如图 6-14 所示。

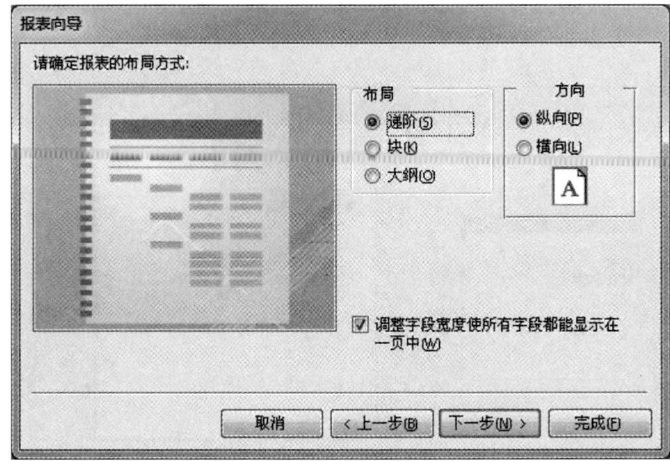

图 6-13　报表向导界面五

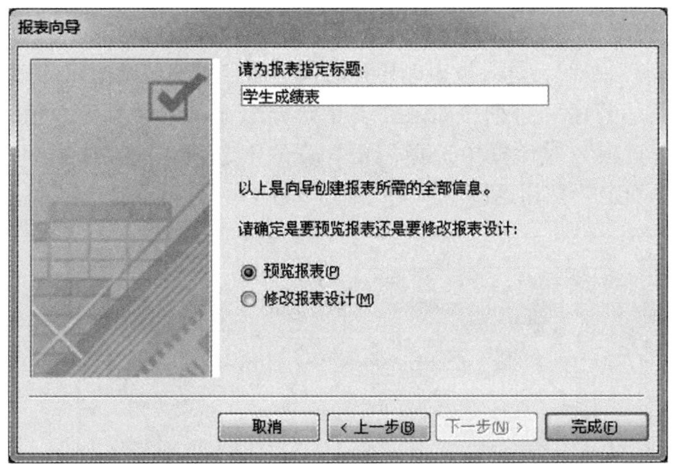

图 6-14　报表向导界面六

8）单击“完成”按钮，最终生成的报表如图 6-15 所示。

学生成绩表

学号	姓名	性别	课程名称	分数
201007010101	王海	男		
			C语言程序设计	71
			财经应用文写作	78
			大学英语	78
			法律基础	56
			会计学基础	99
			计算机基础	60
			马克思主义哲学	69
			市场营销学	77
			数据库应用基础	79
			微积分	58
			政治经济学	97

汇总 '学号' = 201007010101 (11 项明细记录)

平均值　74.7272727272727

201007010102	张敏	男		

页: 1　无筛选器

图 6-15　“学生成绩表”报表

6.2.3 创建标签报表

标签是包含少量数据的卡片，通常用于显示名片、地址等信息。Access 提供的标签向导可以帮助用户创建标签报表。

例 6-3 在“教学管理”数据库中，以“班级”表为数据源，使用“报表”选项组中的“标签”按钮创建标签报表。

操作步骤如下：

1）在“教学管理”数据库导航窗格中，选定“班级”表作为数据源。

2）单击“创建”选项卡下“报表”选项组中的“标签”按钮，进入标签向导界面一，如图 6-16 所示。

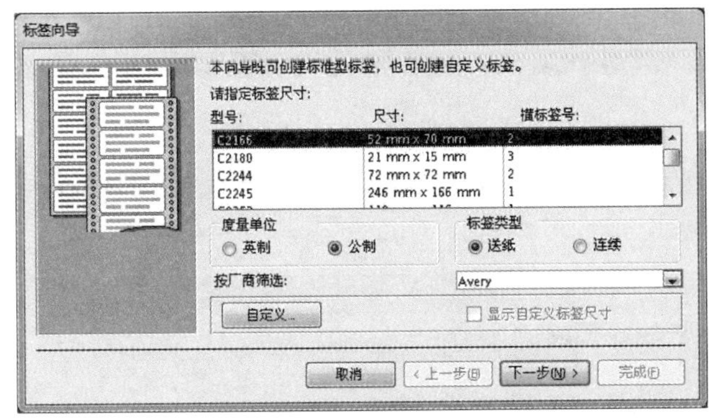

图 6-16 标签向导界面一

3）在“请指定标签尺寸”列表框中选择标签的型号，可以先选择厂商，再从“型号”列表框中选择一个产品编号的标签，也可以单击“自定义”按钮来建立任意大小的标签。这里选择 Avery 厂商的 C2166 产品编号的标签。

4）单击“下一步”按钮，进入标签向导界面二，选择标签文本的字体、字号、粗细和颜色。这里设置为华文楷体、10 号、正常粗细、黑色的文本，如图 6-17 所示。

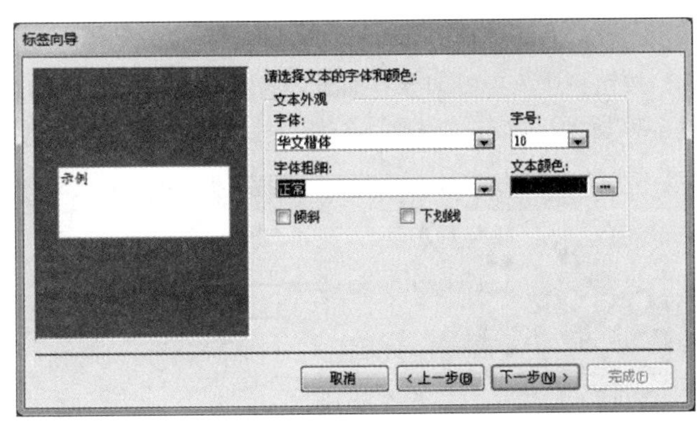

图 6-17 标签向导界面二

5）单击“下一步”按钮，进入标签向导界面三，选择标签的显示内容。在“可用字段”列表框中选择要添加的字段，双击该字段或者单击 [>] 按钮，将其添加到“原型标签”编辑框中。在添加完一个字段之后，按 Enter 键继续添加下一个字段，这样，在预览报表时，系统在显示完一个字段的值之后，另起一行显示下一个字段的值，同时，还可以在字段的前面插入所需文本。这里选择“班级编号”“班级名称”“入学年份”“班主任”字段，如图6-18所示。

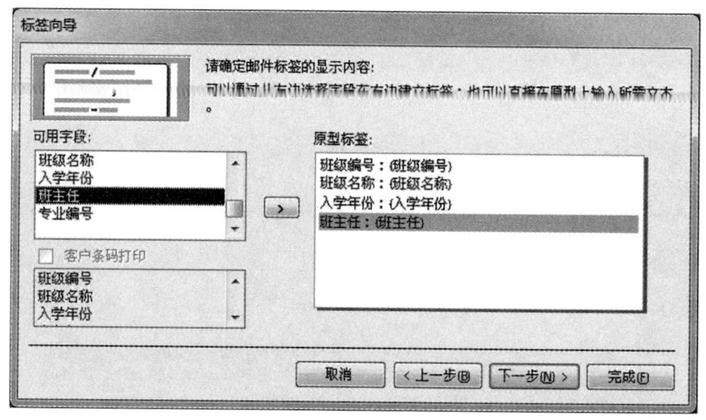

图6-18　标签向导界面三

6）单击“下一步”按钮，进入标签向导界面四，为报表选择排序依据。这里选择“班级编号”字段，如图6-19所示。

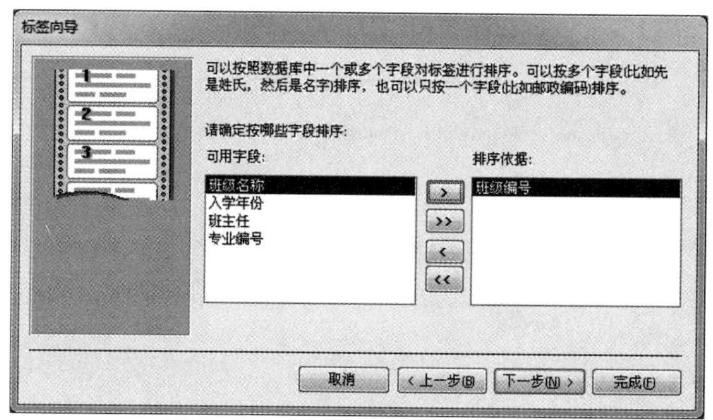

图6-19　标签向导界面四

7）单击“下一步”按钮，进入标签向导界面五，为当前创建的报表输入一个名称。这里输入“班级标签”，如图6-20所示，单击“完成”按钮，生成的报表打印预览视图如图6-4所示。

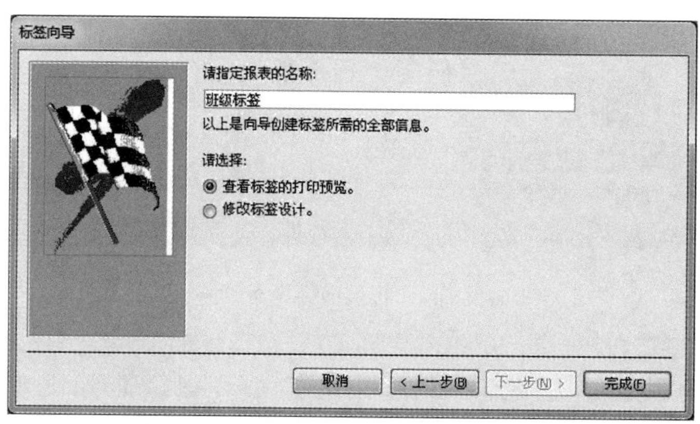

图6-20　标签向导界面五

6.2.4 使用设计视图创建报表

在 Access 中，使用自动创建报表方式和报表向导的方式可以很方便地创建报表，但使用这些方法创建的报表，其形式和功能都比较单一，布局也较简单，不能尽如人意。使用 Access 提供的报表设计视图，既可以设计出格式与功能更完善的报表，又能对用报表向导所建立的报表进行修改，可以更好地满足用户的实际需求。

使用设计视图创建报表一般包含以下过程：创建空白报表；为报表设定记录源；在报表中添加控件；设置报表和控件的外观格式、大小、位置和对齐方式；对报表进行排序和分组；计算汇总数据等。

使用设计视图创建报表，可以按照例 6-4 所示的步骤进行。

例 6-4 在“教学管理”数据库中，使用设计视图创建“学生情况表”报表。

操作步骤如下：

（1）创建空白报表

在“教学管理”数据库窗口中，单击“创建”选项卡下“报表”选项组中的“报表设计”按钮，出现图 6-21 所示的空白报表。在初次建立的报表设计视图窗口中，报表分为 3 个部分：页面页眉、主体和页面页脚。

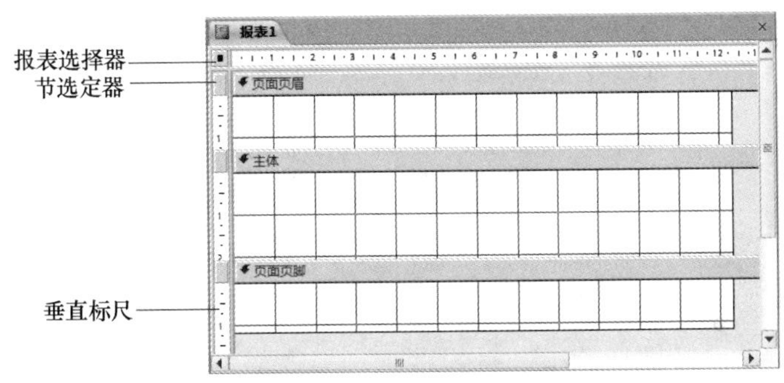

图 6-21 在设计视图中创建的空白报表

（2）为报表设定记录源

为报表设定记录源可参考 5.2.4 小节为窗体设定记录源的方法。

本例中选择“学生”表和“班级”表中的数据，在“属性表”窗格的“数据”选项卡下单击“记录源”属性框右侧的“生成器”按钮，打开“查询生成器”窗口，按照图 6-22 所示进行设置后，关闭该窗口。Access 会自动生成 SQL 命令，并作为报表的记录源，这条查询命令保存在报表中。

（3）在报表中添加控件

1）右击设计视图的网格区，在弹出的快捷菜单中选择“报表页眉/页脚”命令，在报表中添加“报表页眉”和“报表页脚”。单击“设计”选项卡下“页眉/页脚”选项组中的“标题”按钮，该控件将自动添加到“报表页眉”节中，将标题文本改为“学生情况表”。

2）单击“设计”选项卡下“工具”选项组中的“添加现有字段”按钮，打开“字段列表”窗格，将字段“学号”“姓名”“性别”“出生日期”“政治面貌”“班级名称”“入学年份”“专业编号”拖动至“主体”节。

3）选中“主体”节中的全部控件，单击“排列”选项卡下“表”选项组中的“表格”按钮，创建表格式控件布局。此时，标签控件将自动放置到“页面页眉”节中，且与文本框控件上下对齐。

报表1
报表1：查询生成器
班级
*
班级编号
班级名称
入学年份
班主任
专业编号
学生
*
学号
姓名
性别
出生日期
政治面貌
字段:
表:
排序:
显示:
条件:
学号
学生
姓名
学生
性别
学生
出生日期
学生
政治面貌
学生
班级名称
班级
入学年份
班级
专业编号
班级

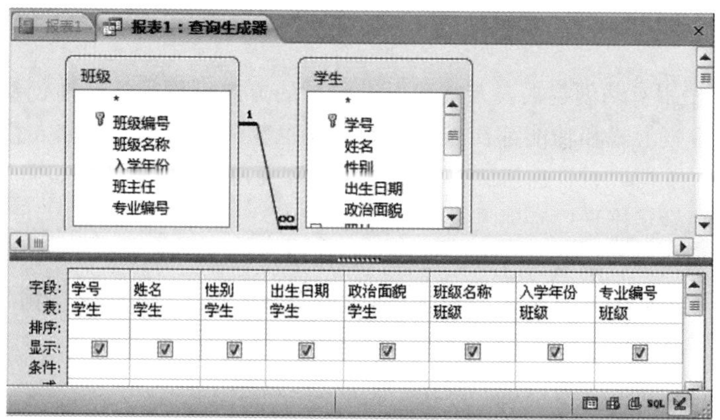

图 6-22 “查询生成器” 窗口

(4) 设置报表和控件的外观格式、大小、位置和对齐方式

单击 “控件布局” 按钮，选择整个表格式控件布局，调整控件布局的位置；单击 “设计” 选项卡下 “工具” 选项组中的 “属性表” 按钮，打开 “属性表” 窗格，选择 “格式” 选项卡，将整个布局的 “边框样式” 设置为 “透明”；调整控件的大小、位置和对齐方式，以及字体、字号等格式内容；调整报表 “页面页眉” 节和 “主体” 节的高度，以合适的尺寸容纳其中包含的控件。保存报表，将该报表命名为 “报表设计 04”。完成以上操作后，报表的设计视图和打印预览视图如图 6-23 和图 6-24 所示。

报表设计04
报表页眉
学生情况表
页面页眉
学号
姓名
性别
出生日期
政治面貌
班级名称
入学年份
专业编号
主体
学号
姓名
性别
出生日期
政治面貌
班级名称
入学年份
专业编号
页面页脚

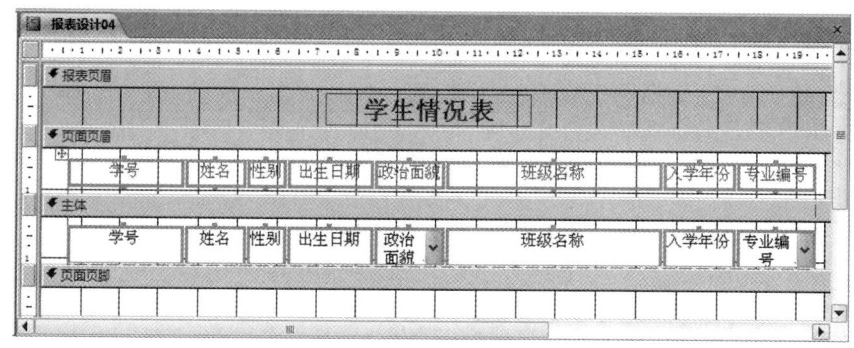

图 6-23 “报表设计 04” 报表的设计视图

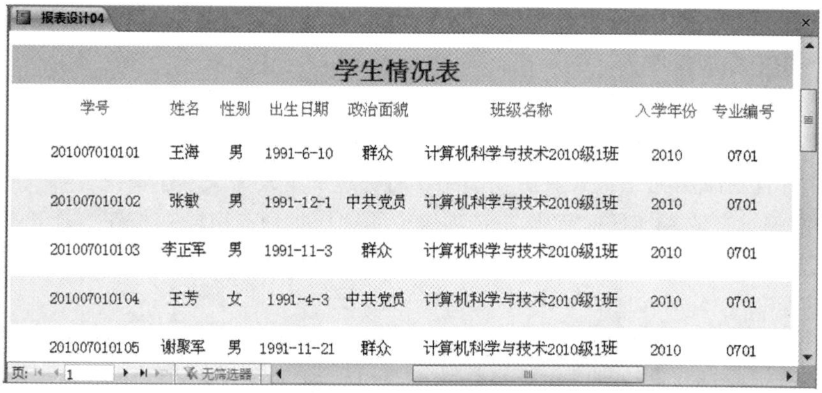

报表设计04
学生情况表
学号
姓名
性别
出生日期
政治面貌
班级名称
入学年份
专业编号
201007010101 王海 男 1991-6-10 群众 计算机科学与技术2010级1班 2010 0701
201007010102 张敏 男 1991-12-1 中共党员 计算机科学与技术2010级1班 2010 0701
201007010103 李正军 男 1991-11-3 群众 计算机科学与技术2010级1班 2010 0701
201007010104 王芳 女 1991-4-3 中共党员 计算机科学与技术2010级1班 2010 0701
201007010105 谢聚军 男 1991-11-21 群众 计算机科学与技术2010级1班 2010 0701
页:
无筛选器

图 6-24 “报表设计 04” 报表的打印预览视图

本章后面例题所建立的报表均以“报表设计”加上例题的序号作为报表的名称。

6.2.5 在设计视图中创建图表报表

图表报表以图表形式生动形象地表示数据，易于用户理解。带有图表的报表能清晰明了地反映数据之间的差异。在 Access 2010 中，可以在设计视图中创建图表报表。

例 6-5 在“教学管理”数据库中，以“成绩”表作为数据源，在设计视图中创建输出各门课程平均成绩的图表报表。

操作步骤如下：

1）在“教学管理”数据库窗口中单击“创建”选项卡下“报表”选项组中的“报表设计”按钮，打开报表设计视图。

2）在“控件”选项组中单击“图表”按钮，在“主体”节单击，进入图表向导界面一，如图 6-25 所示，在“请选择用于创建图表的表或查询”列表框中选择“表：成绩”。

图 6-25 图表向导界面一

3）单击“下一步”按钮，进入图表向导界面二，如图 6-26 所示，在“可用字段”列表框中选择“成绩”表中需要在新建报表中显示的字段。

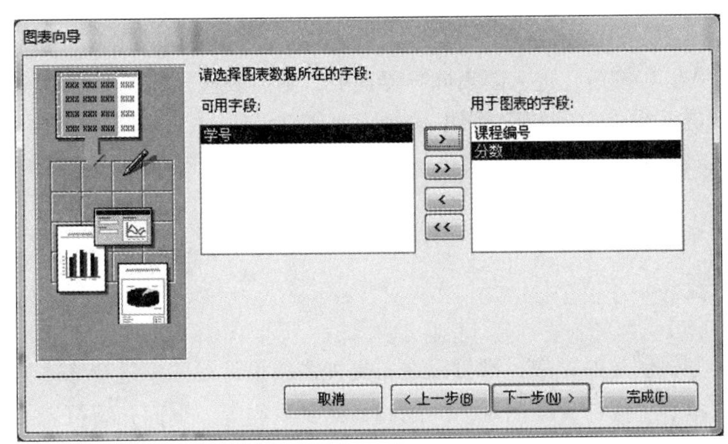

图 6-26 图表向导界面二

4）单击“下一步”按钮，进入图表向导界面三，为报表选择图表的类型。这里选择第 1 行的第 2 个图表类型，即“三维柱形图”，如图 6-27 所示。

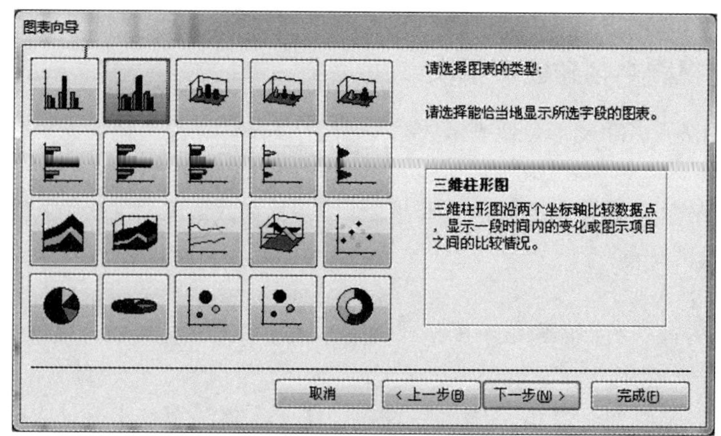

图 6-27　图表向导界面三

5）单击“下一步”按钮，进入图表向导界面四，为图表选择布局方式，如图 6-28 所示。双击“分数合计”按钮，弹出“汇总”对话框，选中“平均值”，单击“确定”按钮返回。

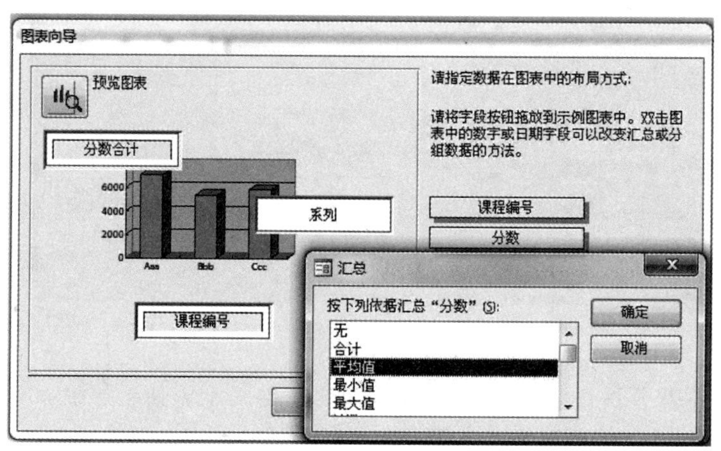

图 6-28　图表向导界面四

6）单击“下一步”按钮，进入图表向导界面五，为图表选择标题。这里输入“各门课平均成绩”作为图表标题，单击“完成”按钮。

7）保存报表，将该报表命名为“各门课平均成绩报表”。产生的报表打印预览视图如图 6-3 所示。

6.3　编辑报表

不论使用何种方式创建的报表，都可以在布局视图或设计视图中进行修改，既可以设置报表的格式，也可以在报表中添加背景图片、时间和日期及页码等。下面介绍报表的常用编辑操作。

6.3.1　应用主题

“主题”是整体上设置数据库系统，使数据库中的窗体和报表具有统一色调的快速方法。“主题”是一套统一的设计元素和配色方案，为数据库系统的所有窗体和报表提供了一套完整的格式集合。利用“主题”，用户可以非常容易地创建具有专业水准、设计精美的数据库系统界面。

在“设计”选项卡下的“主题”选项组中包含3个按钮：主题、颜色和字体。Access 2010一共提供了44套主题供用户选择。

对“教学管理”数据库应用主题，操作步骤如下：

1）打开“教学管理”数据库，在布局视图（或设计视图）中打开任何一个窗体或报表。

2）单击“主题”选项组中的相应按钮，将不同的颜色和字体主题应用到数据库中。

- 如果仅更改颜色，则单击“颜色”按钮，打开“颜色”下拉列表，可从中进行选择，如图6-29所示。
- 如果仅更改字体，则单击“字体”按钮，打开“字体”下拉列表，可从中进行选择，如图6-30所示。
- 如果要更改颜色和字体，则单击“主题”按钮，打开“主题”下拉列表，可从中进行选择，如图6-31所示。可以将鼠标指针悬停在每个主题上以实时预览主题，然后单击一个主题进行应用。

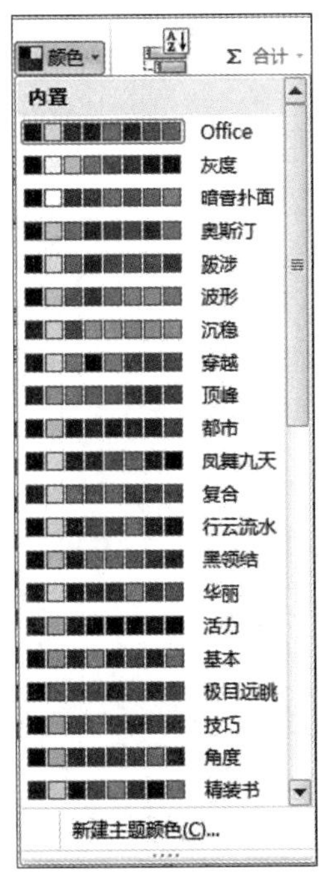

图6-29 “颜色”下拉列表

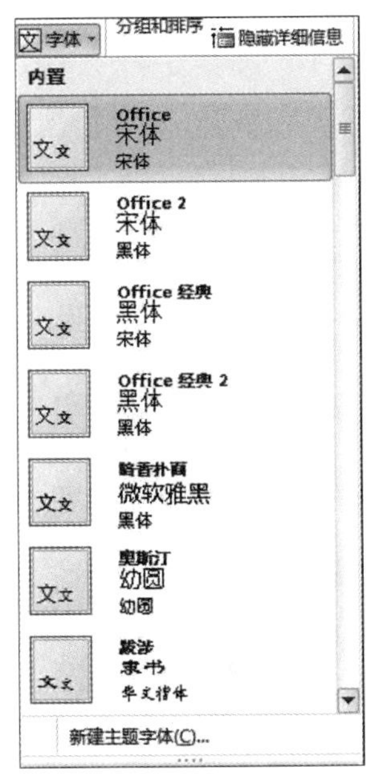

图6-30 “字体”下拉列表

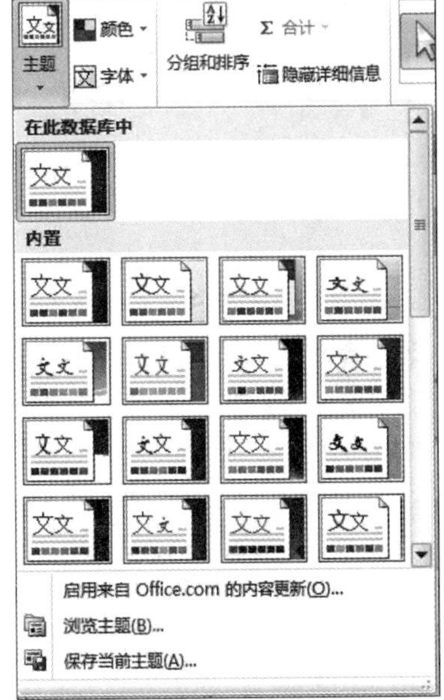

图6-31 “主题”下拉列表

6.3.2 在报表中添加背景图片

要想美化报表，增加报表的可视性，可以为报表添加背景图片。操作步骤如下：

1）在设计视图（或布局视图）中打开相应的报表，双击报表选定器打开报表的“属性表”窗格。

2）单击“格式”选项卡，选择“图片”属性进行背景图片的设置。

3）设置背景图片的其他属性，主要有：在“图片类型”属性框中选择“嵌入”“链接”或“共享”，指定图片的添加方式；在“图片缩放模式”属性框中选择“剪辑”“拉伸”“缩放”

"水平拉伸""垂直拉伸"，控制图片的比例；在"图片对齐方式"属性框中，选择"左上""右上""中心""左下""右下"，指定图片的对齐方式；在"图片平铺"属性框中选择是否平铺背景图片；在"图片出现的页"属性框中选择"所有页""第一页"或"无"，指定图片在报表中出现的页码位置。

6.3.3　添加日期和时间

在 Access 2010 中有专门的控件来完成在报表中添加日期和时间，操作步骤如下：

1）在设计视图中打开相应的报表，单击"设计"选项卡下"页眉/页脚"选项组中的"日期和时间"按钮。

2）在打开的"日期和时间"对话框中，选择日期和时间格式，如图 6-32 所示，单击"确定"按钮。

3）也可以在报表上添加文本框控件，通过设置其"控件来源"属性为"=Now()""=Date()"或"=Time()"来显示日期和时间。控件位置可以安排在报表的任何节中。

图 6-32　"日期和时间"对话框

6.3.4　添加分页符和页码

1. 在报表中添加分页符

在报表设计中，用户可以在某一节中使用分页符来标识需要另起一页的位置。例如，如果需要单独将报表标题打印在一页上，可以在报表页眉中显示标题的最后一个控件之后与下一页的第一个控件之前设置一个分页符。

在报表中添加分页符的操作步骤如下：

1）在设计视图中打开相应的报表。

2）单击"设计"选项卡下"控件"选项组中的"插入分页符"按钮。

3）在报表中需要设置分页符的位置单击，添加的分页符会以短虚线显示在报表的左边界上。分页符应该设置在某个控件之上或之下，以免拆分了控件中的数据。如果要将报表中的所有记录或分组记录均另起一页，可以通过设置"组页眉""组页脚"或"主体"节的"强制分页"属性来实现。

2. 在报表中添加页码

在报表中添加页码的操作步骤如下：

1）在报表设计视图中打开相应的报表。

2）单击"设计"选项卡下"页眉/页脚"选项组中的"页码"按钮。

3）在图 6-33 所示的"页码"对话框中，根据需要选择相应的页码格式、位置和对齐方式。对于对齐方式，有下列可选选项。

- 左：在左页边距添加文本框。
- 居中：在左、右页边距的正中添加文本框。
- 右：在右页边距添加文本框。
- 内：在左、右页边距之间添加文本框，奇数页打印在左侧，偶数页打印在右侧。

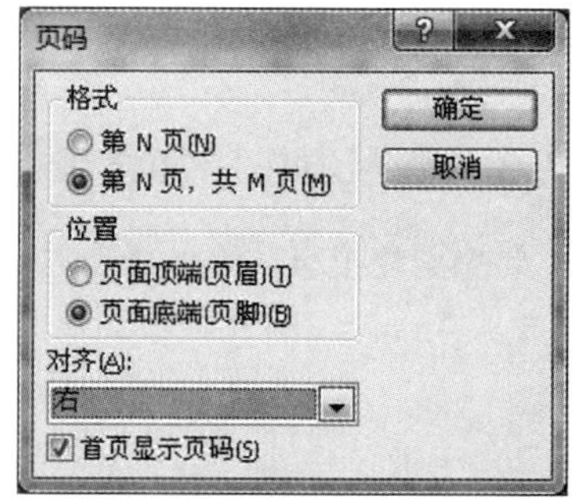

图 6-33　"页码"对话框

- 外：在左、右页边距之间添加文本框，偶数页打印在左侧，奇数页打印在右侧。

4）如果要在首页显示页码，需选中“首页显示页码”复选框。

例6-6 在“报表设计04”报表中添加页码。页码格式选择“第N页，共M页”，位置选择“页面底端（页脚）”，对齐选择“右”，如图6-33所示。

按照添加页码的步骤进行操作，完成后，报表的设计视图如图6-34所示。

图6-34 添加页码的报表设计视图

另外还可以在报表上直接添加文本框控件，然后在“控件来源”属性中输入表达式来显示页码。常用页码表达式见表6-1，其中［Page］和［Pages］是内置变量，［Page］代表当前页号，［Pages］代表总页数，“显示文本”中的N表示当前页，M表示总页数。

表6-1 常用页码表达式

表 达 式	显 示 文 本
="第"&[Page]&"页"	第N页
=[Page]&"/"&[Pages]	N/M
="第"&[Page]&"页,共"&[Pages]&"页"	第N页，共M页

6.3.5 绘制线条和矩形

在报表设计中，经常还会通过添加线条或矩形来修饰版面，以达到更好的显示效果。

1. 在报表上绘制线条

在报表上绘制线条的操作步骤如下：

1）在报表设计视图中打开相应的报表。

2）单击“设计”选项卡下“控件”选项组中的“直线”按钮。

3）单击报表的任意处可以创建默认类型的线条，或者通过单击并拖动的方式来创建自定义类型的线条。

如果要细微调整线条的长度或角度，可单击线条，然后同时按下Shift键和方向键。如果要细微调整线条的位置，则同时按下Ctrl键和相应的方向键。

2. 在报表上绘制矩形

在报表上绘制矩形的操作步骤如下：

1）在报表设计视图中打开相应的报表。

2）单击“设计”选项卡下“控件”选项组中的“矩形”按钮。

3）单击窗体或报表的任意处可以创建默认大小的矩形，或者通过拖动方式创建自定义大小的矩形。利用控件的“属性表”窗格，在“格式”选项卡中设置相关属性值。例如，可以在“边框样式”属性列表中选择边框样式（透明、实线、虚线、短虚线、点线、稀疏点线、点画线、点点画线），在“边框宽度”属性列表中选择线条宽度等。

例6-7 在“报表设计04”报表中，在“页面页眉”节与“主体”节之间，“主体”节与“页面页脚”节之间加直线，效果如图6-35所示。

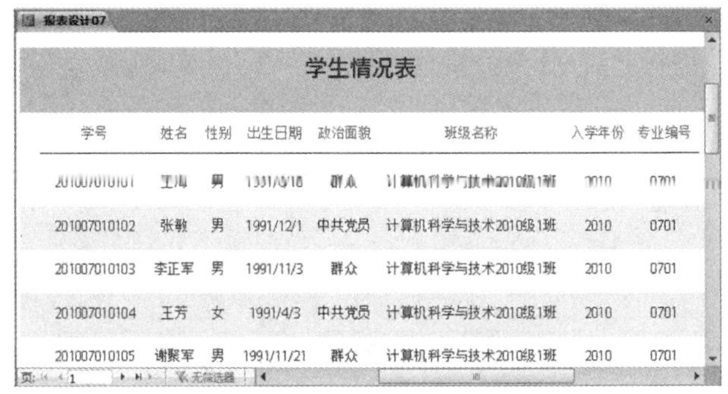

图 6-35 “报表设计 07” 报表的打印预览效果

需要说明的是：由于仅在每页的开始处（列标题下）和每页的结束处（最后一条记录后）打印横线，因此，直线添加在“页面页眉”节和“页面页脚”节中。若在“主体”节中添加，直线会分隔每条记录。

例 6-8　建立图 6-36 所示的准考证报表，每个准考证中包括学生的学号、姓名、性别、出生日期和照片。

主要操作步骤如下：

1）在设计视图中创建一个空白报表，选择“学生”表为记录源。右击设计视图的网格区，在弹出的快捷菜单中选择“网格”命令，取消设计视图的网格。再右击设计视图的网格区，在弹出的快捷菜单中选择“报表页眉/页脚”命令，添加报表页眉和页脚。将报表页脚和页面页脚高度设置为 0，将报表宽度设置为 10cm，将“主体”节高度设置为 6.5cm。

2）在“报表页眉”节添加一个标签控件，在标签中输入“准考证报表”。

3）在“页面页眉”节插入页码，在页码下方添加两条水平线，水平线与报表同宽。

4）在“主体”节添加一个矩形控件，设置其“背景色”属性为浅灰 2、“特殊效果”属性为“蚀刻”；将“学号”“姓名”“性别”“出生日期”“照片”字段拖至矩形框内。选定“学号”“姓名”“性别”和“出生日期”控件，创建堆积式控件布局；选定“照片”控件，创建堆积式控件布局。

5）在布局视图中调整各控件的大小、位置和对齐方式。

6）保存报表，命名为“报表设计 08”。完成以上操作后，打印预览视图如图 6-36 所示，报表的设计视图如图 6-37 所示。

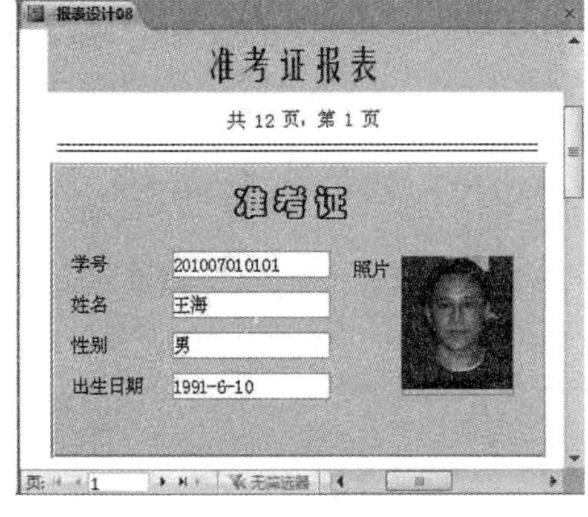

图 6-36　准考证报表

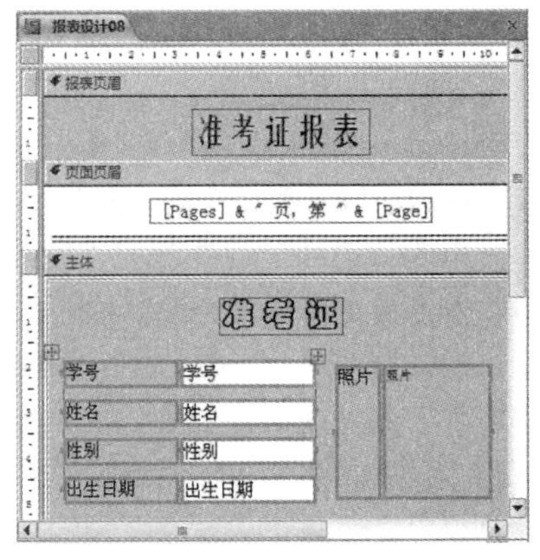

图 6-37 “报表设计 08” 报表的设计视图

6.4　报表的分组、排序和汇总

数据表中记录的排列顺序是按照输入的先后排列的，即按照记录的物理顺序排列。有时需要将记录按照一定的特征排列，这就是排序。用户在输出报表时，需要把同类属性的记录排列在一起，这就是分组。此外，报表还经常需要就某个字段按照其值的相等与否划分成组来进行一些统计操作并输出统计信息，这就是汇总。

1. 简单的分组、排序和汇总

简单的分组、排序和汇总操作可以通过以下方式执行：在布局视图中，右击字段，然后从弹出的快捷菜单中选择所需的操作。

例 6-9　在“教学管理”数据库中，以“成绩”表为数据源创建报表，将该报表按“学号”分组，按“分数”降序排序，并计算每个学生的平均成绩。

操作步骤如下：

1）在“教学管理”数据库导航窗格中选定“成绩”表作为数据源。

2）单击“创建”选项卡下“报表”选项组中的“报表”按钮，自动生成一个报表。

3）在布局视图中右击“学号”字段，从弹出的快捷菜单中选择“分组形式学号”命令，完成分组；右击“分数”字段，在弹出的快捷菜单中选择“降序”命令，完成排序；右击“分数”字段任意值，在弹出的快捷菜单中选择“汇总分数”命令，再选择要执行的操作：“求和”“平均值”“记录计数”（统计所有记录的数目）、“值计数”（只统计此字段中有值的记录的数目）、“最大值”“最小值”“标准偏差”“方差”等，这里选择“平均值”，完成汇总，如图 6-38 所示。

4）保存报表，将该报表另存为“报表设计 09”。

5）完成以上操作后，报表的打印预览视图如图 6-39 所示。

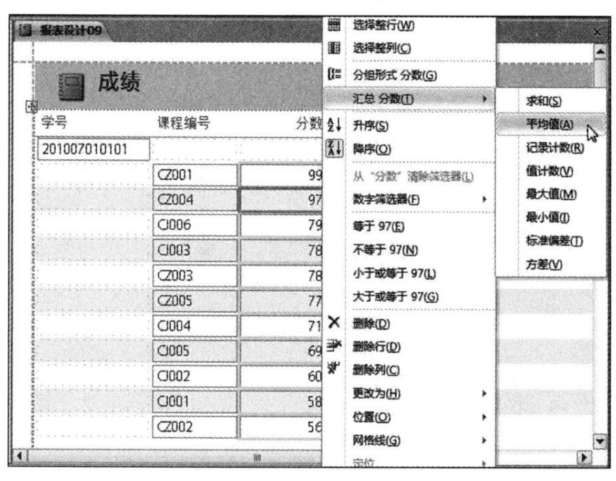

图 6-38　报表的分组、排序和汇总

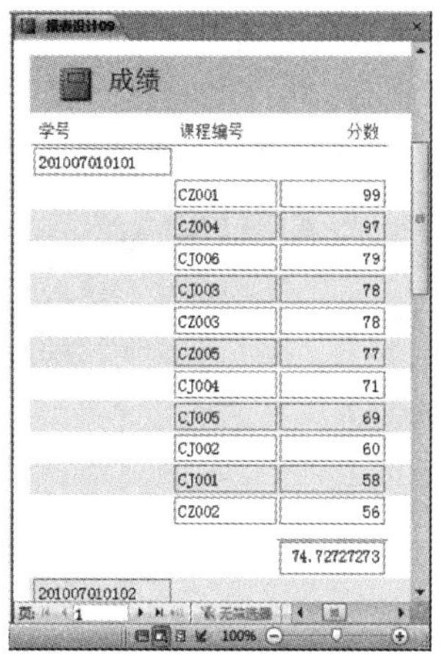

图 6-39　“报表设计 09”报表的打印预览视图

2. 使用“分组、排序和汇总”窗格添加分组、排序和汇总

在报表中添加或修改分组、排序顺序或汇总选项时，使用“分组、排序和汇总”窗格可提供更大的灵活性。此外，布局视图是首选的操作视图，因为在该视图中更易于看到所做的更改如何影响数据的显示。

（1）显示“分组、排序和汇总”窗格

在布局视图或者设计视图中单击“设计”选项卡下“分组和汇总”选项组中的“分组和排序”按钮，Access 2010 均会显示“分组、排序和汇总”窗格，如图 6-40 所示。

若要添加新的排序和分组级别，可单击“添加组”或“添加排序”按钮，“分组、排序和汇总”窗格中将添加一个新行，并显示可用字段的列表，如图 6-41 所示。

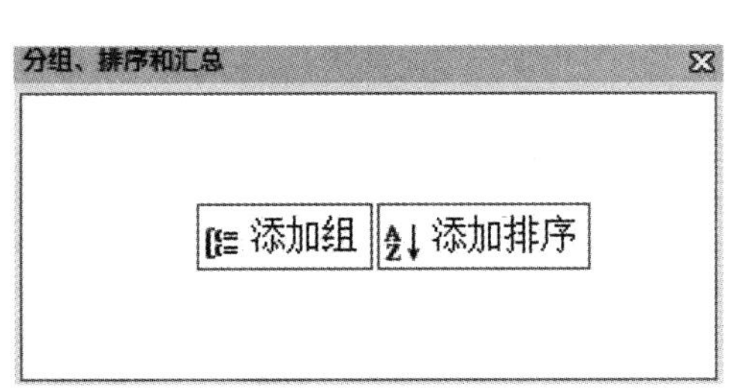

图 6-40 “分组、排序和汇总”窗格

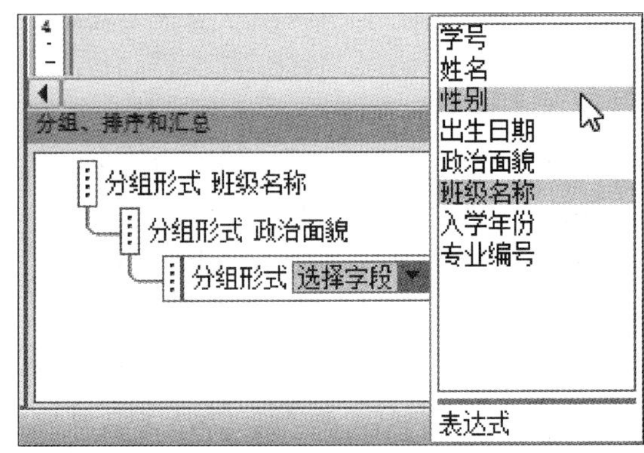

图 6-41　添加的新分组的可用字段列表

用户可以单击其中一个字段名称，或单击字段列表下的“表达式”以输入表达式。选择字段或输入表达式之后，Access 将在报表中添加分组级别。如果位于布局视图中，则显示内容将立即更改为显示分组或排序顺序。

如果已经定义了多个排序或分组级别，则可能需要在“分组、排序和汇总”窗格中向下滚动才能看到“添加组”或“添加排序”按钮。在使用“报表向导”创建报表时，最多可以对 4 个字段进行排序，且只能是字段，不能是表达式。在设计视图中，一个报表最多可以设置 10 个字段或表达式进行排序、分组。

（2）更改分组选项

在“分组、排序和汇总”窗格中，每个排序级别和分组级别都具有大量选项，可以通过设置这些选项来获得所需的结果，如图 6-42 所示。

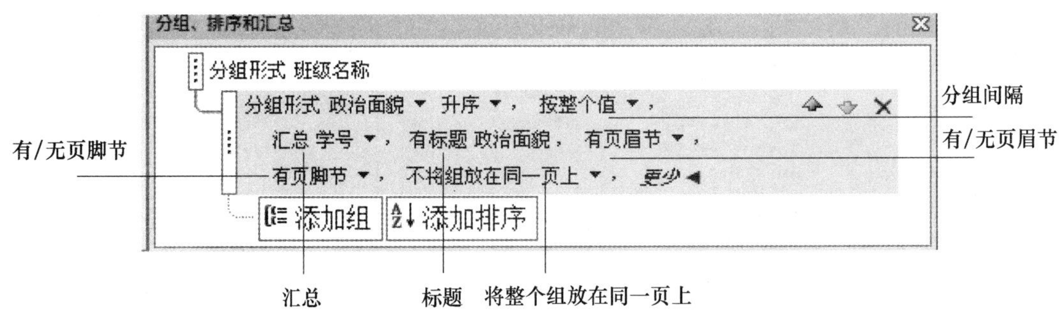

图 6-42 “分组、排序和汇总”窗格中的选项及其说明

1）分组间隔：设置记录如何分组。例如，可根据文本字段的第一个字符进行分组，从而将以“A”开头的所有文本字段分为一组，将以“B”开头的所有文本字段分为另一组，以此类推。对于日期字段，可以按照日、周、月、季度进行分组，也可输入自定义间隔。

2）汇总：若要添加汇总，单击此选项。可以添加多个字段的汇总，并且可以对同一字段执行多种类型的汇总，如图 6-43 所示。

①单击“汇总方式”下拉按钮，然后选择要进行汇总的字段。

②单击“类型”下拉按钮，然后选择要执行的计算类型。

③选择“显示总计”复选框，可以在报表的结尾（即报表页脚中）添加总计。

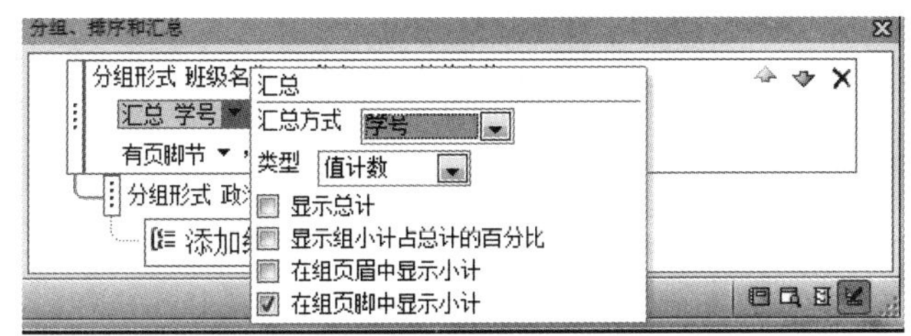

图 6-43 “汇总”选项

④选择“显示组小计占总计的百分比”复选框，可以在组页脚中添加用于计算每个组的小计占总计的百分比的控件。

⑤选择“在组页眉中显示小计”或“在组页脚中显示小计”复选框，可以将汇总数据显示在所需的位置。

⑥选择了字段的所有选项之后，可从“汇总方式”下拉列表中选择另一个字段，重复上述过程，对所选字段进行汇总，然后单击“汇总”窗口外部的任何位置以关闭该窗口。

3）标题：通过此选项，可以更改汇总字段的标题。此选项可用于列标题，还可用于标记页眉与页脚中的汇总字段。若要添加或修改标题，可单击“有标题”后面的文本，“缩放”对话框随即出现。在该对话框中输入新的标题，然后单击“确定”按钮。

4）有/无页眉节：此设置用于添加或移除每个组前面的页眉节。在添加页眉节时，Access 将把分组字段移到页眉。当移除包含非分组字段的控件的页眉节时，Access 会询问是否确定要删除该控件。

5）有/无页脚节：使用此设置可添加或移除每个组后面的页脚节。在移除包含控件的页脚节时，Access 会询问是否确定要删除该控件。

6）将整个组放在同一页上：此设置用于确定在打印报表时页面上组的布局方式，需要将组尽可能放在一起，以减少查看整个组时翻页的次数。不过，由于大多数页面在底部都会留有一些空白，因此这往往会增加打印报表所需的纸张数。此外，单击右侧的下拉按钮，还可打开此项下拉列表，如图 6-44 所示。

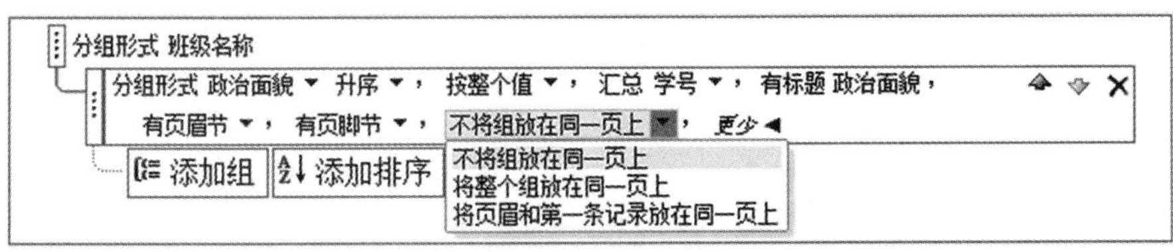

图 6-44 “将整个组放在同一页上”下拉列表

如果不在意组被分页符截断，则可以使用“不将组放在同一页上”选项。例如，一个包含 30 项的组，可能有 10 项位于上一页的底部，而剩下的 20 项位于下一页的顶部。

①“将整个组放在同一页上”选项有助于将组中的分页符数量减至最少。如果页面中的剩余空间容纳不下某个组，则 Access 将使这些空间保留为空白，从下一页开始打印该组。较大的组仍需要跨多个页面，但此选项将把组中的分页符数尽可能减至最少。

②“将页眉和第一条记录放在同一页上”选项对于包含组页眉的组，确保组页眉不会单独打印在页面的底部。如果 Access 确定在该页眉之后没有足够的空间至少打印一行数据，则该组将从下一页开始。

（3）更改分组级别和排序级别的优先级

若要更改分组或排序级别的优先级，可单击“分组、排序和汇总”窗格中的行，然后单击该行右侧的向上或向下按钮。

（4）删除分组级别和排序级别

若要删除分组或排序级别，在“分组、排序和汇总”窗格中选中要删除的行，然后按 Delete 键或单击该行右侧的“删除”按钮即可。在删除分组级别时，如果组页眉或组页脚中有分组字段，则 Access 将把该字段移到报表的“主体”节中。组页眉或组页脚中的其他任何控件都将被删除。

例 6-10　对例 6-7 中的“报表设计 07”报表，先按“班级名称”分组，再按“政治面貌”分组，并汇总各班各政治面貌的人数。

操作步骤如下：

1）在布局视图中打开“报表设计 07”报表。

2）在布局视图中单击“设计”选项卡下“分组和汇总”选项组中的“分组和排序”按钮，打开“分组、排序和汇总”窗格。单击“添加组”按钮，选择“班级名称”为分组字段，“汇总”选项参考图 6-43，其他分组选项均保留默认设置；单击“添加组”按钮，选择“政治面貌”为分组字段，设置“汇总”选项，其他分组选项均保留默认设置。

3）在“布局视图”中调整各控件的大小和位置，将该报表另存为“报表设计 10”。完成以上操作后，报表的布局视图如图 6-45 所示。

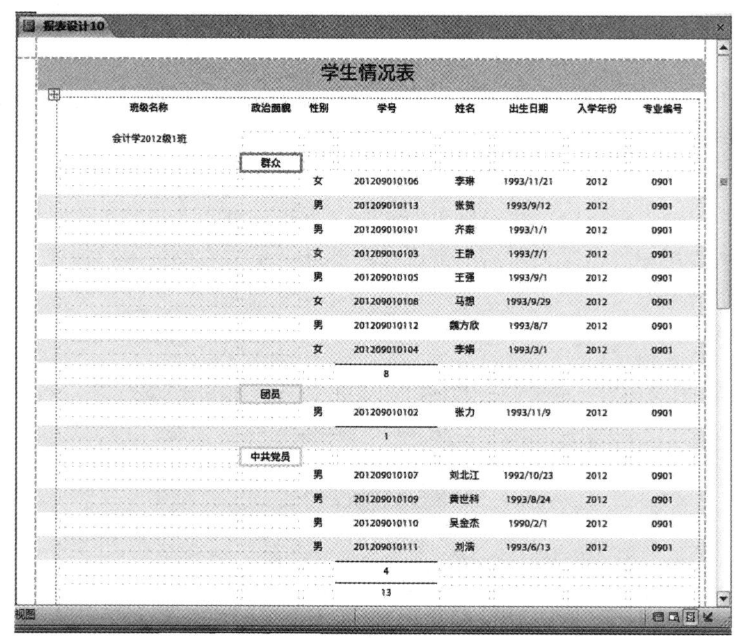

班级名称	政治面貌	性别	学号	姓名	出生日期	入学年份	专业编号
会计学2012级1班							
	群众						
		女	201209010106	李琳	1993/11/21	2012	0901
		男	201209010113	张贺	1993/9/12	2012	0901
		男	201209010101	齐磊	1993/1/1	2012	0901
		女	201209010103	王静	1993/7/1	2012	0901
		男	201209010105	王强	1993/9/1	2012	0901
		女	201209010108	马想	1993/9/29	2012	0901
		男	201209010112	魏方欣	1993/8/7	2012	0901
		女	201209010104	李娟	1993/3/1	2012	0901
			8				
	团员						
		男	201209010102	张力	1993/11/9	2012	0901
			1				
	中共党员						
		男	201209010107	刘北江	1992/10/23	2012	0901
		男	201209010109	黄世科	1993/8/24	2012	0901
		男	201209010110	吴金杰	1990/2/1	2012	0901
		男	201209010111	刘清	1993/6/13	2012	0901
			4				
			13				

图 6-45　“报表设计 10”报表的布局视图

6.5　在报表中添加计算控件

在报表设计过程中，不仅要显示和打印输出数据表信息，还需要经常做各种计算，并将结果显示、打印出来，比如对整个报表、每个分组计算汇总数据等。报表中的计算主要有两种形式：

汇总计算和创建计算控件。

报表的汇总计算可参照例6-10。若要在报表中进行各种类型的统计计算并输出显示，可以通过添加计算控件来实现。常用的计算控件为文本框，或者其他有“控件来源”属性的控件。

在 Access 2010 中，利用计算控件进行统计计算并输出结果的操作主要有两种形式，即在“主体”节中添加计算控件和在组页眉/页脚节中或报表页眉/页脚节中添加计算控件。

1. 在“主体”节中添加计算控件

在“主体”节中添加计算控件，可以对每条记录的若干字段值进行统计计算，如求和或求平均值等，只要设置该计算控件的“控件来源”属性为记录中不同字段的计算表达式即可，这里进行的是横向计算。

例6-11 以“学生”表、“成绩”表和“课程”表为数据源，利用报表向导生成“部分课程成绩报表”，在“部分课程成绩报表”中计算每位学生3门课程（会计学基础、计算机基础和微积分）的总分及平均分。

操作步骤如下：

1）以“学生”表、“成绩”表和“课程”表为数据源，创建图6-46所示的“查询-报表设计12”交叉表查询。

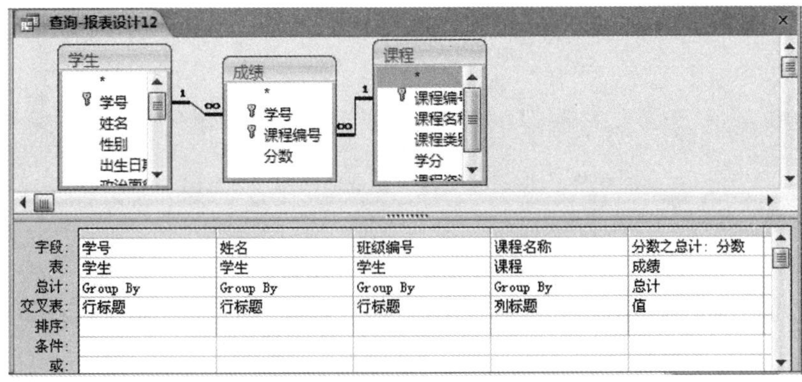

图6-46 “查询-报表设计12”的设计视图

2）选择“查询-报表设计12”为记录源，利用报表向导生成“部分课程成绩报表”，设计视图如图6-47所示。

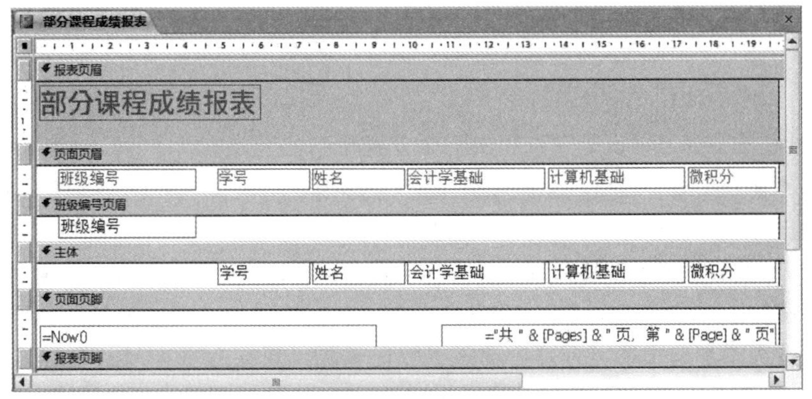

图6-47 “部分课程成绩报表”的设计视图

3）在设计视图中打开“部分课程成绩报表”，在“主体”节的“微积分”字段右边添加一个未绑定的文本框，将附加标签剪切下来，粘贴到“页面页眉”节中，并将标签的标题改为“总分”。在“主体”节中，对新添加的文本框设置其“控件来源”属性为“=[会计学基础]+[计算机基础]+[微积分]”，设置其“边框样式”属性为“透明”。

4）在“主体”节的“总分”字段右边添加一个未绑定的文本框，将附加标签剪切下来，粘贴到“页面页眉”节中，并将标签的标题改为“平均分”。在“主体”节中，对新添加的文本框设置其“控件来源”属性为“=([会计学基础]+[计算机基础]+[微积分])/3”，设置其“边框样式”属性为“透明”，设置其“格式”属性为“固定”、“小数位数”属性为“1”。

5）在设计视图和布局视图中调整控件的大小、位置、对齐方式和文本格式。报表的打印预览视图如图6-48所示。

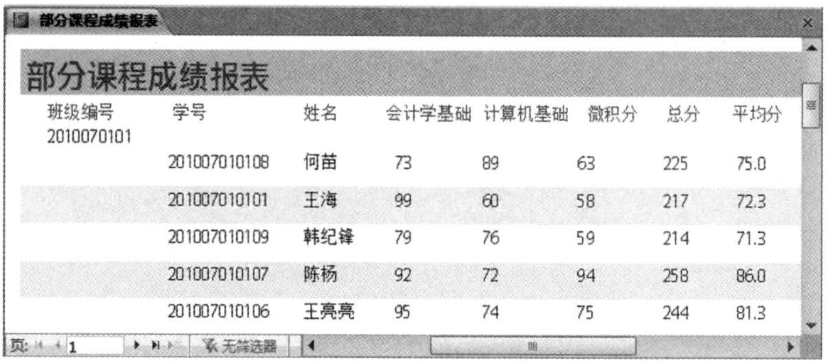

部分课程成绩报表

班级编号	学号	姓名	会计学基础	计算机基础	微积分	总分	平均分
2010070101							
	201007010108	何苗	73	89	63	225	75.0
	201007010101	王海	99	60	58	217	72.3
	201007010109	韩纪锋	79	76	59	214	71.3
	201007010107	陈杨	92	72	94	258	86.0
	201007010106	王亮亮	95	74	75	244	81.3

图6-48　“报表设计12”报表的打印预览视图

6）将该报表另存为“报表设计11”。

2. 在组页眉/页脚节中或报表页眉/页脚节中添加计算控件

在组页眉/页脚节中或报表页眉/页脚节中添加计算控件，可以对某些字段的分组记录或全部记录进行统计计算，如计数、求和或求平均值等。这种形式的统计计算一般对报表字段列的纵向记录数据进行统计，可以使用Access提供的内置统计函数来完成相应的计算操作。

如果对报表中的所有记录进行计算，需将计算控件放在“报表页眉”节或“报表页脚”节中；如果对报表中的一组记录进行计算，需将计算控件放在组页眉或组页脚节中。如果要在页面页眉和页面页脚中放置和使用聚集函数，统计每一页的信息，必须使用代码。

例6-12　接例6-11，在“报表设计11”中计算各班各门课程的平均分、最高分和最低分。

操作步骤如下：

1）在设计视图中打开“报表设计11”报表。

2）在设计视图中单击“设计”选项卡下“分组和汇总”选项组中的“分组和排序”按钮，打开“分组、排序和汇总”窗格。单击“分组形式班级编号”栏右侧的“更多▶”按钮，展开分组栏，将组页脚选项设置为“有页脚节”，其他分组选项均保留默认设置。

3）在“班级编号页脚”节中添加计算控件，在计算控件中使用统计函数计算按班级编号分组后的各门课程的平均成绩、最高成绩和最低成绩。

对应各门课程添加文本框，分别设置其“控件来源”属性为“=Avg[课程名]”“=Max([课程名])”“=Min([课程名])”，其中，课程名可为“会计学原理”“计算机基础”“微积分”等。

4）在“班级编号页脚”节中添加一个直线控件，调整报表中各控件的大小、位置和对齐方式。

5）将该报表另存为“报表设计 12”。完成以上操作后，报表的设计视图和打印预览视图如图 6-49 和图 6-50 所示。

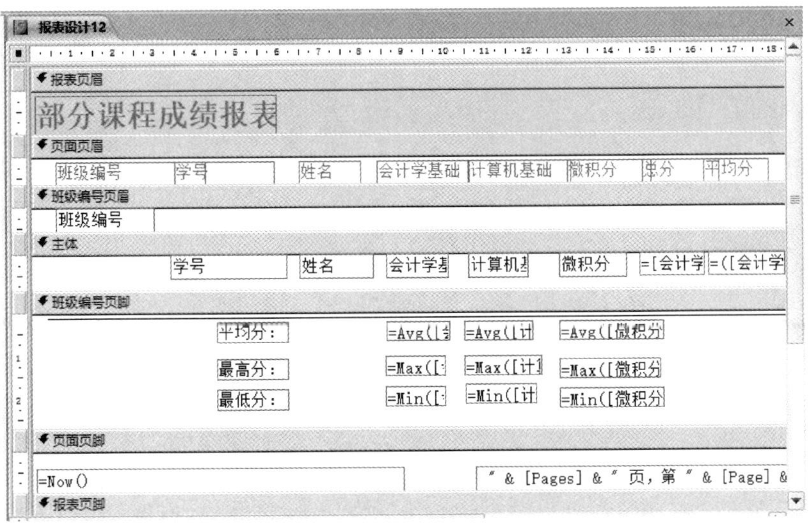

图 6-49 “报表设计 12”报表的设计视图

部分课程成绩报表

班级编号	学号	姓名	会计学基础	计算机基础	微积分	总分	平均分
2010070101							
	201007010108	何苗	73	89	63	225	75.0
	201007010101	王海	99	60	58	217	72.3
	201007010109	韩纪锋	79	76	59	214	71.3
	201007010107	陈杨	92	72	94	258	86.0
	201007010106	王亮亮	95	74	75	244	81.3
	201007010105	谢聚军	74	95	91	260	86.7
	201007010104	王芳	85	67	55	207	69.0
	201007010103	李正军	80	86	61	227	75.7
	201007010102	张敏	75	80	67	222	74.0
	201007010110	张华桥	90	81	96	267	89.0
	平均分：		84.2	78	71.9		
	最高分：		99	95	96		
	最低分：		73	60	55		

页：1 无筛选器

图 6-50 “报表设计 12”报表的打印预览视图

6.6 报表的打印

创建报表的最终目的是打印报表。为了保证打印出来的报表合乎要求且外观精美，在正式打印前，用户可以对报表进行页面设置。使用打印预览功能预览报表的每页内容，以便发现问题，进行修改。

对报表进行打印，一般要做 3 项准备工作，具体如下：

1）进入报表的打印预览视图，预览报表。

2）进行报表的页面设置。

3）设置打印时的各种选项。

6.6.1　报表的打印预览

Access 2010 的“打印预览”选项卡由“打印”“页面大小”“页面布局”“显示比例”“数据”和“关闭预览”6 个选项组构成，可以对报表页面进行各种设置，如图 6-51 所示。

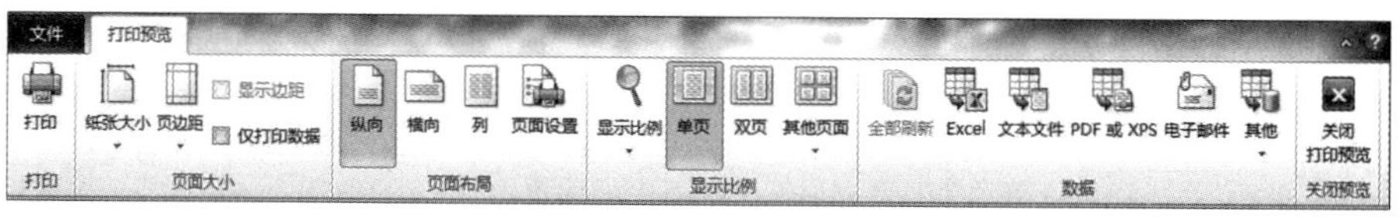

图 6-51 “打印预览”选项卡

（1）打印

该选项组只包含“打印”按钮，单击该按钮，弹出“打印”对话框，可以在该对话框中选择打印机，设置打印范围等，如图 6-52 所示。

（2）页面大小

该选项组中提供了设置页面大小的各种工具，可以选择纸张大小，指定页边距等。

1）纸张大小。用于选择各种纸张大小，或输入自定义纸张大小，如图 6-53 所示。

图 6-52 “打印”对话框

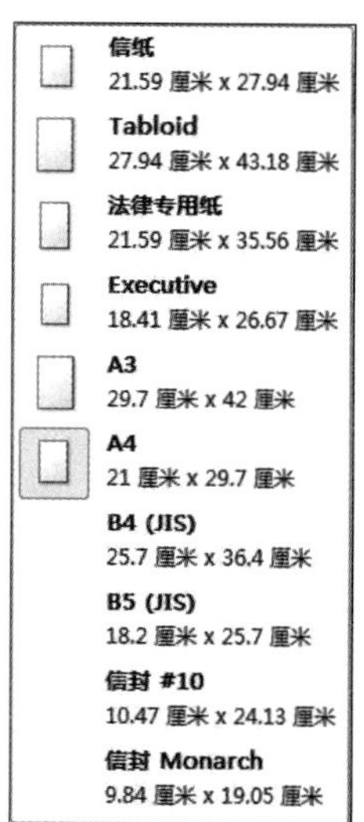

图 6-53 “纸张大小”下拉列表

2）页边距。设置打印内容在打印纸上的位置，可以从多个预定义页边距宽度中进行选择，也可以单击“高级”以使用“页面设置”对话框输入自定义页边距宽度。“页边距”下拉列表如图 6-54 所示。

3）显示边距。切换页边距的打开和关闭（仅用于布局视图）。

4）仅打印数据。如果选中该复选框，则在打印时只能打印数据内容，而页码、标签等信息不能被打印。

（3）页面布局

该选项组中提供了设置页面布局的各种工具，如“纵向”“横向”“列”等，关于“页面布局”将在6.6.2小节详细介绍。

（4）显示比例

该选项组中的工具可控制打印预览视图的显示比例等。

1）显示比例。单击“显示比例”下拉按钮，弹出“显示比例”下拉列表，可以选择显示比例，如图6-55所示。

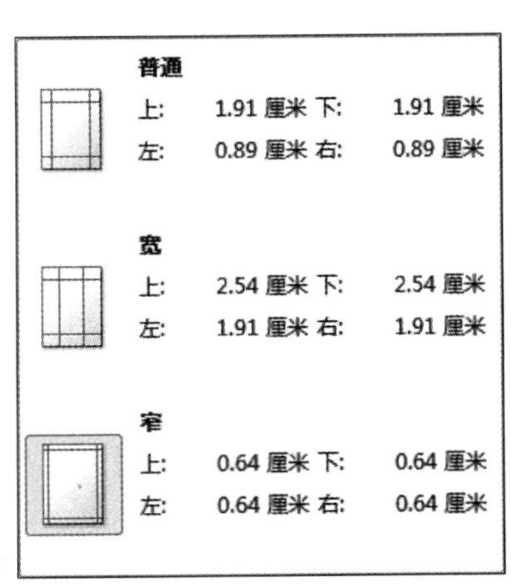

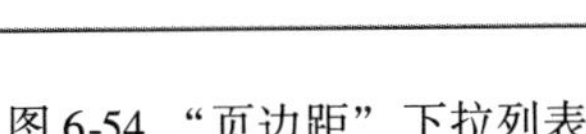
图6-54 “页边距”下拉列表

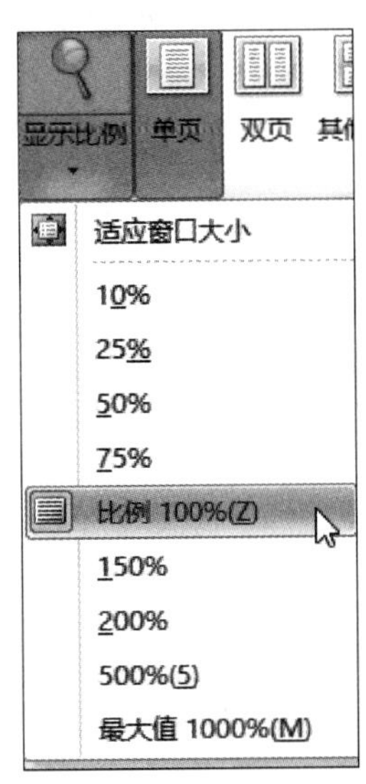

图6-55 “显示比例”下拉列表

2）单页。在窗口中单页显示报表，这是打印预览的默认设置。

3）双页。在窗口中双页显示报表。

4）其他页面。单击“其他页面”按钮，弹出下拉列表，用户可以选择在窗口中以“四页”“八页”“十二页”显示。

（5）数据

该选项组中的按钮是为了导出和导入数据库数据而设置的。

（6）关闭预览

该选项组只包含“关闭打印预览”按钮，单击该按钮，返回至打印预览视图之前的视图界面。

6.6.2 报表的页面设置和打印

报表的页面设置是利用“打印预览”选项卡的“页面布局”选项组中的各种工具来完成的，“页面布局”选项组中各工具的作用如下：

1）纵向。选择报表的打印方式为纵向打印，这是打印的默认选项。

2）横向。选择报表的打印方式为横向打印。

3）页面设置。单击该按钮，将弹出“页面设置”对话框，在该对话框中可设置报表的页面布局，可以在“打印选项”“页”“列”这 3 个不同的选项卡中进行设置，如图 6-56 所示。

- “打印选项”选项卡：设置上、下、左、右页边距，并确认是否只打印数据。
- “页”选项卡：设置打印方向、纸张大小和打印机型号。
- “列”选项卡：设置报表的列数、列的宽度及高度、列的布局。

设置好页面布局后，就可以单击“打印”按钮，在图 6-52 所示的“打印”对话框中设置打印机、打印范围和打印份数，单击“确定”按钮，即可进行打印。

图 6-56 “页面设置”对话框

6.7 小结

报表作为重要的数据库对象，已在打印和汇总数据方面获得了广泛的应用。报表可以分为纵栏式报表、表格式报表、图表报表、标签报表等。在 Access 2010 中，可以使用 5 种方法创建报表：“报表”“报表设计”“空报表”“报表向导”和“标签”。通过本章的学习，读者应掌握创建报表的方法，在报表中进行排序和分组，以及在报表中计算的方法。

习　　题

一、思考题

1. 报表是由哪些部分组成的？每部分的主要功能是什么？
2. 报表的类型有几种？各有什么特点？
3. Access 2010 报表的创建方法有哪些？
4. 如何对报表中的字段进行排序与分组？分组的主要目的是什么？
5. 在报表页脚和组页脚中使用计算控件与在“主体”节中使用计算控件有何不同？

二、填空题

1. 报表由________、________、________、________、________、________和________ 7 个部分（节）组成。
2. Access 2010 报表的 4 种视图分别是________、________、________和________。
3. 报表不能对数据源中的数据进行________。
4. 在报表中，如果要对分组进行计算，应将计算控件添加到________或________中。
5. 在报表设计中，可以通过添加________控件来控制另起一页输出显示。
6. 使用设计视图创建报表时，可以设置字段或________对记录排序。
7. 要在报表上显示格式为“8/总 9 页”的页码，则计算控件的“控件来源”属性应设置为________。
8. 窗体或报表及其上的控件等对象可以“辨识”的动作称为________。
9. 默认情况下，报表中的记录是按照________排列显示的。
10. 绘制报表中的直线时，按住________键可以保证画出的直线在水平或垂直方向上而不会倾斜。

三、选择题

1. 报表的功能是（　　）。

A）只能输入数据　　B）只能输出数据

C）可以输入/输出数据　　D）不能输入/输出数据

2. Access 报表对象的数据源可以是（　　）。

A）表、查询和窗体　　B）表和查询

C）表、查询和 SQL 命令　　D）表、查询和报表

3. 如果报表所要显示的信息位于多个数据表，则必须将报表基于（　　）来制作。

A）多个数据表的全部数据

B）由多个数据表中相关数据建立的查询

C）由多个数据表中相关数据建立的窗体

D）多个数据表中的相关数据组成的新表

4. 报表中的内容是按照（　　）单位来划分的。

A）章　　B）节　　C）页　　D）行

5. 报表的结构不包括（　　）。

A）报表页眉　　B）页面页脚　　C）主体　　D）正文

6. 报表中的报表页眉是用来（　　）。

A）显示报表中的字段名称或对记录的分组名称

B）显示报表的标题、图形或说明性文字

C）显示本页的汇总说明

D）显示整份报表的汇总说明

7. 以下关于报表组成的叙述中错误的是（　　）。

A）打印在每页的底部，用来显示本页汇总说明的是页面页脚

B）用来显示整份报表的汇总说明，在所有记录被处理后，只打印在报表的结束处的是报表页脚

C）报表显示数据的主要区域叫主体

D）用来显示报表中的字段名称或记录分组名称的是报表页眉

8. 如果需要制作名片，应该使用的报表是（　　）。

A）纵栏式报表　B）图表报表　　C）标签报表　　D）表格式报表

9. Access 的报表操作没有提供（　　）。

A）设计视图　　B）打印预览视图　　C）版面预览视图　D）布局视图

10. 在报表中，改变一个节的宽度将（　　）。

A）只改变这个节的宽度

B）只改变报表的页眉、页脚宽度

C）改变整个报表的宽度

D）因为报表的宽度是确定的，所以不会有任何改变

11. 在报表中最多提供（　　）个字段对记录进行排序。

A）1　　B）8　　C）10　　D）2

12. 在报表中，要计算“数学”字段的最低分，应将控件的“控件来源”属性设置为（　　）。

A）=Min([数学])　　B）=Min(数学)

C）=Min[数学]　　D）Min(数学)

13. 在报表设计过程中，不适合添加的控件是（　　）。

A）标签控件　B）图形控件　C）文本框控件　D）选项组控件

14. 报表的某个文本框的“控件来源”属性为“=2 * 10 + 1”，在打印预览视图中，该文本框显示的信息是（　　）。

A）21　B）=2 * 10 + 1　C）2 * 10 + 1　D）出错

15. 要在报表的每页底部显示格式为“第 2 页，共 20 页”的页码，则在设计时应该输入（　　）。

A）"第"&[Page]&"页,共"&[Pages]&"页"

B）="第"&[Page]&"页,共"&[Pages]&"页"

C）=第&[Page]&页,共&[Pages]&页

D）=第[Page]页,共[Pages]页

16. 要显示格式为“页码/总页数”的页码，应当设置文本框控件的“控件来源”属性为（　　）。

A）[Page]/[Pages]　　B）=[Page]/[Pages]

C）[Page]&"/"&[Pages]　　D）=[Page]&"/"&[Pages]

17. 如果要在报表的每一页底部显示页码号，那么应该设置（　　）。

A）报表页眉　B）页面页眉　C）页面页脚　D）报表页脚

18. 在报表统计计算中，如果是进行分组统计并输出，则统计计算控件应该布置在（　　）。

A）“主体”节　　B）报表页眉/报表页脚

C）页面页眉/页面页脚　　D）组页眉/组页脚

19. 在报表设计时，如果要统计报表中某个字段的全部数据，计算控件应放在（　　）。

A）主体　　B）报表页眉/报表页脚

C）页面页眉/页面页脚　　D）组页眉/组页脚

20. 在报表中将大量数据按不同的类型分别集中在一起，称为（　　）。

A）排序　B）合计　C）分组　D）数据筛选

四、实验题

1. 在“教学管理”数据库中，以“成绩”表为数据源，自动创建“成绩”报表。

2. 以“教师”表、“授课”表和“课程”表为数据源，使用“报表向导”创建“教师授课信息”报表，如图 6-57 所示。

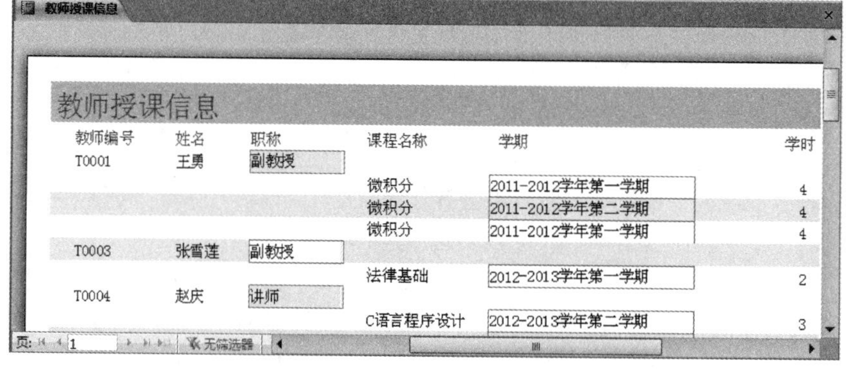

图 6-57 “教师授课信息”报表

3. 以“教师”表为数据源，创建“教师信息标签”报表，如图 6-58 所示。

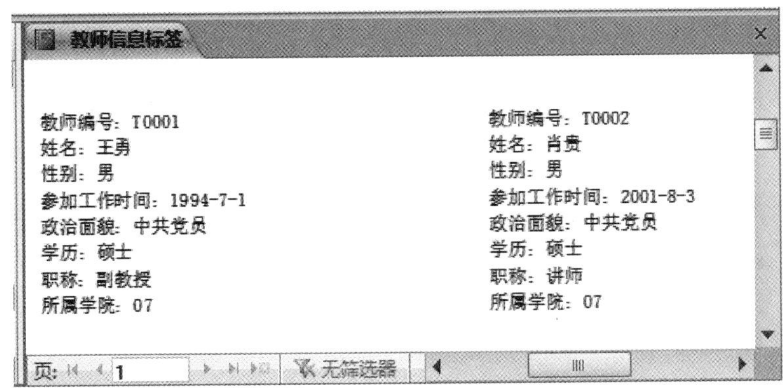

图 6-58 “教师信息标签”报表

4. 以“学生”表、“班级”表、“课程”表和“成绩”为数据源，在设计视图中创建报表，并命名为“不及格情况报表”，如图 6-59 所示。

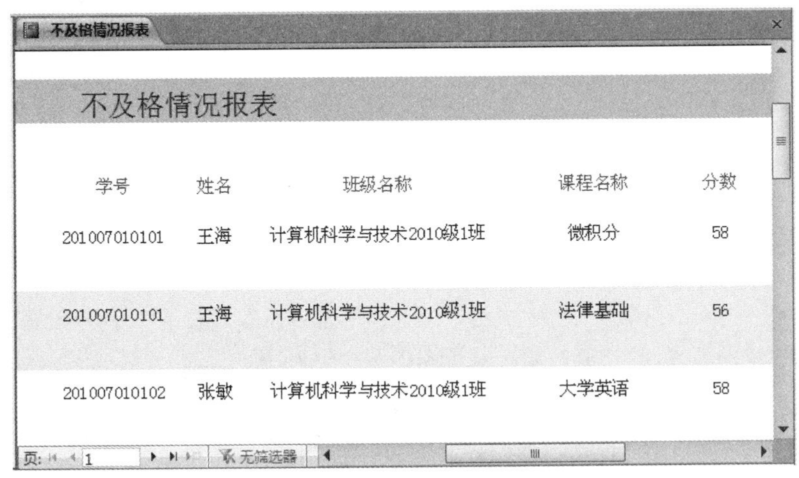

图 6-59 不及格情况报表

5. 以“课程”表、“授课”表为数据源，在设计视图中创建图表报表，命名为“各学期学分统计”，如图 6-60 所示。

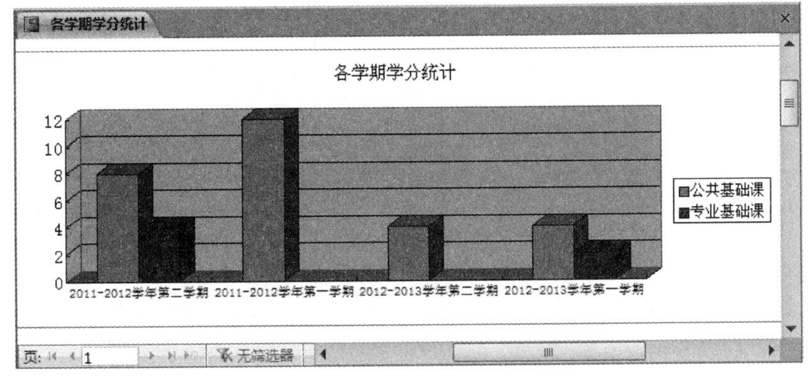

图 6-60 “各学期学分统计”图表报表

6. 创建“学生卡报表”，每个学生卡中包括学生的学号、姓名、照片和班级名称，报表背景图片自定，如图 6-61 所示。

7. 对上面创建的“不及格情况报表”，先按“课程名称”分组，再按“班级名称”分组，按“分数”降序排序，并汇总各门课各班不及格人数，其布局视图如图 6-62 所示。

图 6-61　学生卡报表

图 6-62 “不及格情况报表”布局视图

8. 修改例 6-7 中的“报表设计 07”报表，按“性别”字段对记录分组，按“学号”字段对记录排序，并分别计算男女生人数及占总人数的百分比，另存为“学生情况表”，如图 6-63 所示。

9. 以“学生”表、“班级”表、“成绩”表、“课程”表和“授课”表为数据源，使用设计视图创建“学生成绩表报表”，其打印预览视图如图 6-64 所示。

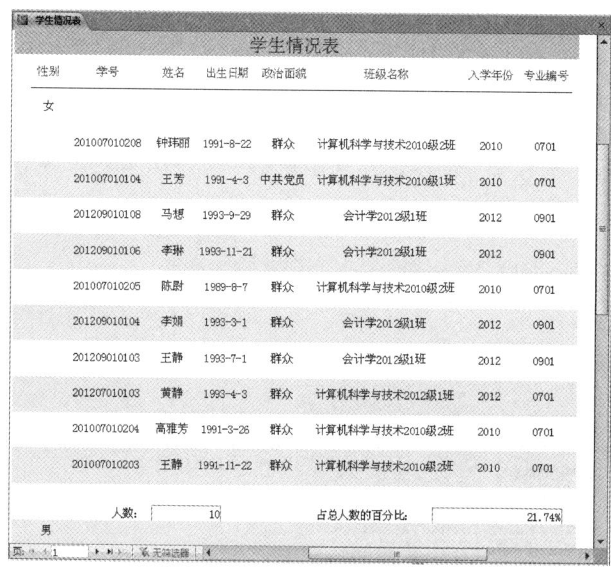

图 6-63 “学生情况表”报表

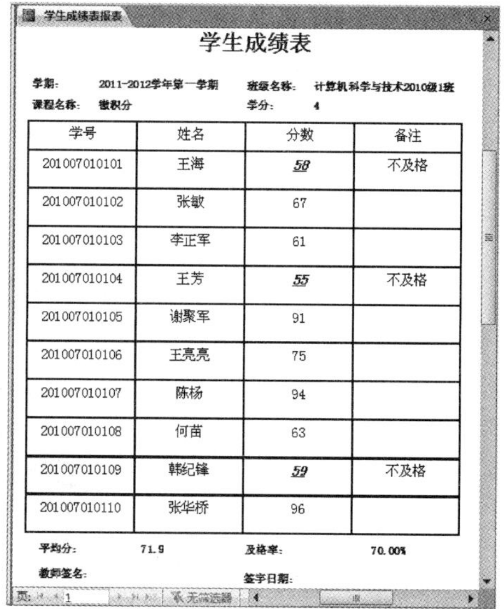

图 6-64 “学生成绩表报表”的打印预览视图

二级考试直通车

真题一

1. 数据环境（如图6-65所示）。

2. 题目。

考生文件夹下存在一个数据库文件“samp3. accdb”，里面已经设计好表对象“tStud”和查询对象“qStud”，同时还设计出以“qStud”为数据源的报表对象“rStud”。试在此基础上按照以下要求补充报表设计：

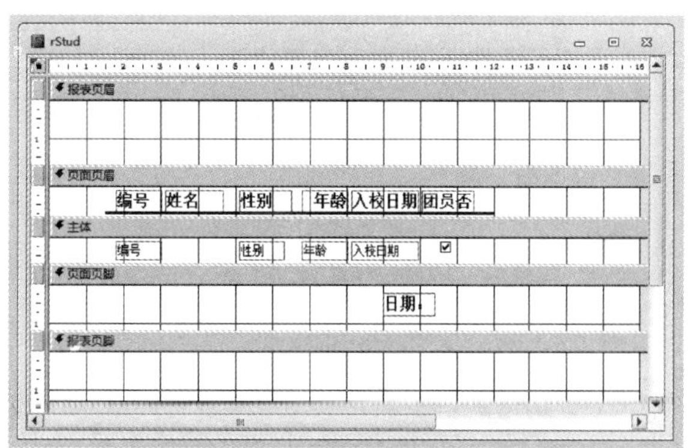

图6-65 “rStud”报表的设计视图

1）在报表的“报表页眉”节添加一个标签控件，其名称为“bTitle”，标题显示为“97年入学学生信息表”。

2）在报表的“主体”节添加一个文本框控件，显示“姓名”字段值。该控件放置在距上边0. 1cm、距左边3. 2cm处，并命名为“tName”。

3）在报表的“页面页脚”节添加一个计算控件，显示系统年月，显示格式为××××年××月（注：不允许使用格式属性）。计算控件放置在距上边0. 3cm、距左边10. 5cm处，并命名为“tDa”。

4）按“编号”字段的前4位分组统计每组记录的平均年龄，并将统计结果显示在组页脚节，将计算控件命名为“tAvg”。

注意： 不允许改动数据库中的表对象“tStud”和查询对象“qStud”，同时也不允许修改报表对象“rStud”中已有的控件和属性。

3. 操作步骤与解析。

1）【审题分析】本题主要考查报表的一些常用控件的设计方法。

【操作步骤】

步骤1：打开“samp3. accdb”数据库窗口。在“开始”选项卡的“报表”面板中右击“rStud”报表，在快捷菜单中选择“设计视图”命令，打开rStud的设计视图。

步骤2：单击“报表设计工具”的“设计”上下文选项卡中的“标签”按钮，然后在“报表页眉”节单击鼠标，在指针闪动处输入“97年入学学生信息表”。右键单击标签控件，在弹出的快捷菜单中选择“属性”命令，在弹出的“属性表”窗格中修改名称为“bTitle”，如图6-66所示。

2）【审题分析】本题主要考查报表的一些常用控件的设计方法。

【操作步骤】

步骤1：继续单击“报表设计工具”的“设计”上下文选项卡中的“文本框”按钮，然后在报表的“主体”节中拖出一个文本框（删除文本框前新增的标签）。

步骤2：选中文本框，在“属性表”窗格中修改“名称”为“tname”，单击“控件来源”所在行，从下拉列表中选择“姓名”，修改上边距为0. 101cm、左为3. 199cm，如图6-67所示。（注：此处系统会自动设置3位小数位，不影响结果）

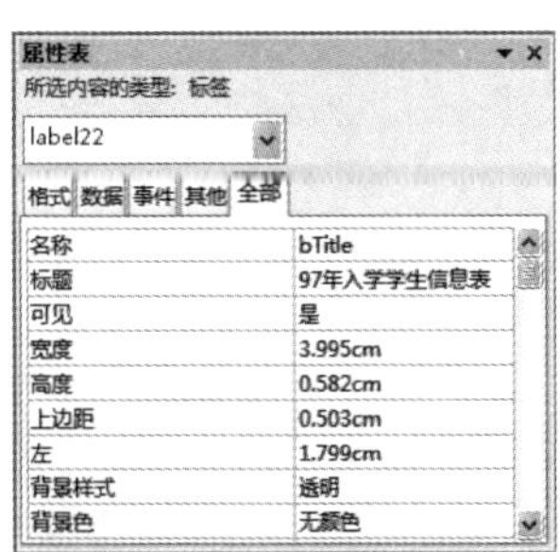

图 6-66 标签属性设置

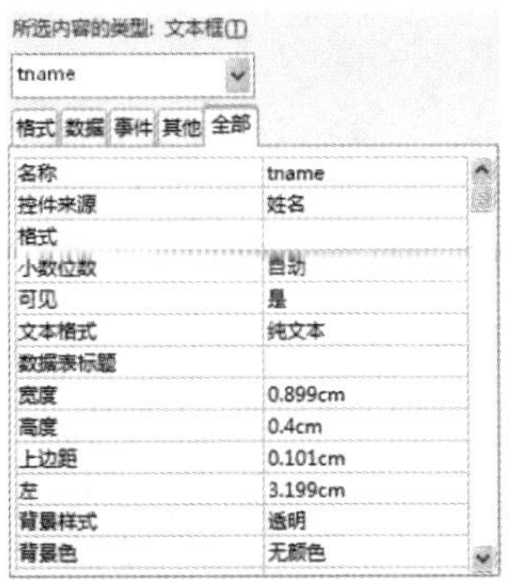

图 6-67 文本框属性设置

3)【审题分析】本题主要考查报表的一些常用控件的设计方法。

【操作步骤】

步骤1：继续单击“报表设计工具”的“设计”上下文选项卡中的“文本框”按钮，然后在“页面页脚”节拖出一个文本框（删除文本框前出现的标签）。

步骤2：选中文本框，在“属性表”窗格内修改“名称”为“tDa”。在“控件来源”行中输入计算表达式“=year(date())&"年"&month(date())&"月"”，修改“上边距”为0.3cm、“左”为10.5cm。

4)【审题分析】本题主要考查报表的控件设计，以及在报表中利用函数处理数据的方法。

【操作步骤】

步骤1：在“rStud”报表的设计视图中，单击“报表设计工具”的“设计”上下文选项卡中的“分组和排序”按钮，在底部的“分组、排序和汇总”窗格中单击“添加组”项，然后从弹出列表中单击“表达式”项，接着在弹出的“表达式生成器”对话框中输入表达式“=Mid([编号],1,4)”，单击“确定”按钮，此时，报表设计区中出现一个新的报表带区“=Mid([编号],1,4)页脚”，如图6-68所示。

步骤2：在“=Mid([编号],1,4)页脚”区新增一个文本框控件（删除文本框前出现的标签），在“属性表”窗格内修改文本框名称为“tavg”，在“控件来源”行内输入“=Avg([年龄])”，如图6-69所示。保存“rStud”报表的设计，关闭其窗口。

步骤3：关闭“samp3.accdb”数据库窗口。

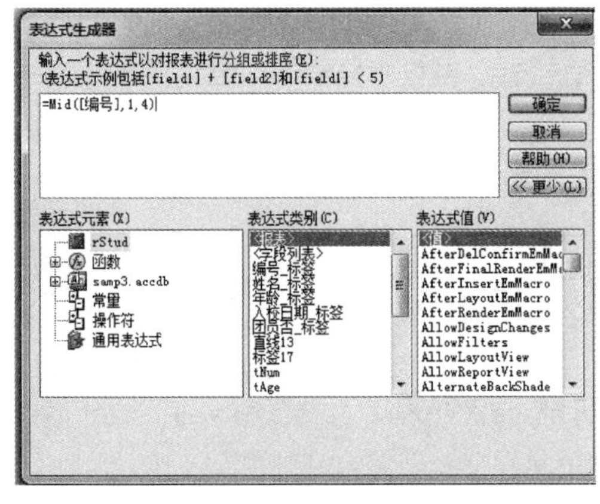

图 6-68 “表达式生成器”对话框

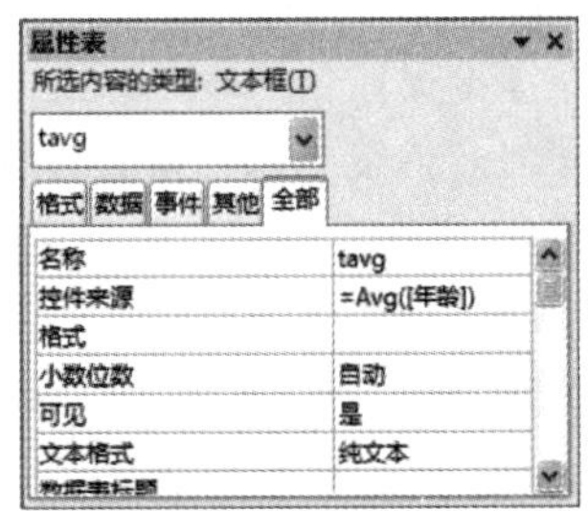

图 6-69 文本“属性表”设置

真题二

1. 数据环境（如图6-70所示）。

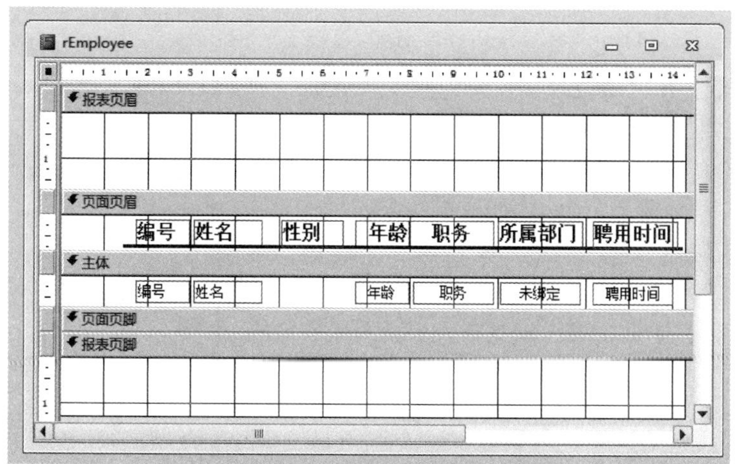

图6-70 “rEmployee”报表的设计视图

2. 题目。

考生文件夹下存在一个数据库文件“samp3. accdb”，里面已经设计好表对象“tEmployee”和“tGroup”及查询对象“qEmployee”，同时还设计出以“qEmployee”为数据源的报表对象“rEmployee”。试在此基础上按照以下要求补充报表设计：

1）在报表的“报表页眉”节添加一个标签控件，其名称为“bTitle”，标题显示为“职工基本信息表”。

2）在“性别”字段标题对应的“报表主体”节距上边0. 1cm、距左侧5. 2cm处添加一个文本框，显示出“性别”字段值，并命名为“tSex”。

3）设置“报表主体”节内文本框“tDept”的“控件来源”属性为计算控件。要求该控件根据报表数据源里的“所属部门”字段值从非数据源表对象“tGroup”中检索出对应的部门名称并显示输出。（提示：考虑Dlookup()函数的使用。）

注意：*不允许修改数据库中的表对象“tEmployee”和“tGroup”及查询对象“qEmployee”；不允许修改报表对象“qEmployee”中未涉及的控件和属性。*

Dlookup()函数的使用格式：Dlookup("字段名称"，"表或查询名称"，"条件字段名='"&forms! 窗体名! 控件名&"'")。

3. 操作步骤与解析。

1）【审题分析】本题主要考查报表中一些常用控件的设计方法。

【操作步骤】

步骤1：双击打开“samp3. accdb”数据库，在“开始”选项卡的“报表”面板中右击“rEmployee”报表，在快捷菜单中选择“设计视图”命令，打开“rEmployee”的设计视图，单击“控件”选项组中的”标签”按钮。在报表的页眉节单击鼠标，在指针闪动处输入“职工基本信息表”，在标签上单击鼠标右键，在快捷菜单中选择“属性”命令，在“属性表”窗格内修改“名称”为“bTitle”。

步骤2：单击快速访问工具栏中的“保存”按钮，保存报表的修改。

2）【审题分析】本题主要考查报表的一些常用控件的设计方法。

【操作步骤】

步骤1：在“rEmployee”报表设计视图下，单击“控件”选项组中的“文本框”按钮，在报表“主体”节中拖动，产生一个“文本框”和一个“标签”，删除“标签”。选中新增的文本框，在“属性表”窗格内修改“名称”为“tSex”，设置“控件来源”属性为“性别”，将“上边距”修改为0.1005cm（注：系统会自动设置为3位小数，不影响效果），将“左”修改为5.2cm，如图6-71所示。

步骤2：单击快速访问工具栏中的“保存”按钮，保存报表的修改。

3）【审题分析】本题主要考查在报表中利用函数对数据进行处理的方法。

【操作步骤】

步骤1：在“rEmployee”报表设计视图中选中“tDept”文本框，在“属性表”窗格的“控件来源”所在行内输入运算式“=Dlookup("名称","tGroup","部门编号='" & [所属部门] & "'")”。

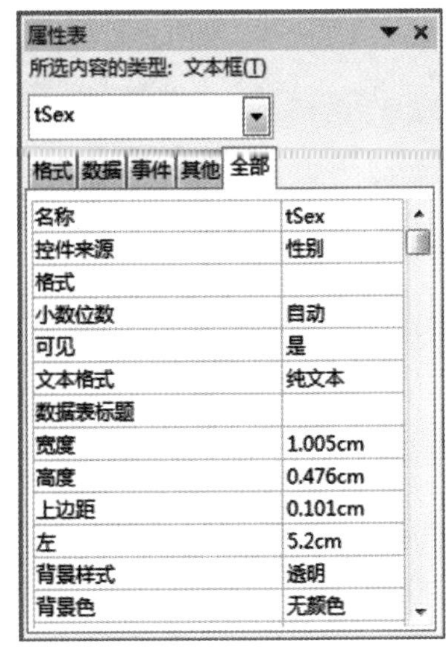

图6-71　文本框“属性表”设置

步骤2：单击快速访问工具栏中的“保存”按钮以保存报表的修改，关闭“rEmployee”报表。

步骤3：关闭“samp3.accdb”数据库。

真题三

1. 数据环境（如图6-72、图6-73所示）。

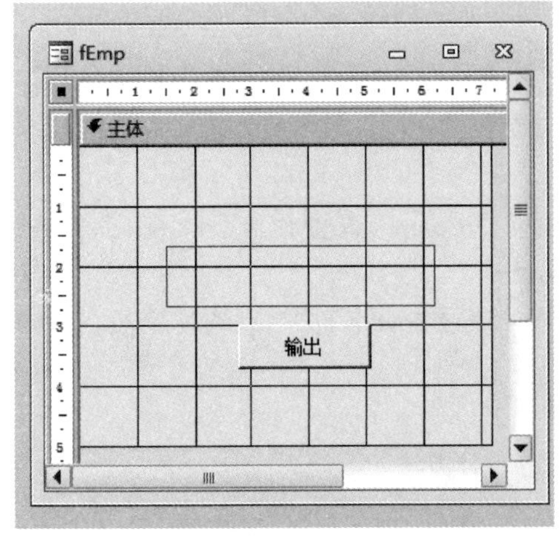

图6-72　“fEmp”窗体的设计视图

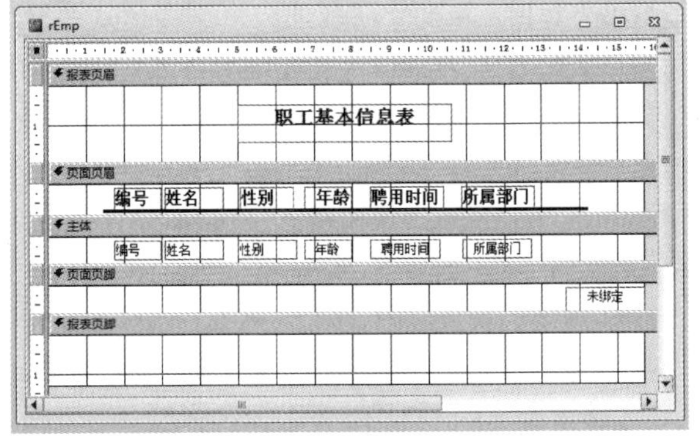

图6-73　“rEmp”报表的设计视图

2. 题目。

考生文件夹下存在一个数据库文件“samp3.accdb”，里面已经设计了表对象“tEmp”、窗体对象“fEmp”、报表对象“rEmp”和宏对象“mEmp”。试在此基础上按照以下要求补充设计：

1）设置表对象“tEmp”中“聘用时间”字段的有效性规则为“1991年1月1日（含）以后的时间”、相应有效性文本设置为“输入1991年以后的日期”。

2）设置报表“rEmp”按照“性别”字段升序（先男后女）排列输出；将报表“页面页脚”节内名为“tPage”的文本框控件设置为以“-页码/总页数-”形式的页码显示（如-1/15-、-2/15-等）。

3）将“fEmp”窗体上名为“bTitle”的标签上移到距“btnP”命令按钮1cm的位置（即标签的下边界距命令按钮的上边界1cm），并设置其标题为“职工信息输出”。

4）试根据以下窗体功能要求对已给的命令按钮事件过程进行补充和完善。在“fEmp”窗体上单击“输出”按钮（名为“btnP”），弹出一个输入对话框，其提示文本为“请输入大于0的整数值”。

输入1时，相关代码关闭窗体（或程序）。

输入2时，相关代码实现预览输出报表对象“rEmp”。

输入≥3时，相关代码调用宏对象“mEmp”以打开数据表“tEmp”。

注意：不允许修改数据库中的宏对象“mEmp”；不允许修改窗体对象“fEmp”和报表对象“rEmp”中未涉及的控件和属性；不允许修改表对象“tEmp”中未涉及的字段和属性。

程序代码只允许在“*****Add*****”与“*****Add*****”之间的空行内补充一行语句以完成设计，不允许增删和修改其他位置已存在的语句。

3. 操作步骤与解析。

1）【审题分析】本题主要考察字段有效性规则属性的设置。

【操作步骤】

步骤1：打开“samp3. accdb”数据库窗口，右键单击“tEmp”表，在快捷菜单中选择“设计视图”命令，打开表设计视图。

步骤2：单击“聘用时间”字段，在“字段属性”窗格的“有效性规则”行中输入“>#1990-12-31#”，在“有效性文本”行中输入“输入1991年以后的日期”。

步骤3：单击快速访问工具栏中的“保存”按钮，关闭表。

2）【审题分析】本题主要考察报表中文本框控件属性的设置。

【操作步骤】

步骤1：在“开始”选项卡的“报表”面板中右击“rEmp”报表，在快捷菜单中选择“设计视图”命令，打开“rEmp”的设计视图。

步骤2：单击“分组和汇总”选项组中的“分组和排序”按钮，在下方打开“分组、排序和汇总”窗格。在窗格中单击“添加排序”按钮，在弹出的字段选择器中选择“性别”字段，然后设置“排序次序”为“升序”。

步骤3：右键单击“tPage”文本框控件，在快捷菜单中选择“属性”命令，在“属性表”窗格的“全部”选项卡下的“控件来源”行中输入“="-"&[Page]&"/"&[Pages]&"-"”。

步骤4：单击快速访问工具栏中的“保存”按钮，关闭设计视图。

3）【审题分析】本题主要考察窗体中命令按钮控件属性的设置。

【操作步骤】

步骤1：在“开始”选项卡的“窗体”面板中右击“fEmp”窗体，在快捷菜单中选择“设计视图”命令，打开“fEmp”的设计视图。

步骤2：右键单击“btnP”按钮，在快捷菜单中选择“属性”命令，查看“上边距”的值（值为1cm）。

步骤3：接着选中名称为“bTitle”的标签，在“属性表”窗格的“标题”行输入“职工信息输出”，在“上边距”行输入“1cm”。

4）【审题分析】本题主要考察窗体中命令按钮控件属性的设置及VBA编程。

【操作步骤】

步骤1：单击“窗体设计工具”的“设计”上下文选项卡的“工具”选项组中的“查看代码”按钮，打开“代码设计器”窗口。

在“＊＊＊＊Add 1＊＊＊＊”行之间输入代码：

```
Case Is > =3
```

在“＊＊＊＊Add2＊＊＊＊”行之间输入代码：

```
DoCmd.OpenReport "rEmp",acViewPreview
```

步骤2：关闭代码设计窗口。单击快速访问工具栏中的“保存”按钮，关闭设计视图。

第7章　宏

教学知识点

- 宏的概念
- 宏的种类
- 宏的运行
- 宏的命令

宏是 Access 数据库中的一个或多个操作序列，且每个操作能实现特定的功能，如打开某个窗口或打印某个报表。

在其他计算机语言中，这样的功能通常要用程序代码来实现，同样的程序设计在 Access 中被称为 Visual Basic for Application（VBA）。通过 VBA 编程，可以实现对数据库全面、细致的控制，但需要大量、烦琐的程序设计工作。而使用宏却非常方便，用户不需要记住各种语法，不需要编程，只需要在宏的设计视图内选择所要执行的操作即可。

7.1　宏的概述

在 Access 2010 中，一共有 86 种宏操作。用户可以将这些基本操作通过组合形成一个宏操作序列，宏操作序列按顺序依次执行，以实现对数据库的不同操作。

7.1.1　宏的定义和功能

宏是由一个或多个操作组成的集合。每个操作都由命令来完成，而命令均由 Access 预先定义。例如，“OpenForm” 命令表示打开某个窗体。

宏可以是包含操作序列的一个宏，也可以是包含多个操作序列的宏组。将多个相关的宏操作序列存放到一个宏组内，便于对数据库中的宏进行统一分类管理。

可以在宏中设置条件，控制宏操作在一定的条件下执行。

从基本结构来讲，宏由宏名、条件、操作和操作参数组成。其中，宏名是宏的名称；条件用来限制宏操作的执行；操作用来定义或选择要执行的宏操作；操作参数是宏操作的必要参数。

7.1.2　宏的设计视图

在“创建”选项卡的“宏与代码”选项组中单击“宏”按钮，打开宏的设计视图，如图 7-1 所示。

宏设计窗体包括宏的设计视图窗口和“操作目录”窗口。

“操作目录”窗口用于选择宏的控制流程和宏操作命令。

1. 程序流程

(1) 注释

从“操作目录”中可以拖出一个“注释”到宏设计视图中，然后输入注释文字，这些文字将用来帮助说明每个操作的功能，以便以后对宏的修改和维护。

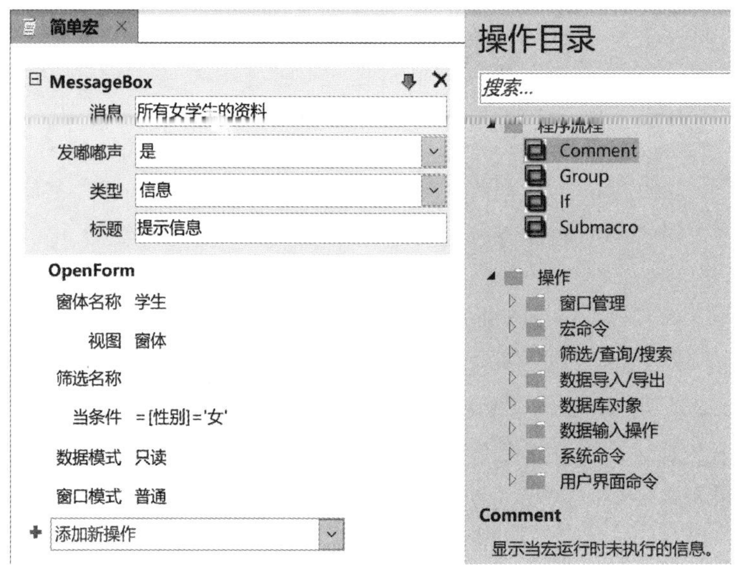

图 7-1　宏设计视图

(2) 分组

“分组”是指对宏中的语句按照类别或功能将相关操作分为一组，并为该组指定一个有意义的名称，用于描述这个语句的主要功能，从而提高宏的可读性。“Group”块不会影响操作的执行方式，组不能单独调用或运行。分组的主要目的是标识一组操作，帮助用户清楚地了解宏的功能。每个分组都可以折叠和展开，在编辑大型宏时，可将每个分组块向下折叠为单行，以减少滚动操作。

(3) 条件

通过“条件”可以在宏中加入分支选择功能，按照满足的条件执行不同的分支。

(4) 子宏

一个宏对象是 Access 中的一个容器对象，可以包含若干个子宏，而每一个子宏由若干个操作组成，可以将若干个子宏定义在一个宏对象中，对其进行统一分类管理。

2. 操作

“操作”中分类列出了常用的宏命令，可以将这些宏命令直接拖动到宏设计视图的相应位置来添加宏操作。

3. 在此数据库中

“在此数据库中”列出了包含嵌入宏在内的所有宏对象，展开后可以编辑和查看宏代码。

7.1.3　常用宏命令

在“创建”选项卡上的“宏与代码”选项组中单击“宏”按钮，打开宏设计器窗口，在“设计”选项卡的“显示/隐藏”选项组中单击“操作目录”和“显示所有操作”按钮，会打开“操作目录”窗口并显示所有的宏操作。如果没有选择“显示所有操作”，一些可能对数据库有安全威胁的操作会自动隐藏。

常用的宏操作见表 7-1。

表 7-1 常用的宏操作

命令类型	操作	说明
窗口管理	CloseWindow	关闭指定的窗口，如果无指定窗口，则关闭激活的窗口
	MaximizeWindow	最大化激活窗口，使之充满 Microsoft Access 窗口
	MinimizeWindow	最小化激活窗口，使之成为 Microsoft Access 窗口底部的标题栏
	MoveAndSizeWindow	移动并调整激活窗口
	RestoreWindow	将最大化或最小化窗口还原到原来的大小
宏命令	CancelEvent	取消导致该宏运行的事件
	ClearMacroError	清除 MacroError 对象中的上一错误
	Echo	隐藏或显示执行过程中的宏的结果
	OnError	定义错误处理行为
	OpenVisualBasicModule	打开指定的 Visual Basic 模块
	RemoveAllTempVars	删除所有临时变量
	RemoveTempVar	删除一个临时变量
	RunCode	执行 Visual Basic Function 函数，如果要执行 Sub 过程，则通过 Function 调用该过程
	RunDataMacro	运行数据宏
	RunMacro	执行一个宏。可用该操作从其他宏中执行宏、重复宏，基于一个条件执行宏，将宏附加到自定义菜单命令
	RunMenuCommand	执行 Microsoft Access 菜单栏命令
	SetLocalVar	将本地变量设置为给定值
	SetTempVar	将临时变量设置为给定值，可在后续操作或其他宏、事件过程、窗体报表中使用该变量
	SingleStep	暂停宏的执行并打开“单步执行宏”对话框
	StartNewWorkflow	为项目启动新工作流
	StopAllMacros	停止所有正在运行的宏
	StopMacro	停止当前正在执行的宏
	WorkflowTasks	显示“工作流任务”对话框
筛选/查询/搜索	ApplyFilter	在表、窗体或者报表中应用筛选条件
	FindNextRecord	查找符合 FindRecord 操作的下一条记录
	FindRecord	查找符合指定条件的第一条或下一条记录
	OpenQuery	打开选择查询或交叉表查询
	Refresh	刷新视图中的记录
	RefreshRecord	刷新当前记录
	RemoveFilterSort	移除当前筛选
	Requery	通过重新查询控件的数据源来更新活动对象控件中的数据
	RunSQL	执行指定的 SQL 语句
	SearchForRecord	基于某个条件在对象中搜索记录

（续）

命令类型	操　作	说　明
筛选/查询/搜索	SetFilter	在表、窗体或者报表中应用筛选条件
	SetOrderBy	对表中的记录或来自窗体、报表中的记录应用排序
	ShowAllRecords	清除筛选条件，显示所有记录
数据导入/导出	AddContactFromOutlook	添加 Outlook 中的联系人
	CollectDataViaEmail	在 Outlook 中使用 HTML 或 InfoPath 表单收集数据
	EMailDatabaseObject	将指定的数据对象包含在电子邮件信息中
	ExportWithFormatting	将指定数据对象中的数据输出为 Microsoft Excel（.xls）、格式文本（.rtf）、MS-DOS 文本（.txt）、HTML（.htm）或快照（.snp）格式
	ImportExportData	从其他数据库导入数据、从当前数据库导出数据
	ImportExportSpreadsheet	从电子表格导入数据、向电子表格导出数据
	ImportExportText	从文本文件导入数据、向文本文件导出数据
	ImportSharePointList	从 SharePoint 网站导入或链接数据
	RunSavedImportExport	运行所选的导入或导出规格
	SaveAsOutlookContact	将当前记录另存为 Outlook 联系人
	WordMailMerge	执行“邮件合并”操作
数据库对象	CopyObject	复制数据库对象
	DeleteObject	删除数据库对象
	GoToControl	将焦点移到激活数据表或窗体上指定的字段或控件上
	GoToPage	将焦点移动到激活窗体指定页的第一个控件上
	GoToRecord	跳转到指定的记录上
	OpenForm	在窗体视图、窗体设计视图、打印预览视图或数据表视图中打开窗体
	OpenReport	在设计视图或打印预览视图中打开报表，或立即打印该报表
	OpenTable	打开指定的数据表
	PrintObject	打印当前对象
	PrintPreview	预览当前对象
	RenameObject	重命名当前数据库中指定的对象
	RepaintObject	重新绘制对象
	SaveObject	保存指定的对象
	SelectObject	选择指定的数据库对象
	SetProperty	设置控件的属性
	SetValue	为控件、字段或属性设置值
数据输入操作	DeleteRecord	删除当前记录
	EditListItems	编辑查阅列表中的项
	SaveRecord	保存当前记录

（续）

命令类型	操　　作	说　　明
系统命令	Beep	使计算机发出嘟嘟声
	CloseDatabase	关闭当前数据库
	DisplayHourglassPointer	将鼠标指针状态设置为沙漏形状，宏完成后恢复正常形状
	OpenSharePointList	浏览 SharePoint 列表
	OpenSharePointRecycleBin	查看 SharePoint 网站回收站
	PrintOut	打印激活的数据库对象
	QuitAccess	退出 Microsoft Access。可选择一种保存选项
	RunApplication	启动一个应用程序
	SendKeys	将按键发送到键盘缓冲区
	SetWarnings	打开或关闭所有系统消息
用户界面命令	AddMenu	将自定义菜单栏添加到窗体或报表中
	BrowseTo	将子窗体的加载对象更改为子窗体控件
	LockNavigationPane	用于锁定或解锁导航窗格
	MessageBox	显示警告或提示对话框
	NavigateTo	定位到指定的"导航窗格"组和类别
	Redo	重复最近的用户操作
	SetDisplayedCategories	用于指定要在导航窗格中显示的类别
	SetMenuItem	设置自定义菜单上的菜单项状态（启用或禁用，选中或不选中）
	ShowToolbar	显示或隐藏内置工具栏或自定义工具栏
	UndoRecord	撤销最近的用户操作

7.1.4 宏的种类

1. 按功能分类

在 Access 2010 中，按照宏的功能分类，可将宏分为用户界面宏、嵌入宏和数据宏。

（1）用户界面宏

在 Access 2010 中，附加到用户界面 UI 对象（如命令按钮、文本框、窗体和报表）的宏（用来自动执行任务的一个或一组操作）称为用户界面宏。此名称可将它们与附加到表的数据宏区分开来。使用用户界面宏可以自动完成一系列操作（操作是宏的基本组成部分；这是一种自含式指令，可以与其他操作相结合来自动执行任务。在其他宏语言中有时称其为命令），例如，打开另一个对象、应用筛选器、启动导出操作以及执行许多其他任务。

（2）嵌入宏

嵌入宏是嵌入在对象事件属性中的宏。此类宏不会显示在导航窗格中，但可从一些事件（如 On Load 或 On Click）调用。

由于宏将成为窗体或报表对象的一部分，因此建议使用嵌入宏来自动执行特定的窗体或报表中的任务。

（3）数据宏

数据宏是 Access 2010 中新增的一项功能，该功能允许用户在表事件（如添加、更新或删除数据等）中添加逻辑。数据宏类似于 Microsoft SQL Server 中的“触发器”。

2. 按执行流程分类

按照宏的执行流程分类，可将 Access 2010 中的宏分为简单宏（顺序宏）、条件宏和子宏。

（1）简单宏

简单宏由一条或多条简单的操作组成。执行简单宏时按照顺序依次执行其中的操作，直到所有操作执行完毕为止。可以为简单宏添加注释，也可以对简单宏操作进行分组。

（2）条件宏

条件宏通过条件的设置来控制宏的执行。在“条件”中输入条件表达式，根据条件表达式结果执行不同的操作。

（3）子宏

一个宏对象是 Access 中的一个容器对象，可以包含若干个子宏，而一个子宏又由若干个操作组成。

将若干个子宏设计在一个宏对象中，其中的每个子宏按照“子宏名”来标识，这样不仅减少了宏的个数，而且可以方便地对数据库中的宏进行分类管理和维护。宏中的每个子宏都能独立运行，互相没有影响。

7.2　宏的创建与应用

7.2.1　简单宏

简单宏执行时按照操作的顺序一条一条地执行，直到所有操作执行完毕为止，可以为宏添加注释，也可以对宏操作进行分组。

例 7-1　创建一个简单宏。首先打开“教师”窗体，并显示“肖莉”的记录。

操作步骤如下：

1）在“创建”选项卡上的“宏与代码”选项组中单击“宏”按钮。

2）在图 7-2 所示的宏设计窗口中，在“添加新操作”下拉列表中选择“OpenForm”命令，“窗体名称”选择“教师”。

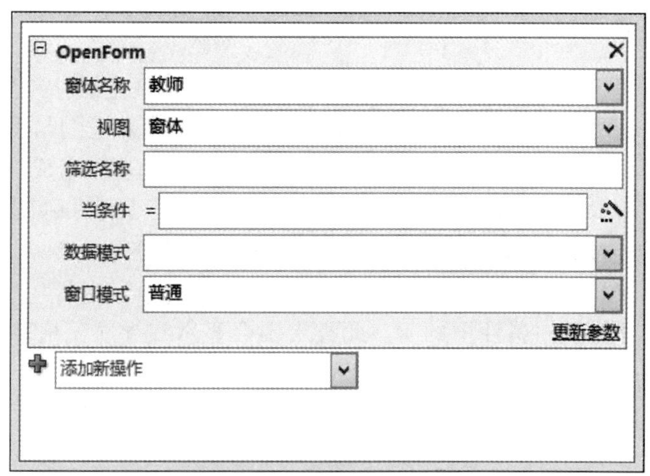

图 7-2　宏的设计窗口一

3）在“添加新操作”下拉列表中选择“FindRecord”命令，在“查找内容”文本框中输入“肖莉”，在“只搜索当前字段”下拉列表中选择“否”，其他设置使用默认值，如图7-3所示。

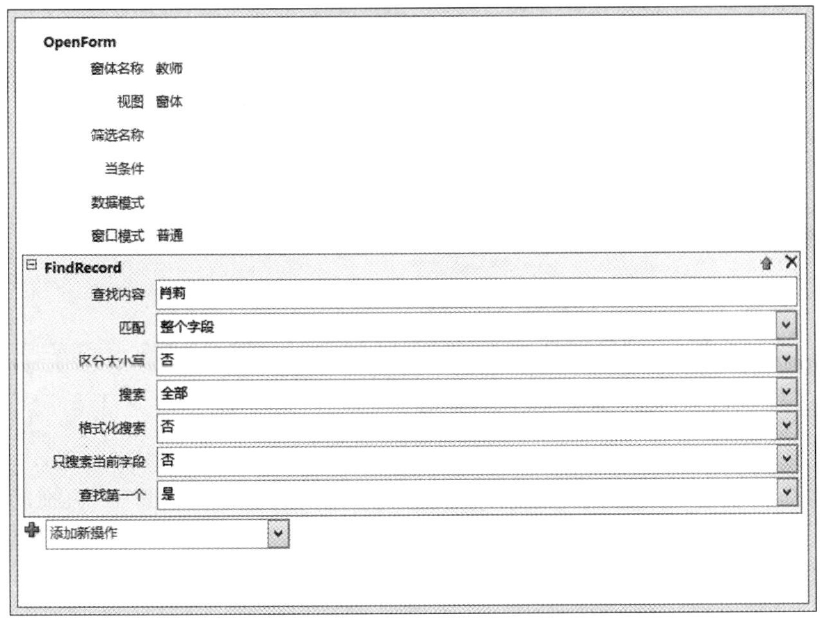

图7-3 宏的设计窗口二

4）单击快速访问工具栏中的“保存”按钮，在图7-4所示的对话框中输入宏名，单击“确定”按钮进行保存。

5）再单击“设计”选项卡上的“运行”按钮，运行结果如图7-5所示。

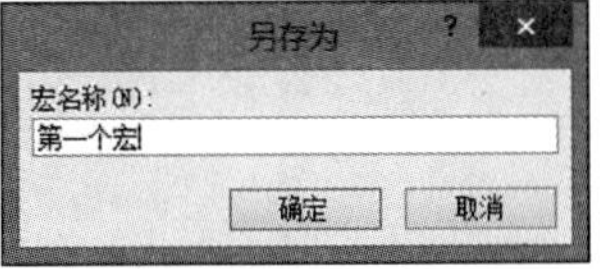

图7-4 “另存为”对话框

例7-2 为宏添加注释。首先显示一个提示对话框，然后打开“学生”窗体，显示所有女学生的记录。

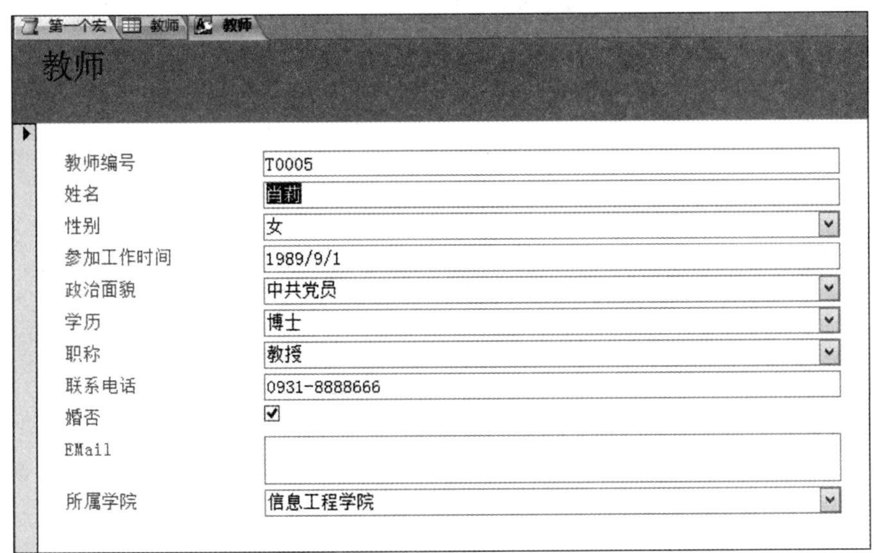

图7-5 运行结果

操作步骤如下：

1）在“创建”选项卡上的“宏与代码”组中单击“宏”按钮。

2）打开图 7-6 所示的宏设计窗口，在“添加新操作”下拉列表中选择“MessageBox”命令，在“消息”文本框中输入“所有女学生的资料”，“类型”选择“信息”，在“标题”文本框中输入“提示信息”。

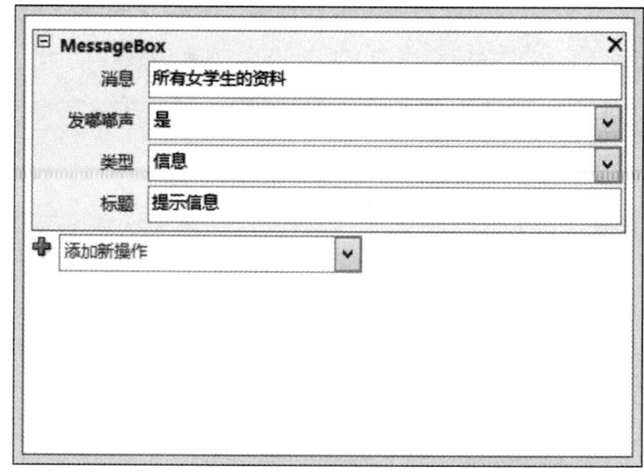

图 7-6　宏的设计窗口三

3）在“添加新操作”下拉列表中选择“OpenForm”命令，“窗体名称”选择“学生”，“当条件”输入“性别='女'”，“数据模式”选择“只读”。

4）在“程序流程”中选择“Comment”，拖动到宏设计窗口中的“MessageBox”命令前，并输入注释“该宏首先显示一个对话框，提示用户要显示所有女生的信息”。再拖动一个注释到“OpenForm”命令前，注释内容为“打开学生窗体，设置过滤条件使得窗体中只显示女生的记录”，如图 7-7 所示。

5）单击快速访问工具栏中的“保存”按钮，输入宏名，单击“确定”按钮进行保存。

6）再单击“设计”选项卡上的“运行”按钮，运行创建的宏。

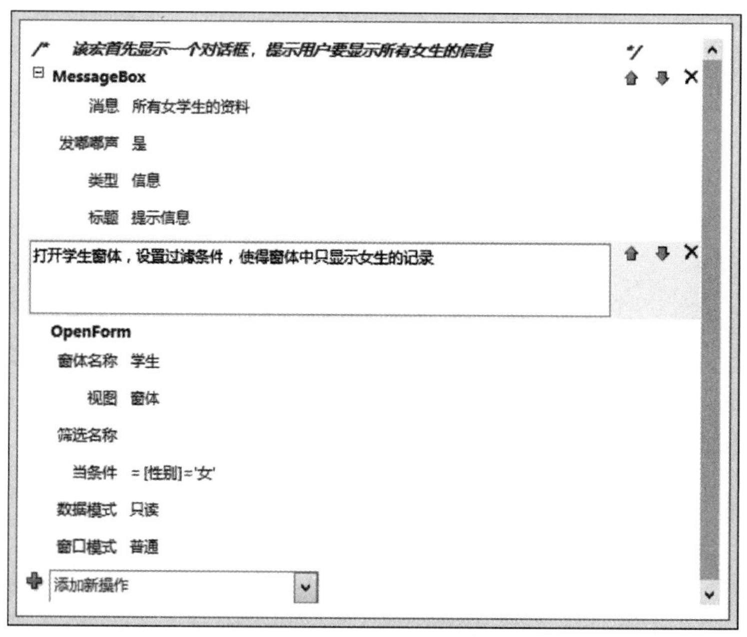

图 7-7　宏的设计窗口四

例 7-3　对宏操作进行分组。首先显示一个提示对话框，提示用户现在立即退出系统，用户关闭对话框后程序立即退出。

将相关操作分为一组，并为该组指定一个有意义的名称，可以提高宏的可读性。例如，可将打开和筛选窗体的多个操作分为一组，并将该组命名为“打开和筛选窗体”。这使用户能够更轻松地了解哪些操作是互相相关的。

操作步骤如下：

1）在“程序流程”中选择“Group”，拖动到宏设计窗口中，在“Group”文本框中输入“提示信息”，如图7-8所示。

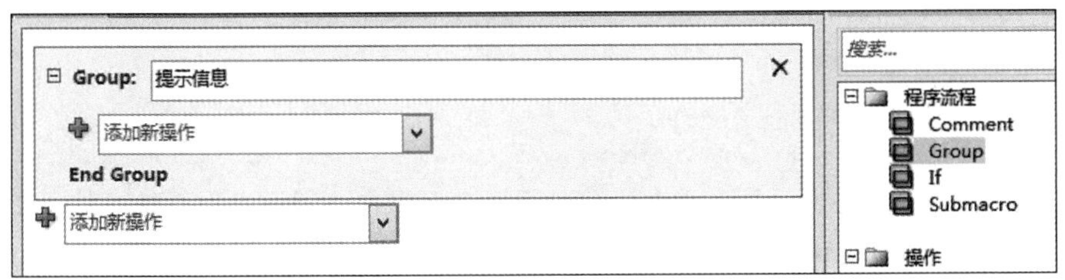

图7-8 宏的设计窗口五

2）在“添加新操作”下拉列表中选择“Beep”命令。

3）在“添加新操作”下拉列表中选择“MessageBox”命令，在“消息”文本框中输入“现在立即退出系统”，“类型”选择“信息”，在“标题”文本框中输入“退出提示”。

4）在“程序流程”中选择“Group”，拖动到宏设计窗口中，在“Group”文本框中输入“退出系统”。

5）在“添加新操作”下拉列表中选择“QuitAccess”命令，“选项”选择“全部保存”，如图7-9所示。

6）用户可以对每个分组进行折叠和展开操作，以便查看和隐藏信息，如图7-10所示。

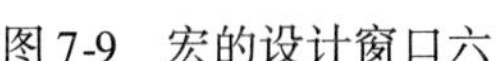

图7-9 宏的设计窗口六

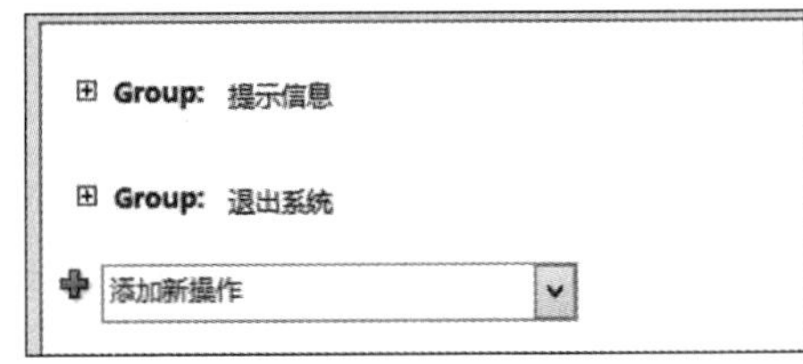

图7-10 宏的设计窗口七

7.2.2 嵌入宏

嵌入宏是指嵌入在对象事件属性中的宏。

创建嵌入宏的操作步骤如下：

1）在导航窗格中右击将包含宏的窗体或报表，然后选择“布局视图”命令。

2）如果“属性表”窗格未显示，可按 F4 键。

3）单击要在其中嵌入该宏的事件属性的控件或节。也可以在“属性表”窗格顶部的“所选内容的类型”下的下拉列表中选择该控件或节（或者整个窗体或报表）。

4）在“属性表”窗格中选择“事件”选项卡。单击要为其触发宏的事件的属性框。例如，对于一个命令按钮，如果希望在单击该按钮时运行宏，单击“单击”属性框。

7.2.3 条件宏

例 7-4 建立一个条件宏。首先弹出一个对话框询问用户是否要退出系统，如果单击“是”按钮，则关闭正在使用的 Access 数据库。

操作步骤如下：

1）在“创建”选项卡上的“宏与代码”选项组中单击“宏”按钮。

2）在“设计”上下文选项卡的“显示/隐藏”选项组中单击“操作目录”按钮，打开操作目录，从中拖动“If”到宏设计窗口。

3）单击“If”条件的表达式生成器按钮，在弹出的“表达式生成器”对话框的文本框中输入“MsgBox("您确信要退出吗?",4,"提示")=6”，如图 7-11 所示。

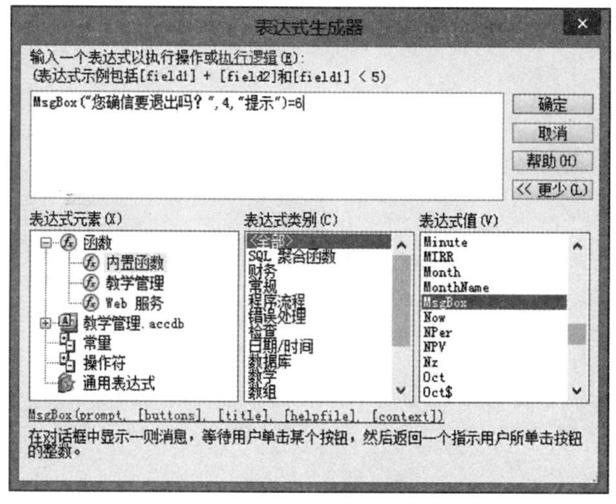

图 7-11 “表达式生成器”对话框

4）在 Then 后面的“添加新操作”下拉列表中选择“QuitAccess”命令，如图 7-12 所示。

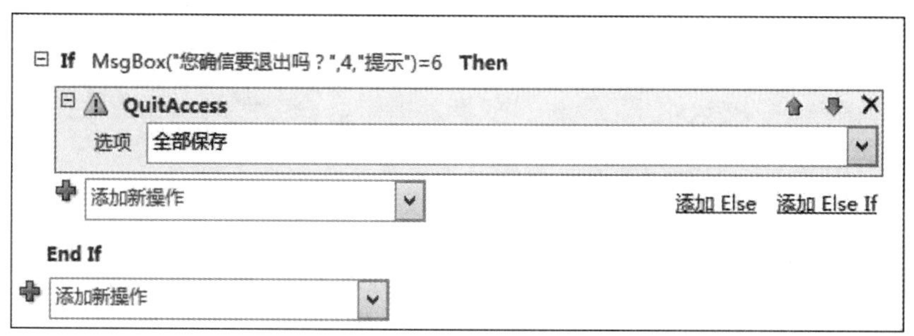

图 7-12 宏的设计窗口八

5）单击快速访问工具栏中的“保存”按钮，输入宏名，单击“确定”按钮进行保存。

6）单击“设计”选项卡上的“运行”按钮，运行创建的宏。

例 7-5 建立一个多语句条件宏。打开“学生”窗体并最大化，弹出一个对话框，询问用户是否设置窗体的背景颜色和标题，如果用户单击“是”按钮，可将窗体的背景颜色设置为随机颜色，将窗体的标题设置为“欢迎使用学生窗体”。

操作步骤如下：

1）在“创建”选项卡上的“宏与代码”组中单击“宏”按钮。

2）在“添加新操作”下拉列表中选择“OpenForm”命令，“窗体名称”选择“学生”，如图 7-13 所示。

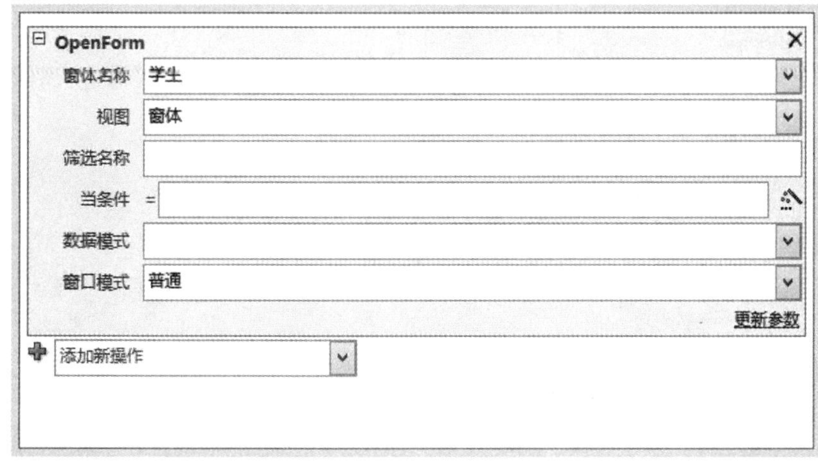

图 7-13 宏的设计窗口九

3）在“设计”上下文选项卡的“显示/隐藏”选项组中单击“操作目录”按钮，打开操作目录，从中拖动“If”到宏设计窗口中。

4）单击“If”条件的表达式生成器按钮，在弹出的“表达式生成器”对话框的文本框中输入“MsgBox("需要设置窗体颜色和标题吗?",4)=6”，在 Then 后面的“添加新操作”下拉列表中选择“MaximizeWindow”命令，如图 7-14 所示。

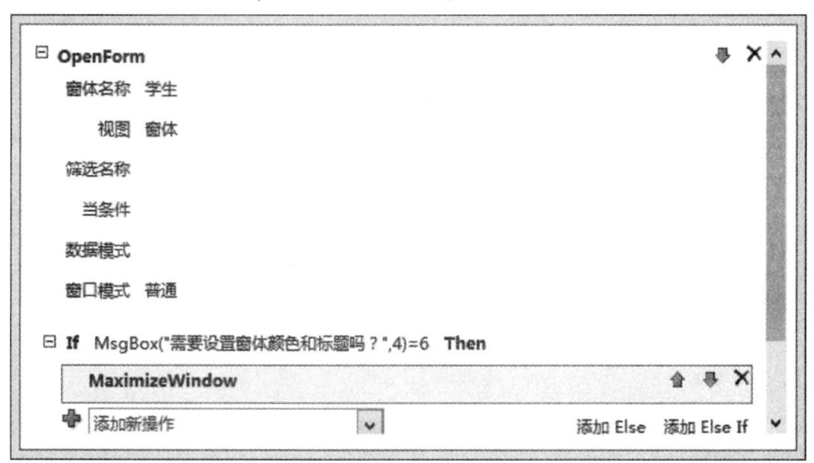

图 7-14 宏的设计窗口十

5）在“添加新操作”下拉列表中选择“SelectObject”命令，“对象类型”选择“窗体”，“对象名称”选择“学生”，“在数据库窗口中”选择“否”。

6）在“添加新操作”下拉列表中选择“SetProperty”命令，在“控件名称”文本框中输入“窗体页眉”，“属性”选择“背景色”，“值”设置为“=RGB(255 * Rnd(),255 * Rnd(),255 * Rnd())”。

7）在“添加新操作”下拉列表中选择“SetProperty”命令，在“控件名称”文本框中输入“主体”，“属性”选择“背景色”，“值”设置为“=RGB(255 * Rnd(),255 * Rnd(),255 * Rnd())”，如图 7-15 所示。

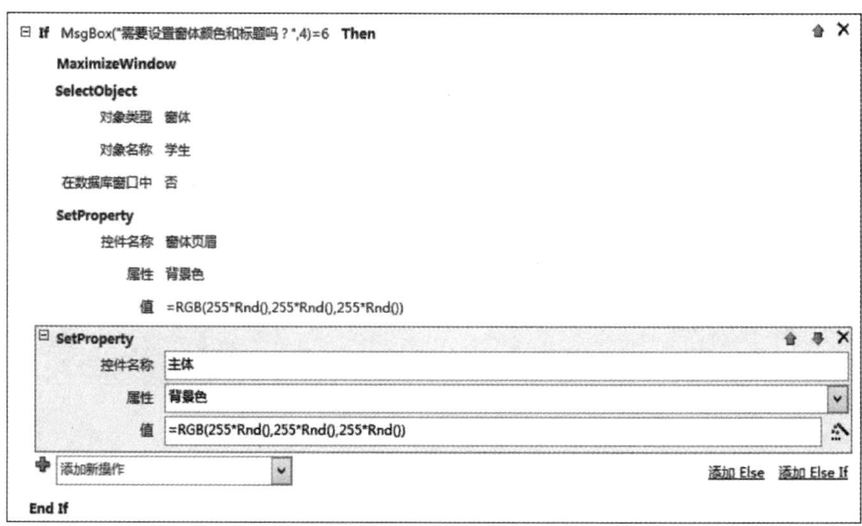

图 7-15　宏的设计窗口十一

8）在“添加新操作”下拉列表中选择“SetProperty”命令，“属性”选择“标题”，“值”设置为“欢迎使用学生窗体”，如图 7-16 所示。

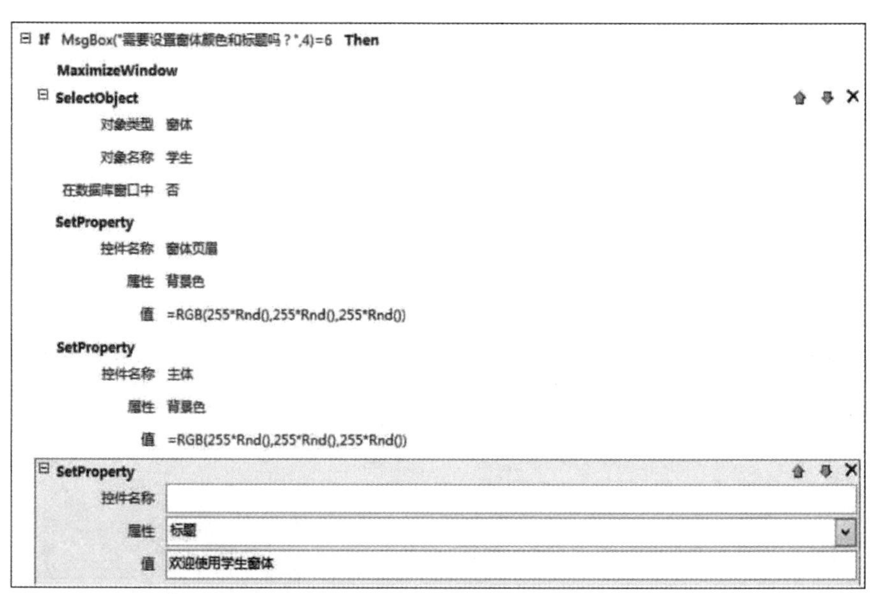

图 7-16　宏的设计窗口十二

9）保存并运行宏，弹出的对话框提示“需要设置窗体颜色和标题吗?”时，单击“是”按钮，运行后的窗体如图7-17所示。由于采用了随机函数，每次运行该宏，学生窗体的背景颜色都会不同。

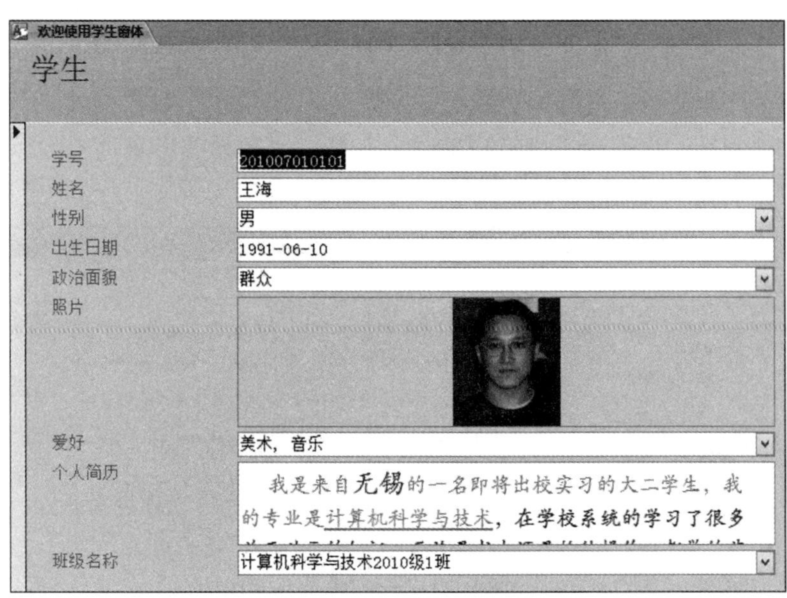

图7-17　运行后的窗体

提示：

RGB（红色分量，绿色分量，蓝色分量）函数根据红、绿、蓝3种颜色的控制，自动生成一种合成色，其中红色、绿色、蓝色分量的取值介于0～255之间，例如：RGB（255，0，0）表示红色，RGB（0，0，0）表示黑色，RGB（255，255，255）表示白色，RGB（0，255，0）表示绿色，RGB（0，0，255）表示蓝色。

Rnd()函数返回一个介于0～1之间的一个随机小数，255 * Rnd()将产生一个0～255之间的一个随机数。例如，40 + 60 * Rnd()将会产生一个40～100之间的随机数。本例中的RGB(255 * Rnd()，255 * Rnd()，255 * Rnd()）将会在每次运行时产生一个随机颜色作为窗体的背景色。

例7-6　建立一个多分支结构的宏。创建一个窗体，在窗体上添加3个单选按钮，选择不同的项时显示不同数据表中的数据。

1）新建一个窗体，在其中添加一个标签、一个选项组控件和一个命令按钮，如图7-18所示。将选项组命名为“fraTable”，并在其中添加3个单选按钮，其选项值分别是1、2、3，标签分别是“学生表”“教师表”和“课程表”，然后将窗体保存为“打开数据表

图7-18　“打开数据表窗体”的设计视图

窗体”。

2）在命令按钮上单击鼠标右键，在弹出的快捷菜单中选择“事件生成器”命令，在弹出的“选择生成器”对话框中选择“宏生成器”。

3）在“设计”上下文选项卡的“显示/隐藏”选项组中单击“操作目录”按钮，打开操作目录，从中拖动“If”到宏设计窗口中。

4）单击“If”条件的表达式生成器按钮，在弹出的“表达式生成器”对话框的文本框中输入“[fraTable]=1”，在Then后面的“添加新操作”下拉列表中选择“OpenTable”命令，“表名称”选择“学生”，如图7-19所示。

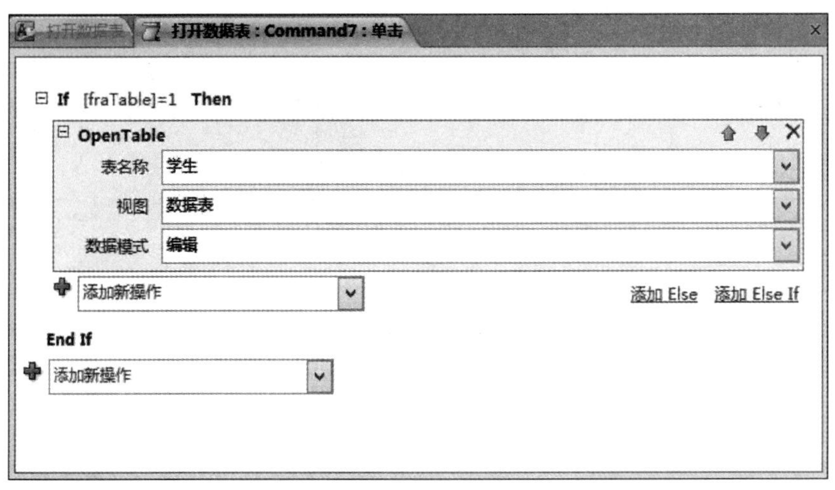

图7-19 宏的设计窗口十三

5）单击“添加Else If”链接，在“Else If”后面输入表达式“[fraTable]=2”，在Then后面的“添加新操作”下拉列表中选择“OpenTable”命令，“表名称”选择“教师”，如图7-20所示。

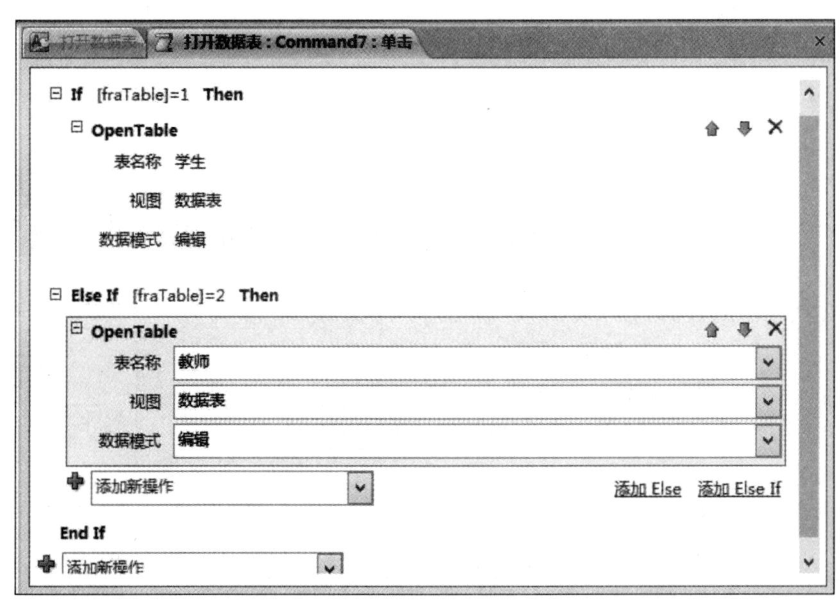

图7-20 宏的设计窗口十四

6）单击“添加 Else”链接，在后面的“添加新操作”下拉列表中选择“OpenTable”命令，“表名称”选择“课程”，如图 7-21 所示。

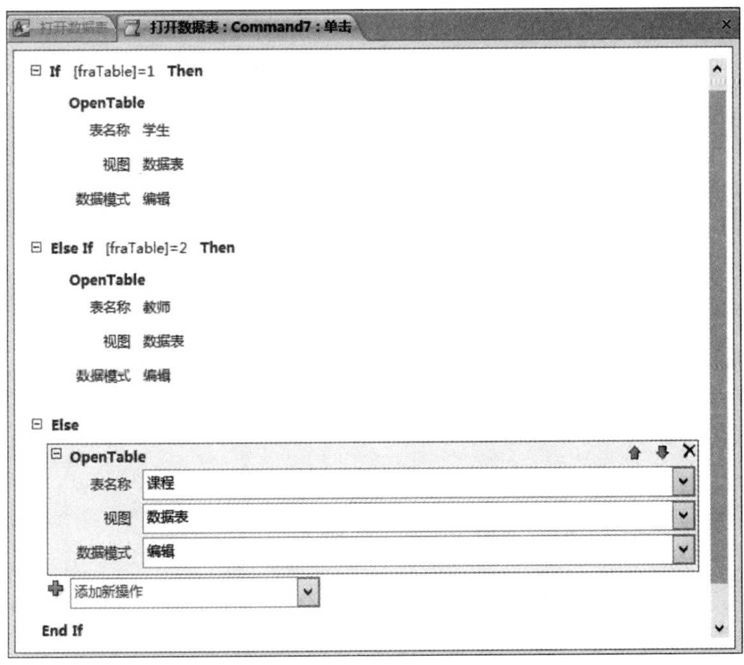

图 7-21　宏的设计窗口十五

7）在“End If”后面的“添加新操作”下拉列表中选择“MessageBox”命令，“消息”设置为“数据表已打开”，如图 7-22 所示。

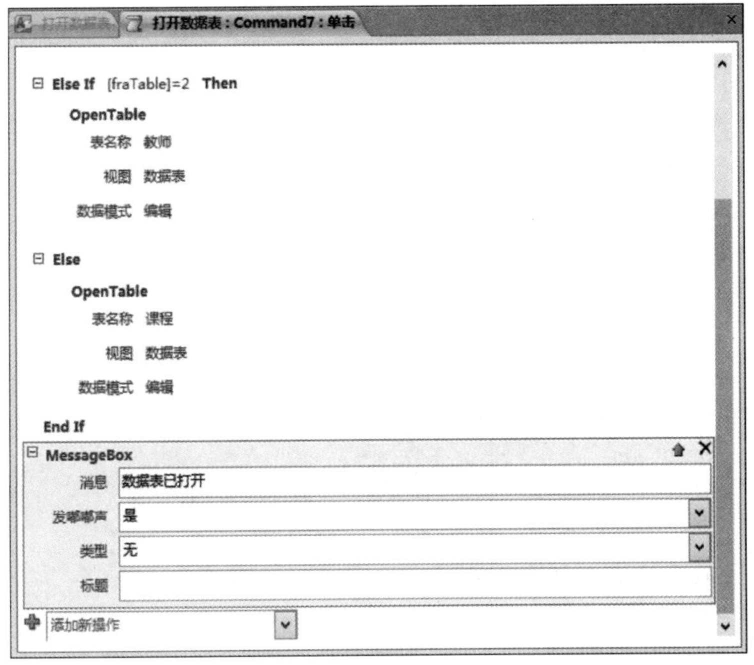

图 7-22　宏的设计窗口十六

8）打开“打开数据表”窗体，选择 fraTable 选项组的不同选项，单击“打开”按钮，将打开不同的表。

7.2.4　子宏

例 7-7　使用子宏。创建一个名为“数据浏览”的宏，如图 7-23 所示，其中包含 3 个子宏：“学生”子宏用于打开“学生”窗体，“教师”子宏用于打开“教师”窗体，“课程”子宏用于打开“课程”窗体。

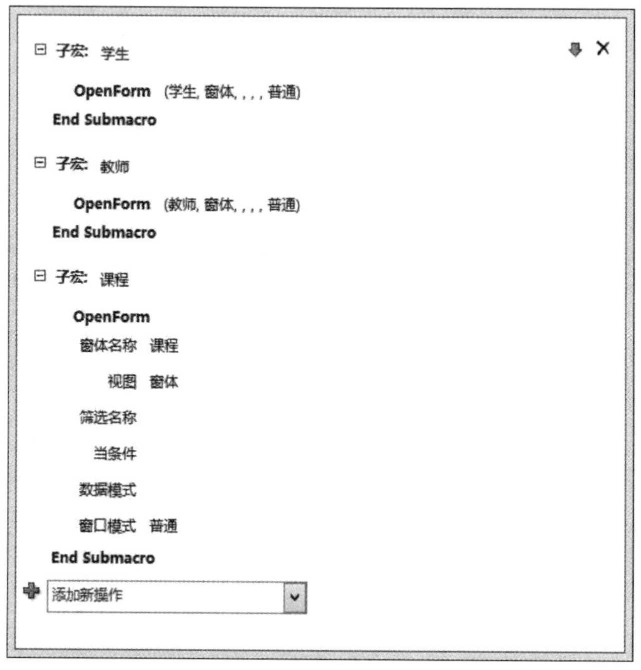

图 7-23　宏的设计窗口十七

1）在“创建”选项卡上的“宏与代码”组中单击“宏”按钮。

2）在“设计”上下文选项卡的“显示/隐藏”选项组中单击“操作目录”按钮，打开操作目录，从中拖动“Submacro”到宏设计窗口，在“子宏”文本框中输入“学生”。

3）在子宏内的“添加新操作”下拉列表中选择“OpenForm”命令，“窗体名称”选择“学生”，如图 7-24所示。

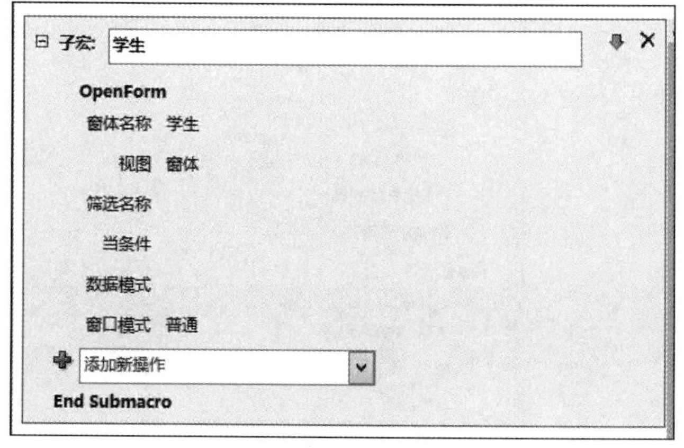

图 7-24　宏的设计窗口十八

4）按照上面的方法依次创建“教师”子宏和“课程”子宏，如图 7-25 所示。

5）单击快速访问工具栏中的“保存”按钮，将宏组保存为“数据浏览”。

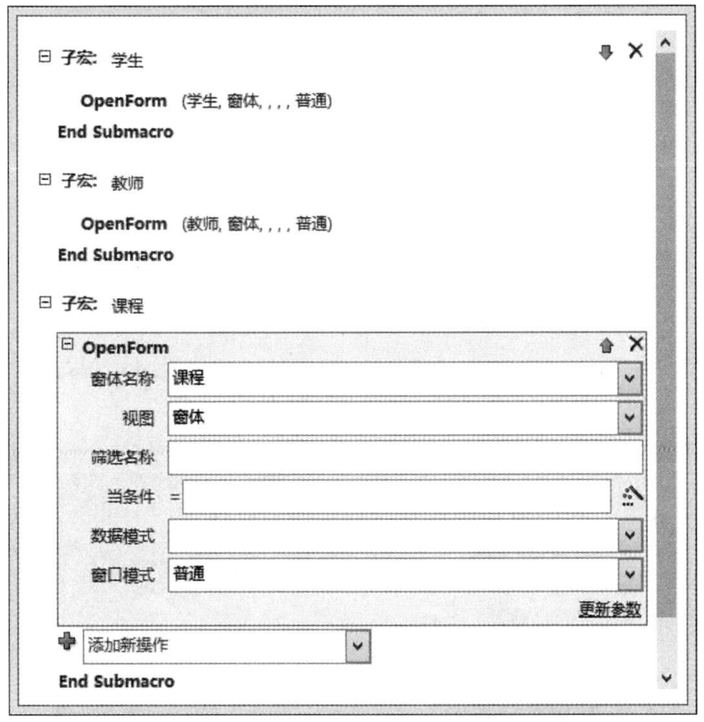

图 7-25 宏的设计窗口十九

6）创建一个窗体，如图 7-26 所示，在窗体中绘制一个按钮。

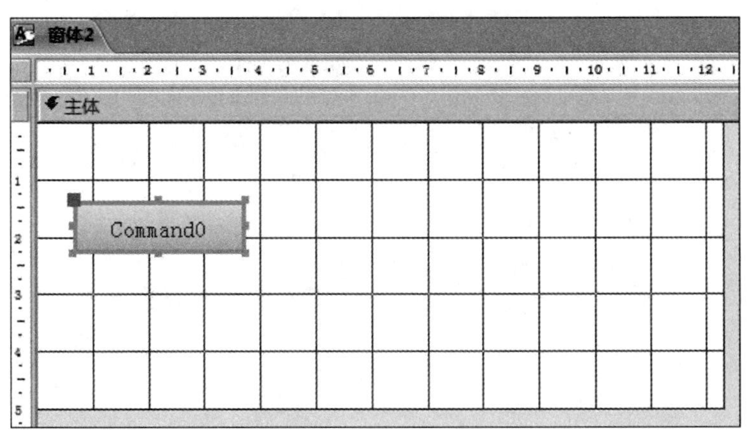

图 7-26 窗体设计视图

7）系统自动弹出命令按钮向导界面，在“类别”列表框中选择“杂项”，在“操作”列表框中选择“运行宏”，如图 7-27 所示，单击“下一步”按钮。

8）在图 7-28 所示的界面中选择“数据浏览．学生”，单击“下一步”按钮。

9）在图 7-29 所示的界面中选择“文本”单选按钮，然后输入“打开学生窗体”，单击“下一步”按钮。

10）在图 7-30 所示的界面中，输入按钮名称“打开学生窗体”，单击“完成”按钮。

11）按照上面的方法，依次创建“打开教师窗体”按钮和“打开课程窗体”按钮，如图 7-31所示。

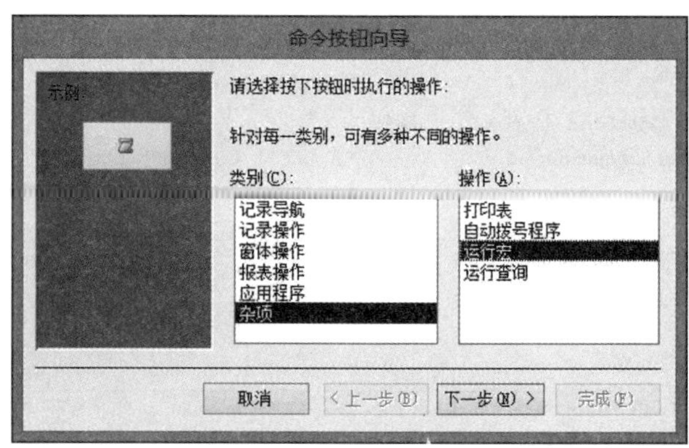

图 7-27　选择按钮执行的操作

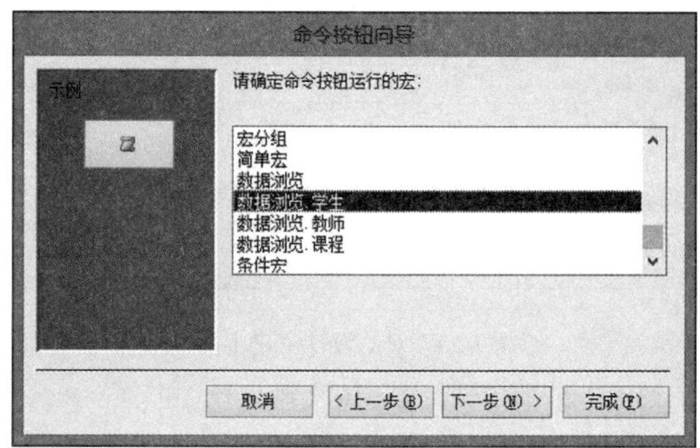

图 7-28　指定按钮要运行的宏

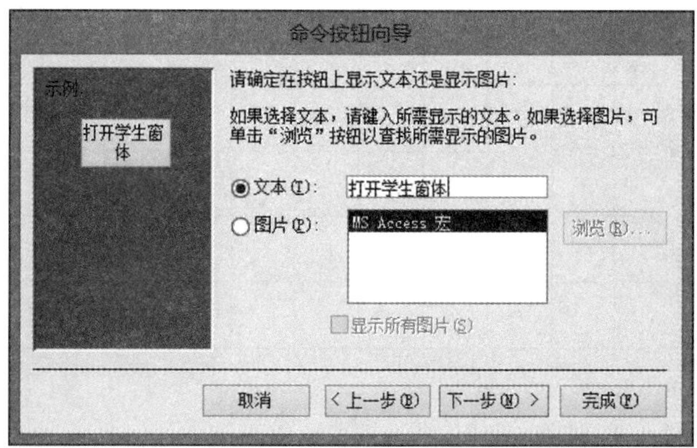

图 7-29　确定在按钮上显示的文本

12）将窗体保存为“数据浏览”，切换到窗体视图，然后单击各按钮。

将若干个子宏放在一个宏中，不仅减少了宏对象的个数，而且可以方便地对数据库中的宏进行分类管理。

提示：对宏内的子宏进行引用，需要使用的格式为“宏名．子宏名”，如“数据浏览．学生”。如果在引用宏时只指定了宏名，而没有指定宏中的子宏名，则运行宏中的第一个子宏。

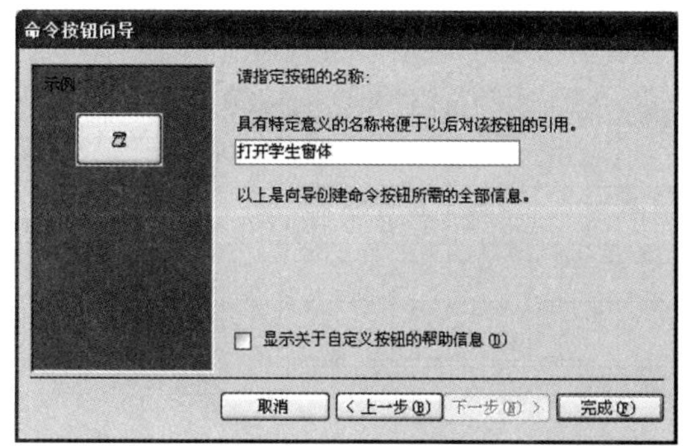

图 7-30　指定按钮的名称

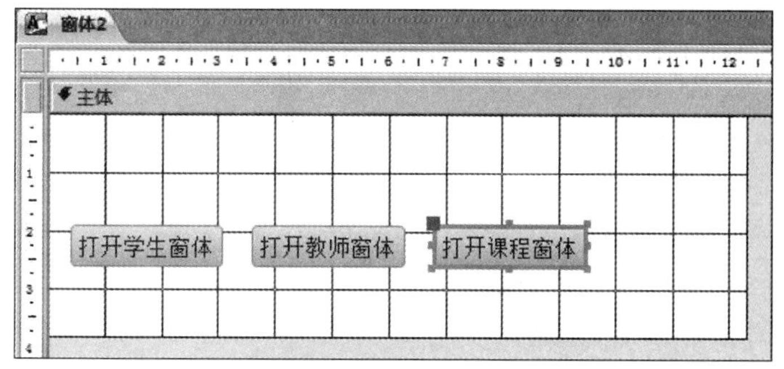

图 7-31　创建其他按钮

7.3　宏的运行

宏的运行方法有很多种，下面进行详细介绍。

1. 直接运行宏

直接运行宏的方法有以下 3 种。

1）在宏的设计窗口中单击“设计”上下文选项卡中的“运行”按钮，可直接运行宏。

2）在宏对象窗口中双击要运行的宏，或者在要运行的宏上右击，并在弹出的快捷菜单中选择“运行”命令，可直接运行宏。

3）单击“数据库工具”选项卡下“宏”选项组中的“运行宏”按钮，在“执行宏”对话框中输入要运行的宏。

对于简单宏，可直接输入宏名。对于子宏，则需要使用“宏名．子宏名”这样的格式，如“数据浏览．学生”。

提示：如果宏对象中包含多个子宏，方法 1）、2）只能运行宏中的第一个子宏。

2. 在窗体、报表或控件的事件中运行宏

例如，创建一个窗体，在窗体空白处双击时可运行“数据浏览．学生”，如图 7-32 所示。

3. 从另一个宏运行宏

如图 7-33 所示，在“添加新操作”下拉列表中选择“RunMacro”命令，并且将“宏名称”参数设定为要运行的宏的名称。

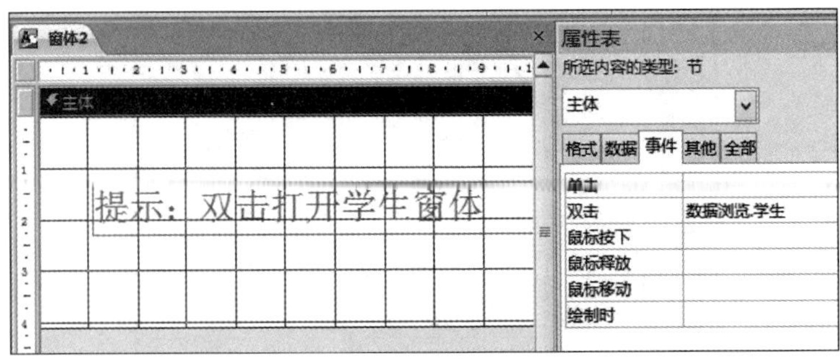

图 7-32　在窗体事件中运行宏

4. 在 VBA 中的过程或函数中，使用 DoCmd 对象的 RunMacro 方法运行宏

（1）运行简单宏的语法格式

```
DoCmd.RunMacro"宏名称"
```

（2）运行宏中子宏的语法格式

```
DoCmd.RunMacro"宏名.子宏名"
```

5. 在快速访问工具栏或功能区中运行宏

用户可以将宏添加到菜单栏或工具栏，以菜单命令或工具按钮的形式运行。在菜单栏或工具栏中添加宏的方法是：

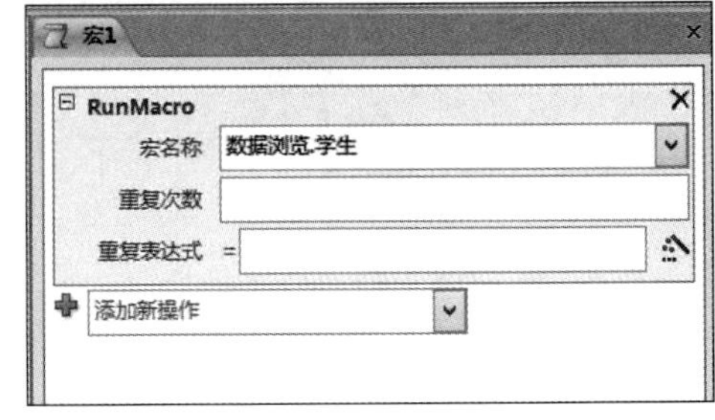

图 7-33　从另一个宏运行宏

1）在快速访问工具栏空白处单击鼠标右键，在弹出的快捷菜单中选择“自定义功能区”或“自定义快速访问工具栏”命令，或选择“文件”→“选项”命令。

2）如图 7-34 所示，在“Access 选项”对话框中选择“自定义功能区”或“快速访问工具栏”，在“从下列位置选择命令”中选择“宏”，并在下方的列表框中选定宏，如“数据浏览.学生”。

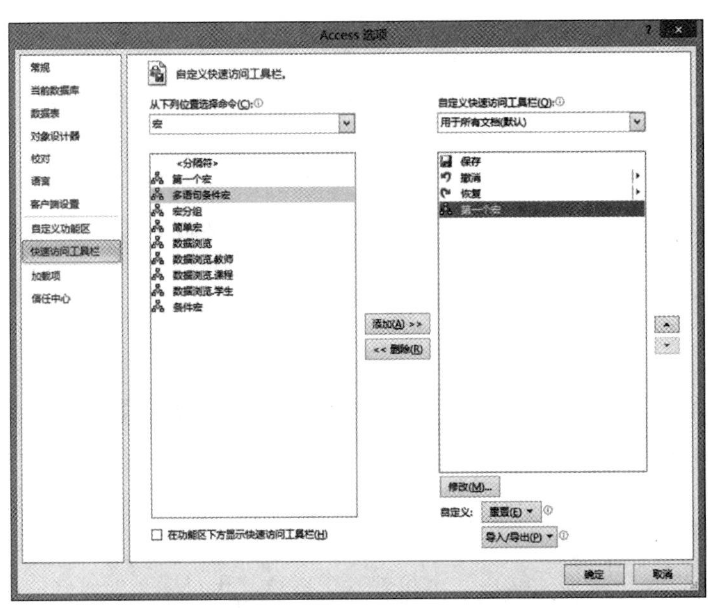

图 7-34　通过“Access 选项”对话框运行宏

3）单击“添加”按钮，将宏添加到相应工具栏，单击“删除”按钮可以将宏从工具栏中移除。

4）单击“确定”按钮，所选择的宏便会出现在工具栏上。

6. 自动运行宏

Access 数据库被打开时，系统会自动查找数据库中有没有名为“Autoexec”（大小写均可）的宏，如果有，将执行该宏。如果需要在打开数据库时执行该操作，如打开某窗体、报表等，可以设计一个宏来完成这些操作，并将其命名为 Autoexec，其中的宏操作序列将在打开数据库时自动运行。

提示：如果数据库中包含了宏 Autoexec，但在启动数据库时不希望执行该宏，可以在数据库被打开时按住 Shift 键，启动完成后释放 Shift 键，则宏 Autoexec 不执行。

7. 创建启动窗体

Access 除了自动运行宏 Autoexec 以外，还可以设置数据库打开时自动启动窗体或数据访问页。用户可以通过设置自动启动窗体，使数据库启动时自动进入数据库登录界面。

例 7-8 将“登录”窗体设置为启动窗体。

选择“文件”→“选项”命令，打开图 7-35 所示的“Access 选项”对话框，在左窗格中选择“当前数据库”选项，在右窗格中的“显示窗体”下拉列表中选择“登录”，单击“确定”按钮保存设置。数据库启动时将会自动打开“登录”窗体。

图 7-35 创建启动窗体

7.4 宏的其他操作

7.4.1 将宏转换为 VBA 程序代码

宏操作是指通过一些 Access 数据库的命令执行对数据库常用的操作和管理。而对数据库更为全面、细致的操作只能通过 Visual Basic for Application（VBA）程序代码来实现。Access 提供将宏代码转换为 VBA 程序代码的工具。

例 7-9　将宏转换为模块。

打开数据库，选择要转换为 VBA 程序代码的宏，切换到设计视图。

在“设计”选项卡的“工具”选项组中选择“将宏转换为 Visual Basic 代码”命令，在打开的“转换宏”对话框内单击“转换”按钮，系统将进入 VBA 环境，在“工程-教学管理”窗格中选择转换后的宏代码，此时将显示由宏转变而成的程序代码，如图 7-36 所示。

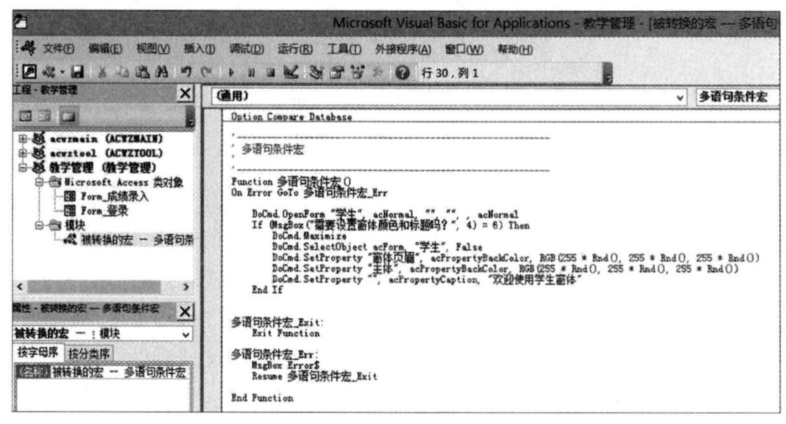

图 7-36　VBA 界面与转换的 VBA 代码

7.4.2　宏的调试

如果在一个宏内包含了很多操作，执行时也许会产生一些错误。前面介绍的各种宏的执行方法都是自动将宏从头执行到尾，这样当运行结果出错时，很难找到出错的位置，为此 Access 提供了单步运行宏的方法。在宏的单步运行过程中，可以观察宏的流程和每一个操作的结果，以便发现和排除宏中可能存在的错误。

打开任意一个宏的设计视图，单击“单步”按钮，然后单击“运行”按钮，进入单步运行模式。在该模式下，以各种方式运行的宏都将单步执行，运行时会打开“单步执行宏”对话框，如图 7-37 所示。

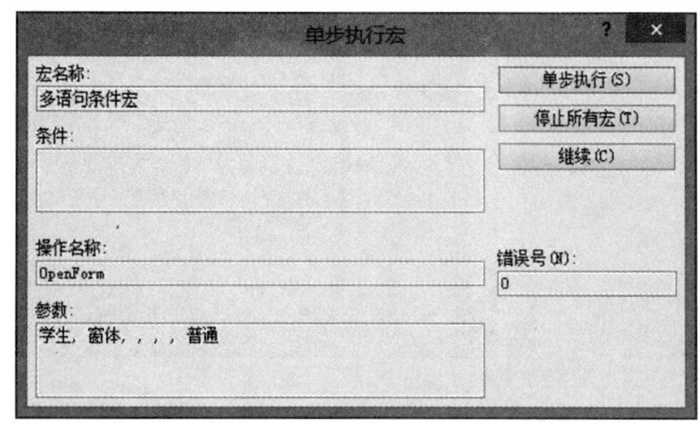

图 7-37　“单步执行宏”对话框

在“单步执行宏”对话框内可以观察宏的执行过程，并可对宏的执行进行干预。若要执行显示在“单步执行宏”对话框中的宏操作，单击“单步执行”按钮；若要停止宏的运行并关闭对话框，单击“停止所有宏”按钮；若要关闭单步执行模式，并执行宏的未完成部分，单击“继续”按钮。

再次单击“单步”按钮，将关闭单步运行模式。

如果要在宏运行过程中暂停宏的执行，并以单步运行宏，在宏运行时按 Ctrl + Break 组合键即可。

7.5 小结

宏是 Access 提供给用户的操作管理数据库的一个常用工具。宏内可以包含一条或多条宏操作，不同的宏实现对数据库不同方面的操作。在 Access 2010 中共有 86 种不同的宏操作。宏由宏名、条件、操作和操作参数组成。

通过使用子宏，用户可以将多个相关的宏操作序列集中在一起，以便于对宏对象的管理。给宏操作应用条件，可以使宏操作在满足一定的条件下执行。

宏经常被添加到窗体或报表内的对象事件中，如窗体内命令按钮的单击事件。

Access 2010 数据库还提供了自动运行宏与启动窗体功能，使得数据库在打开时可以自动运行一组命令，或打开指定窗体。

习　　题

一、思考题

1. 什么是宏？宏有何作用？
2. 什么是子宏？如何创建及引用宏中的子宏？
3. 控制窗体的宏操作有哪些？试举例说明。
4. 如何编辑嵌入的宏？
5. 运行宏有几种方法？各有什么不同？
6. 什么是“启动窗体”，如何实现？
7. 名为 Autoexec 的宏有什么特点？

二、填空题

1. 宏的构建基础是________。
2. 终止宏的执行用宏命令________。
3. 在宏操作中，向操作提供信息的值称为________。
4. 为宏设置条件是为了________。
5. 定义________有利于数据库中宏对象的管理。
6. 宏操作 QuitAccess 的功能是________。
7. ________宏操作用于设置控件属性值。
8. ________宏操作用于运行宏。
9. 在启动数据库的同时，按住________键，可以使数据库中的 Autoexec 宏不被自动执行。
10. 由多个操作构成的宏，执行时按________依次执行。

三、选择题

1. 宏是一个或多个（　　）的集合。

A）命令　　B）操作　　C）对象　　D）条件

2. 表达式 IsNull([姓名])的含义是（　　）。

A）没有“姓名”字段　　B）判断“姓名”字段是否为空值

C）“姓名”字段值是空字符串　　D）判断是否存在“姓名”字段

3. 在 Close 宏操作中，如果不指定对象，此操作将会（　　）。

A）关闭正在使用的窗体或报表　　B）关闭正在使用的表

C）关闭正在使用的应用程序　　D）关闭正在使用的数据库

4. 在运行宏的过程中，宏不能修改的是（　　）。

A）数据库　B）表　C）窗体　D）宏本身

5. 打开一个查询的宏操作是（　　）。

A）OpenTable　B）OpenForm　C）OpenQuery　D）OpenReport

6. 以下有关宏的叙述不正确的是（　　）。

A）宏的使用非常方便，不需要记住语法　B）宏的执行效率比模块代码要低

C）宏运行时不能受任何条件控制　D）使用宏可以自动执行重复任务

7. 用于查找满足条件的下一条记录的宏命令是（　　）。

A）FindNext　B）FindRecord　C）ShowAllRecords　D）Quit

8. 为窗体或报表上的控件设置属性值的宏命令是（　　）。

A）MessageBox　B）OpenQuery　C）RunCode　D）SetValue

9. 以下关于宏的说法不正确的是（　　）。

A）宏能够一次完成多个操作

B）每一个宏命令都是由动作名和操作参数组成的

C）宏可以是很多宏命令组成在一起的宏

D）宏是用编程的方法来实现的

10. 以下能用宏而不需要 VBA 就能完成的操作是（　　）。

A）事务性或重复性的操作　B）数据库的复杂操作和维护

C）自定义过程的创建和使用　D）一些错误过程

11. 以下不能用宏而只能用 VBA 完成的操作是（　　）。

A）打开和关闭窗体　B）显示和隐藏工具栏

C）运行报表　D）自定义过程的创建和使用

12. 以下对于宏和宏组的描述不正确的是（　　）。

A）宏组是由若干个宏构成的

B）Access 中的宏是包含操作序列的一个宏

C）宏组中的各个宏之间要有一定的联系

D）保存宏组时，指定的名字为宏组的名字

13. 以下关于宏操作的叙述错误的是（　　）。

A）可以使用宏组来管理相关的一系列宏

B）使用宏可以启动其他应用程序

C）所有宏操作都可以转换为相应的模块代码

D）宏的关系表达式中不能应用窗体或报表的控件值

14. 用于执行指定的外部应用程序的宏命令是（　　）。

A）RunSQL　B）RunApp　C）Requery　D）Quit

15. 用于打开报表的宏命令是（　　）。

A）OpenForm　B）OpenQuery　C）OpenReport　D）RunSQL

16. 用于显示消息框的宏命令是（　　）。

A）SetWarning　B）SetValue　C）MsgBox　D）Beep

17. 某个宏先打开一个窗体而后再关闭该窗体的两个宏命令是（　　）。

A）OpenForm、Close　B）OpenForm、Quit

C）OpenQuery、Close　D）OpenQuery、Quit

18. 用于最大化激活窗口的宏命令是（　　）。

A）Minimize　　B）Requery　　C）Maxmize　　D）Restore

19. 用于为窗体或报表上的控件设置属性值的宏命令是（　　）。

A）Beep　　B）SetWarning　　C）MsgBox　　D）SetValue

20. 在宏的表达式中要引用报表 exam 上控件 Name 的值，可以使用引用式（　　）。

A）Repor!Name　　B）Reports!exam!Name

C）exam!Name　　D）Reports exam Name

21. 在宏的条件式里引用窗体 map 上的“opt”控件的值，则该表达式是（　　）。

A）Forms!map!opt = 1　　B）Forms!opt = 1

C）map!opt = 1　　D）Form!map!opt

22. 若要限制宏命令的操作范围，可以在创建宏时定义（　　）。

A）宏操作对象　　B）宏条件表达式

C）窗体或报表控件属性　　D）宏操作目标

23. 在设计条件宏时，对于连续重复的条件，要替代重复条件式可以使用下面的符号（　　）。

A）…　　B）=　　C）,　　D）;

24. 能够创建宏的设计器是（　　）。

A）窗体设计器　　B）报表设计器　　C）表设计器　　D）宏设计器

25. 以下（　　）数据库对象可以一次执行多个操作。

A）数据访问页　　B）菜单　　C）宏　　D）报表

四、实验题

1. 在“教学管理”数据库中设计图 7-38 所示的“教学管理宏实验”窗体，单击窗体中的按钮可以完成相应的操作。

1）单击“进入主界面”按钮时，打开“主窗体”窗体。

2）单击“退出”按钮时，关闭“教学管理宏实验”窗体，并发出“嘟嘟”的鸣叫声。

3）单击“学生情况”“课表安排”和“授课情况”对应的“点击查看”按钮时，分别打开“学生”窗体、“课表查询”报表和“授课查询”查询。

> 提示：练习条件宏的创建和使用。

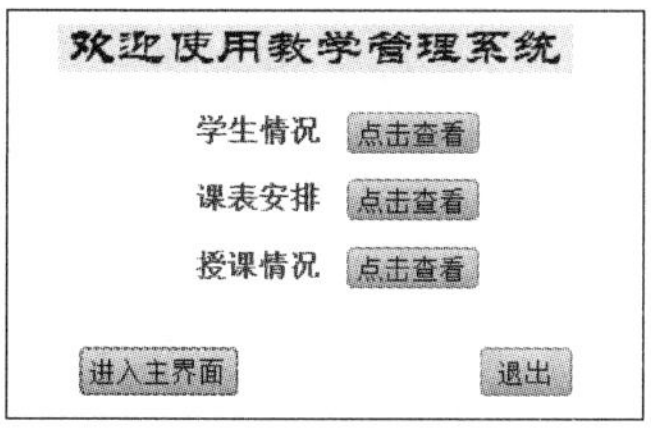

图 7-38 “教学管理宏实验”窗体

图 7-39 成绩录入登录界面

2. 创建一个成绩录入登录界面，如图 7-39 所示。将窗体命名为“成绩录入登录”，输入用户名的文本框名称为“Text1”，输入密码的文本框名称为“Text2”。创建条件宏“宏 7-2”，要求满足以下几点：

1）用户名为“ADMIN”，当用户名未输入或输入错误时，单击“登录”按钮，弹出的消息框提示“请输入正确的用户名”。

2）密码为“123456”，当密码未输入或输入错误时，单击“登录”按钮，弹出的消息框提示“密码不正确”。

3）当用户名和密码都输入正确时，单击“登录”按钮，将打开窗体“成绩录入”。

提示：该实验需要进行条件判断来决定是否执行某些操作，这就需要应用条件宏，根据表达式值的不同，沿着不同的分支执行，建议先进行流程设计。

3. 编写一个自动运行的宏，宏的功能是当打开数据库时自动打开实验二中创建的“成绩录入登录”窗体，并将窗体的位置和大小设置为右 5cm、下 5cm、高度 10cm、宽度 15cm。

提示：该实验主要考查如何自动运行宏，将创建好的宏命名为 Autoexec 即可。同时使用宏操作 MoveAndSizeWindow 来调整窗体的大小和位置。

第 8 章　编程工具 VBA 和模块

教学知识点

- 面向对象程序设计的基本概念
- VBA 编程环境和编程基础
- VBA 程序流程控制
- 常用对象的属性和事件
- 模块的概念和创建
- 参数传递
- 变量的作用域
- DAO 数据库访问技术
- ADO 数据库访问技术
- 程序调试和错误处理

8.1　VBA 概述

前面各章介绍的内容大多是用户通过交互式操作创建数据库对象，并通过数据库对象的操作来管理数据库。虽然 Access 的交互操作功能强大，易于掌握，但是在数据库应用系统中，人们却希望尽量通过自动操作达到数据库管理的目的。在开发中应用程序设计语言的应用有利于数据管理应用功能的扩展。在 Office 中包含有 Visual Basic for Application（VBA），它为 Access 提供了无模式用户窗体以及支持附加的 ActiveX 控件等功能。

8.1.1　VBA

VBA 是一种应用程序开发工具，是基于 VB（Visual Basic）发展而来的。微软将 VB 引入 Office软件中以用于开发应用程序，这种集成在 Office 中的 VB 被称为 VBA。

使用 VBA 编写的程序保存在 Access 数据库文件中，无法脱离 Access 应用程序环境而独立运行。

8.1.2　宏和 VBA

宏本身就是程序，只不过是一种控制方式简单的程序而已。宏只可以使用 Access 提供的命令，而 VBA 则需要开发者自行编写程序代码。

宏和 VBA 都可以实现操作的自动化。但是，在什么情况下应该使用宏，在什么情况下应该使用 VBA 呢？下面列出了应该使用 VBA 的几种情况。

1）使数据库易于维护。因为宏独立于使用它的窗体和报表的对象，所以一个包含用于响应窗体和报表上的事件的宏的数据库将变得难以维护。相反，VBA 事件过程可以在窗体和报表的定义中创建。如果把窗体或报表从一个数据库移动到另一个数据库，则窗体或报表所带的事件过程也会同时移动。

2）创建自己的函数。Access 包含很多内置的函数。在计算时使用这些函数可以避免创建复杂的表达式。使用 VBA 可以创建自己的函数，通过这些函数可以执行表达式难以胜任的复杂计算，或者用来代替复杂的表达式。此外，用户也可在表达式中使用自己创建的函数对多个对象应用操作。

3）显示错误消息。当用户在使用数据库遇到预料之外的事情时，Access 将显示一条错误消息，但该消息对于用户而言可能是莫名其妙的，特别是当用户不熟悉 Access 时。而使用 VBA 则可以在出现错误时检测错误，并显示指定的消息或执行某些操作。

4）创建或操作对象。在大多数情况下，在对象的设计视图中创建和更改对象是最简单的方法。而在某些情况下，可能需要在代码中对对象进行定义。使用 VBA，可以操作数据库中所有的对象，包括数据库本身。

5）执行系统级别的操作。虽然在宏中执行 RunApp 操作可以从一个应用程序运行另一个基于 Microsoft Windows 或 MS – DOS 的应用程序，但是在 Access 以外使用宏具有很大的局限性。而使用 VBA 则可以查看系统中是否存在某个文件，或者通过自动化或动态数据交换（DDE）与另外一个基于 Windows 的应用程序进行通信，还可以调用 Windows 动态链接库（DLL）中的函数。

6）一次操作多个记录。使用 VBA 可一次浏览一个记录集或单个记录，并对每个记录执行一个操作。而宏只能对整个记录集进行操作。

7）将参数传送给 VBA 过程。在创建宏时可以在宏窗口的下半部分设置宏操作的参数值，但在运行宏时不能改变它们。而使用 VBA 则可在程序运行期间将参数传递给代码，或者使用变量参数，这在宏中是难以做到的。因而，运行 VBA 过程时具有更大的灵活性。

8.1.3　将宏转换为模块

宏对象的执行效率较低，可以将宏对象转换为 VBA 程序模块，以提高代码的执行效率。将宏转换为模块的操作方法如下：

1）在任务窗格中选中需要转换的宏对象。

2）选择“文件”→“对象另存为”命令，在打开的“另存为”对话框中为 VBA 模块命名，并指定“保存类型”为“模块”即可，如图 8-1 所示。

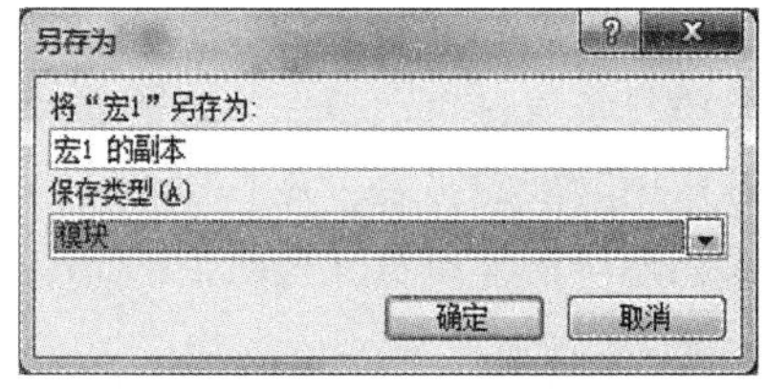

图 8-1 “另存为”对话框

8.2　VBA 编程的基本概念与步骤

VBA 是面向对象的程序设计语言。面向对象的程序设计是一种以对象为基础的以事件来驱动对象的程序设计方法。用户要学会编写程序，必须有对象、属性、方法和事件的概念。

8.2.1　对象、属性、方法和事件

1. 对象和对象名称

对象好比积木块，它是 VBA 应用程序的基础构件。在开发一个应用程序时，必须先建立各种对象，然后围绕对象进行程序设计。表、查询、窗体、报表等是对象，字段、窗体和报表中的控件也是对象。

为便于识别，每个对象均有名称，称为对象名称。有效的名称必须符合 Access 的标准命名规则。窗体、报表、字段等对象的名称不能超过 64 个字符，而对于控件，对象名称长度不能超

过 255 个字符。

新对象的默认名称是对象名称加上一个唯一的整数。例如，第一个新窗体的名称是“窗体 1”，第二个新窗体的名称是“窗体 2”，以此类推。

对于未绑定控件，默认名称是控件的类型加上一个唯一的整数。例如，如果第一个添加到窗体中的控件是文本框控件，则其对象名称自动设置为“Text0”，而第二个则自动命名为“Text1”，以此类推。

对于绑定控件，如果通过从“字段列表”窗格中拖放字段来创建，则对象的默认名称是记录源中字段的名称。

2. 对象的属性

属性是用于描述对象特征的数据，是对客观世界实体性质的抽象。属性由属性名和属性值组成。各个对象能够区分开，是因为它们的属性值不完全相同，比如区分不同的圆，就是看它们的圆心和半径，改变了这些属性值，就改变了圆这个对象的基本特征。

每个属性都有一个默认值。如果不改变该值，应用程序就使用该默认值；如果默认值不能满足要求，就要对它重新设置。

每一种对象都有一组特定的属性，这在“属性表”窗格中可以看到。不同的对象有许多相同的属性，也有许多不同的属性。

3. 对象的方法

方法是对象所能执行的操作。例如，如果将光标定位到某个文本框内，在程序中就需要使用 SetFocus 方法。VBA 中的方法由过程或函数组成。

4. 对象的事件和事件过程

事件是一种作用在对象上的动作，是对象对外部变化的响应。例如，在现实生活中，碰、撞、抓、打等都是事件，可以作用在不同的对象上，也可以作用在同一对象上，从而引发同一对象或不同对象的不同反应，导致不同结果。

从程序设计角度讲，事件就是对象上所发生的事情，是用户在应用程序运行过程中对 VBA 对象（如窗体或控件）做出的某种动作，而这种动作能被 VBA 对象识别，并根据不同的动作做出不同的反应，进而完成不同的功能。比如，窗体上有一个命令按钮对象，当用户单击该按钮时，VBA 能识别出用户是在该按钮上单击了鼠标，单击鼠标这种动作就是事件（Click 事件）。当命令按钮对象识别出作用在其上的单击鼠标事件后，立即对该事件做出反应，其反应就是执行一段代码来实现某一特定的功能，这段程序代码就是用户编写的事件过程。

在 VBA 中，事件是预先定义好的能够被对象识别的动作，如单击（Click）事件、双击（DblClick）事件、装载（Load）事件、鼠标移动（MouseMove）事件等。每个对象都有与之对应的一组事件集合，每个对象的事件集合的内容是不完全相同的。

对象的事件是固定的，用户不能建立新的事件。当事件由用户触发（如单击）或由系统触发（如装载）时，对象就会对该事件做出响应。响应某个事件后，所执行的程序代码就是事件过程。一个对象可以响应一个或多个事件，因此可以使用一个或多个事件过程对用户或系统的触发做出响应。用户只需编写必须响应的事件过程，而其他无用的事件过程则不必编写。

事件过程的一般编写格式为：

```
Private Sub 对象名_事件名([参数表])
  事件过程代码
```

```
End Sub
```

其中，参数表中的参数名随事件过程的不同而不同，也可以省略，事件过程代码就是根据需要解决的问题由用户编写的程序。例如，图 8-2 所示的命令按钮 Command0 的 Click 事件过程名为 Command0_Click。

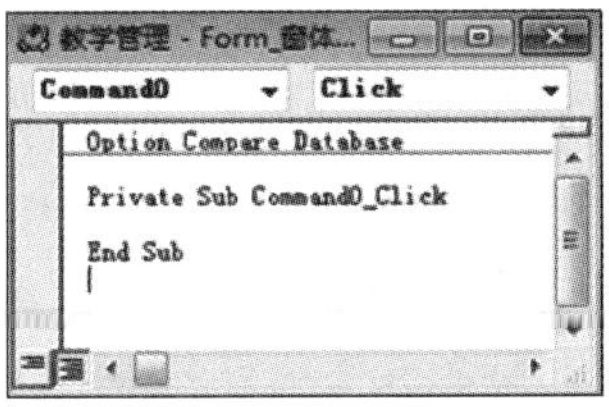

图 8-2　Command0_Click 事件过程窗口

8.2.2　VBA 编程步骤

VBA 是 Access 的内置编程语言，因此不能脱离 Access 创建独立的应用程序，即 VBA 的编程必须在 Aecess 的环境内。VBA 编程有以下几个主要步骤。

1）创建用户界面。创建 VBA 程序的第一步是创建用户界面，用户界面的基础是窗体以及窗体上的控件。

2）设置对象属性。属性的设置可以通过两种方法实现：一是在窗体设计视图中，通过对象的属性窗口设置；二是通过程序代码设置，代码格式如下：

对象名称．属性 = 属性值

3）对象事件过程的编写。创建了用户界面并为每个对象设置了属性后，重点考虑的就是需要操作哪个对象，激活什么事件，事件代码如何编写。

4）运行和调试。事件过程编写好后，即可运行程序。若在程序运行过程中出错，系统会显示出错信息，这时应在出错处对事件代码进行修改，然后运行程序，直到正确为止。

5）保存窗体。保存窗体对象，此时不仅保存了窗体及控件，而且还保存了事件代码。

下面结合实例，说明进行 VBA 编程的步骤。

例 8-1　新建一个窗体，放置两个按钮和一个文本框控件。按钮的名称分别定义为“显示按钮”“清除按钮”，按钮的标题分别定义为“显示”和“清除”，文本框的名称定义为“欢迎文本”，文本框附加标签的标题设置为“欢迎:”。创建的窗体如图 8-3 所示。单击“显示”按钮，将在文本框中显示一段文字“欢迎进入教学管理系统!”，单击“清除”按钮则可清除文本框中的文字。

具体操作步骤如下：

1）创建一个 Access 数据库，并新建一个窗体，在窗体上创建一个文本框、一个标签和两个命令按钮（不用控件向导）。

2）设置窗体上对象的属性，可以在“属性表”窗格中设置，也可以在程序代码中设置。本例中，在“属性表”窗格中设置对象属性。

在第一个“命令按钮”的“属性表”窗格中，将“名称”属性设置为“显示按钮”，将“标题”属性设置为“显示”，如图 8-4 所示。在第二个“命令按钮”的“属性表”窗格中，将“名称”属性设置为“清除按钮”，将“标题”属性设置为“清除”。在“文本框”的“属性表”窗格中，将“名称”属性设置为“欢迎文本”。在“标签”的“属性表”窗格中，将“标题”属性设置为“欢迎:”。

3）根据本例要求，当单击“显示”按钮时，文本框中的内容发生变化，因此要对该按钮对应的 Click 事件编程。

选中“显示”按钮控件，单击“工具”选项卡上的“属性表”按钮，打开“属性表”窗格。在“属性表”窗格中切换到“事件”选项卡，选择“单击”事件，单击 … 按钮，在出现的“选择生成器”中选择“代码生成器”，即可进入 VBA 编程环境。编写“显示”按钮的事件代码如下：

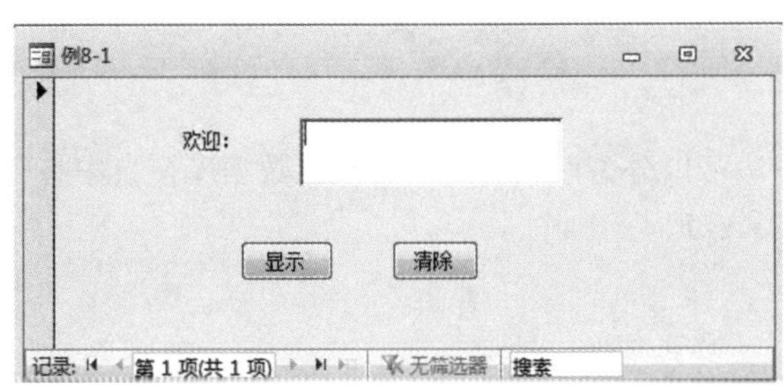

图 8-3 例 8-1 的窗体

属性表
所选内容的类型：命令按钮
显示按钮
格式 数据 事件 其他 全部

名称	显示按钮
标题	显示
图片标题排列	无图片标题
可见	是
悬停时的指针	默认
图片	(无)
图片类型	嵌入
宽度	1.499cm
高度	0.6cm
上边距	2.6cm
左边距	3.099cm
背景样式	常规
透明	否
字体名称	宋体
字号	9

图 8-4 “显示”按钮的“属性表”窗格

```
Private Sub 显示按钮_Click()          '“显示按钮”的单击事件过程
Me.欢迎文本.SetFocus                  '调用 SetFocus 方法,使文本框具有焦点
Me.欢迎文本.Text = "欢迎进入教学管理系统!"     '使文本框显示一段文字
End Sub
```

提示：单引号（'）之后的文字为注释性的文字。Me 关键字是隐含声明的变量，适用于类模块中的每个过程。当类有多个实例时，Me 在代码正在执行的地方提供引用具体实例的方法。

关闭 VBA 的代码窗口，回到窗体设计视图。

4）选中“清除”按钮控件，重复步骤 3），在 VBA 的代码窗口中为“清除”按钮编写的事件代码如下：

```
Private Sub 清除按钮_Click()      '“清除按钮”的单击事件过程
Me.欢迎文本.SetFocus              '调用 SetFocus 方法,使文本框具有焦点
Me.欢迎文本.Text = ""             '设置文本框的 Text 属性为“空”,即清除文本框中的文字
End Sub
```

关闭 VBA 的代码窗口，回到窗体设计视图。

5）保存窗体。

6）在窗体视图中查看所设计的窗体，运行该窗体，运行结果如图 8-5 所示。

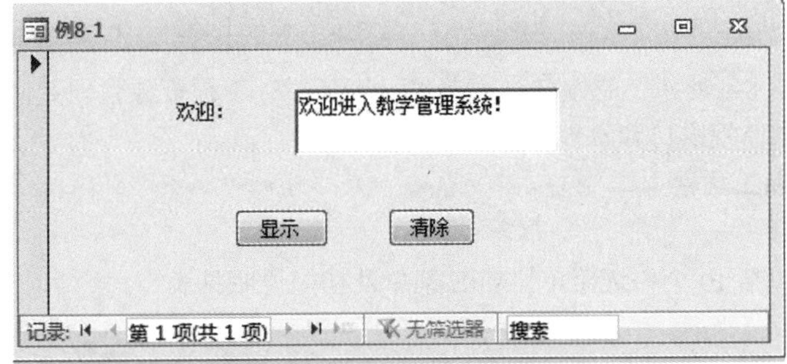

图 8-5 窗体的运行结果

8.3　VBA 编程环境

VBA 的编程环境称为 VBE（Visual Basic Editor），是编写和调试程序的重要环境。在 VBE 中可以编写 VBA 函数、过程和 VBA 模块。

8.3.1　进入 VBE 界面

Access 提供了多种方法进入 VBE，这些方法可以分为两大类：一类是在数据库窗口中打开 VBE；另一类是在报表或窗体的设计视图中打开 VBE。

1. 在数据库窗口中打开 VBE

（1）方法一

按 Alt + F11 组合键。

（2）方法二

在数据库窗口中选择“数据库工具”选项卡，在宏命令组中单击“Visual Basic”按钮。

（3）方法三

在数据库窗口中选择“创建”选项卡，在“宏与代码”选项组中单击“Visual Basic”或“模块”按钮。

（4）方法四

双击要查看的或编辑的模块。

2. 在报表或窗体的设计视图中打开 VBE

（1）方法一

在设计视图窗口中打开窗体或报表，然后在需要编写代码的控件上单击鼠标右键，在弹出的快捷菜单中选择“事件生成器”命令，在打开的“选择生成器”对话框中选择“代码生成器”选项，单击“确定”按钮，打开 VBE 环境，光标所在位置为该控件的默认事件代码的开头区域。

（2）方法二

在设计视图窗口中打开窗体或报表，然后单击“设计”上下文选项卡下“工具”选项组中的“查看代码”按钮，打开 VBE 环境。

（3）方法三

在设计视图窗口中打开窗体或报表，然后双击需要编写代码的控件，在打开的“属性表”窗格中选择“事件”选项卡，单击…按钮，通过打开的“选择生成器”对话框打开 VBE 环境。

8.3.2　VBE 界面

VBE 的界面如图 8-6 所示，它主要由菜单栏、工具栏、工程资源管理器窗口、属性窗口、代码窗口、立即窗口、监视窗口和本地窗口组成。

1. VBE 菜单栏和工具栏

（1）菜单栏

VBE 的菜单栏包括 10 个一级菜单，VBE 菜单及功能说明见表 8-1。

（2）工具栏

一般情况下，在 VBE 窗口中显示的是标准工具栏，用户可以通过“视图”→“工具栏”菜单命令显示“编辑”“调试”和“用户窗体”工具栏，甚至自定义工具栏的按钮。标准工具栏上包括创建模块时常用的按钮，这些按钮及其功能见表 8-2。

图 8-6 VBE 的界面

表 8-1 VBE 菜单及功能说明表

菜 单	说 明
文件	文件的保存、导入、导出、打印等基本操作
编辑	文本的剪切、复制、粘贴、查找等编辑命令
视图	显示 VBE 的界面窗口
插入	进行过程、模块、类模块或文件的插入
调试	调试程序的基本命令，如编译、逐条运行、监视、设置断点等命令
运行	运行程序的基本命令，如运行、中断运行等
工具	用来管理 VB 类库等的引用、宏以及 VBE 编辑器的选项
外接程序	管理外接程序
窗口	设置各个窗口的显示方式
帮助	用来获取 Microsoft Visual Basic 的链接帮助以及网络帮助资源

表 8-2 VBA 编辑器标准工具栏常用按钮及其功能

按 钮	按钮名称	功 能
	查看 Microsoft Office Access	显示 Access 2010 窗口
	插入模块	单击该按钮右侧的下三角按钮，弹出下拉列表，可插入“模块”“类模块”和“过程”
	撤销	取消上一次键盘或鼠标的操作
	重复	取消上一次的撤销操作
	运行子过程/用户窗体	运行模块中的程序

（续）

按　钮	按 钮 名 称	功　能
	中断	中断正在运行的程序
	重新设置	结束正在运行的程序
	设置模式	在设计模式和用户窗体模式之间切换
	工程资源管理器	打开工程资源管理器窗口
	属性窗口	打开属性窗口
	对象浏览器	打开对象浏览器窗口

2. VBE 窗口

VBE 界面中的窗口有代码窗口、立即窗口、本地窗口、监视窗口、工程资源管理器窗口、属性窗口。不同的窗口显示不同的对象，可以选择“视图”菜单中的相应命令来调出窗口。

（1）代码窗口

在 VBE 环境中，选择“视图”→“代码窗口”命令，即可打开代码窗口，如图 8-6 所示。

代码窗口用来编写、显示以及编辑 VBA 代码。打开各模块的代码窗口后，可以查看不同窗体或模块中的代码，并且在它们之间可以进行复制以及粘贴操作。代码窗口使用不同的颜色对关键字和普通代码加以区分，以便于用户进行书写和检查。

代码窗口部件的说明如下。

“对象”框：显示所选控件的名称。单击右侧的下三角按钮，可以看到该窗体上的所有控件的名称。

“过程/事件”框：显示所选控件对应的事件。单击右侧的下三角按钮，可以看到该控件对应的所有事件。

（2）立即窗口

在 VBE 环境中，选择“视图”→“立即窗口”命令，即可打开立即窗口，如图 8-6 所示。

立即窗口在调试程序过程中非常有用，用户如果要测试某个语法或者查看某个变量的值，就需要用到立即窗口。

使用立即窗口可以进行以下操作：

1）输入或粘贴一行代码，然后按 Enter 键执行该代码。

2）从立即窗口可复制并粘贴一行代码到代码窗口，但立即窗口中的代码不能存储。

（3）本地窗口

在 VBE 环境中，选择“视图”→“本地窗口”命令，即可打开本地窗口，如图 8-6 所示。

使用本地窗口，可以自动显示正在运行过程中的所有变量声明及变量值，从中可以观察一些数据信息。

（4）监视窗口

在 VBE 环境中，选择“视图”→“监视窗口”命令，即可打开监视窗口，如图 8-6 所示。

在调试 VBA 程序时，可以利用监视窗口显示正在运行过程定义的监视表达式的值。当过程中定义了监视表达式时，监视窗口就会自动出现。

（5）工程资源管理器窗口

在 VBE 环境中，选择“视图”→“工程资源管理器”命令，即可打开工程资源管理器窗口，如图 8-6 所示。

工程资源管理器窗口以分层列表的方式显示当前数据库中的所有模块以及类对象。

(6) 属性窗口

在 VBE 环境中，选择“视图”→“属性窗口”命令，即可打开属性窗口，如图 8-6 所示。

属性窗口列出了选定对象的属性，可以在设计时查看、改变这些属性。当选取了多个控件时，属性窗口会列出所选控件的共同属性。

8.4 VBA 程序设计基础

在 VBA 中，程序是由过程组成的，过程由根据 VBA 规则书写的指令组成。一个程序包括语句、变量、运算符、函数、数据库对象和事件等基本要素。

8.4.1 VBA 的数据类型

在 VBA 应用程序中，需要对变量的数据类型进行说明。VBA 提供了较为完备的数据类型，Access 数据表中的字段使用的部分数据类型（OLE 对象和备注字段数据类型除外），在 VBA 中都有对应的类型。在定义方式上，除支持符号定义方式外，还支持关键字定义方式。VBA 的标准数据类型、关键字、符号、存储空间、取值范围及默认值见表 8-3。

表 8-3 VBA 数据类型说明

数据类型	关键字	符号	存储空间	取值范围	默认值
字节型	Byte		1B	0 ~ 255	0
整型	Integer	%	2B	-32768 ~ 32767	0
逻辑型	Boolean		2B	True 或 False	False
长整型	Long	&	4B	-2147483648 ~ 2147483647	0
单精度型	Single	!	4B	负数：-3.402823E38 ~ -1.401298E-45 正数：1.401298E-45 ~ 3.402823E38	0
双精度型	Double	#	8B	负数：-1.79769313486232E308 ~ -4.94065645841247E-324 正数：-4.94065645841247E-324 ~ 1.79769313486232E308	0
货币型	Currency	@	8B	-922337203685477.5808 ~ 922337203685477.5807	0
字符型	String	$	与字符串长度有关	0 ~ 65535 个字符	""
日期/时间型	Date		8B	日期：100 年 1 月 1 日 ~ 9999 年 12 月 31 日 时间：00：00：00 ~ 23：59：59	0
变体型	Variant		根据需要		
对象型	Object		4B		Empty

1. 数值型

VBA 中的数值型包括 Integer、Long、Single、Double、Currency 和 Byte 型。

(1) Integer 和 Long 型

这两种类型用于保存整数。整数是不带小数点和指数符号的数，在机器内以二进制补码的形式表示。整数运算速度快、精确，但表示数的范围小。例如，15、-345、654% 都是整型数，123456、45678& 都是长整型数，而 45678% 则会发生溢出错误。

(2) Single 和 Double 型

这两种类型用于保存浮点数，是指带有小数部分的数值，表示数的范围大。

例如，3.14!、2.718282。

(3) Currency 型

这种类型用于保存货币数据，是为表示钱款而设置的。该类型数据精确到小数点后 4 位，小数点前有 15 位。浮点数中的小数点是“浮动”的，而货币类型数据的小数点是固定的。例如，345@、345.12@ 均表示货币型数据。

(4) Byte 型

这种类型用于保存二进制数据，以一个字节的无符号的数值形式存储。

2. 字符型

字符型用于存放字符串。字符串包括除双引号和 Enter 键以外可打印的所有字符，双引号作为字符串的定界符号。例如，“1234” 和 “张三” 都是字符型数据。

3. 逻辑型

逻辑型数据用于逻辑判断，亦称布尔型。其值只有两个：逻辑真（True）和逻辑假（False）。当把逻辑值转换为数值型时，False 为 0，True 为 -1。将其他数据类型转换为逻辑型时，0 转换为 False，非 0 数据转换为 True。

4. 日期/时间型

字面上可被认作日期和时间的字符，只要用“#”括起来，都可以作为日期/时间型数据。例如，#1999-08-11　10：25：00　pm#、#08/23/99#、#03-25-75　20：30：00#、#98，7，18#等都是有效的日期/时间型数据。

5. 变体型

变体型也称为可变类型，它是一种特殊的数据类型。它的类型可以是前面叙述的数值型、日期/时间型、字符型等，完全取决于程序的需要，从而增加了 VB 数据处理的灵活性。

除了上述系统提供的基本数据类型外，VBA 还支持用户自定义数据类型。自定义数据类型实质上是由标准数据类型构造而成的一种数据类型，用户可以根据需要来定义一个或多个自定义数据类型。

8.4.2　常量与变量

计算机处理数据时，必须将其装入内存。在高级语言编写的程序中，需要将存放数据的内存单元命名，通过内存单元名来访问其中的数据。命名的内存单元，就是常量或变量。

1. 常量

(1) 常量的概念

常量是指在程序运行过程中其值不能被改变的量。常量的使用可以增加代码的可读性，并且使代码更加容易维护。

(2) 常量的类型

常量有直接常量、符号常量、固有常量和系统定义的常量。

1) 直接常量。直接常量也称文字常量，实际就是常数，直接出现在代码中。例如：

```
"student"              '字符型常量
3.14、75、2.69E-8       '数值型常量
#2019-5-1#             '日期型常量
```

2) 符号常量。如果在代码中要反复使用相同的值，或者代表一些具有特定意义的数字或字符串，可以使用符号常量。

①定义符号常量的格式：

Const 常量名[as 类型]=表达式

②参数说明。

常量名：命名规则与变量名的命名规则相同。

as 类型：说明该常量的数据类型。如果该选项省略，则数据类型由表达式决定。

表达式：可以是数值常数、字符串常数以及运算符组成的表达式。

例如,`Const PI=3.14159`

这里声明符号常量 PI，代表圆周率 3.14159。在程序代码中，就可以在使用圆周率的地方使用 PI。使用符号常量的好处主要在于，当要修改该常量值时，只需修改定义该常量的一个语句即可。

3）固有常量。VBA 还提供了许多固有常量，所有的固有常量在任何时候都可在宏或 VBA 代码中使用。

固有常量以两个字母前缀指明了定义该常量的对象库。来自 Microsoft Access 库的常量以“ac”开头，来自 ADO 库的常量以“ad”开头，而来自 Visual Basic 库的常量则以“vb”开头，例如 acForm、adAddNew、vbCurrency。

因为固有常量所代表的值在 Microsoft Access 的以后版本中可能改变，所以应该尽可能使用固有常量名，而不用固有常量的实际值。用户可以通过在“对象浏览器”中选择固有常量或在立即窗口中输入“？固有常量名”来显示固有常量的实际值。

可以在任何允许使用符号常量或用户定义常量的地方（包括表达式中）使用固有常量。如果需要，用户还可以用“对象浏览器”来查看所有可用对象库中的固有常量列表。

4）系统定义的常量。系统定义的常量有 True、False 和 Null。系统定义的常量可以在计算机上的所有应用程序中使用。

2. 变量

（1）变量的概念

变量是指在程序运行过程中其值会发生变化的量。程序里的变量，可以看作一个存储数据的容器，并且其中的数据可以随着程序的运行发生变化。将一个数据存储到变量这个容器中，称为赋值。在定义变量时就赋值称为赋初值，而这个值称为变量的初值。

（2）变量的命名规则

每个变量都要有一个名字，程序中通过变量名来引用变量。变量的命名要遵循以下规则。

1）变量名只能由字母、数字、汉字和下画线组成，不能含有空格和除了下画线“_”外的其他任何标点符号，其长度不能超过 255 个字符。

2）必须以字母开头，不区分变量名的大小写，例如，若以 Ab 命名一个变量，则 AB、ab、aB 被认为是同一个变量。

3）不能和 VBA 保留字同名。例如，不能以 if 命名一个变量。

保留字是指在 VBA 中用作语言的那部分词，包括预定义语句（如 If 和 Loop）、函数（如 Len 和 Abs）和运算符（如 Or 和 Mod）等。

（3）变量的声明

使用变量前，一般必须先声明变量名和变量类型，使系统分配相应的内存空间，并确定该空间可存储的数据类型。变量的声明有以下两种方式：

1）显式声明。显式声明是指在使用一个变量之前必须先声明这个变量，即用户先为变量指定数据类型，再对变量赋值。

- 使用 Dim 语句声明变量。

Dim 语句使用格式为：

Dim 变量名 As［数据类型］

提示：如果不使用“数据类型”可选项，则默认定义的变量为 Variant 数据类型。

例如：

```
Dim intA as integer          '声明了一个整型变量 intA
Dim strX as string           '声明了一个字符型变量 strX
```

又如，可以使用一条 Dim 语句声明多个变量：

```
Dim intX,douY,strZ as string
```

表示声明了 3 个变量 intX、douY 和 strZ。其中，strZ 声明为字符串类型变量，intX 和 douY 没有声明其数据类型，默认为变体（Variant）型。

再如，在一行中声明多个变量时，每个变量的数据类型应使用 as 声明：

```
Dim intA as integer,intB as long,sinC as single
```

提示：使用 Dim 声明了一个变量后，在代码中使用变量名，其末尾带与不带相应的类型说明符都代表同一个变量。

- 使用类型说明符声明变量。

VBA 允许使用类型说明符来声明变量，例如，intX% 表示一个整型变量，douY#是一个双精度变量，strZ $是字符串变量，类型说明符在使用时始终放在变量的末尾。

VBA 中的类型说明符见表 8-3 中的符号列所示。

例如，在下面的赋值语句中，变量的类型使用类型说明符声明。

```
IntX% =56
DouY#=3.1415926
StrZS="Access2010 数据库"
```

2）隐式声明。隐式声明是指在使用一个变量之前并不先声明这个变量。这个变量只在当前过程中有效，系统默认其类型为变体数据类型。

用户可以通过将一个值指定给变量名的方式来建立隐含型变量。例如 NewVar = 1234，该语句定义了一个隐含型变量，名字为 NewVar，类型为 Variant，值为 1234。

提示：在 VBA 编程中，应尽量减少隐含型变量的使用。大量使用隐含型变量，对程序的调试和变量的识别等都会带来困难。

8.4.3　运算符和表达式

1. 算术运算符

算术运算符是常用的运算符，用来执行简单的算术运算。VBA 提供了 8 种算术运算符，除取负（-）是单目运算符外，其他均为双目运算符，见表 8-4。

表 8-4　算术运算符

运　算　符	说　　明	优 先 级 别	运　算　符	说　　明	优 先 级 别
^	乘方	1	\	整除	4
-	负号	2	Mod	取模	5
*	乘	3	+	加	6
/	除	3	-	减	6

在使用算术运算符进行运算时，应注意以下规则：

1）“/”是浮点数除法运算符，运算结果为浮点数。例如，表达式 5/2 的结果为 2.5。

2）“\”是整数除法运算符，结果为整数。例如，表达式 5\2 的值为 2。

3）“Mod”是取模运算符，用来求余数，运算结果为第一个操作数整除第二个操作数所得的余数。例如，5 Mod 3 的运算结果为 2。

4）如果表达式中含有括号，则应先计算括号内表达式的值，然后严格按照运算符的优先级别进行运算。

2. 字符串运算符

字符串运算符执行将两个字符串连接起来生成一个新的字符串的运算。字符串运算符有两种：“&”和“+”。其作用是将两个字符串连接起来。

例如：

```
"VBA"&"程序设计基础"            '结果是"VBA 程序设计基础"
"abc"&123                      '结果是"abc123"
123&456                        '结果是"123456"
"Access"+"数据库"               '结果是"Access 数据库"
"abc"+123                      '出错
"123"+456                      '结果是 579
```

在使用字符串运算符进行运算时，应注意以下规则：

1）由于符号“&”还是长整型的类型定义符，因此在使用连接符“&”时，“&”连接符两边最好各加一个空格。

2）运算符“&”两边的操作数可以是字符型，也可以是数值型。进行连接操作前，系统先进行操作数类型转换，数值型转换成字符型，然后做连接运算。

3）运算符“+”要求两边的操作数都是字符串。若一个是数字型字符串，另一个为数值型字符串，则系统自动将数字型字符串转换为数值，然后进行算术加法运算；若一个为非数字型字符串，另一个为数值型字符串，则出错。

4）在 VBA 中，“+”既可用作加法运算符，还可以用作字符串连接符，但“&”专门用作字符串连接运算符，在有些情况下，用“&”比用“+”更安全，提倡用“&”连接符。

3. 关系运算符

关系运算符的作用是对两个表达式的值进行比较，比较的结果是一个逻辑值，即逻辑真（True）或逻辑假（False）。如果表达式比较结果成立，返回 True，否则返回 False。VBA 提供了 6 种关系运算符，见表 8-5。

表 8-5 关系运算符

运算符	说明	举例	运算结果
>	大于	"abcd">"abc"	True
>=	大于或等于	"abcd">="abce"	False
<	小于	25<46	True
<=	小于或等于	45<=45	True
=	等于	"abcd"="abc"	False
<>	不等于	"abcd"<>"ABCD"	True

在使用关系运算符进行比较时，应注意以下规则：

1）数值型数据按其数值大小比较。

2）日期型数据将日期看成“yyyymmdd”的 8 位整数，按数值大小比较。

3）汉字按区位码顺序比较。

4）字符型数据按其 ASCII 码值比较。

通过关系运算符组成的表达式称为关系表达式。关系表达式主要用于条件判断。

4. 逻辑运算符

在逻辑运算符（也称为布尔运算符）中，除 Not 是单目运算符外，其余均是双目运算符。由逻辑运算符连接两个或多个关系式，对操作数进行逻辑运算，结果是逻辑值 True 或 False。

表 8-6 列出了 VBA 的逻辑运算符，表 8-7 列出了逻辑运算结果。

表 8-6　逻辑运算符

运算符	优先级	说　　明
Not	1	非，即取反，由真变假，由假变真
And	2	与，两个表达式同时为真，则结果为真，否则为假
Or	3	或，两个表达式中有一个表达式为，真则结果为真，否则为假
Xor	3	异或，两个表达式同时为真或同时为假，则结果为假，否则为真
Eqv	4	等价，两个表达式同时为真或同时为假，则结果为真，否则为假
Imp	5	蕴含，当第一个表达式为真，且第二个表达式为假时，则结果为假，否则为真

表 8-7　逻辑运算结果

A	B	Not A	A And B	A Or B	A Xor B	AEqv B	A Imp B
T	T	F	T	T	F	T	T
T	F	F	F	T	T	F	F
F	T	T	F	T	T	F	T
F	F	T	F	F	F	T	T

注：T 表示 True，F 表示 False。

例如：

```
Dim S                       '定义变量 S
S = (5 >2 And 3 > =4)       '结果为 False
S = (5 >2 Or 3 > =4)        '结果为 True
S =Not(3 > =4)              '结果为 True
S = (5 >2 Xor 3 > =4)       '结果为 True
```

5. 对象运算符

对象运算符有“!”和“.”两种。使用对象运算符可指示随后将出现的项目类型。

（1）“!”运算符

“!”运算符的作用是指出随后为用户定义的内容。使用它可以引用一个开启的窗体、报表，或开启窗体或报表上的控件。

例如，“Forms! [学生信息]”表示引用开启的“学生信息”窗体；“Forms! [学生信息]! [学号]”表示引用开启的“学生信息”窗体上的“学号”控件；“Reports! [学生成绩表]”表示引用开启的“学生成绩表”报表。

（2）“.”运算符

“.”运算符通常指出随后为 Access 定义的内容。例如，引用窗体、报表或控件等对象的属性，引用格式为［控件对象名］.［属性名］。

在实际应用中，“.”运算符和“!”运算符配合使用，用于表示引用的一个对象或对象的属性。

例如，可以引用或设置一个打开窗体的某个控件的属性：

Form!［学生信息］!［Command1］.Enabled = False

该语句表示引用开启的“学生信息”窗体上的“Command1”控件的“Enabled”属性，并设置其值为“False”。需要注意的是，如果“学生信息”窗体为当前操作对象，“Form!［学生信息］”可以用“Me”来替代。

6. 表达式

（1）表达式的组成

表达式由常量、变量、运算符、函数等按一定的规则组成。表达式通过运算得出结果，运算结果的类型由操作数的数据和运算符共同决定。

（2）表达式的书写规则

1）只能使用圆括号且必须成对出现，可以使用多个圆括号，且必须配对。

2）乘号不能省略。X 乘以 Y 应写成 X * Y，不能写成 XY。

3）表达式从左至右书写，无大小写区分。

（3）运算优先级

如果一个表达式中含有多种不同类型的运算符，运算进行的先后顺序由运算符的优先级决定。不同类型运算符的优先级为：

算术运算符 > 字符串运算符 > 关系运算符 > 逻辑运算符

圆括号的优先级最高，在具体应用中，对于多种运算符并存的表达式，可以通过使用圆括号来改变运算优先级，使表达式更清晰易懂。

8.4.4 VBA 常用语句

VBA 中的语句是能够完成某项操作的一条完整命令，程序由大量的命令语句构成。命令语句可以包含关键字、函数、运算符、变量、常量以及表达式。

1. 语句的书写规则

在程序的编辑中，任何高级语言都有自己的语法规则和语言书写规则。不符合这些规则时，就会产生错误。

1）在 VBA 代码语句中，不区分字母的大小写，但要求标点符号和括号等要用西文格式。

2）通常将一条语句写在一行，若语句过长，可以采用断行的方式，用续行符（一个空格后面跟一个下画线）将长语句分成多行。

3）VBA 允许在同一行上书写多条语句，语句间用冒号“:”分隔，一行允许多达 255 个字符。例如：

Text1.Value = "Hello":Text1.Backcolor = 255

4）一行命令输完后按 Enter 键结束，VBA 会自动进行语法检查。如果语句存在错误，该行代码将以红色显示（或伴有错误信息提示）。

2. 注释语句

为了增加程序的可读性，在程序中可以添加适当的注释。VBA 在执行程序时，并不执行注释文字。注释可以和语句在同一行，写在语句的后面，也可占据一整行。

（1）使用 Rem 语句

使用格式为：

Rem 注释内容

Rem 语句多用于注释其后的一段程序。注意：若 Rem 语句放在语句后面进行注释，要在 Rem 的前面用冒号。

（2）使用西文单引号“'”

使用格式为：

'注释内容

单引号引导的注释多用于一条语句。

例如，Rem 定义两个 Variant 型变量：

```
Dim Str1,Str2
Str1 ="学生基本信息报表"          '该变量用于学生基本信息报表表头
Str2 ="制表单位:××大学"          Rem 该变量用于学生基本信息报表页脚
```

在程序中使用注释语句，系统默认将其显示为绿色，在 VBA 运行代码时，将自动忽略注释。

3. 赋值语句

赋值语句通常用于指定一个值或者表达式给常量或变量。

（1）语句格式

[Let] 变量名 = 表达式

（2）语句作用

将右边表达式的值赋给左边的变量。

（3）参数说明

1）Let 为可选项，在使用赋值语句时一般省略。

2）赋值号左右两边的类型要求相同。

3）赋值号“=”不等同于等号。

4）如果变量未被赋值而直接引用，则数值型变量值为 0，字符型变量的值为空串“”，逻辑型变量的值为 False。

（4）使用说明

1）当数值表达式与变量精度不同时，系统强制转换成变量的精度。

例如：

```
Dim IntN as Integer
Int N =10.6              'Int N 为整型变量,10.6 经四舍五入转换后赋值,IntN 值为 11
```

2）当表达式是数字字符串，变量为数值型时，系统自动将表达式转换成数值类型再赋值。若表达式含有非数字字符或空串，则赋值出错。

例如：

```
Int N% ="123"                'Int N 值为 123
Int N% ="1a23"               '出错,类型不匹配
```

3）不能在赋值语句中同时给多个变量赋值。

例如：

```
x% =y% =z% =10          '语法没有错误,但结果不正确
```

4）实现累加作用的赋值语句。

例如：

n = n + 1　　　　　'变量 n 的值加 1 后赋给 n

4. 用户交互函数 InputBox

（1）函数格式

InputBox [$]（提示 [，标题] [，默认] [，x 坐标位置] [，y 坐标位置]）

（2）函数作用

该函数用于 VBA 与用户之间的人机交互。InputBox 函数的作用是打开一个对话框，显示相应的提示信息并等待用户输入内容，当用户在文本框中输入内容并单击“确定”按钮或按 Enter 键时，函数返回输入的内容。

（3）参数说明

1）$：如果有此项，返回的数据类型是字符串型；省略此项，返回的数据类型是变体型。

2）提示：必选参数，是字符串表达式，在对话框中作为提示信息显示。

3）标题：可选参数，字符串表达式，在对话框中作为标题提示信息。若省略，则把应用程序名显示在标题栏。

4）默认：可选参数，字符串表达式，当在对话框中无输入时，该默认值作为默认的输入内容。

5）x 坐标位置、y 坐标位置：可选参数，整型数值表达式，确定对话框在屏幕上的位置。

例如，使用下面的调用语句可打开图 8-7 所示的输入对话框。

strx = InputBox("请输入内容:","输入对话框","ABC",5000,4000,"使用说明",1)

图 8-7　输入对话框

5. MsgBox 函数和 MsgBox 语句

（1）MsgBox 函数和 MsgBox 语句格式

MsgBox 函数格式为：

变量名 [%] = MsgBox（提示 [，按钮] [，标题]）

MsgBox 语句格式为：

MsgBox 提示 [，按钮] [，标题]

（2）MsgBox 的作用

MsgBox 的作用是打开一个信息框，等待用户单击按钮，并返回一个整数值来确定用户单击了哪一个按钮，从而采取相应的操作。若不需要返回值，可直接作为命令语句使用，显示提示信息。

（3）参数说明

1）提示、标题：与 InputBox 函数的意义相同。

2）按钮：可选参数，整型表达式，指定在信息框中显示按钮的数目及形式、图标样式、默认按钮以及消息框的强制回应等。如果省略，默认值为 0。按钮的多个设定值可以使用加号“+”连接。

对于按钮的数目设置，可以使用内部常数或数字（1～5），设定值与按钮的数目对应关系见表 8-8。

表 8-8　按钮的设定值按钮的数目对应关系

按钮数目设定值		信息框按钮显示结果		
使用内部常数	使用数字（1～5）	数　目	按 钮 名 称	返　回　值
vbOKOnly	0	1	“确定”	1
VbOKCancel	1	2	“确定”“取消”	1、2
VbAbortRetryIgnore	2	3	“终止”“重试”“忽略”	3、4、5
VbYesNoCancel	3	3	“是”“否”“取消”	6、7、2
VbYesNo	4	2	“是”“否”	6、7
VbRetryCancel	5	2	“重试”“取消”	4、2

图标样式设定值与样式对应关系见表 8-9。

表 8-9　图标样式设定值与样式对应关系

使用内部函数	使 用 数 字	图 标 样 式	使用内部函数	使 用 数 字	图 标 样 式
VbCirtical	16	红色 × 标志	VbExclamation	48	警告信息图标！
VbQuestion	32	询问信息图标？	VbInformation	64	信息图标 i

默认按钮设定值与应用结果见表 8-10。

表 8-10　默认按钮设定值及应用结果

使用内部常数	使 用 数 字	图 标 式 样
vbDefaultButton1	0	第一个按钮是默认值
vbDefaultButton2	256	第二个按钮是默认值
vbDefaultButton3	512	第三个按钮是默认值

例如，使用如下语句调用 MsgBox 函数：

```
int x = MsgBox ("提示信息",1 + vbQuestion + vbDefault-
Button1,"标题信息")
```

运行结果如图 8-8 所示。

图 8-8　运行结果

8.5　VBA 程序流程控制

VBA 是采用事件驱动机制的，即 VBA 程序的执行完全依靠事件控制，当对象的某个事件发生时，系统自动执行与该事件相关的事件过程，完成特定的功能，这是从宏观的角度认识 VBA 的特点。具体到事件过程而言，它是由若干行代码构成的，因此对于具体过程本身，仍然要采用结构化的方法，即用程序的控制结构去控制程序执行的流程，这是从微观的角度认识 VBA。

VBA 程序设计按语句执行的先后顺序可以分为 3 种基本的控制结构：顺序结构、分支结构（即选择结构）和循环结构。

8.5.1 顺序结构

如果没有使用任何控制执行流程的语句，程序执行时的基本流程是从左到右、自顶向下地顺序执行各条语句，直到整个程序的结束，这种执行流程称为顺序结构。顺序结构是最常用、最简单的结构，是进行复杂程序设计的基础，其特点是各语句按各自出现的先后顺序依次执行。

例 8-2 在“教学管理”数据库中创建一个模块，在其中创建一个 welcome 过程，根据输入的人名弹出消息框来表示欢迎。

1）打开“教学管理”数据库，单击“创建”选项卡的“宏与代码”选项组中的“模块”按钮，打开 VBE 窗口。

2）在模块 1 的代码窗口中输入图 8-9 所示的代码。

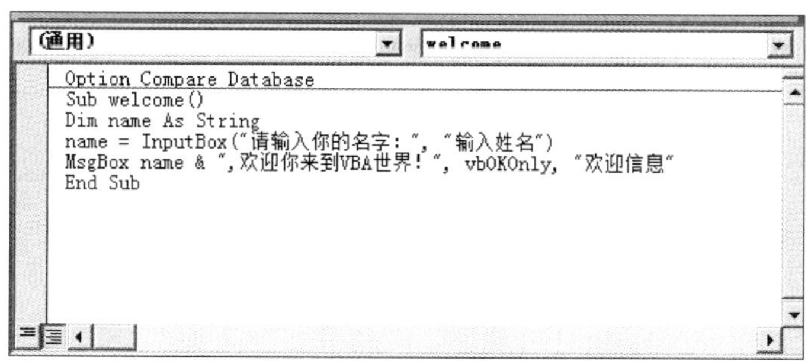

图 8-9 welcome 过程代码

3）单击“运行”按钮，或者按 F5 键，查看运行效果。

8.5.2 分支结构（选择结构）

在解决一些实际问题时，往往需要按照给定的条件进行分析和判断，然后根据判断结果的不同情况执行程序中不同部分的代码，这就是分支结构（也叫选择结构）。分支结构在执行时的特点是：根据所给定的选择条件为真或为假，决定从各实际可能的不同分支中执行某一分支的相应操作。纵然分支众多，也仅选其一。

VBA 中的分支结构包括以下 3 种语句形式，它们的执行逻辑和功能略有不同。

1. 单分支结构

（1）语句格式

```
If 条件表达式 Then
    语句块
End If
```

或：`If 条件表达式 Then 语句块`

（2）功能

条件表达式一般为关系表达式或逻辑表达式。当条件表达式为真时，执行 Then 后面的语句块或语句，否则不做任何操作。

（3）说明

1）语句块可以是一条或多条语句。

2）在使用第一种格式时，If 和 End If 必须配对使用。

3）在使用第二种单行简单格式时，Then 后可以是一条语句，或者是用冒号分隔的多条语句，但必须与 If 语句在一行上。需要注意的是，使用此格式的 If 语句时，不能以 End If 作为语句的结束标记。

例 8-3　比较两个数值变量 x 和 y 的值，用 x 保存大的值，用 y 保存小的值。

程序语句如下：

```
If x < y Then
  t = x                    't 为中间变量,用于实现 x 与 y 值的交换
  x = y
  y = t
End If
```

或

```
If x < y Then t = x:x = y:y = t
```

2. 双分支结构

（1）语句格式

```
If 条件表达式 Then
  语句块 1
Else
  语句块 2
End If
```

或　If 条件表达式 Then　语句 1　Else 语句 2

（2）功能

当条件表达式的结果为真时，执行 Then 后面的语句块 1 或语句 1，否则执行 Else 后面的语句块 2 或语句 2。

例 8-4　编写一个模块，根据输入的成绩给出“及格”与“不及格”的提示。

1）进入 VBE 窗口，在代码窗口输入图 8-10 所示语句。

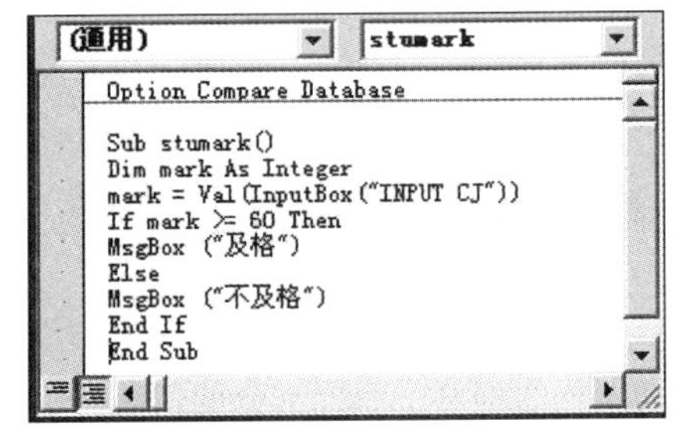

图 8-10　程序编辑状态

提示：使用 Sub…End Sub 将该程序定义为一个过程，过程名为“stumark”。

2）单击“运行”按钮，则可在屏幕上看到提示信息，如图 8-11 所示，输入“50”，按 Enter 键后，输出显示如图 8-12 所示。本例也可用单分支结构语句实现，读者可自己给出程序语句。

图 8-11　提示输入显示

图 8-12　输出显示

介绍到这里，不能不提到一个重要的函数——IIf 函数。利用 IIf 函数，可以简化 If 语句的书写。IIf 函数的格式如下：

```
IIf(条件式,表达式1,表达式2)
```

功能：该函数先判断条件式的值，如果条件式为真，返回表达式 1 的值，否则返回表达式 2 的值。

例如，使用 IIf 函数计算“学生成绩表”中的“成绩（cj）”字段，大于或等于 60 时返回“及格”，否则返回“不及格”。在显示学生成绩信息的窗体上添加一个计算控件，用于显示 IIf 函数的返回值。

可将计算控件（text1）的 ControlSource 属性设置为如下表达式：

```
=IIf([cj]>=60,"及格","不及格")
```

或在事件过程中使用赋值语句：

```
text1=IIf([cj]>=60,"及格","不及格")
```

双分支结构语句只能根据条件式的真或假来处理两个分支中的一个。当有多种条件时，要使用多分支结构语句。

3. 多分支结构

（1）If 语句

语句格式：

```
If 条件表达式1 Then
    语句块1
  ElseIf 条件表达式2 Then
    语句块2
    …
  [Else
    语句块n+1]
End If
```

功能：依次判断条件，如果找到一个满足的条件，则执行其下面的语句块，然后跳过 End If，执行后面的程序。如果所列出的条件都不满足，则执行 E1se 语句后面的语句块；如果所列出的条件都不满足，又没有 Else 子句，则直接跳过 End If，不执行任何语句块。

说明：

1）ElseIf 中不能有空格。

2）不管条件分支有几个，程序执行了一个分支后，其余分支不再执行。

3）当有多个条件表达式同时为真时，只执行第一个与之匹配的语句块。因此，应注意多分支结构中条件表达式的次序及相交性。

例 8-5　输入一个学生的一门课程的分数 x（百分制），显示该生对应的评定结果。要求：当 $x \geq 90$ 时，输出“优秀”；当 $80 \leq x < 90$ 时，输出“良好”；当 $70 \leq x < 80$ 时，输出“中等”；当 $60 \leq x < 70$ 时，输出“及格”；当 $x < 60$ 时，输出“不及格”。

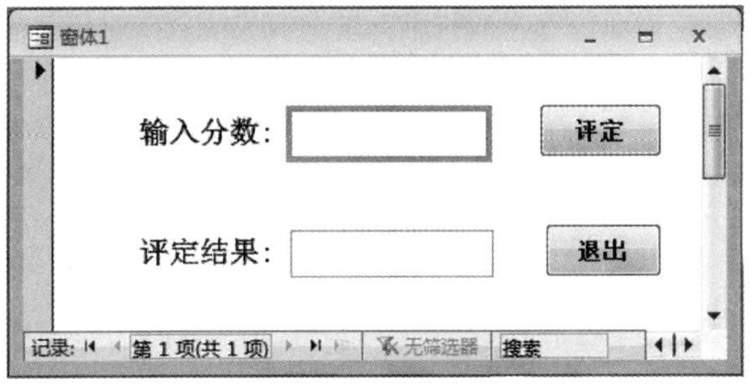

图 8-13　窗体设计界面

窗体设计界面如图 8-13 所示。

程序代码如下：

```
Private Sub cmd1_Click()
```

```
    Dim score As Integer
    Score = txt1.Value
    If score > =90 Then
      txt2.Value = "优秀"
    ElseIf score > =80 Then
      txt2.Value = "良好"
    ElseIf score > =70 Then
      txt2.Value = "中等"
    ElseIf score > =60 Then
      txt2.Value = "及格"
    Else
      txt2.Value = "不及格"
  End If
  End Sub
```

(2) Select Case 语句

当条件选项较多时，可使用 If 语句的嵌套来实现，但程序的结构会变得很复杂，不利于程序的阅读与调试。此时，用 Select Case 语句会使程序的结构更清晰。

语句格式：

```
Select Case 变量或表达式
  Case 表达式 1
    语句块 1
  Case 表达式 2
    语句块 2
  …
  Case 表达式n
    语句块n
  [Case Else
    语句块n+1]
End Select
```

功能：根据变量或表达式的值，选择第一个符合条件的语句块执行，即先求变量或表达式的值，然后顺序测试该值符合哪一个 Case 子句中的情况。如果找到了，则执行该 Case 子句下面的语句块，然后执行 End Select 下面的语句；如果没找到，则执行 Case Else 下面的语句块，然后执行 End Select 下面的语句。

说明：

1）“变量或表达式”可以是数值型或字符串表达式。

2）Case 表达式与“变量或表达式”的类型必须相同。可以是下列几种形式：

- 单一数值或一行并列的数值，之间用逗号隔开。例如 Case 1，5，9。
- 用关键字 To 指定值的范围，其中前一个值必须比后一个值小。字符串的比较是从它们的第一个字符的 ASCII 码值开始的，直到分出大小为止。例如 Case “A” To “Z”。
- 用 Is 关系运算符表达式。Is 后紧接关系操作符（< >、<、< =、=、> =、>）和一个变量或值。例如 Case Is >20。

例 8-6 把例 8-5 中的程序代码用 Select Case 情况语句改写。

程序代码如下：

```
Private Sub cmd1_Click()
  Dim score As Integer
  score = txt1.Value
  Select Case score
    Case Is > =90
      txt2.Value = "优秀"
    Case Is > =80
      txt2.Value = "良好"
    Case Is > =70
  txt2.Value = "中"
    Case Is > =60
      txt2.Value = "及格"
    Case Else
      txt2.Value = "不及格"
  End Select
End Sub
```

多分支结构语句也有相对应的 Switch 函数，该函数的格式如下：

Switch（条件式 1，表达式 1 [，条件式 2，表达式 2] … [，条件式 n，表达式 n]）

功能：函数分别根据条件式 1、条件式 2 直至条件式 n 的值来决定返回值。条件式是由左至右进行判断的，函数将返回第一个条件式为真的对应表达式的值。

若函数中的条件式与表达式不配对，则发生运行错误；若有多个条件式为真，函数返回为真的第一个条件式后的表达式的值。

例如，在数学函数计算中，根据变量 x 的值来计算 y 的值。

```
y = Switch(x <0,abs(x)* abs(x),x =0,4,x >0,sqr(x))
```

8.5.3 循环结构

在解决一些实际问题时，往往需要重复某些相同的操作，即对某一语句或语句序列执行多次。要想方便地解决这类问题，最好的办法就是采用循环结构。VBA 提供了多种循环结构语句。

1. For 循环语句

For 循环语句常用于循环次数已知的循环操作。For 循环语句通过循环变量来控制循环的执行，每执行一次，循环变量会自动增加（减少）。

（1）语句格式

```
For 循环变量 = 初值 To 终值[Step 步长]
    语句块 1
    [Exit For]
    语句块 2
Next[循环变量]
```

（2）执行过程

1）将初值赋给循环变量。

2）判断循环变量的值是否超过终值。

3）如果循环变量的值超过终值，则跳出循环，否则继续执行循环体（For 与 Next 之间的语句块）。

这里所说的“超过”有两种含义，即大于或小于。当步长为正值时，循环变量的值大于终值为“超过”；当步长为负值时，循环变量的值小于终值为“超过”。

4）在执行完循环体后，将循环变量的值加上步长赋给循环变量，再返回第 2）步继续执行。

循环体执行的次数可以由初值、终值和步长确定，计算公式为：

$$循环次数 = Int((终值 - 初值)/步长) + 1$$

（3）说明

1）循环变量必须为数值型。

2）初值、终值都是数值型，可以是数值表达式。

3）Step 步长为可选参数。如果省略，则步长值默认为 1。注意：步长值可以是任意的正数或负数。为正数时，初值应小于或等于终值；若为负数，初值应大于或等于终值。步长值不能为 0。

4）在 For 和 Next 之间的所有语句称为循环体。

5）循环体中如果含有 Exit For 语句，则循环体语句执行到此跳出循环。Exit For 语句后的所有语句不执行。

例 8-7　求 1 ~ 100 之间自然数的和。

```
Dim i,sum As Integer
sum = 0
For i = 1 To 100
  sum = sum + i
Next i
Debug.Print"Sum is" + Str(sum)
```

本例程序结束后 i 的值为 101。

提示：Debug 对象在运行时将输出发送到立即窗口，其 Print 方法在立即窗口中显示文本。

例 8-8　本例的循环体中含有 Exit For 语句。

```
For i = 1 To 100 Step 2
'将 i 变量赋值为 1,并判断初值及终值
  a = a + 10
'执行 a = a + 10 语句
  If i > 40 Then
'当 i 变量大于 40 时,执行下面的语句
  Exit For
'跳出 For…Next 语句
  End If
'结束 If 语句
Next
'结束 For…Next 语句
Debug.Print"i is" + Str(i)
```

本例程序结束后 i 的值为 41。

例 8-9 求算式 1 + 1/2! + 1/3! + 1/4! + …前 10 项的和。

```
Dim i As Integer,s As Single,a As Single
a =1:s =0
For i =1 To 10
  a = a/i
  s = s + a
Next i
Debug. Print"1 +1/2! +1/3! + … = ";s
```

例 8-10 接收从键盘输入的 10 个大于 0 的不同整数，找出其中的最大值和对应的输入位置。

```
max = 0
maxn = 0
For i =1 To 10
  num = Val(InputBox("请输入第"&i&"个大于 0 的整数:"))
  If max < num Then
    max = num
    maxn = i
  End If
Next i
MsgBox("最大值为第"&maxn&"个输入的"&max)
```

例 8-11 某次大奖赛有 7 个评委同时为一位选手打分，要求去掉一个最高分和一个最低分，其余 5 个分数的平均值为该名参赛者的最后得分。

```
Dim mark!,aver!,i% ,max1!,min1!
aver = 0
For i =1 To 7
  mark = InputBox("请输入第"&i&"位评委的打分")
  If i =1 Then
    max1 = mark:min1 = mark
  Else
    If mark < min1 Then
      min1 = mark
    ElseIf mark > max1 Then
      max1 = mark
    End If
  End If
  aver = aver + mark
Next i
aver = (aver-max1-min1)/5
MsgBox aver
```

2. While 循环语句

For 循环适合于解决循环次数事先能够确定的问题。对于只知道控制条件，但不能预先确定执行多少次循环体的情况，可以使用 While 循环。

（1）语句格式

```
While 条件表达式
  语句块
Wend
```

（2）执行过程

1）判断条件表达式是否成立，如果条件表达式成立，就执行语句块，否则转到第 3）步执行。

2）执行 Wend 语句，转到第 1）步执行。

3）执行 Wend 语句下面的语句。

（3）说明

1）While 循环语句本身不能修改循环条件，所以必须在 While…Wend 语句的循环体内设置相应语句，使得整个循环趋于结束，以避免死循环。

2）While 循环语句先对条件进行判断，然后才决定是否执行循环体。如果开始条件就不成立，则循环体一次也不执行。

3）凡是用 For…Next 循环编写的程序，都可以用 While…Wend 语句实现；反之则不然。

例 8-12　用 While 循环编写例 8-7 的程序。

```
Dim i,sum As Integer
sum = 0
i = 1
While i < =100
  sum = sum + i
i = i +1
Wend
Debug. Print"Sum is" + Str(sum)
```

3. Do 循环语句

Do 循环具有很强的灵活性。Do 循环语句格式有以下几种。

（1）语句格式

格式 1：

```
Do While 条件表达式
    语句块 1
[Exit Do]
    语句块 2
Loop
```

功能：若条件表达式的结果为真，则执行 Do 和 Loop 之间的循环体，直到条件表达式结果为假。若遇到 Exit Do 语句，则结束循环。

例 8-13　创建一个窗体“求 n 的阶乘 n!”，窗体视图界面如图 8-14 所示，要求在文本框中输入一个整数后，单击“开始计算”按钮，会弹出一个消息框，显示该数的阶乘。

图 8-14　n 的阶乘计算窗体

1）n 的阶乘计算窗体控件属性见表 8-11。

表 8-11　n 的阶乘计算窗体控件属性

控件名称	标　　题	说　　明
Lable1	求 n 的阶乘 n!	标签
Lable2	请输入 n：	标签
Text1		文本框，用于输入要求的数
Command1	开始计算	普通按钮，不要采用向导

2）在“开始计算”按钮的“单击”事件中输入以下代码：

```
Private Sub Command1_Click()
Dim result As Long,i As Integer
result=1
i=1
Do While i<=text1.value
  result=result* i
  i=i+1
Loop
MsgBox"n! ="+CSr(result)
End Sub
```

例 8-14　用 Do While…Loop 循环编写例 8-7 的程序。

```
Dim i,sum As Integer
sum=0
i=1
Do while i<100
sum=sum+i
i=i+1
Loop
Debug.Print"Sum is"+Str(sum)
```

格式 2：

```
Do Until 条件表达式
    语句块 1
[Exit Do]
    语句块 2
Loop
```

功能：若条件表达式的结果为假，则执行 Do 和 Loop 之间的循环体，直到条件表达式的结果为真。若遇到 Exit Do 语句，则结束循环。

例 8-15　用 Do Until…Loop 循环编写例 8-7 的程序。

```
Dim i,sum As Integer
sum=0
i=1
Do Until i>100
```

```
sum = sum + i
i = i + 1
Loop
Debug.Print"Sum is" + Str(sum)
```

格式 3：

```
Do
    语句块 1
[Exit Do]
    语句块 2
Loop While 条件表达式
```

功能：首先执行一次 Do 和 Loop 之间的循环体，执行到 Loop 时判断条件表达式的结果，如果为真，继续执行循环体，直到条件表达式的结果为假。

例 8-16　用 Do…Loop While 循环编写例 8-7 的程序。

```
Dim i,sum As Integer
sum = 0
i = 1
Do
sum = sum + i
i = i + 1
Loop While i < = 100
Debug.Print"Sum is" + Str(sum)
```

格式 4：

```
Do
    语句块 1
[Exit Do]
    语句块 2
Loop Until 条件表达式
```

功能：首先执行一次 Do 和 Loop 之间的循环体，执行到 Loop 时判断条件表达式的结果，如果为假，继续执行循环体，直到条件表达式的结果为真。若遇到 Exit Do 语句，则结束循环。

例 8-17　用 Do…Loop Until 循环编写例 8-7 的程序。

```
Dim i,sum As Integer
sum = 0
i = 1
Do
sum = sum + i
i = i + 1
Loop Until i > 100
Debug.Print"Sum is" + Str(sum)
```

（2）说明

1）格式 1 和格式 2 的循环语句先判断后执行，循环体有可能一次也不执行。格式 3 和格式 4 的循环语句为先执行后判断，循环体至少执行一次。

2）关键字 While 用于指明当条件为真（True）时执行循环体中的语句，而 Until 正好相反，条件为真（True）前执行循环体中的语句。

3）在 Do…Loop 循环体中，可以在任何位置放置任意个数的 Exit Do 语句，随时跳出 Do…Loop 循环。

4）如果 Exit Do 在嵌套的 Do…Loop 语句中使用，则 Exit Do 会将控制权转移到 Exit Do 所在位置的外层循环。

8.5.4 GoTo 控制语句

1. 语句格式

GoTo 标号

标号是一个字符序列，首字符必须是字母，大小写无关。

2. 语句作用

该语句可无条件地转移到标号指定的那行语句。GoTo 语句的过多使用，会导致程序运行跳转频繁，程序结构不清晰，调试和可读性差，因此建议不用或少用 GoTo 语句。

在 VBA 中，GoTo 语句主要用于错误处理语句：

On Error GoTo 标号

例 8-18 阅读下面程序段，分析程序的运行结果。

```
s =0
For i =1 To 1000
  s =s +i
  If s >5000 Then GoTo mline
Next
mline:Debug. Print s
```

该程序中，For 和 Next 之间的语句块完成的是 1 +2 +3 +4 + … +1000，每次累加时都要判断累加的结果 s 是否大于 5000。如果大于 5000，则跳出循环，转至 mline 行，否则继续循环。该程序的运行结果在立即窗口显示为 5050。

8.6 常用对象的属性、方法和事件

VBA 是面向对象设计的，依照用户对所选取对象的不同操作触发不同的事件。因此，在设计 VBA 代码时，用户必须了解窗体、控件等对象的属性和事件。

8.6.1 窗体的属性、方法和事件

1. 窗体常用属性

窗体常用的格式属性见表 8-12。

格式属性主要针对控件的外观或窗体的显示格式而设置。

表 8-12 窗体常用的格式属性

窗体常用格式属性	说　明
Caption	设置窗体的标题文字
ScrollBars	设置是否显示滚动条

（续）

窗体常用格式属性	说　　明
RecordSelector	设置是否显示记录选定器
NavigationButton	设置是否显示导航按钮
AutoCenter	设置窗体打开时是否自动放置在屏幕中央
ControlBox	设置是否在窗体中显示控制框
CloseButton	设置是否在窗体中显示“关闭”按钮
MinMaxButton	设置是否在窗体中显示“最大化”和“最小化”按钮
Picture	设置窗体的背景图片
BorderStyle	决定窗体的边框样式

数据属性决定了控件或窗体中的数据来自何处，以及操作数据的规则，见表8-13。

表8-13　窗体常用的数据属性

窗体常用数据属性	说　　明
RecordSource	设置窗体的数据来源
OrderBy	设置窗体中记录的排序方式
AllowFilters	设置窗体中的记录是否可以筛选
AllowEdits	设置窗体中的记录是否可以编辑
AllowDeletions	设置窗体中的记录是否可以删除
AllowAdditions	设置窗体中的记录是否可以新增
DataEntry	设置数据的输入，不决定是否可以添加记录，只决定是否显示已有的记录

其他属性表示了窗体或控件的附加特征，包括独占方式、弹出方式等。

2. 窗体常用方法

窗体最常用的方法是 Refresh，使用该方法可刷新窗体。其使用格式为：

对象 . Refresh

该方法不能用于 MDI Form 窗体，但可用于 MDI 子窗体。

3. 窗体常用事件

窗体的事件可以分为8种类型，分别是鼠标事件、窗口事件、焦点事件、键盘事件、数据事件、打印事件、筛选事件、错误与时间事件，部分事件介绍见表8-14～表8-18。

表8-14　窗体的鼠标事件

窗体鼠标事件	说　　明
Click	在窗体上，单击鼠标左键一次所触发的事件
DbClick	在窗体上，双击鼠标左键所触发的事件
MouseDown	在窗体上，按下鼠标按键所触发的事件
MouseUp	在窗体上，放开鼠标按键所触发的事件
MouseMove	在窗体上，移动鼠标所触发的事件

表 8-15 窗体的窗口事件

窗体窗口事件	说　　明
Open	打开窗体，但数据尚未加载所触发的事件
Load	打开窗体，且数据已加载所触发的事件
Close	关闭窗体所触发的事件
Unload	关闭窗体，且数据被卸载所触发的事件
Resize	窗体大小发生改变所触发的事件
Activate	窗体成为活动中的窗口所触发的事件
Timer	窗体所设置的计时器间隔达到时所触发的事件

注：1. 窗体和窗口是同一个对象，窗体是设计状态下的对象，窗口是运行中的对象。
2. 窗体最常用的事件 Open 和 Load 的执行次序是先 Open 后 Load。

表 8-16 窗体的焦点事件

窗体焦点事件	说　　明
Deactivate	焦点移到其他的窗口所触发的事件
GotFocus	控件获得焦点所触发的事件
LostFocus	控件失去焦点所触发的事件
Current	当焦点移到某一记录，使其成为当前记录，或者当对窗体进行刷新或重新查询时所触发的事件

表 8-17 窗体的键盘事件

窗体键盘事件	说　　明
KeyDown	对象获得焦点时，用户按下键盘上任意一个键时所触发的事件
KeyPress	对象获得焦点时，用户按下并且释放一个会产生 ASCII 码的键时所触发的事件
KeyUp	对象获得焦点时，放开键盘上的任何键所触发的事件

表 8-18 窗体的数据事件

窗体数据事件	说　　明
BeforeUpdate	当记录或控件被更新时所触发的事件
AfterUpdate	当记录或控件被更新后所触发的事件

8.6.2 命令按钮的属性和事件

1. 命令按钮常用属性

命令按钮常用属性见表 8-19。

表 8-19 命令按钮常用属性

常 用 属 性	说　　明
Caption	设置控件中要显示的文字
Cancel	指出命令按钮是否是窗体的“取消”按钮（即响应 Esc 键的按钮）
Default	决定窗体的默认命令按钮（即响应 Enter 按键的按钮）
Picture	用于设置控件中要显示的图形

在一个窗体中，最多只能有一个命令按钮的 Cancel 属性值可以被设置为 True，也最多只能有一个命令按钮的 Default 属性值被设置为 True。

2. 命令按钮常用方法

命令按钮最常用的方法是 Move 方法。用该方法可移动命令按钮的位置，当然在一定程度上也可实现动画效果。其使用格式为：

对象 . Move（Left，Top [，Width] [，High]）

参数 Left、Top 是必需的，表示命令按钮的左边坐标和顶坐标。参数 Width、High 是可选的，表示命令按钮的宽度和高度。

3. 命令按钮常用事件

命令按钮常用事件见表 8-20。

表 8-20　命令按钮常用事件

常 用 事 件	说　　明
Click	单击命令按钮时所触发的事件
MouseDown	鼠标在命令按钮上按下时所触发的事件
MouseUp	鼠标在命令按钮上释放时所触发的事件
MouseMove	鼠标在命令按钮上移动时所触发的事件

8.6.3　文本框的属性、方法和事件

1. 文本框常用属性

文本框常用属性见表 8-21。

表 8-21　文本框常用属性

常 用 属 性	说　　明
BackColor 和 ForeColor	设置文本框的背景色和前景色
BorderStyle	设置文本框的边框样式
Enabled	用于决定文本框是否可用
Locked	决定文本框是否可编辑
Visible	确定文本框是否可见
Name	用于标识文本框的名称
Value	设置文本框中显示的内容
Text	设置文本框中显示的内容（文本框必须获得焦点）
InputMask	设置为“密码”，任何输入的字符将以原字符保存，但显示为星号（ * ）

2. 文本框常用方法

文本框最常用的方法是 SetFocus。使用该方法可把光标移到指定的文本框中，使之获得焦点。当使用多个文本框时，用该方法可把光标移到所需要的文本框中。其使用格式为：

对象 . SetFocus

3. 文本框常用事件

文本框常用事件见表 8-22。

表 8-22 文本框常用事件

常用事件	说明
Change	当用户输入新内容，或程序对文本框的显示内容重新赋值时所触发的事件
LostFocus	当用户按下 Tab 键时光标离开文本框，或用鼠标选择其他对象时触发该事件

8.6.4 综合编程举例

例 8-19 在教学管理系统中设计一个用户登录窗体，窗体界面如图 8-15 所示。要求：用户名可在其下拉列表中进行选择，输入口令后，单击“确定”按钮进行验证。若正确，则进入系统主界面；若不正确，给出错误提示，允许重新输入，但最多只能输入 3 次口令。单击“取消”按钮，退出程序。

图 8-15 用户登录窗体

1）设置组合框和命令按钮的属性。

窗体上的一个组合框和一个文本框的名称分别是“ComboUser”和“Password”，两个命令按钮的名称分别是“CommandOK”和“CommandCancel”，标题分别设置为“确定”和“取消”。“Password”文本框的“输入掩码（InputMask）”设置为“密码”。

2）“CommandCancel”命令按钮的 Click 事件代码。

```
Private Sub CommandCancel_Click()
Quit            '退出应用程序
End Sub
```

3）“CommandOK”命令按钮的 Click 事件代码。

```
Private Sub CommandOK_Click()
    Dim strPass As String
    If IsNull(Password) Then
      strPass = ""
    Else
      strPass = Password
    End If
    If(Trim(strPass) = Trim(ComboUser.Column(2))) Then
      DoCmd.Close
      DoCmd.OpenForm("主窗体")
    Else
      iCount = iCount + 1
      MsgBox"对不起,口令错误,请重试(提示:系统默认口令为空)",vbOKOnly + vbCritical,"口令错误"
      If(iCount > =3) Then
      MsgBox"对不起,登录次数超过 3 次",vbOKOnly + vbCritical,"错误提示"
      Quit
```

```
    End If
  End If
End Sub
```

例 8-20　本例程序的功能是在立即窗口中输出 100～200 之间的所有素数，并统计输出素数的个数。

```
Private Sub Command2_Click()
Dim i%,j%,k%,t%              't 为统计素数的个数
Dim b As Boolean
For i=100 To 200
  b=True
  k=2
  j=Int(Sqr(i))
  Do While k<=j And b
    If I Mod k=0 Then
      b=false
    End If
  k=k+1
  Loop
  If b=True Then
    t=t+1
    Debug.Print i
  End If
Next i
Debug.Print "t=";t
End Sub
```

例 8-21　设计一个程序运行进度条。很多程序运行时，通过一个蓝色的进度条来显示程序的进展情况，Access 也可以实现这一要求。

1）新建一个窗体，在窗体上创建一个“标签”控件，在“标签”中随意输入一个或几个字母（例如输入 aaa），该控件名称为“Lab 长”，背景样式设为“常规”。

2）在窗体上再创建一个“标签”控件，在“标签”中随意输入一个或几个字母（例如输入 aaa），该控件名称为“Lab 短”，控件的高度同“Lab 长”的高度（即 Height 属性），宽度为 0.2cm（即 Width 属性），背景样式设为“常规”，背景色设为“蓝色”。“程序运行进度条”窗体界面如图 8-16 所示。

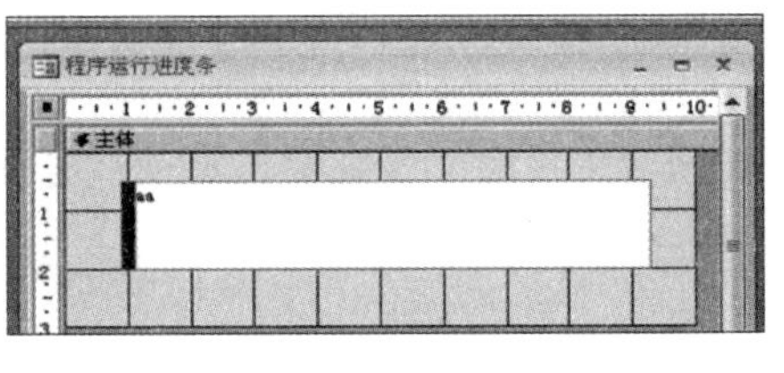

图 8-16　“程序运行进度条”窗体界面

3）编写窗体的加载事件（Load）和计时器触发事件（Timer）代码。

加载事件 Load 的代码如下：

```
Private Sub Form_Load()
  Me.TimerInterval=10              '间隔时间为 10ms
  Me.Caption="程序运行进度条"
```

```
    Lab长.Caption=""
    Lab短.Caption=""
    Lab短.Width=0
End Sub
```

计时触发事件 Timer 的代码如下：

```
Private Sub Form_Timer()
  Lab短.Width=Lab短.Width+10              '将 Lab 短控件的宽度加长
  If Lab短.Width>=Lab长.Width Then
    fhz=MsgBox("加载成功","0","完毕")
    Me.TimerInterval=0
    If fhz=1 Then DoCmd.Close
  End If
End Sub
```

4）保存程序并运行。

例 8-22 设计一个简易计算器，如图 8-17 所示，可以计算加、减、乘、除。

1）新建一个窗体，在此窗口中右击“主体”节，选择“填充/背景颜色”为“白色”。

2）在窗体上创建一个“图像”控件，并插入自己喜欢的图片。

3）在窗体上再创建一个“标签”控件，在“标签”中输入文字“简易计算器”；在其下创建两个文本框，名称分别为“Text1”“Text2”；创建一个“选项组”，命名为“Frame1”，将其设置成 4 个单选按钮，分别为“+”“-”“*”“/”，其格式如图 8-17 所示；创建一个“切换按钮”，其名称为“Toggle1”，并将其文字改为“=”；最后在 Toggle1 右边创建一个“标签”，名称为“Label2”，并在其中输入“0”。

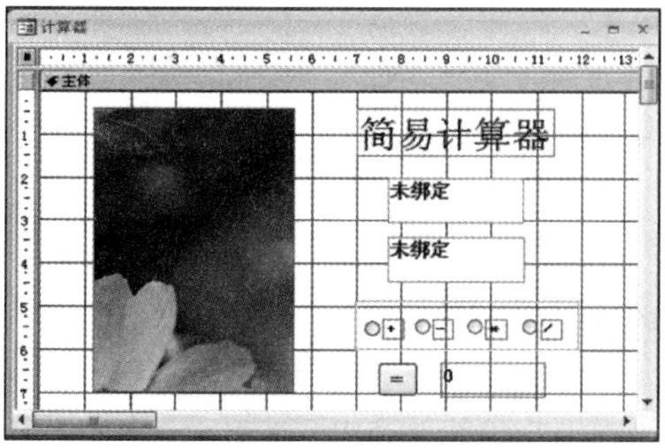

图 8-17 “计算器”窗体界面

4）“=”按钮（Toggle1）的单击（Click）事件可实现将两个操作数进行用户指定的运算，然后将结果显示在按钮右边的文本框中。代码如下：

```
Private Sub Toggle1_Click()
Dim a,b As String
'定义 a、b 为字符串类型变量,用于存储用户在文本框中输入的操作数 1 和操作数 2 的值
Select Case Me.Frame1
'使用多条件分支语句判断用户在 Frame1 选项组选择的操作符
  Case 1                        '选择的操作符为"+",执行加法运算
    Text1.SetFocus
    a=Text1.Text
    Text2.SetFocus
    b=Text2.Text
    Label2.Caption=Val(a)+Val(b)
  Case 2                          '选择的操作符为"-",执行减法运算
```

```
        Text1.SetFocus
        a = Text1.Text
        Text2.SetFocus
        b = Text2.Text
        Label2.Caption = Val(a)-Val(b)
      Case 3                            '选择的操作符为"* ",执行乘法运算
        Text1.SetFocus
        a = Text1.Text
        Text2.SetFocus
        b = Text2.Text
        Label2.Caption = Val(a)* Val(b)
      Case 4                            '选择的操作符为"/",执行除法运算
        Text1.SetFocus
        a = Text1.Text
        Text2.SetFocus
        b = Text2.Text
        Label2.Caption = Val(a)/Val(b)
      End Select
    End Sub
```

5）保存程序并运行。

例 8-23　取面值一百元的人民币买水果，要求买苹果、西瓜和梨子 3 种水果，每种水果最少一个，共买 40 个。其中苹果 2 元一个、西瓜 5 元一个、梨 1 元一个，共有多少种买法？每种买法各有多少个？编写 VBA 程序。

```
Dim watermelon As Integer,pear As Integer
Dim apple As Integer
Dim rsCount As Integer
Dim s As String
For watermelon = 1 To 20          '西瓜最多买 20 个
  For apple = 1 To 50             '苹果最多买 50 个
    Pear = 40-apple-watermelon'剩下买梨
    If(watermelon* 5 +2* apple + pear) = 100 And pear > =1 Then
        Count = count + 1
        s = s&"watermelon = "&watermelon&"apple = "&apple&"pear = "&
        pear&Chr(13)
    End If
  Next apple
Next watermelon
MsgBox s
MsgBox "水果买法共有"&Count&"种"
```

8.7 数组和用户自定义类型

VBA 的数据类型，除了整型、字符型等这样的标准数据类型之外，还有数组和自定义类型。

8.7.1 数组

数组是由一组具有相同数据类型的变量（称为数组元素）构成的集合。数组的优点就是用数组名代表逻辑上相关的一批数据，用下标表示数组中的各个元素。数组具有以下特性：

1）每个元素类型相同，占用同样大小的存储空间。

2）数组中的元素在内存中连续存放。

3）通过下标可访问数组中的每个元素。

1. 数组的声明

数组在使用前必须显式声明，可以用 Dim 语句来声明数组。数组的声明方式为：

Dim 数组名([下标下界 to]下标上界)[As 数据类型]

下标下界的默认值为 0，数组元素为数组名（0）至数组名（下标上界）；如果设置下标下界为非 0，要使用 to 选项。

数组有两种类型：固定大小的数组和动态数组。前者总保持数组的大小不变，而后者在程序中可根据需要动态地改变数组的大小。

（1）固定大小的数组

1）一维数组的声明。

Dim 数组名(下标)[As 数据类型]

参数说明如下。

- 下标：必须为常数，不允许是表达式或变量。下标的一般形式为“［下界 to］上界”。下标的上界、下界为整数，不得超过 Integer 数据类型的范围，并且下界应该小于上界。如果不指定下界，下界默认为 0。
- As 数据类型：如果省略，默认为变体数组。如果声明为数值型，数组中的全部数组元素都初始化为 0。如果声明为字符型，数组中的全部元素都初始化为空字符串。如果声明为布尔型，数组中的全部元素都初始化为 False。

例如：`Dim x(3) As Integer`

定义了一个有 4 个数组元素的一维数组，数组名为 x，数组元素从 x（0）~x（3），每个数组元素为一个整型变量，这里只指定数组元素下标上界来定义数组。

例如：`Dim y(-2 to 3) As Integer`

定义了一个有 6 个数组元素的一维数组，数组名为 y，数组元素下标从 -2~3。

例如：

```
Dim x(n)
```

或

```
n = Inputbox("输入 n")
Dim x(n) As Single
```

均是错误的声明。

2）多维数组的声明。

Dim 数组名([下界 to]上界,[下界 to]上界…)[As 数据类型]

参数说明如下。

上界、下界为整数，下界默认为0。

例如:`Dim S(2,3) As Integer`

定义了一个二维数组S，类型为Integer，该数组占据12个整型变量的空间，12个数组元素的排列见表8-23。

表8-23　二维数组S的元素排列

	第0列	第1列	第2列	第3列
第0行	S（0，0）	S（0，1）	S（0，2）	S（0，3）
第1行	S（1，0）	S（1，1）	S（1，2）	S（1，3）
第2行	S（2，0）	S（2，1）	S（2，2）	S（2，3）

多维数组对存储空间的要求更大，既占据空间，又影响运行速度，所以要慎用多维数组，尤其是Variant数据类型的数组，因为它们需要更大的存储空间。

（2）动态数组

在实际应用中，有时事先无法确定需要多大的数组，数组应定义多大，要在程序运行时才能决定。

解决问题的方法：

1）将数组声明得很大，如“Dim a（10000）As Integer”，但如果定义的数组过大，显然会造成内存空间的浪费；

2）利用动态数组，能够在程序运行期间根据用户的需要随时改变数组的大小及维数。

动态数组的定义方法是：先使用Dim来声明数组，但不指定数组元素的个数，而在以后使用时再用ReDim来指定数组元素的个数，称为数组重定义。在对数组重定义时，可以在ReDim后加保留字Preserve来保留以前的值，否则使用ReDim后，数组元素的值会被重新初始化为默认值。

例8-24　定义动态数组a，设默认下界为1，并用循环赋值。

```
Dim a() As Integer              '声明动态数组
ReDim a(5)                      '数组重定义,分配5个元素
For i =1 To 5                   '使用循环给数组元素赋值
  a(i) =i
Next i
Rem                             '数组重定义,调整数组的大小,并抹去其中元素的值
ReDim a(10)                     '重新设置为10个元素,a(1)~a(5)的值不保留
For i =1 To 10                  '使用循环给数组元素重新赋值
  a(i) =i
Next i
Rem              '数组重定义,调整数组的大小,使用保留字Preserve来保留以前的值
ReDim Preserve a(15)            '重新设置为15个元素,a(1)~a(10)的值保留
For i =11 To 15
  a(i) =i
Next i
```

提示：ReDim 语句只能出现在过程中，可以改变数组的大小和上下界，但不能改变数组的维数。

2. 数组的使用

数组声明后，数组中的每个元素都可以当作单个的变量来使用，其使用方法同相同类型的普通变量。其元素引用格式为：

数组名（下标值表）

如果该数组为一维数组，则下标值表为一个范围为［数组下标下界，数组下标上界］的整数序列；如果该数组为多维数组，则下标值表为用逗号分开的不大于数组维数的多个整数的序列，每个整数（范围为［该维数组下标下界，该维数组下标上界］）表示对应的下标值。

例如，可以按如下形式引用前面定义的数组：

```
X(2)          '引用一维数组 X 的第二个元素
S(1,2)        '引用二维数组 S 的第一行第二列元素
```

例 8-25　从键盘上输入 10 个整数，把这些数按从小到大的顺序输出，运行结果如图 8-18 所示。

分析：排序的方法很多，如选择法、冒泡法、插入法、合并法等。这里介绍最容易理解的选择法。

选择法的算法如下。

设 10 个数存放在 A 数组中，分别为 A（1）～A（10）。

第 1 轮：先将 A（1）与 A（2）比较，若 A（1）＞A（2），则将 A（1）、A（2）的值互换，否则，不做交换。

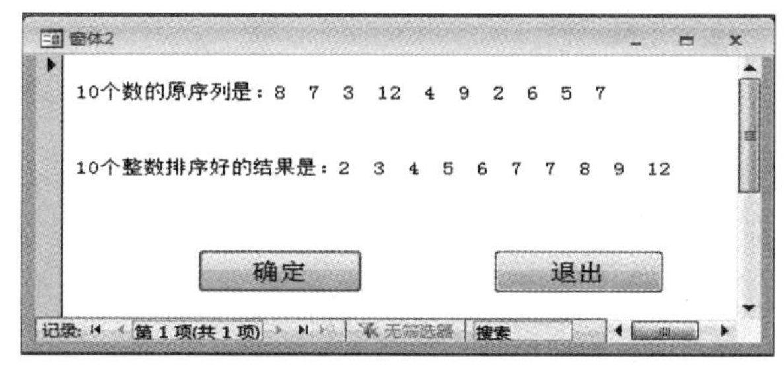

图 8-18 “排序输出”窗体界面

这样处理后，A（1）一定是 A（1）、A（2）中的较小者。再将 A（1）分别与 A（3），…，A（10）两两比较，依次做出同样的处理。最后，10 个数中的最小者放入了 A（1）中。

第 2 轮：将 A（2）分别与 A（3），…，A（10）比较，依次做出同第 1 轮一样的处理。最后，余下的 9 个数中的最小者放入 A（2）中，A（2）是 10 个数中第二小的数。

照此方法，继续进行第 3 轮、第 4 轮等。

直到第 9 轮后，A（10）是 10 个数中的最大者。

至此，10 个数已按从小到大的顺序存放在 A（1）～A（10）中。

操作步骤如下。

1）新建一个窗体，在窗体上创建两个标签，名称分别为“Lab1”“Lab2”。

2）再创建两个命令按钮，名称分别为“Cmd1”“Cmd2”，标题分别为“确定”“退出”。

3）“确定”（Cmd1）按钮的“单击”（Click）事件代码如下：

```
Private Sub Cmd1_Click()
Dim t As Integer,i As Integer,j As Integer,a(10) As Integer
Lab1.Caption = "10 个整数的原序列是"
  '从键盘输入 10 个整数
For i =1 To 10
  a(i) = InputBox("输入一个整数")
```

```
  Lab1.Caption = Lab1.Caption&a(i)&""
Next i
'选择法排序
For i =1 To 9
  For j = i +1 To 10
    If a(i) > a(j) Then
      t = a(i):a(i) = a(j):a(j) = t
    End If
  Next j
Next i
'输出排好序的 10 个整数
Lab2.Caption = "10 个整数排序后的结果是"
For i =1 To 10
  Lab2.Caption = Lab2.Caption&a(i)&""
Next i
End Sub
```

4）“退出”（Cmd2）按钮的“单击”（Click）事件代码如下：

```
DoCmd.Close
```

8.7.2　用户自定义类型

用户自定义类型是与标准数据类型相对应的，是为了解决内部包含不同数据类型的数据而进行定义的，它由若干个标准数据类型组成。

1. 用户自定义类型的定义

```
Type 自定义类型名
  元素名[(下标)]As 数据类型名
  …
  [元素名[(下标)]As 数据类型名]
End Type
```

参数说明如下。

1）元素名：表示自定义类型中的一个成员。

2）下标：如果省略，表示是简单变量，否则是数组。

3）数据类型名：就是标准类型。

例 8-26　表 8-24 中，每个教师的基本信息包括教师编号、姓名、性别、参加工作时间。试编写程序定义一个教师基本信息的自定义类型。

表 8-24 “教师”表

教 师 编 号	姓　　名	性　　别	参加工作时间
T001	王勇	男	1994-7-1
T002	肖贵	男	2001-8-3
T003	张雪莲	女	1991-9-3

程序代码如下：

```
Type jshtype                '自定义一个类型 jshtype
  no As String
  name As String* 12
  sex As String* 1
  workdate As Date
End Type
```

2. 用户自定义类型的声明与使用

使用 Type 语句定义了一个用户自定义类型后，就可以在该声明范围内的任何位置声明该类型的变量，然后使用。例如，下面代码中为自定义类型 jshtype 声明了各种类型的变量：

```
Dim jsh As jshtype
jsh.no =T005
jsh.name ="肖莉"
jsh.sex ="女"
jsh.workdate =1989-9-1
```

8.8 模块

8.8.1 模块概述

宏具有一定的局限性，比如运行速度比较慢，不能自定义函数等，所以在给数据库设计一些特殊的功能时，仅仅使用宏是不够的，必须使用 Access 中另一个更强大的对象——模块来实现。

1. 什么是模块

模块是 Access 数据库中的一个重要对象，是由 VBA 语言编写的程序集合。模块起着存放用户编写的 VBA 代码的作用，模块也可作为容器使用。具体地说，模块就是由 VBA 通用声明和一个或多个过程组成的集合。

通用声明部分主要包括 Option 声明，变量、常量或者自定义数据类型的声明。

（1） Option Explicit 语句

该语句强制显式声明模块中的所有变量，即要求变量在使用之前必须先进行声明。如果没有使用 Option Explicit 语句，变量未经定义就可以使用。

（2） Option Base 1 语句

该语句声明数组下标的默认下界为 1，不声明则为 0。

（3） Option Compare Database 语句

该语句声明时，模块中需要进行字符串比较时将根据数据库的区域 ID 确定的排序级别进行比较，不声明则按字符 ASCII 码进行比较。

在 Access 2010 中打开模块时将启动 Visual Basic 界面。在此界面中的模块窗口如图 8-19 所示。它主要包括以下 5 部分。

1） 对象框：当前模块所隶属的对象。

2） 过程框：当模块由多个过程组成时，在编辑状态下，当前光标处的过程名称将显示在该框中。

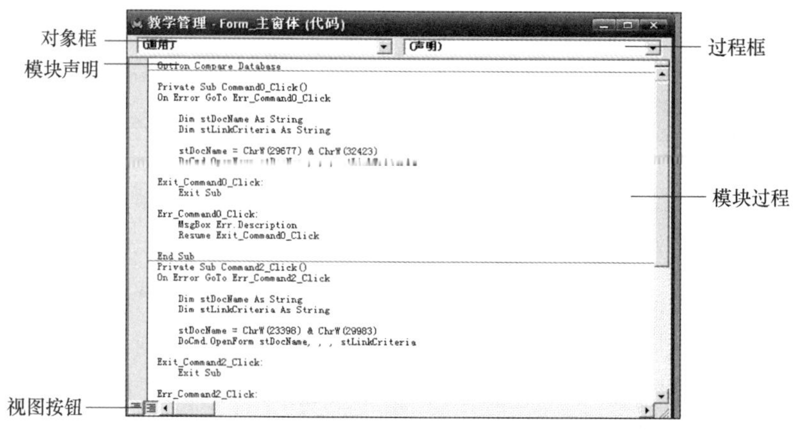

图 8-19　模块窗口

3）模块声明：用于声明各种模块。

4）模块过程：模块的代码。

5）视图按钮：在过程视图和全模块视图中进行切换。

因为模块是基于语言创建的，所以它具有比 Access 数据库中其他对象更加强大的功能。利用模块，可以建立自定义函数，完成更复杂的计算，执行标准宏所不能执行的功能等。

2. 模块的分类

Access 有两种类型的模块：类模块和标准模块。

（1）类模块

类模块是可以包含新对象定义的模块。新建一个类模块时，也就创建了新的对象。模块中定义的任何过程都会变成此对象的属性或方法。Access 中的类模块可以独立存在，也可以与窗体和报表同时出现。

窗体模块和报表模块都是类模块，它们各自与某一特定窗体或报表相关联。窗体模块和报表模块通常都含有事件过程。事件过程是指自动执行的过程，以响应用户或程序代码启动的事件或系统触发的事件。可以使用事件过程来控制窗体或报表的行为，以及它们对用户操作的响应。

为窗体或报表创建第一个事件过程时，Access 将自动创建与之关联的窗体或报表模块。如果要查看窗体或报表的模块，可以单击窗体或报表设计视图中工具栏上的“代码”按钮。

窗体模块或报表模块中的过程可以调用已经添加到标准模块中的过程。

窗体模块或报表模块的作用范围局限在其所属的窗体和报表内部，具有局部特性。

（2）标准模块

标准模块是指当多个窗体共同执行一段代码时，为了避免重复而创建的独立公用代码模块。一般标准模块内部含有应用程序、允许其他模块访问的过程和声明，可以包含变量、常数、类型、外部过程、全局声明或模块级声明，此外还可以建立包含共享代码与数据的类模块。

3. 模块创建方法

（1）方法一

每创建一个窗体或报表，Access 都会自动创建一个对应的窗体模块或报表模块。

（2）方法二

在数据库窗口单击“创建”选项卡中的“其他”选项组中的模块按钮，可以创建新的标准模块；单击“创建”选项卡中的“其他”选项组中的“类模块”按钮，可以创建新的类模块。

（3）方法三

在 VBE 编辑器中选择“插入”→“模块”命令，可以创建新的标准模块；选择“插入”→“类模块”命令，可以创建新的类模块。

（4）方法四

在 VBE 编辑器中单击工具栏中的“插入模块”按钮右边的下三角按钮，从下拉菜单中选择“模块”命令或者“类模块”命令。

8.8.2　过程

过程是模块的主要组成部分，也是 VBA 编写程序的最小单元，用于完成一个相对独立的操作。过程可以分为事件过程和通用过程。

事件过程就是事件的处理程序，用于完成窗体等对象事件的任务，如按钮的单击事件等。它是为了响应用户或系统引发的事件而运行的过程。

通用过程是用户自行编写的程序代码，可以独立运行或者由别的过程调用。

事件过程与通用过程的区别是，前者的名称由系统自动生成，并且依附于窗体等对象而存在，而后者是由用户自己按照习惯命名并且独立存在的。

过程是 VBA 代码的容器，通常有两种：Sub 过程和 Function 过程。Sub 过程没有返回值，而 Function 过程将返回一个值。

1. Sub 过程

Sub 过程执行一个操作或一系列操作，但没有返回值。用户可以自己创建 Sub 过程，或使用 Access 所创建的事件过程模板来创建 Sub 过程。

（1）子过程的定义格式

```
[Public|Private][Static]Sub 子过程名([形参列表])
   [局部变量或常数定义]
   [语句序列]
   [Exit Sub]
   [语句序列]
End Sub
```

对于子过程，可以传送参数和使用参数来调用它，但不返回任何值。

（2）参数说明

1）选用关键字 Public：可使该过程能被所有模块的所有其他过程调用。

2）选用关键字 Private：可使该过程只能被同一模块的其他过程调用。

3）子过程名：命名规则同变量名的命名规则。子过程名无值、无类型。但要注意，同一模块中的各过程名不要同名。

4）形参列表的格式：

[Byval|ByRef]变量名[()][As 数据类型][,[Byval|ByRef]变量名[()][As 数据类型]]…

其中，Byval 的含义是：参数的传递按照值传递；ByRef 的含义是：参数的传递按照地址（引用）传递。如果省略此项，则按照地址（引用）传递。

5）Exit Sub 语句：表示退出子过程。

2. Function 过程

Function 过程能够返回一个计算结果。Access 提供了许多内置函数（也称标准函数），例如，

Date( ) 函数可以返回当前系统的日期。除了系统提供的内置函数以外，用户也可以自己定义函数，编辑 Function 过程即是自定义函数。因为函数有返回值，因此可以用在表达式中。

（1）函数过程的定义格式

```
[Public|Private][Static]Function 函数过程名([形参列表])[As 类型]
    [局部变量或常数定义]
    [语句序列]
    [Exit Function]
    [语句序列]
    函数名=表达式
End Function
```

（2）参数说明

1）函数过程名：命名规则与变量名的命名规则相同，但不能与系统的内部函数或其他通用子过程同名，也不能与已定义的全局变量和本模块中的模块级变量同名。函数过程名有值、有类型，在过程体内至少赋值一次。

2）As 类型：函数返回值的类型。

3）Exit Function：表示退出函数过程。

3. 过程的创建

（1）方法一

在 VBE 的工程资源管理器窗口中，双击需要创建过程的窗体模块、报表模块或标准模块，然后选择“插入”→“过程”命令，弹出“添加过程”对话框，如图 8-20 所示，然后根据需要设置参数。

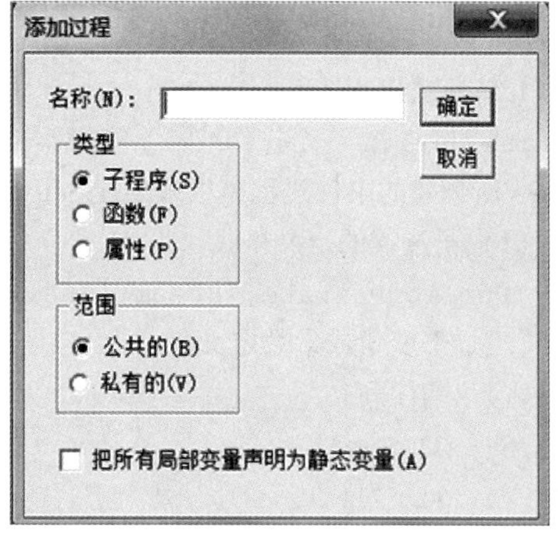

图 8-20 “添加过程”对话框

（2）方法二

在窗体模块、报表模块或标准模块的代码窗口中输入子过程名，然后按 Enter 键，自动生成过程的头语句和尾语句。

4. 过程的作用范围

过程可被访问的范围称为过程的作用范围，也称为过程的作用域。

过程的作用范围分为公有的和私有的。公有的过程前面加 Public 关键字，可以被当前数据库中的所有模块调用。私有的过程前面加 Private 关键字，只能被当前模块调用。

一般在标准模块中存放公有的过程和公有的变量。

5. 过程的调用

事件过程的调用可以称为事件触发。当一个对象的事件发生的时候，对应的事件过程会被自动调用。例如，如果为某个窗体的一个命令按钮创建了一个“单击”事件过程，那么，这个“单击”事件过程会在对应的命令按钮被用户单击之后自动调用执行。

（1）Sub 过程的调用

有时编写一个过程，不是为了获得某个函数值，而仅是处理某种功能的操作。例如，对一组数据进行排序等，VBA 提供的子过程可以更灵活地完成这一类操作。

子过程的调用有两种方式：①是利用 Call 语句加以调用；②是把过程名作为一个语句来直接调用。

1）调用格式。

格式一：

```
Call 过程名([参数列表])
```

格式二：

```
过程名[参数列表]
```

2）参数说明。

- 参数列表：这里的参数称为实参，与形参的个数、位置和类型必须一一对应，实参可以是常量、变量或表达式。多个实参之间用逗号分隔。
- 参数传递：调用过程时，把实参的值传递给形参。

> 提示：
>
> ①用 Call 关键字调用子过程时，若有实参，则必须把实参用圆括号括起，无实参时可省略圆括号；不使用 Call 关键字时，若有实参，也不需用圆括号括起。
>
> ②若实参要获得子过程的返回值，则实参只能是变量，不能是常量、表达式或控件名。

例 8-27　使用过程调用计算 $N! = N*(N-1)!(N>0)$。

```
Private Sub 阶乘主过程()
  jg = 1
  w = Val(InputBox("inputnum"))
  Call 阶乘子过程(w,jg)
  MsgBox(jg)
End Sub
```

子过程程序代码如下：

```
Public Sub 阶乘子过程(js,jg)
  y = 1
  x = js
  Do While y < = x
    jg = jg*js
    y = y + 1
    js = js - 1
    Loop
End Sub
```

例 8-28　在窗体对象中使用子过程实现数据的排序操作，当输入两个数值时，从大到小排列并显示结果。窗体如图 8-21 所示。

图 8-21　排序窗体

1）创建一窗体，在窗体上添加两个标签控件，其标题分别设为“x 值”和“y 值”。

2）添加两个文本框控件，其名称分别设为 Sinx 和 Siny。

3）添加一个命令按钮，其标题设为“排序”，其“单击”事件代码如下：

```
Private Sub Command1_Click()
```

```
  Dim a,b
  If Val(Me!Sinx) > Val(Me!Siny) Then
    MsgBox"x 值大于 y 值,不需要排序",vbInformation,"提示"
    Me!Sinx.SetFocus
  Else
  a = Me!Sinx
  b = Me!Siny
  Swap a,b
  Me!Sinx = a
  Me!Siny = b
  Me!Sinx.SetFocus
  End If
End Sub
```

子过程的程序代码如下：

```
Public Sub Swap(x,y)
  Dim t
  t = x
  x = y
  y = t
End Sub
```

提示：在上面的例子中，Swap（x，y）子程序定义了两个形参 x 和 y，主要任务是从主调程序获得初值，又将结果返回给主调程序，而子过程名 Swap 是无值的。

（2）Function 过程的调用

函数过程的调用同标准函数的调用相同，就是在赋值语句中调用函数过程。

1）调用格式。

变量名 = 函数过程名([实参列表])

2）参数说明。

实参列表和参数说明同子过程的调用。

提示：由于函数过程会返回一个值，故函数过程不作为单独的语句加以调用，必须作为表达式或表达式中的一部分使用。

例 8-29　在窗体对象中，使用函数过程实现任意半径的圆面积计算，当输入圆半径值时，计算并显示圆面积。

1）创建一窗体，在窗体上添加两个标签控件，其标题分别设为“半径”和“圆面积”。

2）添加两个文本框控件，其名称分别设为 SinR 和 SinS。

3）添加一个命令按钮，其标题设为“计算”，其“单击”事件代码如下：

```
Private Sub Command1_Click()
  Me!SinS = Area(Me! SinR)
End Sub
```

在窗体模块中建立求解圆面积的函数过程 Area()，代码如下：

```
Public Function Area(RAsSingle) As Single
```

```
    If R < =0 Then
      MsgBox"圆半径必须为正数值!",vbCritical,"警告"
      Area =0
      Exit Function
    End If
    Area =3.14* R* R
End Function
```

提示：函数过程可以被查询、宏等调用使用，在一些计算控件的设计中经常使用。

正确区分及理解子过程和函数过程的异同，便于在程序开发中充分发挥子程序与函数过程的作用。

8.8.3 参数传递

在调用过程中，一般主调过程和被调过程之间有数据传递，也就是主调过程的实参传递给被调过程的形参，然后执行被调过程。

在 VBA 中，实参向形参的数据传递有两种方式，即传值（ByVal 选项）方式和传址（ByRef 选项）方式。传址调用是系统默认的方式。区分两种方式的标志是，要使用传值的形参，在定义时前面加上“ByVal”关键字，否则为传址方式。

1. 传值调用的处理方式

当调用一个过程时，系统将相应位置实参的值复制给对应的形参，在被调过程处理中，实参和形参没有关系。被调过程的操作处理是在形参的存储单元中进行的，形参值由于操作处理引起的任何变化均不反馈、影响实参的值。当过程调用结束时，形参所占用的内存单元被释放。因此，传值调用方式具有单向性。

2. 传址调用的处理方式

当调用一个过程时，系统将相应位置实参的地址传递给相应的形参。因此，在被调过程处理中，对形参的任何操作处理都变成了对相应实参的操作，实参的值将会随被调过程对形参的改变而改变。传址调用方式具有双向性。

提示：

1）在调用过程时，若要对实参进行处理并返回处理结果，必须使用传址调用方式。这时的实参必须是与形参同类型的变量，不能是常量或表达式。

2）若不想改变实参的值，一般应选用传值调用方式。因为传值调用方式在被调过程中对形参的任何改变都不会影响实参，因此减少了各过程之间的关联，增强了程序的可靠性，而且便于程序的调试。

3）当实参是常量或表达式时，形参即使已传址（ByRef 选项）定义说明，实际传递的也只是常量或表达式的值，这种情况下，传址调用的双向性不起作用。

例 8-30 创建有参子过程 Test()，通过主调过程 Main_click()被调用观察实参值的变化。

主调过程代码如下：

```
Private Sub Main_Click()
  Dim n As Integer          '定义整型变量 n
  n =6                      '变量 n 赋初值 6
  Call Test(n)
```

```
  MsgBox n                    '显示 n 值
End Sub
```

子过程代码如下：

```
Public Sub Test(ByRef x As Integer)
  x = x + 10
End Sub
```

当主调过程 Main_Click( ) 调用子过程 Test( ) 后，“MsgBox n”语句显示 n 的值已经发生了变化，其值变为 16，说明通过传址调用改变了实参 n 的值。

如果将主调过程 Main_Click( ) 中的调用语句“Call Test(n)”换成“Call Test(n + 1)”，再运行主调过程 Main_Click( )，结果会显示 n 的值依旧是 6。这表明常量或表达式在参数的传址调用过程中，双向作用无效，不能改变实参的值。

在上例中，需要操作实参的值，使用的是系统默认的传址调用方式，若使用传值调用方式，请读者分析处理结果的变化。

例 8-31　阅读本例的程序代码，分析程序运行结果。

主调过程代码如下：

```
Private Sub Command1_Click()
  x = 10:y = 20
  Debug.Print "(1)x = ";x,"y = ";y
  Call AA(x,y)
  Debug.Print "(2)x = ";x,"y = ";y
End Sub
```

子过程代码如下：

```
Private Sub AA(ByValm,n)
  m = 100:n = 200
  m = m + n
  n = 2* n + m
End Sub
```

程序分析：x 和 m 的参数传递是传值方式，y 和 n 的参数传递是传址方式；将实参 x 的值传递给形参 m，将实参 y 的值传递给形参 n，然后执行子过程 AA；子过程执行完后，m 的值为 300，n 的值为 700；过程调用结束，形参 m 的值不返回，n 的值返回给实参 y。

在立即视图中的显示结果如下：

```
(1) x = 10          y = 20
(2) x = 10          y = 700
```

如果将子过程中的“Private Sub AA（ByVal m，n)”换成“Private Sub AA（m，n)”，程序的运行结果又会是什么呢？

程序分析：参数传递是传址方式；将实参 x 的值传递给形参 m，将实参 y 的值传递给形参 n，然后执行子过程 AA；子过程执行完后，m 的值为 300，n 的值为 700；过程调用结束，将形参 m、n 的值返回给实参 x、y。

在立即视图中的显示结果如下：

```
(1) x = 10           y = 20
(2) x = 300          y = 700
```

8.8.4 VBA 的内置函数

在 VBA 中，除模块创建过程中可以定义子过程和函数过程来完成特定功能外，还提供了大量内置的标准函数，见表 8-25 ~ 表 8-28。在代码中使用内置函数可以为编程解决很多实际问题，并提高运行及编程速度。

表 8-25 常用数学函数

函 数	说 明	实 例	返回结果
Abs(N)	返回数值表达式的绝对值	Abs(-4.8)	4.8
Int(N)	返回数值表达式的整数部分，若参数为负数，返回小于或等于参数值的第一个负数	Int(4.8) Int(-4.8)	4 -4
Exp(N)	以 e 为底的指数函数	Exp(3)	20.086
Log(N)	以 e 为底的自然对数	Log(10)	2.3
Sqr(N)	计算数值表达式的二次方根	Sqr(16)	4
Sgn(N)	返回一个 Variant（Integer），指出参数的正负号	Sgn(-3.5) Sgn(0)	-1 0
Round(N)	对操作数四舍五入取整	Round(4.5)	5
Rnd	产生随机数	Rnd	产生［0~1］之间的数

表 8-26 常用字符串函数

函 数	说 明	实 例	返回结果
Len(C)	检测字符串长度	Len("计算机")	3
Left(C,N)	取出字符串左边 N 个字符	Left("abcd",3)	"abc"
Right(C,N)	取出字符串右边 N 个字符	Right("abcd",3)	"bcd"
Ltrim(C)	删除字符串的开始空格	Ltrim("aA ")	"aA "
Rtrim(C)	删除字符串的尾部空格	Rtrim("aA ")	"aA"
Trim(C)	删除字符串的开始和尾部空格	Trim("aA ")	"aA"
Mid(C,N1,N2)	取字符串中的字符，从 N1 开始，向右取 N2 个	Mid("123",2,2)	"23"
Space(N)	产生 N 个空格	Space(3)	3 个空格
String(N,C)	C 中首字符组成的 N 个字符串	String(3,"ab")	"aaa"
Asc(C)	将字符转换成 ASCII 码值	Asc("A")	65
Chr(N)	将 ASCII 码值转换成字符	Chr(65)	"A"
InStr([N1,]C1,C2)	在 C1 中从 N1 开始找 C2，函数值为 C2 在 C1 中的位置；省略 N1 时从头找，找不到时函数值为 0	InStr(2,"ABCD","C")	3

表 8-27 常用日期函数

函 数	说 明	实 例	返 回 结 果
Date 或 Date()	返回系统当前日期		
Time 或 Time()	返回系统当前时间		
Now	返回系统当前日期和时间		

（续）

函　　数	说　　明	实　　例	返回结果
Year(C)	返回年份（4 位数字）	Year("05-2-4")	2005
Month(C)	返回月份	Month("05-2-4")	2
Day(C)	返回天数	Day("05-2-4")	4

表 8-28　常用转换函数

函　　数	说　　明	实　　例	返回结果
Asc(C)	返回字符串首字符的 ASCII 值	Asc("abc")	97
Chr(N)	将 ASCII 值转换成字符串	Chr(97)	"a"
Lcase(C)	将字符串中的大写字母转换成小写字母	Lcase("AbC")	"abc"
Ucase(C)	将字符串中的小写字母转换成大写字母	Ucase("aBc")	"ABC"
Str(N)	将数值表达式值转换成字符串	Str(50)	"50"
Val(C)	将数字字符串转换成数值型数据	Val("123") Val("12ab3")	123 12
DateValue(C)	将字符串转换成日期值	DateValue("2005-1-10")	#2005-1-10#

8.8.5　变量的作用域

在 VBA 编程中，变量定义的位置和方式不同，变量的作用域就不同。变量的作用范围分为局部范围、模块范围和全局范围。根据变量的作用范围，可把变量分为 3 种类型：局部变量、模块变量和全局变量，3 种变量的使用规则与作用范围见表 8-29。

表 8-29　3 种变量的使用规则与作用范围

作用范围	局部变量	模块变量	全局变量
声明方式	Dim、Static	Dim、Private	Public
声明位置	在子过程中	在窗体/模块的声明区域	在标准模块的声明区域
能否被本模块的其他过程存取	不能	能	能
能否被其他模块的过程存取	不能	不能	能

1. 局部变量

局部变量是定义在模块的子过程或函数过程内部的，使用 Dim…As 语句或 Static 关键字定义，或不加定义直接使用的变量。其作用范围仅在本子过程中，别的过程不能访问。一旦该子过程运行结束，局部变量的内容自动消失。

不同过程中可以定义相同名称的局部变量，彼此互不影响。局部变量作用范围小，利于程序数据处理的分析，便于程序调试。

如图 8-22 所示，事件过程和子过程中都声明了变量 i，但两者之间没有任何关系。

2. 模块变量

模块变量是定义在模块的所有子过程或函数过程的外部的，在模块的声明区域（开始位置）使用 Dim…As 语句定义或用 Private…As 语句声明的变量。其作用范围为本模块的所有子过程或函数过程。别的模块过程不能访问，一旦模块运行结束，模块变量的内容自动消失。

如图 8-23 所示，i 和 k 变量在该模块的所有过程中都有效。

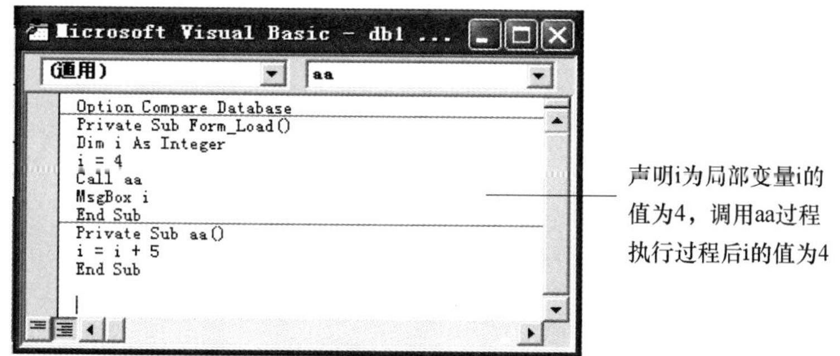

图 8-22　局部变量举例

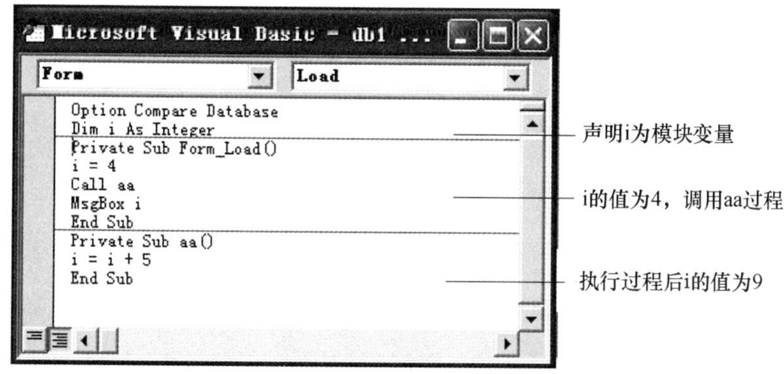

图 8-23　模块变量举例

3. 全局变量

全局变量是定义在标准模块的所有子过程或函数过程的外部的，在标准模块的声明区域（开始位置）使用 Public…As 语句声明的变量。其作用范围为应用程序所有模块的子过程或函数过程。全局变量的值在整个应用程序的运行中始终存在。只有整个应用程序运行结束，全局变量的值才会消失。

8.8.6　变量的生存期

从变量的生存期来分，变量又分为动态变量和静态变量。

1. 动态变量

在过程中，用 Dim 关键字声明的局部变量属于动态变量。动态变量的生存期是指从变量所在的过程第一次执行开始，到过程执行完毕，自动释放该变量所占的内存单元为止的这一段时间。

2. 静态变量

在过程中，用 Static 关键字声明的局部变量属于静态变量。静态变量在过程运行时可保留变量的值，即每次调用过程时，用 Static 说明的变量保持上一次的值。

例 8-32　在窗体上交替显示和隐藏两幅图片。

1）新建一个窗体，在窗体上创建一个“图像”控件，插入图片，控件名为 img1。

2）在窗体上再创建一个大小同 img1 的“图像”控件，插入图片，控件名称为 img2。

3）将 img1 和 img2 两个控件重叠在一起。

4）编写窗体上的 Load 事件和 Timer 事件。程序的关键在于静态变量 i 的设置，每隔 500ms

执行 Timer 事件时，i 的值是上一次的值。

Load 事件和 Timer 事件的代码如下：

```
Private Sub Form_Load()
  Me.TimerInterval = 500          '设置窗体 Timer 事件的时间间隔
  Img1.Visible = False            '加载窗体时,两个"图像"控件都不可见
  Img2.Visible = False
End Sub
Private Sub Form_Timer()
  Static x As Boolean           '设置 x 为静态逻辑型变量
  If x = False Then              '判断 x 的值,如果为 False,img1 显示,img2 隐藏
    Img1.Visible = True
    Img2.Visible = False
  Else
    Img1.Visible = False
    Img2.Visible = True
  End If
x = Not x                    '非常关键的语句,将 x 的值取反
End Sub
```

8.9 VBA 数据库访问技术

在数据库的实际应用中，要设计功能强大、操作灵活的数据库应用系统，还应当学习和掌握 VBA 的数据库编程方法。

8.9.1 数据库引擎及其接口

VBA 通过 Microsoft ACE 数据库引擎（Access 2003 及以前版本使用 Microsoft Jet 数据库引擎）工具来支持对数据库的访问。所谓数据库引擎，实际上是一组动态链接库（DLL），当程序运行时被链接到 VBA 程序而实现对数据库的数据访问功能。数据库引擎是应用程序与物理数据之间的桥梁，它以一种通用接口的方式，使各种类型的物理数据库对用户而言都具有统一的形式和相同的数据访问与处理方法。

Microsoft Office VBA 中主要提供了 3 种数据库访问接口：开放数据库互联应用编程接口（Open Database Connectivity API，ODBC API）、数据访问对象（Data Access Object，DAO）和 ActiveX数据对象（ActiveX Data Objects，ADO）。

开放数据库互联应用编程接口（ODBC API）：目前 Windows 提供的 32 位 ODBC 驱动程序对每一种客户机/服务器 RDBMS（Relational DataBase Management System，关系数据库管理系统）、最流行的索引顺序访问方法（Indexed Sequential Access Method，ISAM）数据库（Jet、dBase 和 Foxpro）、扩展表（Excel）和划界文本文件都可以操作。在 Access 应用中，直接使用 ODBC API 需要大量 VBA 函数原型声明（Declare）和一些烦琐的编程，因此，在实际编程中很少直接进行 ODBC API 的访问。

数据访问对象（DAO）：DAO 提供了一个访问数据库的对象模型。利用其中定义的一系列数据访问对象，如 Database、Querydef、Recordset 等对象，实现对数据库的各种操作。这是 Office 早

期版本提供的编程模型，用来支持 Microsoft ACE 数据库引擎，允许开发者连接到 Access 数据库。DAO 适合于单系统应用程序或在小范围本地分布使用，其内部已经对 Jet 数据库的访问进行了加速优化，而且其使用起来也比较方便。所以，如果数据库是 Access 数据库且是本地使用，就可以使用这种访问方式。

ActiveX 数据对象（ADO）：ADO 是基于组件的数据库编程接口，是一个和编程语言无关的组件对象模型（Component Object Model，COM）组件系统。使用它可以方便地连接任何符合 ODBC标准的数据库。

8.9.2 DAO 数据库访问技术

在使用 DAO 之前，必须引用包含 DAO 对象和函数的库。

在 VBE 编辑器中，选择“工具”→“引用”命令，打开“引用”对话框，如图 8-24 所示，其中包括了各种类型的链接库，选中“Microsoft DAO 3.6 Object Library”复选框。

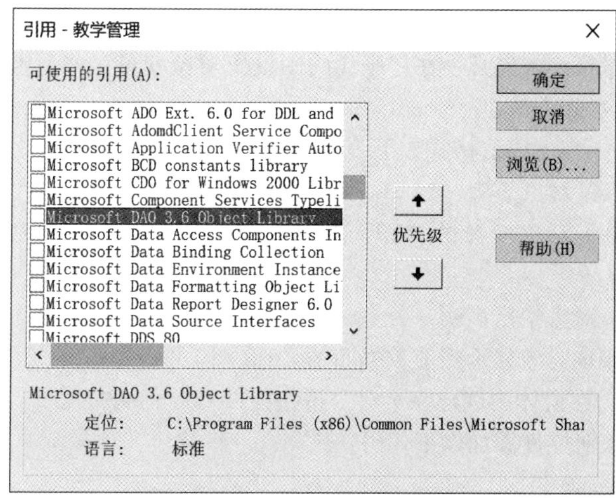

图 8-24 “引用”对话框

提示：在 VBA 程序中使用 DAO，必须先添加对 DAO 的引用。方法是，选择 VBE 窗口的“工具”→“引用”命令，在弹出的“引用”对话框中选择“Microsoft DAO 3.6 Object Library”复选框。

1. DAO 对象模型中的对象

DAO 对象模型中的各个对象含义见表 8-30。

表 8-30 DAO 对象模型中的各对象含义

对象名称	含义
DBEngine	数据库引擎 Microsoft Jet Engine
Workspace	用户打开至关闭 Access 期间，为一个 Workspace
Group	数据库中的组
User	使用数据库的用户姓名
Database	包含已打开数据库的所有对象
Container	数据库中各种对象的基本数据，如使用权限等

（续）

对 象 名 称	含　　义
Document	文档
Field	字段，包含数据类型、属性等
Parameter	参数查询中的参数
Recordset	查询或表中的记录
Relation	数据表之间的关系
TableDef	数据库中的表
Index	数据表中定义的索引字段
QueryDef	查询
Error	使用 DAO 对象产生的错误

2. 对象变量声明与赋值

要使用 DAO 中的对象，首先必须在程序代码中设置对象变量，然后通过对象变量使用其下的对象，或者对象的属性和方法。

与普通变量的声明一样，语法格式如下：

Dim 对象变量名称 As 对象类型

以上语句只是声明了对象变量的类型，对象变量必须通过 Set 表达式来赋值，语法格式如下：

Set 对象变量名称 = 对象指定声明

下面的程序通过 DAO 对象显示当前数据库的名称。

1）创建一个窗体，在窗体中创建一个命令按钮控件 Command0。

2）为 Command0 按钮控件添加以下代码：

```
Private Sub Command0_Click()
    Dim ws As Workspace
    Dim dta As Database
    Set wsDBEngine.Workspaces(0)
    Set dta = ws.Databases(0)
    MsgBoxdta.Name
End Sub
```

每一个成员对象在它的集合对象内都有相应的索引值，从 0 开始。例如，Databases（0）表示当前打开的数据库。

3. 对象的属性和方法

通过 DAO 访问数据库，就是利用 DAO 的 Database、TableDef、RecordSet 等对象的属性和方法来实现对数据库的操作。

1）Database 对象的属性和方法

Database 对象用于表示数据库，是最重要的对象之一。

Database 对象的常用属性及其功能见表 8-31。

表 8-31 Database 对象的常用属性

属性名称	功能
Name	标识一个数据库对象的名称
Updatable	该属性表示数据库对象是否可以被更改或更新

Database 对象的常用方法及其功能见表 8-32。

表 8-32 Database 对象的常用方法及其功能

方法名称	功能
CreateQueryDef	创建一个新的查询
CreateTableDef	创建一个新的表
CreateRelation	建立新的关系
OpenRecordSet	创建一个新的记录集
Excute	执行一个动作查询
Close	关闭数据库

2）TableDef 对象的常用属性和方法

TableDef 对象代表数据库结构中的表结构。在创建数据库时，对于要生成的表，必须创建一个 TableDef 对象来完成对表字段的创建。

TableDef 对象最常用的方法是 CreateField，其语法格式如下：

```
Set field = TableDef.CreateField(name,type,size)
```

其中，field、TableDef 是对象变量名；name 是字段名称；type 是字段类型，用常量表示，如 dbText 表示文本型；size 表示字段大小。

3）RecordSet 对象的常用属性和方法

RecordSet 对象代表一个表或查询中的所有记录。对数据库的访问其实就是对记录进行操作，RecordSet 对象提供了对记录的添加、删除和修改等操作的支持。

RecordSet 的 OpenRecordSet 方法用于创建一个新的 RecordSet 对象，其语法格式如下：

```
Set RecordSet database.OpenRecordSet(source,type,options,lockedits)
```

RecordSet 和 database 是对象变量名称；source 是记录集的数据源，可以是表名，也可以是 SQL 查询语句；type 用于确定 RecordSet 对象的类型，可以是 dbOpenTable、dbOpenDynaset 或 dbOpenSnapshot；options 用于设置操作方式，可以是 dbAppendOnly、dbReadOnly 等，表示对记录集智能添加或只读等；lockedits 用于设置锁定方式，可以是 dbOptimistic、dbPessimistic 等。type、options、lockedits 这 3 个参数是常量，可以省略，例如：

```
Set rd = DBEngine.Workspaces(0).Databases(0).OpenRecordSet("Student")
```

RecordSet 对象的类型功能如下。

1）dbOpenTable：设置数据源为单一数据表，此类型的数据集对象可以新建、删除或更新记录。

2）dbOpenDynaset：默认的数据集类型。此类型的数据集对象是保存在内存中的临时记录，可以是表、查询结果，可以新建、删除或修改一个或多个表。

3）dbOpenSnapshot：此类型的数据集对象与 dbOpenDynaset 类似，但其记录不能更新。

RecordSet 对象的常用属性及其功能见表 8-33。

表 8-33　RecordSet 对象的常用属性及其功能

属性名称	功　能
Bof	当值为 True 时，指针指向记录集的顶部
Eof	当值为 True 时，指针指向记录集的底部
Bookmark	记录书签，便于记录定位
Bookmarkable	决定是否具有书签功能
Filter	设置筛选条件，过滤出满足条件的记录
RecordCount	返回记录集对象中的记录数
NoMatch	利用 Find 方法时，如果没有匹配的记录，则为 True

RecordSet 对象的常用方法及其功能见表 8-34。

表 8-34　RecordSet 对象的常用方法及其功能

方法名称	功　能
AddNew	添加新记录
Delete	删除当前记录
Edit	编辑当前记录
FindFirst	查找第一条满足条件的记录
FindLast	查找最后一条满足条件的记录
FindNext	查找下一条满足条件的记录
FindPrevious	查找上一条满足条件的记录
Move	移动记录指针位置
MoveFirst	指针定位在第一条记录
MoveLast	指针定位在最后一条记录
MoveNext	指针定位在下一条记录
MovePrevious	指针定位在上一条记录
Requery	重新执行查询，以便更新记录集对象中的记录

例 8-33　利用 DAO 编程创建一个学生（Student）数据表。其字段有学号（Sno）、姓名（Sname）、性别（Ssex），其中 Sno 为主键。

具体操作步骤如下：

1）在当前的数据库中创建一个窗体。

2）在窗体中创建一个命令按钮控件，将其命名为 Command0。

3）Command0 的“单击”事件过程如下：

```
Private Sub Command0_Click()
    Dim wk As Workspace
    Dim db As Database
    Dim tb As TableDef
    Dim fld As Field
    Dim idx As Index
```

```
    Set wk = DBEngine.Workspaces(0)
    Set db = wk.Databases(0)
    Set tb = db.CreateTableDef("Student")          '创建数据库
    Set fld = tb.CreateField("Sno", dbText, 10)    '创建字段
    tb.Fields.Append fld                           '添加字段
    Set fld = tb.CreateField("Sname", dbText, 10)
    tb.Fields.Append fld
    Set fld = tb.CreateField("Ssex", dbText, 1)
    tb.Fields.Append fld
    Set idx = tb.CreateIndex("IDX")                '创建索引 IDX
    Set fld = idx.CreateField("Sno")               '创建索引字段
    idx.Fields.Append fld                          '添加索引
    idx.Unique = True                              '设置唯一索引
    idx.Primary = True                             '设置主键
    tb.Indexes.Append idx
    db.TableDefs.Append tb                         '添加表
    db.Close
End Sub
```

从以上代码中可以看出，创建字段对象后，必须通过 Append 方法将其添加到 Fields 集合对象中；索引必须添加到 Indexes 集合对象中；创建表后，必须通过 Append 方法将表添加到 TableDefs 集合对象中。

例 8-34 在“教学管理”数据库中使用 RecordSet 对象和 Connection 对象一起创建“课程”记录集，并显示记录数和所有课程的课程名。

```
Dim db As DAO.Database
Dim rs As DAO.Recordset
Dim fld As DAO.Field
Set db = CurrentDb                                 '打开当前数据库
Set rs = db.OpenRecordset("课程")
Debug.Print Format(rs.RecordCount, "共#条记录;共-#条记录") '打印记录数
While Not rs.EOF
    Set fld = rs.Fields("课程名称")                 '取课程名称字段
    Debug.Print fld.Value                          '显示课程名称
    rs.MoveNext                                    '移到下一条记录
Wend
rs.Close                                           '关闭记录集和数据库
db.Close
Set rs = Nothing                                   '释放记录集和数据库
Set db = Nothing
```

Access 的 VBA 中提供了一种 DAO 数据库打开的快捷方式，即 Set dbName = CurrentDB( )，用于绕开模型层次开关的两层集合并打开当前数据库。

例 8-35 如果“课程”表中已经存在课程编号为“CZ007”的记录，则先删除该记录，然后

添加新的记录。

```
Dim db As DAO.Database
Dim rs As DAO.Recordset
Dim fld As DAO.Field
Set db = CurrentDb                         '打开当前数据库
Set rs = db.OpenRecordset("课程", dbOpenDynaset)
rs.FindFirst "课程编号 = 'CZ007'"          '查找课程编号为 CZ007 的记录
If Not rs.EOF Then                         '如果找到,则删除该记录
    rs.Delete
    Debug.Print "记录已删除"
Else
    Debug.Print "未找到记录"
End If
rs.AddNew                                  '添加课程编号为 CZ007 的课程
rs.Fields("课程编号") = "CZ007"
rs.Fields("课程名称") = "数据库系统概论"
rs.Fields("课程类别") = 2
rs.Fields("学分") = 4
rs.Update                                  '更新数据库
Debug.Print                                "记录添加成功"
rs.Close                                   '关闭记录集和数据库
db.Close
Set rs = Nothing                           '释放记录集和数据库
Set db = Nothing
```

8.9.3　ADO 数据库访问技术

ADO 为开发者提供了一个强大的逻辑对象模型，可以通过 OLE DB 系统接口编程方式访问、编辑和更新各种数据源，如 Access、SQL Server、Oracle 等。ADO 最普遍的使用方法就是在关系数据库中查找一个或多个表，然后在应用程序中检索并显示查询结果。

1. ADO 对象模型中的对象

ADO 对象模型所提供的对象及其功能见表 8-35。其中，Connection、Command 和 RecordSet 这 3 个对象是 ADO 对象模型的核心对象。

表 8-35　ADO 对象模型中的对象及其功能

对象名称	功　能
Connection	通过该对象和数据源建立连接
Command	通过该对象对数据源执行特定的命令，对象内容为 SQL 语法
RecordSet	用来处理数据源的所有数据，由记录和字段构成
Record	表示电子邮件、文件或目录
Error	包含有关数据访问错误的详细信息
Parameter	表示与基于参数化查询或存储过程的 Command 对象相关联的参数

（续）

对象名称	功　能
Stream	用来读取或写入二进制数据的数据流
Field	表示使用普通数据类型数据的列
Property	表示由提供者定义的 ADO 对象的动态特性

提示：在 VBA 程序中使用 ADO，必须先添加对 ADO 的引用。方法是，选择 VBE 窗口的“工具”→“引用”命令，在弹出的“引用”对话框中选择“Microsoft ActiveX Data Objects 2.8 Library”复选框。

2. ADO 访问数据库的步骤

在 VBA 中利用 ADO 访问数据库的基本步骤为：首先使用 Connection 对象建立应用程序与数据源的连接，然后使用 Command 对象执行对数据源的操作命令，通常用 SQL 命令。接下来使用 RecordSet、Field 等对象对获取的数据进行查询或更新操作。最后使用窗体中的控件向用户显示操作的结果，操作完成后关闭连接。

（1）数据库连接对象（Connection）

通过 ADO 访问数据库的第一步是建立应用程序与数据库之间的连接。

Connection 使用前必须声明，声明如下：

```
Dim Cn As ADODB.Connection
```

实例化 Connection 对象后才能使用，代码如下：

```
Set Cn = New ADODB.Connection
```

Connection 对象的主要属性和方法见表 8-36。

表 8-36　Connection 对象的主要属性和方法

	名　称	说　明
属性	ConnectionString	用来指定用于设置连接到数据源的信息
	DefaultDatabase	用来指定 Connection 对象的默认数据库。 举例：要连接“教学管理”数据库，可以用如下代码设置 Connection 对象的 DefaultDatabase 属性值： Cn.DefaultDatabase = "教学管理.accdb"
	Provider	指定 Connection 对象的提供者的名称。与 Access 2007 数据库连接，Provider 的属性值为“Microsoft.ACE.OLEDB.12.0”
	State	用于返回当前 Connection 对象打开数据库的状态，如果 Connection 对象已经打开数据库，则该属性值为 adStateOpen（值为 1），否则为 adStateClosed（值为 0）
方法	Close	可以关闭已经打开的数据库，语法格式为连接对象名.Close
	Execute	用于执行指定的 SQL 语句，其语法格式为： 连接对象名.Execute CommandText，RecordsAffected，Options 其中，CommandText 用于指定将执行的 SQL 命令；RecordsAffected 是可选参数，用于返回操作影响的记录数；Options 也是可选参数，用于指定 CommandText 参数的运算方式
	Open	可以创建与数据库的连接，其语法格式如下： 连接对象名.Open ConnectionString，UserID，Password，Options 其中，ConnectionString 为必选项，其他项为可选项

例 8-36　建立与 Access 2010 数据库的连接，包括连接对象的声明、实例化、连接、关闭连接和撤销连接对象。

```
Dim Cn As ADODB.Connection                    '声明连接对象
Set Cn = New ADODB.Connection                 '实例化对象
Cn.Open  "Provider = Microsoft.ACE.OLEDB.12.0;Persist  Security; Info =
False;User ID = Admin;Data Source = d:\access2010\教学管理.accdb;"
Cn.Close                                      '关闭连接
Set Cn = Nothing                              '撤销连接
```

连接对象的 Close 方法不能将对象从内存中清除，但将 Connection 对象设置为 Nothing 可以从内存中清除对象。

使用 Microsoft. ACE. OLEDB. 12. 0 提供程序访问 Access 数据库，需要在计算机上安装微软的数据库连接组件 AccessDatabaseEngine. exe，可以从 https：//www. microsoft. com/zh-cn/download/details. aspx？ id = 13255 下载安装。

（2）数据集对象（RecordSet）

RecordSet 对象用来将记录作为一个组进行查看，指向查询数据时返回的记录集。当和 Connection 对象一起使用时，必须先声明才能使用 RecordSet 对象。RecordSet 对象所指的当前记录均为整个记录集中的单个记录。

RecordSet 对象的主要属性见表 8-37。

表 8-37　RecordSet 对象的主要属性

属　　性	值	说　　明
BOF	True	记录指针在记录表第一条记录前
	False	记录指针不在记录表第一条记录前
EOF	True	记录指针在最后一条记录后
	False	记录指针不在最后一条记录后
EditMode	AdEditNone	指示当前没有编辑操作
	AdEditInProgress	指示当前记录中的数据已被修改但未保存
	AdEditAdd	指示 AddNew 方法已被调用，且复制缓冲区中的当前记录是尚未保存到数据库中的新记录
	AdEditDelete	指示当前记录已被删除
Filter	条件表达式	用于指定记录集的过滤条件，只有满足了这个条件的记录才会显示出来，其语法格式为 RecordSet. Filter = 条件执行下面的代码，将只显示学生表中的男生： Rs. Filter = '性别 = 男'
State	AdStateClosed	默认，指示对象是关闭的
	AdStateOpen	指示对象是打开的
	AdStateConnecting	指示 RecordSet 对象正在连接
	AdStateExecuting	指示 RecordSet 对象正在执行命令
	AdStateFetching	指示 RecordSet 对象的行正在被读取

RecordSet 对象的主要方法见表 8-38。

表 8-38 RecordSet 对象的主要方法

方 法	说 明
MoveFirst	将当前记录移动到 RecordSet 中的第一条记录
MoveLast	将当前记录移动到 RecordSet 中的最后一条记录
MovePrevious	将当前记录向后移动一条记录的位置（向记录集的顶部）
MoveNext	将当前记录向前移动一条记录的位置（向 RecordSet 的底部）
Move	将当前记录移动到指定的位置
NextRecordSet	使用 NextRecordSet 方法返回复合命令语句中下一条命令的结果，或是返回多个结果中的已存储过程结果
Open	使用 RecordSet 对象的 Open 方法可打开代表基本表、查询结果或者以前保存的 RecordSet 中记录的游标
Close	使用 Close 方法可关闭 Connection 对象或 RecordSet 对象以便释放所有关联的系统资源。关闭对象并非将它从内存中删除，可以更改它的属性设置并且在此后再次打开。要将对象从内存中完全删除，可将对象变量设置为 Nothing
Delete	使用 Delete 方法可将 RecordSet 对象中的当前记录或一组记录标记为删除。如果 RecordSet 对象不允许删除记录将引发错误。使用立即更新模式将在数据库中进行立即删除，否则记录将标记为从缓存删除，实际的删除将在调用 UpdateBatch 方法时进行
Update	保存对 RecordSet 对象的当前记录所做的所有更改
CancelUpdate	取消在调用 Update 方法前对当前记录或新记录所做的任何更改

例 8-37 在“教学管理”数据库中使用 RecordSet 对象创建“课程”记录集。

```
Dim rs As ADODB.Recordset       '声明并实例化 RecordSet 对象
Set rs = New ADODB.Recordset
rs.Open "SELECT * FROM 课程", CurrentProject.Connection
                                '使用 RecordSet 对象的 Open 方法打开记录集
Debug.Print rs.GetString        '在立即窗口打印记录集
rs.Close                        '关闭变量 rs
Set rs = Nothing                '销毁变量 rs
```

RecordSet 对象 Open 方法的第一个参数是数据源，数据源可以是表名、SQL 语句、存储过程、Command 对象变量名或记录集的文件名。本例中的数据来源于 SQL 语句。Open 方法的第二个参数是有效的连接字符串或 Connection 对象变量名。

Access 的 VBA 中提供了当前数据库打开的快捷方式，即 CurrentProject. Connection，它指向一个默认的 ADODB. Connection，用户必须使用 CurrentProject. Connection 作为 Connection 对象。如果试图为当前数据库打开一个新的 ADODB. Connection 对象，会收到一个运行时错误，指明该数据库已被锁定。

例 8-38 在“教学管理”数据库中使用 RecordSet 对象和 Connection 对象一起创建“课程”记录集，并显示记录数和所有课程的课程名。

```
Dim cn As ADODB.Connection          '声明 Connection 对象
Dim rs As ADODB.RecordSet           '声明 RecordSet 对象
```

```
Set cn = New ADODB.Connection           '实例化
Set rs = New ADODB.RecordSet            '实例化
Set cn = CurrentProject.Connection      '将 RecordSet 连接到当前数据库
rs.ActiveConnection = cn
rs.CursorLocation = adUseClient
rs.Open "SELECT *  FROM 课程", cn        '打开记录集
Debug.Print Format(rs.RecordCount, "共#条记录;共-#条记录")  '打印记录数
While Not rs.EOF
    Debug.Print rs("课程名称")           '打印课程名称
    rs.MoveNext                         '向后移动一条记录
Wend
rs.Close                                '关闭变量
cn.Close
Set rs = Nothing                        '销毁变量
Set cn = Nothing
```

RecordCount 与游标类型（CursorLocation）有关，如果是客户端游标，记录一次性取到客户端，RecordCount 反映真实的记录数。如果是服务端游标，查询开始不取记录，RecordCount = -1，随着 MoveNext 的执行，会不停取记录到客户端，RecordCount 也会增长，反映已取得的记录数。当全部记录取得后，RecordCount 才反映真实的记录数。

（3）命令对象（Command）

ADO 的 Command 对象是对数据源执行的查询、SQL 语句或存储过程。Command 对象的主要属性及说明见表 8-39。

表 8-39　Command 对象的主要属性及说明

属　性	说　明
ActiveConnection	用来指定当前命令对象属于哪个 Connection 对象。若要为已经定义好的 Connection 对象单独创建一个 Command 对象，必须将其 ActiveConnection 属性设置为有效的连接字符串
CommandText	用于指定向数据提供者发出的命令文本。此文本通常是 SQL 语句，也可以是提供者能识别的任何其他类型的命令语句
State	用于返回 Command 对象的运行状态。如果 Command 对象处于打开状态，则值为 adStateOpen（值为 1），否则为 adStateClosed（值为 0）

Command 对象的重要方法为 Execute，此方法用来执行 CommandText 属性中指定的查询、SQL 语句或存储过程。它的语法结构如下。

以记录集返回的 Command 对象：

```
Set RecordSet = Command.Execute(RecordsAffected,Parameters,Options)
```

不以记录集返回的 Command 对象：

```
Command.Execute RecordsAffected,Parameters,Options
```

参数 RecordsAffected 为长整型变量，返回操作所影响的记录数目；参数 Parameters 为数组，为 SQL 语句传送的参数值；Options 为长整型值，表示 CommandText 的属性类型。这几个参数可选。

例 8-39 在“教学管理”数据库中使用 Command 对象获取“课程”记录集。

```
Dim rs As ADODB.Recordset     '声明并实例化 Command 对象和 RecordSet 对象
Dim cmd As ADODB.Command
Set rs = New ADODB.Recordset
Set cmd = New ADODB.Command
cmd.CommandText = "SELECT *  FROM 课程"    '使用 SQL 语句设置数据源
cmd.ActiveConnection = CurrentProject.Connection
Set rs = cmd.Execute           '使用 Execute 方法执行 SQL 语句,返回记录集
Debug.Print rs.GetString
rs.Close
Set rs = Nothing
Set cmd = Nothing
```

本例中，CommandText 属性设置 SQL SELECT 语句，ActiveConnection 属性指向与当前数据库的连接，Execute 方法将 SQL 语句的运行结果返回给 RecordSet 对象。

（4）字段对象（Field）

ADO 的 Field 对象包含关于 RecordSet 对象中某一列的信息。RecordSet 对象的每一列对应一个 Field 对象。Field 对象在使用前需要声明。Field 对象的 Name 属性用于返回字段名，Value 属性用于查看或更改字段的值。

例 8-40 在“教学管理”数据库中，利用 Field 对象输出记录集中全部字段的字段名和值。

```
Dim rs As ADODB.Recordset        '声明并实例化 RecordSet 对象和 Field 对象
Dim fld As ADODB.Field
Dim i As Integer
Set rs = New ADODB.Recordset
rs.ActiveConnection = CurrentProject.Connection
rs.Open "SELECT *  FROM 课程"
While Not rs.EOF
    For i = 0 To rs.Fields.Count - 1            '遍历所有字段
        Set fld = rs(i)                         'Field 对象指向 i 列
        Debug.Print fld.Name& " = " & fld.Value '输出字段名和值
    Next i
    rs.MoveNext
Wend
rs.Close
Set rs = Nothing
```

例 8-41 如果“课程”表中已经存在课程编号为“CZ007”的记录，则先删除该记录，然后添加新的记录。

```
Dim rs As New ADODB.Recordset        '声明并实例化 RecordSet 对象和 Field 对象
Dim fld As ADODB.Field
Dim i As Integer
rs.ActiveConnection = CurrentProject.Connection
rs.Open "SELECT *  FROM 课程", CurrentProject.Connection, adOpenDynamic,
```

```
adLockOptimistic, adCmdText
    rs.Find "课程编号='CZ007'"          '查找课程编号为 CZ007 的记录
    If Not rs.EOF Then                  '如果找到,则删除该记录
        rs.Delete
        rs.Update
        Debug.Print "记录已删除"
    Else
        Debug.Print "未找到记录"
    End If
    rs.AddNew                          '添加课程编号为 CZ007 的课程
    rs.Fields("课程编号") = "CZ007"
    rs.Fields("课程名称") = "数据库系统概论"
    rs.Fields("课程类别") = 2
    rs.Fields("学分") = 4
    rs.Update                          '更新数据库
    Debug.Print "记录添加成功"
    rs.Close
    Set rs = Nothing
```

8.10　程序调试和错误处理

VBA 代码输入后，在运行过程中不可避免地会出现各种错误。VBA 针对不同错误类型的处理方法是调试错误和错误处理。

8.10.1　程序代码颜色说明

从代码窗口可以看到，程序代码中每一行的每一个单词都有自己的颜色，用户可以从复杂的代码中轻松地辨别出程序的各个部分。代码行中各种颜色所代表的含义如下。

- 绿色：表示注释行，它不会被执行，只用于对代码进行说明。
- 蓝色：表示 VBA 预定义的关键字名。
- 黑色：表示存储数值的内容，如赋值语句、变量名。
- 红色：表示有语法错误的语句。

8.10.2　错误类型

在模块中编写程序代码不可避免地会发生错误。常见的错误主要有 3 种类型。

1. 编译错误

编译错误是在编译过程中发生的错误，可能是程序代码结构引起的错误。例如，遗漏了配对的语句（例如，If 和 End If 或 For 和 Next）、在程序设计上违反了 VBA 的规则（例如，拼写错误或类型不匹配等）。编译错误也可能会因语法错误而引起。例如，括号不匹配，给函数的参数传递了无效的数值等，都可能导致这种错误。

2. 运行错误

运行错误是程序在运行时发生的错误，如数据传递时类型不匹配，数据发生异常和动作发生

异常等。Access 2010 系统会在出现错误的地方停下来，并且将代码窗口打开，光标停留在出错行，等待用户修改。

3. 逻辑错误

VBA 代码运行后，如果没有得到预期的结果，则说明程序存在逻辑错误，例如循环变量的初值和终值设置错误、变量类型不正确、语句代码顺序不正确等。逻辑错误比较隐蔽，不易发现，在所有的错误中占比很大。

8.10.3　程序调试

为避免程序运行错误的发生，在编码阶段要对程序的可靠性和正确性进行测试和调试。VBA 编程环境提供了一套完整的调试工具与调试方法。利用这些工具与方法，可以在程序编码调试阶段快速准确地找到问题所在，使编程人员及时修改与完善程序。

1. “调试”工具栏

在 VBE 环境中，程序的调试主要使用“调试”工具栏或“调试”菜单中的命令来完成，两者功能相同。

VBE 的“调试”工具栏如图 8-25 所示。

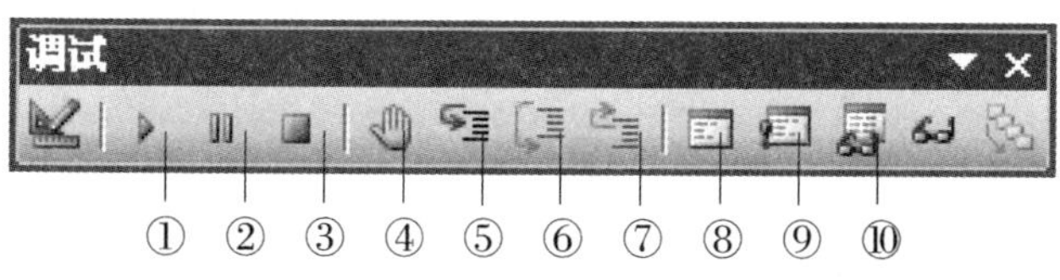

图 8-25 “调试”工具栏

主要功能如下。

①“运行”按钮：运行过程、用户窗体或宏。

②“中断”按钮：用于暂时中断程序的运行。在程序的中断位置会使用“黄色”亮条显示代码行。

③“重新设置”按钮：用于终止程序调试运行，返回代码编辑状态。

④“切换断点”按钮：在当前行设置或清除断点。

⑤“逐语句”按钮（快捷键 F8）：一次执行一句代码。

⑥“逐过程”按钮（组合键 Shift + F8）：在代码窗口中一次执行一个过程。

⑦“跳出”按钮（组合键 Ctrl + Shift + F8）：执行当前执行点处过程的其余行。

⑧“本地窗口”按钮：用于打开“本地窗口”。

⑨“立即窗口”按钮：用于打开“立即窗口”。

⑩“监视窗口”按钮：用于打开“监视窗口”。

2. 设置断点

设置断点指在程序的某个特定语句上设置一个位置点以中断程序的执行。其作用主要是便于更好地观察程序的运行情况。一般来讲，在程序中的适当位置设置了断点后，程序暂停时，就可以在立即窗口中显示程序中各个变量的情况。除了 Dim 语句以外，用户可以在程序的任何地方设置断点。断点的设置和取消有如下 4 种方法。

1）在要设置断点的位置单击左边的断点设置区，当再次单击该处时，取消断点的设置。

2）选择语句行，单击“调试”工具栏上的“切换断点”按钮来设置和取消断点。

3）选择语句行，执行菜单栏中的“调试”→“切换断点”命令来设置和取消断点。

4）选择语句行，按快捷键 F9 来设置和取消断点。

下面以计算1+3+5+…+99的sum过程为例来设置断点调试程序。

在 sum = sum + i 所在的代码行设置一个断点，如图8-26所示。

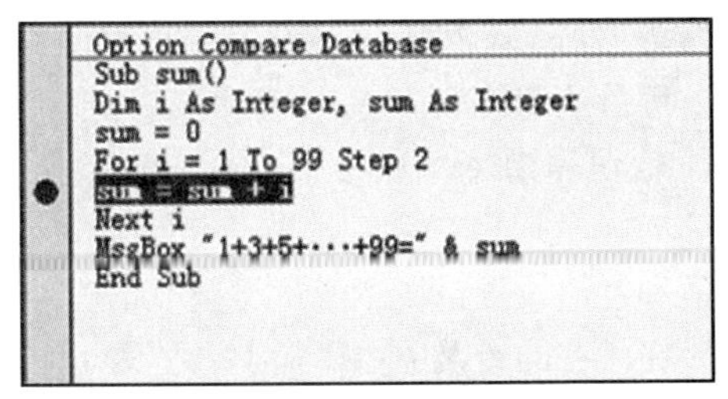

图8-26　设置断点

设置好断点后，运行该过程，运行到断点行时程序会停下来，该代码行以黄色显示。此时查看本地窗口，可观察到当前过程中的所有变量和其当前取值，进而分析查错，如图8-27所示。

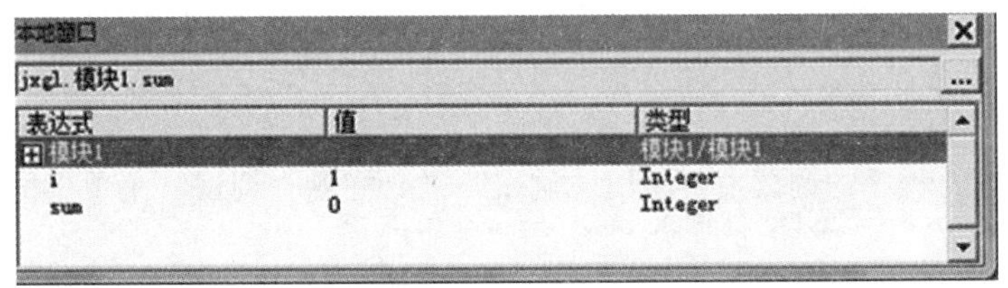

图8-27　本地窗口

3. 单步跟踪

对识别可能产生错误的语句，设置断点有助于问题的解决。但是通常情况下只知道产生错误代码的大致区域，此时可以通过设置断点将问题区域进行隔离，然后用“逐语句”和“逐过程”的调试方法来观察每个语句执行的结果。

单步跟踪可以帮助用户识别发生错误的位置，以及查看代码过程的每一行是否都达到了预期的效果。

具体调试步骤：

1）在设计视图中打开创建的窗体，进入VBE环境。

2）在窗体的代码窗口设置断点，挂起代码的执行。

3）单击“视图 Microsoft Access”按钮，切换至数据库窗口。

4）在窗体视图中打开窗体并运行。

5）系统自动切换至代码窗口，光标停留在断点位置。

此时，可以执行下列操作之一：

如果要单步跟踪每一行代码，包括被调用过程中的代码，可选择“调试”→“逐语句”命令或按F8键。

如果要单步跟踪每一行代码，但将被调用的过程视为一个单元运行，可选择“调试”→“逐过程”命令或按Shift+F8组合键。

4. 设置监视点

具体调试步骤：

1）在代码窗口选择“调试”→“添加监视”命令，弹出图8-28所示的对话框。

2）在“表达式”文本框中输入需要监视的表达式。表达式可以是变量、属性、函数调用，也可以是任何其他有效表达式。

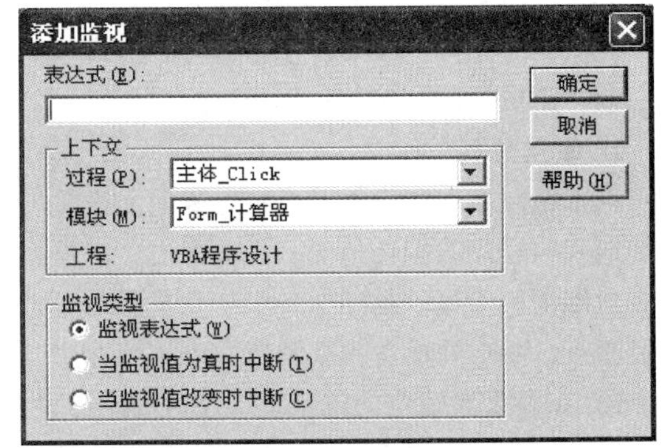

图8-28　“添加监视”对话框

3）如果要选择表达式的取值范围，可在“上下文”区域中选择一个模块和过程，应尽量选择适合需要的最小范围，因为选择全部的程序或模块将减慢代码的执行速度。

4）如果要定义系统如何对监视表达式做出响应，可在“监视类型”区域中选择某个选项。

- 显示监视表达式的值，可选择“监视表达式”单选按钮。
- 如果在表达式的值为 True 时挂起执行，可选择“当监视值为真时中断”单选按钮。
- 如果在表达式的值有所更改时挂起执行，可选择“当监视值改变时中断”单选按钮。

5）运行代码，这时监视窗口将显示所设置的表达式的值。

设置好监视点后，当程序运行到满足监视条件的位置时就会自动暂停运行，此时在监视窗口中可以看到程序运行的结果。

可以为一个程序设置多个断点。

8.10.4 错误处理

所谓错误处理，就是当代码运行时，如果发生错误，可以捕获错误，并按照程序设计者事先设计的方法来处理。使用错误处理的好处是，代码的执行不会中断，如果设定适当，可以让用户感觉不到错误的存在。

错误处理的步骤：设置错误陷阱，编写错误处理代码。

1. 设置错误陷阱

设置错误陷阱是在代码中设置一个捕捉错误的转移机制，一旦出现错误，便无条件转移到指定位置执行。Access 2010 提供了以下几个语句来构造错误陷阱。

（1）On Error GoTo 语句

在遇到错误发生时，该语句控制程序的处理。

语句的使用格式有如下几种。

1）On Error GoTo 标号：在遇到错误发生时，控制程序转移到指定的标号所指位置的代码执行，标号后的代码一般为错误处理程序。

一般来说，“On Error GoTo 标号”语句放在过程的开始，错误处理程序代码会在过程的最后。

2）On Error Resume Next：在遇到错误发生时，系统会不考虑错误，继续执行下一行语句。

3）On Error GoTo 0：用于关闭错误处理。

如果在程序代码中没有执行“On Error GoTo”语句来捕捉错误，或使用“On Error GoTo 0”语句关闭了错误处理，则当程序运行发生错误时，系统会提示一个对话框来显示相应的出错信息。

（2）Err 对象

该语句可返回错误代码。

在程序运行发生错误后，Err 对象的 number 属性返回错误代码。

（3）Error( ) 函数

该函数返回出错代码所在的位置或根据错误代码返回错误名称。

（4）Error 语句

该语句用于错误模拟，以检查错误处理语句的正确性。

在实际编程中，不能期待使用上述错误处理机制来维持程序的正常运行，要对程序的运行操作有预见，采用正确的处理方法，尽量避免运行错误的发生。

2. 编写错误处理代码

错误处理代码是由程序设计者编写的，根据可预知的错误类型决定采取哪种措施。

例 8-42　利用 InputBox 函数输入数据时，在 InputBox 对话框中，如果不输入数据或直接单击“取消”按钮，会产生运行错误，显示错误提示对话框。此时可以使用 On Error Resume Next 语句忽略错误，也可以使用错误处理代码提示用户。

编写代码如下：

```
Private Sub Command0_Click()
  On Error GoTo Errorline
  Dim a As Integer
  a = InputBox("输入数据","提示框")
  MsgBox a
End Sub
Errorline:
  MsgBox"没有输入数据或单击"取消"按钮"              '提示用户的信息
End Sub
```

8.11　小结

VBA 是一种面向对象的程序设计语言。VBA 的基本程序流程控制结构有顺序结构、选择结构和循环结构。在 Access 的 VBE 环境中，利用 VBA 编写代码，可以完成复杂的任务。

模块是 Access 中的重要对象，它以 VBA 语言为基础编写，以过程为单元的集合方式存储。在模块的过程之间互相调用时，可能存在参数传递，传递方式有传值和传址两种。无论编程者如何小心，错误都在所难免，利用调试工具和错误处理的方法可尽量避免错误。

在数据库的实际应用中，要设计功能强大、操作灵活的数据库应用系统，还应当学习和掌握 VBA 的数据库访问技术 DAO 或 ADO。

习　　题

一、选择题

1. 在 Access 中，要让控件实现一定的功能共有 4 种方法，其中（　　）方法对于大部分普通 Access 用户为最好的选择。

A）控件向导　　B）宏　　C）VBA　　D）SQL

2. 在宏设计器中，（　　）列必须选择命令。

A）宏名　　B）操作　　C）参数　　D）注释

3. 要将宏转化为模块，要用 Office 按钮菜单的（　　）命令。

A）另存为　　B）导出　　C）导入　　D）保存

4. 在模块窗口中，（　　）中包括当前模块所隶属的对象。

A）过程框　　B）模块声明　　C）对象框　　D）视图按钮

5. 在 Access 编程中，使用常量和变量时（　　）。

A）常量需要事先定义，而变量不用　　B）变量需要事先定义，而常量不用

C）都需要事先定义　　D）都不需要事先定义

6. 变量名的长度不可以超过（　　）个字符。

A) 32　B) 48　C) 128　D) 255

7. 日期型数据应该在数据的（　　）括起来。

A) 前后各用一个双引号　B) 前后各用一个单引号

C) 前后各用一个圆括号　D) 前后各用一个“#”号

8. 对于语句 Dim x，y，z As Integer，描述正确的是（　　）。

A) 该语句语法错误

B) 该语句显式指定了 3 个 Integer 数据类型的变量

C) 该语句中的 z 被指定为 Integer 数据类型的变量，变量 x、y 自动生成为 Variant 数据类型

D) 该语句中的 x 被指定为 Variant 数据类型，y、z 被指定为 Integer 数据类型

9. VBA 中的赋值语句是（　　）。

A) = 或 Let　B) Store

C) Dim　D) Sub( )…End Sub( )

10. 以下（　　）表达式是错误的。

A) 3 + 5/2　B) 10 + ABS（ -67）

C) LEFT("ABCD",2) + 2　D) #2008-8-8#

11. 定义二维数组 B（2 to 5，4），则该数组的元素个数是（　　）。

A) 16　B) 8　C) 20　D) 24

12. 在 VBA 的编程中，使用逻辑值进行算术运算时，Ture 看作（　　）。

A) 1　B) -1　C) 0　D) 随意数

13. 在对对象进行操作时，（　　）方法用来移动 Form 或控件位置。

A) Drag　B) Move　C) Refresh　D) Set Focus

14. 在 Access 的事件中，（　　）在拖放操作正在进行时发生。

A) DblClick 事件　B) DragDrop 事件

C) DragOver 事件　D) GetFocus 事件

15. 在以下程序代码中：

```
For intchr = 1 to 9
  intchr = intchr + 2
Next intchr
```

循环被执行（　　）次。

A) 3　B) 4　C) 5　D) 6

16. 以下是一个过程中的程序段，请分析出 y 的值为（　　）。

```
y = 0
  For x = 2 TO 5 Step 1
    y = y + 2
  Next x
```

A) 10　B) 6　C) 8　D) 4

17. 执行下面程序后，i 的值是（　　）。

```
Public Sub sumI()
    Dim i As Integer
    i = 6
  Do
```

```
    i = i + 2
  Loop While i < 10
End Sub
```

A) 2　　B) 6　　C) 8　　D) 10

18. 在 VBA 编辑器中，(　　) 用来显示数据库中的所有模块。

A) 模块代码窗口　　B) 立即窗口

C) 模块属性窗口　　D) 工程资源管理器

19. 选择结构和循环结构的作用是（　　）。

A) 提高程序运行速度　　B) 控制程序的流程

C) 便于程序的阅读　　D) 方便程序的调试

20. 函数 iif（0，20，30）的结果是（　　）。

A) 10　　B) 20　　C) 30　　D) 25

21. 在 VBA 中，用实际参数 a 和 b 调用过程 area(m,n)，正确的形式是（　　）。

A) area m，n　　B) area a，b

C) call area(m,n)　　D) call area a，b

22. 设已定义了有参数的函数 s(t)，以实参为 10 调用该函数，并将返回值赋给变量 x，则（　　）是正确的。

A) x = call 10　　B) x = call s(10)　　C) x = s(10)　　D) x = s(t)

23. 变量声明语句 Dim a 表示变量是（　　）。

A) 双精度型　　B) 整型　　C) 长整型　　D) 变体型

24. VBA 语句 Debug. Print "2 * 5" &" = " &2 * 5，执行结果是在“立即窗口”中显示出（　　）。

A) 2 * 5& = &2 * 5　　B) 2 * 5 = 10　　C) 2 * 5 = 2 * 5　　D) 错误

25. 在窗体上添加一个命令按钮，其名称为 Command1，然后编写如下事件过程：

```
Private Sub Command1_Click()
  Dim i As Integer, x As Integer
  For i = 1 To 6
    If i = 1 Then x = i
    If i < = 4 Then
      x = x + 1
    Else
      x = x + 2
    End If
    Next i
  MsgBox x
End Sub
```

程序运行后，单击命令按钮，其输出结果为（　　）。

A) 9　　B) 6　　C) 12　　D) 15

26. 单击命令按钮时，下列程序代码执行后，信息框的结果为（　　）。

```
  Public Sub Proc1(n As Integer, ByVal m As Integer)
    n = n Mod 10
```

```
    m = m \10
End Sub
Private Sub Command1_Click()
  Dim x As Integer, y As Integer
  x = 23 : y = 65
  Call Proc1(x, y)
  MsgBox x&"  "&y
End Sub
```

A) 3　65　　　　B) 23　65　　　　C) 3　60　　　　D) 0　65

二、填空题

1. 模块分“类模块”与“标准模块”，窗体是一种________模块。
2. 模块中的过程以________开头，以________结束。
3. VBA 中使用的程序控制流程有________、________和________ 3 种。
4. 设 a = 2，b = 3，则表达式 a > b 的值是________。
5. For…Next 循环是一种________确定的循环。
6. 模块是存储在一个单元中的 VBA 的声明和________的集合。
7. VBA 中打开窗体的命令语句是________。
8. 在模块中编辑程序时，当某一条命令呈红色时，表示该命令________。
9. 过程有两种：Sub 子过程和________。
10. 为了增强程序的可读性，可以在程序中加入注释，方法是使用一个________，也可以使用 Rem。
11. 在 VBA 中，代码中的错误通常有 3 种：编译错误、运行错误和________。
12. VBA 的错误处理主要使用________语句结构。
13. 某一窗体中有一名称为 Lab1 的标签，Me. Lab1. Visible = false，表示此标签处于________。
14. 下面程序中，要求循环执行 3 次，请填写完整 Do While 语句。

```
Private Sub command1_Click()
  Dim x As Integer
  x = 1
  Do While ____
  x = x + 2
  Loop
End Sub
```

15. 窗体中有一名为 com1 的命令按钮，命令按钮的单击事件过程如下：

```
Private Sub com1_Click
  x = 1
  For n = 1 to 3
    Select Case n
    Case 1,3
        x = x + 1
      Case 2,4
```

```
        x = x + 2
      End Select
    Next n
    MsgBox x
End Sub
```

窗体打开时，单击命令按钮，消息框显示的值是________。

16. 单击一次命令按钮之后，信息框中的结果为________。

```
Private Sub Command1_Click
    S = P(1) + P(2) + P(3) + P(4)
    MsgBox S
End Sub
Public Function P(N As Integer)
  Static Sum
  For i = 1 to n
    Sum = Sum + 1
  Next i
  P = Sum
End Function
```

17. “学生成绩表”包含字段（学号，姓名，数学，外语，专业，总分），下列程序的功能是计算每名学生的总分（总分 = 数学 + 外语 + 专业），请在程序空白处填入适当语句，使程序实现所需要的功能。

```
Private Sub Command1_Click()
  Dim cn As New ADODB.Connection
    Dim rs As New ADODB.Recordset
    Dim zongfen As New ADODB.Field
    Dim shuxue As New ADODB.Field
    Dim waiyu As New ADODB.Field
    Dim zhuanye As New ADODB.Field
    Dim strSQL As String
    Set cn = CurrentProject.Connection
  strSQL = "SELECT * FROM 学生成绩表"
  rs.Open strSQL, cn, adOpenDynamic, adLockPessimistic, adCmdText
  Set zongfen = rs.Fields("总分")
  Set shuxue = rs.Fields("数学")
  Set waiyu = rs.Fields("外语")
  Set zhuanye = rs.Fields("专业")
    Do While ________
zongfen = shuxue + waiyu + zhuanye
rs.Update
________
Loop
```

```
  rs.Close
cn.Close
  Set rs = Nothing
Set cn = Nothing
End Sub
```

三、实验题

1. 创建一个过程，计算 1! +2! +3! +…10!。

2. 在数据库中建立以下模块：

（1）建立标准模块

1）编写一个名为“模块 1”的标准模块，计算球的体积。要求用 InputBox( )函数输入半径 r，MsgBox 语句用来输出体积 V。

2）将上题改为用函数来实现，在“立即窗口”中输出体积 V，命名为“模块 2”。

3）建立“模块 3”，调用函数求 n 的阶乘。

> 提示：①通过输入函数 InputBox( )从键盘上由用户输入球的半径 r，球的体积用如下公式计算：V =4/3 * 3.14 * r^3。最后用 MsgBox 语句输出 V 的值。
>
> ②将上题改为用函数实现，在“立即窗口”中输出体积 V，即把无返回值的 Sub 过程改为有返回值的 Function 函数。在函数的前面要定义返回值的类型，用 Double 来声明。
>
> ③先定义一个 Function，用循环求得形参 n 的阶乘，并将结果返回给函数名，建立“模块 3”。

（2）建立类模块

建立一个名为“计算”的窗体，如图 8-29 所示。当单击“求球的体积”按钮时，调用“模块 1”中的 bulk 子过程；单击“求阶乘”按钮时，调用“模块 3”中的 jc 函数。

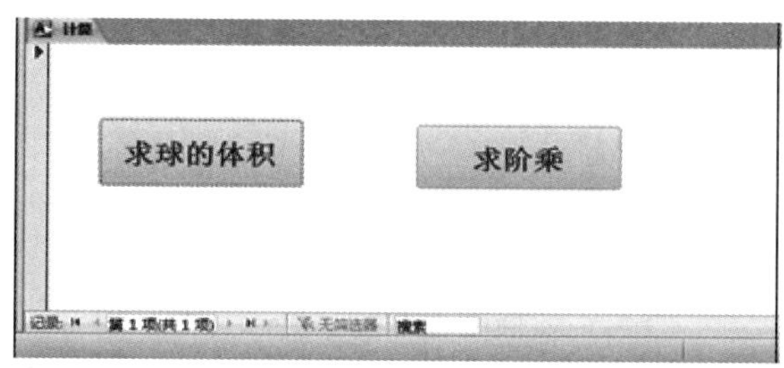

图 8-29 “计算”窗体

> 提示：创建窗体，关闭控件向导，添加两个按钮 Command1、Command2。将两个按钮的标题属性分别改为“求球的体积”和“求阶乘”。为两个按钮分别编写单击事件过程。

第 9 章　数据库安全管理

教学知识点

- Access 2010 的安全功能和机制
- 数据库的压缩和恢复
- 加密数据库与隐藏数据库
- 打包、签名和分发 Access 2010 数据库
- 用户级安全机制
- 信任中心

9.1　Access 2010 的安全功能和机制

随着数据库网络化的发展，数据库安全已经成为一个重要的问题。保障用户数据的安全比建立用户数据更重要。

数据库系统的安全特性主要是针对数据而言的，包括数据独立性、数据安全性、数据完整性、并发控制、故障恢复 5 个方面。

1）数据独立性：包括物理独立性和逻辑独立性两个方面。物理独立性是指用户的应用程序与存储在磁盘上的数据库中的数据是相互独立的；逻辑独立性是指用户的应用程序与数据库的逻辑结构是相互独立的。

2）数据安全性：在操作系统中，对象以文件为存储单位，而数据库支持的应用要求更为严格。比较完整的数据库对数据安全性常采取以下措施：

- 将数据库中需要保护的部分与其他部分相隔。
- 采用授权规则，如账户、口令和权限访问控制方法。
- 对数据加密后存储于数据库。

3）数据完整性：数据完整性包括数据的正确性、有效性和一致性。正确性是指数据的输入值与数据表对应域的类型一样；有效性是指数据库中的理论数值满足现实应用中对该数值段的约束；一致性是指不同用户使用的同一数据的一致性。保证数据的完整性，可防止合法用户使用数据库时向数据库中加入不合法的数据。

4）并发控制：数据库应用实现多用户共享数据时，同时访问数据库就需要实施并发控制操作，排除和避免重复读写、丢失、修改错误的发生，保证数据的正确性。目前，数据库主要采用封锁机制来实现并发控制。

5）故障恢复：所有系统都免不了会发生故障，原因可能是硬件失灵、软件系统崩溃或其他外界因素。运行的突然中断会使数据库处于一个错误的状态，而且故障排除后无法让系统精确地从断点继续执行，这就要求一套故障后的数据恢复机制，保证数据库能够恢复到一致的、正确的状态。所有的数据恢复方法都是基于数据备份的。

数据库安全性保护指的是如何保护一个数据库免受未授权访问和恶意破坏的机制和性能。安全问题一直是计算机系统所面临的重要问题。在数据库系统中集中存放的数据，通常为多用户直

接共享，如何确保数据的安全就显得更加重要了。

数据库安全性涉及的问题很多，如用户的合法性和时效性，网络、计算机硬件、操作系统和物理控制等。除此之外，还有操作上的问题，如密码、审计机制等，都对数据库安全性保护的实现有着重要影响。系统安全保护措施是否有效，是衡量数据库系统性能的一个重要指标。

在 Access 数据库系统中，安全措施通过以下几个方面来设置。

1）设置密码：最简单的方法是为打开的数据库设置密码。设置密码后，打开数据库时将显示要求输入密码的对话框，只有正确输入密码的用户才能打开数据库。在数据库打开后，数据库中的所有对象对用户都是可用的。

2）用户级安全：最灵活、最广泛的方法是设置用户级安全。这种安全需要用户在启动Access时确认自己的身份并输入密码。

3）加密数据库：对数据库进行加密将压缩数据库文件，并使用户无法通过工具程序或字处理程序查看和修改数据库中的保密数据。

Access 2010 提供的安全模型有助于简化将安全配置应用于数据库以及打开已启用安全性的数据库的过程。

Access 2010 的安全功能如下。

1）不启用数据库内容时也能查看数据。在 Access 2003 及以前的版本中，如果将安全级别设置为“高”，则必须先对数据库进行数字签名并信任数据库，然后才能查看数据。从 Access 2007 开始，无须决定是否信任数据库，就可以直接查看数据。

2）更高的易用性。如果将数据库文件放在受信任位置（例如，指定为安全位置的文件夹或网络共享），那么这些文件将直接打开并运行，而不会显示警告消息或要求用户启用任何禁用的内容。此外，如果在 Access 2010 中打开由早期版本所创建的数据库（如 . mdb 或 . mde 文件），并且这些数据库已进行了数字签名，而且已选择信任发布者，那么系统将运行这些文件而不再需要用户判断是否信任它们。

3）信任中心。信任中心是保证 Access 安全的工具，它为设置 Access 的安全提供了一个集中的管理位置。使用信任中心可以为 Access 创建或更改受信任位置并设置安全选项。在 Access 中打开新的和现有的数据库时，这些设置将影响它们的行为。信任中心包含的逻辑还可以评估数据库中的组件，确定打开数据库是否安全，或者信任中心是否应禁用数据库，并让用户判断是否启用它。

4）更少的警告信息。Access 2003 及以前的版本强制用户处理各种报警消息，宏安全性和沙盒模式就是其中的两个例子。在 Access 2010 中，默认的情况下，如果打开一个非信任的 . accdb 文件，将只看到一个称为“消息栏”的工具。

5）使用更强的算法来加密那些使用数据库密码功能的 . accdb 文件格式的数据库。加密数据库将打乱表中数据的排列顺序，有助于防止非法用户读取数据。

6）具有一个禁用数据库运行的宏操作子类。这些更安全的宏具有错误处理功能，用户可以直接将宏嵌入任何窗体、报表或控件属性。

9.2 数据库的压缩和修复

数据库在不断增删数据库对象的过程中会出现碎片，而压缩数据库文件实际上是重新组织文件在磁盘上的存储方式，从而除去碎片，重新安排数据，回收磁盘空间，达到优化数据库的目的。在对数据库进行压缩之前，Access 会对文件进行错误检查，一旦检测到数据库损坏，就会要求修复数据库。在使用“压缩和修复数据库”命令之前，Access 可能会截断已损坏表中的某些数据。开始执行压缩和修复操作之前，可以使用“备份数据库”命令执行备份，这样一旦出现问题，就可以用备份的数据库来恢复此数据。

Microsoft Access 数据库可以修复以下损坏或丢失的情况：

1）Access 数据库中数据表的损坏。

2）有关 Access 文件的 VBA 项目的信息丢失。

3）窗体、报表或模块的损坏。

4）Access 打开特定窗体、报表或模块所需信息的丢失情况。

数据库文件在使用过程中可能会迅速增大，它们有时会影响系统性能，有时也可能被损坏。在 Access 中，可以使用“压缩和修复数据库”命令来防止或修复这些问题。压缩首先可以减小文件大小，因为 Access 是一种文件型数据库，其所有数据存储在一个扩展名为 . accdb 的文件中，随着数据库中数据的增加、修改和删除，数据库文件的体积会不断增长，即使删除了某些数据，实际上文件大小并不会减小。这是由于删除数据时，实际上只是在数据库中标记为“已删除”，然而并未真正删除数据。其次，把数据库的所有数据放在一个磁盘文件上的风险也是较大的，一旦这个文件损坏，可能会造成无法打开数据库文件的麻烦。当因为各种外部原因而导致 Access 文件写入不一致时，将无法再打开这个数据库。特别是存在多个客户端访问同一个数据库的情况时（一般的小型网站，使用 Access 数据库很常见），更容易出现“写入不一致”的情况。因此，修复数据库是一项必要操作。

压缩和修复操作需要以独占方式访问数据库文件。若要在数据库关闭时自动执行压缩和修复，可以选择“关闭时压缩”数据库选项，但设置此选项只会影响当前打开的数据库。对于要自动压缩和修复的所有数据库，必须单独设置此选项。

例 9-1　压缩与修复“教学管理 . accdb”数据库。

步骤如下：

1）打开“教学管理 . accdb”数据库。

2）单击“文件”选项卡，打开“Backstage 视图”，单击左侧窗格中的“信息”，然后在右侧选择“压缩和修复数据库”选项，即可压缩和修复数据库，如图 9-1 所示。

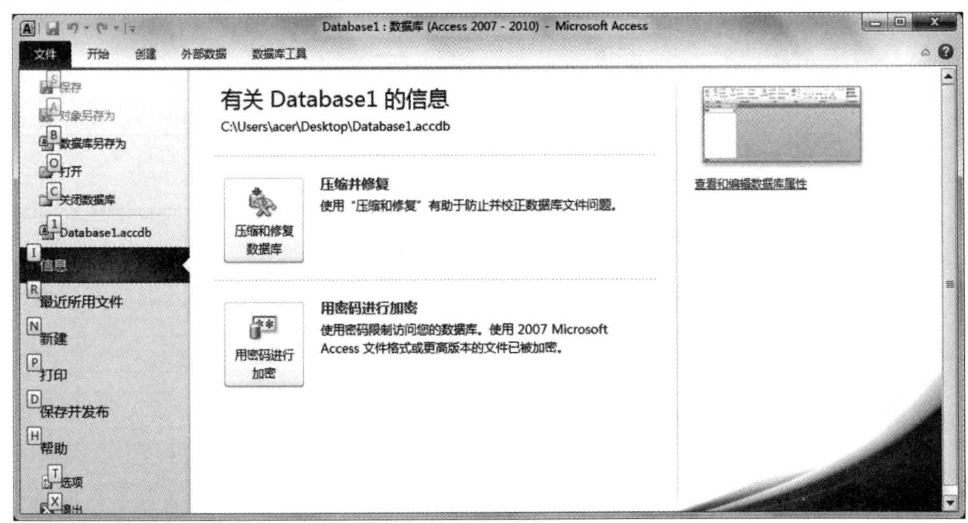

图 9-1　压缩和修复数据库

3）选择“压缩和修复数据库”选项，系统会自动对“教学管理.accdb”数据库进行压缩与修复。

9.3 加密数据库与隐藏数据库

9.3.1 数据库加密

与联网的多用户数据库相比，保护单用户数据库最简单的方法是设置数据库密码。为了给数据库赋予一个密码，用户必须使数据库的使用具有排他性。除了 VBA 代码保护外，还可以给一个账号赋予密码。一旦赋予密码，Access 2010 就对它进行了加密。虽然这种方法是安全的，但它只适用于打开数据库。数据库一旦打开，其中的数据和全部对象都能被用户查看和编辑。

为了设置 Access 数据库密码，要求必须以独占的方式打开数据库。密码可以是字母、数字、空格和符号的任意组合，区分大小写，长度应不小于 8 个字符。但如果选择了高级加密选项，可以使用更长的密码。

为数据库设置用户密码，操作步骤如下：

1）启动 Access 2010。

2）打开“文件”选项卡，选择“打开”命令，通过浏览找到要打开的文件，然后选择数据库。

3）单击“打开”按钮旁边的下拉按钮，选择“以独占方式打开”命令。

4）打开数据库后，选择“文件”选项卡中的“信息”选项，选择“设置数据库密码”命令，打开图 9-2 所示的对话框。

5）在“密码”文本框中输入密码，然后在“验证”文本框中再次输入该密码。

6）单击“确定”按钮，完成数据库密码的设置。

密码设置完成后，再打开加密的数据库时，系统自动弹出“要求输入密码”对话框，如图 9-3所示。只有输入正确的密码后，才能打开数据库。

如果为数据库定义了用户级安全机制，且不具有数据库管理员权限，则不能设置密码。

提示：密码是与数据库一起保存的，将数据库复制或者移动到新位置，密码也随之移动。并且一旦给数据库设置了密码，就必须记住该密码，如果忘记了密码，Microsoft 将无法找回。

图 9-2 “设置数据库密码”对话框

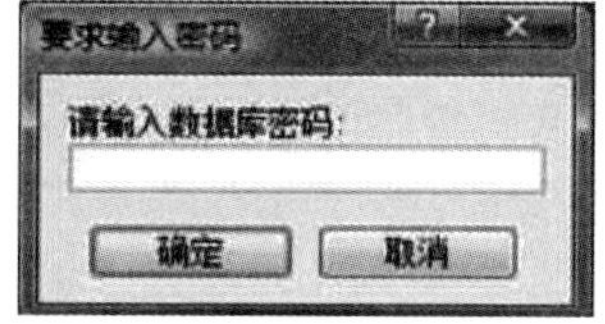

图 9-3 “要求输入密码”对话框

9.3.2 数据库解密

对数据库进行解密将不限制用户对对象的访问。数据库解密是加密的逆过程。如果加密数据库，Microsoft Access 会在加密完成后替换原始数据库。磁盘中应留有足够的磁盘空间，以供原始数据库和加密后的数据库使用。打开并解密数据库的操作步骤如下：

1）像打开其他任何数据库那样打开加密的数据库，随即出现“要求输入密码”对话框。

2）在“请输入数据库密码”文本框中输入密码，然后单击“确定”按钮。

9.3.3　撤销数据库密码

要撤销给数据库设置的密码是非常简单的，首先用独占方式打开数据库后，单击“文件”选项卡中的“信息”选项，选择“撤销数据库密码”命令，打开图9-4所示的“撤销数据库密码”对话框。在“密码”文本框中输入之前为数据库设置好的密码，单击“确定”按钮即可撤销数据库的密码。密码被撤销后，再打开数据库时就不再需要输入密码了。

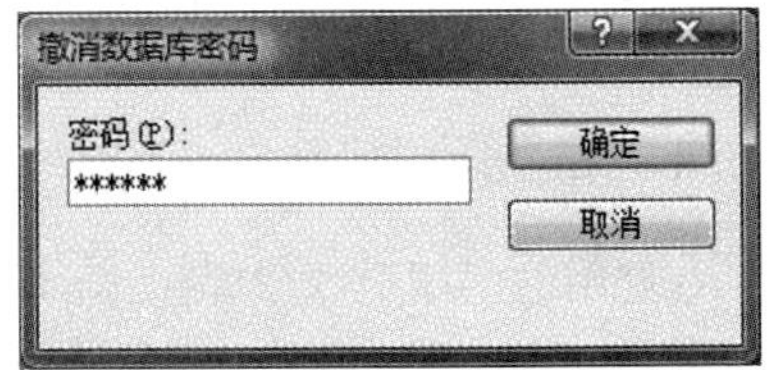

图9-4 “撤销数据库数码”对话框

提示：如果用户要对数据库的密码进行修改，必须先撤销原来的密码，然后重新执行设置数据库密码的操作，输入新的密码。

9.3.4　隐藏数据库

默认情况下，导航窗格为数据库中的对象划分类别，然后将它们进一步划分到组中。例如，“表和相关视图”类别根据数据库中的对象所绑定到的表或与之相关的表将对象分组。如果有一个“学生”表，以及一个使用该表中的数据的窗体和报表，则表、窗体和报表显示在一个称为“客户”的组中。

Access 提供了一系列预定义的组，并允许用户创建自定义组。如果要防止用户打开特定窗体或查看某些表中的数据，可根据需要自定义组，也可以根据需要在预定义和自定义类别中隐藏组，在给定组中隐藏某些对象或所有对象。

操作时要牢记：隐藏的组和对象可以完全不可见，也可以在导航窗格中显示为半透明的不可用图标。这可以通过在“导航选项”对话框中选中“显示隐藏对象”复选框来实现，即设置应用于组和对象。此外，取消隐藏或还原隐藏对象的唯一方式便是设置该选项。“显示隐藏对象”选项作为一个规则，大大简化了隐藏组或对象以及取消隐藏或还原的过程。可以使某个对象只在自己的组中隐藏，也可以通过设置对象的“隐藏”属性，在全局范围（即所有组中）隐藏该对象。若未使用对象或组，或希望限制对对象或组的访问权限，则隐藏对象或组要比删除对象或组更可取。隐藏对象不会更改数据库，也不会破坏数据库的功能；而删除对象或组（即使它看起来是重复的）会导致数据库的部分或所有功能不可用。

1. 将组和对象显示为半透明和不可用状态

1）右击导航窗格顶部的菜单，然后选择“导航选项”命令。

2）在“显示选项”下选中“显示隐藏对象”复选框。

2. 在类别中隐藏组

在导航窗格中右击要隐藏的组的标题栏，然后选择“隐藏”命令。

3. 仅在父组中隐藏一个或多个对象

在导航窗格中右击一个或多个对象，然后选择“在此组中隐藏”命令。

4. 从所有类别和组中隐藏对象

1）右击要隐藏的对象，然后选择“视图属性”命令。此时会出现对话框，显示该对象的属性。

2）选中“隐藏”复选框。

9.4 打包、签名和分发 Access 2010 数据库

如果开发者创建的数据库不是在自己的计算机中使用，而是给别人使用，或者是在局域网中使用，这样就面临着如何把数据库安全地分发给用户的问题。签名是为了保证分发的数据库是安全的。打包的目的是确保在创建该包后数据库没被修改。

使用 Access 2010 可以更方便、更快捷地签名和分发数据库。创建 .accdb 或 .accde 文件后，可以将该文件打包，再将数字签名应用于该包，然后将签名的包分发给其他用户。打包和签名功能会将数据库放在 Access 部署文件（.accdc）中，再对该包进行签名，然后将经过代码签名的包放在指定的位置。以后，用户可以从包中提取数据库，并直接在该数据库中操作，而不是在包文件中操作。

在操作过程中，需要注意以下事项：

1）将数据库打包并对包进行签名是一种传达信任的方式。用户收到包时，可通过签名来确认数据库未经篡改。

2）仅可以在以 .accdc 或 .accde 文件格式保存的数据库中使用“打开并签署”工具。Access 2010 还提供了对使用 Access 2003 及以前版本的文件格式创建的数据库进行签名和分发的工具。但所使用的数字签名工具必须适合于所使用的数据库文件格式。

3）一个包中只能添加一个数据库。

4）该过程将对包含整个数据库的包（而不仅仅是宏或代码模块）进行签名。该过程将压缩包文件，以便缩短下载时间。

5）对于局域网，可以从安装了 SharePoint Service 3.0 服务器上的包文件中提取数据库。

9.5 用户级安全机制

由于多数情况下数据库都采用共享的形式供大量的用户使用，因此还存在访问权限的问题。也就是说，除了防止操作对数据库可能造成的破坏之外，还应该为不同的用户设置不同的访问权限，以规范他们在数据库中的操作。例如，应该禁止非系统管理员接触密码等应被保护的对象。

Access 2007 及以前版本提供了用户级安全机制。但对于使用 Access 2010 新文件格式创建的数据库（.accdb 和 .accde 文件），Access 2010 不提供用户级安全机制。Access 2010 仅在为低版本的 Access 中创建的数据库（如 .mdb 和 .mde 文件）提供用户级安全机制。也就是说，如果在 Access 2010 中打开早期版本创建的数据库，并且该数据库应用了用户级安全机制，则该安全功能对数据库仍然有效。但如果将该数据库转换成新格式，Access 2010 将丢弃原有的用户级安全机制。

鉴于在 Access 2010 中打开早期版本创建的数据库的情况也比较常见，所以下面介绍如何在 Access 2010 中为 Access 早期版本的数据库启动用户级安全机制向导，以及如何使用账户、组、权限等。

在为早期版本数据库设置用户级安全机制时，必须先将与该功能有关的命令释放出来，因为 Access 2010 默认是隐藏这些按钮或工具的。具体操作步骤如下：

1）单击“文件”选项卡，打开“Backstage 视图”，选择“选项”命令，在打开的对话框中选择“快速访问工具栏”选项。

2）在打开的“自定义快速访问工具栏”界面中，在“从下列位置选择命令”下拉列表中选择“‘文件’选项卡”，该选项卡所包含的命令将全部显示在下方的列表框中，如图 9-5 所示。

图 9-5　快速访问工具栏设置

3）分别选中“用户级安全机制向导”“用户与组权限”“用户与组账户”3 个命令，单击“添加”按钮，将它们添加到右边的列表框中，然后单击“确定”按钮即可。

9.5.1　账户、组

组是用户的集合，一个用户可以属于一个或多个组。组内的用户拥有相同的功能权限，可以通过组一次定义组中多个用户的权限。创建一个新用户，并把它加入到该组，它会自动拥有该组的功能权限。

Access 会自动创建两个组：管理员组和用户组。这两个组是永久存在的，不能被删除。系统中的每个用户都属于用户组，而管理员组则是具有所有功能权限的超级用户组。

管理员组中的每个用户都可以添加或删除用户与组账户，可以修改工作组中每个用户或用户组的权限。另外，管理员组的成员还可以删除其他用户账户。

在 Access 2003 或更低版本的 Access 中实施用户级安全机制时，数据库管理员或对象所有者可以控制单个用户或用户组对数据库中的表、查询、窗体、报表和宏执行的操作。

1. 建立用户组

在 Access 2010 中为早期版本数据库建立用户组的操作步骤如下：

1）在 Access 2010 中打开需要创建用户级安全机制的 . mdb 或 . mde 文件，在快速访问工具栏中单击“用户与组账户”按钮，弹出图 9-6 所示的“用户与组账户”对话框，并切换到“组”选项卡。

2）在“名称”下拉列表框中列出了目前所存在的组。如果要建立新的组，只要单击“新建”按钮，就会弹出图 9-7 所示的“新建用户/组”对话框。

3）在“名称”文本框中输入组的名称，在“个人 ID”文本框中输入个人身份标识号码。个人身份标识号由4～20个数字和字母组成，并且区分大小写。

4）单击“确定”按钮，新建的组就会出现在组的列表中。

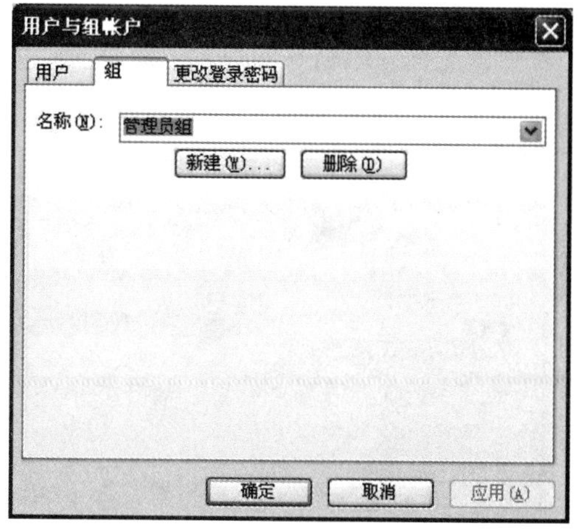

图9-6 “组”选项卡

图9-7 “新建用户/组”对话框

2. 建立新用户

建立新用户的操作步骤如下：

1）在图9-6所示的“用户与组账户”对话框中切换到“用户”选项卡。

2）单击“新建”按钮，打开图9-7所示的“新建用户/组”对话框。

3）在“名称”文本框中输入用户名称，在“个人 ID”文本框中输入个人身份标识号码。单击“确定”按钮，新建的用户就会出现在“用户”选项卡的“名称”下拉列表框中。

4）例如，新建的 mybase 用户默认隶属于“用户组”，如图9-8所示，可以改变刚才所建的组，将用户加入到这个组中。在“可用的组”列表框中选择一个组，然后单击“添加”按钮将用户加入到这个组中。如果要从某个组中删除这个用户，在“隶属于”列表框中选择组，然后单击“移去”按钮即可。

切换到“更改登录密码”选项卡可以设置用户密码，如图9-9所示。用户设置好自己的密码之后要妥善保管，丢失密码将无法进入该早期 Access 版本数据库系统。

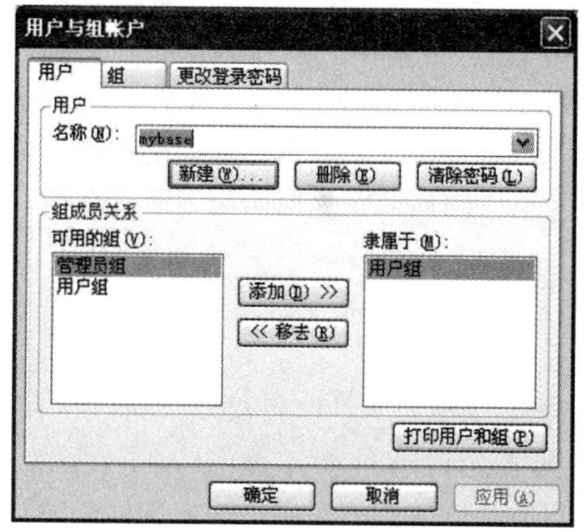

图9-8 “用户”选项卡

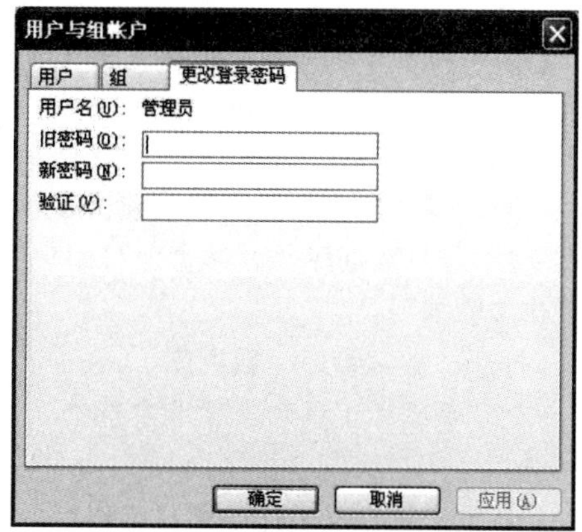

图9-9 “更改登录密码”选项卡

9.5.2　使用权限

在用户级安全机制中，系统为不同的用户设置了不同的权限，用户的任何操作会被限制在其所具有的权限中。权限只能由管理员组成员或拥有管理员权限的用户来设定。如一组用户可以更改数据库中的对象，另一组只能将数据输入到特定表中，还有一组则只能查看一组报表中的数据等。

使用权限的操作步骤如下：

1）在快速访问工具栏中单击“用户与组权限”按钮，弹出“用户与组权限”对话框。例如选择 mybase 管理员，由于还没有分配给其任何权限，此时可以看到该用户对所有操作都不具有任何权限，如图 9-10 所示。

图 9-10 “权限”选项卡

用户的操作权限可以分配给某个用户，也可以分配给某个组。将操作权限分配给某个组时，该组中的所有成员都将享有这些权限。在“列表”选项组中选择要分配的对象是用户还是组。根据“列表”选项组中的选择，在“用户名/组名”列表框中会出现所有的用户或组，选择要进行分配的用户或者组即可。

2）在“对象类型”下拉列表框中选择所要分配的操作权限的对象类型，包括数据库、表、窗体、查询、报表、宏，选择之后将在“对象名称”列表框中列出数据库中所有该类型的对象。选中某个对象，然后在“权限”选项组中选择要赋予的操作权限即可。

9.5.3　设置安全机制向导

Access 中的安全向导工具可以帮助用户保护数据库的安全性。安全向导能够方便地选择要保护的对象，然后创建一个包含所选对象的受保护版本的新数据库。安全向导将当前登录的用户指定为新数据库中的对象的所有者，并删除了原用户组对这些对象的权限。原有的数据库没有任何改变，只有管理员组成员和运行安全向导的用户能够访问新的数据库中的对象。

在使用安全向导时，登录用户必须是管理员组的成员，但不能以管理员身份登录，否则系统会报错。启动安全向导，要以管理员组成员的身份登录，在“数据库工具”选项中选择“管理”选项组，再选择“用户和权限”选项，在下拉列表中选择“用户级安全机制向导”命令。

例 9-2　设置数据库“教学管理”用户级安全机制。

操作步骤如下：

1）打开“教学管理”数据库。

2）在“数据库工具”选项卡中选择“管理”选项组，选择“用户和权限”选项，在下拉列表中选择“用户级安全机制向导”命令，打开“设置安全机制向导”，如图 9-11 所示。向导的第一步，要求用户确定是“新建工作组信息文件”还是“修改当前工作组信息文件”。

3）选择“新建工作组信息文件”单选按钮，单击“下一步”按钮，在弹出的界面中，系统会提示用户输入新文件的文件名、WID 等信息，如图 9-12 所示。

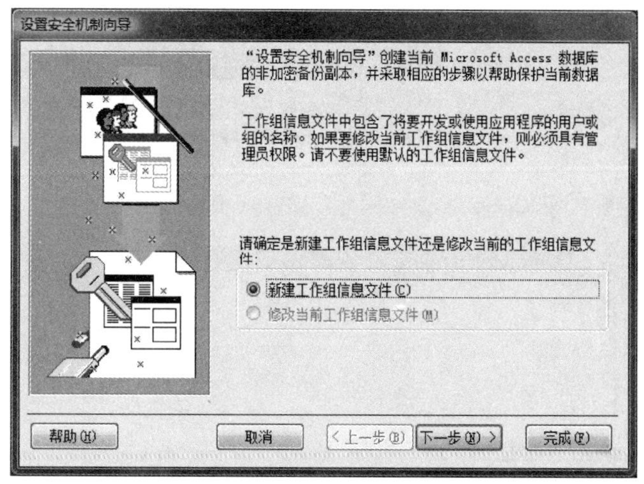

图 9-11 设置安全机制向导

图 9-12 为新的工作组文件指定唯一的名称和 WID

4）系统会自动为用户提供一个由数字和字母构成的长度为 20 的字符串，并且可以任意修改这个值。

5）选择“创建快捷方式，打开设置了增强安全机制的数据库”单选按钮，单击“下一步”按钮。

6）选择要保护的对象，如图 9-13 所示，单击“下一步”按钮。

7）系统提示用户创建安全组账户，如图 9-14 所示。

图 9-14 所示的界面中，工作组信息文件中包含组的功能如下。

- 备份操作员组：可以以独占方式打开数据库以进行备份和压缩操作。
- 完全数据用户组：可以编辑数据，但不能修改设计。
- 完全权限组：拥有对所有数据库对象的完全权限，但不能指定权限。
- 新建数据用户组：可以编辑数据和对象，可以修改表或关系。
- 项目设计者组：可以编辑数据和对象，不能修改表或关系。
- 只读用户组：只能读取数据。

● 更新数据用户组：能够读取和更新数据，但不能插入数据或修改对象的设计。

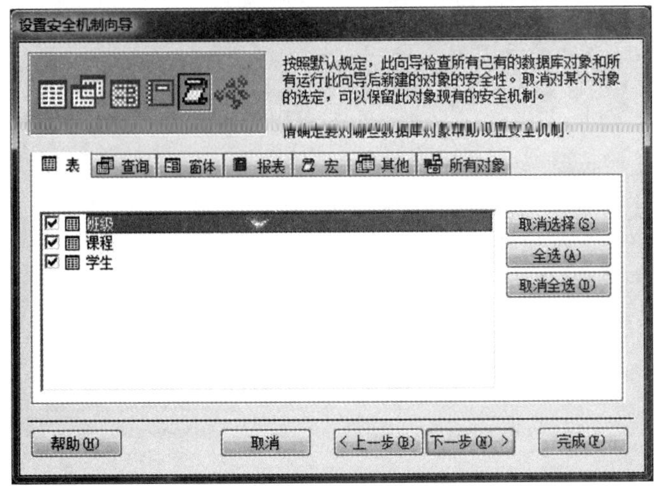

图 9-13　选择要保护的对象

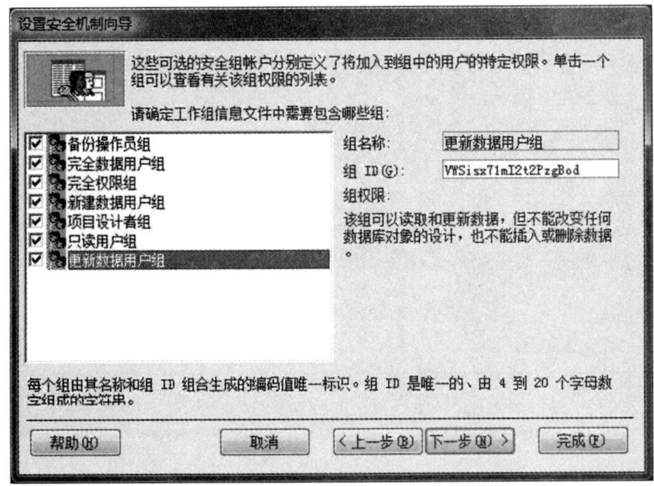

图 9-14　选择数据库中其他的可选安全组

8）选择所有可选的安全组，单击“下一步”按钮，出现权限设置界面，如图 9-15 所示。

若选择“是，是要授予用户组一些权限”单选按钮，将使用户拥有设置数据库中所有对象类型的权限；这里选择“不，用户组不应该具有任何权限”单选按钮，以禁止用户拥有数据库中所有对象类型的权限。

9）单击“下一步”按钮，向工作组信息文件添加用户，如图 9-16 所示。

要添加一个新的用户，必须在相应的文本框中输入用户名和密码，然后单击“〈添加新用户〉”选项。也可以在列表中选择一个用户名称，然后单击“从列表中删除用户”按钮，将该用户删除。单击“下一步”按钮，继续操作。

10）在工作组信息文件中分配用户。如果在前面已经添加了可选的组，那么可以选中相应的复选框，将用户分配给这些组，如图 9-17 所示。要为用户分配权限，可以在“组或用户名称”下拉列表中选中用户，然后选择适当的复选框。系统默认将所有用户都分配到“新建数据用户组”，但创建向导的用户除外，单击“下一步”按钮。

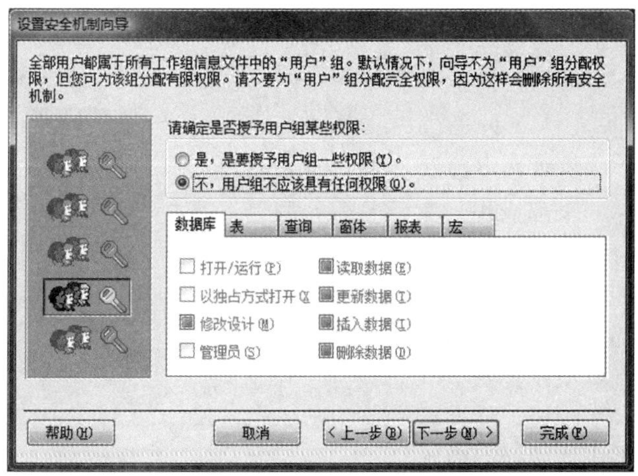

图 9-15　选择是否授予用户某些权限

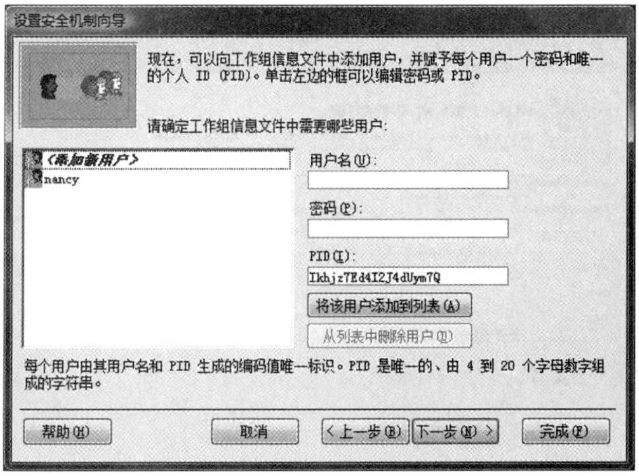

图 9-16　向工作组信息文件中添加用户

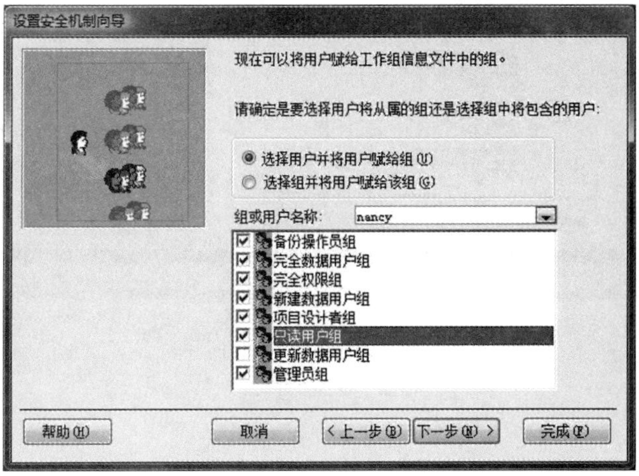

图 9-17　将用户添加到组以获得相应的权限

11）指定名称，完成全部操作。系统要求为旧的、未受保护的数据库指定一个名称，默认名称格式为“当前数据库名 . bak”，图 9-18 所示是“教学管理 . bak”，单击“完成”按钮就可以结束创建新的安全数据库的全部操作。发布受保护的应用程序时，一定要发布由安全向导创建的数据库。

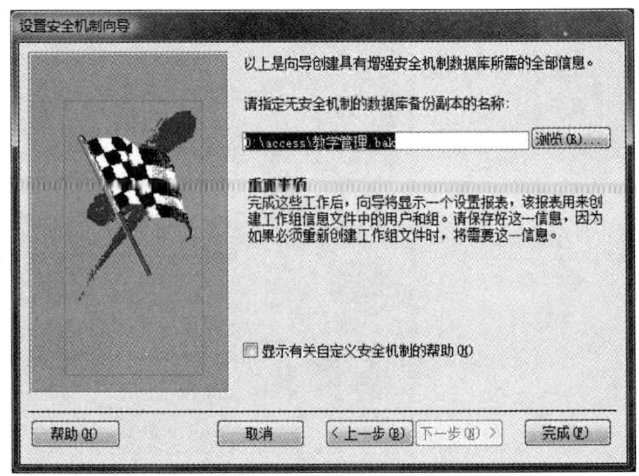

图 9-18　为旧数据库指定一个名称

安全向导完成新数据库的创建后，会生成一张报表——“单步设置安全机制向导报表”，如图 9-19 所示。该报表包含了用户创建工作组信息文件中的用户和组的所有设置。如果修改了原始数据库，用户就需要重新运行安全向导以创建数据库的受保护版本。

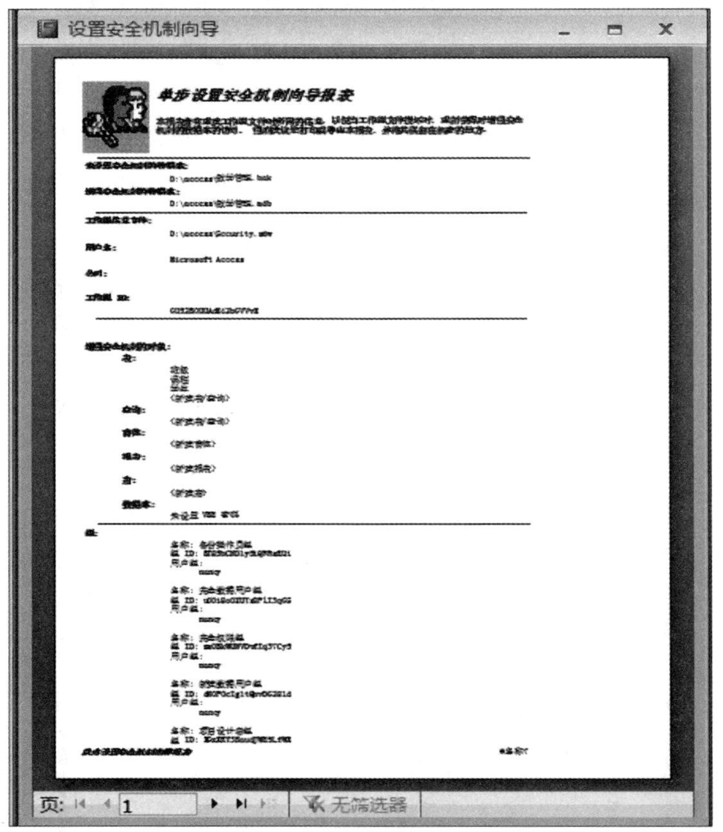

图 9-19　单步设置安全机制向导报表

9.6　信任中心

“信任中心”是一个对话框，它是设置和更改 Access 安全设置的单一位置。通过“信任中心”，不仅可以创建或更改受信任位置，还可以设置 Access 2010 的安全选项。这些设置会影响新数据库和现有数据库在 Access 实例中打开时的行为。此外，“信任中心”中包含的逻辑还可以评估数据库中的组件，并据此确定该数据库是可以被安全打开，还是应由“信任中心”禁用，以便让用户来决定是否要启用它。

数据库打开时，Access 可能会尝试载入加载项（用于扩展 Access 或打开数据库的功能程序），可能还要运行向导，以便在打开的数据库中创建对象。在载入加载项或启动向导时，Access会将证据传递到信任中心，信任中心将做出其他信任决定，并启动或禁用对象或操作。如果信任中心禁用数据库，而用户不同意该决定，那么用户可以使用消息栏来启用相应的内容。加载项是该规则的一个例外。如果在信任中心的“加载项”窗格中选中“要求受信任发行者签署应用程序扩展”复选框，则 Access 将提示启用加载项，但该过程不涉及消息栏。

9.6.1 使用受信任位置中的 Access 2010 数据库

将 Access 数据库放在受信任位置时，所有 VBA 代码、宏和安全表达式都会在数据库打开时直接运行。用户不必在数据库打开时做出信任决定。

使用受信任位置中的 Access 数据库的过程大致分为下面 3 个步骤：

1）使用信任中心查找或创建受信任位置。

2）将 Access 数据库保存、移动或复制到受信任位置。

3）打开并使用数据库。

9.6.2 打开数据库时启用/禁用的内容

默认情况下，如果不信任数据库且没有将数据库放在受信任位置，Access 将禁用数据库中所有可执行的内容。打开数据库时，Access 将禁用该内容，并显示“消息栏”。

与 Access 2003 不同，打开数据库时，Access 2010 不会显示一组模式对话框（需要用户先做出选择，然后才能执行其他操作的对话框）。但是，如果希望 Access 2010 恢复这种早期版本模式，可以添加注册表项并显示旧的模式对话框。

不管 Access 在打开数据库时的模式如何，如果数据库来自可靠的发布者，用户就可以选择启用文件中的可执行组件。

1. 信任数据库

1）在“消息栏”中单击“选项”按钮，将显示“Microsoft Office 安全选项”对话框。

2）选择“启用此内容”，然后单击“确定”按钮。

2. 如果看不到消息栏

在“数据库工具”选项卡的“显示/隐藏”选项组中选择“消息栏”选项。执行这些步骤时，Access 将启用所有禁用的内容（包括潜在的恶意代码），直到关闭数据库。如果恶意代码损坏了数据或计算机，Access 无法弥补。

3. 关闭数据库

单击“文件”选项卡，然后选择“关闭数据库”选项。

重新打开数据库时，消息栏将再次出现。此时，用户可以通过使禁用的内容保持禁用状态或通过隐藏此栏来关闭消息栏。两种操作的效果是相同的，所有禁用的内容都将保持禁用状态。

4. 禁用内容

1）在“消息栏”中单击“选项”按钮，将显示“Microsoft Office 安全选项”对话框。

2）选择“有助于保护我避免未知内容风险（推荐）”，然后单击“确定”按钮，Access 将禁用所有可能存在危险的组件。

5. 隐藏消息栏

单击“消息栏”上方的“关闭”按钮，而不是做出信任决定，“消息栏”即会关闭。

6. 显示消息栏

在“数据库工具”选项卡的“显示/隐藏”选项组中选择“消息栏”选项可显示消息栏。还可以通过关闭然后重新打开数据库的方式显示消息栏。

9.6.3　查找或创建受信任位置并添加数据库

1. 启动信任中心

1）单击“文件”选项卡下的“选项”，不需要打开数据库，即出现“Access 选项”对话框。

2）单击“信任中心”按钮，弹出“Microsoft Office Access 信任中心”对话框，单击“信任中心设置”按钮。

3）单击“受信任位置”按钮，然后可执行下列某项操作：

- 记录一个或多个受信任位置的路径。
- 创建新的受信任位置。单击“添加新位置”按钮，完成“Microsoft Office 受信任位置”对话框中选项的设置。

2. 将数据库放在受信任位置

将数据库文件移动或复制到受信任位置，例如，可以使用 Windows 资源管理器复制或移动文件，也可以在 Access 中打开文件，然后将它保存到受信任位置。

3. 在受信任位置打开数据库

打开文件，可以在 Windows 资源管理器中找到并双击文件，或者如果 Access 处于运行状态，可以通过单击 Office 按钮找到并打开文件。

9.7　小结

数据库安全是一个很重要的问题。Access 2010 提供了经过改进的安全模型。该模型有助于简化将安全配置应用于数据库以及打开已启用安全性的数据库的过程。

本章介绍如何在 Access 2010 中压缩和恢复数据库，加密与隐藏数据库，以及打包、签名和分发数据库。

此外，Access 2010 可为不同的用户设置不同的访问权限，以规范他们在数据库中的操作。还介绍了如何在 Access 2010 中为 Access 早期版本的数据库启动用户级安全机制向导，以及如何使用账户、组、权限等。

“信任中心”是一个对话框，它是设置和更改 Access 安全设置的单一位置。通过“信任中心”，用户不仅可以创建或更改受信任的位置，还可以设置 Access 2010 的安全选项。

习　　题

一、思考题

1. 如何压缩和恢复数据库？
2. 用户级安全机制中有哪些权限？这些权限允许用户进行什么操作？
3. 对 Access 数据库进行加密或解密有哪些要求？
4. 如何设置和撤销数据库的密码？

5. 如何为数据库添加或删除用户？

6. 如何为当前数据库添加或删除组？

7. 如何设置数据库对象的所有者？

8. 如何设置数据库权限？

9. 如何为数据库设置用户级安全机制？

二、选择题

1. 权限只能由（　　）设定。

A）管理员组成员　　B）普通用户

C）拥有管理员权限的用户　　D）A 和 C

2. Access 会自动创建两个组：管理员组和用户组。这两个组是（　　）存在的，不能被删除。

A）临时　　B）永久　　C）随数据库打开　　D）上述都不正确

3. 管理员组中的用户可以对用户与组账户进行（　　）操作。

A）添加　　B）删除　　C）修改权限　　D）上述所有操作

4. 在 Access 2010 中，以（　　）打开要加密的数据库。

A）独占方式　　B）只读方式　　C）一般方式　　D）独占只读方式

5. 工作组是用户、用户组和对象权限的集合，一个工作组文件可以应用于（　　）数据库。

A）当前　　B）所有　　C）以前版本　　D）FoxPro

6.（　　）不是 Access 2010 安全性的新增功能。

A）信任中心

B）使用以往算法加密

C）以新方式签名和分发 Access 2010 格式文件

D）更高的易用性

7. Access 2010 已经取消了以前版本中的（　　）命令来创建一个新的工作组或加入现有工作组。

A）工作组管理员　　B）用户与账户　　C）权限　　D）数据安全

8. 创建工作组时，Access 会自动创建一个名为（　　）的用户。

A）超级管理员　　B）当前操作员　　C）操作员　　D）管理员

9. 管理员组的成员可以（　　）任意用户的密码，非管理员用户只能修改自己的账户密码。

A）修改　　B）恢复　　C）删除　　D）编辑

10. 为用户创建了新密码后，必须（　　）Access 应用程序并重新启动进入 Access，才能使刚才设置的密码生效，仅仅关闭数据库再打开是无法激活密码设置的。

A）退出　　B）最小化　　C）后台运行　　D）最大化

三、实验题

1. 设置“教学管理 . accdb”数据库的密码后撤销设置的密码。

2. 设置“教学管理 . accdb”数据库用户级安全机制。

第 10 章 “教学管理系统”的开发

教学知识点

- 系统开发过程
- 数据库的设计
- 查询设计
- 窗体设计
- 报表设计

进行系统开发是使用数据库管理系统的最终目的。本章是对前面各章知识、技术、方法的综合训练和应用。

本章首先介绍数据库应用系统的一般开发过程，其次以“教学管理系统”的开发过程为实例，介绍具体的开发步骤与细节。

10.1 管理信息系统的一般开发过程

1. 结构化系统开发方法的一般过程

结构化系统开发方法的一般过程包括 5 个阶段：系统规划阶段、系统分析阶段、系统设计阶段、系统实施阶段以及系统维护阶段，如图 10-1 所示。

2. 各阶段的主要任务

（1）系统规划阶段

这是管理信息系统的起始阶段，以计算机为主要手段的管理信息系统是其所在组织的管理系统的组成部分，它的新建、改建或扩建服从组织的整体目标和管理决策活动的需要。这一阶段的主要任务是：根据组织的整体目标和发展战略，确定管理信息系统的发展战略，明确组织总的信息需求、制订管理信息建设总计划，其中包括确定拟建系统的总体目标、功能、大致规模和粗略估计所需资源；根据需求的轻、重、缓、急以及资源和应用环境的约束，把规划的系统建设内容分解成若干开发项目，以分期分批进行系统开发。

（2）系统分析阶段

开发数据库应用系统，系统分析是首先遇到的重要环节，系统分析的好坏决定系统的成败。系统分析做得越好，系统开发的过程就越顺利。

在数据库应用系统开发的分析阶段，要在信息收集的基础上确定系统开发的可行性思路。也就是要求系统开发者通过对将要开发的数据库应用系统的相关信息的收集，确定总需求目标、开发的总体思路及开发所需的时间等。

在数据库应用系统的分析阶段，明确数据库应用系统的总体需求目标是最重要的内容。作为系统开发者，要清楚是为谁开发数据库应用系统，又由谁来使用，由于使用者的不同，开发数据库应用系统的目标和角度也不一样。

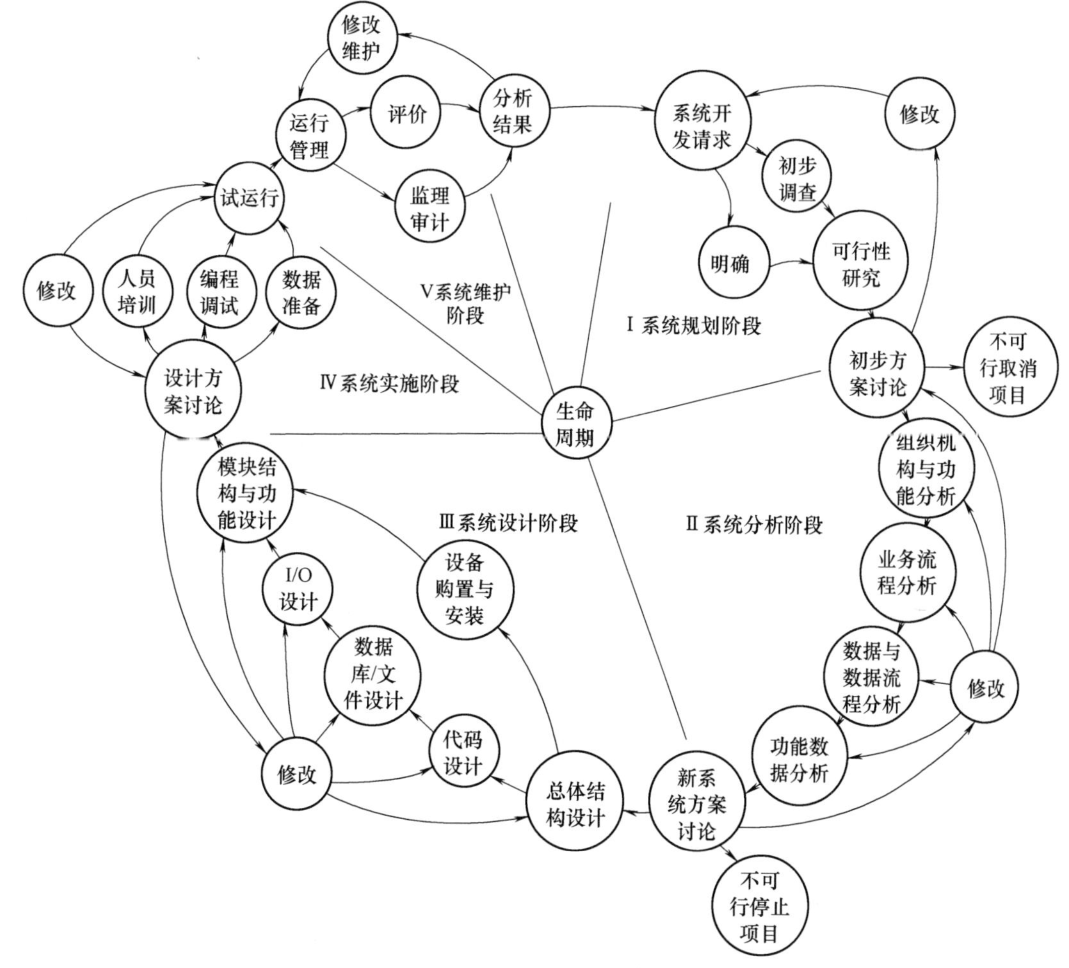

图 10-1 结构化系统开发方法的一般过程

（3）系统设计阶段

在数据库应用系统分析阶段确立的总体目标的基础上，就可以进行数据库应用系统开发的逻辑模型或规划模型的设计。

数据库应用系统开发设计的首要任务，就是对数据库应用系统在全局性基础上进行全面的总体设计，只有认真细致地做好总体设计，才能省时、省力、省资金。而总体设计任务的具体化，就是要确立该数据库系统的逻辑模型的总体设计方案，具体确定数据库应用系统所具有的功能，指明各系统功能模块所承担的任务，特别是要指明数据的输入、输出的要求等。

（4）系统实施阶段

在数据库应用系统开发的实施阶段，主要任务是按系统功能模块的设计方案具体实施系统的逐级控制和各独立模块的建立，从而形成一个完整的数据库应用系统。在建立系统的过程中，要按系统论的思想把数据库应用系统视为一个大的系统，将这个大系统再分成若干相对独立的小系统，保证总控程序能够控制各个功能模块。

在数据库应用系统开发的实施阶段，一般采用“自顶向下”的设计思路和步骤来开发系统，通过系统菜单或系统控制面板逐级控制低一层的模块，确保每个模块完成独立的任务，且受控于系统菜单或系统控制面板。

具体设计数据库应用系统时，要做到每一个模块易维护、易修改，并使每一个功能模块尽量小而简明，使模块间的接口数目尽量少。

（5）系统维护阶段

数据库应用系统建立后，就进入了调试和维护阶段。

在此阶段，要修正数据库应用系统的缺陷，增加新的功能。而测试数据库应用系统的性能尤为关键，不仅要通过调试工具检查、调试数据库应用系统，还要通过模拟实际操作或实际数据验证数据库应用系统，若出现错误或有不适当的地方要及时加以修正。

10.2 “教学管理系统”的系统规划

1. 提出开发请求

某大学是一所综合性大学，学校设有经济学院、艺术学院、信息工程学院、外语学院、会计学院等 11 个学院。学校现有教职工近 1400 人，学生 18000 多人。

学校的主要教学管理工作有：

1）制订全校本专科教学工作计划、各课程教学大纲、教材建设和各种教学文件。

2）编制每学年（期）教学任务安排，包括教师排课、学生选课、教室安排等。

3）学生成绩统计及补考安排。

4）教师工作量统计。

随着信息量的增加、教学管理工作越来越繁杂，手工管理的弊端日益显露，为了提高教学管理的质量和工作效率，实现教学管理的信息化，特开发“教学管理系统”。

2. 可行性分析研究

可行性分析是要分析建立新系统的可能性。可行性主要包括经济可行性、技术可行性和社会可行性。

经济可行性的研究目的是使新系统能达到以最小的开发成本取得最佳的经济效益。需要做投资估算，对开发中的所需人员费用、软硬件支持费用以及其他费用进行估算，并对系统投入使用后带来的经济效益进行估计。

技术可行性研究就是弄清现有技术条件能否顺利完成开发工作，软硬件配置能否满足开发的需要等。

社会可行性研究是指新系统在投入使用后，对社会可能带来的影响进行分析。

软件开发公司对学校的教学管理工作进行了详细调查，在熟悉了教学业务流程之后认为教学管理是一个教学单位不可缺少的部分，教学管理的水平和质量至关重要，直接影响学校的发展。但传统的手工管理方式效率低，容易出错，保密性差。此外，随着时间的推移，将产生大量的文件和数据，给查找、更新和维护带来了不少的困难。使用计算机进行教学管理，其优点是检索迅速、查找方便、可靠性高、存储量大、保密性好、减少错误发生等，可大大提高教学管理的效率和质量。因此，开发“教学管理系统”势在必行，同时，从经济、技术、社会 3 方面分析也是可行的。

10.3 “教学管理系统”的系统分析

教学管理系统的主要使用人员是学校各系的教学管理人员、学生及教师，管理系统管理班级资料、学生资料、教师资料、授课资料和成绩资料等。

1. 学校的主要教学机构

学校的主要教学机构如图 10-2 所示，学校下有若干个学院，各个学院有若干教师和班级，班级又包括若干学生。

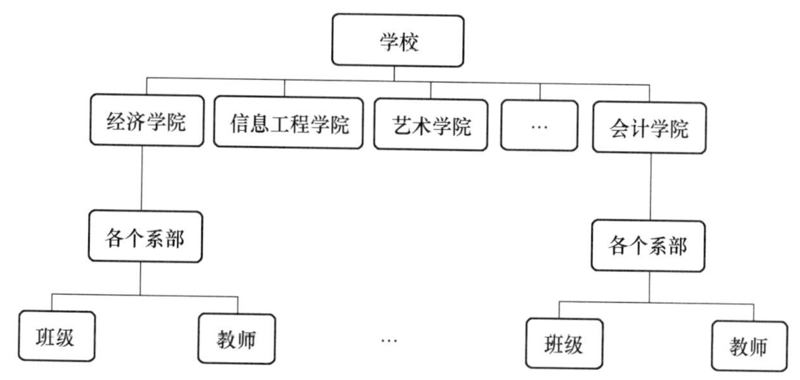

图 10-2　学校的主要教学机构图

2. 教学管理工作流程

教学管理的核心工作流程如图 10-3 所示。各个学院每学期根据教学计划安排教师授课，安排学生选课；学期末登记学生成绩，统计教师工作量；还要进行各类信息的查询和报表打印。

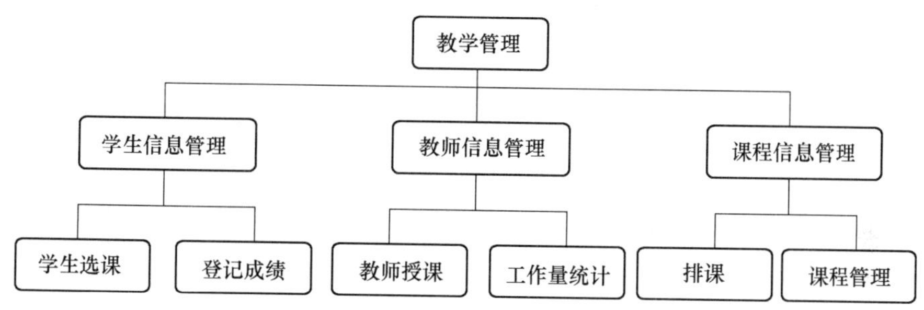

图 10-3　教学管理的核心工作流程

10.4 "教学管理系统"的系统设计

10.4.1 功能模块设计

1. 功能模块的概念设计

根据上述对教学管理业务流程和数据流程的调查分析，可将系统功能设计为图 10-4 所示的功能模块结构。

对每一种信息的管理，都包含信息的登录、信息的浏览、信息的删除等功能。

1）教师模块。对教师的基本信息进行管理；对教师的授课信息进行管理。

2）学生模块。对学生的基本信息进行管理；具备学生信息的查询功能。

3）成绩模块。对学生成绩进行登记、统计管理；具备学生成绩的查询功能。

4）班级模块。对班级的基本信息进行管理、查询。

5）课程模块。对全校所开课程的类别设置、分数设置、学时设置和其他设置进行管理。

实际上，教学管理系统是一个非常复杂的系统，涉及的内容非常多。这里设计的教学管理系统只是一个具备最基本功能的、简单的教学演示系统，实际应用中，系统开发者可以根据具体情况进行扩充和修改。

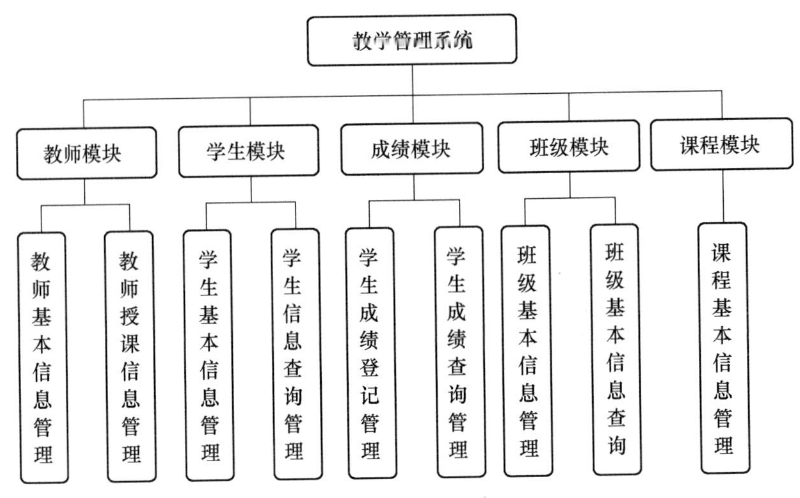

图 10-4　功能模块结构图

2. 功能模块的物理实现

前面讲的数据库应用系统开发的一般过程，其核心内容是设计数据库应用系统的逻辑模型或规划模型，这是数据库系统设计过程的第一步。而这种规划的核心是要设计好系统的主控模块和若干主要功能模块的规划方案，这是设计开发的关键。

在数据库应用系统规划设计中，首先要确定好系统的主控模块及主要功能模块的设计思想和方案。一般的数据库应用系统的主控模块包括系统主窗体、系统登录窗体、控制面板、系统主菜单；主要功能模块的设计包括数据库的设计，数据输入窗体、数据维护窗体、数据浏览、数据查询窗体的设计，统计报表的设计等。

10.4.2　数据库设计

1. 数据库概念设计

（1）确定实体

为了利用计算机完成上述复杂的教学管理任务，必须存储学院、专业、教师、班级、学生、课程、授课、课表、成绩等大量信息，因此，教学管理系统中的实体应包含学院、专业、班级、课程、学生，将课表设计为授课的一个复合属性。

（2）确定实体的属性

教学管理系统的 E-R 图如图 10-5 所示。

（3）确定实体的联系类型

1）每个学院设多个专业，而每个专业只能属于一个学院。

2）每个专业可以设置多个班级，而每个班级只能属于一个专业。

3）每个班级可以开设多门课程，每门课程可以在多个班开设。班级与课程是多对多的联系。

4）每个班级可以有多名学生，而每个学生只能属于一个班级。班级与学生是一对多的联系。

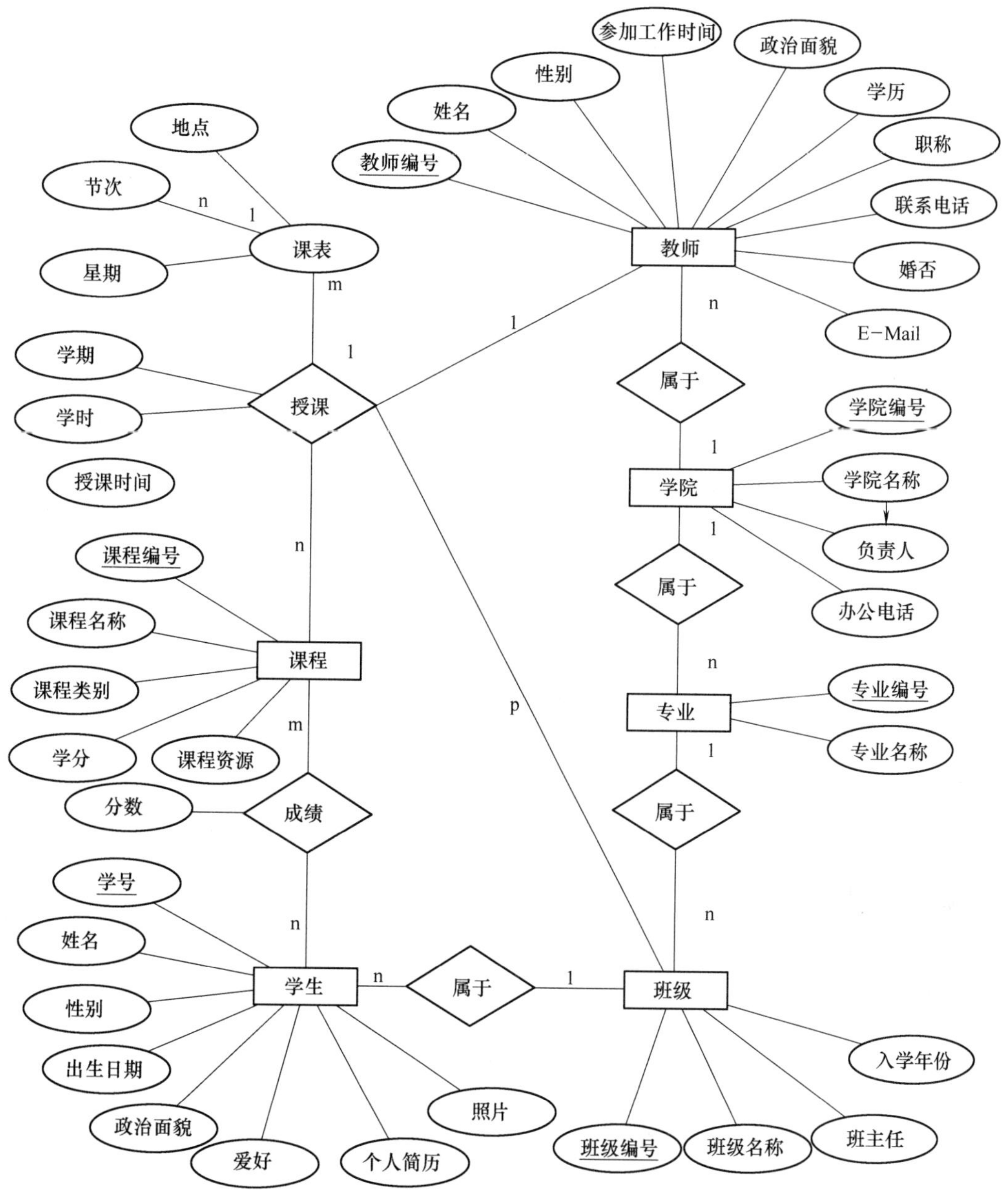

图 10-5　教学管理系统 E-R 图

5）每个学生可以选修多门课程，每门课程可以由多名学生选修。学生与课程是多对多的联系。

6）一个学院有多个教师，每个教师只能属于一个学院。

（4）转换为关系模式

将 E-R 图中的实体和联系转换为关系模式。

学院实体单独转换成一个关系模式。

学院（<u>学院编号</u>，学院名称，负责人，办公电话）

专业实体单独转换成一个关系模式，学院和专业之间的"属于"关系是一对多的联系，因此将学院的主键“学院编号”加入专业关系模式中，作为外键。

专业（专业编号，专业名称，所属学院）

教师实体单独转换成一个关系模式，学院和教师之间的“属于”关系是一对多的联系，因此将学院的主键“学院编号”加入教师关系模式中，作为外键。

教师（教师编号，姓名，性别，参加工作时间，政治面貌，学历，职称，联系电话，婚否，E-mail，所属学院）

班级单独转换成一个关系模式，专业和班级之间的“属于”关系是一对多的联系，因此将专业的主键“专业编号”加入班级关系模式中，作为外键。

班级（班级编号，班级名称，入学年份，班主任，专业编号）

学生实体单独转换成一个关系模式，班级和学生之间的“属于”关系是一对多的联系，因此将班级的主键“班级编号”加入学生关系模式中，作为外键。

学生（学号，姓名，性别，出生日期，政治面貌，照片，爱好，个人简历，班级编号）

课程单独转换成一个关系模式。

课程（课程编号，课程名称，课程类别，学分，课程资源）

教师、班级和课程之间的“授课”联系是多对多的联系，因此单独转换成一个关系模式，并且加入3个实体的键，作为“授课”关系的主键。为了方便引用，为授课增加一个递增字段序号。

授课（序号，班级编号，课程编号，教师编号，学期，学时）

由于课表是复合属性，单独转换成一个关系模式，并加入授课的主键。

课表（序号，授课序号，星期，节次，地点）

学生和课程之间的“成绩”联系是多对多的联系，因此单独转换成一个关系模式，并且加入两端的键，作为成绩关系的主键。

成绩（学号，课程编号，分数）

学生关系中，“班级编号”是外键。

授课关系中，“班级编号”“课程编号”“教师编号”是外键。

成绩关系中，“学号”“课程编号”是外键。

专业关系中，“所属学院”是外键。

教师关系中，“所属学院”是外键。

课表关系中，“授课序号”是外键。

（5）规范化理论的应用

对于转换后的8个关系模式，应按照数据库规范化设计原则检验其好坏。经检验，这8个关系模式符合数据库规范化设计原则。

2. 数据库的物理实现

（1）建立表

根据第三范式的建表原则，将系统所需的数据划分到11个表中，分别是“资料”表、“学院”表、“专业”表、“班级”表、“学生”表、“课程”表、“成绩”表、“教师”表、“授课”表、“课表”表和“操作员”表。

1）“资料”表。“资料”表用于存储其他表中用到的基础资料信息，见表10-1。

表 10-1 "资料"表

列　名	数据类型	宽　度	小　数	不允许空	主　键	外　键
类别	文本	20		√	√	
名称	文本	20		√	√	
顺序号	长整型	4	0			

2）"学院"表。"学院"表记载了学院的详细信息，见表 10-2。

表 10-2 "学院"表

列　名	数据类型	宽　度	小　数	不允许空	主　键	外　键
学院编号	文本	20		√	√	
学院名称	文本	50				
负责人	文本	50				
办公电话	文本	50				

3）"专业"表。"专业"表记载了专业的详细信息，见表 10-3。"专业"表的其他属性见表 10-4。

表 10-3 "专业"表

列　名	数据类型	宽　度	小　数	不允许空	主　键	外　键	行来源	允许多值
专业编号	文本	20		√	√			
专业名称	文本	50						
所属学院	文本	50				√	学院	

表 10-4 "专业"表的其他属性

字　段	项　目	设　置	
所属学院	查阅	显示控件	组合框
		行来源类型	表/查询
		行来源	学院
		绑定列	1
		列数	2
		列宽	2cm；4cm
		允许多值	

4）"班级"表。"班级"表记载了班级的详细信息，见表 10-5。"班级"表的其他属性见表 10-6。

表 10-5 "班级"表

列　名	数据类型	宽　度	小　数	不允许空	主　键	外　键
班级编号	文本	20		√	√	
班级名称	文本	50				
入学年份	长整型					
班主任	文本	50				
专业编号	文本	50				√

表 10-6 “班级”表的其他属性

<table>
<tr><th>字　段</th><th>项　目</th><th colspan="2">设　置</th></tr>
<tr><td rowspan="2">入学年份</td><td>有效性规则</td><td colspan="2">Between 1000 And 9999</td></tr>
<tr><td>有效性文本</td><td colspan="2">年份必须介于 1000 ~ 9990</td></tr>
<tr><td rowspan="7">专业编号</td><td rowspan="7">查阅</td><td>显示控件</td><td>组合框</td></tr>
<tr><td>行来源类型</td><td>表/查询</td></tr>
<tr><td>行来源</td><td>SELECT 专业. 专业编号, 专业. 专业名称, 学院. 学院名称 AS 所属学院 FROM 学院 INNER JOIN 专业 ON 学院. 学院编号 = 专业. 所属学院;</td></tr>
<tr><td>绑定列</td><td>1</td></tr>
<tr><td>列数</td><td>3</td></tr>
<tr><td>列宽</td><td>2cm; 4cm; 4cm</td></tr>
<tr><td>允许多值</td><td></td></tr>
</table>

5）“学生”表。“学生”表记载了每个学生的详细信息，见表 10-7。“学生”表的其他属性见表 10-8。

表 10-7 “学生”表

列　名	数据类型	宽　度	小　数	不允许空	主　键	外　键
学号	文本	20		√	√	
姓名	文本	50		√		
性别	文本	2				
出生日期	日期/时间					
政治面貌	文本	50				
照片	附件					
爱好	文本	255				
个人简历	备注					
班级编号	文本	20				√

表 10-8 “学生”表的其他属性

<table>
<tr><th>字　段</th><th>项　目</th><th colspan="2">设　置</th></tr>
<tr><td rowspan="8">政治面貌</td><td>默认值</td><td colspan="2">群众</td></tr>
<tr><td rowspan="7">查阅</td><td>显示控件</td><td>组合框</td></tr>
<tr><td>行来源类型</td><td>表/查询</td></tr>
<tr><td>行来源</td><td>SELECT 资料. 名称 FROM 资料 WHERE (((资料. 类别) = "政治面貌")) ORDER BY 资料. 顺序号;</td></tr>
<tr><td>绑定列</td><td>1</td></tr>
<tr><td>列数</td><td>1</td></tr>
<tr><td>列宽</td><td>自动</td></tr>
<tr><td>允许多值</td><td></td></tr>
</table>

（续）

<table>
<tr><th>字　段</th><th>项　目</th><th colspan="2">设　置</th></tr>
<tr><td rowspan="7">爱好</td><td rowspan="7">查阅</td><td>显示控件</td><td>组合框</td></tr>
<tr><td>行来源类型</td><td>表/查询</td></tr>
<tr><td>行来源</td><td>SELECT 资料．名称 FROM 资料 WHERE (((资料．类别) = "爱好")) ORDER BY 资料．顺序号;</td></tr>
<tr><td>绑定列</td><td>1</td></tr>
<tr><td>列数</td><td>1</td></tr>
<tr><td>列宽</td><td>自动</td></tr>
<tr><td>允许多值</td><td>√</td></tr>
<tr><td>个人简历</td><td>文本格式</td><td colspan="2">格式文本</td></tr>
<tr><td rowspan="7">班级编号</td><td rowspan="7">查阅</td><td>显示控件</td><td>组合框</td></tr>
<tr><td>行来源类型</td><td>表/查询</td></tr>
<tr><td>行来源</td><td>SELECT 班级．班级编号,班级．入学年份,班级．班级名称,专业．专业名称,学院．学院名称 FROM 学院 INNER JOIN (专业 INNER JOIN 班级 ON 专业．专业编号 = 班级．专业编号) ON 学院．学院编号 = 专业．所属学院;</td></tr>
<tr><td>绑定列</td><td>1</td></tr>
<tr><td>列数</td><td>5</td></tr>
<tr><td>列宽</td><td>2cm; 2cm; 4cm; 4cm; 4cm</td></tr>
<tr><td>允许多值</td><td></td></tr>
</table>

6）"课程"表。"课程"表记载了所有课程的详细信息，见表 10-9。"课程"表的其他属性见表 10-10。

表 10-9 "课程"表

列名	数据类型	宽度	小数	不允许空	主键	外键
课程编号	文本	20		√	√	
课程名称	文本	50		√		
课程类别	文本	50				
学分	长整形					
课程资源	超链接					

表 10-10 "课程"表的其他属性

<table>
<tr><th>字　段</th><th>项　目</th><th colspan="2">设　置</th></tr>
<tr><td rowspan="7">课程类别</td><td rowspan="7">查阅</td><td>显示控件</td><td>组合框</td></tr>
<tr><td>行来源类型</td><td>表/查询</td></tr>
<tr><td>行来源</td><td>SELECT 资料．名称 FROM 资料 WHERE (((资料．类别) = "课程类别")) ORDER BY 资料．顺序号;</td></tr>
<tr><td>绑定列</td><td>1</td></tr>
<tr><td>列数</td><td>1</td></tr>
<tr><td>列宽</td><td>自动</td></tr>
<tr><td>允许多值</td><td></td></tr>
</table>

7）“成绩”表。“成绩”表记载了所有学生的成绩信息，见表 10-11。“成绩”表的其他属性见表 10-12。

表 10-11 “成绩”表

列　名	数据类型	宽　度	小　数	不允许空	主　键	外　键
学号	文本	20		√	√	√
课程编号	文本	20		√	√	√
分数	长整型	4	0			

表 10-12 “成绩”表的其他属性

字　段	项　目	设　置
分数	有效性规则	> =0 And < =100
	有效性文本	分数必须介于 0～100 之间

8）“教师”表。“教师”表记载了教师的详细信息，见表 10-13。“教师”表的其他属性见表 10-14。

表 10-13 “教师”表

列　名	数据类型	宽　度	小　数	不允许空	主　键	外　键
教师编号	文本	20		√	√	
姓名	文本	50		√		
性别	文本	2				
参加工作时间	日期/时间					
政治面貌	文本	50				
学历	文本	50				
职称	文本	50				
联系电话	文本	50				
婚否	是/否					
E-Mail	文本	50				
所属学院	文本	50				√

表 10-14 “教师”表的其他属性

<table>
<tr><th>字　段</th><th>项　目</th><th colspan="2">设　置</th></tr>
<tr><td rowspan="8">政治面貌</td><td>默认值</td><td colspan="2">群众</td></tr>
<tr><td rowspan="7">查阅</td><td>显示控件</td><td>组合框</td></tr>
<tr><td>行来源类型</td><td>表/查询</td></tr>
<tr><td>行来源</td><td>SELECT 资料 . 名称 FROM 资料 WHERE (((资料 . 类别) = "政治面貌")) ORDER BY 资料 . 顺序号;</td></tr>
<tr><td>绑定列</td><td>1</td></tr>
<tr><td>列数</td><td>1</td></tr>
<tr><td>列宽</td><td>自动</td></tr>
<tr><td>允许多值</td><td></td></tr>
</table>

（续）

字　段	项　目	设　置	
学历	默认值	本科	
	查阅	显示控件	组合框
		行来源类型	表/查询
		行来源	SELECT 资料.名称 FROM 资料 WHERE (((资料.类别)="学历")) ORDER BY 资料.顺序号;
		绑定列	1
		列数	1
		列宽	自动
		允许多值	
职称	默认值	讲师	
	查阅	显示控件	组合框
		行来源类型	表/查询
		行来源	SELECT 资料.名称 FROM 资料 WHERE (((资料.类别)="职称")) ORDER BY 资料.顺序号;
		绑定列	1
		列数	1
		列宽	自动
		允许多值	
婚否	查阅	显示控件	复选框
所属学院	查阅	显示控件	组合框
		行来源类型	表/查询
		行来源	学院
		绑定列	1
		列数	2
		列宽	2cm；4cm
		允许多值	

9）"授课"表。"授课"表记载了每个班级每学期的授课信息，见表10-15。"授课"表的其他属性见表10-16。

表10-15 "授课"表

列　名	数据类型	宽　度	小　数	不允许空	主　键	外　键
序号	自动编号					
课程编号	文本	20		√	√	√
班级编号	文本	20		√	√	√
教师编号	文本	20		√	√	√
学期	文本	50				
学时	长整型					

表 10-16 “授课”表的其他属性

字　段	项　目	设　置	
课程编号	查阅	显示控件	组合框
		行来源类型	表/查询
		行来源	课程
		绑定列	1
		列数	2
		列宽	自动
		允许多值	
班级编号	查阅	显示控件	组合框
		行来源类型	表/查询
		行来源	班级
		绑定列	1
		列数	3
		列宽	3cm；2cm；5cm
		允许多值	
教师编号	查阅	显示控件	组合框
		行来源类型	表/查询
		行来源	教师
		绑定列	1
		列数	2
		列宽	自动
		允许多值	
学期	查阅	显示控件	组合框
		行来源类型	表/查询
		行来源	SELECT DISTINCT 授课.学期 FROM 授课;
		绑定列	1
		列数	1
		列宽	自动
		允许多值	

10）“课表”表。“课表”表记载了每个授课的时间、地点等信息，见表 10-17。“课表”表的其他属性见表 10-18。

表 10-17 “课表”表

列　名	数据类型	宽　度	小　数	不允许空	主　键	外　键
序号	自动编号			√	√	
授课序号	长整型	20		√		√
星期	文本	20				
节次	文本	20				
地点	文本	50				

表 10-18 “课表”表的其他属性

字　段	项　目	设　置	
星期	查阅	显示控件	组合框
		行来源类型	表/查询
		行来源	SELECT 资料 . 名称 FROM 资料 WHERE (((资料 . 类别) = "星期")) ORDER BY 资料 . 顺序号;
		绑定列	1
		列数	1
		列宽	自动
		允许多值	
节次	查阅	显示控件	组合框
		行来源类型	表/查询
		行来源	SELECT 资料 . 名称 FROM 资料 WHERE (((资料 . 类别) = "节次")) ORDER BY 资料 . 顺序号;
		绑定列	1
		列数	1
		列宽	自动
		允许多值	√
地点	查阅	显示控件	组合框
		行来源类型	表/查询
		行来源	SELECT DISTINCT 课表 . 地点 FROM 课表;
		绑定列	1
		列数	1
		列宽	自动
		允许多值	

11）“操作员”表。“操作员”表记载了每个操作员的编码、名称和密码等信息，见表 10-19。

表 10-19 “操作员”表

列　名	数据类型	宽　度	小　数	不允许空	主　键	外　键
编码	文本	20		√	√	
名称	文本	20		√		
密码	文本	20				

（2）建立表间关系

“班级”表和“学生”表按照“班级编号”字段建立一对多联系，“编辑关系”对话框如图 10-6所示。“学生”表和“成绩”表按照“学号”字段建立一对多联系，“学院”表和“专业”表按照“学院编号”建立一对多联系，“专业”表和“班级”表按“专业编号”建立一对多联系，“课程”表和“成绩”表按照“课程编号”建立一对多联系，“班级”表和“授课”表按照“班级编号”建立一对多联系，“课程”表和“授课”表按照“课程编号”建立一对多联系，“教师”表和“授课”表按照“教师编号”建立一对多联系，“授课”表和“课表”表按照“授课序号”建立一对多联系。

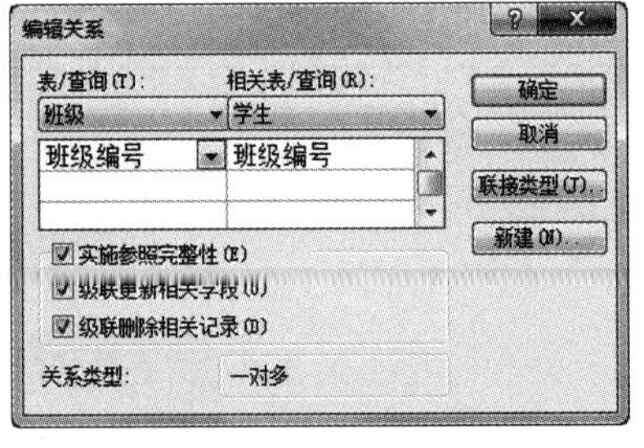

图 10-6 “编辑关系”对话框

表间关系如图 10-7 所示。

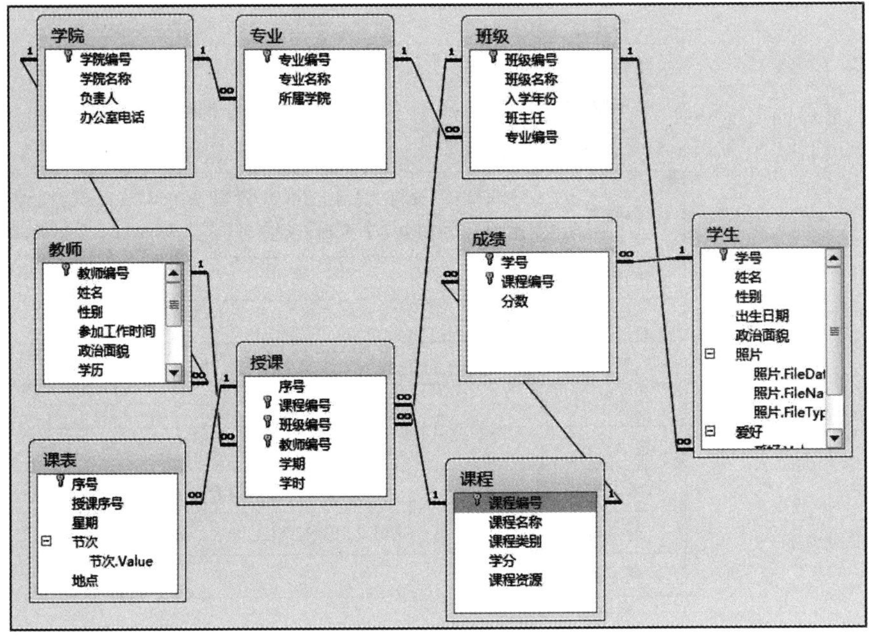

图 10-7　表间关系

10.5 “教学管理系统”的系统实施

10.5.1　查询的设计与实现

1. 成绩查询

成绩查询的设计过程如下：

1）选择“在设计视图中创建查询”。

2）分别添加“学生”表、“课程”表和“成绩”表。

3）在“学生”表和“成绩”表之间按照“学号”字段建立关联，在“课程”表和“成绩”表之间按照“课程编号”字段建立关联，如图 10-8 所示。

4）依次选择“学生”表中的“学号”“姓名”字段，“课程”表中的“课程名称”字段，“成绩”表中的“分数”字段。

5）在查询类型中选择“交叉表查询”。

6）其他字段的“总计”行选择“Group By”，在“分数”字段的“总计”行选择“合计”。

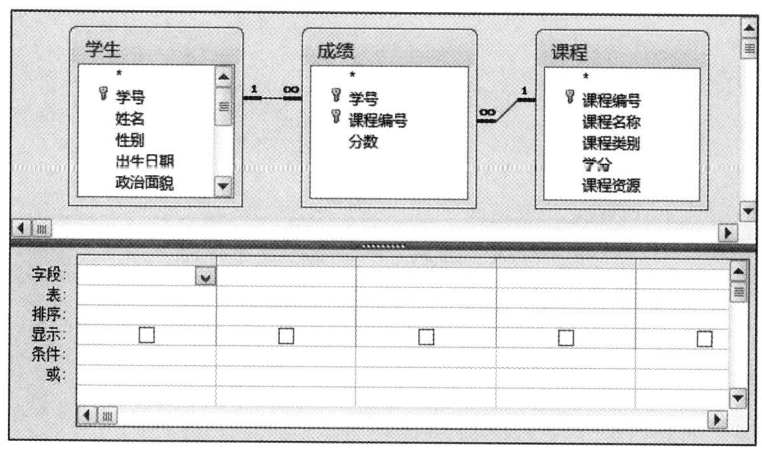

图 10-8 建立各表之间的关联

7）将“学号”“姓名”“课程名称”“分数”字段的“交叉表”行分别设置为行标题、行标题、列标题、值，如图 10-9 所示。

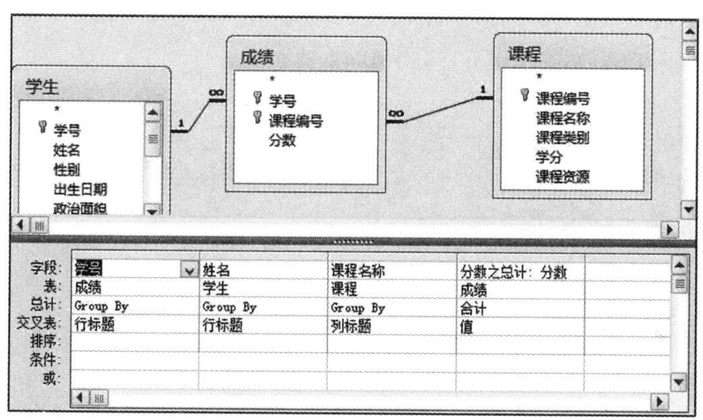

图 10-9 设置字段属性

8）保存查询并命名为“成绩查询”。

9）运行该查询，界面如图 10-10 所示。

学号	姓名	C语言程序i	财经应用文	大学英语	法律基础	会计学基础	计算机基础
20100701010	王海	71	78	78	56	99	6
20100701010	张敏	85	90	58	78	75	8
20100701010	李正军	77	75	85	64	80	8
20100701010	王芳	68	66	77	58	85	6
20100701010	谢聚军	56	98	68	63	74	9
20100701010	王亮亮	58	77	68	58	95	7
20100701010	陈杨	92	92	55	70	92	7
20100701010	何苗	99	65	75	67	73	8
20100701010	韩纪锋	84	70	61	94	79	7
20100701011	张华桥	56	59	81	79	90	8
20100701020	李明	77	81	60	94	62	7
20100701020	王国庆	65	58	56	96	89	7
20100701020	王静	64	70	79	95	95	6
20100701020	高雅芳	62	57	72	61	93	7
20100701020	陈尉	76	73	91	88	80	9
20100701020	张家宇	57	74	66	90	60	8

图 10-10 运行查询后的界面

2. 课表查询

课表查询的设计过程如下：

1）选择“在设计视图中创建查询”。

2）分别添加“课程”表、“教师”表、“班级”表、“授课”表、“课表”表和“资料”表。

3）将“资料”表的别名设置为“节次”。

4）在“课表”表和“节次”表之间按照“课程”表的“节次 . Value”和“节次”表的“名称”之间建立关联，如图 10-11 所示。

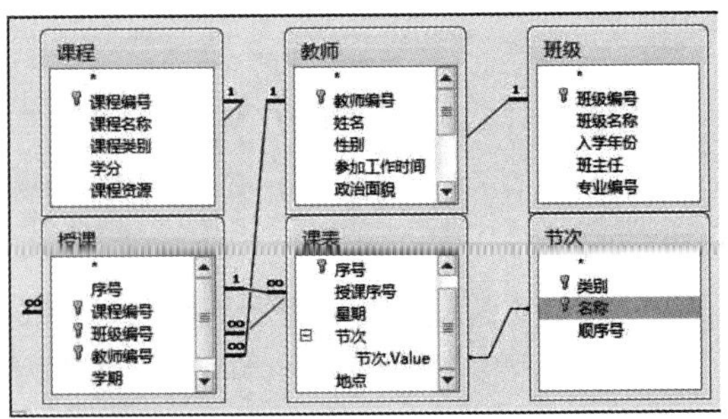

图 10-11　建立表间关联

5）更改查询类型为“交叉查询”。

6）依次选择“授课”表中的“学期”和“班级编号”字段，“交叉表”全部设置为“行标题”，“排序”设置为“升序”；选择“班级”表中的“班级名称”字段，“交叉表”设置为“行标题”；选择“节次”表中的“顺序号”字段，并设置节次号的别名为“节次顺序”，“交叉表”设置为“行标题”，“排序”设置为“升序”；选择“课表”表中的“节次 . Value”字段，“交叉”表设置为“行标题”；选择“课表”表中的“星期”字段，“交叉表”设置为“列标题”；在最后一列输入表达式“课程名称之最大值：Max([课程].[课程名称] + " [" + [课表].[地点] + "]")”，将该列的“总计”行设置为“Expression”，“交叉表”设置为“值”，如图 10-12 所示。

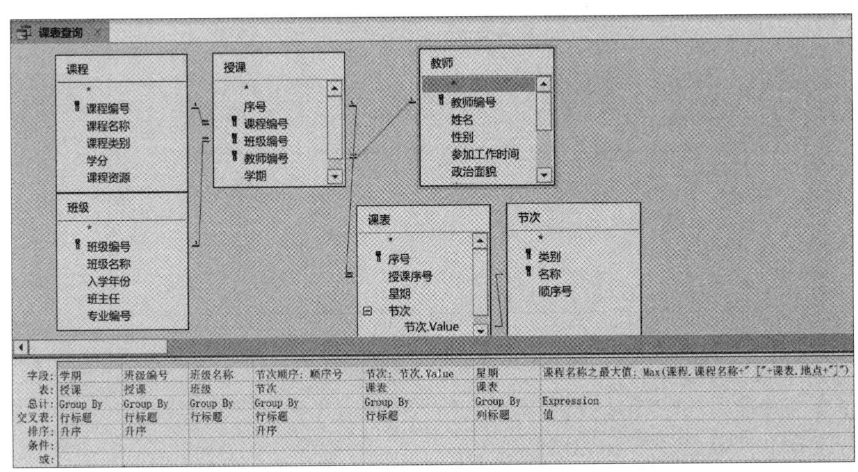

图 10-12 “查询设计”窗体

7）保存查询并命名为“课表查询”。

8）运行该查询，界面如图 10-13 所示。

授课. 学期	授课. 班级编号	班级. 班级名称	节次顺序	节次
2011-2012学年第二学期	2010090101	会计学2010级1班	1	第一节
2011-2012学年第二学期	2010090101	会计学2010级1班	2	第二节
2011-2012学年第二学期	2010090101	会计学2010级1班	3	第三节
2011-2012学年第二学期	2010090101	会计学2010级1班	4	第四节
2011-2012学年第二学期	2010090101	会计学2010级1班	5	第五节
2011-2012学年第二学期	2010090101	会计学2010级1班	6	第六节
2011-2012学年第一学期	2010070101	计算机科学与技术2010级1班	1	第一节
2011-2012学年第一学期	2010070101	计算机科学与技术2010级1班	2	第二节
2011-2012学年第一学期	2010070101	计算机科学与技术2010级1班	3	第三节
2011-2012学年第一学期	2010070101	计算机科学与技术2010级1班	4	第四节
2012-2013学年第二学期	2012070102	计算机科学与技术2012级2班	1	第一节
2012-2013学年第二学期	2012070102	计算机科学与技术2012级2班	2	第二节
2012-2013学年第二学期	2012070102	计算机科学与技术2012级2班	3	第三节

图 10-13　运行查询后的界面

3. 授课查询

授课查询的设计过程如下：

1）选择“在设计视图中创建查询”。

2）分别添加“课程”表、“授课”表、“教师”表、“班级”表、“专业”表和“学院”表。

3）在“课程”表和“授课”表之间按照“课程编号”字段建立关联，在“授课”表和“教师”表之间按照“教师编号”字段建立关联，在“授课”表和“班级”表之间按“班级编号”建立关联，在“班级”表和“专业”表之间按照“专业编号”建立关联，在“学院”表和“专业”之间按“学院编号”建立关联，如图 10-14 所示。

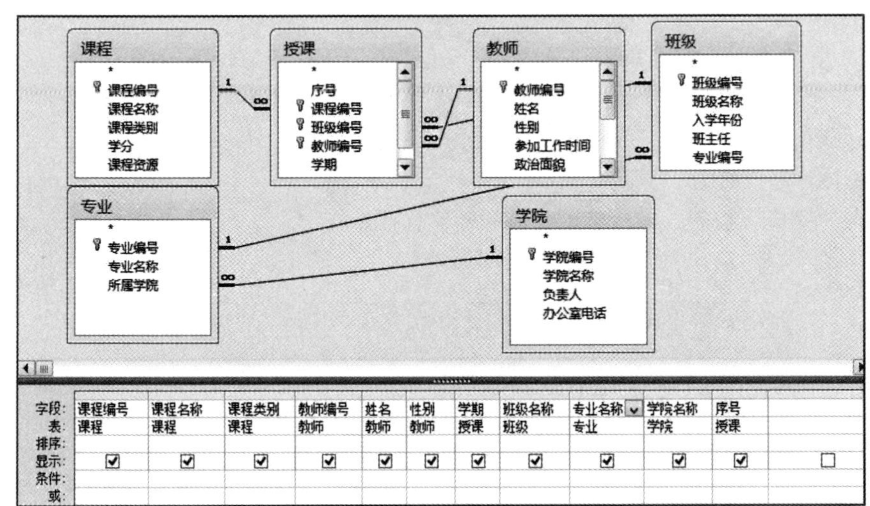

图 10-14 建立表间关联

4）依次选择“课程”表中的“课程编号”“课程名称”和“课程类别”字段，“教师”表中的“教师编号”“姓名”“性别”字段，“授课”表中的“学期”字段，“班级”表中的“班级名称”字段，“专业”表中的“专业名称”字段，“学院”表中的“学院名称”字段和“授课”表中的“序号”字段。

5）保存查询并命名为“授课查询”。

6）运行该查询，界面如图 10-15 所示。

课程编号	课程名称	课程类别	教师编号	姓名	性别	学期	班级
CZ001	会计学基础	专业基础课	T0007	张建	男	2012-2013学年第二学期	会计学2012级
CJ002	计算机基础	公共基础课	T0004	赵庆	男	2012-2013学年第一学期	会计学2012级
CJ002	计算机基础	公共基础课	T0004	赵庆	男	2011-2012学年第二学期	会计学2010级
CJ001	微积分	公共基础课	T0001	王勇	男	2011-2012学年第二学期	会计学2010级
CZ002	法律基础	专业基础课	T0003	张雪莲	女	2012-2013学年第一学期	计算机科学与
CJ003	大学英语	公共基础课	T0006	孔凡	男	2012-2013学年第一学期	计算机科学与
CJ001	微积分	公共基础课	T0001	王勇	男	2011-2012学年第一学期	计算机科学与
CJ003	大学英语	公共基础课	T0006	孔凡	男	2012-2013学年第一学期	计算机科学与
CJ001	微积分	公共基础课	T0001	王勇	男	2012-2013学年第一学期	计算机科学与
CJ004	C语言程序设计	公共基础课	T0004	赵庆	男	2012-2013学年第二学期	计算机科学与

图 10-15 运行查询后的界面

10.5.2 窗体的设计与实现

1. “资料”窗体的设计与实现

1）在左侧窗格的表对象中选择“资料”表。

2）在“创建”选项卡上的“其他窗体”下拉列表中选择“分割窗体”。

3）将窗体标题设置为“资料”。

4）单击“完成”按钮，完成整个窗体的创建过程。

5）打开“资料”窗体，如图10-16所示。

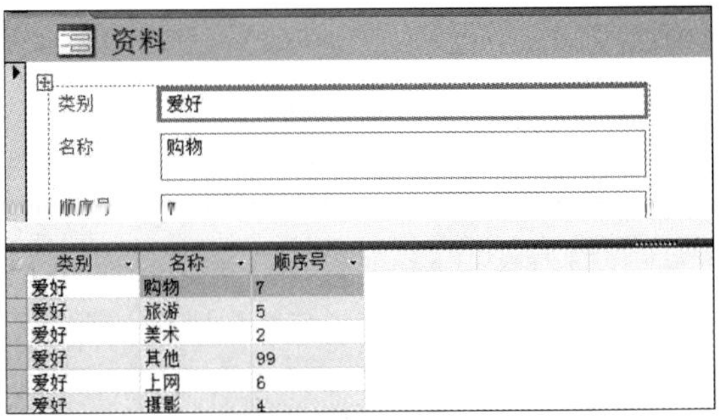

图10-16 “资料”窗体

2. “学院”窗体的设计与实现

1）单击“创建”选项卡上的“窗体向导”按钮。

2）在“表/查询”下拉列表中选择“表：学院”。

3）单击“全选”按钮 >> 选择全部字段，然后单击“下一步”按钮。

4）选择默认的窗体布局“纵栏表”，单击“下一步”按钮。

5）将窗体标题设置为“学院”。

6）单击“完成”按钮，完成整个窗体的创建过程。

7）打开“学院”窗体，界面如图10-17所示。

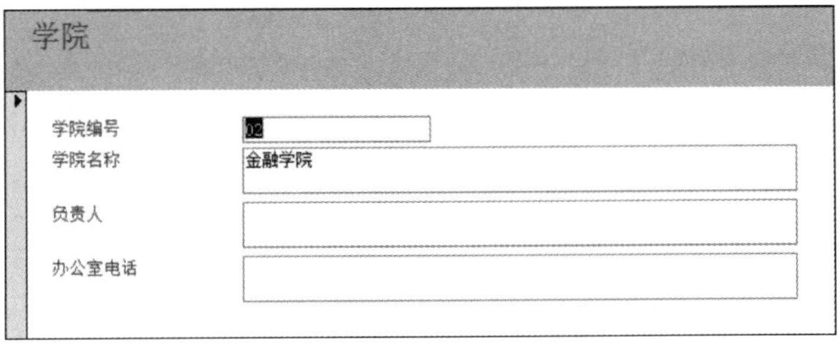

图10-17 “学院”窗体

3. “专业”窗体的设计与实现

1）单击“创建”选项卡上的“窗体向导”按钮。

2）在“表/查询”下拉列表中选择“表：专业”。

3）单击“全选”按钮 » 选择全部字段，然后单击“下一步”按钮。

4）选择默认的窗体布局“纵栏表”，单击“下一步”按钮。

5）将窗体标题设置为“专业”。

6）单击“完成”按钮，完成整个窗体的创建过程。

7）打开“专业”窗体，界面如图10-18所示。

4. “班级”窗体的设计与实现

1）单击“创建”选项卡上的“窗体向导”按钮。

2）在“表/查询”下拉列表中选择“表：班级”。

3）单击“全选”按钮 » 选择全部字段，然后单击“下一步”按钮。

4）选择默认的窗体布局“纵栏表”，单击“下一步”按钮。

5）将窗体标题设置为“班级”。

6）单击“完成”按钮，完成整个窗体的创建过程。

7）打开“班级”窗体，界面如图10-19所示。

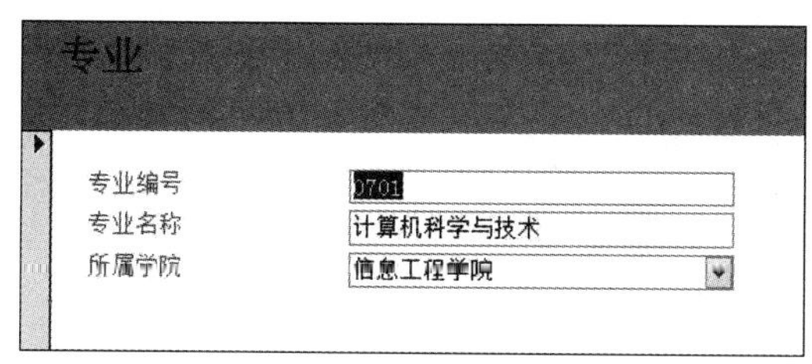

图 10-18 "专业"窗体

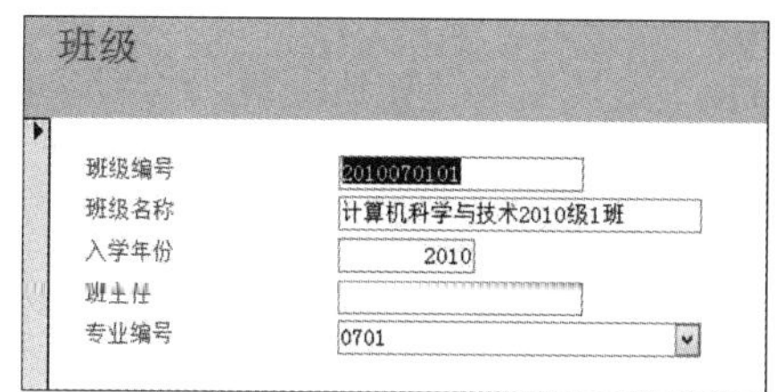

图 10-19 "班级"窗体

5. "学生"窗体的设计与实现

1）单击"创建"选项卡上的"窗体向导"按钮。

2）在"表/查询"下拉列表中选择"表：学生"。

3）单击"全选"按钮 » 选择全部字段，然后单击"下一步"按钮。

4）选择默认的窗体布局"纵栏表"，单击"下一步"按钮。

5）将窗体标题设置为"学生"。

6）单击"完成"按钮，完成整个窗体的创建过程。

7）打开"学生"窗体，界面如图 10-20 所示。

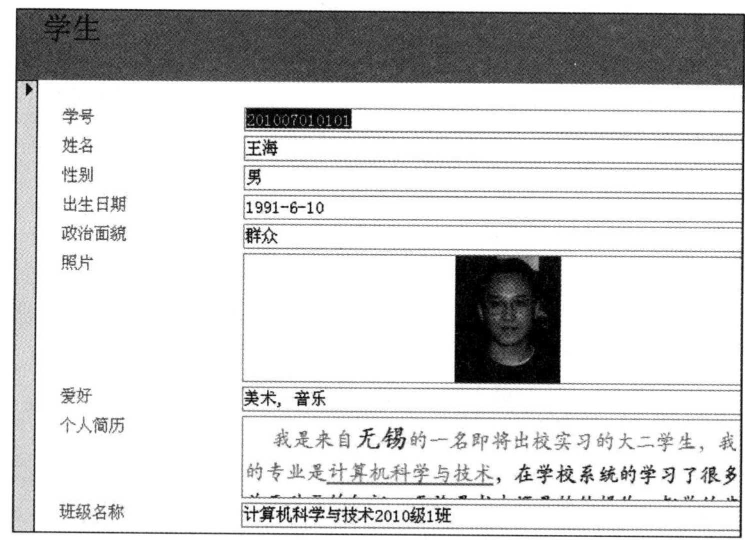

图 10-20 "学生"窗体

6. "教师"窗体的设计与实现

1）单击"创建"选项卡上的"窗体向导"按钮。

2）在"表/查询"下拉列表中选择"表：教师"。

3）单击"全选"按钮 » 选择全部字段，然后单击"下一步"按钮。

4）选择默认的窗体布局"纵栏表"，单击"下一步"按钮。

5）将窗体标题设置为"教师"。

6）单击"完成"按钮，完成整个窗体的创建过程。

7）打开"教师"窗体，界面如图 10-21 所示。

7. "课程"窗体的设计与实现

1）单击"创建"选项卡上的"窗体向导"按钮。

2）在“表/查询”下拉列表中选择“表：课程”。

3）单击“全选”按钮 » 选择全部字段，然后单击“下一步”按钮。

4）选择默认的窗体布局“纵栏表”，单击“下一步”按钮。

5）将窗体标题设置为“课程”。

6）单击“完成”按钮，完成整个窗体的创建过程。

7）打开“课程”窗体，界面如图 10-22 所示。

教师

教师编号　T0001
姓名　王勇
性别　男
参加工作时间　1994/7/1
政治面貌　中共党员
学历　硕士
职称　副教授
联系电话　0931-8899001
婚否　☑
EMail　wangyong@163.com
所属学院　07

图 10-21 “教师”窗体

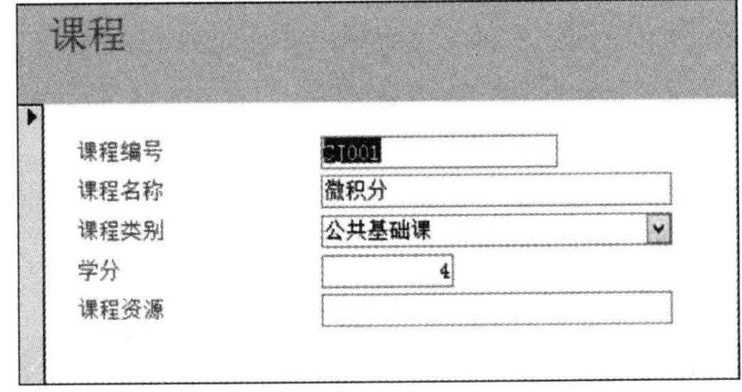

图 10-22 “课程”窗体

8. “授课”窗体的设计与实现

1）单击“创建”选项卡上的“窗体向导”按钮。

2）在“表/查询”下拉列表中选择“表：授课”。

3）选择除“序号”外的所有字段。

4）选择默认的窗体布局“纵栏表”，单击“下一步”按钮。

5）将窗体标题设置为“授课”。

6）选择“修改窗体设计”后，单击“完成”按钮，如图 10-23 所示。

7）在“设计”选项卡上单击“子窗体/子报表”按钮，在窗体上绘制一个子窗体，弹出“子窗体向导”，如图 10-24 所示。

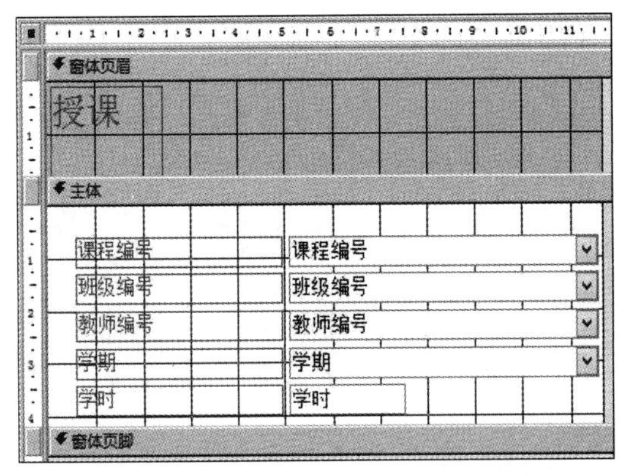

图 10-23 “窗体设计”窗体

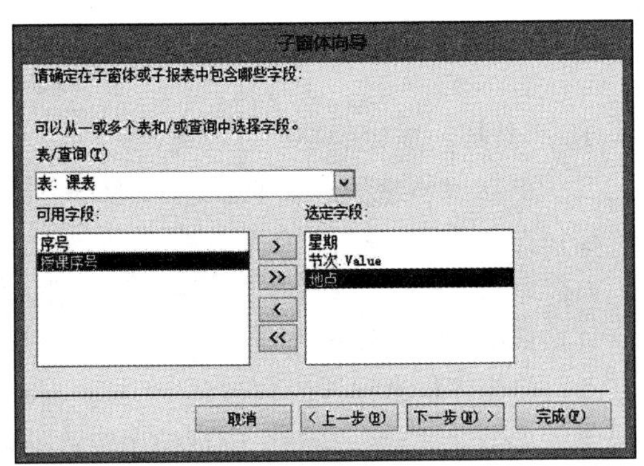

图 10-24　子窗体向导

8）单击“下一步”按钮，在“表/查询”下拉列表中选择“表：课表”，依次选择“星期”

"节次.Value"和"地点"字段，如图10-24所示。

9）单击"下一步"按钮，选择"从列表中选择"单选按钮，选择列表中的第一项，如图10-25所示。

10）单击"下一步"按钮，将子窗体的名称命名为"课表"，如图10-26所示，单击"完成"按钮。

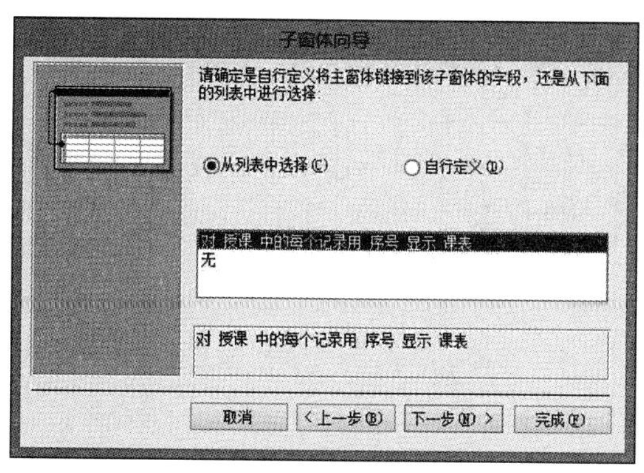

图10-25 将主窗体链接到子窗体的字段

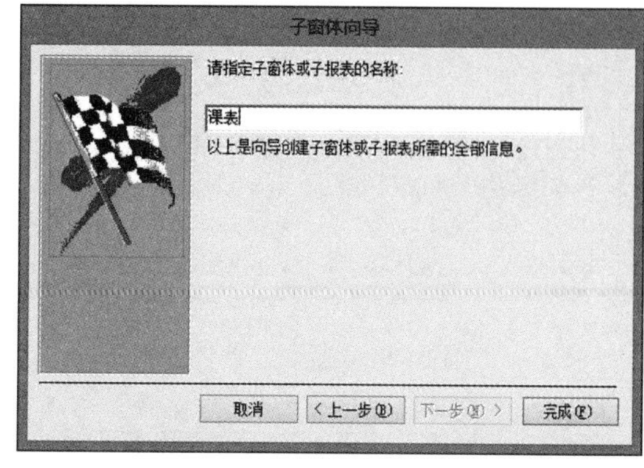

图10-26 指定子窗体的名称

11）切换到"设计视图"，选择子窗体中的"节次.Value"控件，在"属性表"窗格中将"名称"和"控件来源"全部设置为"节次"，如图10-27所示。

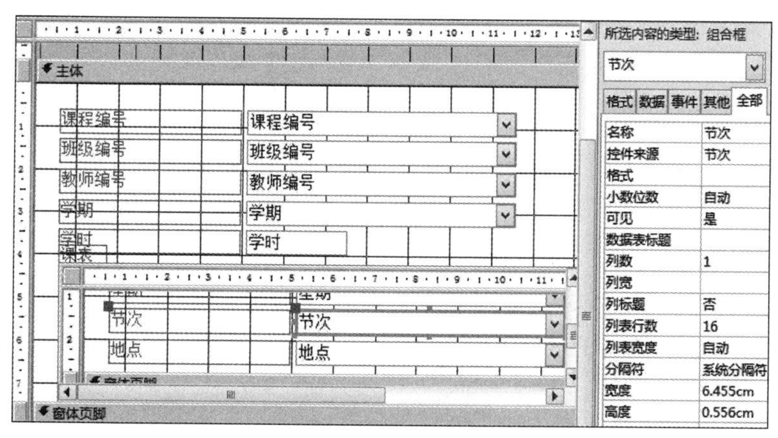

图10-27 设置控件属性

12）切换到窗体视图，如图10-28所示。

9. "成绩"窗体的设计与实现

1）单击"创建"选项卡上的"窗体设计"按钮创建一个空白窗体，在右键菜单中选择"窗体页眉/页脚"命令，在"设计"选项卡上选择"标签"，在"窗体页眉"中加一个标签，标签文本设置为"成绩录入"，字体设置为"26号""加粗""居中"，如图10-29所示。

2）在窗体上添加一个名为"ComboClass"的组合框，标题设置为"班级名称"，"行来源"设置为"SELECT 班级.班级编号，班级.班级名称，班级.入学年份，专业.专业名称 FROM 专业 INNER JOIN 班级 ON 专业.专业编号 = 班级.专业编号;"，行来源的查询设计器窗口如图10-30所示。

3）在窗体上添加一个名为"ComboCourse"的组合框，标题设置为"课程名称"，"行来源"

设置为“SELECT［课程］.［课程编号］,［课程］.［课程名称］,［课程］.［学分］FROM 课程 ORDER BY［课程编号］;”，设计完成后如图 10-31 所示。

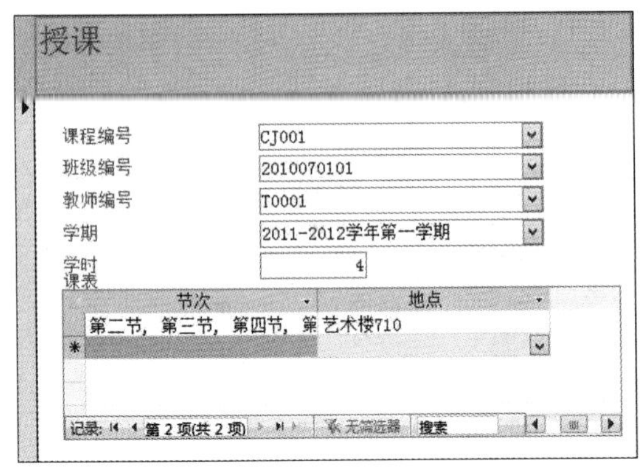

图 10-28 “授课”窗体

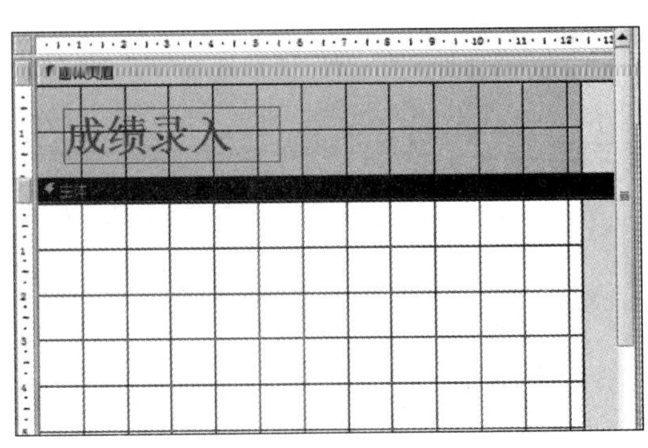

图 10-29　添加标签并设置

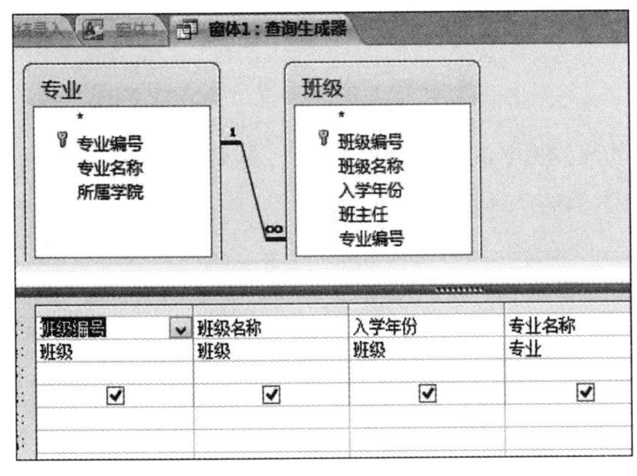

图 10-30　查询设计器窗口

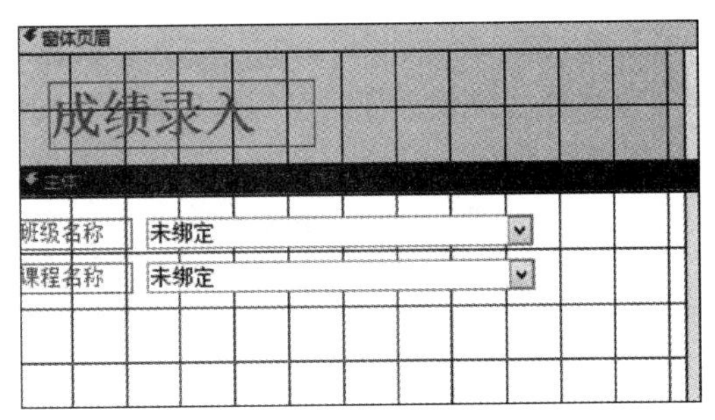

图 10-31　窗体设计窗体

4）在“设计”工具栏上选择“子窗体/子报表”，在窗体上绘制一个子报表，在弹出的“子窗体向导”中选择“使用现有的表和查询”，如图 10-32 所示。

5）单击“下一步”按钮，在“表/查询”下拉列表中选择“表：成绩”，选择所有字段，如图 10-33 所示。

6）在“表/查询”下拉列表中选择“表：学生”，依次选择“学号”“姓名”“性别”“分数”“课程编号”和“班级编号”字段，选择过程中可能需要调整字段的先后顺序，如图 10-34 所示。

7）单击“下一步”按钮，将“子窗体”命名为“成绩”，如图 10-35所示。

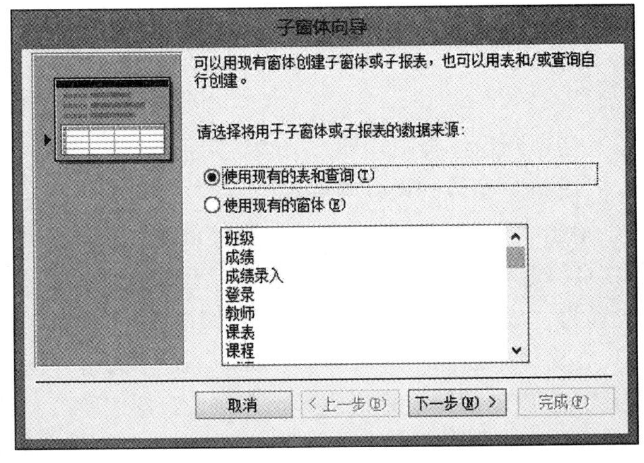

图 10-32　选择数据来源

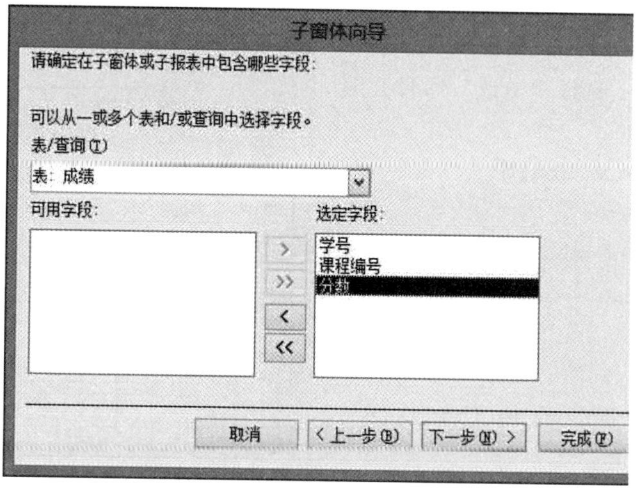

子窗体向导
请确定在子窗体或子报表中包含哪些字段:
可以从一或多个表和/或查询中选择字段。
表/查询(T)
表: 成绩
可用字段:
选定字段:
学号
课程编号
分数
取消
< 上一步(B)
下一步(N) >
完成(F)

图 10-33 选择"成绩"表的所有字段

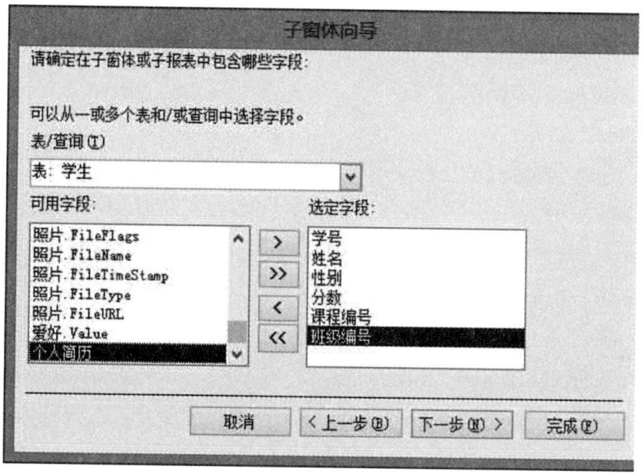

子窗体向导
请确定在子窗体或子报表中包含哪些字段:
可以从一或多个表和/或查询中选择字段。
表/查询(T)
表: 学生
可用字段:
照片.FileFlags
照片.FileName
照片.FileTimeStamp
照片.FileType
照片.FileURL
爱好.Value
个人简历
选定字段:
学号
姓名
性别
分数
课程编号
班级编号
取消
< 上一步(B)
下一步(N) >
完成(F)

图 10-34 选择"学生"表中的字段

子窗体向导
请指定子窗体或子报表的名称:
成绩
以上是向导创建子窗体或子报表所需的全部信息。
取消
< 上一步(B)
下一步(N) >
完成(F)

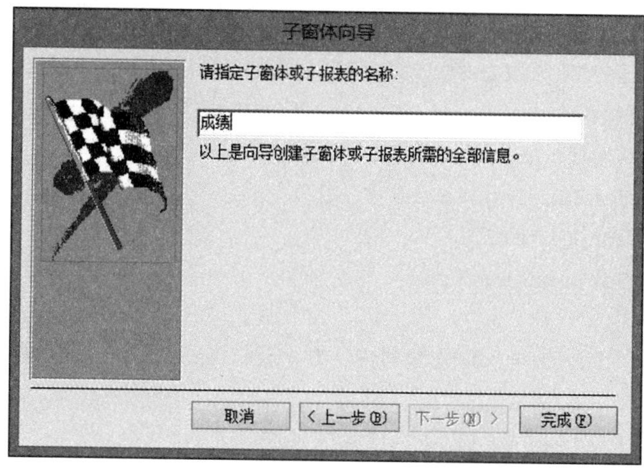

图 10-35 命名子窗体

8）单击“完成”按钮，切换到设计视图，如图 10-36 所示。

9）分别选择“ComboClass”控件和“ComboCourse”控件，选择“更改”事件，编写以下代码。

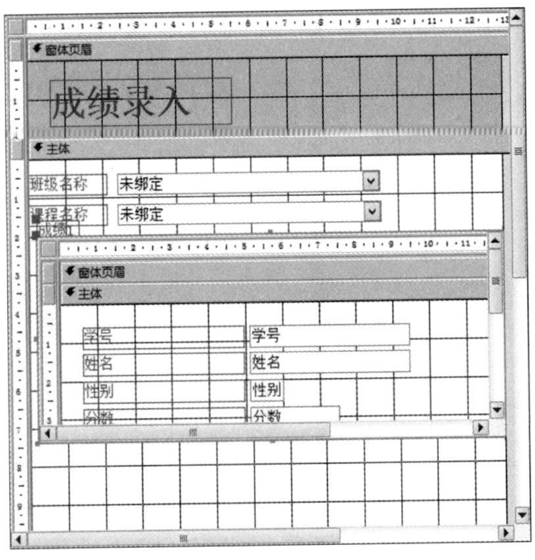

图 10-36 窗体设计视图

```
OptionCompareDatabase
OptionExplicit
    PrivateSubComboClass_Change()
    FilterData
EndSub

PrivateSubComboCourse_Change()
    FilterData
EndSub

PrivateSubFilterData()
    DimstrClassAsString
    DimstrCourseAsString
    DimstrSQLAsString
    IfIsNull(ComboClass)Then
        strClass=""
    Else
        strClass=ComboClass
    EndIf
    IfIsNull(ComboCourse)Then
        strCourse=""
    Else
        strCourse=ComboCourse
    EndIf
    If(strClass<>""AndstrCourse<>"")Then
        strSQL="INSERTINTO 成绩(学号,课程编号)SELECT 学号,'"+strCourse+"
'FROM 学生 WHERE 班级编号='"+strClass+"'AND 学号 NOTIN(SELECT 学号 FROM 成绩
WHERE 课程编号='"+strCourse+"')"
        DoCmd.SetWarningsFalse
        DoCmd.RunSQLstrSQL
        DoCmd.SetWarningsTrue
    EndIf
    成绩.Form.Filter="班级编号='"+strClass+"'AND 课程编号='"+str-
Course+"'"
    成绩.Form.FilterOn=True
EndSub
```

```
PrivateSubForm_Load()
    FilterData
EndSub
```

10）切换到窗体视图，界面如图 10-37 所示。

10. 系统主窗体的设计与实现

数据库应用系统的主窗体是整个系统中最高一级的工作窗体，在系统运行期间，该窗体始终处于打开状态，系统主窗体用来显示和调用各个功能窗体。"教学管理"系统主界面如图 10-38 所示。

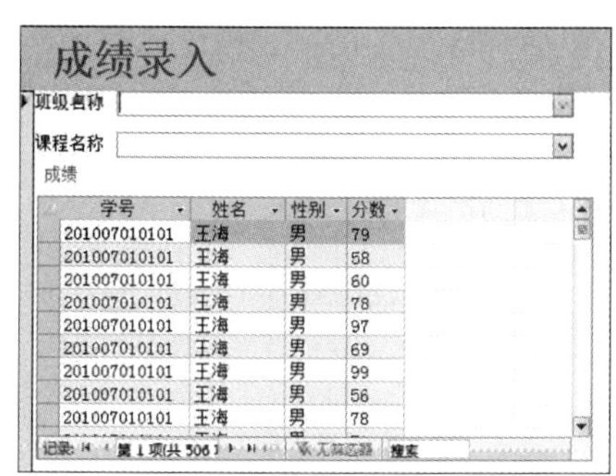

图 10-37 "成绩录入"窗体

图 10-38 "教学管理"系统主界面

1）单击"创建"选项卡上的"空白窗体"按钮，创建一个空白窗体。

2）切换到"设计视图"，在窗体上添加一个"选项卡控件"，将两个选项卡的名称分别修改为"窗体"和"报表"，如图 10-39 所示。

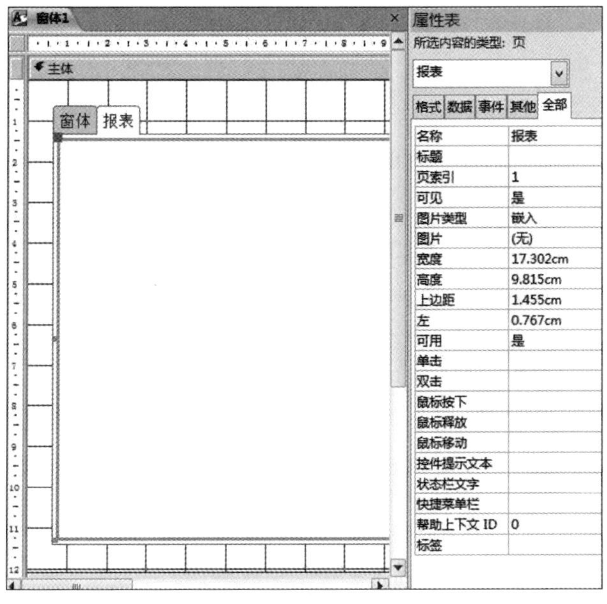

图 10-39 创建选项卡

3）在"窗体"选项卡中放置一个"按钮"控件，关闭弹出的向导窗口，按钮的标题和名称均设置为"学院管理"，选择按钮，然后单击"属性表"窗格中的图片属性的"浏览"按钮，弹出“图片生成器”对话框，如图 10-40 所示。

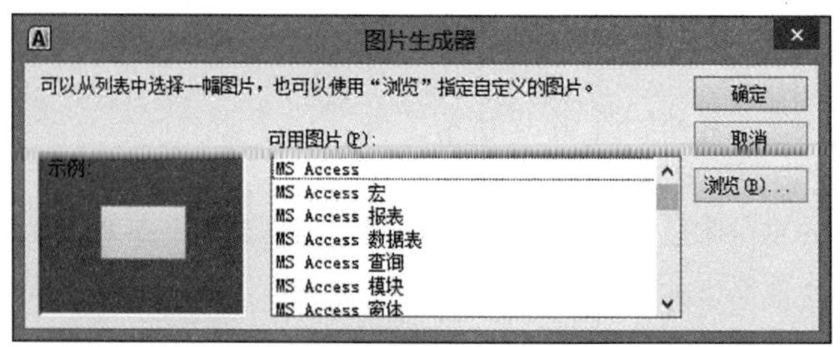

图 10-40 “图片生成器”对话框

4）单击“浏览”按钮，查询并选择数据库文件夹下的“school. png”图片，将按钮的“图片标题排列”属性设置为“底部”，完成后的效果如图 10-41 所示。

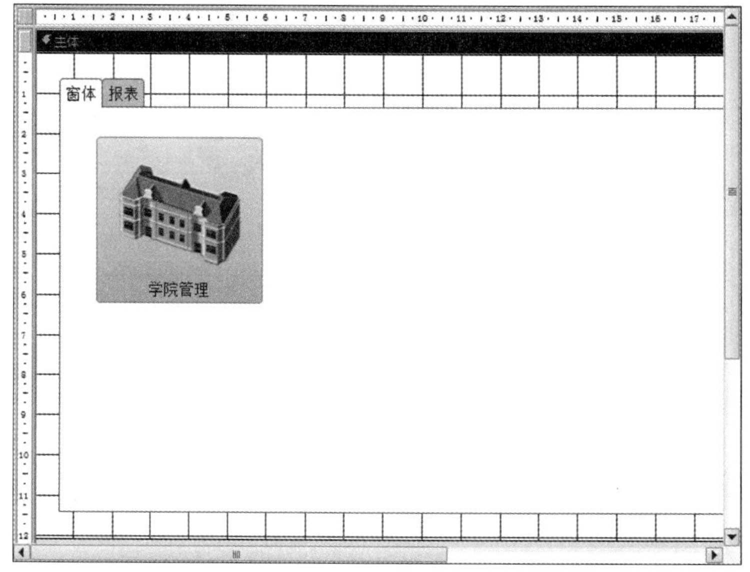

图 10-41　完成后的效果

5）选择“学院管理”按钮，单击鼠标右键，在弹出的菜单中选择“事件生成器”命令，在打开的窗口中选择“宏生成器”，如图 10-42 所示，窗体名称选择“学院”。

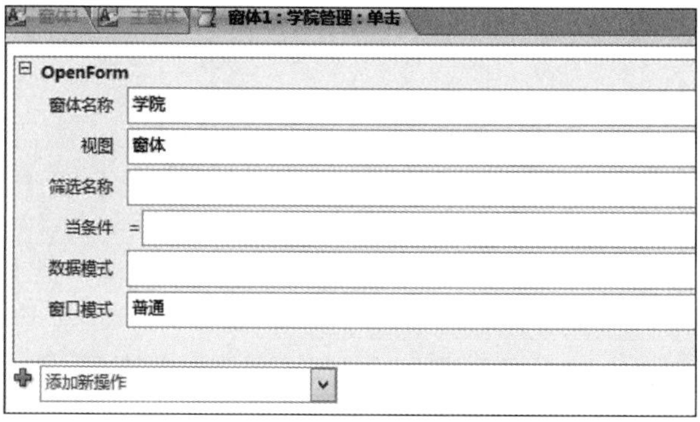

图 10-42 “宏设计”窗体

6）在“窗体”选项卡中依次添加“教师管理”“学生管理”“课程管理”“专业管理”“授课安排”“成绩管理”和“班级管理”按钮，分别用于打开“教师”“学生”“课程”“专业”“授课”“成绩录入”和“班级”窗体，如图10-43所示。

图10-43 “窗体”选项卡

7）在“报表”选项卡中分别添加“成绩表”“教师资料”“课表”“学生表”“学生卡”和“学院表”按钮，分别用于打开“成绩表”“教师”“课表”“学生”“学生卡”和“学院”报表，如图10-44所示。

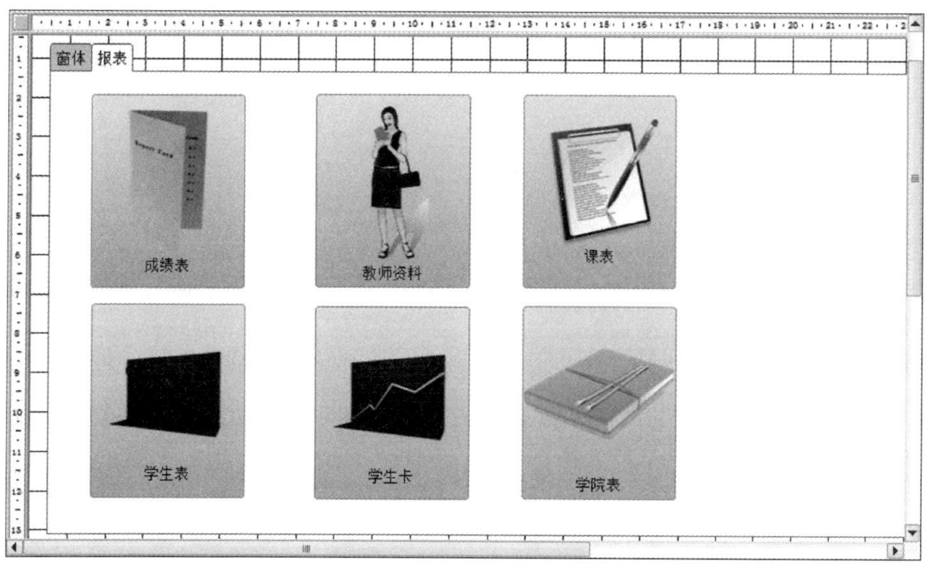

图10-44 “报表”选项卡

8）切换到窗体视图，如图10-45和图10-46所示。

图 10-45　窗体视图下的“窗体”选项卡

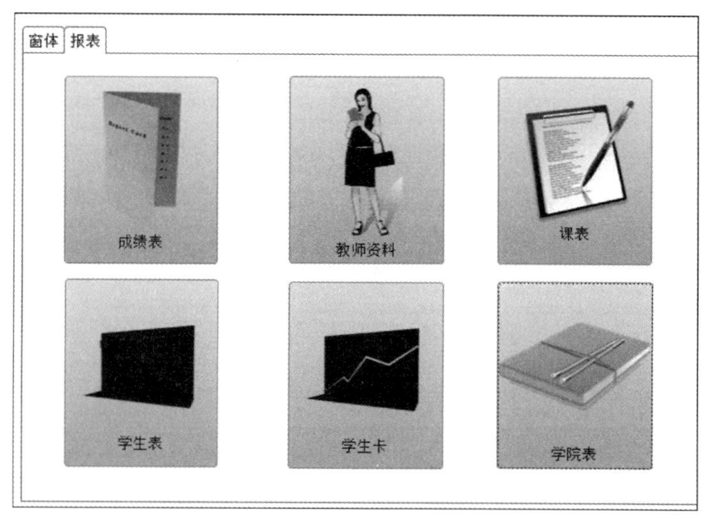

图 10-46　窗体视图下的“报表”选项卡

11. 登录窗体的设计与实现

系统登录窗体提供口令输入功能，可以防止非法用户使用系统。“教学管理”系统的登录窗体如图 10-47 所示。步骤如下：

1）单击“创建”选项卡上的“其他窗体”按钮，在弹出的菜单中选择“模式对话框”选项，将生成的“确定”按钮的名称修改为“CommandOK”，将“取消”按钮的名称修改为“CommandCancel”，按钮的标题保持不变。

2）在窗体中添加两个组合框，名称分别是“ComboUser”和“Password”，对应的标题设置为“用户名”和“口令”。选择 ComboUser 控件，“行来源类型”设置为“表/查询”，“行来源”设置为“操作员”，“绑定列”设置为“1”，“列数”设置为“3”，“列宽”设置为“2cm；2cm；0cm”。

3）在窗体上放置一个“图像”控件，并设置其图片。

4）在窗体的下方放置一个标签，标签的标题是“登录前请单击安全警告中的‘启用内容’，登录时无需口令。”，将字体颜色设置为“红色”，如图 10-48 所示。

图 10-47　教学管理系统的"登录"窗体

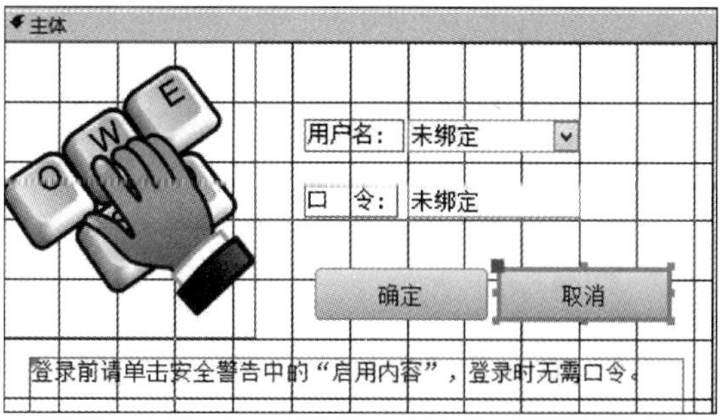

图 10-48　添加标签并设置

5）选择"确定"按钮，编写下面的代码。

```
OptionCompareDatabase
OptionExplicit
DimiCountAsInteger
PrivateSubCommandOK_Click()
DimstrPassAsString
IfIsNull(Password)Then
    strPass = ""
Else
    strPass = Password
EndIf
If(Trim(strPass) = Trim(ComboUser.Column(2)))Then
    DoCmd.Close
    DoCmd.OpenForm("主窗体")
Else
    iCount = iCount + 1
    MsgBox"对不起,口令错误,请重试(提示:系统默认口令为空)",vbOKOnly + vbCrit-
ical,"口令错误"
    If(iCount > = 3)Then
        MsgBox"对不起,登录次数超过3次",vbOKOnly + vbCritical,"错误提示"
        Quit
    EndIf
EndIf
EndSub
```

6）关闭代码编辑器，将窗体保存为"登录"。

7）选择"文件"选项卡中的"选项"选项，在打开的"Access 选项"对话框中选择"当前数据库"，将"显示窗体"设置为"登录"，如图 10-49 所示。

图 10-49　设置 Access 选项

10.5.3　报表的实现

1. "学生"报表的设计与实现

1）单击"创建"工具栏上的"报表设计"按钮，新建一个空白报表，将"属性表"窗格中的"记录源"设置为"SELECT 班级．班级名称，学生．学号，学生．姓名，学生．性别，学生．出生日期，学生．政治面貌 FROM 班级 INNER JOIN 学生 ON 班级．班级编号 = 学生．班级编号;"，"记录源"设置窗体如图 10-50 所示，设置完成后如图 10-51 所示。

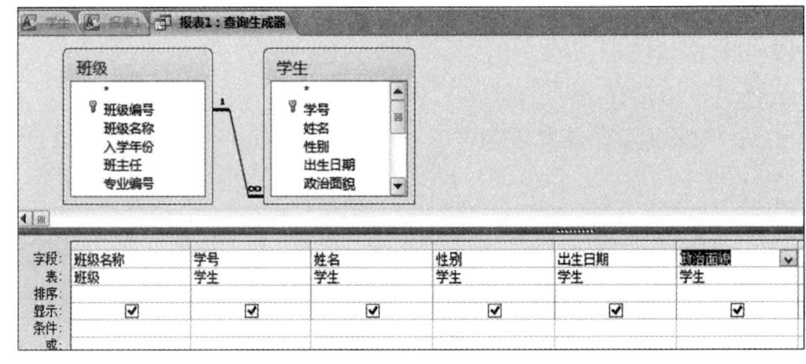

图 10-50　"记录源"设置窗体

2）在图 10-52 所示的"分组、排序和汇总"窗格中单击"添加组"按钮，在弹出的对话框中选择"班级名称"，然后单击"添加排序"按钮，在弹出的对话框中选择"学号"，如图 10-53 所示。

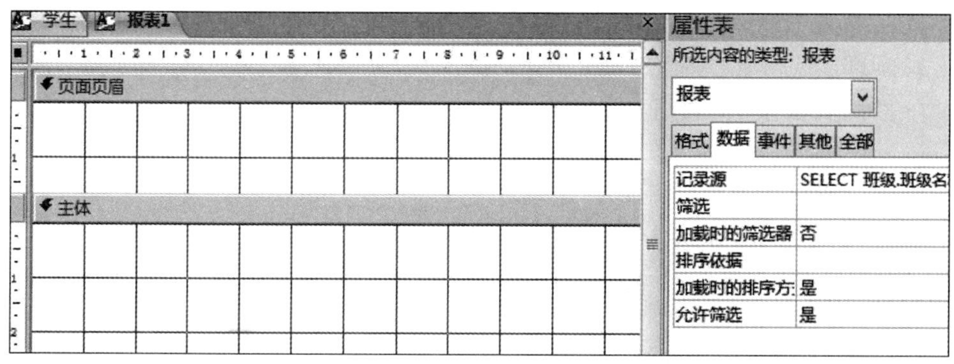

图 10-51 设置完成后的界面

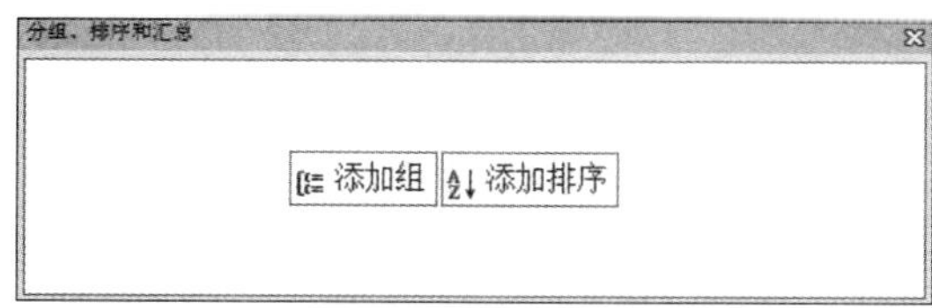

图 10-52 "分组、排序和汇总"窗格

图 10-53 添加组和排序

3）选择"设计"选项卡上的"添加现有字段"，将"班级名称"字段拖动到"班级名称页眉"节，选择其余字段并拖动到"主体"节中，如图 10-54 所示。

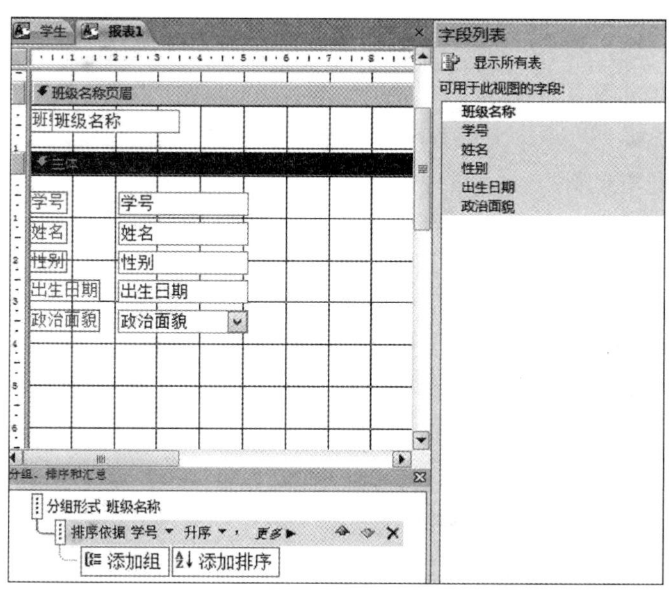

图 10-54 添加字段

4）选中报表中的全部控件，然后单击鼠标右键，在弹出的菜单中选择"布局"→"表格"命令。

5）在空白处单击鼠标右键，在弹出的菜单中选择"报表页眉/页脚"命令。

6）在"设计"选项卡上选择"标签"，在报表页眉上添加一个标签，将标签文本设置为"学生"，将字体设置为"26 号""加粗"，如图 10-55 所示。

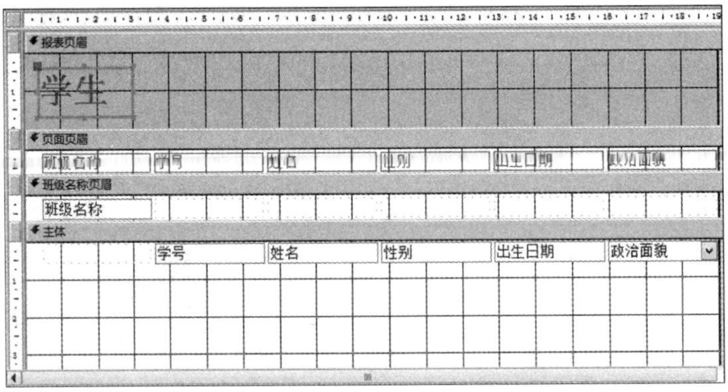

图 10-55　添加“学生”标签并设置

7）切换到“报表视图”，如图 10-56 所示。

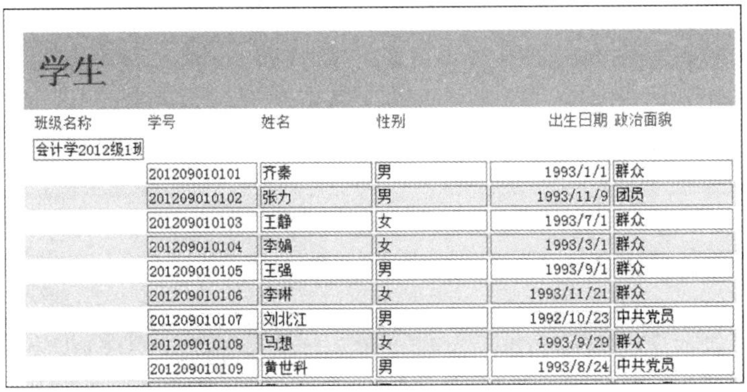

学生

班级名称	学号	姓名	性别	出生日期	政治面貌
会计学2012级1班					
	201209010101	齐秦	男	1993/1/1	群众
	201209010102	张力	男	1993/11/9	团员
	201209010103	王静	女	1993/7/1	群众
	201209010104	李娟	女	1993/3/1	群众
	201209010105	王强	男	1993/9/1	群众
	201209010106	李琳	女	1993/11/21	群众
	201209010107	刘北江	男	1992/10/23	中共党员
	201209010108	马想	女	1993/9/29	群众
	201209010109	黄世科	男	1993/8/24	中共党员

图 10-56 “报表视图”窗体

2. 学生卡的设计与实现

1）单击“创建”选项卡上的“报表设计”按钮，新建一个空白报表，将“属性表”窗格中的“记录源”设置为“SELECT 学生 . 学号，学生 . 姓名，学生 . 性别，学生 . 出生日期，学生 . 政治面貌，学生 . 照片，学生 . 爱好，学生 . 个人简历，班级 . 入学年份，班级 . 班级名称 FROM 班级 INNER JOIN 学生 ON 班级 . 班级编号 = 学生 . 班级编号;”，“查询生成器”窗体如图 10-57 所示。在报表空白处单击鼠标右键，在弹出的菜单中取消选择“页面页眉/页脚”选项，设置完成后如图 10-58所示。

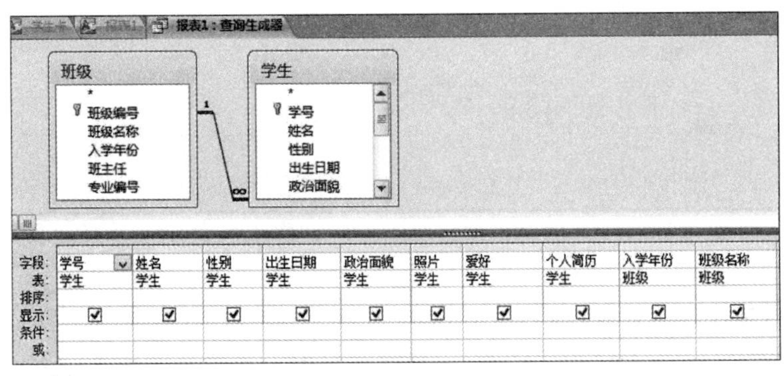

图 10-57 “查询生成器”窗体

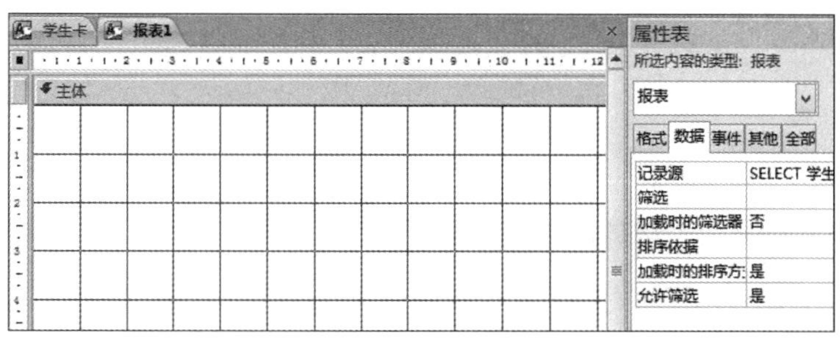

图 10-58 取消“页面页眉/页脚”后的界面

2）选择“设计”工具栏上的“分组和排序”选项，显示“分组、排序和汇总”窗格。

3）单击“添加排序”按钮，在弹出的对话框中依次选择按“入学年份”“班级名称”和“学号”排序，如图 10-59 所示。

4）选择设计工具栏上的“添加现有字段”选项，将所有字段拖动到“主体”节中，排列后如图 10-60 所示。

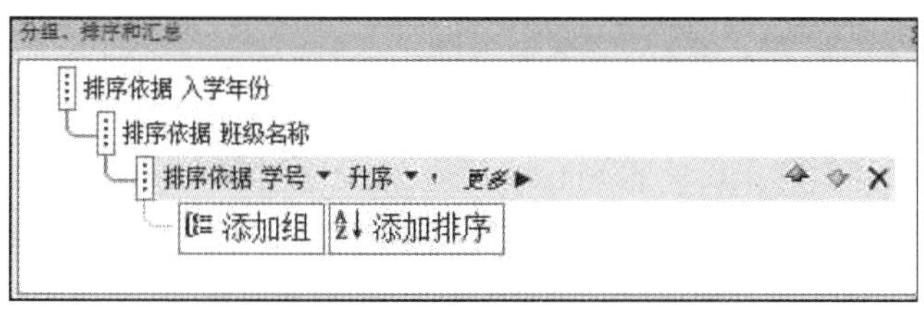

图 10-59 选择排序字段

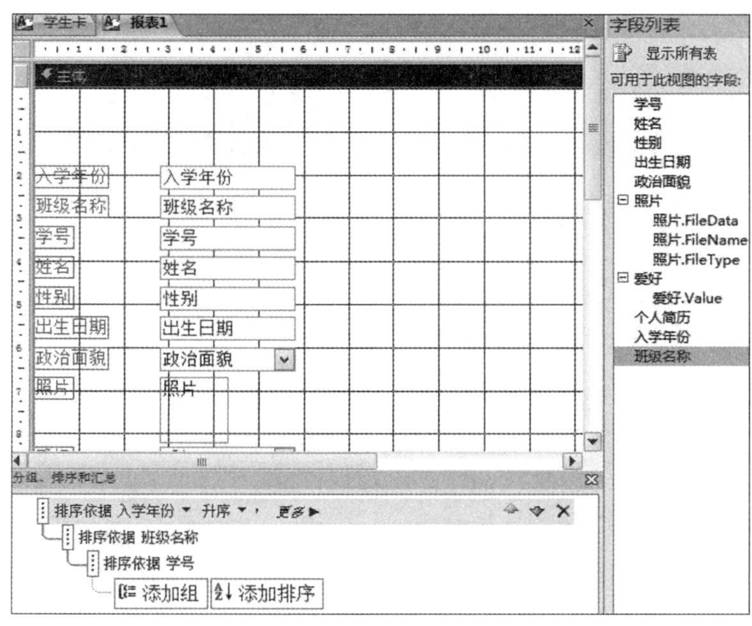

图 10-60 拖动字段并排序

5）在设计工具栏上选择“标签”，在“入学年份”的上面添加一个标签，标签文本设置为“学生信息卡”，字体设置为“26 号”“加粗”“居中”。在其上方绘制一条直线，线条的边框样式设置为“点线”，设置完成后的界面如图 10-61 所示。

6）切换到“报表视图”，如图 10-62 所示。

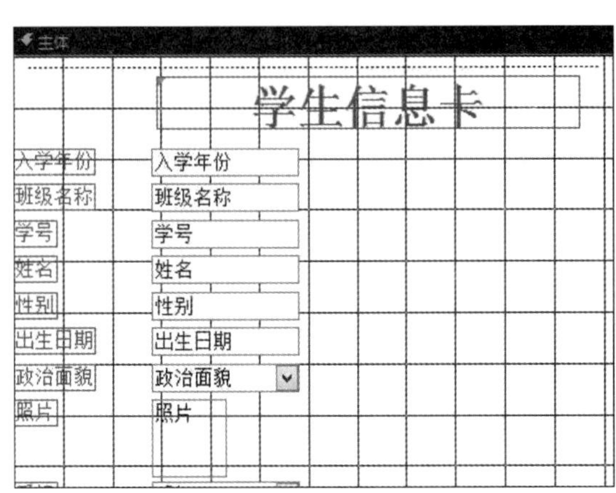

图 10-61　添加并设置标签和点线

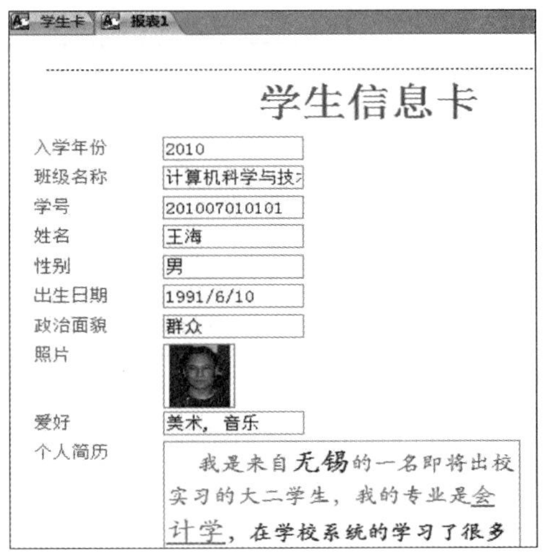

图 10-62　“报表视图”窗体

3. “学院”报表的设计与实现

1）在导航窗格中选择“学院”表，单击“创建”工具栏上的“报表”按钮，新建一个基本报表，切换到设计视图，如图 10-63 所示。

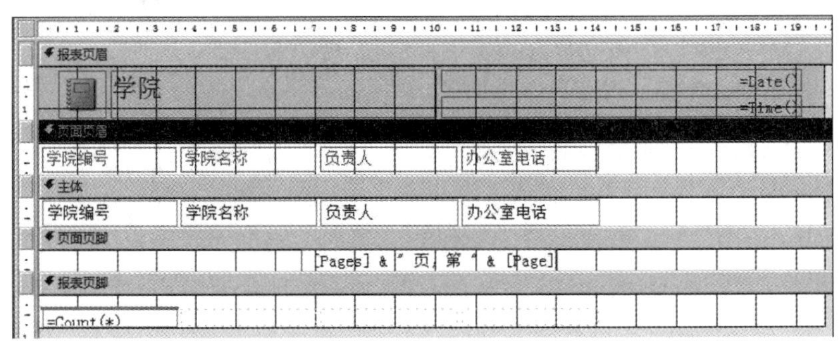

图 10-63　报表设计视图

2）切换到“排列”工具栏，选择报表中的任意控件，使得“选择布局”按钮变为可用，单击“选择布局”按钮，选择“布局”；单击“网格线”按钮，在弹出的下拉菜单中选择“垂直和水平”，设置表格线；单击“控件边距”按钮，在弹出的下拉菜单中选择“无”；单击“控件填充”按钮，在弹出的下拉菜单中选择“无”；调整“页面页眉”的高度和“主体”节的高度，使之正好容纳控件。

3）切换到“报表视图”，如图 10-64 所示。

4. “教师”报表的设计与实现

1）在导航窗格中选择“教师”表，单击“创建”选项卡上的“报表”按钮，新建一个基本报表，切换到设计视图，如图 10-65 所示。

学院　2013年8月15日 0:44:42

学院编号	学院名称	负责人	办公室电话
07	信息工程学院	韩老师	
09	会计学院		
06	统计学院	庞老师	
02	金融学院		
10	国际经济与贸易学院		
11	艺术学院		
12	外语学院	李老师	
21	农林学院		
13	法学院		
14	经济学院		

10

共 1 页，第 1 页

图 10-64 "学院"报表视图

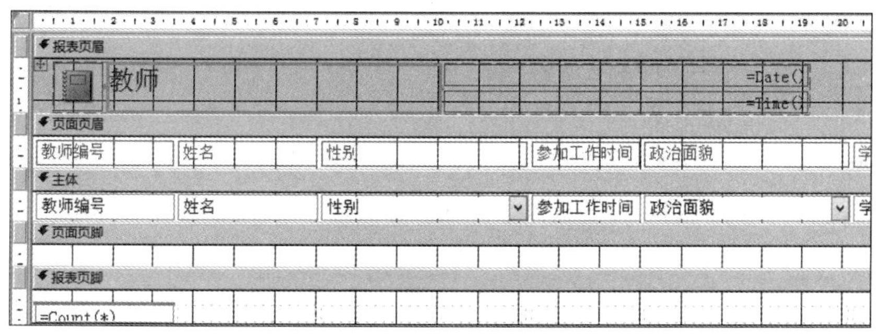

图 10-65 "教师"报表设计视图

2）切换到"排列"选项卡，选择报表中的任意控件，使得"选择布局"按钮变为可用，单击"选择布局"按钮，选择"布局"；单击"网格线"按钮，在弹出的下拉菜单中选择"垂直和水平"，设置表格线；单击"控件边距"按钮，在弹出的下拉菜单中选择"无"；单击"控件填充"按钮，在弹出的下拉菜单中选择"无"；调整"页面页眉"的高度和"主体"节的高度，使之正好容纳控件。

3）切换到"报表视图"，如图 10-66 所示。

教师　2013年8月15日 0:50:34

教师编号	姓名	性别	参加工作时间	政治面貌	学历
T0001	王勇	男	1994/7/1	中共党员	硕士
T0002	肖贵	男	2001/8/3	中共党员	硕士
T0003	张雪莲	女	1991/9/3	中共党员	本科
T0004	赵庆	男	1999/11/2	中共党员	本科
T0005	肖莉	女	1989/9/1	中共党员	博士
T0006	孔凡	男	2001/3/1	群众	本科
T0007	张建	男	2002/7/1	群众	硕士

图 10-66 "教师"报表视图

5. 成绩表的设计与实现

1）单击"创建"选项卡上的"报表设计"按钮，新建一个空白报表，将"属性表"窗格中的"记录源"设置为"SELECT 学院 . 学院名称，班级 . 班级名称，成绩查询 . 学号，成绩查询 . 姓名，成绩查询 . C 语言程序设计，成绩查询 . 财经应用文写作，成绩查询 . 大学英语，成绩查询. 法律基础, 成绩查询. 会计学基础, 成绩查询. 计算机基础, 成绩查询. 马克思主义哲学, 成绩查询. 市场营销学, 成绩查询. 数据库应用基础, 成绩查询. 微积分, 成绩查询. 政治经济学, 学院. 学院编号, 班级. 班级编号 FROM (((学院 INNER JOIN 专业 ON 学院. 学院编号 = 专业. 所属学院) INNER JOIN 班级 ON 专业. 专业编号 = 班级. 专业编号) INNER JOIN 学生 ON 班级. 班级编号 = 学生. 班级编号) INNER JOIN 成绩查询 ON 学生. 学号 = 成绩查询. 学号;", "记录源" 设置窗体如图 10-67 所示。在报表空白处单击鼠标右键, 在弹出的菜单中勾选 "页面页眉/页脚" 选项, 设置完成后如图 10-68 所示。

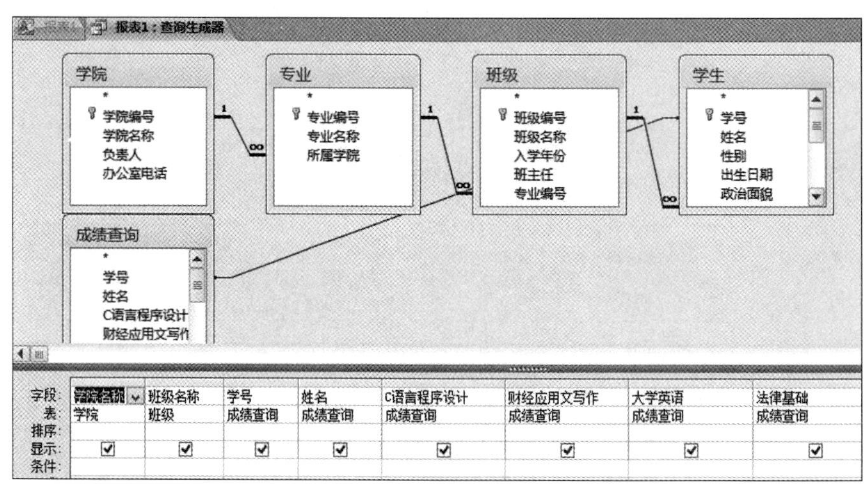

图 10-67 "记录源" 设置窗体

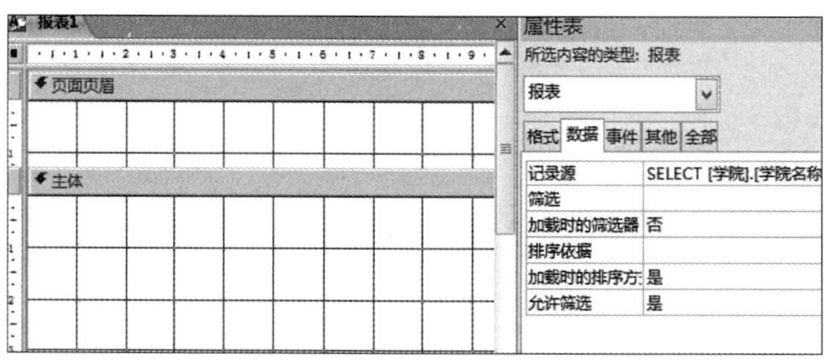

图 10-68 "报表设计" 窗体

2) 选择 "设计" 选项卡上的 "分组和排序" 选项, 显示 "分组、排序和汇总" 窗格。

3) 单击 "添加组" 按钮, 在弹出的对话框中依次选择按 "学院编号" 和 "班级编号" 分组, 然后单击 "添加排序" 按钮, 按照 "学号" 排序, 如图 10-69 所示。

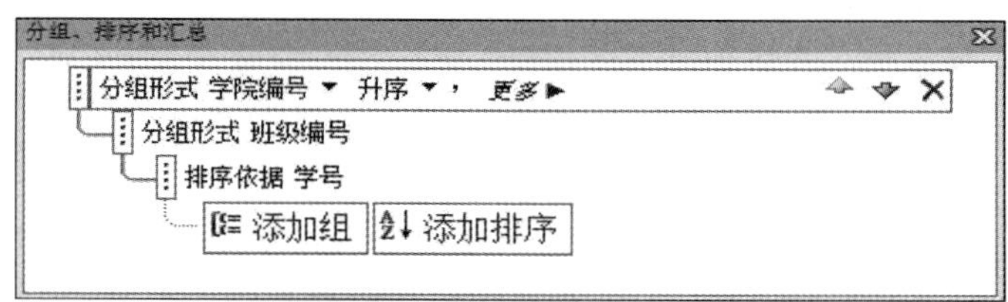

图 10-69　选择分组和排序字段

4）选择"设计"选项卡上的"添加现有字段"，将"学院名称"字段拖动到"学院编号页眉"节，将"班级名称"拖动到"班级编号页眉"节，将其余所有字段拖动到"主体"节中，如图10-70所示。

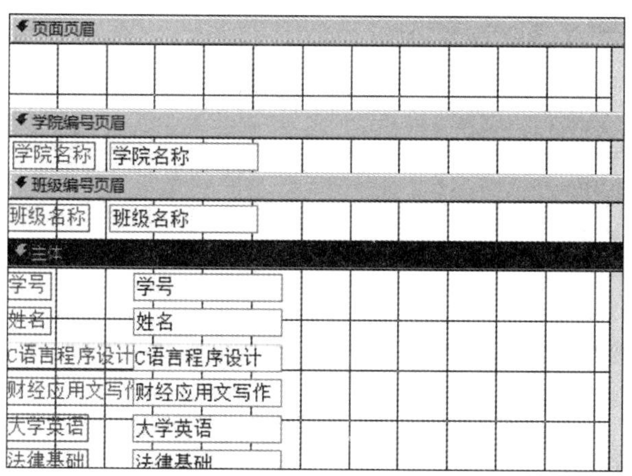

图10-70　添加字段

5）选择"主体"节中的所有控件，切换到"排列"工具栏，单击工具栏上的"表格"按钮，将"主体"节的字段按表格布局，如图10-71所示。

6）选择"页面页眉"节中的所有控件，切换到"排列"选项卡，单击"删除布局"按钮，删除控件布局后，将控件拖动到"班级编号页眉"节中，然后单击"表格"按钮，将字段标题按照表格布局，如图10-72所示。

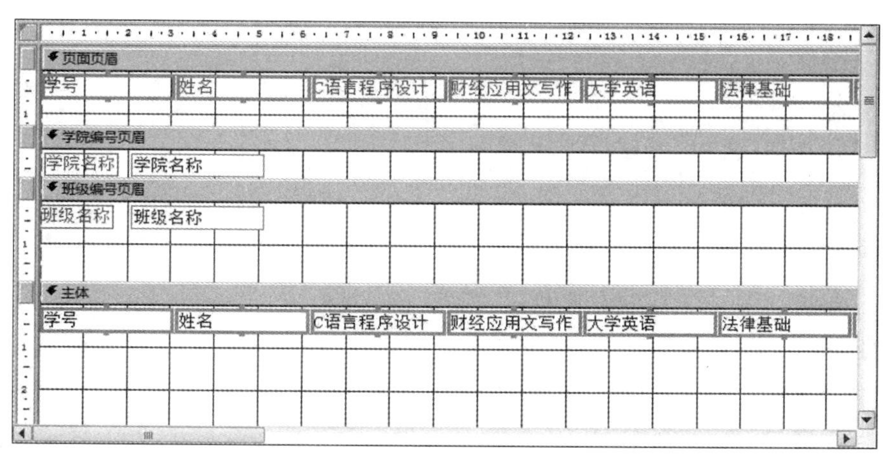

图10-71　将"主体"节的字段按表格布局

7）保持对字段标题的选中状态；单击"网格线"按钮，在弹出的下拉菜单中选择"垂直和水平"，设置表格线；单击"控件边距"按钮，在弹出的下拉菜单中选择"无"；单击"控件填充"按钮，在弹出的下拉菜单中选择"无"。

8）选择"主体"节中的所有控件；单击"网格线"按钮，在弹出的下拉菜单中选择"垂直和水平"，设置表格线；单击"控件边距"按钮，在弹出的下拉菜单中选择"无"；单击"控件填充"按钮，在弹出的下拉菜单中选择"无"，调整"班级编号页眉"节和"主体"节的高度，使之正好容纳控件。

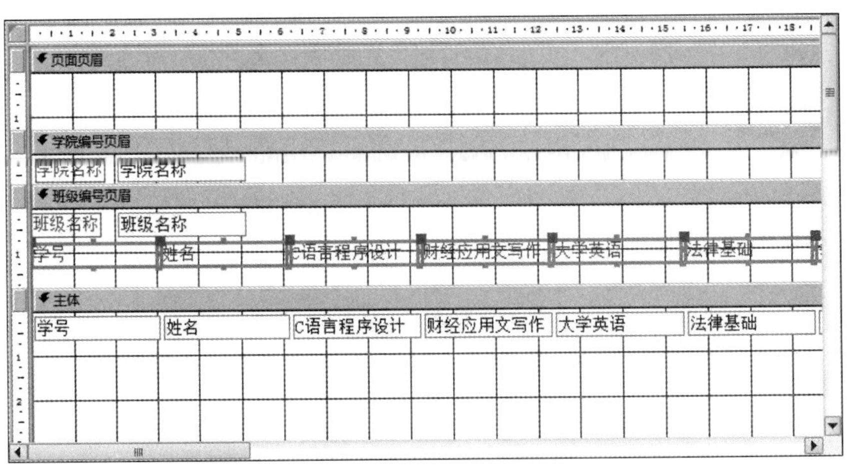

图 10-72　将“班级编号页眉”节中的字段按表格布局

9）在“设计”工具栏上选择“标签”，在“页面页眉”节中添加一个标签，将标签文本设置为“成绩表”，将字体设置为“26 号”“加粗”“居中”，如图 10-73 所示。

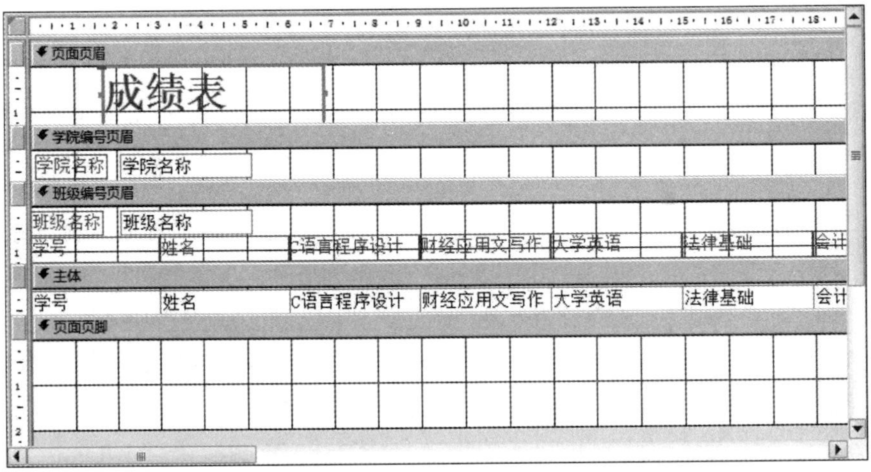

图 10-73　添加标签并设置

10）切换到“报表视图”，如图 10-74 所示。

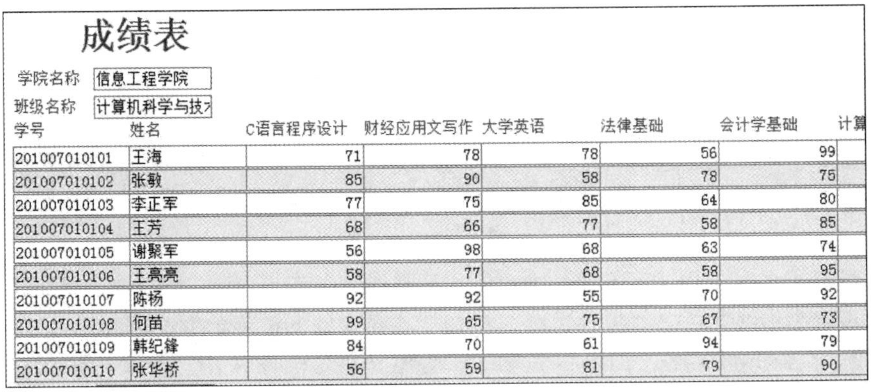

成绩表

学院名称　信息工程学院

班级名称　计算机科学与技术

学号	姓名	C语言程序设计	财经应用文写作	大学英语	法律基础	会计学基础	计算
201007010101	王海	71	78	78	56	99	
201007010102	张敏	85	90	58	78	75	
201007010103	李正军	77	75	85	64	80	
201007010104	王芳	68	66	77	58	85	
201007010105	谢聚军	56	98	68	63	74	
201007010106	王亮亮	58	77	68	58	95	
201007010107	陈杨	92	92	55	70	92	
201007010108	何苗	99	65	75	67	73	
201007010109	韩纪锋	84	70	61	94	79	
201007010110	张华桥	56	59	81	79	90	

图 10-74 “报表视图”窗体

6. "课表查询"报表的设计与实现

1）单击"创建"选项卡上的"报表设计"按钮，新建一个空白报表，将"属性表"窗格中的"记录源"设置为"课表查询"。

2）选择"设计"选项卡上的"分组和排序"选项，显示"分组、排序和汇总"窗格。

3）单击"添加组"按钮，在弹出的对话框中依次选择按"授课．学期"和"授课．班级编号"分组，然后单击"添加排序"按钮，按照"节次顺序"排序，如图10-75所示。

图10-75 设置分组和排序字段

4）选择"设计"选项卡上的"添加现有字段"，将"授课．学期"字段拖动到"授课．学期页眉"节，将"授课．班级编号"和"班级．班级名称"拖动到"授课．班级编号页眉"节，其余所有字段拖动到"主体"节中，如图10-76所示。

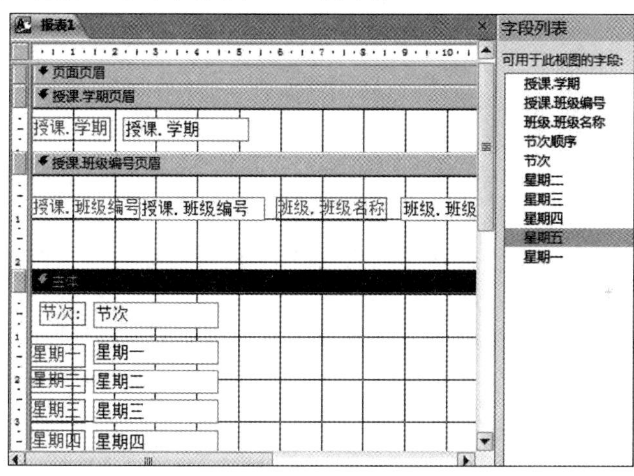

图10-76 添加字段

5）选择"主体"节中的所有控件，切换到"排列"选项卡，单击"表格"按钮，将"主体"节的字段按表格布局，如图10-77所示。

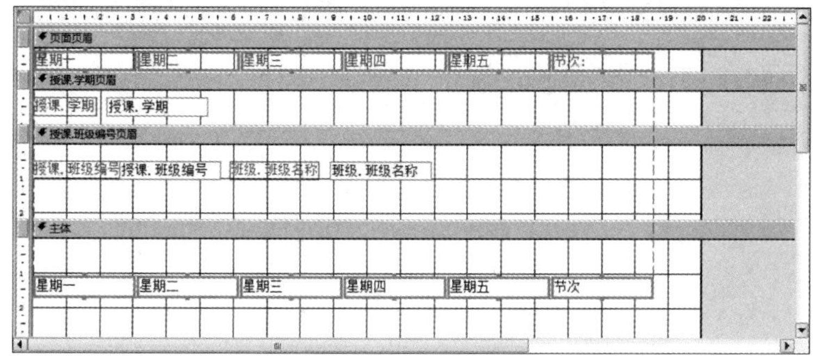

图10-77 将"主体"节中的字段按表格布局

6）选择“页面页眉”节中的所有控件，切换到“排列”工具栏，单击工具栏上的“删除布局”按钮，删除控件布局后将控件拖动到“授课．班级编号页眉”节中，然后单击工具栏上的“表格”按钮，将字段标题按照表格布局，如图 10-78 所示。

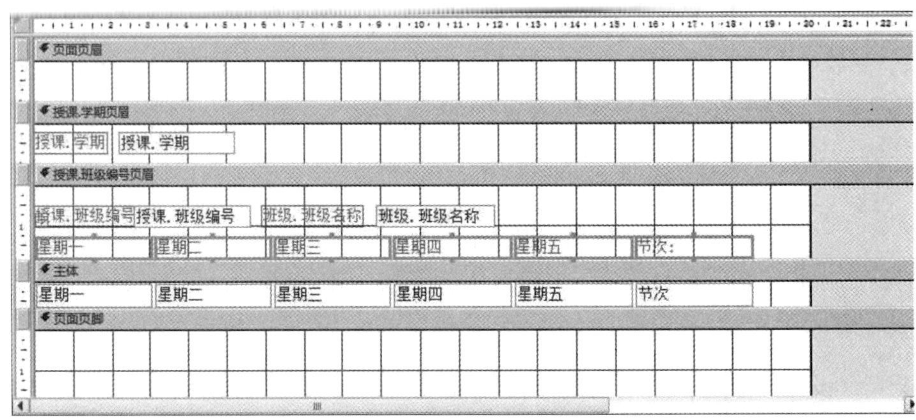

图 10-78　将“授课．班级编号页眉”节中的字段按表格布局

7）保持对字段标题的选中状态；单击“网格线”按钮，在弹出的下拉菜单中选择“垂直和水平”，设置表格线；单击“控件边距”按钮，在弹出的下拉菜单中选择“无”；单击“控件填充”按钮，在弹出的下拉菜单中选择“无”。

8）选择“主体”节中的所有控件，单击“网格线”按钮，在弹出的下拉菜单中选择“垂直和水平”，设置表格线；单击“控件边距”按钮，在弹出的下拉菜单中选择“无”；单击“控件填充”按钮，在弹出的下拉菜单中选择“无”，调整“班级编号页眉”节和“主体”节的高度，使之正好容纳控件。

9）在“设计”选项卡上选择“标签”，在“页面页眉”节中添加一个标签，将标签文本设置为“课表查询”，将字体设置为“26 号”“加粗”“居中”，如图 10-79 所示。

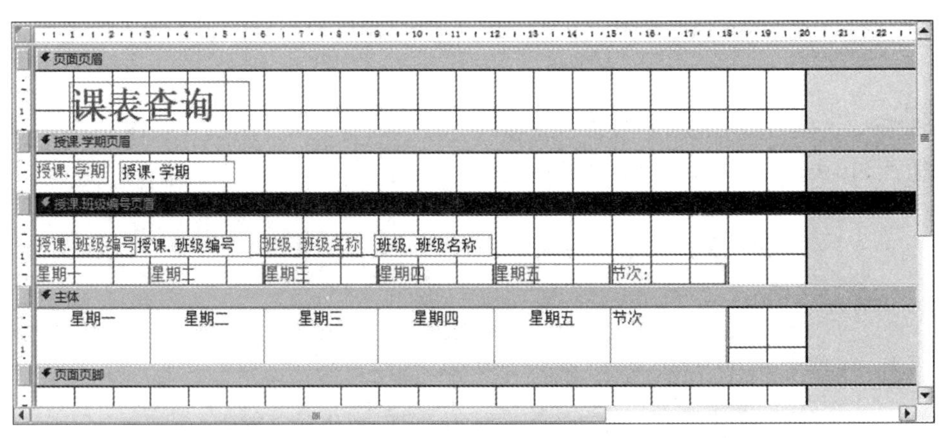

图 10-79　添加标签并设置

10）切换到“报表视图”，如图 10-80 所示。

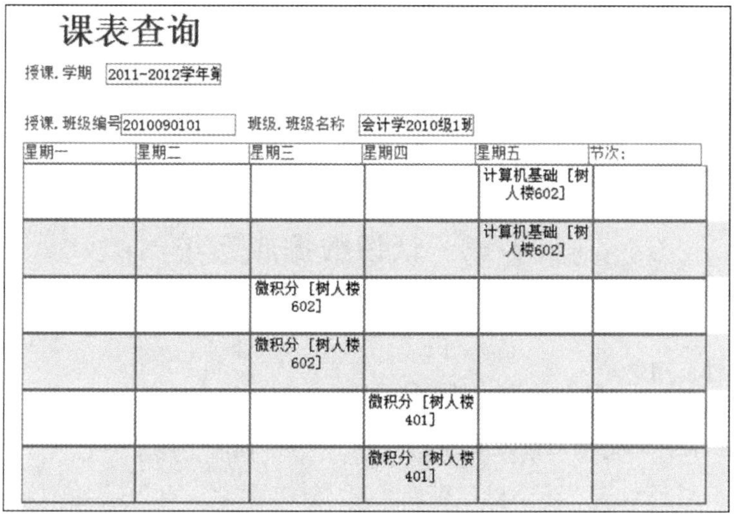

课表查询

授课.学期 2011-2012学年第

授课.班级编号 2010090101　班级.班级名称 会计学2010级1班

星期一	星期二	星期三	星期四	星期五	节次:
				计算机基础［树人楼602］	
				计算机基础［树人楼602］	
		微积分［树人楼602］			
		微积分［树人楼602］			
			微积分［树人楼401］		
			微积分［树人楼401］		

图 10-80 "报表视图"窗体

10.6 小结

本章首先介绍了数据库应用系统开发的一般过程，然后详细介绍了"教学管理系统"的详细设计过程，包括数据库的设计、查询设计、窗体设计和报表设计等。希望能够为初学者开发简单的管理信息系统提供一定的参考和帮助。

附录　部分习题参考答案

第 1 章　认识数据库系统

二、填空题

1. 硬件　软件　用户

2. 概念数据模型　信息　机器　数据结构　数据操作　数据完整性约束

3. 网状模型　层次模型　关系模型　4. 主键　5. 数据库管理系统

6. 一对一　一对多　多对多　7. 二维表　8. 属性　元组　9. 选择　投影　连接

三、选择题

1. B	2. C	3. B	4. D	5. C	6. A	7. A	8. A	9. D	10. C

第 2 章　Access 2010 数据库

二、填空题

1. Backstage 视图　功能区　导航窗格　2. 文件　开始　创建　外部数据　数据库工具

3. 表　查询　窗体　报表　宏　模块　4. 表　查询　5. 表　查询

6. 打开　以只读方式打开　以独占方式打开　以独占只读方式打开

三、选择题

1. D	2. C	3. D	4. A	5. B	6. D	7. C

第 3 章　表

二、填空题

1. 是/否　超链接　附件　计算　2. 输入格式　3. 数据表　设计　4. 数据表　5. 备注型

6. 约束条件　7. 数字　8. 插入对象　9. 查找　10. 匹配字段　11. 字段　12. 关系

13. 表　14. 左外部联接　内部联接　15. 公共　16. 附件　17. 计算

三、选择题

1. B	2. D	3. D	4. B	5. B	6. C	7. B	8. D	9. B	10. B
11. A	12. A	13. B	14. C	15. B	16. D	17. D	18. C	19. B	20. A
21. D	22. A	23. D	24. B	25. A	26. C	27. D	28. A	29. C	30. D

第4章　查　　询

二、选择题

1. A	2. B	3. C	4. A	5. D	6. D	7. D	8. B	9. D	10. C
11. D	12. A	13. D	14. C	15. B	16. C	17. C	18. C	19. B	20. C
21. D	22. A	23. A	24. C	25. B	26. C	27. D	28. D	29. C	30. B
31. D	32. B	33. B							

三、填空题

1. 数据定义语言　2. #　3. "760"　"4"　"16"　"13"　4. -4　5. 信息
6. 当前系统日期和时间　7. 2019 年　8. like "S * L"　9. #　10. 一致
11. 与　或　12. 同行　异行　13. 参数
14. year(出生日期) > =1986 and year(出生日期) < =1988
15. 年龄：year(date())-year(出生日期)　16. 计算字段
17. 行标题　计算字段　系列　18. 结构化查询语言
19. 数据定义　数据更新　数据查询　数据控制
20. SELECT　FROM　21. DISTINCT　22. ORDER BY　GROUP BY　23. * FROM 图书表
24. COUNT　SUM　AVG　25. RUNSQL　26. 所有

第5章　窗　　体

二、填空题

1. 显示和编辑　2. 查询　3. 窗体页眉　页面页眉　主体　页面页脚　窗体页脚　主体节
4. 文本框　5. 数据表窗体　6. 子窗体　7. 一对多　8. 表格式窗体　9. 控件　10. 结构
11. 未绑定型控件　计算型控件　12. SQL 语句　13. 名称　14. 输入掩码　15. 有效性规则

三、选择题

1. A	2. D	3. D	4. C	5. B	6. B	7. A	8. D	9. B	10. D
11. A	12. B	13. B	14. C	15. D	16. C	17. A	18. D	19. C	20. B

第6章　报　　表

二、填空题

1. 报表页眉　页面页眉　组页眉　主体　组页脚　页面页脚　报表页脚
2. 报表视图　打印预览视图　布局视图　设计视图　3. 编辑修改　4. 组页眉、组页脚
5. 分页符　6. 表达式　7. =[Page]&"/总"&[Pages]&"页"　8. 事件
9. 自然顺序　10. Shift

三、选择题

1. B	2. C	3. B	4. B	5. D	6. B	7. D	8. C	9. C	10. C
11. C	12. A	13. D	14. A	15. B	16. D	17. C	18. D	19. B	20. C

第 7 章　宏

二、填空题

1. 宏操作　2. StopMacro　3. 参数　4. 控制宏在一定条件下执行　5. 子宏　6. 退出 Access　7. SetValue/SetProperty　8. RunMacro　9. Shift　10. 排列次序

三、选择题

1. B	2. B	3. A	4. D	5. C	6. C	7. A	8. D
9. D	10. A	11. D	12. C	13. D	14. B	15. C	16. C
17. A	18. C	19. D	20. B	21. D	22. B	23. A	24. D
25. C							

第 8 章　编程工具 VBA 和模块

一、选择题

1. A	2. B	3. A	4. C	5. B	6. D	7. D	8. C	9. A	10. C
11. C	12 B	13. B	14. A	15. C	16. C	17. D	18. D	19. B	20. C
21. B	22. C	23. D	24. B	25. A	26. A				

二、填空题

1. 类　2. Sub　End Sub　3. 顺序结构　条件结构（或分支结构）　循环结构　4. False　5. 循环结构　6. 语句　7. Docmd. openform（“窗体名”）　8. 错误　9. Function　10. 半角的符号'　11. 逻辑错误　12. On Error GoTo　13. 隐藏　14. x < =5　15. 5　16. 20　17. Not rs. EOF　rs. MoveNext

第 9 章　数据库安全管理

二、选择题

1. D	2. B	3. D	4. A	5. B	6. B	7. A	8. D	9. C	10. A

参 考 文 献

[1] 施伯乐，丁宝康，汪卫．数据库系统教程［M］. 3版．北京：高等教育出版社，2008.
[2] 米红娟．Access 数据库基础及应用教程［M］. 3版．北京：机械工业出版社，2014.
[3] 米红娟．Access 数据库基础及应用教程学习指导［M］. 北京：机械工业出版社，2013.
[4] 米红娟．Access 数据库基础及应用教程［M］. 2版．北京：机械工业出版社，2011.
[5] 李湛，王成尧．Access 2007 数据库应用教程［M］. 北京：清华大学出版社，2010.
[6] 姜增如．Access 2010 数据库技术及应用［M］. 北京：北京理工大学出版社，2012.
[7] 叶恺，张思卿．Access 2010 数据库案例教程［M］. 北京：化学工业出版社，2012.
[8] 王军委．Access 数据库应用基础教程［M］. 3版．北京：清华大学出版社，2012.
[9] 单欣，龚建义．数据库技术与应用实训教程［M］. 北京：科学出版社，2012.
[10] 汤羽，林迪，范爱华，等．大数据分析与计算［M］. 北京：清华大学出版社，2018.
[11] Roger Jennings. Visual Basic 6 数据库开发人员指南［M］. 前导工作室，译．北京：机械工业出版社，2002.